Dieter Zastrow

Elektrotechnik

Dieter Zastrow

Elektrotechnik

Ein Grundlagenlehrbuch

14., überarbeitete Auflage

Mit 496 Abbildungen, 134 Lehrbeispielen
und 221 Übungen mit Lösungen

Die Deutsche Bibliothek – CIP-Einheitsaufnahme
Ein Titeldatensatz für diese Publikation ist bei
der Deutschen Bibliothek erhältlich.

1. Auflage 1977
2., durchgesehene Auflage 1978
3., überarbeitete und erweiterte Auflage 1980
4., verbesserte Auflage 1981
5., durchgesehene Auflage 1982
6., verbesserte Auflage 1983
7., durchgesehene Auflage 1984
8., vollständig überarbeitete Auflage 1987
9., verbesserte Auflage 1988
10., verbesserte Auflage 1990
11., überarbeitete Auflage 1991
12., korrigierte Auflage 1993
13., überarbeitete Auflage 1997
14., überarbeitete Auflage 2000

Der Verlag Vieweg ist ein Unternehmen der Fachverlagsgruppe BertelsmannSpringer.

www.vieweg.de

Konzeption und Layout des Umschlags: Ulrike Weigel, www.CorporateDesignGroup.de
Technische Redaktion: Wolfgang Nieger, Wiesbaden
Satz: Vieweg, Braunschweig/Wiesbaden; Publishing Service Helga Schulz, Dreieich
Druck und buchbinderische Verarbeitung: Lengericher Handelsdruckerei, Lengerich/Westf.
Gedruckt auf säurefreiem Papier
Printed in Germany

ISBN 3-528-44034-1

Vorwort

Die Konzeption des Buches für die 14. Auflage wurde nicht verändert, aber an einigen Stellen in begrifflich-sprachlichen Details modernisiert. Der bisherige Untertitel *Lehr- und Arbeitsbuch* wurde in *Grundlagenlehrbuch* abgeändert. Damit wird auch der Zubringerdienst dieses immer noch beeindruckend schönen Fachgebietes für nachfolgende technologische Anwendungsbereiche zum Ausdruck gebracht.

Dieses Grundlagenlehrbuch mit seinem ausgeprägten Übungsteil vermittelt die Grundlagen der Elektrotechnik auf einem mittleren mathematischen Niveau und fördert das Verständnis für elektrische Vorgänge und Schaltungen sowie der anzuwendenden rechnerischen und graphischen Analyseverfahren einschließlich der messtechnischen Erfassung der elektrischen Grundgrößen.

Die Resonanz auf die bisherigen Auflagen bestätigt die Annahme, dass eine Grundlagenlehrbuch für ein mittleres Niveau der Elektrotechnik eine breite Leserschaft findet im Bereich der Fachschulen (Technikerschulen) sowie beruflicher Gymnasien und Berufskollegs (Fachrichtung Technik) als auch im Fachhochschulbereich verschiedener Studiengänge zur Begleitung von Grundlagenvorlesungen, wenn nicht der ganz hohe mathematische Anspruch gestellt wird.

An einigen Stellen dieses Grundlagenlehrbuches werden auch weiterhin Differentiale und Integrale wegen der korrekten Beschreibung von Definitionen und Lehrsätzen verwendet. Dieser Anspruch erscheint auch im Rahmen der Technikerausbildung vertretbar zu sein vor dem Hintergrund, dass die Absolventen die Fachhochschulreife zugesprochen bekommen und ein entsprechender Mathematikunterricht erteilt wird. Einige Hinweise zu den mathematischen Kenntnissen sind noch in den Arbeitshinweisen zu diesem Buch ausgeführt.

Besonderer Wert wird auf die Eigentätigkeit der Lernenden gelegt: 40 % des Buchumfangs entfallen auf Beispiele und Übungsaufgaben und deren ausführliche Lösungen, so daß auch ein kontrolliertes Selbststudium möglich ist.

Die Übungsaufgaben verfolgen drei unterschiedliche Zielsetzungen und sind durch Symbole gekennzeichnet. Nähere Einzelheiten finden Sie in den *Arbeitshinweisen zu diesem Buch,* die zugleich auch als Hilfestellung für Leser gedacht sind, die nach Jahren der Berufspraxis wieder vor dem Problem *Lernen* stehen.

Ein den Kapiteln zugeordneter Wissensspeicher kann bei der Vorbereitung auf Prüfungen und für die stets erforderlichen Wiederholungen gute Dienste leisten, da er das Kernwissen in strukturierter Form auf wenigen farbigen Seiten bereithält.

Gern statte ich zum Schluß dem Verlag Vieweg für das Eingehen auf meine Wünsche und den Kollegen aus dem Leserkreis für ihre Anregungen zur Verbesserung des Buches meinen herzlichen Dank ab.

Ellerstadt, April 2000

Dieter Zastrow

Inhaltsverzeichnis

Arbeitshinweise zu diesem Buch

Lernen Lernen, um etwas verstehen und begreifen zu können, erfordert eine *Aktivität* der Person mit dem Ziel, sich ein gut strukturiertes Grundlagenwissen anzueignen und durch Bearbeitung von Übungsaufgaben zu erproben.

Lerntechnik Einige Regeln haben sich für das Arbeiten mit dem Buch bewährt:

- Unterstreichen Sie wichtige Begriffe, und machen Sie sich deren inhaltliche Bedeutung klar.
- Lernen Sie die Definitionen sehr exakt.
- Lesen Sie den Lehrbuchtext eines Abschnitts nach dem Durcharbeiten des Beispiels noch einmal.
- Spüren Sie scheinbare Unstimmigkeiten zwischen Erklärungen von Unterricht und Lehrbuch auf, und entwickeln Sie daraus Fragestellungen.
- Beginnen Sie mit der Ausarbeitung eines eigenen schriftlichen Konzepts, wobei die Unterrichtsergebnisse als Leitfaden dienen.
- Versuchen Sie das Wesentliche mit noch weniger Worten darzustellen. Skizzen und Stichworte genügen oftmals, wenn man einen Stoff verstanden hat.
- Bearbeiten Sie möglichst viele Beispiele und Übungsaufgaben selbständig in schriftlicher Form.
- Suchen Sie zu bereits gelösten Aufgaben noch einen zweiten Lösungsweg. Sie machen Ihr Wissen dadurch anwendungsbereiter.

Am unglücklichsten lernen Sie, wenn Sie den Lehrstoff gedankenlos auswendiglernen.

Am vorteilhaftesten lernen Sie, wenn Sie sich auf den Unterricht vorbereiten. Vorlernen ist besser als Nachlernen.

Mathematische Kenntnisse

Dieses Lehr- und Arbeitsbuch der Elektrotechnik verzichtet nicht auf die erforderlichen mathematischen Beschreibungsmittel zur korrekten Angabe von Definitionen und Lehrsätzen bzw. zur rationellen Schaltungsberechnung. Es werden jedoch *keine erhöhten mathematischen Vorkenntnisse* vorausgesetzt.

Differentiale und Integrale werden anschaulich eingeführt und mit graphischen Verfahren oder durch einfache Überlegungen gelöst; eine rechnerische Behandlung bleibt ausgeklammert. Die Rechenregeln zur komplexen Rechnung werden an elektrotechnischen Beispielen ausführlich erläutert.

Lehrstoff

Der Lehrstoff wird anschaulich dargestellt, so daß sich ein *Verständnis für elektrische Zusammenhänge* bilden kann. Erst am Ende von Erkenntnisprozessen werden mathematische Schreibweisen und -verfahren eingeführt.

Beispiele

Da bekannt ist, daß elektrische Vorgänge, die man durch- oder nachrechnen kann, besser verstanden werden als jene, die nur in ihrer Wirkungsweise beschrieben werden, wird der Lehrstoff besonders durch *Rechenbeispiele* veranschaulicht.

Aufgabentyp

Ob Sie einen echten Lernfortschritt gemacht haben, können Sie bei der selbständigen Lösung der vorhandenen *Übungsaufgaben* feststellen. Dabei bedeuten die Zeichen:

▲ Übungen, deren Besonderheit eine Lösungsleitlinie ist.

Δ Übungen, die den typischen Prüfungsaufgaben entsprechen.

● Übungen, die das Verständnis für Begriffe, Zusammenhänge und Modellvorstellungen fördern.

Lösungen

Zum Zwecke der Lernkontrolle befindet sich zu allen Aufgaben ein *vollständiger Lösungsweg* im Anhang des Buches.

Memory

Auf den gelben Seiten finden Sie ein *Memory*. Es enthält das von Ihnen geforderte Grundwissen, geordnet nach den Kapiteln des Lehrbuches. Das Memory kann Ihnen bei der Vorbereitung auf Prüfungen und bei den stets erforderlichen Wiederholungen gute Dienste leisten, da es das Kernwissen in strukturierter Form auf wenigen Seiten bereithält.

1 Elektrische Ladung

Die vielfältigen elektrischen Erscheinungen werden zurückgeführt auf die Wirkung von ruhenden oder bewegten elektrischen Ladungen.

1.1 Beobachtungen und Grundannahmen

Eine bekannte Erscheinung des täglichen Lebens ist das Entstehen von Kontaktspannungen durch elektrische Aufladung. So wurden beim Begehen eines synthetischen Teppichbodens die in Bild 1.1 angegebenen Zusammenhänge ermittelt.

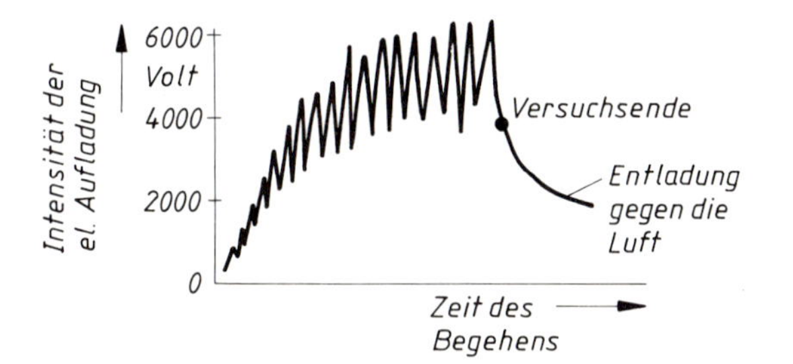

Bild 1.1
Elektrische Aufladung durch Reibung (Quelle: Halbleiterstreß mit Folgefehlern, Technische Informationen 2/78, Grundig)

Neben den *Kontaktspannungen* sind auch *Kraftwirkungen* nichtmechanischer Art beobachtet worden. So stoßen sich geriebene Glasstäbe gegenseitig ab, ebenso auch geriebene Kunststoffstäbe, während geriebene Glasstäbe geriebene Kunststoffstäbe anziehen. Die Kraftübertragung erfolgt berührungslos. Wichtig ist ferner, daß der durch Reibung entstandene elektrische Zustand auf andere Isolierstoffe oder isoliert aufgestellte Leiter (Metalle) übertragbar ist.

Bild 1.2
Anwendung elektrostatischer Kräfte: Papier „spannen" bei *y*-*t*-Schreibern, Plottern etc.

Die Erscheinungen der Reibungselektrizität führten zur Annahme von der Existenz elektrischer Ladungen. Die Elektrotechnik beginnt mit folgenden Grundannahmen:

– Es gibt eine übertragbare physikalische Quantität, die für die beschriebenen Aufladungs- und Krafterscheinungen verantwortlich ist; sie soll *elektrische Ladung* heißen.

– Man muß zwei verschiedene Ladungen unterscheiden, die positive (+) und die negative (–).

– Zwischen gleichnamigen Ladungen existieren abstoßende und zwischen ungleichnamigen Ladungen anziehende Kräfte.

– Der Raum zwischen diesen elektrischen Ladungen, in dem die abstoßenden und anziehenden Kräfte wirken, soll *elektrisches Feld* heißen. Es dient der Erklärung der berührungslosen Kraftübertragung und wird in den Kapiteln 2 und 11 näher erläutert.

1.2 Atomistische Deutung

Die Herkunft elektrischer Ladungen erhielt zeitlich später eine atomistische Deutung. Nach dem Bohrschen Atommodell bestehen Atome aus einem Kern und einer Hülle. Der Kern wird aus positiv geladenen *Protonen* und elektrisch neutralen Neutronen gebildet, während auf den verschiedenen Schalen der Hülle negativ geladene *Elektronen* kreisen (Bild 1.3).

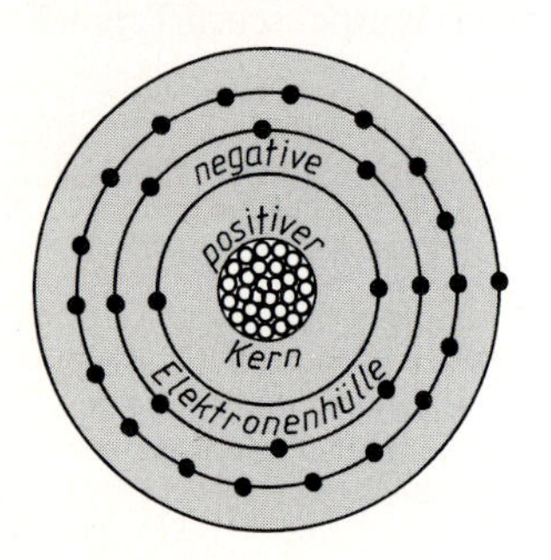

Bild 1.3
Modell eines Kupferatoms
29 Protonen, 34 Neutronen } Kern
29 Elektronen Hülle

Elektronen und Protonen haben verschieden große Massen, tragen aber gegensätzliche Ladungen von gleicher Größe. Das geringste Quantum an negativer Ladung ist die Ladung eines einzelnen Elektrons. Die kleinstmögliche positive Ladung ist die eines Protons.

Eine beliebige elektrische Ladung Q setzt sich demnach aus dem Vielfachen N der kleinstmöglichen Ladung, der sogenannten *Elementarladung* $\mp e$, zusammen:

$$Q = N(\mp e)$$

Vollständige Atome weisen gleichviele Elektronen in der Hülle wie Protonen im Kern auf, so daß sie nach außen als elektrisch neutral auftreten. Auch in einem elektrisch neutralen Körper wie beispielsweise einem Kupferdraht ist die Summe aller positiven und negativen Ladungen gleich Null.

Das elektrische Gleichgewicht innerhalb eines Atoms kann durch Entnahme eines oder mehrerer Elektronen gestört werden, so daß ein *positiv geladenes Ion* entsteht. Man nennt diesen Vorgang *Ionisation*. Ein Mangel an Elektronen ist gleichbedeutend mit einem Überschuß an nichtkompensierten positiven Kernladungen und stellt eine positive Überschußladung dar. Umgekehrt entstehen negative Ladungen durch Elektronenüberschuß. Ein Atom, dem ein oder mehrere Elektronen zugeführt werden, wird durch den Vorgang der *Anlagerung* zu einem *negativ geladenen Ion*.

1.3 Ladungstrennung

Positive und negative elektrische Ladungen werden nicht „erzeugt“, sondern auf der Grundlage des „elektronischen“ Aufbaus der Materie durch den Vorgang der *Ladungstrennung* „verursacht“. Die verschiedenen technischen Verfahren zur Verursachung von Überschußladungen durch Ladungstrennung erfordern einen Energieeinsatz.

Nach dem Satz von der Erhaltung der Energie kann diese Fähigkeit, Arbeit zu verrichten, nicht verlorengehen. Als Gegenwert für den Energieaufwand zum Trennen der ungleichnamigen elektrischen Ladungen erhält man ein elektrisches Feld, in dem ein Arbeitsvermögen gespeichert ist. Das *elektrische Feld* ist ein Energieraum. Die getrennten elektrischen Ladungen übernehmen dabei die aktive Rolle der Felderzeugung, und der zwischen ihnen liegende Raum ist Träger und Sitz einer besonderen Form von Energie, die man elektrische (Feld-)Energie nennt. Das so entstandene elektrische Feld ist ein *Quellenfeld*, denn alle der Feldveranschaulichung dienenden, d.h. nicht wirklich existenten Feldlinien, besitzen eine Quelle (Anfang, +) und eine Senke (Ende, −).

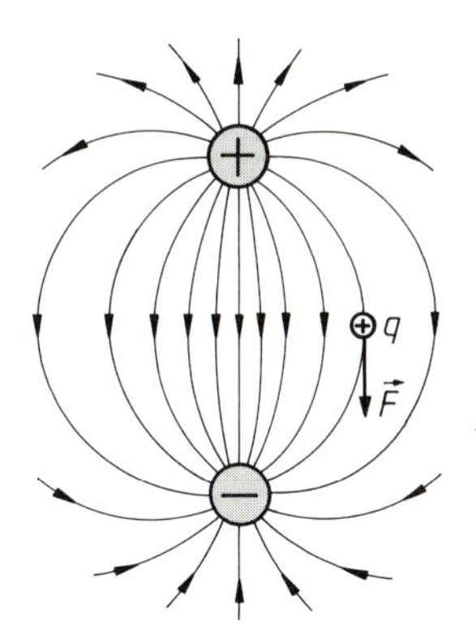

Bild 1.4
Elektrisches Feld zweier ungleichnamiger Ladungen

Bild 1.4 zeigt ein elementares elektrisches Feld, verursacht durch die getrennten Ladungen Q^+ und Q^-. Als Nachweis für im Feld vorrätige Energie dient die Tatsache, daß in das elektrische Feld eingebrachte kleine elektrische Probeladungen q^+ eine mechanisch nicht erklärbare (elektrische) Kraft F erfahren.

Elektrische Ladungen üben also eine Doppelfunktion aus. In ihrer aktiven Rolle wirken die durch Ladungstrennung verursachten positiven und negativen Überschußladungen Q^+, Q^- felderzeugend, und in ihrer passiven Rolle unterliegen sie als elektrische Objekte q dem Krafteinfluß eines vorhandenen fremden elektrischen Feldes.

1.4 Ladungsträger

Elektrische Ladungen als bewegliche Ladungsträger ermöglichen Stromleitungsvorgänge. Das Vorhandensein oder Fehlen von Ladungsträgern ist das Kriterium, mit dem die Werkstoffe der Elektrotechnik in *Leiter* und *Nichtleiter* (Isolatoren) unterschieden werden.

Die gute Leitfähigkeit der Metalle beruht auf deren Elektronenleitung. Die Metallatome werden durch Zufuhr von Wärmeenergie aus der Umgebung ionisiert. Es bildet sich ein Raumgitter aus feststehenden positiv geladenen Metallionen und ein sogenanntes *Elektronengas*, bestehend aus den von der Elektronenhülle der Atome abgetrennten und deshalb leicht beweglichen Elektronen. Insgesamt ist das Metall elektrisch ungeladen.

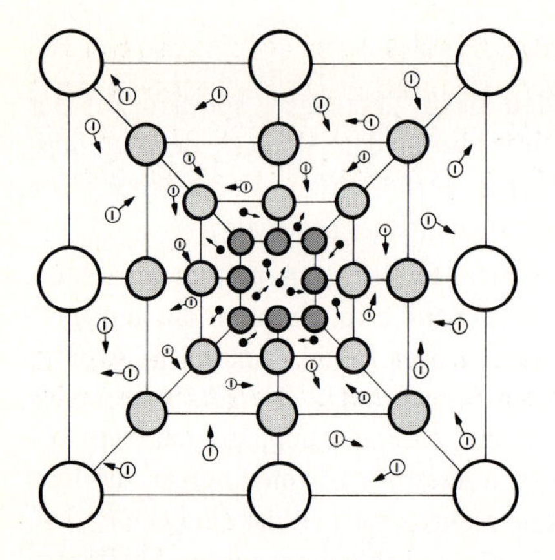

Bild 1.5
Zur Veranschaulichung der Elektronenleitung: Raumgitter eines Metalls mit Elektronengas

In ionisierten Gasen oder elektrisch leitenden Flüssigkeiten (Elektrolyte) kommen neben den *positiv geladenen Ionen* auch *negativ geladene Ionen* vor. (Nur Metalle und Wasserstoff bilden positiv geladene Ionen.) Elektrolyte werden durch einen Ladungstransport chemisch verändert, d.h. sie beruhen auf der Ionenleitung, die ein Materietransport ist.

Ideale *Isolatoren* haben keine beweglichen Ladungsträger. Diese Stoffe können jedoch elektrisch geladen werden, sie verfügen dann über ortsfeste elektrische Überschlußladungen, die felderzeugend wirken. Elektrische Felder sind nur in Isolatoren selbständig existent, da die Nichtleiter wegen ihrer fehlenden elektrischen Leitfähigkeit den selbstständigen Ausgleich der Überschußladungen verhindern. In elektrischen Leitern können wegen der gegebenen elektrischen Leitfähigkeit elektrische Felder nicht selbständig existieren. Nur durch ständigen Energieaufwand können hier felderzeugende Überschußladungen aufrechterhalten werden (s. Kap. 2.2).

1.5 Ladungsmenge

Die elektrische Ladung ist eine durch mechanische Größen wie Länge, Zeit und Masse nicht ausdrückbare besondere Eigenschaft der Materie(teilchen). In diesem Sinne ist elektrische Ladung eine elektrische Ursprungsgröße der Physik. Sie kann demgemäß nur verbal erklärt, jedoch nicht definiert werden. Die unter Kapitel 1.2 und 1.4 gemachten Aussagen leisten die geforderte qualitative, d.h. der Beschaffenheit nach, orientierte, Beschreibung der neuen Größe.

Die elektrische Ladung ist jedoch keine Basisgröße der Elektro-*Technik*, deren Aufgabe die meßtechnische Erfassung und Anwendung elektrischer Erscheinungen und nicht die Aufhellung ihres wahren Wesens ist. Für den Elektrotechniker ist die elektrische Ladung eine Mengengröße, wobei er sich die Menge statisch im Sinne angehäufter Ladungen oder dynamisch als Durchflußmenge vorstellt. Angehäufte Ladungen sind – wie das Beispiel geladener Kondensatoren noch zeigen wird – immer kleinere Ladungsmengen. Durchflußmengen dagegen können beliebig hohe Werte annehmen.

Um die elektrische Ladung meßtechnisch erfaßbar zu machen, wird die *Ladungsmenge* mit ihrem Formelzeichen Q (von Quantum) als Meßgröße eingeführt. Die Einheit der Ladungs- oder Elektrizitätsmenge ist das *Coulomb*. Als Einheitenzeichen wird der Buchstabe C gesetzt. Die Verkörperung der *Einheitsladung* 1 Coulomb als Meßnormal in dem Sinne, wie es bei der Einheitsmasse 1 kg gelungen ist, hat sich als nicht möglich erwiesen.

Deshalb hat man zur quantitativen, d.h. mengenmäßigen Bestimmung der elektrischen Ladung, folgende Meßvorschrift auf der Grundlage des „Internationalen Einheitensystems" erlassen: „1 Coulomb ist gleich der Elektrizitätsmenge, die während der Zeit 1 s bei einem zeitlich unveränderlichen Strom der Stärke 1 A durch den Querschnitt eines Leiters fließt."

$$1\,\mathrm{C} = 1\,\mathrm{A} \cdot 1\,\mathrm{s} = 1\,\mathrm{As}$$

Beispiel

$Q = 2$ C bedeutet, daß die Ladungsmenge Q doppelt so groß ist wie die Einheitsladungsmenge 1 C.
$Q = 2$ mC heißt, daß die Ladungsmenge Q gleich dem fünfhundertsten Teil der Einheitsladung 1 C ist.

1.6 Vertiefung und Übung

Beispiel

Die Elementarladung eines Elektrons wurde durch Messung auf $-e = 1{,}602 \cdot 10^{-19}$ C bestimmt. Wieviele Elektronen müssen auf einer zuvor elektrisch neutralen und isoliert aufgestellten Metallplatte zusätzlich versammelt werden, damit dort die Ladung $-Q = 0{,}16\ \mu$C vorhanden ist?

Lösung:

$$Q = N \cdot e$$

$$N = \frac{Q}{e} = \frac{-0{,}16 \cdot 10^{-6}\,\mathrm{C}}{-1{,}602 \cdot 10^{-19}\,\mathrm{C}} = 10^{+12}$$

Die Überschußladung von 1 Billion Elektronen ist jedoch vergleichsweise klein gegenüber der als Elektronengas bezeichneten Elektronenmenge der Metallplatte.

Hat die Metallplatte das Volumen von 10 cm × 10 cm × 1 mm = 10 cm^3, so ist im elektrisch neutralen Zustand des Metalls eine Elektronenmenge x vorhanden, die sich aus der bekannten Ladungsträgerdichte $n \approx 10^{23}$ Ladungsträger je 1 cm^3 (ca. 1 freies Elektron je Atom) und dem Volumen V berechnet:

$$x = n \cdot V$$

$$x = 10^{23}\,\frac{1}{\mathrm{cm}^3} \cdot 10\,\mathrm{cm}^3 = 10^{+24}$$

Ergebnis: Die Elektronenmenge des Elektronengases beträgt das Billionenfache der elektrisch wirksamen Überschußladung. Aus diesem Zahlenvergleich wird gelegentlich für die Veranschaulichung einer elektrischen Strömung hergeleitet, daß das Elektronengas als eine praktisch nicht komprimierbare „Flüssigkeit" betrachtet werden kann.

△ **Übung 1.1: Einheitsladung**

Wie groß ist die Anzahl der durch einen Leiter geflossenen Elementarladungen, wenn die Ladungsmenge 1 C transportiert worden ist?

△ **Übung 1.2: Einheiten der Ladungsmenge**

Welche Ladungsmenge in Coulomb kann ein Akkumulator mit den Nennangaben 12 V (Volt), 44 Ah (Amperestunden) einem Stromkreis als Durchflußmenge zur Verfügung stellen?

● **Übung 1.3: Mengeneigenschaft der Ladung**

Wie könnte man die Tatsache erklären, daß bei Parallelschaltung zweier gleichartiger Akkumulatoren die verfügbare Ladungsmenge verdoppelt wird, während sich durch Reihenschaltung der Akkumulatoren die entnehmbare Ladungsmenge nicht vergrößern läßt?

2 Elektrische Energie

Die Bereitstellung von elektrischer Energie ist eine der grundlegenden Aufgaben der Elektrotechnik.

2.1 Energietransportaufgabe des Stromkreises

Der Stromkreis stellt ein elektrisches System dar. Als *System* bezeichnet man eine sinnvolle Zusammensetzung einzelner Elemente zum Erreichen eines Zieles oder ein aus mehreren Teilen nach einer allgemeinen Regel geordnetes Ganzes. Ziel des Stromkreises soll die Übertragung elektrischer Energie von einem Generator zu einem Verbraucher sein. Die allgemeine Regel des Stromkreises sei seine Funktion als geschlossener Wirkungskreislauf. Bild 2.1 zeigt die Elemente eines Stromkreises und erläutert ihre Funktion.

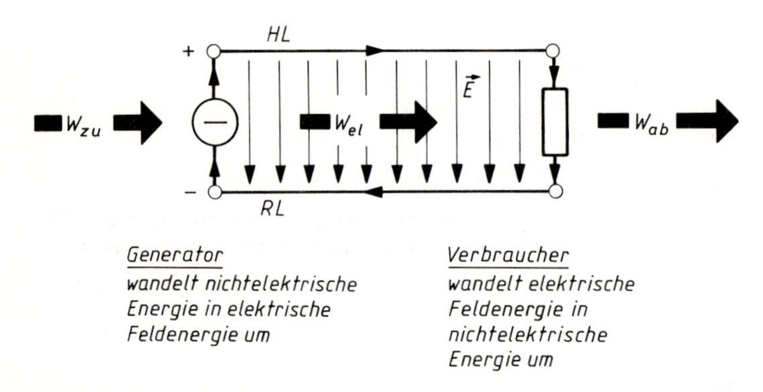

Bild 2.1 Energieübertragung im Stromkreis durch das elektrische Feld

W_{zu}	zugeführte nichtelektrische Energie	HL = Hinleitung
W_{el}	elektrische (Feld)Energie	RL = Rückleitung
W_{ab}	abgegebene nichtelektrische Energie	
→	Bewegungsrichtung der positiven Ladungsträger	

Den Energieübertragungsvorgang könnte man sich zunächst in Analogie zu einem Wasserkreislauf, bestehend aus Pumpe und Wasserrad, mechanisch-anschaulich vorstellen: Die Pumpe treibt das Wasser mit großem Druck durch die Hinleitung zum Wasserrad und versetzt dieses in Bewegung. Über die drucklose Rückleitung kann das Wasser wieder zur Pumpe zurückkehren. Gemäß dieser Analogie wäre der elektrische Generator also eine Ladungsträgerpumpe, das Strömungsmedium bestände aus nichtkomprimierbaren Ladungsträgern, und den elektrischen Verbraucher könnte man sich als eine Engpaßstelle vorstellen, bei der die Ladungsträger durch Reibungsarbeit Wärme erzeugen, also die im Generator aufgenommene Energie wieder abgeben.

Ein solches mechanisches Modell macht jedoch aus der gegenüber anderen Energieformen wesensverschiedenen elektrischen Energie kurzerhand kinetische Energie von Masseteilchen. Elektrische Energie ist aber nicht mechanisch erklärbar. Ferner ist bekannt, daß elektrische Energie auch drahtlos durch den Raum übertragen werden kann. Um die Übertragung elektrischer Energie „richtiger" zu erfassen, bedarf es eines geeigneten Denkmodells. Dieses Modell heißt elektrisches Feld.

2.2 Elektrisches Feld als Erklärungsmodell

Als *elektrisches Feld* bezeichnet man einen Raumbereich, in dem auf Ladungsträger elektrische Kräfte ausgeübt werden.

Jede Stelle eines elektrischen Feldes zeichnet sich dadurch aus, daß auf eine dort befindliche positive Ladungsmenge $+Q$ eine Kraft ausgeübt wird. Diese Kraft kann durch einen Pfeil dargestellt werden. Zeichnet man genügend viele Pfeile, so wird die Richtungsstruktur des Feldes augenscheinlich. Ersetzt man die Pfeile durch fortlaufende Linien, dann wird das Feldbild übersichtlicher, jedoch geht zunächst die Kraftangabe, die durch die Pfeillänge gegeben war, verloren. Deshalb werden die Linienabstände umgekehrt proportional den Beträgen der Feldkraft aufgetragen. Es bedeuten also große Feldlinienabstände kleine Feldkräfte und umgekehrt. Diese Darstellung eines elektrischen Feldes heißt Feldlinienmodell.

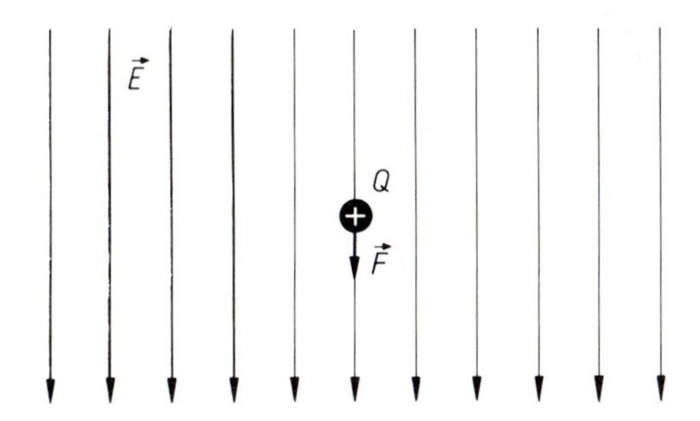

Bild 2.2
Kraftwirkung auf die positive elektrische Ladung im homogenen elektrischen Feld

Bild 2.2 zeigt einen Ausschnitt aus einem homogenen elektrischen Feld. Bei einem homogen Feld laufen die Feldlinien parallel und haben überall und untereinander den gleichen Abstand.

Die elektrische Kraft F, die an einer Stelle des elektrischen Feldes auf eine dort befindliche positive Ladungsmenge ausgeübt wird, ist proportional der Elektrizitätsmenge $+Q$ und der Intensitätsgröße des Feldes an dieser Stelle:

$$F = +QE$$

E heißt *elektrische Feldstärke*. Sie ist entsprechend der Kraft F eine gerichtete Größe (Vektor). Bei positiver Ladung stimmen Kraft- und Feldstärkerichtung überein, bei negativer Ladung zeigt F entgegen E. Man interpretiert die elektrische Feldstärke E als eine Zustandsgröße des elektrischen Feldes, die unabhängig von der in das elektrische Feld eingebrachten Ladung Q ist, während die elektrische Kraft F vom Betrag und dem Vorzeichen der Ladung abhängig ist und somit keine Zustandsgröße des elektrischen Feldes sein kann.

Definitionsgleichung:

$$\boxed{E = \frac{F}{Q}} \qquad \text{Einheit } \frac{1\,\text{N}}{1\,\text{C}} = 1\,\frac{\text{N}}{\text{As}} = 1\,\frac{\text{V}}{\text{m}} \qquad (1)$$

Beispiel

Eine Stelle eines elektrischen Feldes besitzt die Feldstärke 0,16 V/m. Welche Kraft wird auf ein Elektron ausgeübt, das sich an dieser Stelle befindet?

Lösung:

$$E = \frac{F}{+Q} \qquad Q = e = -\,1{,}602 \cdot 10^{-19}\ \text{As}$$

$$F = +QE = -\,1{,}602 \cdot 10^{-19}\ \text{As} \cdot 0{,}16\ \text{V/m}$$

$$F = -\,256 \cdot 10^{-22}\ \text{N}$$

Das Minuszeichen besagt, daß sich das Elektron gegen die Feldrichtung bewegt.

In der Elektrotechnik werden elektrische Felder durch Generatoren erzeugt. Innerhalb solcher Energiequellen sind „ladungstrennende Kräfte" wirksam, die unter Aufwand nichtelektrischer Energie an einer Stelle einen Überschuß positiver Ladungen (Pluspol) und an anderer Stelle einen Überschuß negativer Ladungen (Minuspol) erzeugen. Zur Beschreibung des ladungstrennenden Vorgangs wird dem Generator eine *eingeprägte ladungstrennende Kraft* F^e zugeordnet[1]. Im Falle des zunächst unbelasteten Generators (keine Stromentnahme) verschieben sich unter dem Einfluß der eingeprägten Kraft F^e die beweglichen Ladungsträger, so daß als Gegenwert für die energieaufwendige Ladungstrennung ein entgegenwirkendes elektrisches Feld mit der Feldstärke E entsteht, in dem ein Arbeitsvermögen gespeichert ist. Das erzeugte elektrische Feld übt gemäß Gl. (1) eine Gegenkraft F auf die Ladungsträger aus. Die Ladungstrennung wird soweit fortgesetzt, bis die Gegenkraft F auf den Betrag der eingeprägten Kraft F^e angewachsen ist:

$$F + F^e = 0$$

Bild 2.3 zeigt die Felderzeugung durch den Generator in prinzipieller Darstellung.

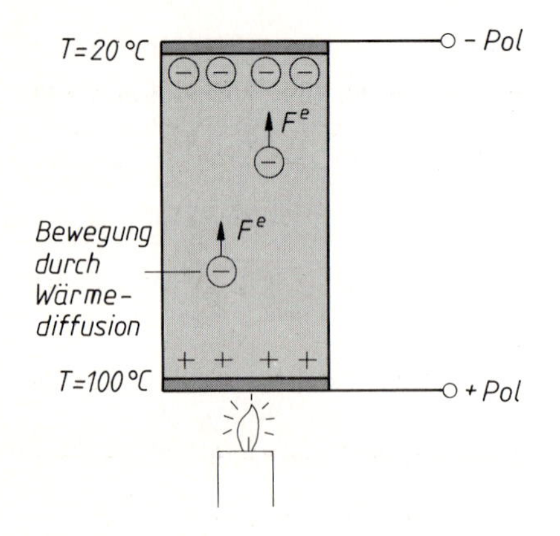

Bild 2.3

Ladungstrennung durch Wärmediffusion. Direkte Umwandlung von Wärme in elektrische Energie: Die Elektronen besitzen an der heißeren Stelle des Leiters eine größere thermische Geschwindigkeit als an der kälteren Seite und setzen sich im Mittel nach dem kälteren Ende hin in Bewegung. Dadurch negative Aufladung der kälteren Seite und positive Aufladung der wärmeren Seite

[1]) Dieser formelhafte Ausdruck soll aussagen, daß die Spannungsquelle durch Energiezufuhr eine Ladungstrennung bewirken kann, ohne den speziellen physikalischen Vorgang erklären zu müssen.

Das Arbeitsergebnis der Ladungstrennung ist das zwischen dem Pluspol und Minuspol des Generators bestehende elektrische Feld, das über die Hin- und Rückleitung des Stromkreises dem Verbraucher zugeführt werden kann. Der Verbraucher stellt für die Ladungsträger eine Rückflußmöglichkeit dar.

Verbraucherseitig wird der Ladung $+Q$ im elektrischen Feld durch Beschleunigung Energie zugeführt. Das elektrische Feld arbeitet, erleidet aber gleichzeitig einen Energieabbau (s. Bild 2.4). Bei ihrer Bewegung treffen die Ladungsträger auf die Atomrümpfe des Materials, die sich als bremsende Hindernisse erweisen, es entsteht Reibungsarbeit. Insgesamt liegt ein Energieaustausch in der Form vor, daß das elektrische Feld einen Energieverlust aufweist und dafür Reibungswärme im Verbraucher entsteht.

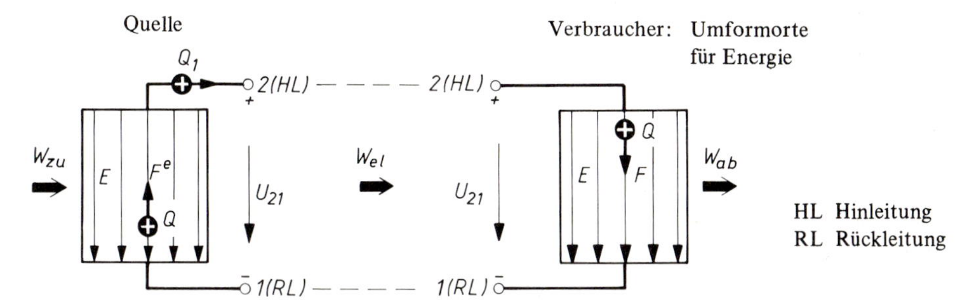

Bild 2.4 Ladungstransport
a) unter Energieaufwand W_{zu} in der Quelle,
b) unter Energieabgabe W_{ab} im Verbraucher

Im folgenden soll davon ausgegangen werden, daß auch im geschlossenen Stromkreis der Energievorrat des elektrischen Feldes dauernd erhalten bleiben soll. Die Erfüllung dieser Forderung verlangt, daß der fortlaufende Energieabbau des Feldes infolge der irreversiblen Umsetzung in Wärmeenergie ständig durch Energiezufuhr ausgeglichen wird. Einem elektrischen Feld kann Energie durch Verschieben von Ladungen gegen die Feldrichtung zugeführt werden. Diese Verschiebungsarbeit kann der Generator mit seiner eingeprägten Kraft F^e nur durch Aufnahme nichtelektrischer Energie verrichten.

▲ **Übung 2.1: Kraft und Arbeit im elektrischen Feld**

Zeichnen Sie das elektrische Feld zwischen der positiven und negativen Platte einer Akkumulatorzelle von 2 V und berechnen Sie die Energie W und die Kraft F, die beim Transport der Ladungsmenge $Q = +2$ mAs gegen die Feldrichtung im Innern des Akkumulators aufgebracht werden müssen. Der Plattenabstand beträgt 1,5 cm.

Lösungsleitlinie:

1. Fertigen Sie eine Zeichnung mit Plus- und Minusplatte der Akkumulatorzelle und nach rechtsherausgeführten Anschlußklemmen.
2. Zeichnen Sie die Richtung der Feldstärke zwischen den Platten ein.
3. Warum besteht auch zwischen den Leitern ein elektrisches Feld? Zeichnen Sie auch dort die Richtung der Feldstärke ein.
4. Berechnen Sie aus der Spannung $U = 2$ V und dem Plattenabstand $s = 1{,}5$ cm die Feldstärke E des homogenen Feldes.
5. Mit welcher Feldkraft versucht das elektrische Feld, die Bewegung der positiven Ladungsmenge $Q = +2$ mAs gegen die Feldrichtung zu verhindern?
6. Welche Arbeit ist erforderlich, um die Ladungsmenge $Q = +2$ mAs von der Minus- zur Plusplatte zu bewegen? Woher stammt diese Energie?

Eine rechnerische Bilanz zeigt: Die dem Stromkreis zugeführte nichtelektrische Energie W_{zu} berechnet sich aus der bei der Ladungsverschiebung erforderlichen eingeprägten Kraft F^e und der zu überwindenden Weglänge s. Verschoben wird die Ladungsmenge $+Q$. Im Verbraucher wird die Feldenergie irreversibel in Reibungswärme umgesetzt, also als nichtelektrische Energie W_{ab} zurückgewonnen.

Insgesamtgesehen wurde keine Energie gewonnen; der Stromkreis hat nur die Rolle der Energieübertragung zwischen räumlich getrennten Orten übernommen. Deshalb gilt:

$$W_{ab} = W_{zu}$$

Dieser Energie-Durchsatz kann theoretisch unbegrenzt hohe Werte annehmen, während der konstant bleibende Feldenergievorrat im Stromkreis vergleichsweise gering ist.

Die Energie, also die Fähigkeit, Arbeit zu verrichten, ist bei diesem Vorgang in ihrem Wesen unverändert geblieben, wohl aber hat sich ihre Erscheinungsform gewandelt. Aus mechanischer Energie (Bewegungsenergie) zum Antrieb des Generators, gemessen in Newtonmeter, wurde elektrische Energie (Feldenergie), gemessen in Wattsekunden, und aus dieser schlußendlich thermische Energie (Wärmeenergie), gemessen in Joule. Die Energieäquivalente lauten:

$$\boxed{\begin{matrix} 1\,\text{Nm} = 1\,\text{Ws} = 1\,\text{J} \\ (1\,\text{VAs}) \end{matrix}} \qquad (2)$$

2.3 Potential

Das elektrische Feld als Denkmodell soll nun noch um den Begriff des Potentials erweitert werden, dessen Voraussetzung die willkürliche Annahme einer Bezugsebene im elektrischen Feld ist. Ausgehend von einem Nullniveau kann wesentlichen Stellen des elektrischen Feldes direkt eine energiemäßige Wirkungsfähigkeit zugeschrieben werden, die man Potential nennt.

Es wird definiert:

Das *Potential* φ an einer Stelle des elektrischen Feldes entspricht der Maßzahl nach jener Energie W, die die Ladungsmenge $+Q = 1$ As an der betreffenden Stelle gegenüber dem Bezugsniveau aufweist:

$$\boxed{\varphi = \frac{W}{+Q}} \qquad \text{Einheit } \frac{1\,\text{VAs}}{1\,\text{As}} = 1\,\text{V (Volt)} \qquad (3)$$

Das Potential ist eine direkt meßbare ortsabhängige, richtungsfreie (skalare) Größe und stellt ein von der elektrischen Ladung unabhängiges Energiemaß des elektrischen Feldes dar.

Die Ortsabhängigkeit des Potentials im elektrischen Feld wird verständlich, wenn man sich mit obiger Definition ein Potentialflächenmodell als Ergänzung des elektrischen Feldmodells bildet. Verbindet man Punkte gleichen Potentials, so entstehen Niveauflächen gleichen Potentials. Sie heißen *Äquipotentialflächen* und werden in der Zeichenebene als Äquipotentiallinien dargestellt (s. Bild 2.5). Bei gleichmäßiger Verteilung der Energie im elektrischen Feld spricht man von einem homogenen Potentialfeld, dessen Äquipotentiallinien dann überall gegeneinander den gleichen Abstand haben und senkrecht zu den Feldlinien verlaufen.

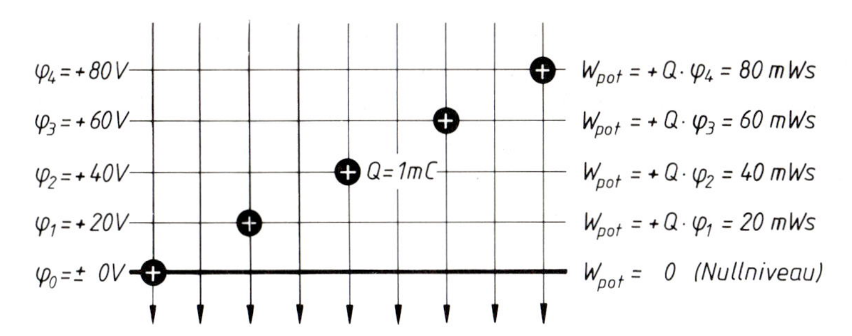

Bild 2.5 Darstellung eines elektrischen Feldes durch Äquipotentiallinien (waagerecht) und Feldlinien (senkrecht)

So wie jeder Masse im bestehenden Schwerkraftfeld der Erde eine potentielle Energie (Lageenergie) zugeordnet werden kann, wird der Ladung $+Q$ im bestehenden elektrischen Feld an der Stelle des Potentials φ die potentielle Energie

$$W_{\text{pot}} = +Q \cdot \varphi$$

zugemessen. In Analogie zu der durch Erfahrung verbürgten Tatsache, daß Massen sich von Stellen höherer Lageenergie zu Stellen geringerer Lageenergie in Bewegung setzen wollen, erklärt man sich auch anschaulich den Strömungsmechanismus von elektrischen Ladungen in Stromkreisen: In Verbrauchern bewegen sich positive Ladungen unter Energieabgabe von Punkten höheren Potentials zu Punkten tieferen Potentials, während sie in Generatoren unter Energieaufwand von Stellen tieferen Potentials zu Stellen höheren Potentials transportiert werden müssen.

2.4 Potentialdifferenz

Die Ladungsmenge $+Q$ bewege sich unter dem Einfluß eines konstanten elektrischen Feldes vom Punkt 2 zum Punkt 1 des Stromkreises. Die potentielle Energie der Ladung $+Q$ an der Stelle des Potentials φ_2 ist gegenüber der Bezugsstelle φ_0

$$W_2 = +Q \cdot \varphi_2,$$

an der Stelle mit dem Potential φ_1

$$W_1 = +Q \cdot \varphi_1,$$

dabei sei

$$\varphi_2 > \varphi_1,$$

demnach ist

$$W_2 > W_1.$$

Das elektrische Feld gibt durch die Bewegung der Ladung $+Q$ auf dem Wege vom höheren Potential φ_2 zum tieferen Potential φ_1 Energie ab; es arbeitet! Der Betrag der verrichteten Arbeit berechnet sich aus:

$$W_{21} = W_2 - W_1$$

$$W_{21} = Q \cdot \varphi_2 - Q \cdot \varphi_1$$

$$W_{21} = +Q(\varphi_2 - \varphi_1)$$

D.h. diese vom Feld abgegebene Arbeit W_{21} ist abhängig von der bewegten Ladungsmenge $+Q$ und der „Spannweite" der beiden Potentiale φ_2 und φ_1. Diese Potentialdifferenz $\varphi_2 - \varphi_1$ heißt *elektrische Spannung* U_{21}.

Definitionsgleichung:

$$\boxed{\frac{W_{21}}{+Q} = \boxed{U_{21}}} = \varphi_2 - \varphi_1 \qquad \text{Einheit } \frac{1\,\text{Ws}}{1\,\text{As}} = 1\,\text{V} \tag{4}$$

Die rechte Seite der Gl. (4) zeigt die meßtechnische Bedeutung des Spannungsbegriffs:

Spannung = Potentialdifferenz

Die linke Seite der Gl. (4) erklärt, daß bei jedem Ladungstransport ein Energiebetrag umgesetzt, d.h. Arbeit verrichtet wird:

Spannung = Arbeit pro Ladungsmenge

Die Spannung U ist eine an den Klemmen (Meßpunkten) des Generators oder Verbrauchers direkt meßbare Größe. Mit Kenntnis der Spannung U berechnet sich dann die zum Transport der Ladungsmenge Q erforderliche Energie W aus:

$$W = QU$$

▲ **Übung 2.2: Potential und Spannung**

Eine Elektrizitätsmenge $Q = +2$ mAs wird von einer Stelle des elektrischen Feldes mit dem Potential $\varphi_1 = +20$ V zu einer Stelle 2 transportiert. Dabei muß die Arbeit $W_{12} = 0{,}44$ Ws aufgebracht werden. Berechnen Sie die Energie des elektrischen Feldes an den Stellen 1 und 2 sowie das Potential φ_2 und die Spannung U_{21}.

Lösungsleitlinie:

1. Gehen Sie bei der Berechnung der Energie W_1 von der Überlegung aus, daß das Potential $\varphi_1 = +20$ V bereits eine Energieangabe gegenüber dem Bezugsniveau ist, die jedoch nur für die Einheitsladungsmenge $Q = +1$ As gilt. Die hier betrachtete Ladungsmenge ist geringer.
2. Die Energie W_2 muß um den aufgewendeten Betrag W_{12} größer sein als W_1.
3. Aus der Energie W_2 der Ladungsmenge $Q = +2$ mAs an der Stelle 2 des elektrischen Feldes können Sie das dort bestehende Potential φ_2 mit der Gl. (3) berechnen.
4. Die Spannung U_{21} erhalten Sie mit der Aussage, daß Spannung eine Potentialdifferenz ist.

2.5 Potentialgefälle

Mit der Einführung eines Bezugspunktes φ_0 kann jedem Punkt des Stromkreises ein Potential φ zugeordnet werden. Die Potentialdifferenz zweier Stellen im Stromkreis wurde als elektrische Spannung definiert. Bezieht man die Potentialdifferenz auf die Leiterlänge, zwischen denen sie besteht, so erhält man das sog. *Potentialgefälle*, das gleich der elektrischen Feldstärke E im Leiter ist (s. Bild 2.6).

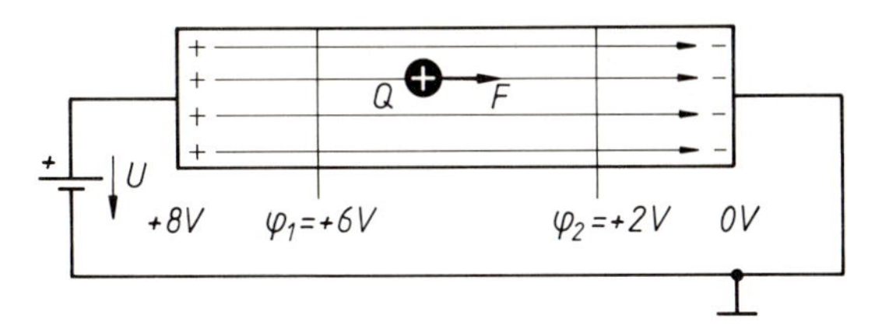

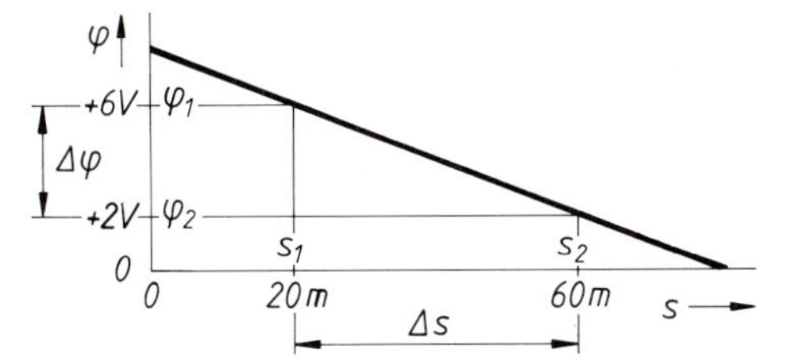

Bild 2.6

Darstellung eines Potentialgefälles

Das Potentialgefälle ist eine meßtechnisch bestimmbare Größe: Man bildet den Quotienten aus den meßbaren Größen elektrische Spannung U und Leiterlänge s zwischen zwei Punkten des Stromkreises.

Definitionsgleichung:

$$\frac{F}{+Q} = \boxed{E} = \frac{U}{s} \qquad \text{Einheit } \frac{1\,\text{N}}{1\,\text{As}} = 1\,\frac{\text{V}}{\text{m}} \tag{5}$$

Die rechte Seite der Gl. (5) zeigt die meßtechnische Möglichkeit zur Bestimmung der elektrischen Feldstärke E:

Feldstärke = Spannung pro Leiterlänge

Die linke Seite der Gl. (5) erklärt den Begriff der elektrischen Feldstärke:

Feldstärke = Feldkraft pro Ladung

Verknüpft man die Gleichungen

$$E = \frac{U}{s} \quad \text{und} \quad U = \varphi_1 - \varphi_2,$$

so erhält man für durch Ladungstrennung verursachte homogene elektrische Felder die Beziehung:

$$E \cdot s = U = \varphi_1 - \varphi_2$$

Diese Verknüpfungsgleichung stellt die Beziehung zwischen dem skalaren Potentialfeld und dem vektoriellen Feldstärkefeld des elektrischen Feldes her.

Im Potentialfeld ersetzt der Begriff Spannung U eine bestehende Potentialdifferenz $\varphi_1 - \varphi_2$ und im Feldstärkefeld das zwischen zwei Punkten liegende Wegstück s, entlang dem eine Feldstärke E vorhanden ist. Elektrische Spannung ist somit eine meßbare Globalgröße des elektrischen Feldes (Stromkreises).

Der Spannungsbegriff erklärt somit

– den zum Ladungstransport notwendigen Energieaufwand:

$$U = \frac{W}{Q}$$

– die zum Messen erforderliche Meßvorschrift:

$$U = \varphi_1 - \varphi_2$$

– die den Ladungstransport bewirkende Feldstärke:

$$E = \frac{U}{s}$$

2.6 Potential- und Spannungsmessung

In meßtechnischer Betrachtung ist das Potential eines Meßpunktes im Stromkreis gleich der Spannung zwischen diesem Punkt und dem Bezugspunkt (⊥), wenn dessen Potential $\varphi_0 = 0$ V gesetzt wird:

$$U_{20} = \varphi_2 - \varphi_0$$

$$U_{20} = \varphi_2, \quad \text{wenn } \varphi_0 = 0\text{ V}$$

Eine *Potentialmessung* ist demnach eine Spannungsmessung mit einer besonderen Bezugspunkt-Vereinbarung. Potentialmessungen werden mit Spannungsmeßgeräten durchgeführt. Ideale Spannungsmeßgeräte können belastungslos, d.h. ohne Stromaufnahme, messen.

Für eine Potentialmessung in der Schaltung verwendet man zweckmäßigerweise ein Drehspulinstrument mit automatischer Polaritätsumschaltung und -anzeige. Die mit Null bezeichnete Anschlußbuchse des Spannungsmessers wird für die gesamte Messung mit dem Punkt der Schaltung verbunden, der willkürlich als Bezugspunkt (Masse) gewählt wird. Die andere mit Volt bezeichnete Anschlußbuchse des Spannungsmessers wird nun nacheinander mit den übrigen Schaltungspunkten verbunden und die jeweilige Anzeige des Meßinstruments am Meßpunkt als Potential eingetragen. Die Masse erhält immer das Potential 0 V, da der Bezugspunkt gegen sich selbst gemessen immer die Anzeige 0 V ergibt. Die Potentiale einer Schaltung können je nach Wahl des Bezugspunktes positive oder negative Vorzeichen erhalten. Das Vorzeichen sagt aus, ob der Meßpunkt auf einem gegenüber dem Bezugspunkt höheren (+) oder tieferen (–) Energieniveau liegt.

Beispiel

In einer Reihenschaltung von drei Spannungsquellen (Monozellen) mit je 1,5 V sollen die Potentiale gemessen werden. Meßpunkt B sei der Bezugspunkt.

Lösung: Die gemessenen Potentiale sind an den betreffenden Meßpunkten in Bild 2.7 eingetragen. Die Polaritätsangabe (+) an den Spannungsquellen kennzeichnet den Pol der Quelle, der gegenüber dem zugehörigen Pol das höhere Potential hat.

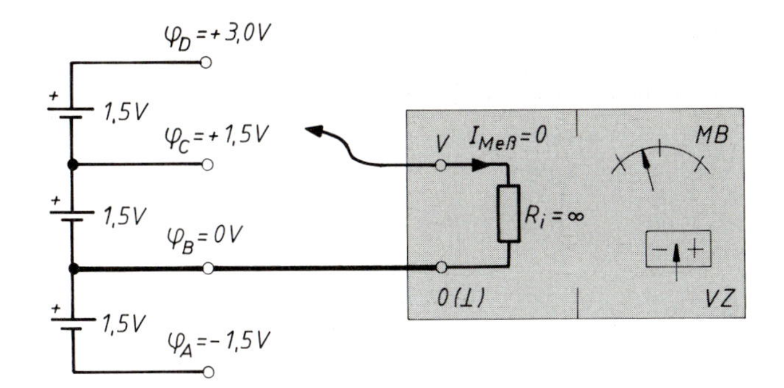

Bild 2.7
Potentialmessung. Bestimmung der Potentiale gegenüber dem Bezugspunkt

Eine *Spannungsmessung* unterscheidet sich von einer Potentialmessung dadurch, daß

- zwischen zwei beliebigen Schaltungspunkten ein Spannungsbetrag gemessen werden kann, und das Meßergebnis unabhängig von der Wahl des Bezugspunktes ist,
- zu jeder Messung eine Umkehrmessung möglich ist (Punkt A gegen B und Punkt B gegen A), die zum gleichen Spannungsbetrag aber entgegengesetzten Vorzeichen führt.

Die elektrische Spannung ist ihrem Wesen nach eine richtungsfreie (skalare) Größe, sie kann aber gemäß ihrer Meßbedingung als Potentialdifferenz ein positives oder negatives Vorzeichen haben. Eine Gleichspannung ist zeitlich nicht veränderlich, d. h. sie hat für den betrachteten Zeitraum einen konstanten Betrag und gleichbleibende Polarität.

Beispiel

In einer Reihenschaltung von 3 Spannungsquellen (Monozellen) mit je 1,5 V sollen die Spannungen U_{CA} und U_{AC} gemessen werden. Meßpunkt B sei der Bezugspunkt der Schaltung.

Lösung:

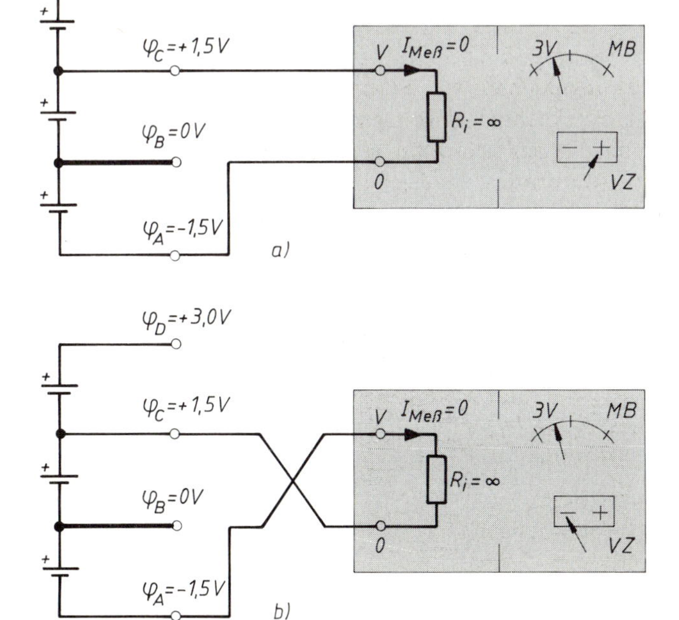

Bild 2.8
Spannungsmessung. Ermittlung der

a) Potentialdifferenz $U_{CA} = \varphi_C - \varphi_A = +3\,V$
b) Potentialdifferenz $U_{AC} = \varphi_A - \varphi_C = -3\,V$

Um die für das Vorzeichen maßgebenden Indizes an den Spannungen zu vermeiden, werden für die Spannungen *Zählpfeile* eingeführt. Durch die Indizes bzw. die Zählpfeilrichtung ist in Bild 2.9 die Meßvorschrift festgelegt. In beiden Fällen ist Punkt B gegen Punkt A zu messen, d.h. es müssen Meßpunkt B mit Buchse V (Volt) und Meßpunkt A mit Buchse 0 (Null) des Meßgerätes verbunden werden.

Beispiel

Es sind zwei gleichwertige Möglichkeiten der eindeutigen Bezeichnung einer Generatorspannung darzustellen. Die Anzeige des Meßgerätes ist am Meßbeispiel zu erläutern.

Lösung:

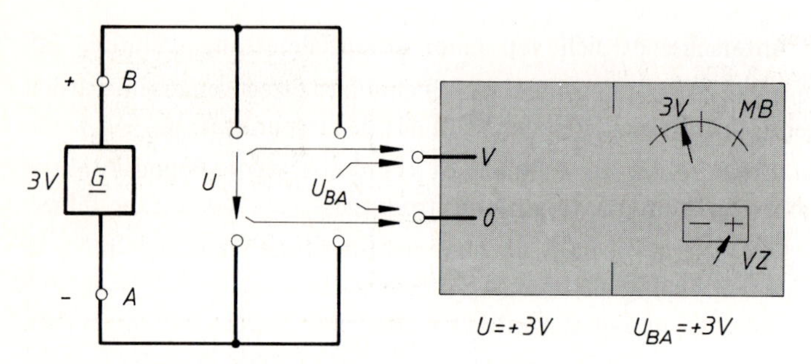

Bild 2.9 Die gemessene Spannung kann angegeben werden durch
a) $U = +3$ V (mit Spannungspfeil)
b) $U_{BA} = +3$ V (ohne Spannungspfeil, dafür Indizes)

2.7 Vertiefung und Übung

△ **Übung 2.3: Spannungsmesser**

Einem Spannungsmesser mit automatischer Polaritätsumschaltung und Vorzeichenanzeige werden von einer Schaltung die angegebenen Potentiale zugeführt. Die Skala des Meßgerätes habe 100 Skalenteile, der Meßbereich (MB) sei auf 10 V eingestellt. Die fehlenden Angaben sind zu ermitteln (Bild 2.10).

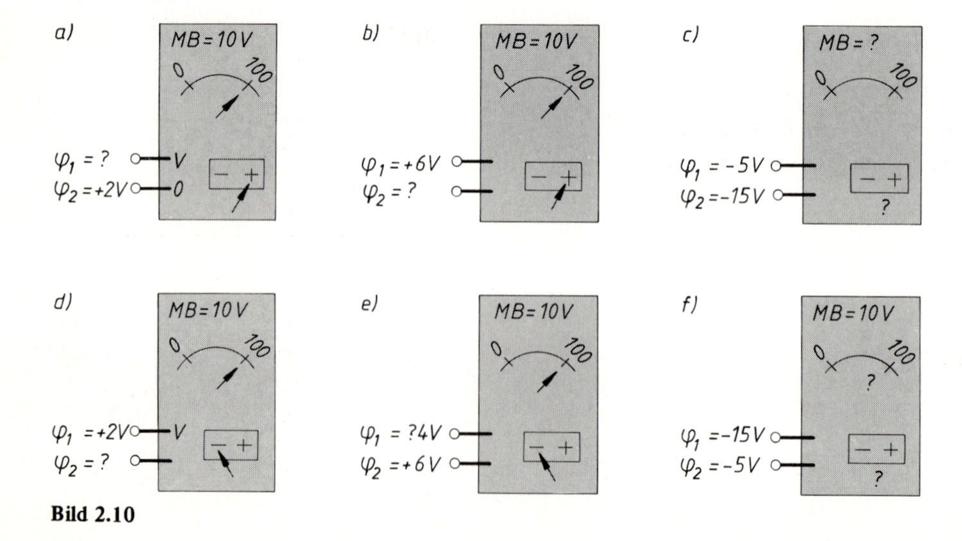

Bild 2.10

△ **Übung 2.4: Potentialmessung**

In Bild 2.11 wird eine Potentialmessung dargestellt.

a) Bestimmen Sie die Anzeigen des Meßgerätes nach Betrag und Vorzeichen, wenn die Schaltungspunkte A, B und C mit der Meßleitung berührt werden.

b) Berechnen Sie die Spannung U_{BA}!

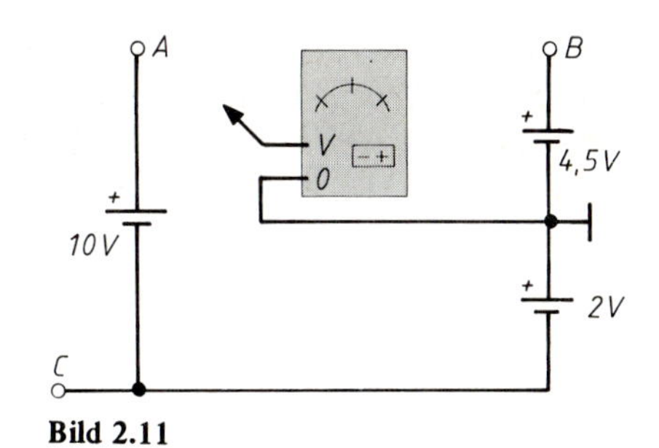

Bild 2.11

△ **Übung 2.5: Spannungsmessung**

Ein Spannungsmesser zeigt gemäß Bild 2.12 im Meßbereich 3 V einen Betrag, entsprechend 12 von 30 Skalenteilen, an. Die Vorzeichenanzeige steht auf „+".

a) Wie lautet das Meßergebnis für die Spannung U_{AB}?

b) Wie groß sind die Potentiale der Schaltungspunkte A, B und C?

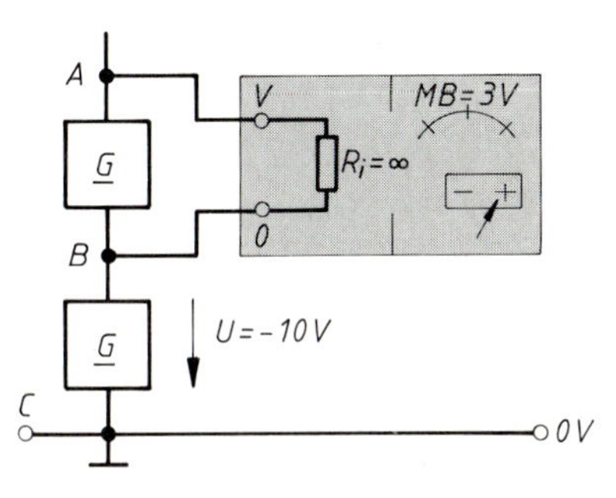

Bild 2.12

△ **Übung 2.6: Spannungsangaben mit Indizes**

Bild 2.13 zeigt eine symmetrische Doppel-Spannungsquelle.

a) Bestimmen Sie die Potentiale φ_A und φ_B.

b) Berechnen Sie die Spannungen U_{AB}, U_{BC} und U_{AC}!

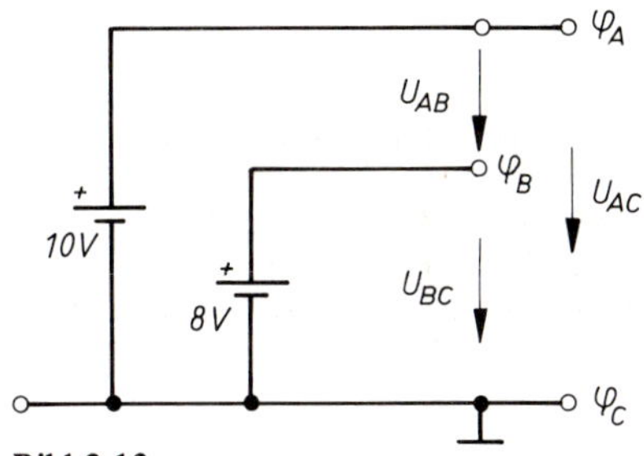

Bild 2.13

△ **Übung 2.7: Spannungs-Zählpfeile**

Berechnen Sie die gesuchten Potentiale und Spannungen in der Schaltung nach Bild 2.14.

φ_A = ? (Masse)
φ_B = ?
U_2 = ?
U_3 = ?
U_4 = ?
U_{BA} = ?

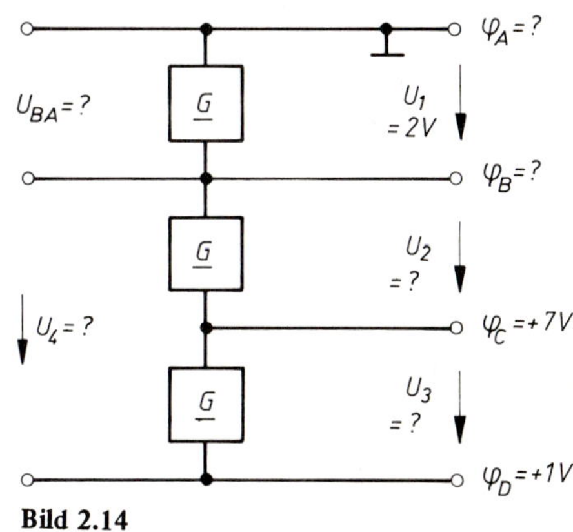

Bild 2.14

● **Übung 2.8: Fehlerhafte Spannungsmessung**

Warum kann in der nebenstehenden Schaltung (Bild 2.15) mit dem Spannungsmesser keine Spannung gemessen werden?

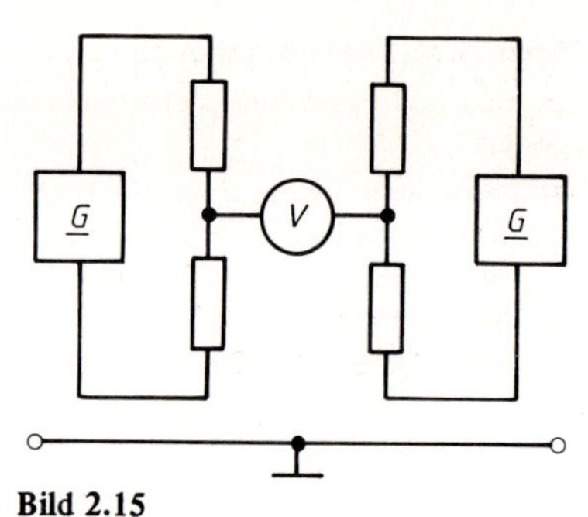

Bild 2.15

△ **Übung 2.9: Potentiale und Spannungen**

Berechnen Sie alle Potentiale und die Spannung U_{AB} zwischen den Punkten A und B der Schaltung. Alle Spannungsquellen (Bild 2.16) haben 1,5 V.

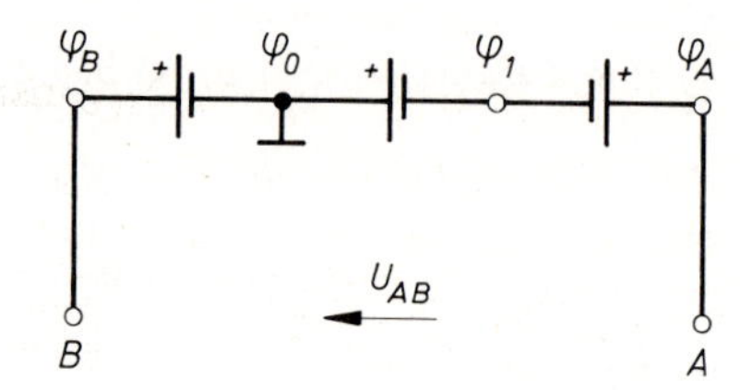

Bild 2.16

● **Übung 2.10: Volt**

Welche energiemäßige Bedeutung hat die Spannungseinheit „Volt"? Was bedeutet demnach die Angabe $U = 100$ V?

△ **Übung 2.11: Potentialgefälle und Feldstärke**

In einer 5 m langen Kupferschiene bestehe ein homogenes elektrisches Feld mit dem Potentialgefälle 100 mV/m.

a) Wie groß ist die Feldstärke des elektrischen Feldes in der Kupferschiene?
b) Wie groß ist die zwischen den Schienenenden meßbare Spannung?
c) Berechnen Sie die Feldstärke aus dem Potentialgefälle für den Schienenabschnitt A–B, wenn Punkt A 3 m und Punkt B 2 m vom Schienenende entfernt sind und dieses auf Potential $\varphi_0 = 0$ V liegt.

△ **Übung 2.12: Arbeit des elektrischen Feldes**

Das elektrische Feld in einem Verbraucher verrichte zwischen den Anschlußstellen 1 und 2 Verschiebungsarbeit an der Ladung $+Q$, die vom Potential $\varphi_2 = 1{,}5$ V zum Potential $\varphi_1 = 1{,}0$ V bewegt wird.

a) Wie groß ist die Energieabgabe des Feldes an den Verbraucher, wenn die Ladungsmengen $Q_1 = 100$ mC, $Q_2 = 200$ mC und $Q_3 = 2$ As transportiert werden?
b) Wie groß ist die Energieabgabe des elektrischen Feldes an den Verbraucher in ladungsmengenunabhängiger Angabe? Wie heißt die betreffende Größe?

△ **Übung 2.13: Spannungen, Potentiale und Feldstärke im elektrischen Feld**

In einem elektrischen Leiter mit der überall gleichen Feldstärke 0,2 V/m wird die Ladungsmenge 6 mC von einem Punkt A um 240 cm gegen die Feldrichtung zu einem Punkt B bewegt.

Berechnen Sie

a) die erforderliche Kraft,
b) die zum Ladungstransport erforderliche Energie W_{AB},
c) die Spannung U_{BA} von Punkt B gegen Punkt A.
d) Zeichnen Sie $E = f(s)$, und berechnen Sie aus dem Diagramm die Spannung U_{AB}.

3 Elektrische Strömung

Man versteht unter einer elektrischen Strömung oder einem *Strom* einen Transportvorgang von Ladungsträgern. In Metallen stehen dafür die freien Elektronen zur Verfügung.

3.1 Stromrichtung und Stromstärke

Als *technische Stromrichtung* wurde die Fließrichtung der positiven Ladungsträger festgelegt. Diese bewegen sich im äußeren Stromkreis vom höheren zum tieferen Potential und damit vom Pluspol des Generators durch den Verbraucher zurück zum Minuspol. Nur in besonderen Fällen wird die *Elektronenstromrichtung* betrachtet, die der technischen Stromrichtung entgegengesetzt ist.

Wie kann man die Stärke eines Teilchenstromes erfassen? Zunächst könnte man an die Strömungsgeschwindigkeit der Ladungsträger als geeignete Größe denken. Bei näherer Betrachtung zeigt sich jedoch, daß die Fließgeschwindigkeit abhängig von den Leitungsquerschnitten ist. An Engpaßstellen treten größere Strömungsgeschwindigkeiten auf als in breiten Durchgangsabschnitten. Um diese Schwierigkeiten gänzlich auszuschalten, definiert man die *Stromstärke* als eine Mengengeschwindigkeit, d.h. als eine an der Beobachtungsstelle gemessene Durchströmladungsmenge geteilt durch die Durchströmzeit:

$$\text{Stromstärke} = \frac{\text{Ladungsmenge}}{\text{Zeit}}$$

Um zu zeigen, daß die Mengengeschwindigkeit der Ladungsträger in jedem Leitungsquerschnitt gleich groß ist, betrachten wir die Strömung am Übergang einer querschnittsveränderlichen Durchgangsstelle. Fließt durch das breite Durchgangsstück die Ladungsmenge Q_1 innerhalb von 1 s, so muß in der Engpaßstelle ebenfalls eine Ladung $Q_2 = Q_1$ in der gleichen Zeit von 1 s hindurchfließen, wenn das „Elektronengas“ als „nichtkomprimierbare, unzerstörbare Flüssigkeit“ angesehen werden darf. Betrachtet man in diesem Sinne alle hintereinanderliegenden Durchgangsabschnitte, also den gesamten Stromkreis, so ergibt sich die Aussage: Strom ist eine in sich geschlossene Erscheinung des Stromkreises ohne Anfang und Ende, also ein „Stromband“, dessen Stärke in unterschiedlichen Leitungsquerschnitten gleich groß ist.

3.2 Zeitlich konstante Strömung

Registriert man mit einem Ladungszähler und einer Uhr die gleichmäßig durch den Leitungsquerschnitt fließende Elektrizitätsmenge, so ist $Q_2 - Q_1 = \Delta Q$ die durchgeflossene Ladungsmenge und $t_2 - t_1 = \Delta t$ die Durchströmzeit.

Die Liefergeschwindigkeit der durch einen Leiterquerschnitt geflossenen Ladungsmenge beschreibt die Stärke der Strömung.

Ist diese unabhängig von der Zeit, also konstant, spricht man von einem *Gleichstrom*:

$$I = \frac{\Delta Q}{\Delta t} \qquad \text{Einheit } \frac{1\,\text{As}}{1\,\text{s}} = 1\,\text{A} \tag{6}$$

Die Differenzen ΔQ und Δt in Gl. (6) haben ein Vorzeichen. Δt ist immer positiv, wenn man sich an die feste Rechenregel „späterer Wert minus früherer Wert" hält. ΔQ ist bei Anwendung dieser Regel positiv, wenn $Q_2 > Q_1$, und negativ, wenn $Q_2 < Q_1$ ist. Die Umkehrung des Vorzeichens bedeutet demgemäß eine Umkehrung der Stromrichtung. Die geometrische Deutung von Gl. (6) ist aus Bild 3.1 zu ersehen. Der Differenzenquotient ΔQ geteilt durch Δt ist die Steigung der Ladungsmengenfunktion.

Beispiel

Wir betrachten zeitlich konstante Ladungsmengenströmungen. Die den Leiter durchfließende Ladungsmenge sei durch eine Funktion $q = \mathrm{f}(t)$ gegeben. Gesucht wird der zeitliche Verlauf des Stromes $I = \mathrm{f}(t)$.

Lösung:

$$I = \frac{\Delta Q}{\Delta t} = \frac{0{,}3\,\text{As} - 0{,}2\,\text{As}}{4\,\text{s} - 3\,\text{s}} \qquad\qquad I = \frac{\Delta Q}{\Delta t} = \frac{0{,}3\,\text{As} - 0{,}4\,\text{As}}{3\,\text{s} - 2\,\text{s}}$$

$$I = +\,0{,}1\,\text{A} \qquad\qquad I = -\,0{,}1\,\text{s}$$

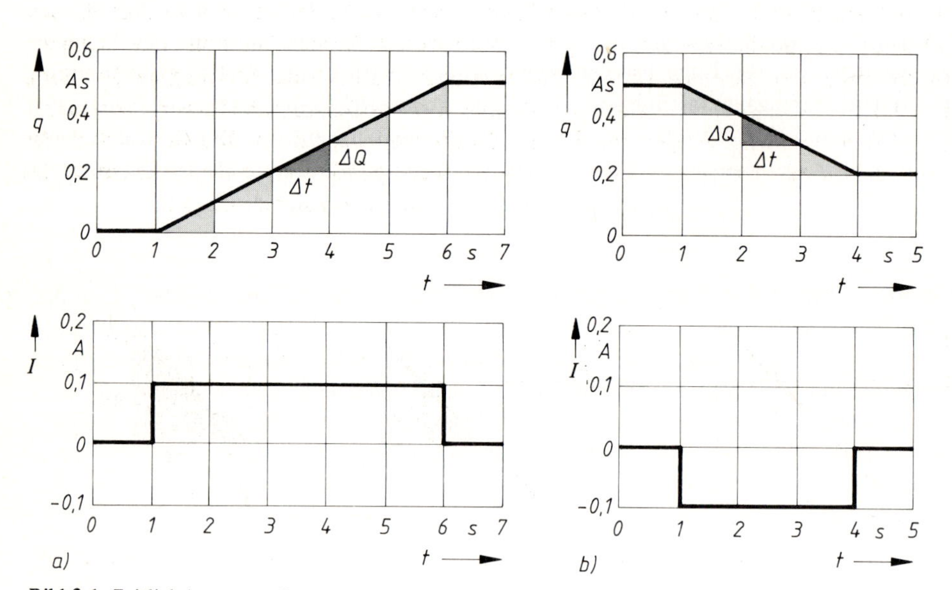

Bild 3.1 Zeitlich konstante Ladungsmengenströmung
a) Zunahme der Ladungsmenge: $+I\,(\rightarrow)$ b) Abnahme der Ladungsmenge: $-I\,(\leftarrow)$

△ **Übung 3.1: Kontrollfragen zum Beispiel**

1. Wieso ist die für den Zeitbereich 3 ... 4 s durchgeführte Stromstärkeberechnung (Bild 3.1a) für den gesamten Zeitraum 1 ... 6 s gültig?
2. Wieso ist im Zeitbereich 6 ... 7 s gemäß Bild 3.1a) die Stromstärke Null, obwohl doch die Ladungsmenge 0,5 As geflossen ist?
3. Zu welchem (falschen!) Ergebnis kommt man, wenn die Stromstärke mit der Formel $I = Q/t$ berechnet wird? Unter welchen Bedingungen liefert diese Formel richtige Ergebnisse?

3.3 Zeitlich veränderliche Strömung

Das Schaubild 3.2c zeigt eine ungleichmäßige Zunahme der Ladungsmenge, d.h. in gleichen Zeitabschnitten passieren verschieden große Elektrizitätsmengen den Querschnitt. Die Stromstärke hat also in jedem Zeitpunkt einen anderen Betrag.

Bei zeitabhängigen Strömen kommt der mittlere Betrag des Stromes immer näher an den tatsächlichen *Momentanwert des Stromes* heran, je kleiner der Betrachtungszeitraum Δt gewählt wird. Im Grenzfall, wenn nämlich Δt gegen Null geht, ohne Null je zu erreichen, kann die Änderung der zufließenden Elektrizitätsmenge für diesen kleinen Zeitraum mit genügender Genauigkeit als gleichmäßig angenommen werden.

Da man

$\Delta t \rightarrow 0$ mit Differential $\mathrm{d}t$

$\Delta Q \rightarrow 0$ mit Differential $\mathrm{d}q$

bezeichnet, ist

$$\boxed{i = \frac{\mathrm{d}q}{\mathrm{d}t}} \quad \text{mit Lösungsmethode „Tangente“.} \qquad (7)$$

Die Lösungsmethode für den Differentialquotienten $\mathrm{d}q/\mathrm{d}t$ lautet: Man zeichne für den gewählten Zeitpunkt eine Tangente an die Funktionskurve und bestimme ihre Steigung. Die Steigung der Tangente stimmt im Berührungspunkt mit der Steigung der Funktion $q = \mathrm{f}(t)$ überein und stellt deshalb den Momentanwert oder Augenblickswert des Stromes dar. Momentanwerte werden mit kleinen Buchstaben bezeichnet. Die Genauigkeit des halbgraphischen Lösungsverfahrens ist für diese Belange völlig ausreichend. Es ersetzt das mathematische Verfahren des Differenzierens, das hier nicht angesprochen wird.

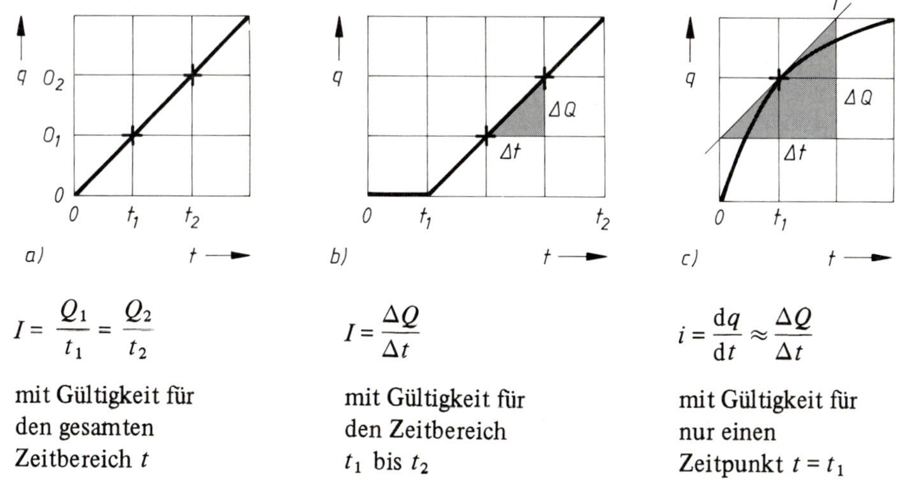

Bild 3.2 Zur Ermittlung der Stromstärke bei unterschiedlichen zeitlichen Verläufen der transportierten Ladungsmenge

Beispiel

Wir betrachten zeitlich veränderliche Ladungsmengenströmungen. Es sind die Momentanwerte der Ströme aus den in Bild 3.3 gegebenen Ladungsmengenfunktionen $q = f(t)$ zu berechnen.

Lösung: Die Lösung beginnt mit dem Einzeichnen der Tangenten T. Die Steigung einer Tangente stimmt mit der Steigung der Funktionskurve im Berührungspunkt überein, deshalb wird zur Lösung die Tangentensteigung berechnet:

für $t = 0,2$ s

$$i = \frac{dq}{dt} \approx \frac{\Delta Q}{\Delta t}$$

$$i = \frac{0,6\text{ C} - 0,2\text{ C}}{0,3\text{ s} - 0,1\text{ s}} = 2\text{ A}$$

für $t = 0,2$ s

$$i = \frac{dq}{dt} \approx \frac{\Delta Q}{\Delta t}$$

$$i = \frac{0\text{ C} - 0,4\text{ C}}{0,3\text{ s} - 0,1\text{ s}} = -2\text{ A}$$

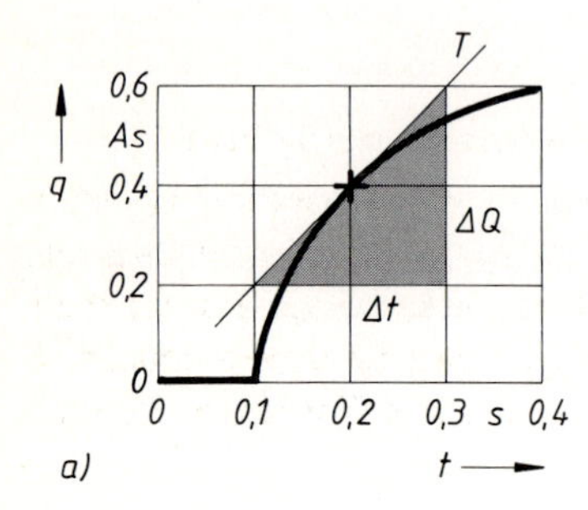

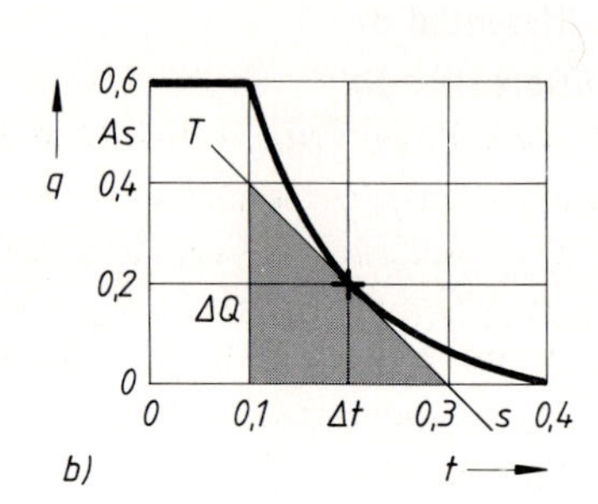

Bild 3.3
Zur Ermittlung eines Momentanwertes der Stromstärke

△ **Übung 3.2: Methode „Tangentensteigung"**

Ermitteln Sie zum Beispiel Bild 3.3 den zeitlichen Verlauf des Stromes für den Zeitraum $t = 0$ bis $t = 0,4$ s, und zeichnen Sie diese Funktion.

3.4 Transportierte Ladungsmenge

Bild 3.4a) zeigt, wie die durch den Gleichstrom I *transportierte Ladungsmenge* Q proportional mit der Zeit t zunimmt. Es ist also:

$$\boxed{\Delta Q = I\,\Delta t} \qquad \text{Einheit } 1\text{ A} \cdot 1\text{ s} = 1\text{ As} = 1\text{ C} \tag{8}$$

Die Ladungsmenge ΔQ zeigt sich in Bild 3.4a) als eine Rechteckfläche unter der Stromfunktion mit den Seitenlängen I und Δt.

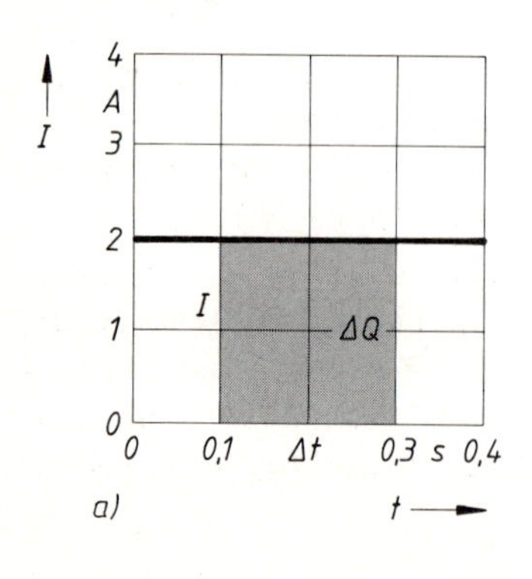

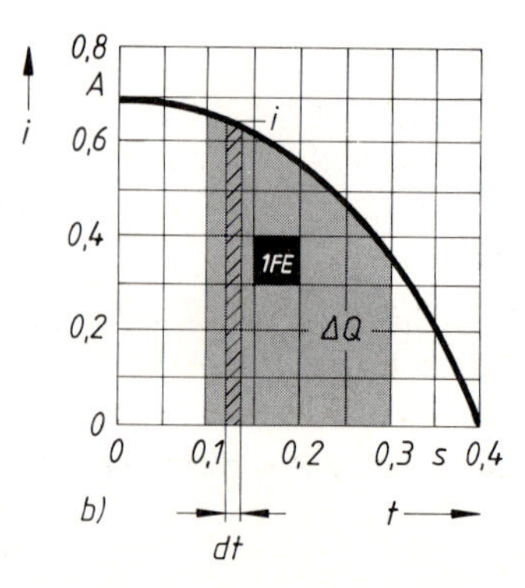

Bild 3.4
Zur Berechnung der transportierten Ladungsmenge bei
a) einem Gleichstrom
b) einem Strom mit beliebigem zeitlichen Verlauf

Fließt dagegen ein zeitlich veränderlicher Strom $i = f(t)$, so kann man zunächst nur sagen, daß in der sehr kurzen Zeit $\mathrm{d}t$ die sehr kleine Ladungsmenge $\mathrm{d}q$ transportiert wird:

$$\mathrm{d}q = i\,\mathrm{d}t$$

In Bild 3.4b) wird zur Verdeutlichung das Rechteck mit einer erkennbaren Breite angegeben. Die Summe aller Rechtecke von t_1 bis t_2 ist einerseits eine Fläche unter der Stromkurve, andererseits aber die durch den Strömungsquerschnitt geflossene *Ladungsmenge* ΔQ:

$$\boxed{\Delta Q = \int_{t_1}^{t_2} i\,\mathrm{d}t} \quad \text{mit Lösungsmethode „Flächenauszählen"} \qquad (9)$$

Man liest Gl. (9): „ΔQ ist das Integral über i mal $\mathrm{d}t$ in den Grenzen von t_1 bis t_2."

Die Lösungsmethode für das Integral lautet: Man zeichne die Funktionskurve auf Millimeterpapier und zähle die Anzahl der Flächenelemente FE aus, die die Fläche zwischen t_1 und t_2 bilden, und multipliziere mit dem Wert eines Flächenelements, das durch seine Breite mal Länge bestimmt wird. Die Genauigkeit des graphischen Lösungsverfahrens ist für diese Belange völlig ausreichend. Es ersetzt das mathematische Verfahren des Integrierens, das hier nicht angesprochen wird:

$$\Delta Q \approx x\ \mathrm{FE} \cdot \frac{\mathrm{Wert}}{\mathrm{FE}} \qquad \text{(s. Bild 3.4b)}$$

Beispiel

Wir betrachten in Bild 3.4a) einen zeitlich konstanten und in Bild 3.4b einen zeitlich veränderlichen Strom. Wie groß ist die durch beide Ströme im Zeitraum 0,1 ... 0,3 s transportierte Ladungsmenge?

Lösung: Die gerasterten Flächen unter den Stromkurven stellen die transportierten Ladungsmengen dar.

$$\Delta Q = I\,\Delta t = I\,(t_2 - t_1)$$
$$\Delta Q = 2\ \mathrm{A} \cdot 0{,}2\ \mathrm{s} = 0{,}4\ \mathrm{As}$$

$$\Delta Q = \int_{t_1 = 0{,}1\ \mathrm{s}}^{t_2 = 0{,}3\ \mathrm{s}} i\,\mathrm{d}t \approx x\ \mathrm{FE} \cdot \frac{\mathrm{Wert}}{\mathrm{FE}}$$

$$\Delta Q \approx 21{,}4\ \mathrm{FE} \cdot \frac{0{,}1\ \mathrm{A} \cdot 0{,}05\ \mathrm{s}}{\mathrm{FE}} \approx 0{,}107\ \mathrm{C}$$

3.5 Messen der Stromstärke

Zur *Strommessung* muß ein bestehender Stromkreis unterbrochen und der Strommesser in die Unterbrechungsstelle geschaltet werden. Diese Maßnahme stellt nur dann keine Störung des Stromkreises mit Auswirkung auf die Stromstärke dar, wenn der Strommesser einen vernachlässigbar kleinen Durchgangswiderstand (Innenwiderstand R_i) hat.

Man verwendet zur Strommessung zweckmäßigerweise ein Drehspulinstrument mit automatischer Polaritätsumschaltung und -anzeige. Die Stromrichtungsanzeige „+" bedeutet, daß der Strom der positiven Ladungsträger (technische Stromrichtung) in die Buchse A (Ampere) hinein- und aus Buchse 0 herausfließt. Bei Strommeßgeräten ohne automatische Polaritätsumschaltung führt die oben beschriebene Polung zur „richtigen" Ausschlagsrichtung des Zeigers.

Beispiel

Wir betrachten die Meßanzeige eines Strommessers, der im Meßbereich 10 mA einen Zeigerausschlag von 40,5 Skalenteilen bei einem Skalenendwert von 100 Skt anzeigt. Die Polaritätsanzeige des Strommessers steht auf „+".

a) Wie groß ist die in Bild 3.5 gemessene Stromstärke?

b) Welche Polarität hat die Spannung des Generators an den Klemmen A–B?

Lösung:

a) $I = 10\ \text{mA} \cdot \dfrac{40{,}5\ \text{Skt}}{100\ \text{Skt}} = 4{,}05\ \text{mA}$

b) „+" an Klemme A
„–" an Klemme B

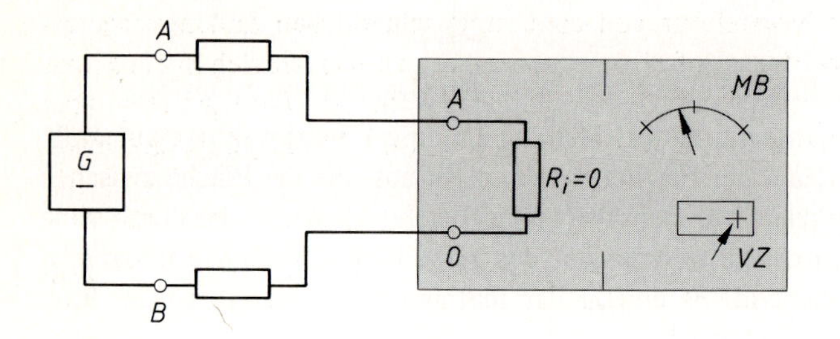

Bild 3.5
Strommessung nach Betrag und Richtung

3.6 Stromdichte

In einem Stromkreis mit verschiedenen Leitungsquerschnitten, die von einem Strom I durchflossen werden, ergeben sich unterschiedliche Geschwindigkeiten der Ladungsträger mit Auswirkung auf die örtliche Erwärmung der Leitung.

Alle während der Zeit Δt durch den Strömungsquerschnitt fließenden Elektronen besitzen die mittlere Geschwindigkeit v. Somit befindet sich eine Ladungsmenge ΔQ im Volumen $\Delta V = A \cdot \Delta s$ (Querschnitt mal Länge). Enthält die Volumeneinheit N Elektronen mit der Elementarladung e, so ist:

$$I = \frac{\Delta Q}{\Delta t} \qquad \text{mit } \Delta Q = N \cdot e \cdot A \cdot \Delta s$$

$$I = N \cdot e \cdot A \cdot \frac{\Delta s}{\Delta t}$$

$$I = N \cdot e \cdot A \cdot v \qquad \text{mit } v = \frac{\Delta s}{\Delta t}$$

Daraus ergibt sich die mittlere Geschwindigkeit v der Ladungsträger, die proportional zur Stromstärke I und umgekehrt proportional zum Leitungsquerschnitt A ist:

$$v = \frac{1}{Ne} \cdot \frac{I}{A}$$

Beispiel

In einem Kupferdraht vom Querschnitt $0{,}2\ \text{mm}^2$ fließt ein Gleichstrom von 0,6 A. Wie groß ist die mittlere Ladungsträgergeschwindigkeit bei $N = 10^{23}$ Ladungsträger/1 cm^3?

Lösung:

$$v = \frac{I}{ANe}$$

$$v = \frac{0{,}6\ \text{A}}{0{,}2\ \text{mm}^2 \cdot 10^{20}\ 1/\text{mm}^3\ (-\ 1{,}6) \cdot 10^{-19}\ \text{As}} = -\ 0{,}19\ \text{mm/s}$$

Fließt der gleiche Strom durch den Glühfaden einer Glühlampe mit $A = 0{,}0004\ \text{mm}^2$, so ergibt sich eine 500 mal größere mittlere Ladungsträgergeschwindigkeit, die den Faden zum Glühen bringt. Das Minuszeichen bedeutet, daß die Elektronen sich mit der Geschwindigkeit v gegen die Feldrichtung bewegen.

Mit zunehmender Geschwindigkeit der Ladungsträger erhöht sich die thermische Beanspruchung des Leiters, da die Elektronen mit kinetischer Energie auf die Atomrümpfe des Kristallgitters aufprallen. Die Vorstellung von einer unterschiedlichen Ladungsträgergeschwindigkeit und deren Auswirkung auf die Erwärmung des Leiters hat sich in der Praxis jedoch nicht durchgesetzt. An seine Stelle ist der Begriff der *Stromdichte S* getreten. Man setzt unter der Voraussetzung, daß im ganzen Querschnitt A die Ladungsträgergeschwindigkeit v gleich groß ist:

$$\boxed{S = \frac{I}{A}} \quad \text{für } I \perp A\ ^{1)} \qquad \text{Einheit } \frac{1\ \text{A}}{1\ \text{mm}^2} = 1\ \text{A/mm}^2 \tag{10}$$

Fließt der Strom I durch einen Querschnitt A_2, ergibt sich die Stromdichte S_2. Im Querschnitt $A_1 = 0{,}5\,A_2$ ist dann die Stromdichte $S_1 = 2\,S_2$. Tatsächlich ist keine doppelt so große Dichte der Ladungsträger festzustellen, sondern eine verdoppelte Ladungsträgergeschwindigkeit!

Die Geschwindigkeit der Ladungsträger bzw. die dafür gesetzte Stromdichte entsteht jedoch nicht von selbst. Die Ursache der Bewegung von Ladungsträgern ist die örtliche Feldstärke E eines elektrischen Feldes:

$$E = \frac{F}{+Q} \qquad \text{Einheit } \frac{1\ \text{N}}{1\ \text{C}} = \frac{1\ \text{V}}{1\ \text{m}}$$

Wirkt jedoch auf einen Körper (Ladungsträger) eine Kraft, so kann sich dieser nur dann mit konstanter Geschwindigkeit bewegen, wenn er eine gleich große Gegenkraft erfährt, anderenfalls müßte er entweder beschleunigt oder abgebremst werden. Alle festen und flüssigen elektrischen Leiter, konstante Temperatur vorausgesetzt, haben nun die Eigenschaft, eine zur Geschwindigkeit der Ladungsträger proportionale Bremskraft zu erzeugen, so daß die o.g. Kräftebedingung für jede Ladungsträgergeschwindigkeit erfüllt ist. Deshalb ist:

$$\vec{S} \sim \vec{E}$$

Feldstärke $\vec{E}$ und Stromdichte $\vec{S}$ sind Vektoren und zeigen in die gleiche Richtung. Das Verhältnis von Stromdichte S und Feldstärke E im Leiter wird als elektrische Leitfähigkeit κ (Kappa) bezeichnet:

$$\boxed{\kappa = \frac{S}{E}} \qquad \text{Einheit } \frac{1\ \text{A/mm}^2}{1\ \text{V/m}} = 1\ \frac{\text{m}}{\Omega\text{mm}^2} \tag{11}$$

---

1) $I \perp A$ bedeutet: Strom I fließt senkrecht zum Querschnitt A.

3.7 Vertiefung und Übung

△ **Übung 3.3: Strom und Ladungsmenge**

Gegeben ist der zeitlich veränderliche Strom $i = f(t)$ gemäß nachfolgender Wertetabelle. Welcher Gleichstrom würde in der gleichen Zeit die gleiche Ladungsmenge transportieren?

t (ms)	0	1	2	3	4	5	6	7	8	9	10
i (A)	0	0,3	0,58	0,8	0,96	1	0,96	0,8	0,58	0,3	0

● **Übung 3.4: Stromstärkebegriff**

Welche Aussagen sind der Angabe $i = 0{,}3$ A zu entnehmen?

△ **Übung 3.5: Zeitlicher Verlauf des Stromes**

Berechnen und zeichnen Sie den zeitlichen Verlauf des Stromes $i = f(t)$ gemäß Vorgabe der Ladungsmengenfunktion in Bild 3.6.

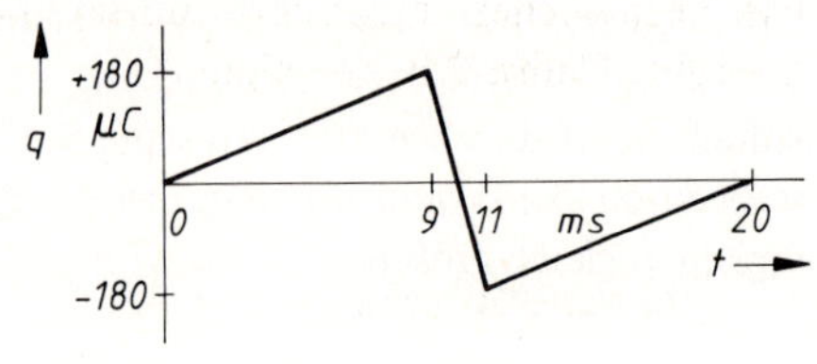

Bild 3.6

△ **Übung 3.6: Ladungsmenge und Energie**

Die Aufladung einer Akkumulatorzelle verläuft nach Strom und Spannung, wie im Bild 3.7 angegeben. Berechnen Sie aus diesen Kurven

a) die transportierte Ladungsmenge Q,
b) die aufgenommene Energie W

für den Zeitraum von 0 h bis 5 h.

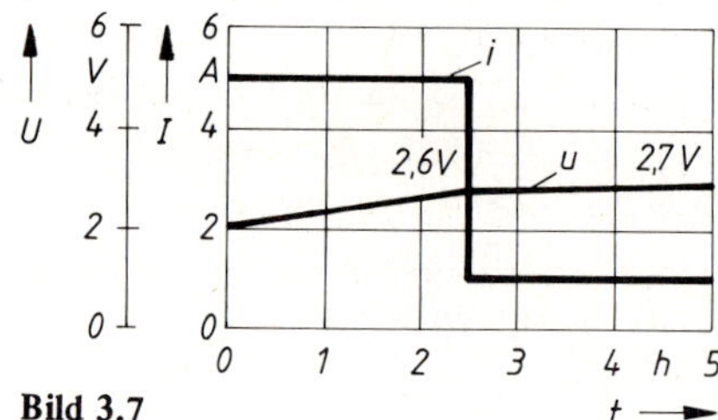

Bild 3.7

△ **Übung 3.7: Momentanwerte des Stromes**

Berechnen Sie die Stromstärke für die Zeitpunkte

a) $t_1 = 4$ s,
b) $t_2 = 12$ s

der in Bild 3.8 gezeigten Ladungsmengenfunktion.

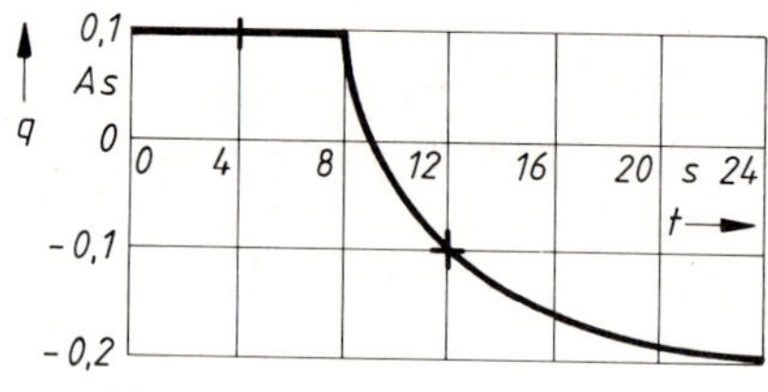

Bild 3.8

△ **Übung 3.8: Transportierte Ladungsmenge**

Wie groß ist die vom Strom i im Zeitraum 0 ... 50 ms transportierte Ladungsmenge? (Bild 3.9)

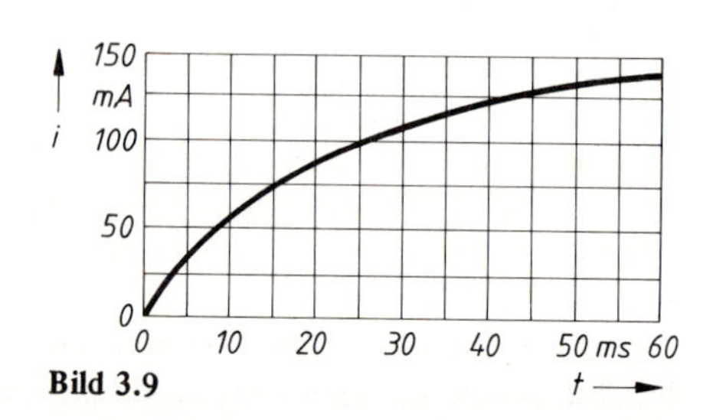

Bild 3.9

4 Elektrischer Widerstand

Der elektrische Widerstand ist der vielschichtigste Begriff der Elektrotechnik. In diesem Kapitel wird Widerstand als Kurzbeschreibung der statischen Strom-Spannungs-Kennlinie von Verbrauchern eingeführt und sein Zusammenhang mit dem drahtgebundenen Aufbau typischer Verbraucher gezeigt.

4.1 Widerstandsbegriff

Erfahrungsgemäß können Spannung und Stromstärke im Stromkreis keine voneinander unabhängigen Werte annehmen. Es muß also untersucht werden, in welchem Verhältnis Spannung und Stromstärke zueinander stehen und von welchen Einflußgrößen dieses Verhältnis abhängig ist.

Dazu ist eine Meßschaltung nach Bild 4.1 erforderlich. Um das typische Strom-Spannungs-Verhalten des gegebenen Verbrauchers näher kennenzulernen, wird eine Spannungsquelle mit einstellbarer Spannung verwendet. Die Meßergebnisse werden zunächst in ihrer zeitlichen Zuordnung als *Liniendiagramm* aufgezeichnet. Man erkennt jedoch, daß für die beabsichtigte Erkenntnisgewinnung die Zeitwerte keine Bedeutung haben. In der *Wertetabelle* werden deshalb die Zeitwerte nicht registriert. Die Veranschaulichung der Meßwerte führt zur statischen, d.h. zeitpunktunabhängigen *Strom-Spannungs-Kennlinie.*

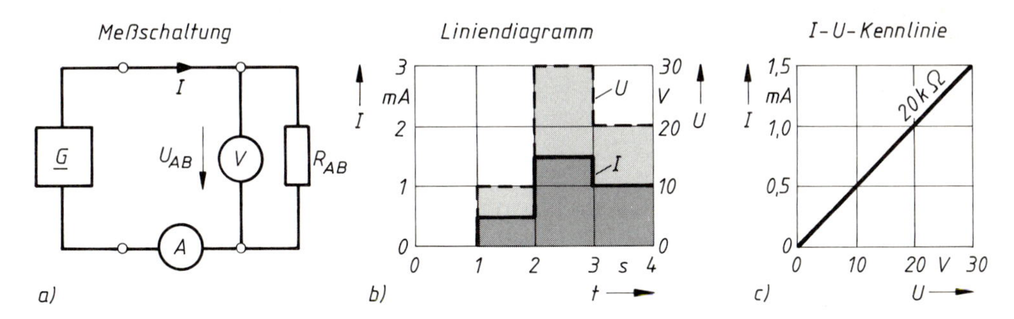

Bild 4.1 Elektrischer Widerstand
a) Meßschaltung, b) Liniendiagramm, c) *I-U*-Kennlinie

Die in Bild 4.1 gezeigte *I-U-Kennlinie* ermöglicht eine quantitative Auswertung, d.h. die Gewinnung eines Kennwertes. Man definiert zur Kennzeichnung des statischen Strom-Spannungs-Zusammenhanges bei Verbrauchern den *elektrischen Widerstand*:

$$\text{Widerstand} = \frac{\text{Spannung}}{\text{Stromstärke}}$$

$$\boxed{R_{AB} = \frac{U_{AB}}{I}} \qquad \text{Einheit } \frac{1\,\text{V}}{1\,\text{A}} = 1\,\Omega\,(\text{Ohm}) \qquad (12)$$

$$1\,\text{k}\Omega = 10^3\,\Omega$$
$$1\,\text{M}\Omega = 10^6\,\Omega$$

R_{AB} ist die als Widerstand bezeichnete Eigenschaft eines Verbrauchers, innerhalb seiner Klemmen A–B für sein typisches Spannungs-Strom-Verhältnis zu sorgen, sofern $U_{AB} \neq 0$ ist. Dabei ist Gl. (12) vereinbar mit den Vorstellungen, daß die angelegte Spannung U_{AB} den Strom I bzw. der eingespeiste Strom I den Spannungsabfall U_{AB} verursacht.

Der Kehrwert des Widerstandes heißt *Leitwert*; er dient gleichberechtigt neben dem Widerstand der Beschreibung des I-U-Verhaltens eines Verbrauchers:

$$\boxed{G_{AB} = \frac{1}{R_{AB}}} \qquad \text{Einheit } \frac{1}{1\,\Omega} = 1\,\text{S}\,(\text{Siemens}) \qquad (13)$$

$$1\,\text{mS} = 10^{-3}\,\text{S}$$
$$1\,\mu\text{S} = 10^{-6}\,\text{S}$$

Der Verbraucher selbst wird üblicherweise auch als Widerstand bezeichnet, so daß dieser Begriff leider im doppelten Sinn verwendet wird:

1. *Widerstand als elektrische Größe* beschreibt das Spannungs-Strom-Verhältnis als wichtige elektrische Eigenschaft eines Bauelements.
2. *Widerstand als Bauelement* kennzeichnet die Bauform (z.B. Drahtwiderstände, Schichtwiderstände, Schiebewiderstände) oder den Verwendungszweck (z.B. Vorwiderstand, Meßwiderstand, Lastwiderstand) eines Gerätes.

   Im Allgemeinen geht aus einem Text deutlich hervor, ob mit dem Begriff „Widerstand" die physikalische Eigenschaft oder das Bauelement gemeint ist.

4.2 Lineare Widerstände

Der an einem Schaltwiderstand feststellbare Zusammenhang $I = f(U)$ oder $U = f(I)$ heißt allgemein statische Kennlinie. Ihre Meßvorschrift lautet: Spannung U anlegen und stationäre (zeitlich unveränderlich bleibende) Stromstärke I feststellen. Wiederholung des Vorgangs mit anderen Spannungswerten. Ergibt die graphische Darstellung dieser Meßwerte-Paare eine lineare I-U-Kennlinie, so spricht man von einem linearen Widerstand oder von einem Widerstand mit linearer I-U-Kennlinie, wie sie in Bild 4.2a) dargestellt ist. Linear wirkende Widerstände haben einen konstanten Widerstandswert. Wurde die Messung mit Gleichstrom durchgeführt, so heißt dieser Widerstand auch *Gleichstromwiderstand* und erhält den Formelbuchstaben R[1]). Also gilt:

$$R = \frac{U}{I} = \text{konst.}$$

---

[1]) Bei Messung mit sinusförmigen Wechselstrom heißt dieser Widerstand allgemein Wechselstromwiderstand und erhält das Formelzeichen Z. Näheres hierzu ab Kap. 22.

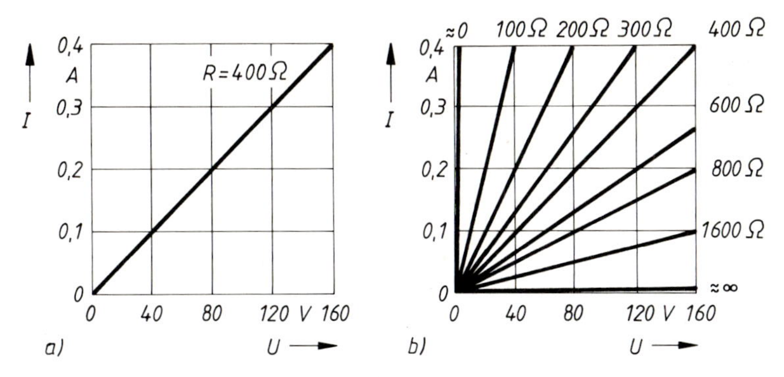

Bild 4.2 Widerstände mit linearer *I*-*U*-Kennlinie
a) Einzelkennlinie, b) Kennlinienfächer

Der in Bild 4.2b) dargestellte Kennlinienfächer besteht aus neun einzelnen *I*-*U*-Kennlinien und soll zeigen, daß steile Kennlinien kleinere Widerstandswerte und flache Kennlinien größere Widerstandswerte anzeigen.

△ **Übung 4.1: Lineare *I*-*U*-Kennlinie**
Zeichnen Sie die *I*-*U*-Kennlinie für den Gleichstromwiderstand R = 6,8 kΩ im Spannungsbereich $0 < U < 10$ V.

4.3 Nichtlineare Widerstände

Bauelemente mit einer nichtlinearen *I*-*U*-Kennlinie besitzen ebenfalls die Widerstandseigenschaft, ihr Widerstandswert ist jedoch nicht konstant, da das Gesetz „*n*-fache Spannung ergibt *n*-fache Stromstärke" nicht gilt.

Geht man wieder davon aus, daß die Kennlinie mit Gleichstrom gemessen wird, so errechnet sich der nichtkonstante Gleichstromwiderstand als Quotient der ermittelten Meßwerte-Paare:

$$R = \frac{U}{I} \neq \text{konst.}$$

Bild 4.3 zeigt ein Beispiel für eine nichtlineare *I*-*U*-Kennlinie eines Verbrauchers. Die errechneten Widerstandswerte steigen hier mit zunehmender Spannung an. Man bezeichnet Schaltwiderstände mit diesem Verhalten als nichtlinear wirkend oder kurz als *nichtlineare Widerstände*.

Welchen Gleichstromwiderstandswert der nichtlinear wirkende Verbraucher tatsächlich hat, hängt von der betriebsmäßig vorgesehenen Spannung ab. Die betriebsmäßige Einstellung eines Wertepaares von Spannung und Strom wird in der Elektronik als *Arbeitspunkt* (AP) des Bauelementes bezeichnet, in der Energietechnik spricht man von den Nennwerten der Spannung und des Stromes.

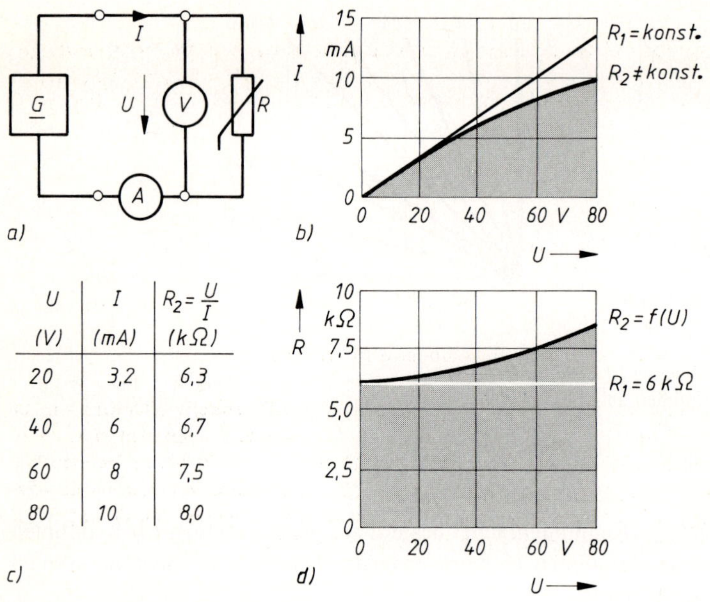

U (V)	I (mA)	$R_2 = \frac{U}{I}$ (kΩ)
20	3,2	6,3
40	6	6,7
60	8	7,5
80	10	8,0

Bild 4.3 Nichtlinearer Widerstand
a) Meßschaltung, b) Nichtlineare *I-U*-Kennlinie, c) Meßwertetabelle
d) Spannungsabhängigkeit des Widerstandswertes

Nichtlineare Widerstände sind durch Angabe ihres Gleichstromwiderstandes im Arbeitspunkt nicht treffend beschrieben. Es muß noch eine zweite Angabe, die man differentiellen Widerstand nennt, hinzugenommen werden:

$$r = \frac{\Delta U}{\Delta I} \qquad \text{Einheit } \frac{1\,\text{V}}{1\,\text{A}} = 1\,\Omega \qquad (14)$$

Der ***differentielle Widerstand r*** gibt an, wie groß die Stromänderung ΔI ist, wenn die Spannung am Widerstand um ΔU geändert wird. Der differentielle Widerstand beschreibt gemäß Bild 4.4 den Steilheitsverlauf der *I-U*-Kennlinie im Arbeitspunktbereich:

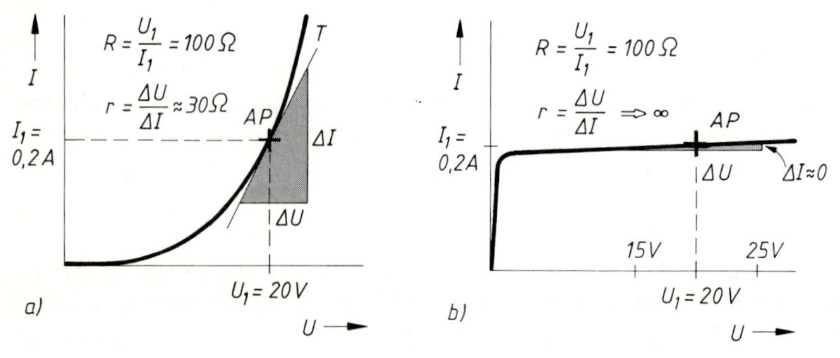

Bild 4.4 Bestimmung des differentiellen Widerstandes an nichtlinearen *I-U*-Kennlinien
Senkrecht / Waagerecht verlaufende *I-U*-Kennlinienstücke würden bedeuten $r = 0$ / $r = \infty$.

Beispiel

Wir betrachten in Bild 4.4b) die I-U-Kenninie eines nichtlinearen Widerstandes, um für die angelegte Gleichspannung U den Gleichstrom I und für die Spannungsänderung ΔU die zugehörige Stromänderung ΔI in Arbeitspunkt AP zu ermitteln. Wie groß sind die Widerstandswerte, die diese Aussagen der I-U-Kennlinie beschreiben?

Lösung:

Gleichstromwiderstand:

$$R = \frac{U}{I} = \frac{20\text{ V}}{0{,}2\text{ A}} = 100\ \Omega$$

Differentieller Widerstand:

$$r = \frac{\Delta U}{\Delta I} = \frac{25\text{ V} - 15\text{ V}}{0{,}2\text{ A} - 0{,}2\text{ A}} = \infty \qquad \text{(s. Bild 4.4b, dort ist } \Delta I \approx 0)$$

Man ersieht aus Bild 4.4b) und der zugehörigen Rechnung, daß der differentielle Widerstand nicht nur vom Betrag des Gleichstromwiderstandes $R = 100\ \Omega$ abweicht, sondern sogar den Wert $r = \infty$ aufweist und dies kein Widerspruch zu der zweiten Kennlinienaussage ist, daß in diesem Verbraucher ein Strom von 0,2 A fließt. Der differentielle Widerstand $r = \infty$ besagt hier lediglich, daß im Arbeitspunktbereich aus einer Spannungsänderung im nichtlinearen Widerstand keine Stromänderung folgt. Die Stromstärke 0,2 A bleibt bei Spannungsänderung unverändert erhalten!

▲ **Übung 4.2: Widerstandsbegriffe**

Die Kennlinienaufnahme eines nichtlinearen Widerstandes ergab folgende Meßwerte:

U (V)	0	10	20	40	80	120	140	160
I (mA)	0	40	55	70	75	80	90	110

Berechnen Sie den Gleichstromwiderstand und den differentiellen Widerstand des nichtlinearen Widerstandes im Arbeitspunkt AP, der bei $U = 80$ V liegt.

Welche Eigenschaft zeigt der nichtlineare Widerstand durch seine Kennlinie im Arbeitsbereich?

Lösungsleitlinie:

1. Zeichnen Sie die Kennlinie $I = f(U)$ mit 1 cm $\hat{=}$ 20 V und 1 cm $\hat{=}$ 20 mA. Tragen Sie den Arbeitspunkt ein.
2. Errechnen Sie den Gleichstromwiderstand aus den Koordinatenwerten des Arbeitspunktes AP.
3. Markieren Sie den Arbeitsbereich (flacher Kennlinienteil). Berechnen Sie die Steigung der Kennlinie im Arbeitsbereich. Der reziproke Wert der Steigung ist der differentielle Widerstand.
4. Welche Stromänderung ΔI ergibt sich, wenn im Arbeitpsunkt AP eine Spannungsänderung $\Delta U = 10$ V auftritt?

4.4 Ohmsches Gesetz

Das Ohmsche Gesetz ist das Grundgesetz des elektrischen Stromes in Leitern. Es besagt, daß erfahrungsgemäß der Spannungsabfall U_{12} längs eines Leiters zwischen den Punkten 1 und 2 proportional der Stromstärke I im Leiter ist:

$$U_{12} = R \cdot I$$

Der Proportionalitätsfaktor R berücksichtigt den Aufbau und die Leitfähigkeit des Leiters. Zur Bestimmung von R geht man von dem Erfahrungsgesetz der konstanten elektrischen Leitfähigkeit κ (Kappa) der metallischen und elektrolytischen Leiter bei konstanter Temperatur ϑ aus (s. Gl. (11)):

$$\kappa = \frac{S}{E} = \text{konst.} \qquad \text{bei } \vartheta = \text{konst.}$$

Ersetzt man die Stromdichte S durch die Stromstärke I im Leiterquerschnitt

$$S = \frac{I}{A}$$

und die Feldstärke E durch das Potentialgefälle zwischen den Punkten 1 und 2

$$E = \frac{U_{12}}{l},$$

so erhält man:

$$\kappa = \frac{I \cdot l}{A \cdot U_{12}}$$

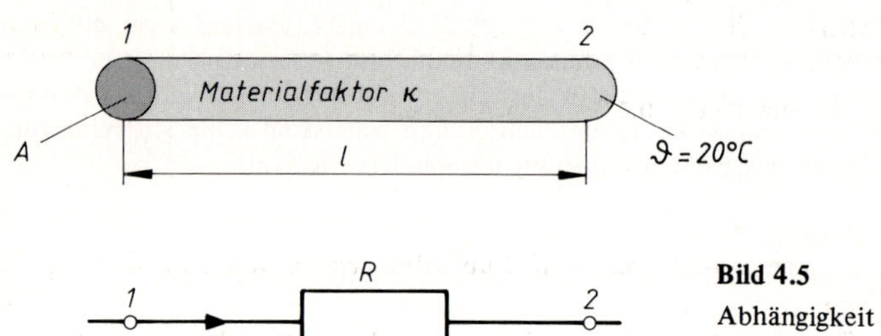

Bild 4.5
Abhängigkeit des Widerstandswertes von den Abmessungen und dem Material eines Drahtes

Die Umformung dieser Beziehung führt dann auf das *Ohmsche Gesetz*

$$\boxed{U_{12} = \frac{l}{\kappa \cdot A} I = R \cdot I} \tag{15}$$

und zeigt, daß der Proportionalitätsfaktor R sich aus Materialfaktoren des Leiters zusammensetzt. Man bezeichnet ihn deshalb als *Leitungswiderstand* oder *ohmschen Widerstand* R_{20} des Leiters bei konstanter Temperatur $\vartheta = 20\ °\mathrm{C}$:

$$\boxed{R_{20} = \frac{l}{\kappa \cdot A} = \frac{\rho \cdot l}{A}} \qquad \text{Einheit } \frac{1\ \mathrm{m}}{1\ \mathrm{Sm/mm^2} \cdot 1\ \mathrm{mm^2}} = 1\ \Omega \tag{16}$$

In Worten: Der Leitungswiderstand R ist proportional zum spezifischen Widerstand des Materials und zur Drahtlänge sowie umgekehrt proportional zur Querschnittsfläche des Drahtes.

Der spezifische Widerstand ρ (Rho) nennt den Widerstand eines Leiters von der Länge 1 m und vom Querschnitt 1 $\mathrm{mm^2}$ bei 20 °C. Die Leitfähigkeit κ (Kappa) nennt den Leitwert eines 1 m langen Leiters vom Querschnitt 1 $\mathrm{mm^2}$ bei 20 °C.

Tabelle 4.1 Leitfähigkeit κ, spezifischer Widerstand ρ, Temperaturkoeffizient α bei 20 °C

Materialien	κ in $\frac{\text{Sm}}{\text{mm}^2}$	ρ in $\frac{\Omega\text{mm}^2}{\text{m}}$	α in %/K
Reine Metalle:			
1. Aluminium	36	0,0278	+ 0,4 *
2. Kupfer	56	0,0178	+ 0,39 *
3. Silber	60,5	0,0165	+ 0,41 *
4. Wolfram	18,2	0,055	+ 0,46
Widerstandslegierungen:			
1. Konstantan	2	0,5	± 0,003
2. Manganin	2,3	0,43	± 0,001
Lineare Widerstände:			
1. Kohleschicht	0,033	30	- 0,05
2. Metallschicht (CrNi)	1	1	± 0,01

* In der Praxis wird für Metalle $\alpha \approx 0{,}4$ %/K angenommen.

Beispiel

Ein Kupferdraht mit der Länge 44 m und einem Kupferdurchmesser von 0,1 mm ⌀ liegt an einer Spannung von 2 V/4 V/6 V.

Wie lauten mögliche Spannungs-Strom-Verhältnisse, wenn die Leitfähigkeit des Kupfers $\kappa = 56$ Sm/mm² ist?

Lösung:

$$A = \frac{d^2 \pi}{4} = \frac{(0{,}1\ \text{mm})^2\ \pi}{4} = 0{,}00785\ \text{mm}^2$$

$$R = \frac{l}{A \cdot \kappa} = \frac{44\ \text{m}}{0{,}00785\ \text{mm}^2 \cdot 56\ \text{Sm/mm}^2} = 100\ \Omega$$

Die graphische Darstellung der Wertepaare

$$\frac{U}{I} = R = \frac{2\ \text{V}}{20\ \text{mA}} = \frac{4\ \text{V}}{40\ \text{mA}} = \frac{6\ \text{V}}{60\ \text{mA}} = 100\ \Omega$$

ergibt eine lineare I-U-Kennlinie.

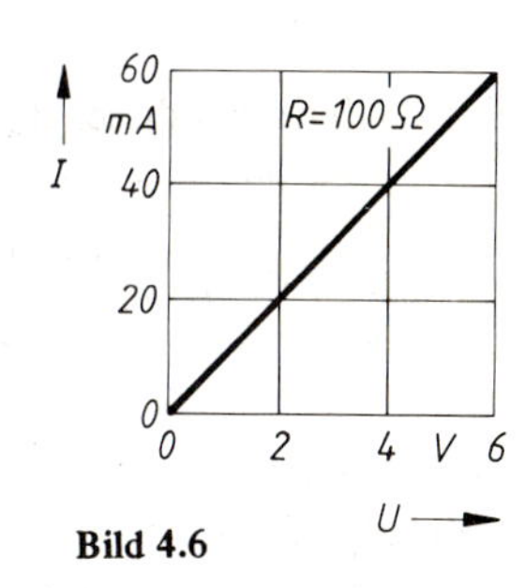

Bild 4.6

Bei der Anwendung des Ohmschen Gesetzes muß beachtet werden, daß die Spannung U die Potentialdifferenz am Widerstand R ist, der vom Strom I durchflossen wird. Ist diese Potentialdifferenz nicht bekannt, muß sie aus anderen Spannungsangaben erst ermittelt werden. Dieser Fall ist – wie das nachfolgende Beispiel zeigt – immer dann zu beachten, wenn in der Schaltung mehr als ein Widerstand vorhanden ist. Der häufig vorkommende Fehler besteht in diesen Fällen darin, daß die falsche Spannung zur Berechnung der Stromstärke im Widerstand herangezogen wird!

Beispiel

In der gegebenen Schaltung ist das Ohmsche Gesetz auf einem Teil des Stromkreises anzuwenden, um den Widerstand R_1 zu bestimmen.

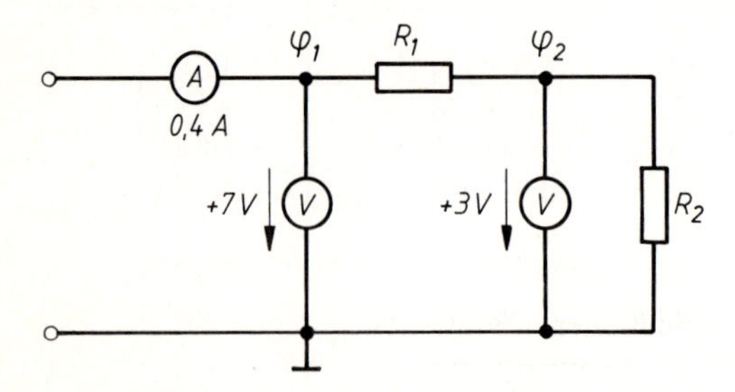

Bild 4.7
Ansatz des Ohmschen Gesetzes für den Widerstand R_1

Lösung:

Spannung an R_1: $U_{12} = \varphi_1 - \varphi_2 = (+7\text{ V}) - (+3\text{ V}) = 4\text{ V}$

Widerstand R_1: $R_1 = \dfrac{U_{12}}{I} = \dfrac{4\text{ V}}{0{,}4\text{ A}} = 10\ \Omega$

Da das Ohmsche Gesetz heutzutage nicht in ausschließlicher Beziehung zu Leitungsdrähten gesehen wird, drückt man seine Aussage neutraler aus und schreibt:

$$R = \frac{u}{i} = \text{konst.}$$

In dieser Form besagt das Ohmsche Gesetz: Hat der Widerstand einen konstanten Wert, so sind die Augenblickswerte der Spannung proportional zu den Augenblickswerten des Stromes, unabhängig von speziellen Versuchsbedingungen wie z.B. Stromart, Kurvenform und Frequenz des Meßstromes.

Diese Aussage hat eine große meßtechnische Bedeutung beim Oszillographieren von Strömen. Da Oszilloskope[1]) wegen ihres hohen Eingangswiderstandes wie Spannungsmesser geschaltet werden, ist man bei der Abbildung von Strömen gezwungen, diese durch einen bekannten Meßwiderstand fließen zu lassen und den dort verursachten Spannungsabfall zu messen (s. Bild 4.8). Es kann dann über das Ohmsche Gesetz auf den zeitlichen Verlauf des Stromes zurückgerechnet werden.

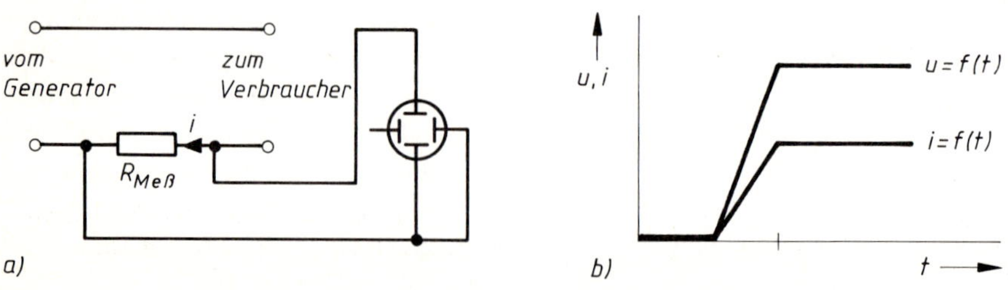

Bild 4.8 Oszillographieren eines Stromes. Das Schirmbild zeigt den zeitlichen Verlauf des zum Strom i proportionalen Spannungsabfalls $u = i \cdot R_{\text{Meß}}$.

1) Meßgerät zur Kurvenformanzeige von Spannungen

4.5 Temperaturabhängigkeit des Widerstandes

Der Widerstandswert von Schaltwiderständen ist allgemein temperaturabhängig. Man unterscheidet:

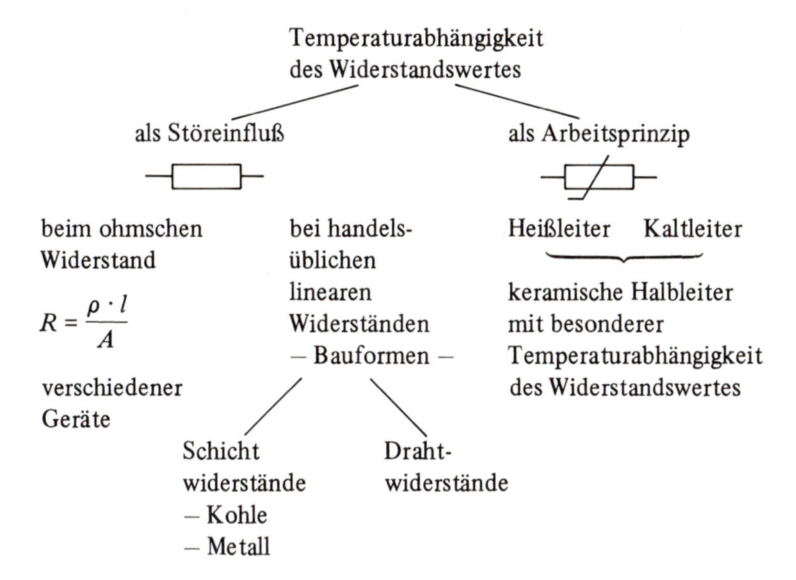

Nachfolgend soll die Temperaturabhängigkeit des Widerstandes unter dem Gesichtspunkt des Störeinflusses behandelt werden.

Im Abschnitt 4.3 wurde eine nichtlineare *I-U*-Kennlinie vorgestellt, ohne dort den Grund der Nichtlinearität zu untersuchen. Ein typisches Bauelement mit nichtlinearer *I-U*-Kennlinie ist die Metallfaden-Glühlampe, deren stationäre (zeitlich konstante) *I-U*-Wertepaare in der folgenden Tabelle angegeben sind. Bild 4.9 zeigt den Verlauf der statischen *I-U*-Kennlinie der Metallfadenlampe.

U (V)	0	10	40	80	120	160	200	240
I (A)	0	0,04	0,1	0,16	0,2	0,22	0,24	0,26

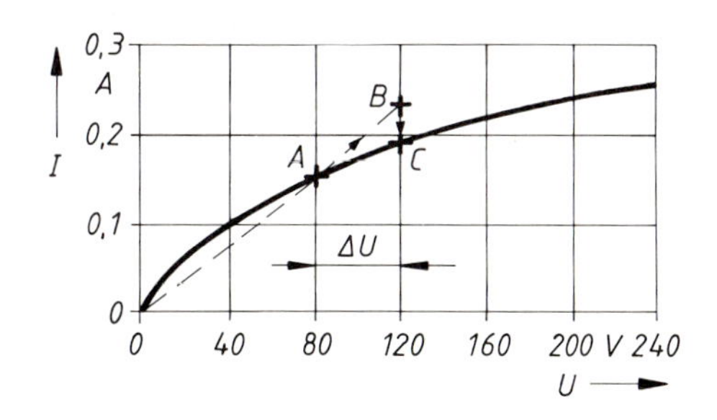

Bild 4.9
Nichtlineare Kennlinie einer Metallfadenlampe. Flüchtiger Betriebspunkt B bei schneller Spannungserhöhung um ΔU

Um den Einfluß der Erwärmung auf die I-U-Kennlinie zu zeigen, betrachten wir den Arbeitspunkt $U = 80$ V; $I = 160$ mA. In diesem Betriebspunkt hat die Glühlampe (bei einer bestimmten Temperatur des Metallfadens) einen Gleichstromwiderstand von:

$$R_A = \frac{U_A}{I_A} = \frac{80 \text{ V}}{0{,}16 \text{ A}} = 500 \,\Omega$$

Wird nun die Spannung an der Glühlampe sehr schnell auf 120 V erhöht, so folgt der Strom und steigt auf:

$$I_B = \frac{U_B}{R_A} = \frac{120 \text{ V}}{500 \,\Omega} = 0{,}24 \text{ A}$$

Der erhöhte Strom verursacht jedoch eine größere Erwärmung des Metallfadens, und es zeigt sich, daß der neue Betriebspunkt B nur flüchtig ist, denn der Strom sinkt auf 0,2 A und damit auf ein neues stabiles Gleichgewicht zwischen Glühlampentemperatur, Umgebungstemperatur und Stromerwärmung. Der Glühlampenwiderstand erreicht den neuen, gegenüber R_A größeren Wert:

$$R_C = \frac{U_C}{I_C} = \frac{120 \text{ V}}{0{,}2 \text{ A}} = 600 \,\Omega$$

Man kann deshalb annehmen, daß die Temperatur des Glühfadens einen erheblichen Einfluß auf den Widerstand hat und damit die Ursache für die Nichtlinearität der Metallfaden-Kennlinie ist. Nachfolgend soll deshalb die Temperaturabhängigkeit des Widerstandes näher untersucht werden.

a) Temperaturunabhängiger Widerstand

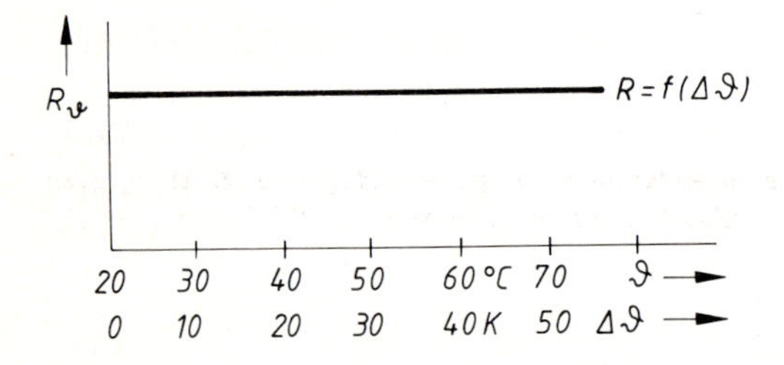

Bild 4.10
Temperatur*un*abhängiger Widerstand. Die Temperaturänderung $\Delta\vartheta$ ist auf die Temperatur $\vartheta = 20$ °C bezogen.

Das Bild 4.10 zeigt zunächst, daß eine Temperaturerhöhung keinen Einfluß auf den Widerstandswert hat. Diese Unabhängigkeit von der Temperatur kann durch eine Temperaturfehlerkompensation erreicht werden.

b) Temperaturabhängiger Widerstand

Ändert sich der Widerstand eines Stoffes mit der Temperatur, so läßt sich der funktionale Zusammenhang beider Größen nur durch Messung ermitteln. Man erhält eine Erfahrungsfunktion $R = f(\vartheta)$.

Bei den üblichen Leiterwerkstoffen ist eine annähernde Proportionalität zwischen Widerstands- und Temperaturzunahme im Bereich von − 20 °C bis + 100 °C festzustellen.

Die Widerstandszunahme ist:

$$\boxed{\Delta R = \alpha_{20}\, \Delta\vartheta\, R_{20}} \tag{17}$$

Der Proportionalitätsfaktor α_{20} heißt *Temperaturkoeffizient* (auch *TK*-Wert genannt) und nennt die prozentuale Widerstandsänderung je 1 Kelvin Temperaturänderung. Bei Temperaturerhöhung verursachen positive Temperaturkoeffizienten eine Widerstandszunahme und negative *TK*-Werte eine Widerstandsabnahme. Der Temperaturbeiwert reiner Metalle ist $\alpha_{20} \approx +0{,}4$ %/K (s. auch Tabelle S. 33).

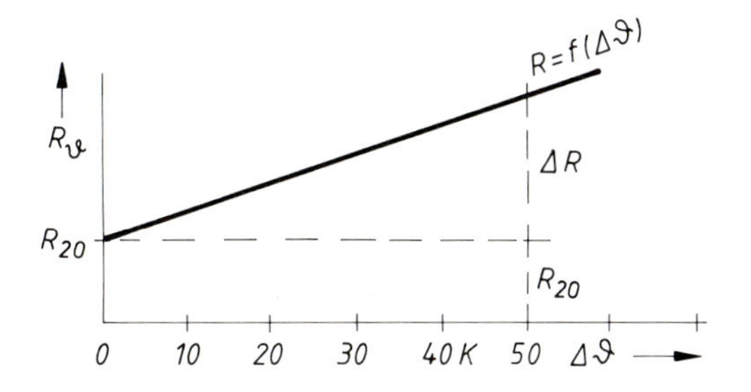

Bild 4.11
Temperaturabhängiger Widerstand in der Proportionalzone

Wie das Bild 4.11 zeigt, setzt sich der Widerstand bei einer bestimmten Temperatur aus dem Ausgangswiderstand und der Widerstandszunahme zusammen:

$$R_\vartheta = R_{20} + \Delta R$$

$$\boxed{R_\vartheta = R_{20} + \alpha_{20}\, \Delta\vartheta\, R_{20}} = R_{20}\,(1 + \alpha_{20} \cdot \Delta\vartheta) \qquad (18)$$

Bei Temperaturerhöhungen über 100 °C hebt sich die experimentell ermittelte Kurve immer mehr von dem linearen Verlauf ab.

Beispiel

Ein Kupferdraht habe bei Raumtemperatur einen Materialwiderstand von $R_{20} = 15\ \Omega$. Bei welcher Temperatur hat sich sein Widerstand um 10 % erhöht, wenn der Temperaturkoeffizient $\alpha_{20} = +0{,}4$ %/K ist?

Lösung:

$$R_\vartheta = R_{20} + \alpha_{20} \cdot \Delta\vartheta \cdot R_{20} = 16{,}5\ \Omega$$

$$\Delta\vartheta = \frac{R_\vartheta - R_{20}}{\alpha_{20} \cdot R_{20}} = \frac{16{,}5\ \Omega - 15\ \Omega}{0{,}4 \cdot 10^{-2}\ \mathrm{K}^{-1} \cdot 15\ \Omega} = 25\ \mathrm{K}$$

$$\vartheta = 20\ °\mathrm{C} + 25\ \mathrm{K} = 45\ °\mathrm{C}$$

Bei den Widerständen mit ausgeprägter Temperaturabhängigkeit gelten die Berechnungsgrundlagen der linearen Widerstände gemäß Gln. (17) und (18) nicht. Bei den speziell temperaturabhängigen Widerständen unterscheidet man zwei Typen:

Heißleiter mit negativen Temperaturkoeffizienten, die bei steigender Temperatur eine Widerstandsabnahme aufweisen,

Kaltleiter mit positiven Temperaturkoeffizienten, die bei Temperaturerhöhung eine Widerstandszunahme aufweisen.

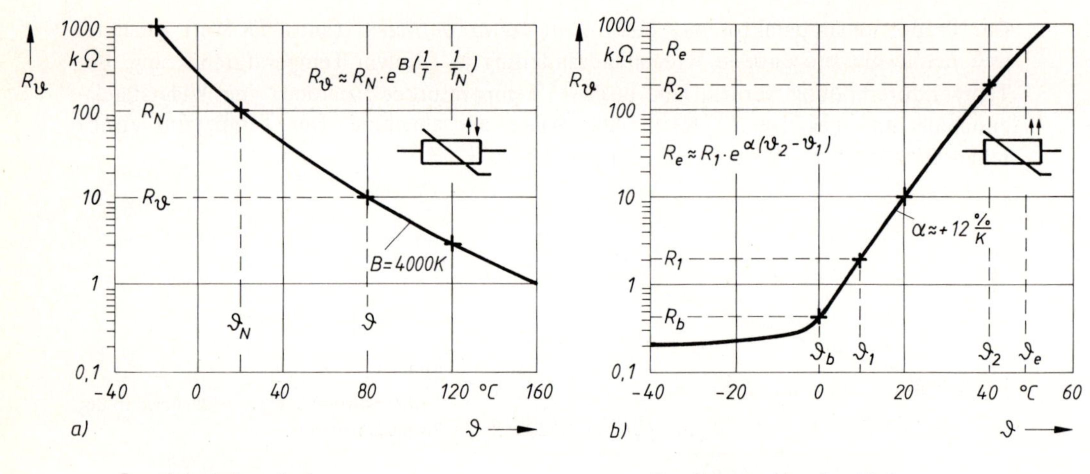

B = Materialkonstante zur Bestimmung der Temperaturabhängigkeit

R_N = Nennwiderstand bei $\vartheta_N = 20\,°C$
$T_N = \vartheta_N + 273\,K$

R_ϑ = Widerstandswert bei ϑ
$T = \vartheta + 273\,K$

R_b = Bezugswiderstand bei $\vartheta_b = 0\,°C$

R_e = Endwiderstand bei ϑ_e

Bild 4.12 Temperaturabhängige Widerstände
a) Heißleiter (NTC), b) Kaltleiter (PTC)

Besondere *Widerstandslegierungen* wie Konstantan (54 % Cu, 45 % Ni, 1 % Mn) und Manganin (12 % Mn, 2 % Ni, 86 % Cu) haben einen sehr kleinen, fast vernachlässigbaren Temperaturkoeffizienten (s. Tabelle S. 33) und eignen sich daher zur Herstellung temperaturunabhängiger Widerstände.

4.6 Vertiefung und Übung

Beispiel

Ein Widerstand A bestehe aus einem 7,85 langen Draht vom Durchmesser 1 mm ∅. Er habe bei jeder Temperatur einen Widerstand von 5 Ω.

1. Welchen Temperaturkoeffizienten müßte das Material haben?
2. Wie groß sind spezifischer Widerstand und Leitfähigkeit des Materials?
3. Welchen Kennlinienverlauf hat $I_A = f\,(U_A)$ in den Grenzen von $0 \leq I \leq 1$ A?
4. Welchen Kennlinienverlauf hat ein zweiter Widerstand B aus gleichem Material wie Widerstand A aber mit dreifacher Drahtlänge und 1,5fachem Drahtquerschnitt?
5. Der Widerstand A wird durch eine Reihenschaltung der Widerstände C und D ersetzt, deren Temperaturkoeffizienten $\alpha_C = +\,0{,}4$ %/K bzw. $\alpha_D = -0{,}2$ %/K sind. Man berechne die Widerstände R_C und R_D für die Temperatur 20 °C!
6. Das Ergebnis unter 5. soll für eine Temperaturdifferenz von 50 K nachgeprüft werden!

Lösung 1: Als Lösungsansatz wird gewählt:

$$R_\vartheta = R_{20} + \alpha_{20}\,\Delta\vartheta\,R_{20}$$

Die Bedingung lautet $R_\vartheta = R_{20}$ für jede Temperatur. Da die Widerstandsänderung Null sein muß, gilt:

$$0 = \alpha_{20}\,\Delta\vartheta\,R_{20}$$

Daraus folgt:

$$\alpha_{20} = 0\ \%/\mathrm{K}$$

Lösung 2: Die Bestimmungsgleichung für den Widerstand lautet:

$$R_{20} = \frac{\rho\, l}{A}$$

Daraus folgt:

$$\rho = \frac{R_{20}\,A}{l} \qquad \text{mit } A = \frac{d^2\pi}{4} = \frac{1\ \mathrm{mm}^2\,\pi}{4} = 0{,}785\ \mathrm{mm}^2$$

$$\rho = \frac{5\ \Omega \cdot 0{,}785\ \mathrm{mm}^2}{7{,}85\ \mathrm{m}} = 0{,}5\ \Omega\mathrm{mm}^2/\mathrm{m}$$

$$\kappa = \frac{1}{\rho} = \frac{1}{0{,}5\ \Omega\mathrm{mm}^2/\mathrm{m}} = 2\ \mathrm{Sm/mm}^2$$

Lösung 3:

$$R_\mathrm{A} = \frac{l}{\kappa A} = 5\ \Omega$$

Lösung 4:

$$R_\mathrm{B} = \frac{3\,l}{1{,}5\,A\,\kappa} = 2\,R_\mathrm{A} = 10\ \Omega$$

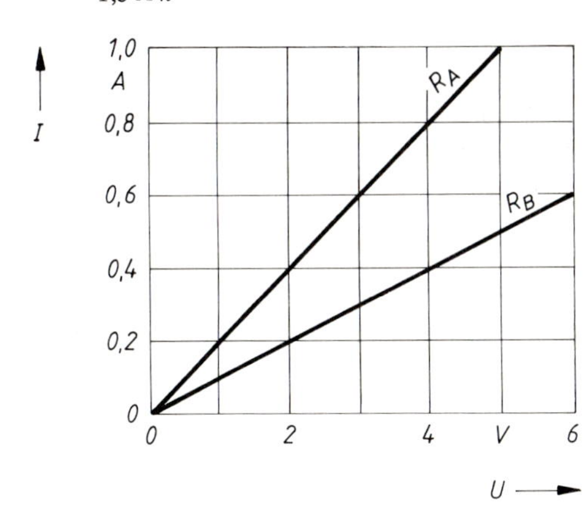

Bild 4.13
I-U-Kennlinien der Widerstände A und B

Lösung 5: Die Reihenschaltung der Widerstände C und D soll den bei jeder Temperatur konstanten Widerstand 5 Ω ersetzen:

$$5\ \Omega = R_{20\mathrm{C}} + R_{20\mathrm{C}}\,\alpha_\mathrm{C}\,\Delta\vartheta + R_{20\mathrm{D}} + R_{20\mathrm{D}}\,\alpha_\mathrm{D}\,\Delta\vartheta$$
$$5\ \Omega = R_{20\mathrm{C}} + R_{20\mathrm{D}} + R_{20\mathrm{C}}\,\alpha_\mathrm{C}\,\Delta\vartheta + R_{20\mathrm{D}}\,\alpha_\mathrm{D}\,\Delta\vartheta$$

Die Summe aus Widerstandszunahme und Widerstandsabnahme muß Null sein:

$$R_{20\mathrm{C}}\,\alpha_\mathrm{C}\,\Delta\vartheta + R_{20\mathrm{D}}\,\alpha_\mathrm{D}\,\Delta\vartheta = 0$$
$$R_{20\mathrm{C}}\,\alpha_\mathrm{C} = -\,R_{20\mathrm{D}}\,\alpha_\mathrm{D}$$

Das Widerstandsverhältnis wird damit:

$$\text{(I)} \quad \frac{R_{20C}}{R_{20D}} = -\frac{\alpha_D}{\alpha_C} = -\frac{-0{,}002\ \text{K}^{-1}}{+0{,}004\ \text{K}^{-1}} = +0{,}5$$

Der Gesamtwiderstand ist:

$$\text{(II)} \quad R_{20C} + R_{20D} = 5\ \Omega = \text{konst.}$$

$$\text{(I) in (II)} \quad 0{,}5\,R_{20D} + R_{20D} = 5\ \Omega$$

$$1{,}5\,R_{20D} = 5\ \Omega$$

$$\text{(III)} \quad R_{20D} = 3{,}33\ \Omega$$

$$\text{(III) in (II)} \quad R_{20C} + 3{,}33\ \Omega = 5\ \Omega$$

$$R_{20C} = 1{,}67\ \Omega$$

Lösung 6:

$$R_{\vartheta C} = R_{20C} + \alpha_C\,\Delta\vartheta\,R_{20C}$$

$$R_{\vartheta C} = 1{,}67\ \Omega + 0{,}004\ \text{K}^{-1}\ 50\ \text{K}\ 1{,}67\ \Omega$$

$$R_{\vartheta C} = 1{,}67\ \Omega + 0{,}33\ \Omega$$

$$R_{\vartheta C} = 2\ \Omega$$

$$R_{\vartheta D} = R_{20D} + \alpha_D\,\Delta\vartheta\,R_{20D}$$

$$R_{\vartheta D} = 3{,}33\ \Omega + (-0{,}002\ \text{K}^{-1})\ 50\ \text{K}\ 3{,}33\ \Omega$$

$$R_{\vartheta D} = 3{,}33\ \Omega - 0{,}33\ \Omega$$

$$R_{\vartheta D} = 3\ \Omega$$

△ **Übung 4.3: Widerstandsgleiche Leitungen**

Eine einadrige Kupferleitung der Länge l_{Cu} mit der Querschnittsfläche A_{Cu} soll gegen eine widerstandsgleiche Aluminiumleitung gleicher Länge ausgetauscht werden. Welcher Aluminiumquerschnitt ist zu wählen, wenn $\kappa_{Cu} = 56\ \text{Sm/mm}^2$ und $\kappa_{AL} = 36\ \text{Sm/mm}^2$ gelten?

△ **Übung 4.4: Ohmscher Widerstand**

Eine Kupferleitung habe eine Drahtlänge von 280 m und einen Drahtdurchmesser von 0,4 mm. Welche Stromstärke tritt bei Anlegen der Spannung 12 V in der Wicklung auf?

△ **Übung 4.5: Stromdichte im Leiter**

Wie groß ist die Stromdichte in einem Kupferdraht der Länge 96 m, wenn der Strom 0,55 A einen Spannungsabfall von 2 V verursacht?

△ **Übung 4.6: Temperaturabhängigkeit des Materialwiderstandes**

Nach VDE ist die Erwärmung einer Maschinenwicklung aus der Widerstandszunahme während des Betriebes zu ermitteln. Messungen an einer Wicklung ergaben:

Vor Inbetriebnahme bei Raumtemperatur $\vartheta_{20} = 20\ °\text{C}$, $U_1 = 6{,}3\ \text{V}$, $I_1 = 9\ \text{A}$;
nach mehrstündigem Betrieb $U_2 = 7{,}2\ \text{V}$, $I_2 = 9\ \text{A}$.

Berechnen Sie die Wicklungstemperatur nach dem mehrstündigen Betrieb, wenn der Temperaturkoeffizient $\alpha_{20} = 0{,}004\ \text{K}^{-1}$ ist.

● **Übung 4.7: Aussagen über Widerstandsbegriffe**

Prüfen Sie folgende Aussagen, und arbeiten Sie eine schriftliche Beurteilung aus.

1. Widerstand ist eine reine Werkstoffeigenschaft.
2. Widerstand ist ein Spannungs-Stromverhältnis.
3. Die Differenz der Gleichstromwiderstände zweier benachbarter Arbeitspunkte ist nicht gleich dem differentiellen Widerstand.
4. Widerstand ist das, was ein Ohmmeter anzeigt.

● **Übung 4.8: Differentieller Widerstand**

Welche Aussage macht der Begriff „differentieller Widerstand" bezüglich des Stromes?

● **Übung 4.9: Gleichstromwiderstand, linearer Widerstand, ohmscher Widerstand**

Handelt es sich bei den drei Begriffen Gleichstromwiderstand, linearer Widerstand und ohmscher Widerstand um verschiedene Bezeichnungen für denselben Sachverhalt?

△ **Übung 4.10: Widerstandswert**

Auf einem Schiebewiderstand stehen die Angaben 120 Ω/1,5 A.

a) Was bedeuten diese Angaben?
b) Zeichnen Sie die *I*-*U*-Kennlinie für den vollen Widerstand im Strombereich 0 ... 0,5 A!

△ **Übung 4.11: Ohmsches Gesetz**

a) Bestimmen Sie in der Schaltung nach Bild 4.14 unter Angabe der Begründung die Stromrichtung und die Polarität der Spannungsquelle.
b) Bestimmen Sie die Potentiale φ_A und φ_D. Der Meßbereich des Spannungsmessers sei auf 3 V eingestellt, die Polaritätsanzeige stehe auf Plus.
c) Berechnen Sie mit dem Ohmschen Gesetz die Widerstände R_2 und R_3.

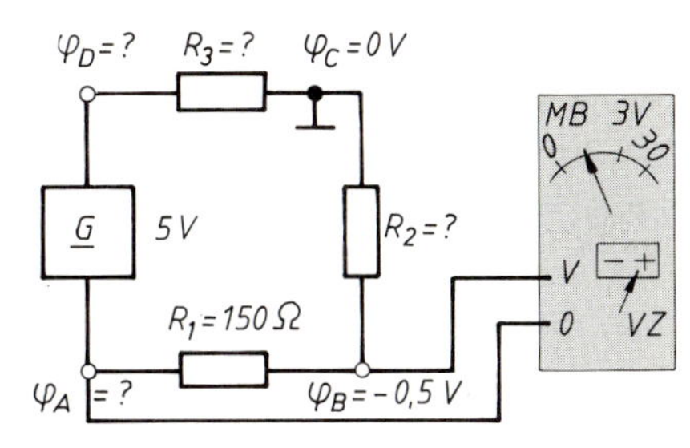

Bild 4.14

△ **Übung 4.12: Ohmsches Gesetz**

Berechnen Sie in der Schaltung nach Bild 4.15 durch wiederholtes Ansetzen des Ohmschen Gesetzes die fehlenden Angaben.

Die Spannung zwischen den Punkten B und C wurde gemessen und ergab $U_{BC} = -2$ V.

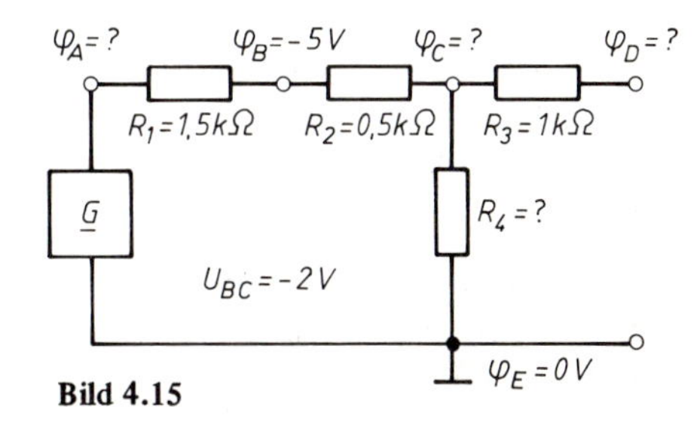

Bild 4.15

△ **Übung 4.13: Stromänderung**

Eine Gleichspannungsquelle mit 5,5 V liege an einem Zweipol, dessen Kennlinie Bild 4.16 zeigt. Der Gleichspannung werde eine kleine rechteckförmige Wechselspannung überlagert.

a) Wie groß ist der von der Gleichspannungsquelle zu liefernde Strom?
b) Wie groß ist die zur Spannungsänderung ΔU zugehörige Stromänderung ΔI?
c) Welchen Widerstandswert „sehen" die Gleichspannungsquelle und die Wechselspannungsquelle in dem Zweipol?

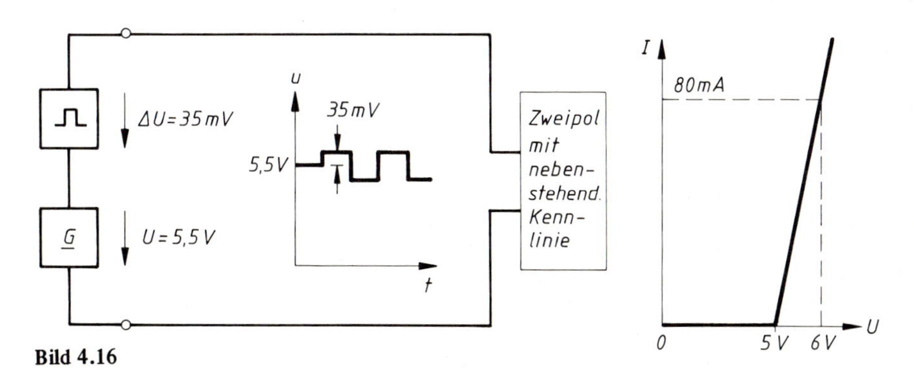

Bild 4.16

5 Grundstromkreise

Grundstromkreise der Elektrotechnik bestehen aus einer Quelle mit Innenwiderstand und einem Verbraucher. Je nach Betrachtungsweise der Quelle unterscheidet man zwischen einem Grundstromkreis mit Spannungsquelle oder einem Grundstromkreis mit Stromquelle. Bei der Schaltungsanalyse versucht man, komplexe Schaltungen auf Grundstromkreise zu reduzieren.

5.1 Grundgesetze der Stromkreise

Welche allgemeingültigen Gesetzmäßigkeiten gelten für jeden Stromkreis gleichgültig, ob die darin vorkommenden Widerstände linear oder nichtlinear sind?

Ohmsches Gesetz

Für jeden Widerstand gilt bei bekannter Stromstärke und bekanntem Widerstandswert:

$$\boxed{U = IR} \qquad \text{s. Gl. (15)}$$

Nur bei linearen Widerständen besteht jedoch Proportionalität zwischen Spannung und Stromstärke.

Erstes Kirchhoffsches Gesetz

Der 1. Kirchhoffsche Satz besagt: Die Summe aller vorzeichenbehafteten Ströme, die zu einem Knotenpunkt gehören ist gleich Null:

$$\boxed{\sum_{i=1}^{n} I_i = 0} \tag{19}$$

Als *Knotenpunkt* gilt jeder Verbindungspunkt von Leitungen in einem Stromkreis. Da in einem Knotenpunkt weder Ladungen entstehen, untergehen noch gespeichert werden, müssen die in der Zeit Δt dem Knotenpunkt zufließenden Ladungsmengen gleich der Summe der aus dem Knotenpunkt abfließenden Ladungen sein.

Zweites Kirchhoffsches Gesetz

Der 2. Kirchhoffsche Satz besagt: Die Summe aller vorzeichenbehafteten Spannungen in einer Netzmasche ist gleich Null:

$$\boxed{\sum_{i=1}^{n} U_i = 0} \tag{20}$$

Als *Netzmasche* gilt jeder geschlossene Umlauf in einer Schaltung. Für jede Netzmasche gilt genau wie für den unverzweigten Stromkreis: Die Summe aller Spannungen ist gleich Null, da die Ladung nach Beendigung eines Umlaufs wieder auf dem gleichen Potential des Ausgangspunktes angekommen ist.

Beispiel

Wir betrachten eine typische Netzmaschenkonfiguration und setzen für sie den ersten und zweiten Kirchhoffschen Satz an.

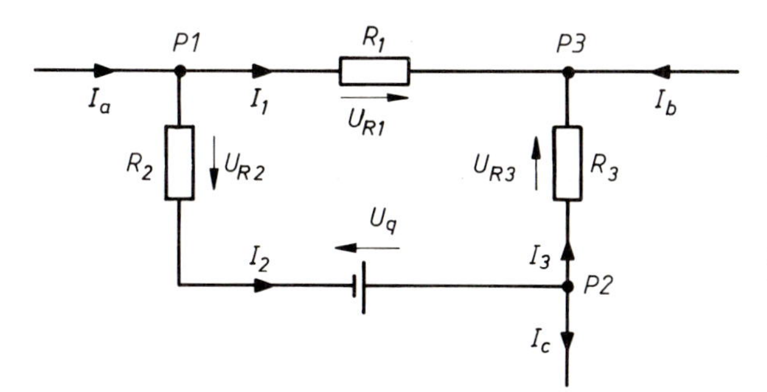

Bild 5.1
Netzmasche mit drei Knotenpunkten. Für die Außenströme kann die Netzmasche als ein Knotenpunkt aufgefaßt werden.

Lösung:

1. Kirchhoffscher Satz

Die Netzmasche in Bild 5.1 enthält drei Knotenpunkte. Beim Ansatz von Gl. (19) für einen Knotenpunkt teilt man den zufließenden Strömen das positive Vorzeichen, den abfließenden Strömen das Minuszeichen zu.

Für Knotenpunkt P1 gilt:

$$(+I_a) + (-I_1) + (-I_2) = 0$$

Gl. (19) gilt auch in erweiterter Form für die Außenströme I_a, I_b, I_c einer Netzmasche. Für die Knotenpunkte gelten:

$$\begin{array}{llll} \text{P1} & +I_a - I_1 - I_2 = 0 & \Rightarrow & I_a = I_1 + I_2 \\ \text{P2} & +I_2 - I_c - I_3 = 0 & \Rightarrow & I_c = I_2 - I_3 \\ \text{P3} & +I_b + I_3 + I_1 = 0 & \Rightarrow & I_b = -I_1 - I_3 \end{array}$$

Gemäß der Knotenpunktregel muß für die drei Außenströme gelten:

$$+I_a + I_b - I_c = 0$$

Kontrolle:

$$+I_1 + I_2 - I_1 - I_3 - I_2 + I_3 = 0$$

2. Kirchhoffscher Satz

Im allgemeinen Fall kann man über die Richtung der Ströme keine Voraussagen machen. Man nimmt deshalb die Stromrichtungen an. Die Spannungspfeile an den Schaltwiderständen zeigen dann in die gewählte Stromrichtung. Die Quellenspannungspfeile zeigen vom Plus- zum Minuspol der Spannungsquelle. Die Umlaufrichtung wurde nach freiem Ermessen im Gegenuhrzeigersinn gewählt und die in Umlaufrichtung zeigenden Spannungspfeile positiv gezählt, die anderen negativ. Für die in Bild 5.1 dargestellte Netzmasche erhält man:

$$(+U_{R3}) + (-U_{R1}) + (+U_{R2}) + (-U_q) = 0$$
$$(+I_3R_3) + (-I_1R_1) + (+I_2R_2) + (-U_q) = 0$$

5.2 Reihenschaltung von Widerständen

Bild 5.2a) zeigt einen einfachen Stromkreis bestehend aus einem Generator und einem Verbraucher. Die besondere Eigenschaft des Generators sei es, daß er zwischen seinen Anschlußklemmen 1–2 eine konstante Spannung aufrecht erhalte. In diesem einfachen Stromkreis ist zwischen den Klemmen 1–2 nur eine Spannung $U_{12} = \varphi_1 - \varphi_2$ meßbar, obwohl zwei ihrem Wesen nach verschiedene Spannungen vorhanden sind:

- die vom Generator aufgrund seines Wirkungsprinzips erzeugte Quellenspannung U_q,
- der durch den Strom I verursachte Spannungsabfall U am Verbraucher, für den das Ohmsche Gesetz gilt: $U = IR$.

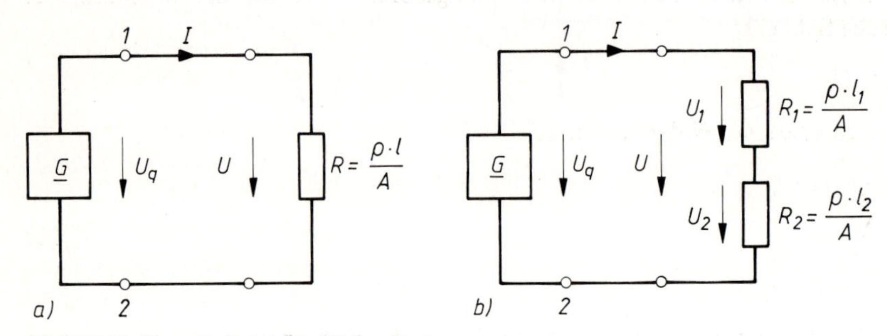

Bild 5.2 Reihenschaltung von Widerständen

Nach dem zweiten Kirchhoffschen Satz muß die Summe aller Spannungen in einer Netzmasche (Stromkreis) gleich Null sein:

$$(+U_q) + (-U) = 0$$
$$U_q = U$$
$$U_q = IR$$

Die Schaltung befindet sich bei der Stromstärke I in einem elektrischen Spannungsgleichgewicht. Die Gleichgewichtsstromstärke hätte auch durch sinngemäße Anwendung des Ohmschen Gesetzes gefunden werden können:

$$I = \frac{U_q}{R}$$

Gesamtwiderstand der Reihenschaltung

Die Stromstärke im Stromkreis verändert sich nicht, wenn der vorhandene Verbraucherwiderstand durch Aufteilung der Drahtlänge l in die Einzellängen l_1 und l_2 zerlegt wird. Ordnet man, wie in Bild 5.2b) angegeben, den Einzeldrähten mit den Längen l_1 und l_2 je einen Widerstandswert R_1 und R_2 zu, so ergibt sich eine *Reihenschaltung* (Hintereinanderschaltung) von Widerständen, deren Kennzeichen es ist, von demselben Strom I durchflossen zu werden:

$$l = l_1 + l_2$$
$$R = R_1 + R_2$$

Für n in Reihe geschalteter Widerstände ist der *Ersatzwiderstand* R:

$$R = \sum_{i=1}^{n} R_i \tag{21}$$

In Worten: Der Gesamtwiderstand in Reihe geschalteter Einzelwiderstände errechnet sich aus der Addition der Einzelwiderstände.

Spannungsteilung in der Reihenschaltung

Als neue Wirkung der Widerstandsaufteilung ergibt sich eine *Spannungsteilung*. Der gesamte Spannungsabfall teilt sich in Teilspannungsabfälle auf, für die wiederum der 2. Kirchhoffsche Satz gilt:

$$U = U_1 + U_2$$

Bei n in Reihe geschalteten Widerständen gilt:

$$U = \sum_{i=1}^{n} U_i \tag{22}$$

In Worten: Bei in Reihe geschalteten Widerständen ergibt die Summe der Teilspannungen die Gesamtspannung.

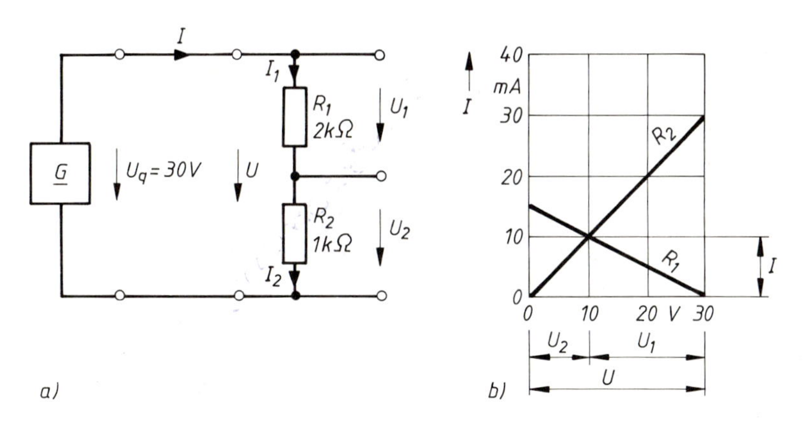

Bild 5.3 Spannungsteilung
a) Spannungsteiler, b) Graphische Lösung im Kennlinienfeld

Die Abgriffe an den Verbindungsstellen der in Bild 5.3a) in Reihe liegenden Widerstände gestatten die Abnahme von Teilspannungen. Man bezeichnet entsprechende Schaltungen als *Spannungsteiler*.

In der Schaltung nach Bild 5.3a) sind R_1, R_2 und U bekannt.

Es ist:

$$\frac{U_1}{U_2} = \frac{I_1 R_1}{I_2 R_2} \qquad \text{mit } I_1 = I_2 \text{ (Bedingung der Reihenschaltung)}$$

$$\boxed{\frac{U_1}{U_2} = \frac{R_1}{R_2}} \tag{23}$$

In Worten: Die Teilspannungen verhalten sich wie die Teilwiderstände, weil sie von demselben Strom I durchflossen werden. Ferner ist:

$$\frac{U_2}{U} = \frac{IR_2}{IR} \qquad \text{mit } R = R_1 + R_2$$

$$\boxed{\frac{U_2}{U} = \frac{R_2}{R_1 + R_2}} \tag{24}$$

In Worten: Bei in Reihe geschalteten Widerständen verhält sich die Teilspannung zur Gesamtspannung wie der Teilwiderstand zum Gesamtwiderstand.

Beispiel

Wir betrachten die in Bild 5.3 dargestellte Reihenschaltung der Widerstände $R_1 = 2\ \text{k}\Omega$ und $R_2 = 1\ \text{k}\Omega$ an der Quellenspannung $U_q = 30$ V. Die Spannungsteilung soll rechnerisch und graphisch ermittelt werden.

Lösung:

Rechnerische Lösung:

$$U = U_q = 30 \text{ V}$$

$$I = \frac{U}{R_1 + R_2} = \frac{30 \text{ V}}{2\ \text{k}\Omega + 1\ \text{k}\Omega} = 10 \text{ mA}$$

$$U_1 = I \cdot R_1 = 10 \text{ mA} \cdot 2\ \text{k}\Omega = 20 \text{ V}$$

$$U_2 = I \cdot R_2 = 10 \text{ mA} \cdot 1\ \text{k}\Omega = 10 \text{ V}$$

oder

$$U_1 = U \cdot \frac{R_1}{R_1 + R_2} = 30 \text{ V} \cdot \frac{2\ \text{k}\Omega}{2\ \text{k}\Omega + 1\ \text{k}\Omega} = 20 \text{ V}$$

$$U_2 = U - U_1 = 30 \text{ V} - 20 \text{ V} = 10 \text{ V}$$

Graphische Lösung:

Man zeichnet zunächst die I-U-Kennlinie für R_2, vom Achsenursprung $U = 0$ V beginnend, und dazu spiegelbildlich die I-U-Kennlinie für R_1, bei $U = 30$ V ansetzend. Das elektrische Gleichgewicht der Schaltung zeigt sich im Schnittpunkt A der Geraden. Die Koordinaten des Schnittpunktes ergeben die Stromstärke I und die Spannungsaufteilung U_2, U_1.

5.3 Parallelschaltung von Widerständen

Das Kennzeichen der Parallelschaltung von Bauelementen ist die Stromteilung in Knotenpunkten der Schaltung. Der einfache Stromkreis gemäß Bild 5.4a) mit ein und derselben Stromstärke an allen Stellen des Stromkreises ist deshalb eine Reihenschaltung zweier Bauelemente. Eine *Parallelschaltung* entsteht durch Nebeneinanderschaltung von Widerständen, deren Kennzeichen es ist, daß sie an derselben Spannung liegen.

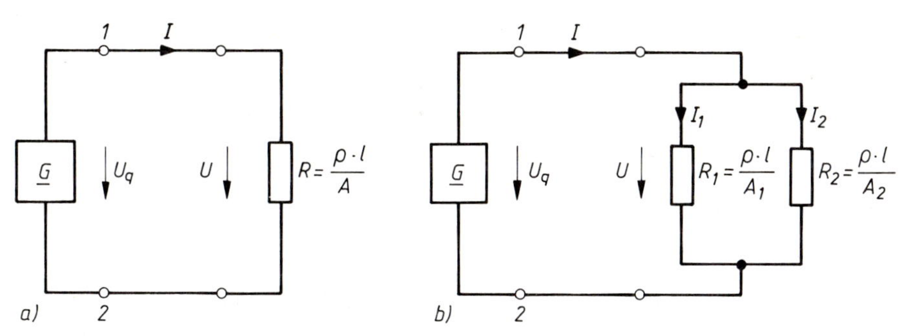

Bild 5.4 Parallelschaltung von Widerständen

Gesamtwiderstand der Parallelschaltung

Die Stromstärke im Stromkreis nach Bild 5.4 verändert sich nicht, wenn der vorhandene Verbraucherwiderstand durch Aufteilung des Drahtquerschnittes A in die Teilquerschnitte A_1 und A_2 des Drahtes zerlegt wird. Ordnet man, wie in Bild 5.4b) gezeigt, den Widerstandsdrähten mit den Querschnitte A_1 und A_2 je einen Widerstandswert R_1 und R_2 zu, so ergibt sich:

$$A = A_1 + A_2$$

$$\frac{\rho \cdot l}{R} = \frac{\rho \cdot l_1}{R_1} + \frac{\rho \cdot l_2}{R_2} \quad \text{mit } l = l_1 = l_2$$

$$\frac{1}{R} = \frac{1}{R_1} + \frac{1}{R_2}$$

und mit den Leitwerten

$$G = G_1 + G_2$$

Für n parallelgeschaltete Widerstände ist der *Ersatzleitwert* G:

$$\boxed{G = \sum_{i=1}^{n} G_i} \qquad (25)$$

In Worten: Der Gesamtleitwert parallelgeschalteter Widerstände errechnet sich aus der Addition der Einzelleitwerte. Der reziproke Wert des Gesamtleitwertes ist dann der gesuchte Ersatzwiderstand der Parallelschaltung der Widerstände:

$$R = \frac{1}{G}$$

Bei nur zwei parallelliegenden Widerständen rechnet man vorteilhaft mit Gl. (26):

$$\frac{1}{R} = \frac{1}{R_1} + \frac{1}{R_2} = \frac{R_2 + R_1}{R_1 R_2}$$

$$\boxed{R = \frac{R_1 \cdot R_2}{R_1 + R_2}} \quad \text{Merkregel: Produkt durch Summe} \qquad (26)$$

Stromteilung in der Parallelschaltung

Als neue Wirkung der Widerstandsaufteilung ergibt sich eine *Stromteilung*. Der Gesamtstrom teilt sich in Teilströme auf, für die der 1. Kirchhoffsche Satz gilt:

$$I = I_1 + I_2$$

Bei n parallelgeschalteten Widerständen gilt:

$$\boxed{I = \sum_{i=1}^{n} I_i} \tag{27}$$

In Worten: Die Summe der Teilströme ist gleich dem Gesamtstrom.

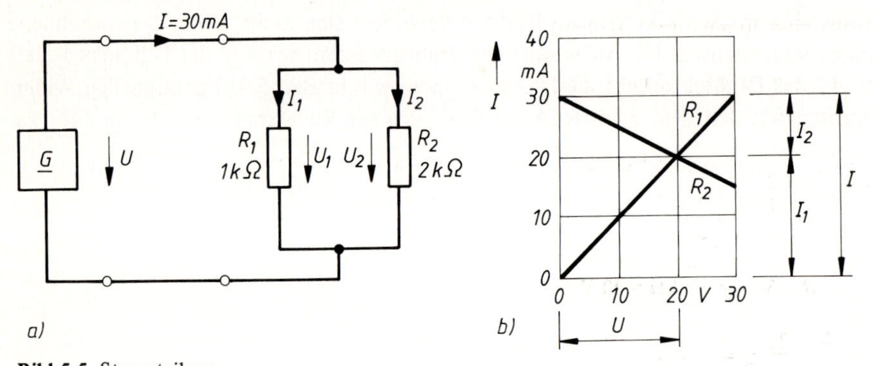

Bild 5.5 Stromteilung
a) Stromteiler, b) Graphische Lösung im Kennlinienfeld

In der gegebenen Schaltung sind die Widerstände R_1 und R_2 sowie die Stromstärke I bekannt.

Es ist:

$$\frac{I_1}{I_2} = \frac{U_1/R_1}{U_2/R_2} \qquad \text{mit } U_1 = U_2 \text{ (Bedingung der Parallelschaltung)}$$

$$\boxed{\frac{I_1}{I_2} = \frac{R_2}{R_1}} \tag{28}$$

In Worten: Die Teilströme verhalten sich umgekehrt proportional zu den Teilwiderständen, weil sie an derselben Spannung U liegen.

Ferner lassen sich die Teilströme aus dem Gesamtstrom berechnen. Es ist:

$$I_1 R_1 = IR \quad \text{wobei } R = \frac{R_1 R_2}{R_1 + R_2}$$

$$\boxed{\frac{I_1}{I} = \frac{R}{R_1}} \tag{29}$$

In Worten: Der Teilstrom verhält sich zum Gesamtstrom umgekehrt proportional wie der Teilwiderstand zum Gesamtwiderstand.

Beispiel

Wir betrachten die in Bild 5.5 dargestellte Parallelschaltung der Widerstände $R_1 = 1\ \text{k}\Omega$ und $R_2 = 2\ \text{k}\Omega$, in die der Strom $I = 30$ mA einfließt. Die Stromteilung soll rechnerisch und graphisch ermittelt werden.

Lösung:

Rechnerische Lösung: Eine Parallelschaltung von Widerständen an bekannter Spannung U erfordert nicht die Berechnung einer Stromteilung, da das Ohmsche Gesetz direkt auf jeden Teilwiderstand angesetzt werden kann. Hier ist jedoch der einfließende Gesamtstrom gegeben.

$$R = \frac{R_1 \cdot R_2}{R_1 + R_2} = \frac{1\ \text{k}\Omega \cdot 2\ \text{k}\Omega}{1\ \text{k}\Omega + 2\ \text{k}\Omega} = \frac{2}{3}\ \text{k}\Omega$$

$$I_1 = I \cdot \frac{R}{R_1} = 30\ \text{mA} \cdot \frac{\frac{2}{3}\ \text{k}\Omega}{1\ \text{k}\Omega} = 20\ \text{mA}$$

$$I_2 = I - I_1 = 30\ \text{mA} - 20\ \text{mA} = 10\ \text{mA}$$

oder

$$G = G_1 + G_2 = 1\ \text{mS} + 0{,}5\ \text{mS} = 1{,}5\ \text{mS}$$

$$R = \frac{1}{G} = \frac{1}{1{,}5\ \text{mS}} = \frac{2}{3}\ \text{k}\Omega$$

$$U = I \cdot R = 30\ \text{mA} \cdot \frac{2}{3}\ \text{k}\Omega = 20\ \text{V}$$

$$I_1 = \frac{U}{R_1} = \frac{20\ \text{V}}{1\ \text{k}\Omega} = 20\ \text{mA}$$

$$I_2 = \frac{U}{R_2} = \frac{20\ \text{V}}{2\ \text{k}\Omega} = 10\ \text{mA}$$

Graphische Lösung: Zur graphischen Lösung des Problems zeichnet man zunächst die I-U-Kennlinie des Widerstandes R_1 sowie die des Widerstandes R_2, diese jedoch spiegelbildlich zur sonst üblichen Darstellung. Ordnet man den Achsenursprung beider Kennlinien im Abstand der Größe des eingeprägten Gesamtstroms I an, ergibt sich ein Schnittpunkt der Kennlinien, der die an der Parallelschaltung liegende Spannung U und die Aufteilung der Ströme zeigt.

5.4 Spannungsquelle mit Innenwiderstand

Jeder Spannungserzeuger hat an sich einen komplexen Innenaufbau, den der Anwender jedoch nicht unbedingt kennen muß. Wichtig ist lediglich die Kenntnis der insgesamt wirksamen elektrischen Eigenschaften, die man durch Kennwerte ausdrückt. Bei der idealen Gleichspannungsquelle, die bisher stillschweigend vorausgesetzt wurde, genügt als alleiniger Kennwert die konstante Quellenspannung U_q. Ideale Spannungsquellen stellen an ihren Klemmen eine konstante Spannung bestimmter Größe bereit. Technische Spannungsquellen reagieren auf Belastung mit einem Verbraucher durch Abnahme der Klemmenspannung. Bild 5.6 zeigt die durch eine Verkleinerung des einstellbaren Widerstandes R_a ausgelöste Erscheinung.

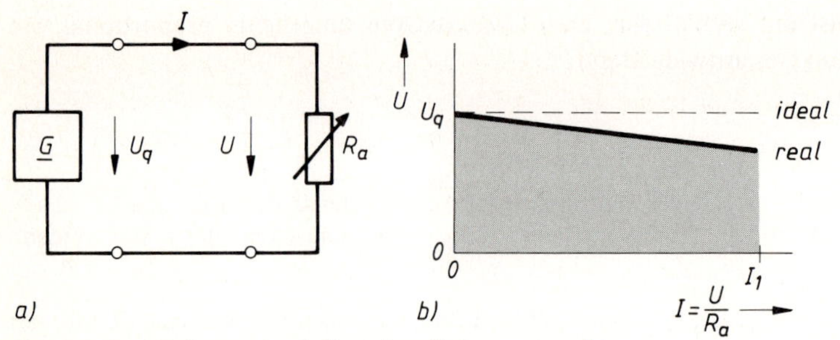

Bild 5.6 Zum Belastungsverhalten einer Spannungsquelle

Ersatzschaltung einer Spannungsquelle

Abweichungen vom idealen Verhalten will man nicht durch Aufstellen völlig neuer Theorien beschreiben, sondern durch Bildung von geeigneten Ersatzschaltungen unter Beibehaltung der ursprünglichen Annahmen erklären. Unter einer *Ersatzschaltung* versteht man eine Anordnung von idealen Komponenten, die in ihrem Zusammenwirken die Eigenschaften eines technischen Bauelements beschreiben. Bild 5.7 zeigt eine geeignete Ersatzschaltung für das typische Spannungsverhalten realer Spannungsquellen bei Belastung. Danach kann jede Gleichspannungsquelle durch zwei konstante Kennwerte in ihrem Außenverhalten beschrieben werden:

Quellenspannung U_q
Innenwiderstand R_i

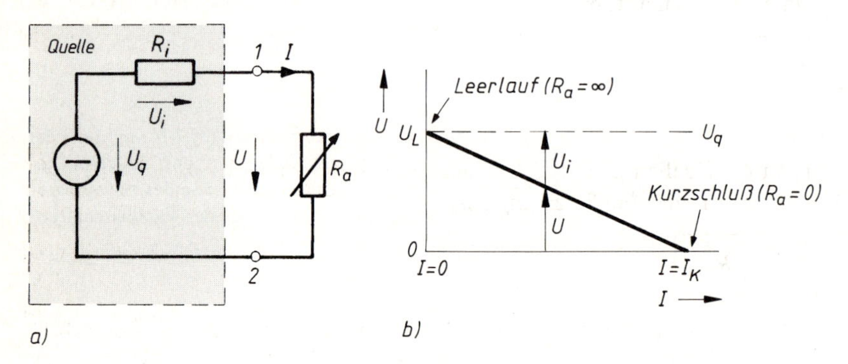

Bild 5.7 Spannungsquelle mit Innenwiderstand
a) Ersatzschaltung einer Spannungsquelle mit Belastungswiderstand, b) Generator- oder R_i-Kennlinie

Die Analyse der Ersatzschaltung beginnt mit der Betrachtung des Leerlauffalls einer realen Spannungsquelle: Die im Innern des Generators durch äußeren Energieaufwand aufrechterhaltene Potentialdifferenz heißt Quellenspannung U_q. Die Quellenspannung kann nicht direkt gemessen werden, da der Innenwiderstand über die ganze Innenschaltung verteilt ist. Lediglich in der obigen Ersatzschaltung wird der Innenwiderstand auf eine Stelle konzentriert. Man definiert die Leerlaufspannung als die Spannung zwischen den offenen Klemmen des Generators:

$$U_L = \varphi_1 - \varphi_2$$

Die Leerlaufspannung ist meßbar, wenn ihre Bedingung $I = 0$ im Stromkreis eingehalten wird, z.B. durch Verwendung eines Spannungsmessers mit sehr großem Innenwiderstand. Von der bekannten Leerlaufspannung kann rückwärts auf die Quellenspannung U_q geschlossen werden. Wegen $I = 0$ treten nach dem Ohmschen Gesetz an eventuell vorhandenen Widerständen keine Spannungsabfälle auf, so daß

$$U_q = U_L$$

angenommen werden darf.

Die Analyse der Ersatzschaltung wird fortgesetzt mit dem Belastungsfall. Es tritt nun ein Strom I in der Schaltung auf.

Es war bei $I = 0$:

$$\varphi_1 - \varphi_2 = U_L$$

Es ist bei $I > 0$:

$$\varphi_1 - \varphi_2 = U,$$

wobei:

$$U < U_L$$

Der Differenzbetrag zwischen Leerlaufspannung U_L und Klemmenspannung U wird als innerer Spannungsabfall U_i des Generators bezeichnet:

$$U_i = U_q - U \quad \text{mit } U_q = U_L$$

Den Quotienten aus innerem Spannungsabfall U_i und Strom I deutet man als konstanten Innenwiderstand R_i des Generators:

$$\boxed{R_i = \frac{U_i}{I}} \tag{30}$$

Mit den Kennwerten Quellenspannung U_q und Innenwiderstand R_i errechnet sich die verfügbare Klemmenspannung bei Belastung aus:

$$\boxed{U = U_q - I \cdot R_i} \tag{31}$$

Gl. (31) sagt, daß die meßbare Klemmenspannung um den inneren Spannungsabfall kleiner ist als die Quellenspannung. Damit ist das oben beschriebene Verhalten des Spannungsrückgangs der Spannungsquelle bei Strombelastung modellmäßig nachgebildet. Die Anpassung des Modells an die Realität erfolgt durch Aufsuchen der genauen Kennwertbeträge für U_q und R_i.

Der in Bild 5.7 angedeutete Kurzschlußfall ist ein im allgemeinen für Spannungsquellen nicht zulässiger Betriebsfall, da je nach Größe des Innenwiderstandes R_i sehr hohe Stromstärken auftreten können:

$$I_K = \frac{U_q}{R_i} \qquad \text{mit } R_a = 0$$

Beispiel

Wir bestimmen die Kennwerte U_q und R_i einer Spannungsquelle durch zwei Messungen.

Lösung:

Messung 1:

Die Leerlaufspannung wird gemäß Bild 5.8a) gemessen und betrage $U_L = 30$ V.

Messung 2:

Die Spannungsquelle wird bis auf Nennstromstärke belastet. Die Meßgeräte zeigen die Klemmenspannung und den Belastungsstrom an $U = 25$ V, $I = 0{,}2$ A (s. Bild 5.8b).

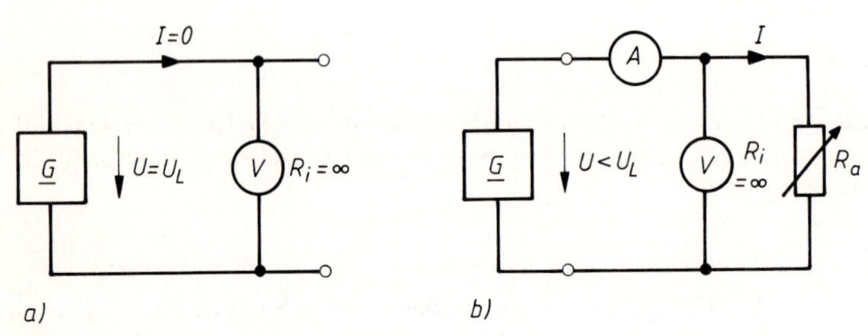

Bild 5.8 Zur meßtechnischen Ermittlung der Kennwerte U_q und R_i

a) Messung der Leerlaufspannung

b) Messung der Klemmenspannung und des Belastungsstromes

Auswertung:

Es ergeben sich folgende Kennwerte der Spannungsquelle:

Quellenspannung

$$U_q = U_L$$

$$U_q = 30 \text{ V}$$

Innenwiderstand

$$R_i = \frac{U_i}{I}$$

$$R_i = \frac{30 \text{ V} - 25 \text{ V}}{0{,}2 \text{ A}} = 25\ \Omega$$

Kontrolle:

Wir kontrollieren das Meßergebnis $U = 25$ V durch Rechnung mit Gl. (31):

$$U = U_q - IR_i$$

$$U = 30 \text{ V} - 0{,}2 \text{ A}\ 25\ \Omega = 25 \text{ V}$$

5.5 Stromquelle mit Innenwiderstand

Technisch realisierte Stromquellen bestehen aus einer Spannungsquelle und einer elektronischen Zusatzschaltung, die der Gesamtschaltung ein besonderes Verhalten verschafft. Die zunächst ungewöhnlich anmutende Eigenschaft einer Stromquelle besteht in einer sog. Stromeinprägung in den Verbraucher. Bild 5.9 zeigt, daß der Verbraucherwiderstand sogar den Wert $R_a = 0$ annehmen darf, ohne daß es zu einer Stromänderung oder gar zu zu einem gefährlichen Kurzschlußstrom kommt. Auch bei Vergrößerung des Lastwiderstandes R_a bleibt die Stromstärke fast konstant.

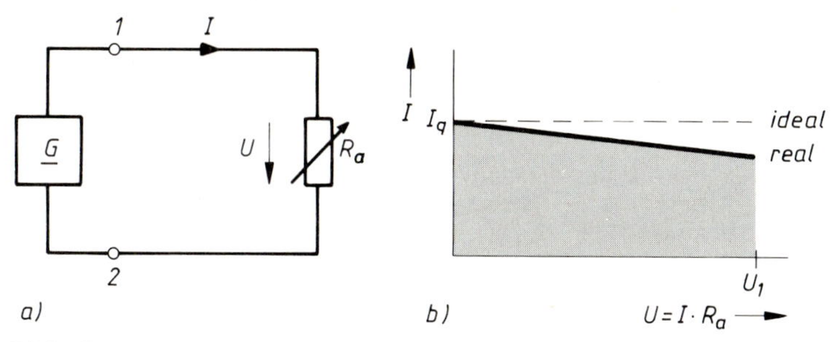

Bild 5.9 Zum Belastungsverhalten einer Stromquelle

Wie kann ein solches Verhalten modellmäßig erklärt werden? Zunächst sei festgestellt, daß die Stromquelleneigenschaft keinen Verstoß gegen das Ohmsche Gesetz darstellt, dieses gilt für den einstellbaren Widerstand R_a in der Form

$$U = IR_a$$

und zeigt: U wächst mit R_a bei gegebener Stromstärke I. Diese Betrachtung zeigt auch die Grenzen jeder technischen Stromquelle auf. Stromquellen können den konstanten Strom I nicht durch unendlich große Widerstände treiben. Technische Stromquellen liefern einen zumeist kleineren, aber fast konstant bleibenden Strom an Verbraucher, deren Widerstand nur im Bereich 0 bis R_{max} einstellbar sein darf.

Ersatzschaltung einer Stromquelle

Die *Stromquelle* ist ein Stromgenerator, dessen komplexer Innenaufbau nicht erklärt werden soll. Ersatzweise wird eine konstruierte Vorstellung in Form einer Einströmung I_q eingeführt, die man sich durch die physikalische Innenfunktion des Stromgenerators infolge Energiezufuhr direkt entstanden denken muß. Als Schaltsymbol für diesen Quellenstrom I_q werden zwei verschlungene Kreise gezeichnet. Um das Belastungsverhalten genau nachbilden zu können, ist zusätzlich noch ein Innenwiderstand R_i in Parallelschaltung zum Verbraucher modellmäßig erforderlich (vgl. Bild 5.10):

$$\boxed{R_i = \frac{U}{I_i}} \qquad (32)$$

Mit dem Quellenstrom I_q und dem Innenwiderstand R_i errechnet sich der verfügbare Strom I bei Belastung aus:

$$I = I_q - I_i$$

$$\boxed{I = I_q - \frac{U}{R_i}} \qquad (33)$$

Mit Gl. (33) ist das oben beschriebene Verhalten des Stromstärkerückgangs der Stromquelle bei Belastung modellmäßig nachgebildet. Die Anpassung des Modells an die Realität erfolgt durch Aufsuchen der genauen Kennwertbeträge für I_q und R_i.

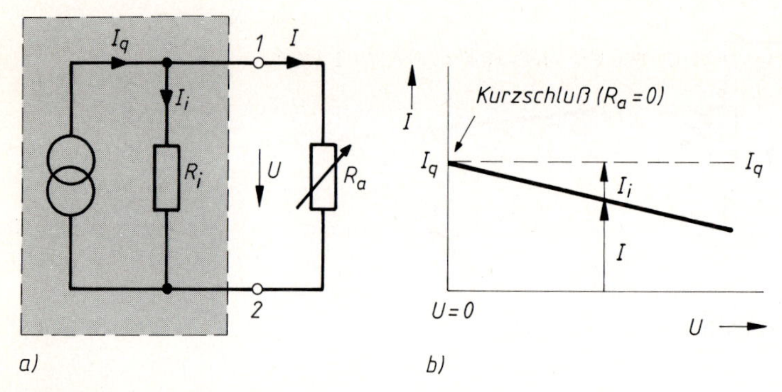

Bild 5.10

Stromquelle mit Innenwiderstand

a) Ersatzschaltung

b) Generator- oder R_i-Kennlinie

Beispiel

Wir bestimmen die Kennwerte I_q und R_i der Stromquelle durch zwei Messungen.

Lösung:

Messung 1:

Die Kurzschlußstromstärke wird gemäß Bild 5.11 gemessen und betrage $I_K = 0{,}21$ A. Eine solche Messung kann an einer unbekannten Energiequelle nicht durchgeführt werden. Hier wird vorausgesetzt, daß eine Quelle mit begrenztem Kurzschlußstrom vorliegt.

Messung 2:

Die Stromquelle wird mit einem Widerstand R_a belastet. Die Meßgeräte zeigen den Strom $I = 0{,}2$ A und die Klemmenspannung $U = 25$ V an.

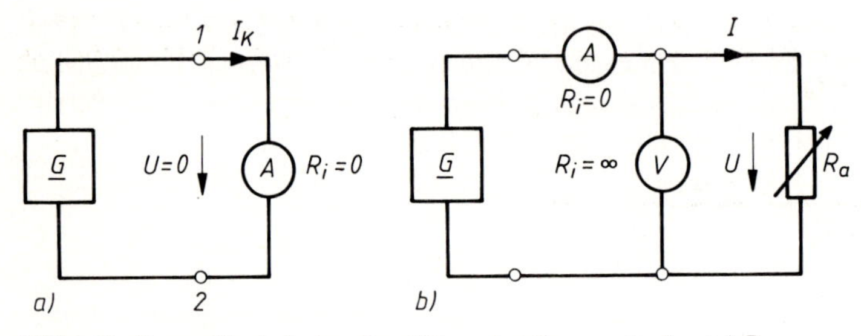

Bild 5.11 Zur meßtechnischen Ermittlung der Kennwerte I_q und R_i

a) Messung des Kurzschlußstromes (falls zulässig)

b) Messung der Klemmenspannung und des Belastungsstromes

Auswertung:

Es ergeben sich folgende Kennwerte der Stromquelle:

Quellenstrom

$$I_q = I_K$$

$$I_q = 0{,}21\,\text{A}$$

Innenwiderstand

$$R_i = \frac{U}{I_i}$$

$$R_i = \frac{25\,\text{V}}{0{,}21\,\text{A} - 0{,}2\,\text{A}} = 2500\,\Omega$$

Kontrolle:
Wir kontrollieren das Meßergebnis $I = 0{,}2$ A durch Rechnung mit Gl. (33):

$$I = I_q - \frac{U}{R_i}$$

$$I = 0{,}21\ \text{A} - \frac{25\ \text{V}}{2{,}5\ \text{k}\Omega} = 0{,}2\ \text{A}$$

5.6 Vertiefung und Übung

Beispiel

Geregelte Netzteile sind Geräte, die aus Netzwechselspannung mit elektronischen Mitteln Gleichspannungen erzeugen. Von derartigen Netzgeräten wird gefordert:

- Die Klemmenspannung soll bei jeder zulässigen Belastung den Wert der Leerlaufspannung haben.
- Bei Überschreitung der zulässigen Belastung bis hin zum Kurzschluß darf der Strom einen einstellbaren Grenzwert nicht überschreiten.

a) Welchen Verlauf hat die *I-U*-Kennlinie eines solchen Netzgerätes, wenn $U_L = 20$ V ist?

b) Wie sehen die Abhängigkeiten $U_a = f(R_a)$ und $I = f(R_a)$ des Netzgerätes aus?

Lösung:

a) Die geknickte *I-U*-Kennlinie des Netzgerätes besteht aus zwei Geradenstücken, deren differentieller Widerstand in Bild 5.12 angegeben ist.

b) Bei Belastungswiderständen $R_a \geqslant 20\ \Omega$ wird die Klemmenspannung konstant gehalten; das Netzgerät arbeitet als Konstantspannungsquelle, die Stromstärke ist lastwiderstandsabhängig $I = U/R_a$ (s. Bild 5.13).

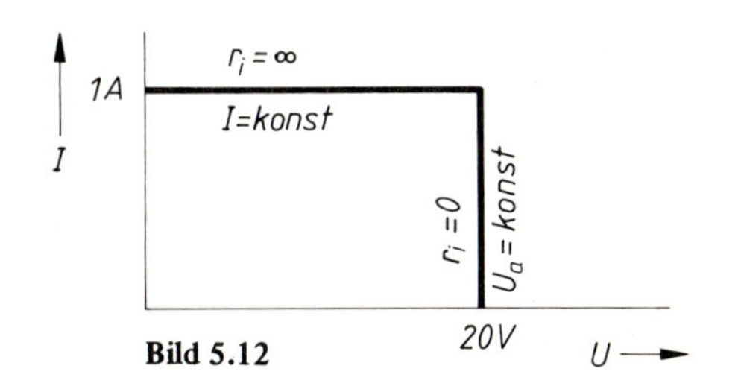

Bild 5.12

Bei Belastungswiderständen $R_a < 20\ \Omega$ wird der Strom konstant gehalten; das Netzgerät arbeitet als Konstantstromquelle infolge Strombegrenzung auf 1 A; die Klemmenspannung ist lastwiderstandsabhängig $U = I \cdot R_a$.

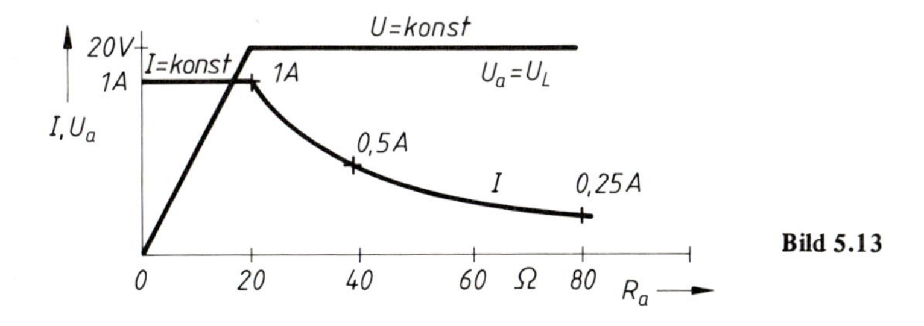

Bild 5.13

▲ **Übung 5.1: Spannungsquelle mit Innenwiderstand**

Eine Gleichspannungsquelle zeigt das folgende elektrische Verhalten:

Bei Anschluß eines Schaltwiderstandes mit dem konstanten Widerstand 1 kΩ fließt ein Strom von 10 mA, bei Anschluß von 10 kΩ fließt dagegen ein Strom von 4,8 mA.

Welche Klemmenspannung stellt sich bei Belastung mit einem Schaltwiderstand von 6,8 kΩ ein?

Lösungsleitlinie:

1. Die Klemmenspannungen für beide Belastungsfälle mit dem Ohmschen Gesetz berechnen.
2. Die Stromerhöhung $\Delta I = 5{,}2$ mA verursacht am Innenwiderstand R_i einen zusätzlichen inneren Spannungsabfall ΔU_i. Bei konstanter Quellenspannung U_q muß der zusätzliche innere Spannungsabfall ΔU_i zu einem gleich großen Spannungsrückgang ΔU_a am Schaltwiderstand führen. $R_i = ?$
3. Berechnen Sie die Quellenspannung U_q.
4. Strom I bei Anschluß des Schaltwiderstandes 6,8 kΩ.
5. Klemmenspannung U_a nach dem Ohmschen Gesetz.

△ **Übung 5.2: Klemmenspannung und Innenwiderstand**

Ein Schaltwiderstand mit dem Widerstandswert 330 Ω liegt an einer Spannungsquelle, deren Leerlaufspannung 9 V und deren Kurzschlußstrom 0,1 A beträgt.

Berechnen Sie die Klemmenspannung.

△ **Übung 5.3: Messen der Leerlaufspannung**

Der Innenwiderstand zweier Spannungsquellen beträgt:

$$R_{i1} = 5\ \Omega, \qquad R_{i2} = 50\ \text{k}\Omega$$

Welchen Widerstand müßte ein Spannungsmesser mindestens haben, um die Leerlaufspannung der Spannungsquellen auf 3 % genau messen zu können? (Der Meßgerätefehler wird vernachlässigt.)

△ **Übung 5.4: Methode der R_i-Bestimmung**

Beschreiben Sie den Vorgang der R_i-Bestimmung bei einer Spannungsquelle

a) nach der $\frac{\Delta U}{\Delta I}$-Methode,

b) durch Belastung mit R_a bis $U_a = \frac{1}{2} U_L$.

● **Übung 5.5: Konstantspannungsquelle**

Eine Konstantspannungsquelle hat die Eigenschaft, bei nahezu jedem Belastungsfall eine konstante Klemmenspannung an den Verbraucher abzugeben.

Welche widerstandsmäßige Voraussetzung für den Innenwiderstand muß gegeben sein?
Wie verhält sich die Stromstärke der Konstantspannungsquelle bei veränderlicher Widerstandsbelastung?

● **Übung 5.6: Konstantstromquelle**

Eine Konstantstromquelle hat die Eigenschaft, bei nahezu jedem Belastungsfall einen konstanten Strom an den Verbraucher abzugeben.

In welchem Verhältnis muß der Innenwiderstand zum Belastungswiderstand stehen?
Wie verhält sich die Klemmenspannung der Konstantstromquelle bei veränderlicher Widerstandsbelastung?

△ **Übung 5.7: Teilspannungen der Reihenschaltung**

Berechnen Sie die Teilspannungen U_2, U_3 und den Widerstand R_3 der in Bild 5.14 gezeigten Reihenschaltung.

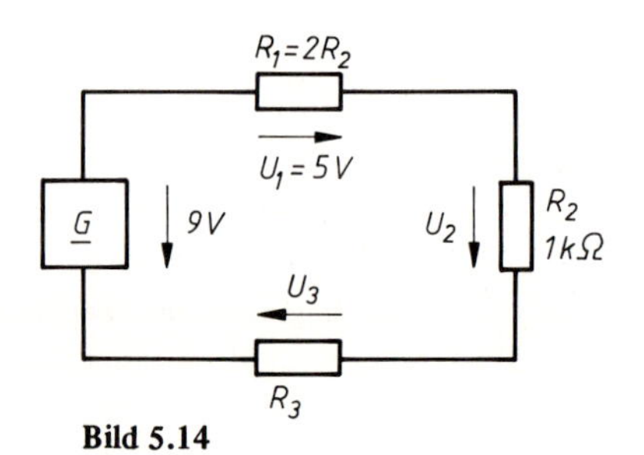

Bild 5.14

△ **Übung 5.8: Potentiale**

Berechnen Sie die Potentiale φ_A und φ_B in der Schaltung nach Bild 5.15.

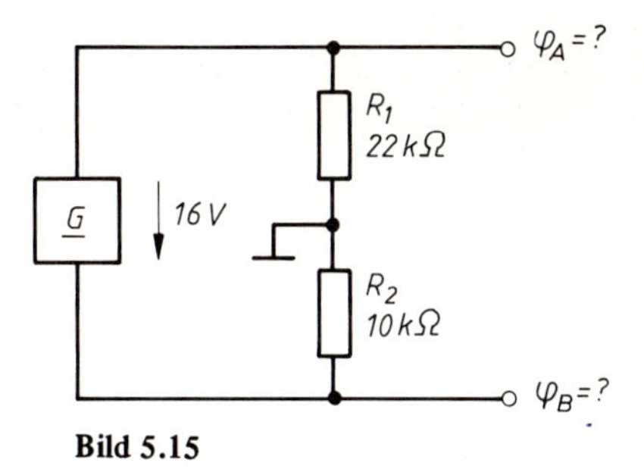

Bild 5.15

△ **Übung 5.9: Teilspannungen und Potentiale**

Bestimmen Sie die Potentiale der Punkte A, B, C und D (s. Bild 5.16).

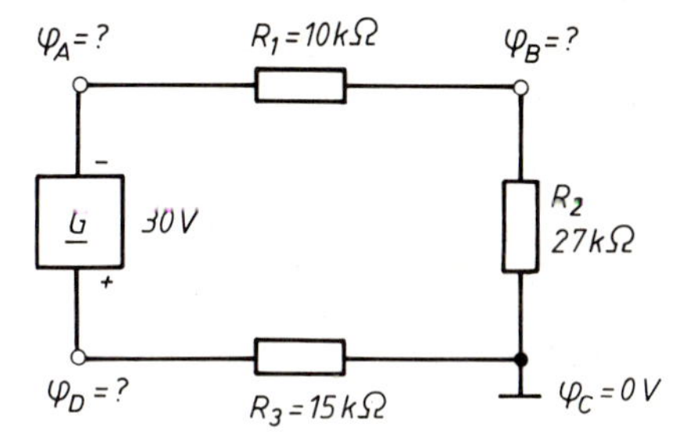

Bild 5.16

△ **Übung 5.10: Spannungsteilung**

In welchen Grenzen ist die Ausgangsspannung U_A der in Bild 5.17 dargestellten Schaltung einstellbar?

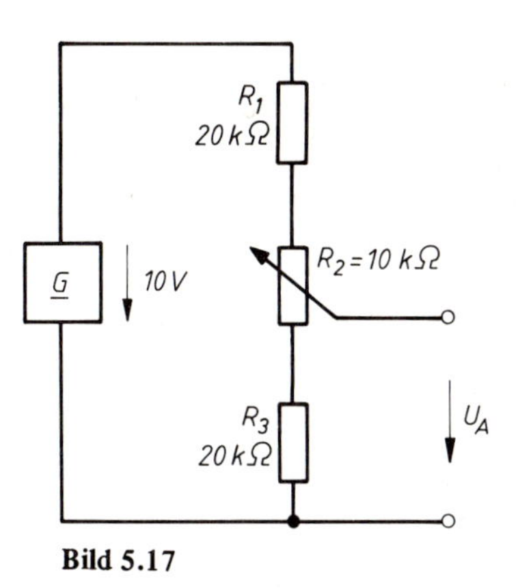

Bild 5.17

△ **Übung 5.11: Teilwiderstände**

Rechnen Sie Übung 5.10 rückwärts, um die Teilwiderstände R_1 und R_3 zu bestimmen, wenn durch Verstellung des Widerstandes R_2 = 10 kΩ die Ausgangsspannung in den Grenzen 4 V ... 6 V einstellbar sein soll (Bild 5.17).

△ **Übung 5.12: Parallelschaltung**

Berechnen Sie den Widerstand R_1 und die Spannung U der Parallelschaltung (Bild 5.18).

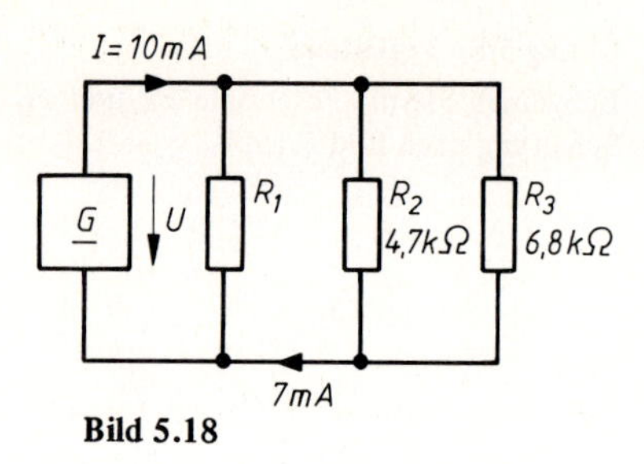

Bild 5.18

△ **Übung 5.13: Parallelschaltung**

Ermitteln Sie in Übung 5.12 den Gesamtwiderstand der Parallelschaltung aus den bekannten Einzelwiderständen, und kontrollieren Sie das Ergebnis über das Ohmsche Gesetz.

△ **Übung 5.14: Graphisches Lösungsverfahren**

Bestimmen Sie graphisch die Stromstärke sowie die Teilspannungen U_1 und U_2 der Reihenschaltung (Bild 5.19).

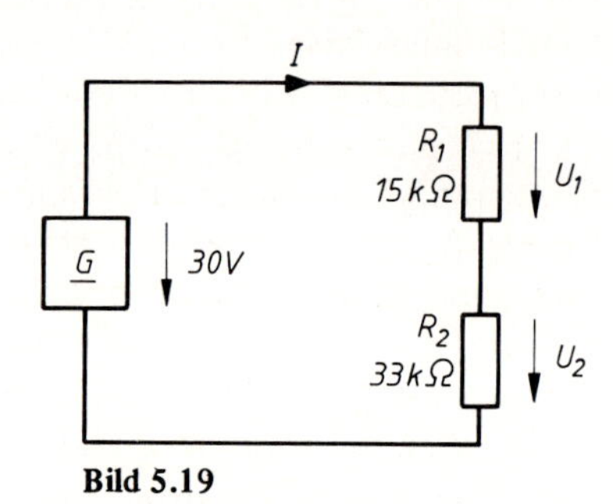

Bild 5.19

△ **Übung 5.15: Graphisches Lösungsverfahren**

Bestimmen Sie graphisch die Stromteilung und die Spannung für die Parallelschaltung (Bild 5.20).

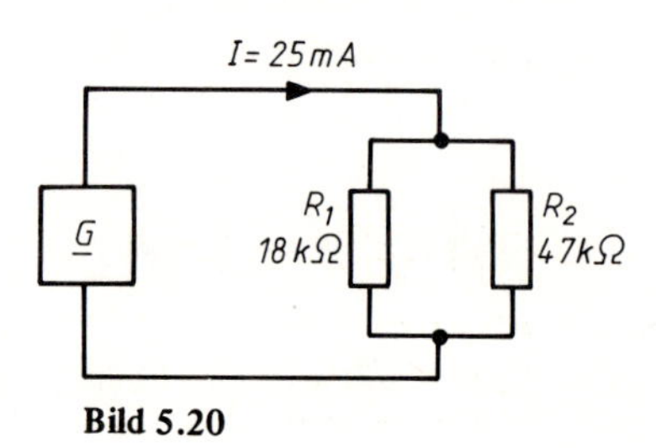

Bild 5.20

△ **Übung 5.16: Stromquelle**

Eine Stromquelle liefere im Kurzschlußfall eine Stromstärke von 5 mA. Welche Stromstärke prägt sie in einen angeschlossenen Verbraucher $R_a = 1{,}8\ \text{k}\Omega$ ein, wenn der Innenwiderstand der Stromquelle $R_i = 50\ \text{k}\Omega$ beträgt (Bild 5.21)?

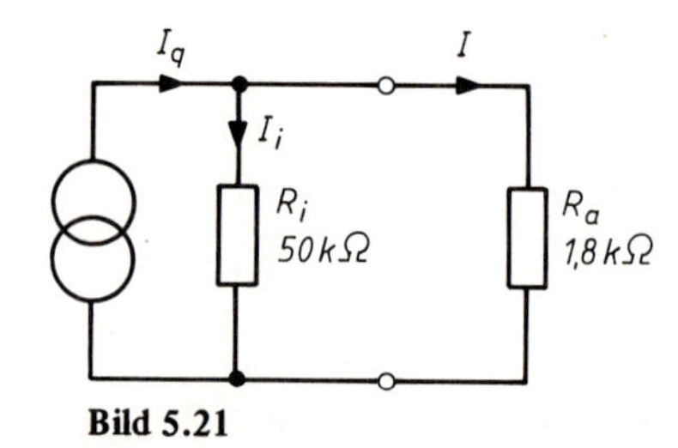

Bild 5.21

6 Energieumsetzung im Verbraucher

Der Generator sorgt für den Aufbau und die Aufrechterhaltung des elektrischen Feldes im Stromkreis. Je nach Art des Verbrauchers wird die elektrische Feldenergie in andere Energieformen umgewandelt.

6.1 Elektrische Arbeit

Energie ist definiert als die Fähigkeit, Arbeit zu verrichten. Für den allgemeinen Begriff von Arbeit kann aus dieser Definition geschlossen werden, daß durch *Arbeit* die Energie von Systemen verändert wird. Von System A werde auf das System B die Energie ΔW übertragen. Dann verrichtet System A Arbeit, d.h. es wird um ΔW energieärmer, während System B im gleichen Maße energiereicher wird. Arbeit ist demnach der Vorgang einer Energieumwandlung. Es wird genau soviel gearbeitet, wie Energie umgewandelt wird. Deshalb erhalten die Größen Energie und Arbeit dasselbe Formelzeichen und dieselbe Einheit. Als *elektrische Arbeit* bezeichnet man die Umwandlung von elektrischer Energie in eine andere Energieform.

Die von einem Generator an einem Verbraucher verrichtete Arbeit berechnet sich aus der gelieferten Ladungsmenge Q und der aufrechterhaltenen Klemmenspannung U:

$$\boxed{W = UQ} \tag{34}$$

Im Falle des zeitunabhängigen Gleichstromes wird mit $Q = It$:

$$\boxed{W = UIt} \qquad \text{Einheit } 1\,\text{V}\ 1\,\text{A}\ 1\,\text{s} = 1\,\text{Ws} \tag{35}$$

Sind Stromstärke und Spannung zeitabhängig, muß folgende Berechnungsform gebildet werden:

$$\boxed{W = \int_{t_1}^{t_2} ui\,\mathrm{d}t} \qquad \text{mit Lösungsmethode „Flächenauszählen"}^{1)} \tag{36}$$

In Worten: Die Arbeit W ist gleich der Summe aller „kleinsten Arbeitsportionen $\mathrm{d}W = u \cdot i \cdot \mathrm{d}t$", die während der Zeit t_1 bis t_2 verrichtet werden.

---

[1] Methode „Flächenauszählen" s. S. 23

6.2 Joulesches Gesetz

Es ist noch die Frage offen, was aus der vom Generator an den Verbraucher gelieferten Energie wird! Allgemein gilt der Satz von der Erhaltung der Energie. Speziell sagt das *Joulesche Gesetz:* Die an einen Verbraucher gelieferte elektrische Energie W wird dann vollständig in Stromwärme Q_W umgesetzt, wenn der Verbraucher quellenspannungsfrei ist. Ein quellenspannungsfreier Verbraucher ist z.B. der Schaltwiderstand R.

Die am Schaltwiderstand verrichtete elektrische Arbeit W berechnet sich aus:

$$W = UIt$$

Ersetzt man in dieser Beziehung die Spannung durch $U = IR$, so erhält man die *Joulesche Stromwärme* Q_W:

$$\boxed{Q_W = I^2 R t} \qquad \text{Einheit } 1\,\text{Ws} = 1\,\text{J (Joule)} \qquad (37)$$

Gl. (37) heißt *Joulesches Gesetz*. Wichtig ist die Erkenntnis, daß $Q_W = W$ nur dann gilt, wenn die an den Verbraucher angelegte Spannung U vollständig in Spannungsabfall an einem Widerstand R umgesetzt wird.

Beispiel

Ein Schaltwiderstand $R = 10\ \Omega$ liegt eine Stunde lang an der Gleichspannung $U = 100$ V.

a) Wie groß ist die am Schaltwiderstand verrichtete elektrische Arbeit?
b) Wie groß ist der Stromwärmeanteil in %?

Lösung:

Elektrische Arbeit:

$$W = UIt = 100\ \text{V} \cdot 10\ \text{A} \cdot 1\ \text{h} = 1000\ \text{Wh}$$

Stromwärme:

$$Q_W = I^2 Rt = (10\ \text{A})^2 \cdot 10\ \Omega \cdot 1\ \text{h} = 1000\ \text{Wh}\ (= 100\ \%) = 3600\ \text{kJ}$$

Beispiel

Durch die Ankerwicklung eines an Gleichspannung 100 V liegenden Motors fließt ein Strom von 10 A. Der belastete Motor läuft eine Stunde lang.

a) Wie groß ist die an dem Gleichstrommotor in dieser Zeit verrichtete elektrische Arbeit?
b) Wie groß ist der Stromwärmeanteil in %, wenn der Ankerwiderstand 1 Ω beträgt?

Lösung:

Elektrische Arbeit:

$$W = UIt = 100\ \text{V} \cdot 10\ \text{A} \cdot 1\ \text{h} = 1000\ \text{Wh}$$

Stromwärme:

$$Q_W = I^2 Rt = (10\ \text{A})^2 \cdot 1\ \Omega \cdot 1\ \text{h} = 100\ \text{Wh}\ (10\ \%) = 360\ \text{kJ}$$

Die Joulesche Wärme Q_W ist kleiner als die aufgewendete elektrische Arbeit W, da die bereitgestellte Spannung U nur zu einem kleinen Teil in Spannungsabfall U_R am Ankerwiderstand umgesetzt wird, während der größere Spannungsanteil zur Überwindung der vom Motor induzierten Quellenspannung U_q gebraucht wird (Bild 6.1).

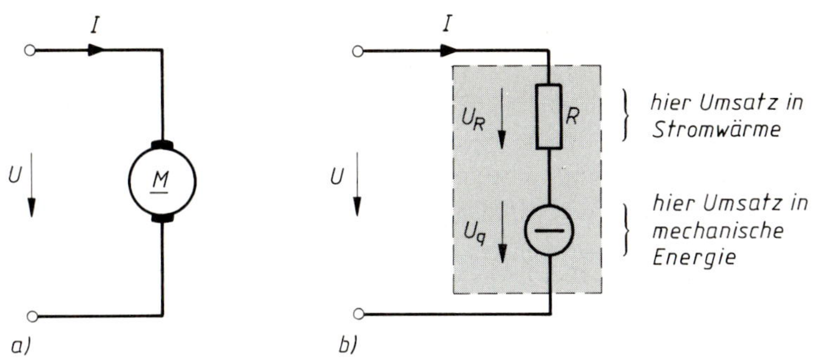

Bild 6.1 Zur Energieumsetzung in einem Gleichstrommotor
a) Motor als Verbraucher, b) Ersatzschaltung

6.3 Elektrische Leistung

Ein wesentliches Kennzeichen des Energieumwandlungsvorganges, der elektrische Arbeit genannt wird, ist die Geschwindigkeit der Energieumwandlung. Trägt man die von einem Gerät verrichtete elektrische Arbeit über der Zeit auf, dann läßt sich die Arbeitsgeschwindigkeit aus dem Steigungsdreieck ermitteln. Man bezeichnet die Energieumwandlungsgeschwindigkeit als *elektrische Leistung P*:

$$P = \frac{\Delta W}{\Delta t} \qquad \text{Einheit } \frac{1\,\text{Ws}}{1\,\text{s}} = 1\,\text{W (Watt)} \tag{38}$$

In Worten: Leistung ist definiert als Quotient von Arbeit und Zeit.

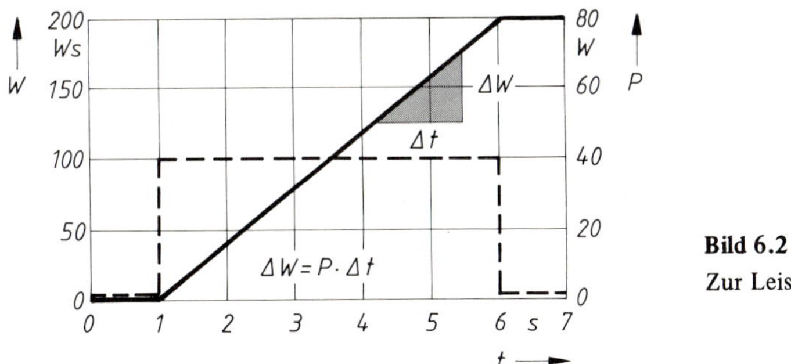

Bild 6.2
Zur Leistungsdefinition

Für eine beliebige Funktion $W = f(t)$ kann der Momentanwert der Leistung

$$P_t = \frac{dW}{dt} \qquad \text{mit Lösungsmethode „Tangente"}^{1)} \tag{39}$$

[1] Lösungsmethode „Tangente“ s. S. 21

durch Tangentenkonstruktion ermittelt werden. Aus den Momentanwerten von Spannung und Strom erhält man auch den Momentanwert der Leistung, weil:

$$P_t = \frac{dW}{dt} = \frac{ui\,dt}{dt}$$

$$P_t = ui$$

Für die zeitunabhängigen Gleichstromgrößen ergibt sich die konstant bleibende Leistung:

$$\boxed{P = UI} \qquad \text{Einheit } 1\,\text{V} \cdot 1\,\text{A} = 1\,\text{W} \qquad (40)$$

In Worten: Die elektrische Leistung errechnet sich aus dem Produkt von Spannung und Strom bei einem Verbraucher.

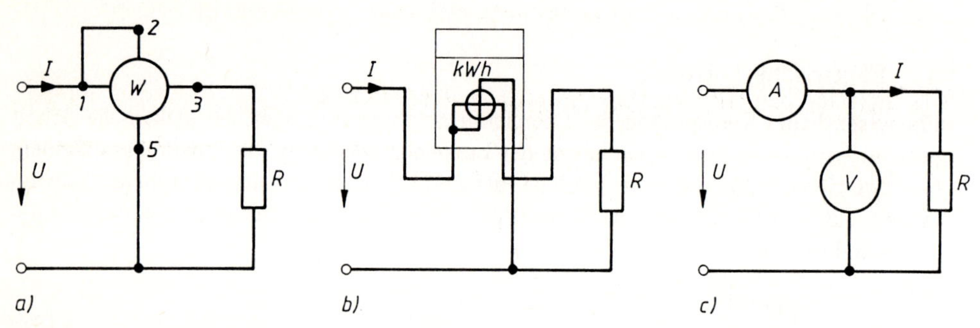

Bild 6.3 Leistungsmessung
a) Leistungsmesser: 1–3 = Strompfad, 2–5 = Spannungspfad
b) Arbeitszähler und Uhr (nicht gezeichnet)
c) Strom-Spannungsmessung

Beispiel

Die Leistungsaufnahme einer Heizplatte soll durch Messungen ermittelt werden.

a) Direkt durch einen Leistungsmesser.
b) Indirekt durch Messung der verrichteten Arbeit pro Zeit. Die auf dem Zähler-Typenschild genannte Zählerkonstante sei 120 Umdr./1 kWh. Es werden 6 Umdrehungen in der Zeit 3 min gezählt.
c) Indirekt durch Messung von Spannung und Stromstärke. Die Klemmenspannung betrage 220 V. Es wird eine Stromaufnahme von 4,55 A gemessen.

Lösung:

a) Schaltung s. Bild 6.3. Der Strompfad des Leistungsmessers wird wie ein Strommesser, der Spannungspfad wie ein Spannungsmesser geschaltet. Bei Zeigerausschlag in die falsche Richtung: Umpolen eines Pfades. Meßergebnis $P = 1000$ W.

b) $W = \frac{1000\ \text{Wh}}{120\ \text{Umdr.}} \cdot 6\ \text{Umdr.} = 50\ \text{Wh}$

$t = \frac{1\ \text{h}}{60\ \text{min}} \cdot 3\ \text{min} = 0{,}05\ \text{h}$

$P = \frac{\Delta W}{\Delta t} = \frac{50\ \text{Wh}}{0{,}05\ \text{h}} = 1000\ \text{W}$

c) $P = UI = 220\ \text{V} \cdot 4{,}55\ \text{A} = 1000\ \text{W}$

▲ **Übung 6.1: Arbeit und Leistung**

Gegeben ist der zeitliche Verlauf der Leistung gemäß Wertetabelle.

t (h)	0	0,5	1	1,5	2	2,5	3	3,5	4	4,5
P_t (W)	100	190	280	330	350	345	337	325	305	280

Ermitteln Sie die im Zeitraum t_1 = 1 h bis t_2 = 4 h verrichtete Arbeit.

Lösungsleitlinie:

1. Zeichnen Sie die gegebene Funktion auf Millimeterpapier.
2. Lösen Sie das Integral $W = \int_{t_1}^{t_2} u\,i\,\mathrm{d}t = \int_{t_1}^{t_2} P_t\,\mathrm{d}t$ durch die Methode des Flächenauszählens.
3. Überlegen Sie, unter welcher Voraussetzung ein Amperestundenzähler bei geeigneter Eichung das gleiche Ergebnis wie ein Wattstundenzähler liefern würde.

6.4 Strom- und Spannungsabhängigkeit der Leistung

Mit dem Ohmschen Gesetz läßt sich die Berechnungsgrundlage für die elektrische Leistung bei Gleichstrom erweitern und das Verständnis vertiefen.

Es war:

$$P = UI$$

Durch Einsetzen von $I = U/R$ erhält man:

$$\boxed{P = \frac{U^2}{R}} \qquad \text{Einheit } \frac{(1\ \mathrm{V})^2}{1\ \Omega} = 1\ \mathrm{W} \qquad (41)$$

Mit $U = IR$ wird:

$$\boxed{P = I^2 R} \qquad \text{Einheit } (1\ \mathrm{A})^2 \cdot 1\ \Omega = 1\ \mathrm{W} \qquad (42)$$

Das heißt, wird die an einem konstanten Widerstand R liegende Spannung U verdoppelt, dann steigt die Leistung auf den vierfachen Betrag, da $P = U^2 : R$ ist. Dieses Ergebnis ergibt sich aus dem Ohmschen Gesetz: Wird die Spannung an einem konstanten Widerstand verdoppelt, dann steigt auch der Strom auf den doppelten Wert. Die Leistung muß dann wegen $P = UI$ auf den vierfachen Betrag ansteigen.

Beispiel

Ein Schaltwiderstand mit dem konstanten Widerstand R liegt an der Gleichspannung 220 V. Die Leistung seiner Energieumwandlung beträgt bei Nennspannung 100 W.

Durch welche Maßnahme kann seine Leistung auf 50 W vermindert werden?

Lösung:

1. Der Schaltwiderstand muß an eine geringere Spannung gelegt werden.

   Widerstandswert R:

   $$R = \frac{U^2}{P} = \frac{(220\ \mathrm{V})^2}{100\ \mathrm{W}} = 484\ \Omega = \text{konst.}$$

   Spannung an R für halbe Leistung:

   $$U = \sqrt{PR} = \sqrt{50\ \mathrm{W} \cdot 484\ \Omega} = 155{,}5\ \mathrm{V}$$

Strom in R für halbe Leistung:

$$I = \frac{P}{U} = \frac{50\ \text{W}}{155{,}5\ \text{V}} = 0{,}322\ \text{A}$$

Probe:

$$P = UI = 155{,}5\ \text{V} \cdot 0{,}322\ \text{A} = 50\ \text{W}$$

2. In Reihe zum Widerstand R wird ein zusätzlicher Widerstand R_v gelegt, der die überschüssige Spannung aufnimmt:

$$R_\text{V} = \frac{220\ \text{V} - 155{,}5\ \text{V}}{0{,}322\ \text{A}} = 200\ \Omega$$

6.5 Nennleistung

Die Leistung steigt bei einem konstanten Widerstand mit dem Quadrat der angelegten Spannung an. Widerstände dürfen jedoch entsprechend ihrer Bauart bei Dauerbelastung nur mit ihrer *Nennleistung* betrieben werden. Aus der Nennleistung und dem Widerstandswert läßt sich die größte noch zulässige Spannung errechnen, die an den Widerstand angelegt werden darf:

$$P_\text{Nenn} = \frac{U^2}{R}$$

$$U = \sqrt{P_\text{Nenn}\, R}$$

Beispiel

An welcher Spannung darf ein Widerstand mit dem Widerstand 1 kΩ und der Nennleistung 0,5 W noch betrieben werden?

Lösung:

$$U = \sqrt{0{,}5\ \text{W} \cdot 1000\ \frac{\text{V}}{\text{A}}} = 22{,}4\ \text{V}$$

Für die graphische Lösung wird zunächst $P = f(U)$ in einer Wertetabelle berechnet.

U	0	5	10	15	20	25	30 V
P	0	0,025	0,1	0,225	0,4	0,625	0,9 W

Die Funktion $P = f(U)$ wird gezeichnet und die Nennleistung 0,5 W als Grenzwert eingetragen. Im Schnittpunkt kann die Nennspannung abgelesen werden.

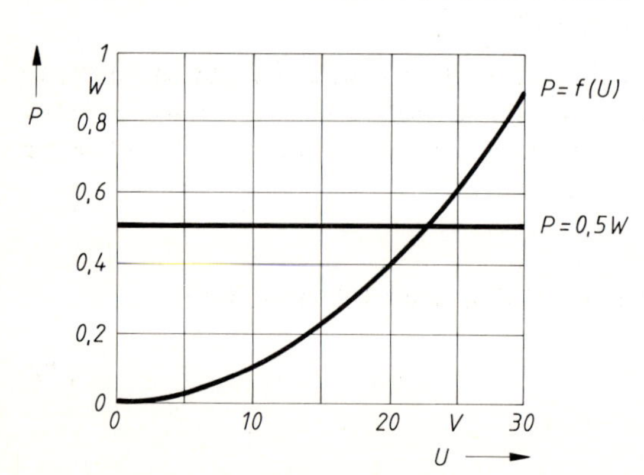

Bild 6.4

Die Nennleistung eines Widerstandes bestimmt die zulässige Nennspannung.

Soll die Nennleistung eines Bauteils im *I-U*-Kennlinienfeld dargestellt werden, ergibt sich die sog. *Leistungshyperbel*. Die Leistungshyperbel ist der geometrische Ort aller Punkte, die im *I-U*-Kennlinienfeld die Leistung P darstellen.

Beispiel

Wir betrachten die zulässige Spannungsbelastbarkeit einer Widerstandsdekade zur Einstellung von Widerstandswerten zwischen 0, 100 ... 1000 Ω (s. Bild 6.5a)). Die verwendeten 10 Widerstände haben eine Nennleistung von 0,5 W.

Lösung: Zunächst werden die *I-U*-Kennlinien einzelner Widerstandswerte in das vorbereitete Kennlinienfeld eingezeichnet:

$$100\ \Omega = \frac{10\ \text{V}}{0{,}1\ \text{A}}; \qquad 200\ \Omega = \frac{20\ \text{V}}{0{,}1\ \text{A}}; \qquad 500\ \Omega = \frac{25\ \text{V}}{50\ \text{mA}}.$$

Nun werden einige *I-U*-Wertepaare aufgesucht, deren Produkt die Leistung 0,5 W ergeben. Diese Koordinatenpunkte werden in das *I-U*-Kennlinienfeld eingetragen. Ihre Verbindungslinie ergibt die Leistungshyperbel 0,5 W. Die Leistungshyperbel teilt das *I-U*-Kennlinienfeld in einen erlaubten und einen verbotenen Bereich (s. Bild 6.5b)).

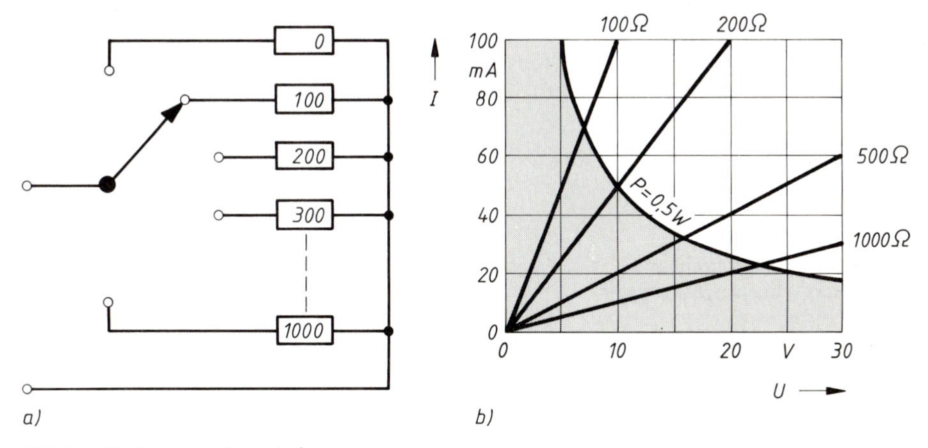

Bild 6.5 Zur Leistungshyperbel
a) Widerstandsdekade mit 10 Widerständen je 0,5 W
b) Leistungshyperbel 0,5 W

6.6 Energieumwandlung und Wirkungsgrad

Setzt man die einem Verbraucher zugeführte elektrische Energie W_{zu} gleich 100 %, so erreicht die von ihm durch Energieumwandlung erzeugte Nutzenergie W_{Nutz} nur Werte von unter 100 %, da bei der Arbeit des Verbrauchers unbeabsichtigt eine Verlustenergie W_{Verl} in Form von Reibungs- und Stromwärme entsteht:

$$W_{zu} = W_{Nutz} + W_{Verl}$$

Teilt man die Energiebilanz durch die Zeit, so erhält man die Leistungsbilanz:

$$\boxed{P_{zu} = P_{Nutz} + P_{Verl}} \qquad (43)$$

Als Maß für die Qualität der Energieumwandlung wird der *Geräte-Wirkungsgrad* η eingeführt:

$$\boxed{\eta = \frac{P_{\text{Nutz}}}{P_{\text{zu}}}} \quad \text{dimensionsloser Zahlenfaktor} \tag{44}$$

In Worten: Der Wirkungsgrad ist definiert als das Verhältnis von abgegebener Nutzleistung zu aufgenommener Leistung und ist somit immer kleiner als 1 (= 100 %).
Die Nutzenergie berechnet sich verbraucherspezifisch (s. auch Bild 6.6).

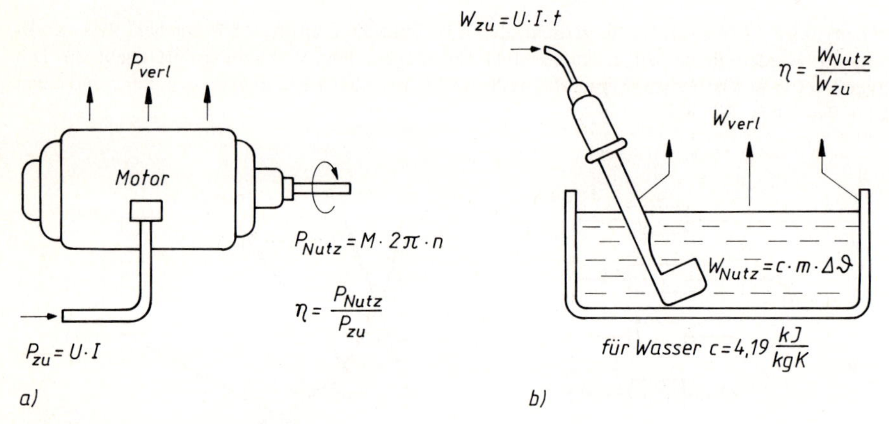

Bild 6.6 Zum Geräte-Wirkungsgrad
a) eines Motors, b) eines Tauchsieders

Beispiel

Wir betrachten einen Gleichstrommotor für eine Betriebsspannung 220 V, der bei Belastung eine Stromaufnahme von 21,5 A hat, während er an der Welle ein Drehmoment von 31,8 Nm bei einer Drehzahl von 1200 Umdr./min erzeugt. Wie groß ist der Geräte-Wirkungsgrad des Motors?

Lösung:

Leistungsabgabe:

$$P_{\text{Nutz}} = M\, 2\pi n = 31{,}8 \text{ Nm} \cdot 2\pi \cdot 1200 \text{ min}^{-1}$$

$$P_{\text{Nutz}} = 240\,000 \text{ Nm/min} = 4000 \text{ Nm/s} = 4000 \text{ W}$$

Leistungsaufnahme:

$$P_{\text{zu}} = UI = 220 \text{ V} \cdot 21{,}5 \text{ A} = 4730 \text{ W}$$

Wirkungsgrad:

$$\eta = \frac{P_{\text{Nutz}}}{P_{\text{zu}}} = \frac{4000 \text{ W}}{4730 \text{ W}} = 0{,}845$$

$$\eta = 84{,}5\ \%$$

6.7 Energieübertragung und Wirkungsgrad

Die Grundaufgabe der Energietechnik besteht in der Erzeugung und Übertragung elektrischer Energie vom Generator zum Verbraucher. Die Verbrauchergruppe soll die von ihr verlangte elektrische Leistung bei vorgegebener konstanter Spannung erhalten, und zwar auch bei veränderlicher Anzahl der zugeschalteten Verbraucher. Die vom Generator erzeugte Leistung soll mit möglichst geringen Verlusten zum Verbraucher übertragen werden.

Die Aufgabenstellung verlangt eine Analyse des Grundstromkreises, bestehend aus Generator mit Innenwiderstand R_i bei wechselndem Lastwiderstand R_a hinsichtlich einer wirtschaftlichen Leistungsübertragung (s. Bild 6.7).

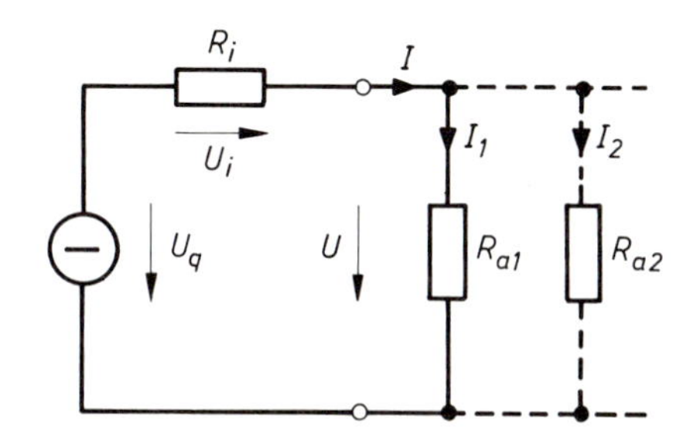

Bild 6.7
Zum Energieübertragungs-Wirkungsgrad

Nach dem 2. Kirchhoffschen Gesetz gilt:

$$U_q = U_i + U$$

Durch Multiplikation mit der Stromstärke I erhalten wir die Leistungsbilanz des Grundstromkreises:

$$U_q I = U_i I + UI$$

$$\underbrace{P_q}_{\text{erzeugte elektrische Leistung}} = \underbrace{P_i}_{\text{Leistungsverbrauch innerhalb der Quelle}} + \underbrace{P}_{\text{an den Verbraucher gelieferte Leistung (Nutzleistung)}}$$

Unter dem Gesichtspunkt einer wirtschaftlichen Energieübertragung bezeichnen wir die an die Verbraucher gelieferte Leistung P als Nutzleistung und die am Generator-Innenwiderstand verbleibende Leistung P_i als Verlustleistung und definieren einen *Energieübertragungs-Wirkungsgrad*:

$$\eta = \frac{P}{P_q} = \frac{I^2 \cdot R_a}{I^2 R_a + I^2 R_i}$$

$$\boxed{\eta = \frac{R_a}{R_a + R_i}} \qquad (45)$$

Der Wirkungsgrad der Energieübertragung innerhalb eines Stromkreises hängt also von einem Widerstandsverhältnis ab. Sollen große Energiemengen übertragen werden, wie es Aufgabe der Energietechnik ist, muß, um die schädlichen Verluste gering zu halten, ein sehr guter Wirkungsgrad angestrebt werden. Das läßt sich elektrisch erreichen, wenn der Innenwiderstand des Generators sehr viel kleiner als der Verbraucherwiderstand ist ($R_i \ll R_a$). Der Betriebszustand eines Generators, der durch die Beziehung $R_i \ll R_a$ oder, was dasselbe ist, $R_a \gg R_i$ beschrieben wird, heißt *angenäherter Leerlauffall* und sichert den Verbrauchern die fast konstante Netzspannung. Man bezeichnet das Widerstandsverhältnis $R_a \gg R_i$ deshalb auch als *Spannungsanpassung*:

Spannungsanpassung

$$R_a \gg R_i \tag{46}$$

Beispiel

Wir betrachten einen Stromkreis, bestehend aus einem Generator mit der Quellenspannung U_q und dem Innenwiderstand $R_i = 0{,}2\ \Omega$, der mit einer Grundlast $P = 10$ kW belastet ist. Ein weiterer Verbraucher mit der Anschlußleistung 1 kW wird zugeschaltet. Die Nennspannung der Verbraucher sei 220 V (s. Bild 6.8).

1. Wie groß ist die Klemmenspannung der Verbrauchergruppe?
2. Wie groß ist die Leistungsabgabe des Generators?

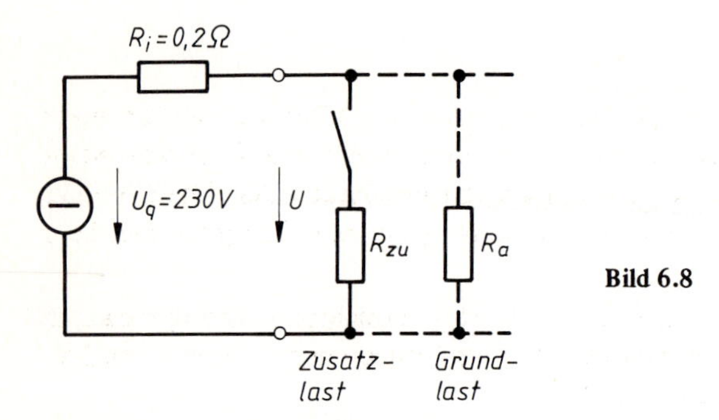

Bild 6.8

Lösung:

1. Grundlastwiderstand:

$$R_a = \frac{U^2}{P} = \frac{(220\ \text{V})^2}{10\,000\ \text{W}} = 4{,}84\ \Omega$$

Klemmenspannung der Grundlastverbraucher:

$$U = U_q \frac{R_a}{R_a + R_i} = 230\ \text{V} \cdot \frac{4{,}84\ \Omega}{5{,}04\ \Omega} = 220{,}87\ \text{V}$$

Durch Zuschalten der Zusatzlast

$$R_{zu} = \frac{U^2}{P} = \frac{(220\ \text{V})^2}{1000\ \text{W}} = 48{,}4\ \Omega$$

wird der Lastwiderstand auf den Betrag R_a' vermindert:

$$R_a' = \frac{R_a \cdot R_{zu}}{R_a + R_{zu}} = \frac{4{,}84\ \Omega \cdot 48{,}4\ \Omega}{53{,}24\ \Omega} = 4{,}4\ \Omega$$

Es ergibt sich die neue Klemmenspannung U':

$$U' = U_q \cdot \frac{R'_a}{R'_a + R_i} = 230\ \text{V} \cdot \frac{4{,}4\ \Omega}{4{,}6\ \Omega} = 220\ \text{V}$$

Die Klemmenspannung hat sich durch das Zuschalten eines weiteren Verbrauchers also praktisch nicht verändert.

2. Energieübertragungs-Wirkungsgrad:

$$\eta = \frac{R'_a}{R'_a + R_i} = \frac{4{,}4\ \Omega}{4{,}6\ \Omega} = 0{,}956$$

$$\eta = -95{,}6\ \%$$

Um an den Verbraucher die Leistung $P = 10\ \text{kW} + 1\ \text{kW} = 11\ \text{kW}$ bei praktisch konstanter Klemmenspannung $U = 220$ V zu übertragen, muß der Generator die Leistung P_q abgeben:

$$\eta = \frac{P}{P_q}$$

$$P_q = \frac{P}{\eta} = \frac{11\ \text{kW}}{0{,}956} = 11{,}5\ \text{kW}$$

Es entsteht eine Verlustleistung am Generator-Innenwiderstand:

$$P_i = P_q - P$$

$$P_i = 11{,}5\ \text{kW} - 11\ \text{kW} = 0{,}5\ \text{kW}$$

6.8 Leistungsanpassung

In der Nachrichtentechnik, wo Übertragungseinrichtungen zur Übermittlung von Informationen benutzt werden, ist man bestrebt, einer Signalquelle mit Innenwiderstand einen möglichst großen Absolutbetrag der Empfangsenergie zu entnehmen. Der Wirkungsgrad der Energieübertragung interessiert wegen der zumeist geringen Energiebeträge überhaupt nicht.

Unter welcher Bedingung wird die am Empfänger (R_a) verfügbare Leistung möglichst groß, wenn die Signalquelle durch eine konstante Quellenspannung U_q und einen konstanten Innenwiderstand R_i gekennzeichnet ist?

Die Leistung im Verbraucherwiderstand R_a beträgt:

$$P = I^2 R_a \quad \text{oder} \quad P = \frac{U^2}{R_a}$$

Man erkennt, daß die verfügbare Leistung P bei Extremwerten des Lastwiderstandes R_a gleich Null ist:

$$P = 0 \text{ bei } R_a = 0, \quad \text{da Klemmenspannung } U = 0$$

$$P = 0 \text{ bei } R_a = \infty, \quad \text{da Strom } I = 0$$

Die *verfügbare Leistung P* hat ihr Maximum bei Widerstandsgleichheit zwischen R_a und R_i:

Leistungsanpassung

$$R_a = R_i \tag{47}$$

In Worten: Soll einem Generator, dessen Innenwiderstand R_i und dessen Leerlaufspannung U_L ist, die größtmögliche Leistung entnommen werden, so muß der Belastungswiderstand R_a die gleiche Größe haben wie der Innenwiderstand R_i des Generators.

Bei *Leistungsanpassung* ergeben sich charakteristische Werte für die Klemmenspannung U und Stromstärke I im Verbraucher:

$$U = \frac{1}{2}\, U_q \quad \text{(halbe Leerlaufspannung)}$$

$$I = \frac{1}{2}\, I_K \quad \text{(halbe Kurzschlußstromstärke)}$$

Das Maximum der verfügbaren Leistung berechnet sich mit den Kennwerten U_q und R_i der Spannungsquelle aus:

$$P_{max} = \frac{1}{2} \cdot U_q \cdot \frac{1}{2} \cdot I_K \qquad \text{mit } I_K = \frac{U_q}{R_i}$$

$$P_{max} = \frac{1}{4} \cdot \frac{U_q^2}{R_i}$$

Ein gleich großer Leistungsteil wird am Innenwiderstand R_i in Wärme umgesetzt, weshalb bei Leistungsanpassung der Wirkungsgrad nur 50 % beträgt.

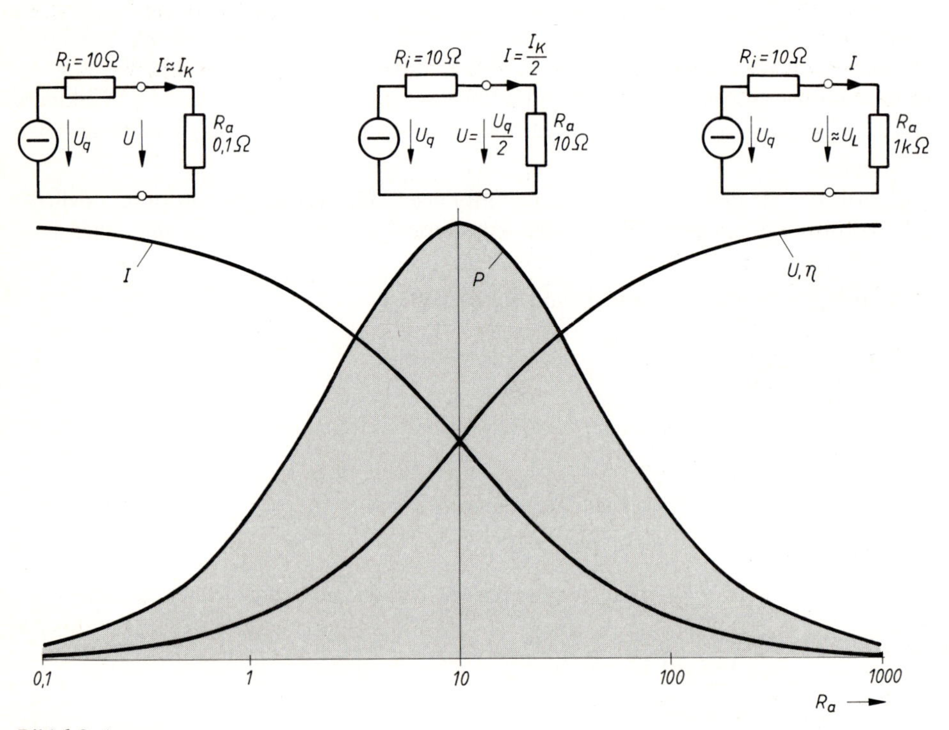

Bild 6.9 Anpassung

Beispiel

Wir berechnen die verfügbare Leistung für den veränderlichen Belastungswiderstand R_a, der an einer Spannungsquelle mit der Leerlaufspannung 12 V und dem Innenwiderstand 10 Ω liegt.

Lösung: Die Berechnung der Klemmenspannung U, der Stromstärke I, der verfügbaren Leistung P und des Wirkungsgrades η erfolgt in einer Tabelle. Die graphische Darstellung der Ergebnisse ist in Bild 6.9 abgebildet.

R_a	0,1	1	2	5	10	20	50	100	1000	Ω
$I = \frac{U_q}{R_a + R_i}$	≈ 1,2	1,10	1,00	0,80	0,60	0,40	0,20	0,11	0,012	A
$U = I \cdot R_a$	0,12	1,10	2,00	4,00	6,00	8,00	10,0	11,0	≈ 12	V
$P = U \cdot I$	0,14	1,21	2,00	3,20	3,60	3,20	2,00	1,21	0,14	W
$P_q = U_q \cdot I$	14,4	13,2	12,0	9,60	7,20	4,80	2,40	1,32	0,144	W
$\eta = \frac{P}{P_q} \cdot 100$	0,97	9,17	16,7	33,3	50,0	66,7	83,3	91,7	97,2	%

6.9 Vertiefung und Übung

Beispiel

Ein Stellwiderstand mit veränderbarem Widerstand R_a wird an eine Spannungsquelle mit den Kennwerten $I_k = 0{,}4$ A und $R_i = 30\ \Omega$ gelegt. Der Widerstand soll eine Leistung von 1 W aufnehmen. Folgende Punkte sind zu bearbeiten:

1. Darstellung des I-U-Kennlinienfeldes mit der R_i-Geraden und der Leistungshyperbel 1 W
2. Berechnung der möglichen Widerstandswerte für R_a
3. Klärung der Begriffe Über- und Unteranpassung

Lösung 1: Bild 6.10 zeigt, daß es zwei mögliche Widerstandswerte für R_a gibt.

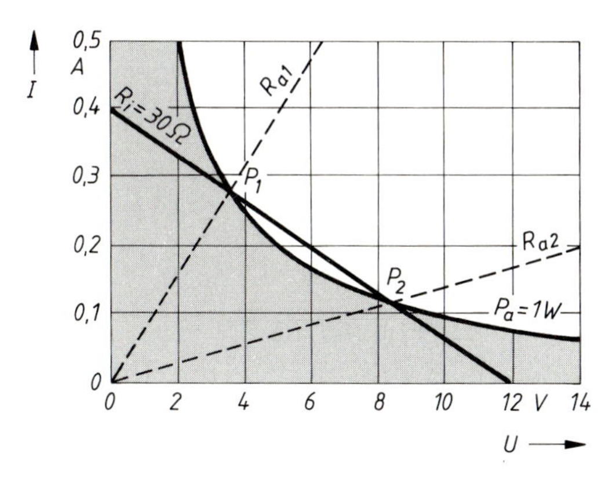

Bild 6.10

Lösung 2: Die Berechnung der Widerstandswerte R_{a1} und R_{a2} kann aus der Steigung der Widerstandsgeraden erfolgen:

$$R_{a1} = \frac{6{,}3\ \text{V} - 0\ \text{V}}{0{,}5\ \text{A} - 0\ \text{A}} = 12{,}6\ \Omega$$

$$R_{a2} = \frac{14\ \text{V} - 0\ \text{V}}{0{,}2\ \text{A} - 0\ \text{A}} = 70\ \Omega$$

Die Widerstandswerte lassen sich auch direkt berechnen:

$$P_{ges} = P_a + P_i$$
$$U_q I = P_a + I^2 R_i$$
$$R_i I^2 - U_q I + P_a = 0$$
$$I^2 - \frac{U_q}{R_i} I + \frac{P_a}{R_i} = 0$$
$$I^2 - 0{,}4\ \text{A} \cdot I + 0{,}0333\ \text{A}^2 = 0$$

$$I_{1,2} = + \frac{0{,}4\ \text{A}}{2} \pm \sqrt{\frac{(0{,}4\ \text{A})^2}{4} - 0{,}0333\ \text{A}^2}$$
$$I_{1,2} = +0{,}2\ \text{A} \pm \sqrt{0{,}04\ \text{A}^2 - 0{,}0333\ \text{A}^2}$$
$$I_{1,2} = +0{,}2\ \text{A} \pm 0{,}0816\ \text{A}$$
$$I_1 = 281{,}6\ \text{mA}$$
$$I_2 = 118{,}4\ \text{mA}$$

Der Strom I_1 muß im Widerstand R_{a1} die Leistung 1 W erzeugen:

$$P_a = I_1^2 R_{a1}$$
$$R_{a1} = \frac{1\ \text{W}}{(0{,}2816\ \text{A})^2} = 12{,}61\ \Omega$$
$$R_{a2} = \frac{1\ \text{W}}{(0{,}1184\ \text{A})^2} = 71{,}3\ \Omega$$

Lösung 3: Man definiert $R_a = R_i$ als Leistungsanpassung und bezeichnet den Fall $R_a > R_i$ als Überanpassung und den Fall $R_a < R_i$ als Unteranpassung.

△ **Übung 6.2: Nennbelastung**

Von einem Widerstand sind die Angaben 1,8 kΩ/0,25 W bekannt.
Welcher maximale Strom darf im Widerstand auftreten, ohne daß er überlastet wird?

● **Übung 6.3: Leistung und Leistungsanpassung**

Auf dem „Spickzettel" eines Studienkollegen befinden sich zum Thema Leistung und Leistungsanpassung u.a. folgende Aufzeichnungen: Sind die in Bild 6.11 angegebenen Beziehungen richtig?

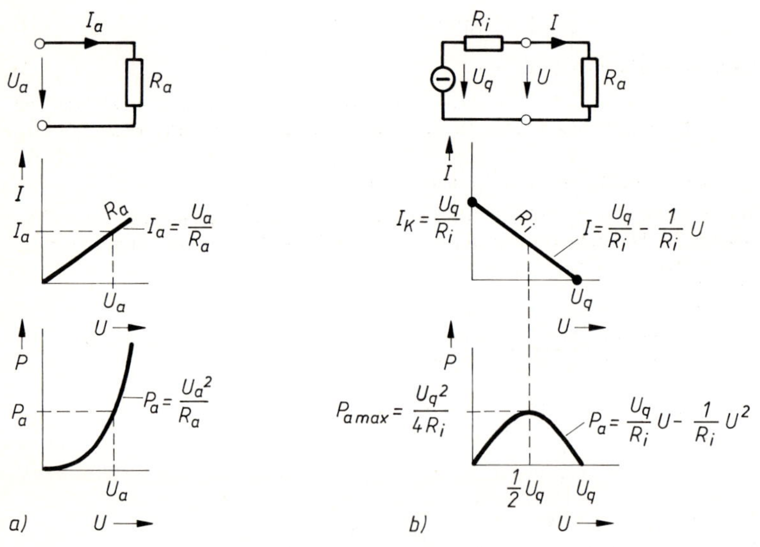

Bild 6.11 Leistungsaufnahme des Verbrauchers R_a in Abhängigkeit
a) von der Klemmenspannung U_a bei konstantem Widerstand R_a
b) vom Widerstandswert R_a bei konstanten Kennwerten (U_q, R_i) der Spannungsquelle

△ **Übung 6.4: Leistungsmessung**

Bei Belastung mit einem einstellbaren Widerstand R_a ergibt sich bei einer bestimmten Schleiferstellung das gemessene Leistungsmaximum von 10 W (s. Bild 6.12). Wie groß ist die Leerlaufspannung der Spannungsquelle?

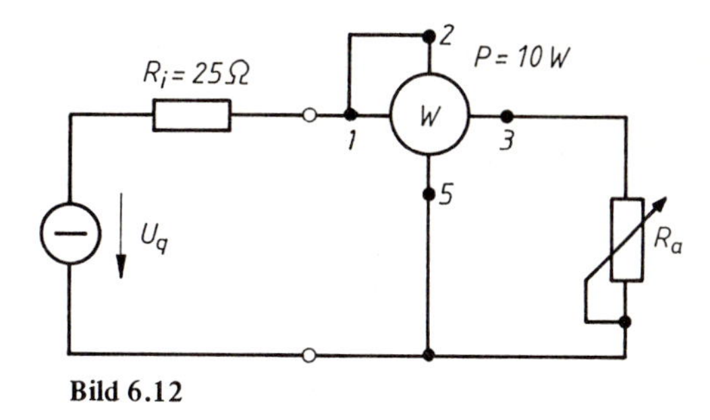

Bild 6.12

△ **Übung 6.5: Vorwiderstand**

Ein Widerstand R mit der Aufschrift 1 kΩ/0,5 W liegt in Reihe mit einem Widerstand R_v an einer konstanten Spannung von 35 V (s. Bild 6.13). Wie groß ist R_v mindestens zu wählen, damit der Widerstand R nicht überlastet wird?

1. Rechnerische Lösung
2. Graphische Lösung durch Konstruktion der Leistungshyperbel, der Widerstandskennlinien R = 1 kΩ und R_v (Lage wie Kennlinie eines R_i)

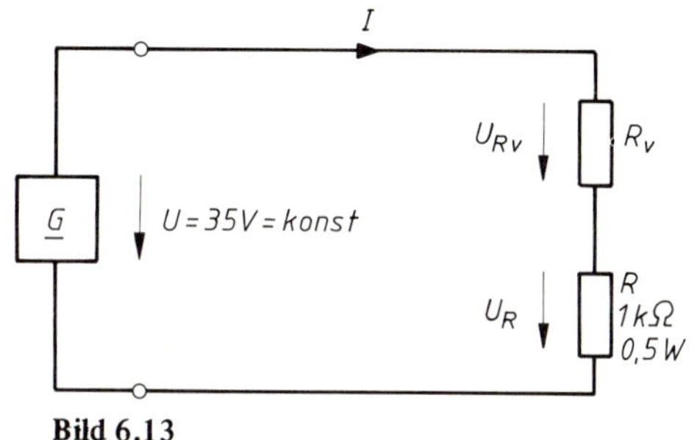

Bild 6.13

△ **Übung 6.6: Thermischer Wirkungsgrad**

Ein Heißwasserspeicher mit der Anschlußleistung 1500 W soll 70 Liter Wasser von 12 °C auf 60 °C aufheizen. Der Geräte-Wirkungsgrad betrage 85 %, die spezifische Wärme des Wassers ist 4186 J/kg K. Berechnen Sie die Aufheizdauer.

△ **Übung 6.7: Leistungsaufnahme eines Verbrauchers**

Ein Verbraucher R_a = 1,2 kΩ = konst. wird an eine Spannungsquelle mit den Kennwerten U_q = 10 V und R_i = 80 Ω angeschlossen. Berechnen Sie die Leistungsabgabe an den Verbraucher und die insgesamt von der Spannungsquelle erzeugte elektrische Leistung.

△ **Übung 6.8: Leistungsaufnahme eines Verbrauchers**

An eine Konstantstromquelle, die bei R_a = 0 einen Strom 10 mA liefert, wird der Verbraucher R_a = 120 Ω = konst. angeschlossen. Berechnen Sie die Leistungsabgabe an den Verbraucher.

△ **Übung 6.9: Leistungsaufnahme bei Reihen- und Parallelschaltung**

Gegeben sei die Viertaktschaltung einer elektrischen Kochplatte für die Nennspannung von 220 V. Die Heizwicklungen haben die Widerstandswerte R_1 = 45 Ω und R_2 = 90 Ω = konst. Berechnen Sie die einstellbaren Leistungsabgaben des Kochers nach Bild 6.14.

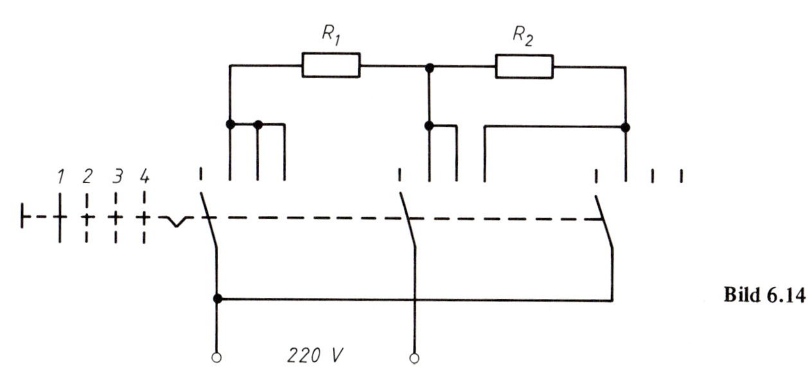

Bild 6.14

7 Verzweigte Stromkreise

Bisher wurden nur Grundstromkreise analysiert und berechnet sowie einfache Reihen- und Parallelschaltungen von Verbrauchern auf Grundstromkreise zurückgeführt. Dabei waren folgende *Stromkreisgesetzmäßigkeiten* anzuwenden:

Kirchhoff I

$$\sum_{i=1}^{n} I_i = 0$$

Kirchhoff II

$$\sum_{i=1}^{n} U_i = 0$$

Ohmsches Gesetz

$$U = I \cdot R$$

Potentialdenken

$$U_{12} = \varphi_1 - \varphi_2$$

Stromrichtung

$\varphi_1 > \varphi_2$

I R

Ersatzwiderstand

RS $$R_{Ers} = \sum_{i=1}^{n} R_i$$

PS $$G_{Ers} = \sum_{i=1}^{n} G_i$$

Spannungsteilung

$$\frac{U_1}{U_{ges}} = \frac{R_1}{R_{ges}}$$

Stromteilung

$$\frac{I_1}{I_{ges}} = \frac{G_1}{G_{ges}}$$

$$G = \frac{1}{R}$$

Spannungsquelle mit R_i

$$U = U_q - I \cdot R_i$$

Stromquelle mit R_i

$$I = I_q - \frac{U}{R_i}$$

Die Berechnung umfangreich verzweigter Stromkreise erfordert ein systematisches Vorgehen mit dem Ziel der vollständigen Erfassung der Spannungs- und Stromverhältnisse, um Klarheit über die Funktion von Schaltungen zu erhalten.

Nachfolgend werden geeignete Lösungsmethodiken der Schaltungsberechnung dargestellt:

- für verzweigte Stromkreise mit gegebenen Widerstandswerten
- für verzweigte Stromkreise mit gesuchten Widerstandswerten
- für Schaltungen mit nichtlinearen Widerständen
- für Brückenschaltungen.

7.1 Lösungsmethodik für verzweigte Stromkreise mit bekannten Widerstandswerten

Bild 7.1 zeigt eine typische Problemstellung. Dabei handelt es sich um das in der Elektronik bekannte R/2R-Netzwerk, wie es bei Digital-Analog-Umsetzern verwendet wird.

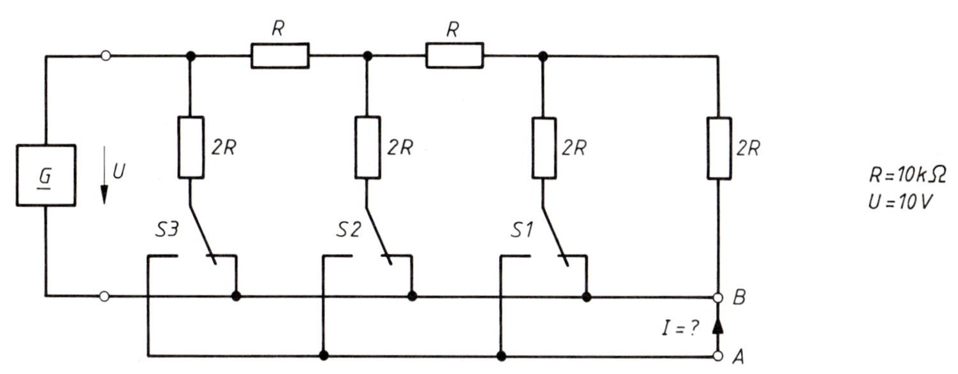

Bild 7.1 $R/2R$-Netzwerk als verzweigter Stromkreis

Die Problemstellung lautet: Wie groß wird die Stromstärke in der Verbindungsleitung A–B bei beliebiger Stellung der Schalter S1 bis S3?

Allen derartigen Problemstellungen ist gemeinsam, daß die Lösung nicht kurzschlüssig durch Anwendung einiger wichtiger Formeln der Elektrotechnik gefunden werden kann. Erforderlich ist außer der sicheren Beherrschung der oben genannten Grundlagen noch eine spezifische Problemlösungsmethodik. Bei sehr vielen Problemstellungen kann wie folgt vorgegangen werden:

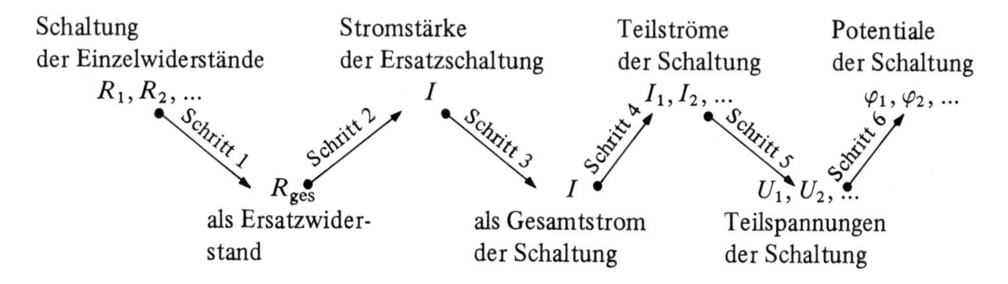

Schritt 1:

Man beginnt mit der Zusammenfassung der Widerstände am – vom Generator aus gesehen – entgegengesetzten Ende der Schaltung (s. Bild 7.2).

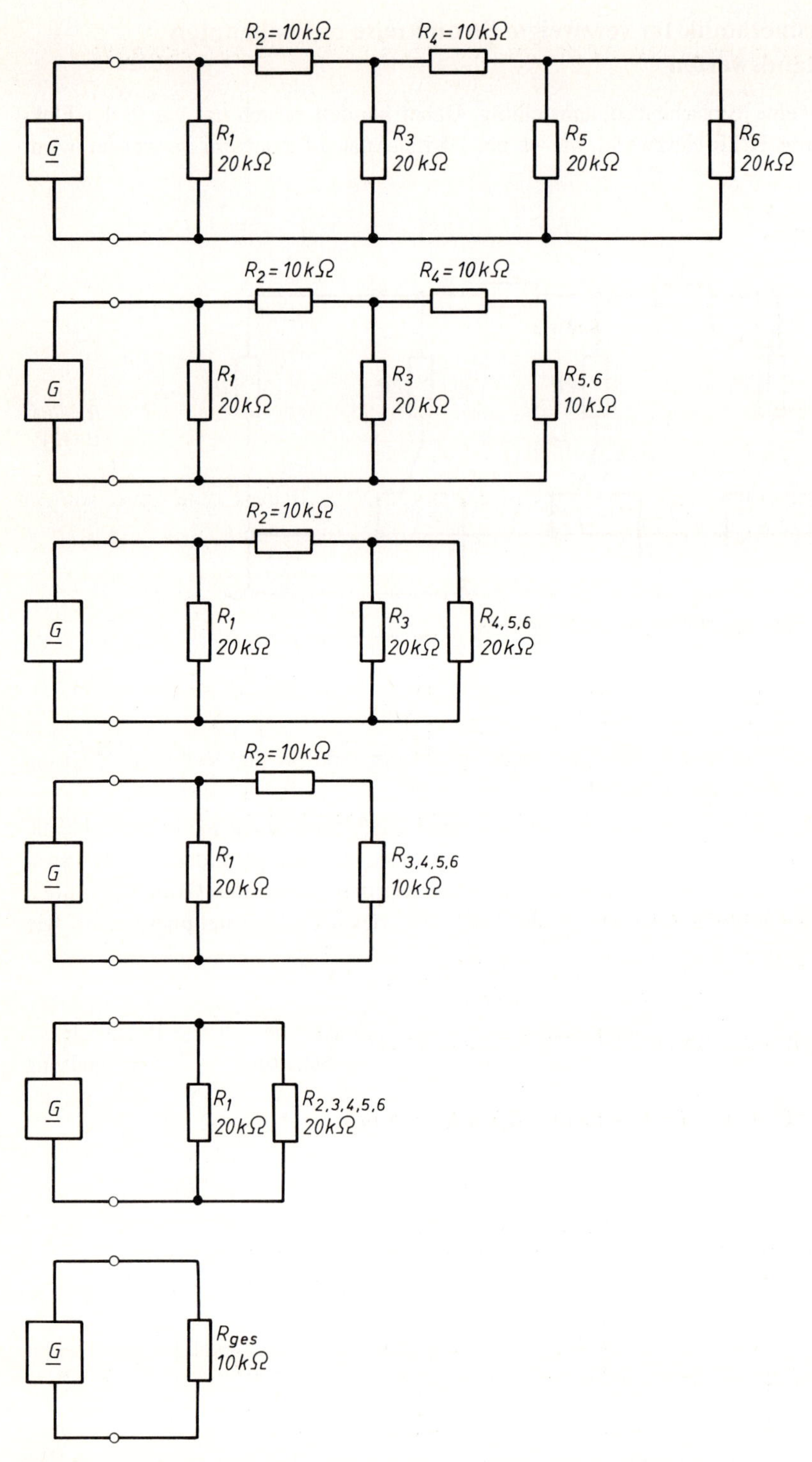

Bild 7.2 Zur Berechnung des Ersatzwiderstandes einer Widerstandsschaltung

Schritt 2:
Die Stromstärke in der Ersatzschaltung wird mit dem Ohmschen Gesetz berechnet:

$$I = \frac{U}{R_{\text{Ers}}} = \frac{10\ \text{V}}{10\ \text{k}\Omega} = 1\ \text{mA}$$

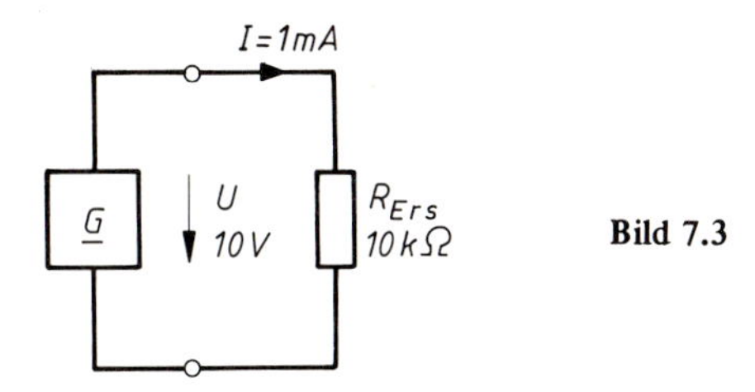

Bild 7.3

Schritt 3:
Der Gesamtstrom (= Generatorstrom) in der Originalschaltung ist gleich groß wie der Strom I in der Ersatzschaltung.

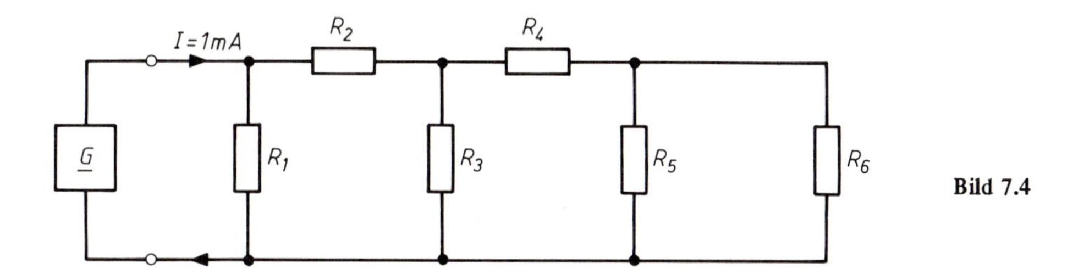

Bild 7.4

Schritt 4:
Der erste Teilstrom wird mit Gl. (29) berechnet:

$$\frac{I_1}{I} = \frac{R_{\text{ges}}}{R_1} \Rightarrow I_1 = I \cdot \frac{R_{\text{ges}}}{R_1} = 1\ \text{mA} \cdot \frac{10\ \text{k}\Omega}{20\ \text{k}\Omega} = 0{,}5\ \text{mA}$$

Der zweite Teilstrom kann mit Gl. (19) ermittelt werden:

$$\sum_{i=1}^{n} I_i = 0 \Rightarrow I_2 = I - I_1 = 1\ \text{mA} - 0{,}5\ \text{mA} = 0{,}5\ \text{mA}$$

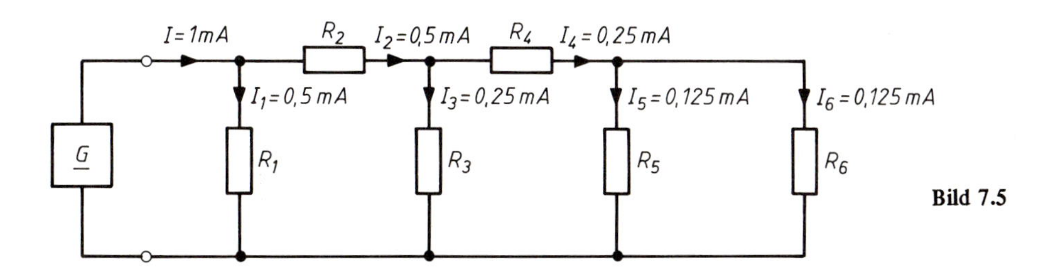

Bild 7.5

Die weiteren Stromteilungen werden in entsprechender Weise berechnet, wobei es darauf ankommt, daß die „richtigen Widerstände" in das Stromteilungsgesetz eingesetzt werden. Es teilt sich I_2 auf in I_3 und I_4:

$$\frac{I_3}{I_2} = \frac{R_{3,4,5,6}}{R_3} \Rightarrow I_3 = I_2 \cdot \frac{R_{3,4,5,6}}{R_3} = 0{,}5 \text{ mA} \cdot \frac{10 \text{ k}\Omega}{20 \text{ k}\Omega} = 0{,}25 \text{ mA}$$

$$I_2 = I_3 + I_4 \Rightarrow I_4 = I_2 - I_3 = 0{,}5 \text{ mA} - 0{,}25 \text{ mA} = 0{,}25 \text{ mA}$$

Es teilt sich I_4 auf in I_5 und I_6:

$$\frac{I_5}{I_4} = \frac{R_{5,6}}{R_5} \Rightarrow I_5 = I_4 \cdot \frac{R_{5,6}}{R_5} = 0{,}25 \text{ mA} \cdot \frac{10 \text{ k}\Omega}{20 \text{ k}\Omega} = 0{,}125 \text{ mA}$$

$$I_4 = I_5 + I_6 \Rightarrow I_6 = I_4 - I_5 = 0{,}25 \text{ mA} - 0{,}125 \text{ mA} = 0{,}125 \text{ mA}$$

Schritt 5:
Die Spannungsabfälle an den Widerständen lassen sich mit dem Ohmschen Gesetz berechnen:

$$U_1 = U = 10 \text{ V}$$
$$U_2 = I_2 R_2 = 0{,}5 \text{ mA} \cdot 10 \text{ k}\Omega = 5 \text{ V}$$
$$U_3 = I_3 R_3 = 0{,}25 \text{ mA} \cdot 20 \text{ k}\Omega = 5 \text{ V}$$
$$U_4 = I_4 R_4 = 0{,}25 \text{ mA} \cdot 10 \text{ k}\Omega = 2{,}5 \text{ V}$$
$$U_5 = U_6 = I_5 R_5 = 0{,}125 \text{ mA} \cdot 20 \text{ k}\Omega = 2{,}5 \text{ V}$$

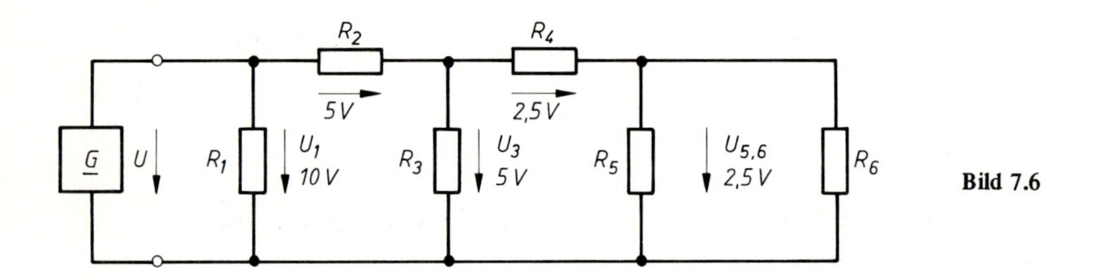

Bild 7.6

Schritt 6:
Das Eintragen der Potentiale an wichtigen Schaltungspunkten dient der Klarheit und Kontrolle der Spannungsverhältnisse im Stromkreis. Man sucht einen geeigneten Bezugspunkt (⊥) und setzt $\varphi_0 = 0$ V.

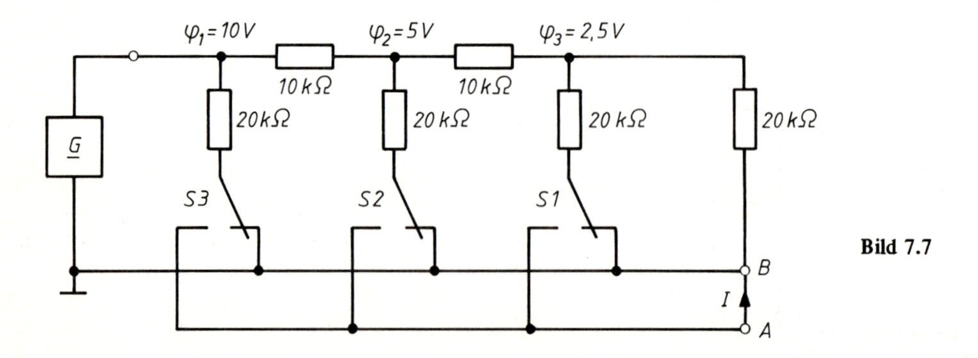

Bild 7.7

Ergebnis:
Mit Kenntnis der Potentiale φ_1, φ_2, φ_3 berechnet sich die Stromstärke I in der Verbindungsleitung A–B aus der Beziehung

$$I = S3\,\frac{10\text{ V}}{20\text{ k}\Omega} + S2\,\frac{5\text{ V}}{20\text{ k}\Omega} + S1\,\frac{2{,}5\text{ V}}{20\text{ k}\Omega}\,,$$

wobei gilt

$$\left.\begin{array}{ll}Sx = 0, & \text{wenn Schalter nach rechts}\\ Sx = 1, & \text{wenn Schalter nach links}\end{array}\right\}\ \text{geschaltet wird.}$$

△ **Übung 7.1: Widerstands-Netzwerk**

Berechnen Sie die Ausgangsspannung U_A des in Bild 7.8 gezeigten Widerstands-Netzwerkes, und bestimmen Sie die Potentiale φ_1 bis φ_4.

Lösungshinweis: Beachten Sie bei der Berechnung des Gesamtwiderstandes:

- Widerstände liegen in Reihe, wenn sie von *demselben* Strom durchflossen werden,
- Widerstände liegen parallel, wenn sie an *derselben* Spannung liegen.

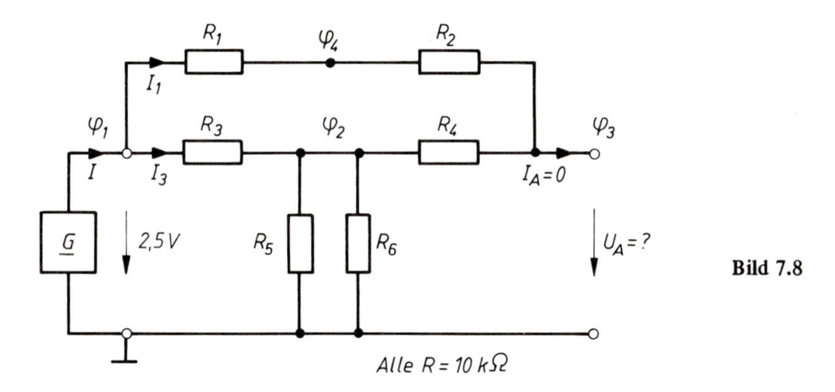

Bild 7.8

7.2 Lösungsmethodik für verzweigte Stromkreise mit gesuchten Widerstandswerten

Bild 7.9 zeigt eine typische Problemstellung. Dabei handelt es sich um die in der Meßtechnik bekannte Ringschaltung zur Meßbereichserweiterung von Strommessern mit Drehspul-Meßwerk.

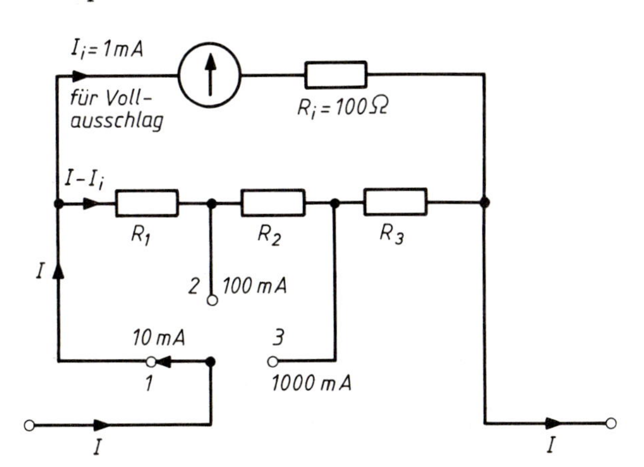

Bild 7.9
Ringschaltung als verzweigter Stromkreis

Die Problemstellung lautet: Wie groß müssen die Widerstände R_1, R_2 und R_3 gewählt werden, um die folgenden Strommeßbereiche zu erhalten:

Schalterstellung I $\Rightarrow$ 10 mA
Schalterstellung II $\Rightarrow$ 100 mA
Schalterstellung III $\Rightarrow$ 1000 mA

Das Drehspul-Meßwerk habe einen Innnenwiderstand $R_i = 100\,\Omega$ und erreiche mit $I_i = 1$ mA den Vollausschlag.

Bei solchen und ähnlichen Problemstellungen kann wie folgt vorgegangen werden:

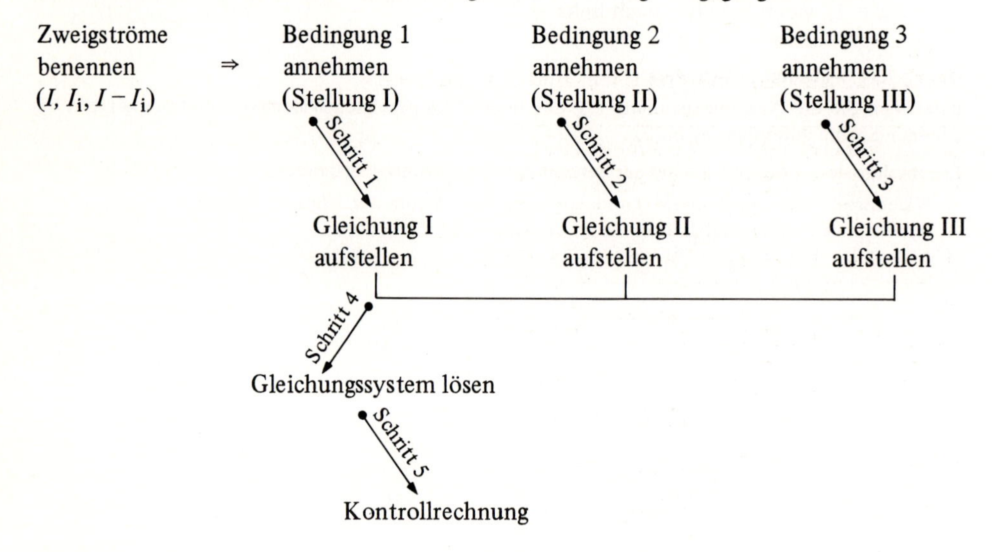

Schritt 1:

In Schalterstellung I soll bei $I = 10$ mA das Meßwerk auf den Vollausschlag gehen, d.h. durch das Meßwerk darf nur der Strom $I_i = 1$ mA fließen. Der überschüssige Strom $I - I_i = 9$ mA fließt über die drei Widerstände R_1, R_2, R_3 ab. Die Spannungsabfälle beider Stromzweige R_i und R_1, R_2, R_3 müssen wegen ihrer Parallelschaltung gleich groß sein:

$$I_i \cdot R_i = (I - I_i)(R_1 + R_2 + R_3)$$

$$1\,\cancel{\text{mA}} \cdot 100\,\Omega = 9\,\cancel{\text{mA}}\,(R_1 + R_2 + R_3)$$

$$\text{I} \qquad 9\,R_1 + 9\,R_2 + 9\,R_3 = 100\,\Omega$$

Schritt 2:

In Schalterstellung II soll bei $I = 100$ mA das Meßwerk auf den Vollausschlag gehen, d.h. durch das Meßwerk darf nur der Strom $I_i = 1$ mA fließen. Der überschüssige Strom $I - I_i = 99$ mA fließt durch die beiden Widerstände R_2, R_3 ab. Die Spannungsabfälle der beiden Stromzweige R_1, R_i und R_2, R_3 müssen wegen ihrer Parallelschaltung gleich groß sein:

$$I_i\,(R_1 + R_i) = (I - I_i)(R_2 + R_3)$$

$$1\,\cancel{\text{mA}}\,(R_1 + 100\,\Omega) = 99\,\cancel{\text{mA}}\,(R_2 + R_3)$$

$$\text{II} \qquad -R_1 + 99\,R_2 + 99\,R_3 = 100\,\Omega$$

Schritt 3:

In Schalterstellung III soll bei $I = 1000$ mA das Meßwerk auf den Vollausschlag gehen, d.h. durch das Meßwerk darf nur der Strom $I_i = 1$ mA fließen. Der überschüssige Strom $I - I_i = 999$ mA fließt über R_3 ab. Die Spannungsabfälle der beiden Stromzweige R_2, R_1, R_i und R_3 müssen wegen ihrer Parallelschaltung gleich groß sein:

$$
\begin{array}{ll}
 & I_i (R_2 + R_1 + R_i) = (I - I_i) R_3 \\
 & 1 \cancel{\text{mA}} (R_2 + R_1 + 100\ \Omega) = 999 \cancel{\text{mA}} \cdot R_3 \\
\text{III} & -R_1 - R_2 + 999 R_3 = 100\ \Omega
\end{array}
$$

Schritt 4:

Ein Gleichungssystem mit drei Unbekannten ist zu lösen.

$$
\begin{array}{lrrrl}
\text{I} & 9 R_1 + & 9 R_2 + & 9 R_3 & = 100\ \Omega \\
\text{II} & -R_1 + & 99 R_2 + & 99 R_3 & = 100\ \Omega \\
\text{III} & -R_1 - & R_2 & + 999 R_3 & = 100\ \Omega \\
\hline
\text{II}' & -9 R_1 & + 891 R_2 & + 891 R_3 & = 900\ \Omega \\
\hline
\text{III} - \text{II} = \text{IV} & & -100 R_2 & + 900 R_3 & = 0 \\
\text{I} + \text{II}' = \text{V} & & +900 R_2 & + 900 R_3 & = 1000\ \Omega \\
\hline
\text{V} - \text{IV} & & +1000 R_2 & & = 1000\ \Omega \\
 & & & \text{VI}\ \underline{R_2} & \underline{= 1\ \Omega} \\
\text{VI in IV} & & -100\ \Omega & + 900 R_3 & = 0 \\
 & & & \text{VII}\ \underline{R_3} & \underline{= \tfrac{1}{9}\ \Omega} \\
\text{VII in III} & -R_1 & -1\ \Omega & + 111\ \Omega & = 100\ \Omega \\
 & & & \underline{R_1} & \underline{= 10\ \Omega} \\
\hline
\end{array}
$$

Schritt 5:

Aus den allgemeinen Gleichungen der Schritte 1 bis 3 folgt durch Einsetzen der Widerstandswerte und Auflösen der Gleichungen nach Strom I die rechnerische Kontrolle.

Stellung I:

$$I_i R_i = (I - I_i)(R_1 + R_2 + R_3)$$

$$I = \frac{I_i R_i}{R_1 + R_2 + R_3} + I_i = \frac{1\ \text{mA} \cdot 100\ \Omega}{\frac{100}{9}\ \Omega} + 1\ \text{mA} = 10\ \text{mA}$$

Stellung II:

$$I_i (R_1 + R_i) = (I - I_i)(R_2 + R_3)$$

$$I = \frac{I_i (R_1 + R_i)}{(R_2 + R_3)} + I_i = \frac{1\ \text{mA} \cdot 110\ \Omega}{\frac{10}{9}\ \Omega} + 1\ \text{mA} = 100\ \text{mA}$$

Stellung III:

$$I_i (R_2 + R_1 + R_i) = (I - I_i) R_3$$

$$I = \frac{I_i (R_2 + R_1 + R_i)}{R_3} + I_i = \frac{1\ \text{mA} \cdot 111\ \Omega}{\frac{1}{9}\ \Omega} + 1\ \text{mA} = 1000\ \text{mA}$$

▲ **Übung 7.2: Schwierige Widerstandsberechnung**

Welchen Widerstandswert hat R_3 in der in Bild 7.10 gezeigten Schaltung?

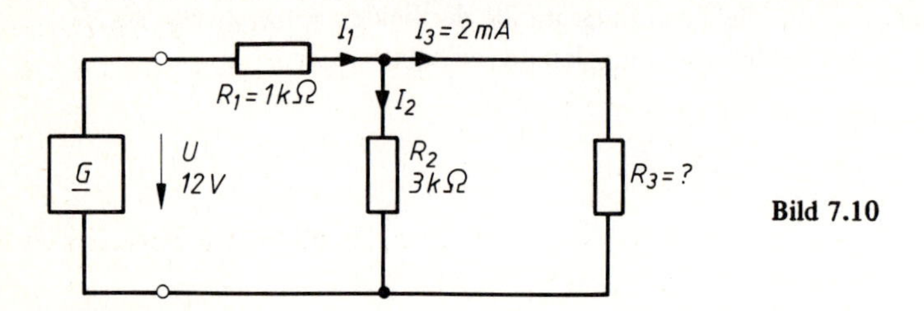

Bild 7.10

Lösungsleitlinie:

1. Als Bedingung 1: $\Sigma U = 0$ einer beliebigen Netzmasche
2. Als Bedingung 2: $\Sigma U = 0$ einer zweiten Netzmasche
3. Als Bedingung 3: $\Sigma I = 0$ eines geeigneten Knotenpunktes
4. Auflösung des Gleichungssystems

Ein weiterer Lösungsweg ist denkbar:

Betrachten Sie die Spannungsquelle und die Widerstände R_1 und R_2 als ein System einer Spannungsquelle mit Innenwiderstand, für die allgemein gilt: $U = U_q - IR_i$.

7.3 Lösungsmethodik für Schaltungen mit einem nichtlinearen Widerstand

Bild 7.11 zeigt eine typische Problemstellung. Ein Glühlämpchen mit den Nennwerten 6 V/0,2 A soll an einer Festspannungsquelle 10 V betrieben werden. Dazu ist der Vorwiderstand R_v erforderlich.

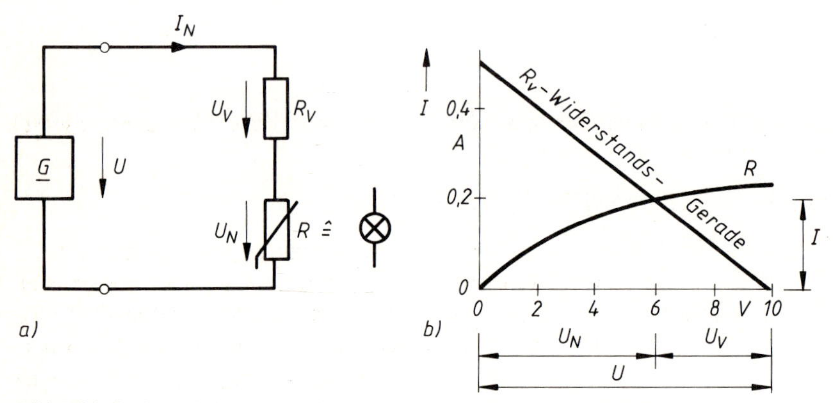

Bild 7.11 Reihenschaltung eines linearen und nichtlinearen Widerstandes
a) Schaltung, b) Graphische Lösung

Charakteristisch für diesen Aufgabentyp ist es, daß die Aufgabe – vom nichtlinearen Widerstand ausgehend – rechnerisch lösbar ist, d.h. die Berechnung des erforderlichen Vorwiderstandes R_v zuläßt. Umgekehrt kann jedoch – von der angelegten Spannung U ausgehend – die sich einstellende Spannungsverteilung zwischen dem nichtlinearen Widerstand und dem bekannten Vorwiderstand R_v nicht berechnet werden.

Die rechnerisch lösbare Problemstellung lautet: Welche Kennwerte muß der Vorwiderstand R_v haben, um das Glühlämpchen mit Nennspannung zu versorgen?

Bei dieser und ähnlichen Problemstellungen kann wie folgt vorgegangen werden:

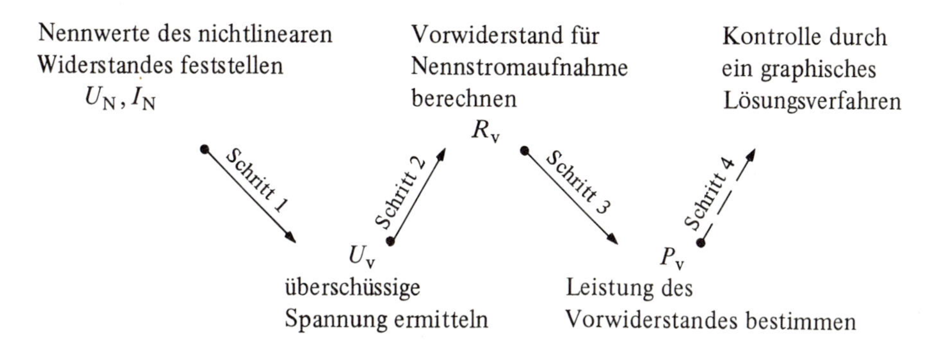

Schritt 1:
Der nichtlineare Verbraucher soll die Nennspannung $U_L = U_N$ erhalten. Die überschüssige Spannung U_v muß am Vorwiderstand abfallen:

$$U_v = U - U_N = 10\text{ V} - 6\text{ V} = 4\text{ V}$$

Schritt 2:
Die Stromstärke im Vorwiderstand R_v ist dieselbe wie die im Glühlämpchen. Der nichtlineare Verbraucher soll mit Nennstrom I_N betrieben werden:

$$I_v = I_N$$

$$R_v = \frac{U_v}{I_N} = \frac{4\text{ V}}{0{,}2\text{ A}} = 20\ \Omega$$

Schritt 3:
Der Vorwiderstand muß leistungsmäßig bestimmt werden, um die thermische Belastung zu verkraften:

$$P = U_v I_N = 4\text{ V} \cdot 0{,}2\text{ A} = 0{,}8\text{ W}, \quad \text{gewählt } 1\text{ W}$$

Nun soll gezeigt werden, daß die Kontrollrechnung zur Bestimmung der Spannungsaufteilung nicht möglich ist. Die Problemstellung lautet: Wie groß sind Teilspannungen und Stromstärke in einer Reihenschaltung eines Vorwiderstandes $R_v = 20\ \Omega$ mit einem Glühlämpchen, dessen Aufschrift 6 V/0,2 A lautet, wenn die Schaltung an der Spannung $U = 10$ V liegt?

Bei der Reihenschaltung zweier Widerstände mit linearer und nichtlinearer *I*-*U*-Kennlinie ist die Spannungsaufteilung zunächst nicht berechenbar, da der nichtlineare Widerstand einen spannungsabhängigen Wert besitzt. D.h. die Feststellung des Widerstandswertes des nichtlinearen Widerstandes R_L setzt die Kenntnis der Spannungsaufteilung voraus, die erst berechnet werden soll.

Der Ansatz

$$\frac{U_v}{U} = \frac{R_v}{R_v + R_L} \qquad \text{mit } R_L \neq \text{konst.}$$

führt wegen der Spannungsabhängigkeit von R_L nicht zum Ziel.

Die Lösung der Aufgabe erfolgt meist graphisch und setzt die Kenntnis der nichtlinearen *I-U*-Kennlinie voraus. Weiterhin sind R_v und die Spannung U bekannt (s. Bild 7.11b)).

Schritt 4:

In der üblichen Darstellungsweise geht man von der nichtlinearen *I-U*-Kennlinie des Widerstandes R_L aus und zeichnet darin die lineare *I-U*-Kennlinie des Widerstandes R_v, die auch *Widerstandsgerade* genannt wird, ein, hier aber spiegelbildlich zur sonst üblichen Lage. Bild 7.11 zeigt die graphische Lösung.

▲ **Übung 7.3: Spannungsteilung mit nichtlinearem Widerstand**

Die Kennlinie einer Glühlampe ist durch folgende Meßreihe festgestellt worden:

U (V)	0	20	40	60	80	100	120
I (A)	0	0,19	0,27	0,315	0,34	0,355	0,36

Dieser Verbraucher wird an eine Spannungsquelle mit den Kennwerten $U_q = 100$ V, $R_i = 125\ \Omega$ angeschlossen. Wie groß ist die Klemmenspannung am Verbraucher und der Strom in der Schaltung (graphische Lösung)?

Lösungsleitlinie:

1. Nichtlineare Kennlinie zeichnen.
2. Generator-Kennlinie $R_i = 125\ \Omega$ als Widerstandsgerade durch Punkt $U = 100$ V eintragen.

Die dargestellte Lösungsmethodik gilt entsprechend auch für den Fall der Parallelschaltung eines linearen und nichtlinearen Widerstandes:

Bei der Parallelschaltung zweier Widerstände mit linearer und nichtlinearer *I-U*-Kennlinie ist die Lösung abhängig vom Betriebsfall der Schaltung.

Wird die Schaltung an einer konstanten Spannung U_a betrieben, können die Teilströme sofort aus den Kennlinien entnommen werden (s. Bild 7.12). Der Gesamtstrom ist dann die Summe der Teilströme.

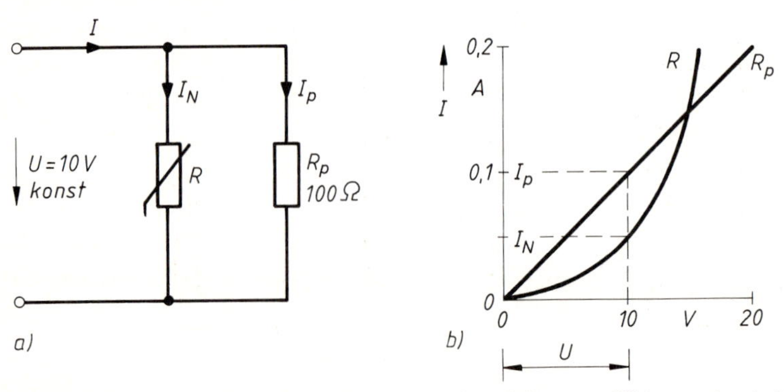

Bild 7.12 Parallelschaltung eines linearen und nichtlinearen Widerstandes bei gegebener Spannung
a) Schaltung, b) Graphische Lösung

Wird die Schaltung jedoch mit einem eingeprägten Strom I (I = konst.) betrieben, dann kann die Stromteilung nicht aus dem Widerstandsverhältnis errechnet werden, da der Widerstandswert des Schaltwiderstandes mit der nichtlinearen I-U-Kennlinie stromabhängig ist, der Teilstrom jedoch erst ermittelt werden soll:

$$\frac{I_p}{I} = \frac{R_L}{R_p + R_L} \qquad \text{mit } R_L \neq \text{konst.}$$

Zur graphischen Lösung des Problems zeichnet man zunächst die nichtlineare I-U-Kennlinie des Widerstandes R sowie die lineare I-U-Kennlinie des Widerstandes R_p, diese jedoch spiegelbildlich zur sonst üblichen Darstellung. Ordnet man den Achsenursprung beider Kennlinien im Abstand der Größe des eingeprägten Gesamtstroms I an, ergibt sich ein Schnittpunkt der Kennlinien, der die an der Parallelschaltung liegende Spannung U und die Aufteilung der Ströme zeigt (s. Bild 7.13).

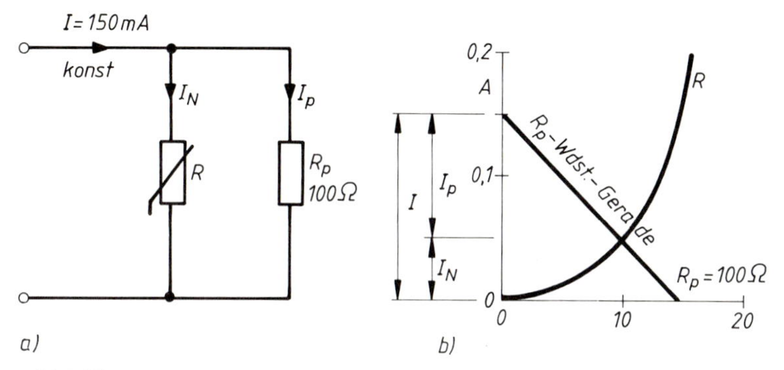

Bild 7.13 Parallelschaltung eines linearen und nichtlinearen Widerstandes bei gegebenem Gesamtstrom
a) Schaltung, b) Graphische Lösung

7.4 Wheatstonesche Brückenschaltung

Als *Wheatstonesche Brückenschaltung* bezeichnet man eine Anordnung von Widerständen, wie in Bild 7.14 dargestellt. Die Eingangsspannung U_E und die Ausgangsspannung U_A werden an jeweils gegenüberliegenden Verbindungspunkten angelegt bzw. abgegriffen. In der Brückendiagonalen B–C liege ein empfindlicher Spannungs- oder Strommesser mit dem Nullpunkt in der Skalenmitte.

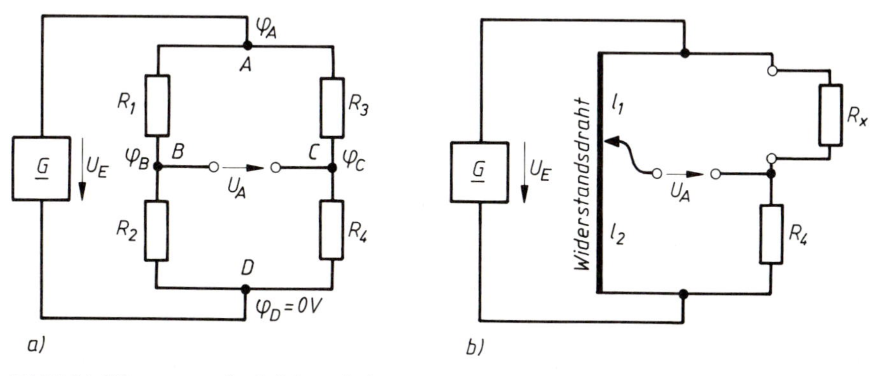

Bild 7.14 Wheatstonesche Brückenschaltung
a) Grundschaltung, b) Schleifdraht-Meßbrücke

Eine solche Schaltung kann als Abgleichbrücke oder Ausschlagbrücke benutzt werden. Zunächst wird die Wheatstonesche Brücke als *Abgleichbrücke* betrachtet.

Die Problemstellung lautet: Unter welchen Bedingungen zeigt das Brückeninstrument das Meßergebnis „Null", und welche praktische Anwendung läßt sich daraus ableiten?

Ausschlag „Null" bedeutet Stromlosigkeit in der Brückendiagonalen B–C, d.h. Gleichheit der Potentiale an den Punkten B und C:

$$\varphi_B = \varphi_C$$

Der Schaltungspunkt D wird willkürlich, aber zweckmäßig als Bezugspunkt (⊥) gewählt.

Im Fall der stromlosen Brückendiagonalen besteht die Schaltung aus zwei Reihenschaltungen der Widerstände R_1 und R_2 bzw. R_3 und R_4, die parallel an der Spannung U_E liegen. Deshalb berechnet sich die Teilspannung U_2 am Widerstand R_2 wie bei einem unbelasteten Spannungsteiler:

$$\frac{U_2}{U_E} = \frac{R_2}{R_1 + R_2}$$

$$U_2 = U_E \cdot \frac{R_2}{R_1 + R_2} \quad \text{mit } U_2 = \varphi_B - \varphi_D\text{, wobei } \varphi_D = 0\,\text{V}$$

$$\varphi_B = U_E \cdot \frac{R_2}{R_1 + R_2}$$

Entsprechend errechnet sich die Teilspannung U_4:

$$\frac{U_4}{U_E} = \frac{R_4}{R_3 + R_4}$$

$$U_4 = U_E \cdot \frac{R_4}{R_3 + R_4} \quad \text{mit } U_4 = \varphi_C - \varphi_D\text{, wobei } \varphi_D = 0\,\text{V}$$

$$\varphi_C = U_E \cdot \frac{R_4}{R_3 + R_4}$$

Bei Potentialgleichheit $\varphi_B = \varphi_C$ wird:

$$U_E \cdot \frac{R_2}{R_1 + R_2} = U_E \cdot \frac{R_4}{R_3 + R_4}$$

Man erkennt, daß der Betrag der Versorgungsspannung U_E keinen Einfluß auf den Abgleich ausübt. Die Abgleichbedingung der Wheatstoneschen Brücke lautet:

$$R_2 R_3 + \cancel{R_2 R_4} = R_1 R_4 + \cancel{R_2 R_4}$$

$$\boxed{\frac{R_3}{R_4} = \frac{R_1}{R_2}} \tag{48}$$

In Worten: Die Wheatstonesche Brücke ist abgeglichen, d.h. in der Brückendiagonalen B–C spannungs- bzw. stromlos, wenn die Widerstandsverhältnisse in den beiden parallelgeschalteten Reihenschaltungen gleich sind.

Die Wheatstonesche Brücke als Abgleichbrücke kann zur Bestimmung eines unbekannten Widerstandes R_x verwendet werden. Dabei kann an Stelle der Widerstände R_1 und R_2 ein kalibrierter Schleifdraht mit Schleiferabgriff vorgesehen werden. Es ist dann

$$R_1 \sim l_1$$

$$R_2 \sim L - l_1 \qquad \text{mit } L = \text{Schleifdrahtlänge.}$$

Man berechnet den unbekannten Widerstand R_x bei abgeglichener Brücke aus der gemessenen Länge l_1 bei bekanntem Widerstand R_4 (s. Bild 7.14):

$$\boxed{R_x = R_4 \cdot \frac{l_1}{L - l_1}} \tag{49}$$

Beispiel

Eine Schleifdraht-Meßbrücke werde an einer Versorgungsspannung $U_E = 2$ V betrieben. Das Nullinstrument zeige bei $l_1 = 60$ cm von 100 cm Schleifdrahtlänge den Abgleich an. Wie groß ist der unbekannte Widerstand R_x, wenn $R_4 = 100\ \Omega$ ist?

Lösung:

$$R_x = R_4 \cdot \frac{l_1}{L - l_1} = 100\ \Omega \cdot \frac{60\text{ cm}}{100\text{ cm} - 60\text{ cm}} = 150\ \Omega$$

Bei der *Ausschlagsbrücke* erfolgt der Ausschlag U_A eines im Brückenzweig liegenden Spannungsmessers entsprechend der Verstimmung der Wheatstoneschen Brücke. Die *Verstimmung* der Brücke wird hervorgerufen durch die Veränderung des Widerstandswertes eines Meßaufnehmers, meistens in Abhängigkeit von einer nichtelektrischen Größe z.B. Temperatur, Druck etc., die auf diesem Wege meßtechnisch erfaßt werden soll.

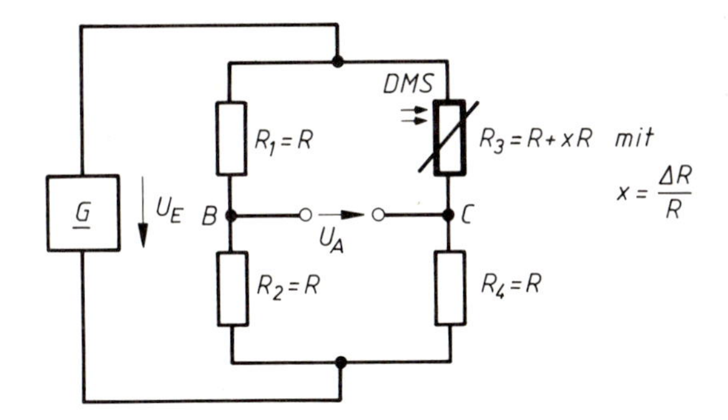

Bild 7.15
Wheatstonesche Brückenschaltung mit Dehnungsmeßstreifen DMS

Die Problemstellung lautet: Der Widerstand R_3 sei ein Meßaufnehmer, der die Änderung einer nichtelektrischen Größe in eine Widerstandsänderung umsetzt. Welche Abhängigkeit besteht zwischen der Brücken-Ausgangsspannung U_A und der relativen Widerstandsänderung x?

Für $x = 0$ ist die Brücke im Gleichgewicht:

$$U_A = \varphi_B - \varphi_C$$

$$U_A = \frac{R_2}{R_1 + R_2}\, U_E - \frac{R_4}{R_3 + R_4}\, U_E$$

Für $x > 0$ und $R_1 = R_2 = R_4 = R$ erhält man mit $R_3 = R + xR$:

$$U_A = \frac{1}{2} U_E - \frac{1}{2+x} U_E$$

$$U_A = \frac{1}{4} U_E \cdot \frac{x}{1 + x/2}$$

Für $x \ll 1$, d.h. kleine relative Widerstandsänderungen erhält man einen einfachen Ausdruck für die Brückenspannung U_A in Abhängigkeit von der relativen Widerstandsänderung $x = \Delta R/R$:

$$\boxed{U_A \approx \frac{1}{4} U_E \cdot x} \tag{50}$$

In Worten: Bei konstanter Versorgungsspannung U_E ist die Brücken-Ausgangsspannung U_A nahezu linear abhängig von der relativen Widerstandsänderung x.

Beispiel

Ein Dehnungsmeßstreifen (DMS) ist ein passiver ohmscher Meßfühler, bei dem sich unter Einwirkung einer mechanischen Kraft der elektrische Widerstand ändert.

Im unbelasteten (kraftfreien) Zustand sei sein Nennwiderstand 300 Ω. Bei Krafteinwirkung steige der Widerstand um 0,6 Ω. Wie kann die Meßbrücke dimensioniert werden, und wie groß wird die Brücken-Ausgangsspannung U_A?

Lösung:

Auswahl der Widerstände:

$R_1 = R_2 = R_4 = 300\ \Omega$, da der Nennwiderstand des DMS $R_3 = 300\ \Omega$ beträgt.

Versorgungsspannung:

$U_E = 10\ \text{V} = \text{konst. gewählt}$

Relative Widerstandsänderung:

$$x = \frac{\Delta R}{R} = \frac{0{,}6\ \Omega}{300\ \Omega} = 0{,}002$$

Brücken-Ausgangsspannung:

$$U_A = \frac{1}{4} U_E \cdot x = \frac{1}{4} 10\,000\ \text{mV} \cdot 0{,}002 = 5\ \text{mV}$$

Kontrolle:

$$U_A = \frac{R_2}{R_1 + R_2} U_E - \frac{R_4}{R_3 + R_4} U_E$$

$$U_A = \frac{300\ \Omega}{600\ \Omega} \cdot 10\ \text{V} - \frac{300\ \Omega}{600{,}6\ \Omega} \cdot 10\ \text{V}$$

$$U_A = 5\ \text{V} - 4{,}995\ \text{V} = 5\ \text{mV}$$

7.5 Vertiefung und Übung

Beispiel

Bild 7.16 zeigt eine Schaltung, bestehend aus einem Operationsverstärker und einem zweifachen Spannungsteiler mit den Widerständen R_3, R_4 und R_1, R_2. Die Schaltung habe idealisiert folgende Eigenschaften:

wenn $\varphi_D < \varphi_C$, dann $U_A = +10$ V,
wenn $\varphi_D \geqslant \varphi_C$, dann $U_A = 0$ V,

Eingangsstrom immer $I_c = 0$, $I_D = 0$.

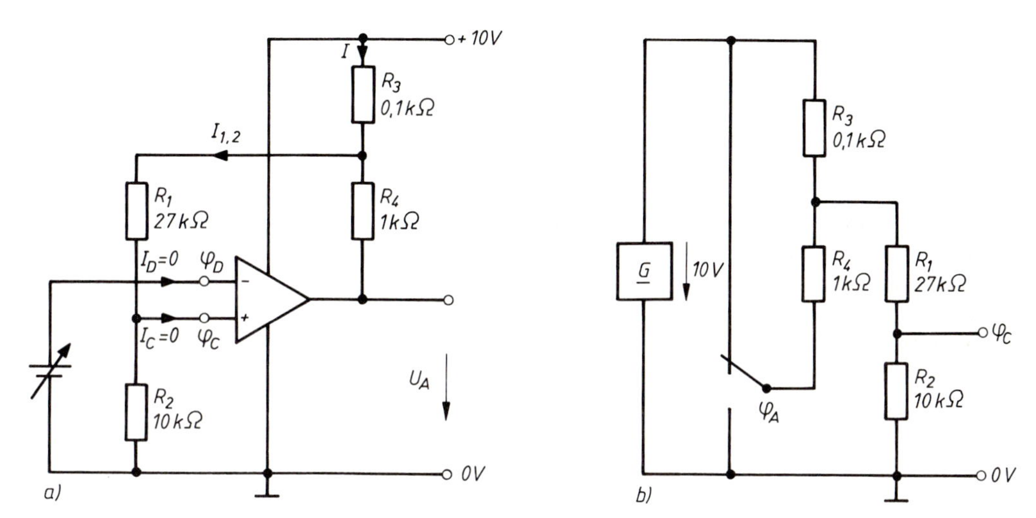

Bild 7.16 Zur Analyse einer komplexen Schaltung
a) Operationsverstärkerschaltung, b) Ersatzschaltung zu Rechenzwecken

1. Bei welchem Potential φ_D (Kippschwelle) wird der Umschlag der Ausgangsspannung U_A von + 10 V auf 0 V erreicht?
2. Welches Potential φ_D muß unterschritten werden, damit die Schaltung in ihre Ausgangslage zurückkehrt?

Lösung: Bei Problemstellungen in „eingekleideter Form" muß aus der gegebenen Schaltung zunächst eine für Rechenzwecke geeignete Darstellungsform der Aufgabe gefunden werden (s. Bild 7.16b)). Die Schalterstellungen bilden die Ausgangszustände der realen Operationsverstärkerschaltung nach.

zu 1:

Die Ausgangsspannung U_A des Operationsverstärkers sei zunächst + 10 V, da $\varphi_D < \varphi_C$ sein soll. In der Ersatzschaltung liegt deshalb Schalter S in der gezeichneten Stellung. Die Ausgangsspannung U_{R2} der Ersatzschaltung liefert daher das gesuchte Potential $\varphi_D \geqslant \varphi_C$:

$$I_{1,2} = \frac{U}{\dfrac{R_3 \cdot R_4}{R_3 + R_4} + R_1 + R_2} = \frac{10\ \text{V}}{0{,}0909\ \text{k}\Omega + 27\ \text{k}\Omega + 10\ \text{k}\Omega}$$

$$I_{1,2} = 0{,}27\ \text{mA}$$

Das Potential φ_C wird über die Spannung U_{R2} ermittelt:

$$U_{R2} = IR_2 = 0{,}27\ \text{mA} \cdot 10\ \text{k}\Omega = 2{,}7\ \text{V}$$
$$\varphi_C = +2{,}7\ \text{V}$$

Wird durch die einstellbare Eingangsspannung das Potential φ_D von 0 V auf etwas über 2,7 V erhöht, dann schaltet die Ausgangsspannung auf $U_A = 0$ V um.

zu 2:
Die Ausgangsspannung des Operationsverstärkers sei nun $U_A = 0$ V. In der Ersatzschaltung muß deshalb der Schalter in der zur Zeichnung entgegengesetzten Stellung liegend angenommen werden. Die Ausgangsspannung U_{R2} der Ersatzschaltung liefert daher das gesuchte Potential $\varphi_D < \varphi'_C$:

$$R_{ges} = R_3 + \frac{R_4(R_1 + R_2)}{R_4 + R_1 + R_2} = 1074\ \Omega$$

$$I = \frac{U}{R_{ges}} = \frac{10\ \text{V}}{1074\ \Omega} = 9{,}31\ \text{mA}$$

$$U_{1,2} = U - I \cdot R_3 = 10\ \text{V} - 9{,}31\ \text{mA} \cdot 0{,}1\ \text{k}\Omega = 9{,}07\ \text{V}$$

$$I_{1,2} = \frac{U_{1,2}}{R_1 + R_2} = \frac{9{,}07\ \text{V}}{37\ \text{k}\Omega} = 0{,}245\ \text{mA}$$

$$U_{R2} = I_{1,2} \cdot R_2 = 0{,}245\ \text{mA} \cdot 10\ \text{k}\Omega = 2{,}45\ \text{V}$$
$$\varphi'_C = +2{,}45\ \text{V}$$

Wird durch die einstellbare Eingangsspannung das Potential φ_D unter den Wert 2,45 V abgesenkt, schaltet die Ausgangsspannung wieder auf $U_A = +10$ V zurück.

△ **Übung 7.4: Stromteilung**

Man berechne die Teilströme I_2 und I_3 der gegebenen Schaltung (Bild 7.17). Welchen Einfluß hat Widerstand R_1 in der Schaltung?

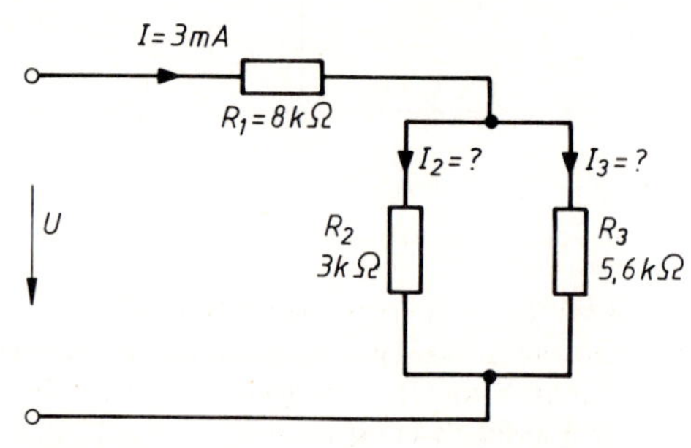

Bild 7.17

△ **Übung 7.5: Meßbereichserweiterung**

Man berechne die Widerstände R_1, R_2 und R_3 des in Bild 7.18 gezeigten Spannungsmessers mit den Meßbereichen 10 V, 30 V, 100 V. Die Empfindlichkeit des Meßwerks sei 1 mA für Vollausschlag.

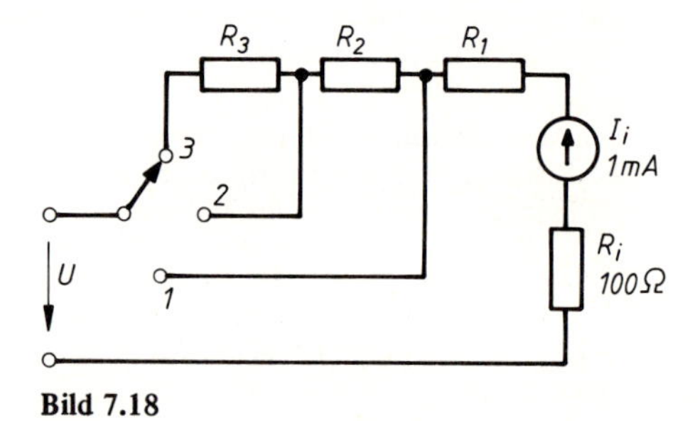

Bild 7.18

△ **Übung 7.6: Temperaturfehler eines Drehspulmeßwerks**

Ein Drehspulmeßwerk habe infolge der Widerstandsänderung seiner aus Kupfer bestehenden Drehspule einen Temperaturfehler von 0,4 %/K. Durch Vorschalten eines temperaturunabhängigen Vorwiderstandes R_1 ergibt sich eine Verminderung des Temperaturfehlers bei gleichzeitiger Vergrößerung des Spannungsmeßbereichs des Meßgerätes. Auf welchen Wert sinkt der Gesamt-Temperaturfehler, wenn der Meßbereich des Spannungsmessers um den Faktor n erweitert wird?

△ **Übung 7.7: Spannungs- und Stromteilung**

a) Berechnen Sie die Ausgangsspannung U_A in der in Bild 7.19 gegebenen Schaltung für Leerlauf.

b) Welchen Wert hat U_A', wenn die Schaltung mit $R_L = 2{,}2$ kΩ belastet wird?

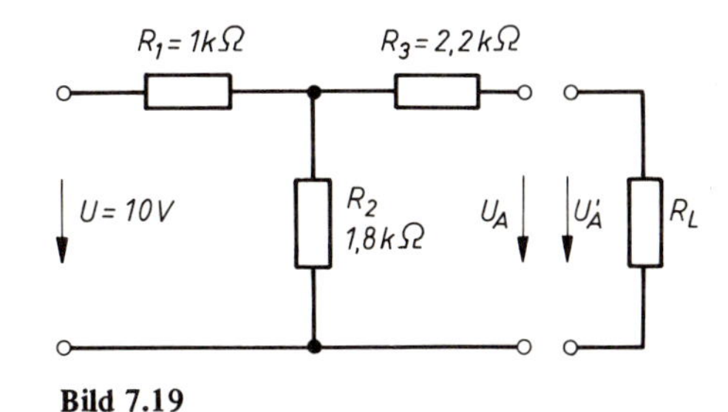

Bild 7.19

△ **Übung 7.8: Spannungs- und Stromteilung**

Berechnen Sie für die gegebene Schaltung (s. Bild 7.20) die Spannung U_4 und die Widerstandswerte für die Bedingung $R_1 = R_2$ sowie $R_3 = 2\,R_1$, wenn der Belastungsfall Leistungsanpassung vorliegt.

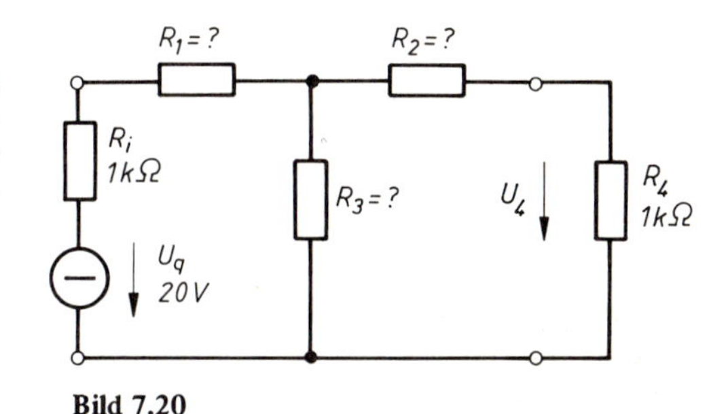

Bild 7.20

● **Übung 7.9: „Falscher Lösungsansatz"**

Sie wollen einem Nachhilfeschüler erklären, warum folgender Lösungsansatz für die Schaltung in Bild 7.21 falsch ist:

$$\frac{U_A}{U_E} = \frac{R_3}{R_1} \quad \text{(falsch!)}$$

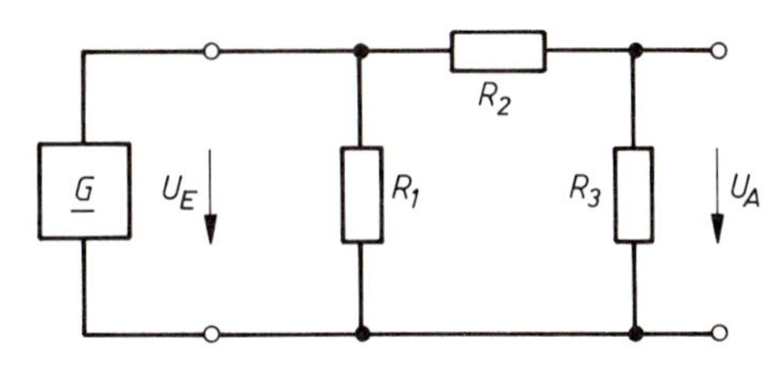

Bild 7.21

△ **Übung 7.10: Wheatstonesche Brücke**

Wie groß ist die Ausgangsspannung U_A der Brückenschaltung in Bild 7.22, wenn die Widerstände durch den Einfluß einer physikalischen Größe eine relative Widerstandsänderung $x = \Delta R/R = 0{,}002$ erfahren?

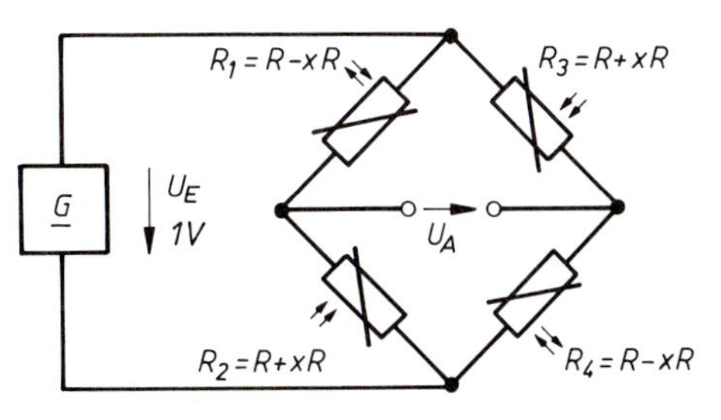

Bild 7.22

△ **Übung 7.11: Abgestufte Widerstandswerte**

Mit den vier Schaltern S1 bis S4 sind in der Schaltung nach Bild 7.23 insgesamt 16 verschiedene Schalterstellungen möglich – beginnend bei: alle Schalter sind geöffnet, bis: alle Schalter sind geschlossen. Welche Widerstandswerte müssen die Widerstände haben, damit die Stromstärke im Zweig A–B in 1 mA-Schritten veränderbar ist?

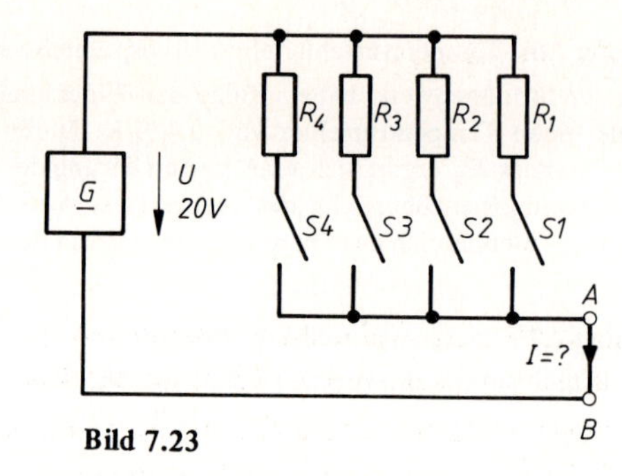

Bild 7.23

△ **Übung 7.12: Leistungsaufnahme**

Wie groß sind Gesamtwiderstand und Leistungsaufnahme der in Bild 7.24 dargestellten Schaltung, wenn alle R = 150 Ω sind?

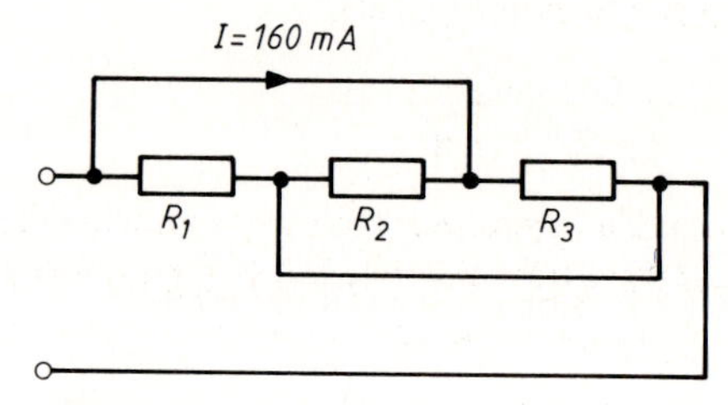

Bild 7.24

△ **Übung 7.13: Ringschaltung zur Meßbereichserweiterung**

Berechnen Sie die Meßbereiche des in Bild 7.25 gezeigten Strommessers in den Schaltstellungen I, II, III. Die Empfindlichkeit des Meßwerks sei 1 mA für Vollausschlag bei einem Innenwiderstand von 100 Ω.

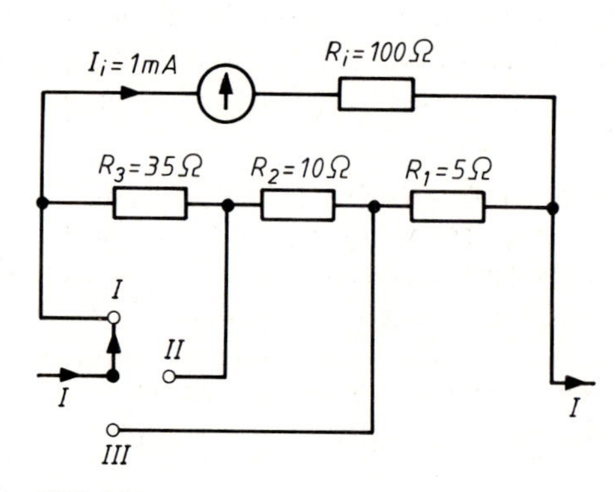

Bild 7.25

△ **Übung 7.14: Nichtlinearer Widerstand**

Bestimmen Sie die Teilspannungen und die Stromstärke der in Bild 7.26 dargestellten Schaltung.

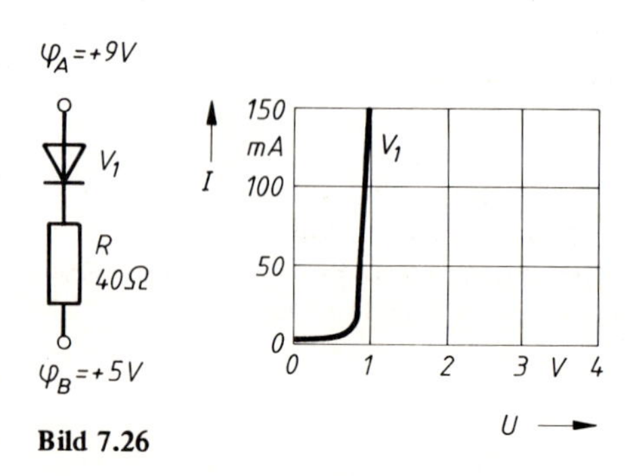

Bild 7.26

8 Netzwerke

Netzwerke sind Widerstandsschaltungen mit mehreren Spannungsquellen, die nicht auf Grundstromkreise zurückgeführt werden können.

Aus der Vielzahl der möglichen Berechnungsverfahren wurden das Kreisstromverfahren und die Überlagerungsmethode ausgewählt. Voraussetzung für alle Methoden ist das Vorhandensein von Schaltwiderständen mit linearer *I-U*-Kennlinie und voneinander unabhängigen Spannungsquellen.

1. Bedingung: alle R = konst.

2. Bedingung: alle U_q = konst.

Die zweite Voraussetzung ist bei Trockenelementen und Akkumulatoren gegeben, obwohl sie sich in Netzwerksschaltungen gegenseitig beeinflussen können. Netzgeräte können jedoch ihre Quellenspannung ändern, wenn von außen ein Strom in sie eingespeist wird[1].

8.1 Netzwerk

In den bisher betrachteten Schaltungen traten lediglich Reihen- und Parallelschaltungen von Widerständen auf. Die Berechnung von Teilspannungen oder Strömen erfordert hier die Anwendung des Ohmschen Gesetzes ($U = IR$) und der Kirchhoffschen Regeln ($\Sigma I = 0$, $\Sigma U = 0$).

Es gibt nun aber auch Schaltungen, in denen mehrere Quellen und Widerstände auftreten, wobei keine Schaltungsvereinfachungen durch Zusammenfassung mehr möglich sind. Eine solche Schaltung heißt *Netzwerk*; Bild 8.1 zeigt ein Beispiel.

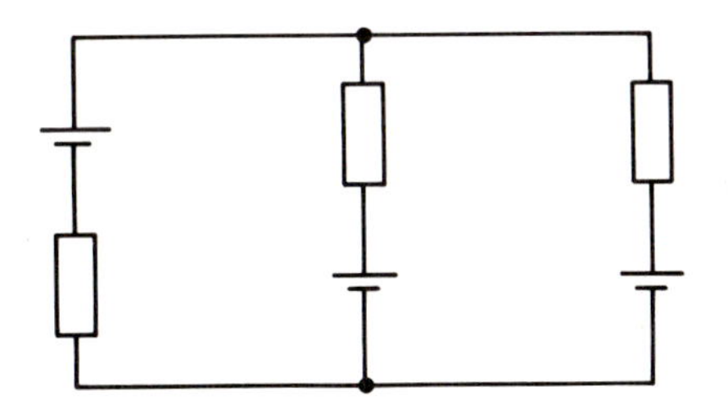

Bild 8.1
Netzwerk
Berechnungsvoraussetzungen: Voneinander unabhängige Spannungsquellen und konstante Widerstände

In der obigen Schaltung kann weder eine Gesamtspannung noch ein Gesamtwiderstand ermittelt werden. Es soll nun dargestellt werden, wie Ohmsches Gesetz und Kirchhoffsche Regeln hier anzuwenden sind, um die Zweigströme zu errechnen.

---

[1] Im allgemeinen untersagt die Betriebsanleitung eine solche Stromeinspeisung.

8.2 Kreisstromverfahren

Bei diesem Verfahren werden nicht sofort die Zweigströme I_1, I_2 und I_3, sondern angenommene *Kreisströme* berechnet. Für die gegebene Schaltung müssen deshalb nur die zwei Kreisströme I_a und I_b berechnet werden. Das mathematische Problem reduziert sich deshalb auf ein Gleichungssystem mit nur zwei Unbekannten. Aus den Ergebnissen der Kreisströme lassen sich dann leicht die drei tatsächlich fließenden Zweigströme berechnen.

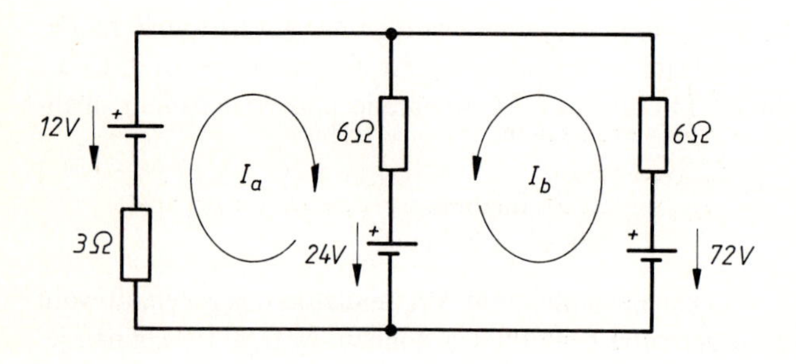

Bild 8.2
Zur Berechnung eines Netzwerks mit dem Kreisstromverfahren. I_a und I_b sind angenommene Kreisströme

Beispiel

Die Richtungen der Kreisströme werden willkürlich angenommen. Es wird zweimal $\Sigma U = 0$ gebildet.

$$\text{I} \quad 3\,\Omega \cdot I_a - 12\text{ V} + 6\,\Omega\,(I_a + I_b) + 24\text{ V} = 0$$
$$\text{II} \quad 6\,\Omega \cdot I_b + 6\,\Omega\,(I_a + I_b) + 24\text{ V} - 72\text{ V} = 0$$
$$\text{I} \quad 9\,\Omega \cdot I_a + 6\,\Omega \cdot I_b + 12\text{ V} = 0 \qquad / \cdot (-2)$$
$$\text{II} \quad 6\,\Omega \cdot I_a + 12\,\Omega \cdot I_b - 48\text{ V} = 0$$
$$\text{I}' \quad -18\,\Omega \cdot I_a - 12\,\Omega \cdot I_b - 24\text{ V} = 0$$
$$\text{I}' + \text{II} \quad -12\,\Omega \cdot I_a - 72\text{ V} = 0$$
$$\text{III} \quad I_a = \frac{+72\text{ V}}{-12\,\Omega} = -6\text{ A}$$
$$\text{III in I}' \quad +108\text{ V} - 12\,\Omega \cdot I_b - 24\text{ V} = 0$$
$$I_b = \frac{-84\text{ V}}{-12\,\Omega} = +7\text{ A}$$

Das Minuszeichen des Kreisstromes I_a bedeutet, daß seine Richtung in Bild 8.2 falsch angenommen war. Es ergeben sich also folgende Zweigströme nach Betrag und Richtung (Bild 8.3):

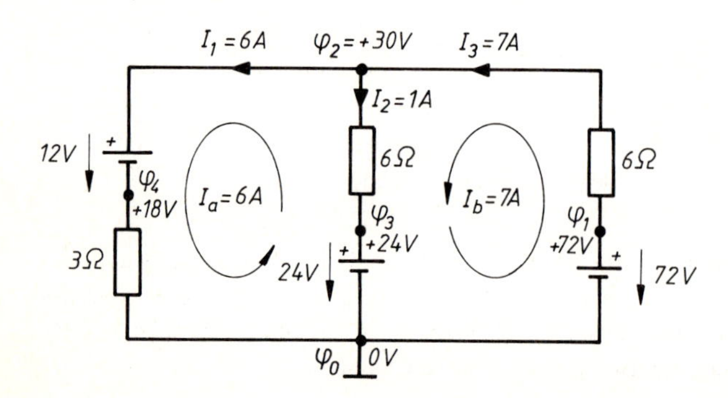

Bild 8.3
Umwandlung der Kreisströme in die tatsächlich vorhandenen Zweigströme und Potentialkontrolle

8.3 Überlagerungsmethode

Das Netz wird nacheinander nur mit einer der vorhandenen Spannungsquellen betrieben. Die Quellenspannungen der übrigen Spannungsquellen werden gleich Null gesetzt. Die errechneten Ströme werden dann nach Betrag und Richtung addiert, also überlagert.

Beispiel

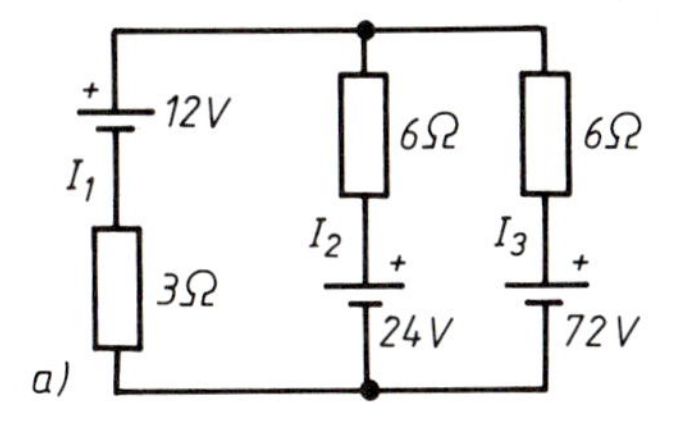

Bild 8.4
Überlagerungsmethode
a) Schaltung
b), c), d) Schaltungen mit nur je einer Spannungsquelle

Lösung:

1. Schritt

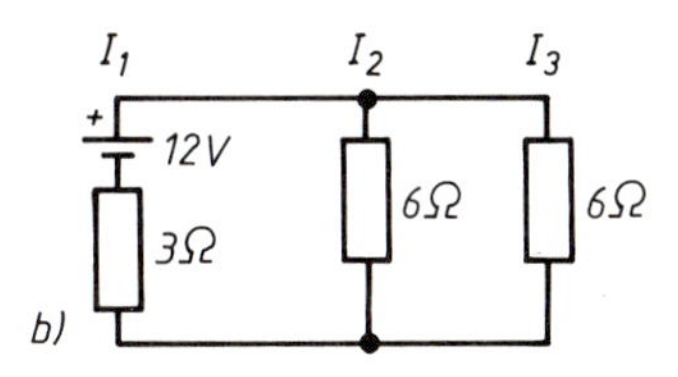

2. Schritt

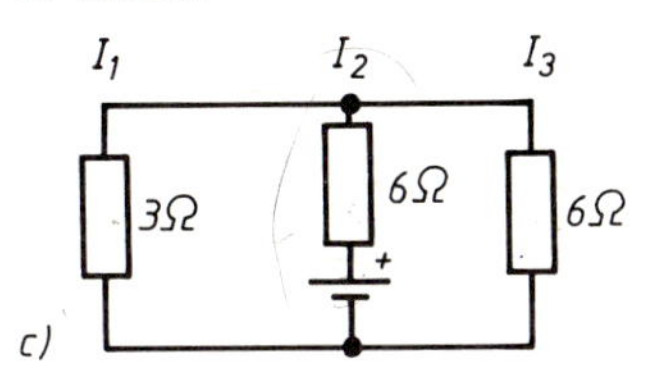

3. Schritt

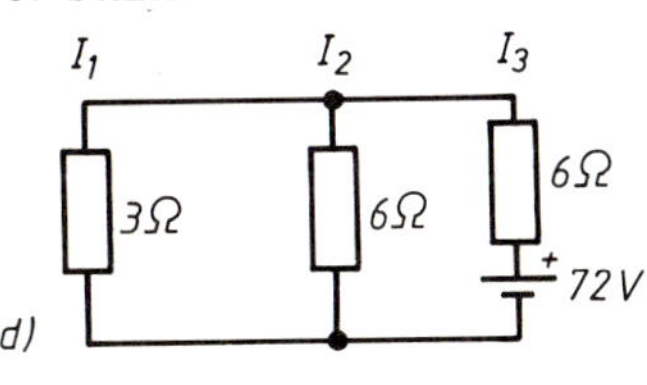

4. Schritt

	I_1	I_2	I_3
$R_g = 6\ \Omega$ $I_1 = \frac{12\ \text{V}}{6\ \Omega} = 2\ \text{A}$	↑ 2 A	↓ 1 A	↓ 1 A
$R_g = 8\ \Omega$ $I_2 = \frac{24\ \text{V}}{8\ \Omega} = 3\ \text{A}$	↓ 2 A	↑ 3 A	↓ 1 A
$R_g = 8\ \Omega$ $I_3 = \frac{72\ \text{V}}{8\ \Omega} = 9\text{A}$	↓ 6 A	↓ 3 A	↑ 9 A
Überlagerung:	↓ 6 A	↓ 1 A	↑ 7 A
Kontrolle: + 6 A + 1 A + (− 7 A) = 0			

In den voranstehenden Beispielen wurde angenommen, daß der Innenwiderstand der Spannungsquellen in dem jeweiligen Zweigwiderstand enthalten ist. Für die Überlagerungsmethoden bedeutet dies, daß beim „Nullsetzen“ der Spannungsquellen deren Innenwiderstand im Zweig vorhanden bleibt.

8.4 Vertiefung und Übung

Beispiel

Wir berechnen die in Bild 8.5a) gezeigte Parallelschaltung zweier Spannungsquellen mit den Kennwerten $U_{q1} = 5$ V, $R_{i1} = 3\ \Omega$ und $U_{q2} = 5$ V, $R_{i2} = 6\ \Omega$, die gemeinsam auf den Lastwiderstand $R_a = 8\ \Omega$ wirken.

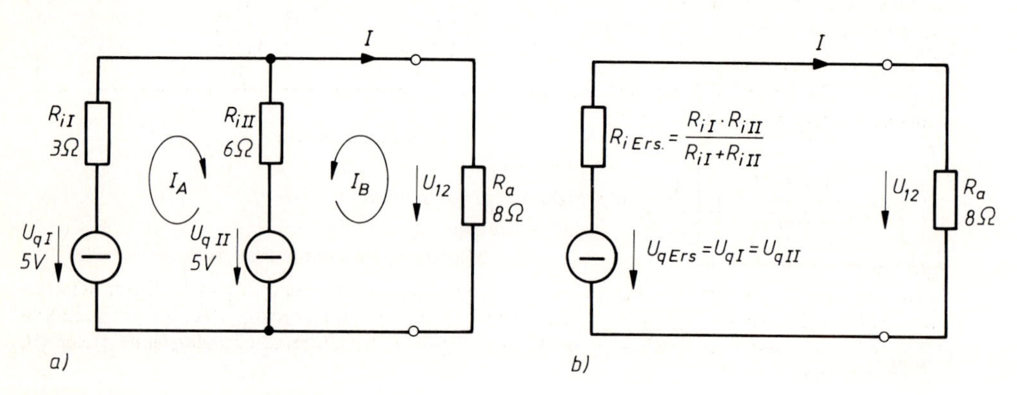

Bild 8.5 Parallelschaltung von Spannungsquellen
a) Schaltung, b) Ersatzschaltung

Problemstellung: Es wird behauptet, daß für die Parallelschaltung der beiden Spannungsquellen ersatzweise eine Spannungsquelle gesetzt werden könne, die dieselbe Quellenspannung $U_q = 5$ V, aber einen Innenwiderstand $R_i = 2\ \Omega$ (errechnet aus 3 Ω parallel 6 Ω) haben müsse.

Wir wollen die Behauptung am Zahlenbeispiel durch Anwendung des Kreisstromverfahrens nachprüfen.

Lösung: In Bild 8.5a) nehmen wir willkürlich die Kreisströme I_A und I_B, wie eingezeichnet, an und stellen die Maschengleichungen auf.

I	$(I_A + I_B)\ 6\ \Omega + 5\ \text{V} - 5\ \text{V}$	$+ I_A \cdot 3\ \Omega$	$= 0$	
II	$(I_A + I_B)\ 6\ \Omega + 5\ \text{V}$	$+ I_B \cdot 8\ \Omega$	$= 0$	
I	$I_A \cdot 9\ \Omega + I_B \cdot 6\ \Omega$		$= 0$	
II	$I_A \cdot 6\ \Omega + I_B \cdot 14\ \Omega$	$+ 5\ \text{V}$	$= 0$	$/ \cdot (-1{,}5)$
II_a	$- I_A \cdot 9\ \Omega - I_B \cdot 21\ \Omega$	$- 7{,}5\ \text{V}$	$= 0$	
$\text{I} - \text{II}_a$	$- I_B \cdot 15\ \Omega$	$- 7{,}5\ \text{V}$	$= 0$	
		III	$I_B = -\frac{1}{2}\ \text{A}$	
III in I	$I_A \cdot 9\ \Omega - 3\ \text{V}$		$= 0$	
		IV	$I_A = +\frac{1}{3}\ \text{A}$	

Der in der Schaltung gemäß Bild 8.5a) gesuchte Strom I berechnet sich aus:

$$I = - I_B$$

$$I = -(-0{,}5\ \text{A}) = +0{,}5\ \text{A}$$

Das positive Vorzeichen bedeutet, daß der Strom I in der angegebenen Richtung fließt.

Wir bestimmen die tatsächlichen Zweigströme und deren Richtungen und führen eine Potentialkontrolle durch, die die Richtigkeit der Rechnung bestätigt (s. Bild 8.6).

Ergebnis:
Im Widerstand $R_a = 8\ \Omega$ fließt ein Strom von 0,5 A und verursacht an seinen Klemmen einen Spannungsabfall $U_{12} = 0{,}5\ \text{A} \cdot 8\ \Omega = 4\ \text{V}$.

Kontrolle der Behauptung:
Wir greifen die obige Behauptung auf und rechnen in der Schaltung nach Bild 8.5b):

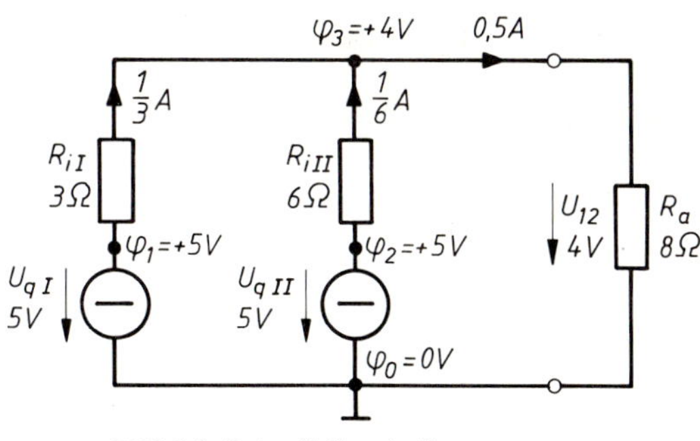

Bild 8.6 Potentialkontrolle

$$I = \frac{U_{\text{q Ers}}}{R_a + R_{\text{i Ers}}} = \frac{5\ \text{V}}{8\ \Omega + 2\ \Omega} = 0{,}5\ \text{A}$$

Ergebnis:
Parallel geschaltete Gleichspannungsquellen mit gleicher Quellenspannung U_q und beliebig verschiedenen Innenwiderständen R_i können durch eine Ersatzquelle mit derselben Quellenspannung und einem Innenwiderstand, der sich aus der Parallelschaltung der Einzel-Innenwiderstände errechnet, ersetzt werden.

△ **Übung 8.1: Überlagerungsmethode**

Berechnen Sie die Spannung an R_a nach der Überlagerungsmethode, und führen Sie die Potentialkontrolle durch (Bild 8.7).

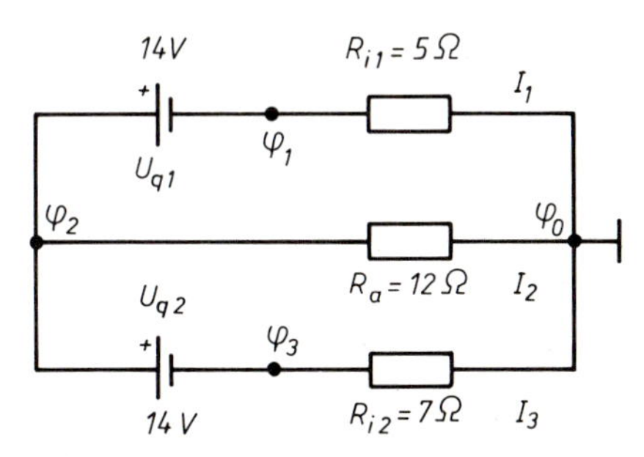

Bild 8.7

△ **Übung 8.2: Kreisstromverfahren**

Berechnen Sie den Strom im 4-Ω-Widerstand nach dem Kreisstromverfahren, und führen Sie die Potentialkontrolle durch (Bild 8.8).

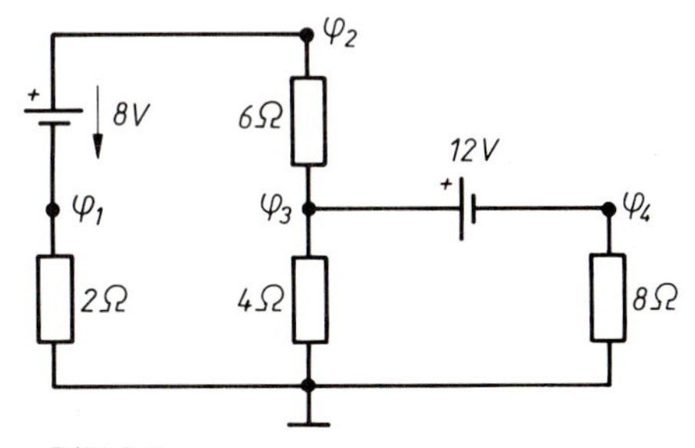

Bild 8.8

△ **Übung 8.3: Kreisstromverfahren**

Berechnen Sie die Ströme in den Widerständen R_1 bis R_4 nach dem Kreisstromverfahren (Bild 8.9).

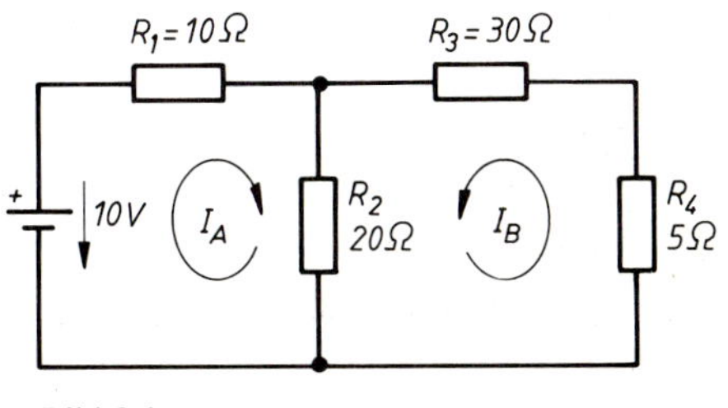

Bild 8.9

△ **Übung 8.4: Überlagerungsmethode**

Man berechne die Ausgangsspannung U_A der in Bild 8.10 gezeigten Schaltung nach der Überlagerungsmethode.

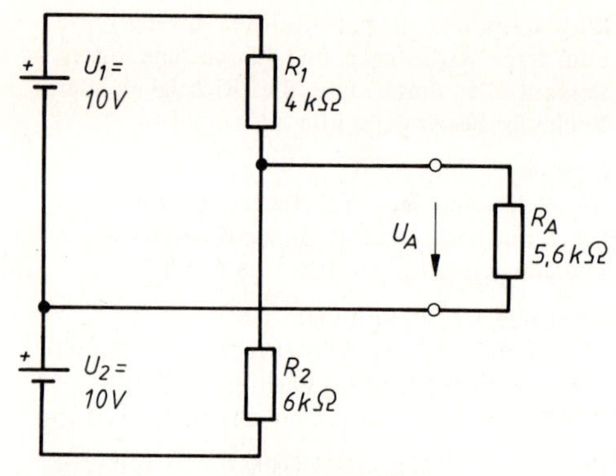

Bild 8.10

△ **Übung 8.5: Kreisstromverfahren**

Berechnen Sie die Ströme in den Widerständen R_1 bis R_5 (Bild 8.11), und führen Sie die Potentialkontrolle durch.

In R_1 = 1 Ω fließt I_1
In R_2 = 2 Ω fließt I_2
In R_3 = 10 Ω fließt I_3
In R_4 = 2,5 Ω fließt I_4
In R_5 = 5 Ω fließt I_5

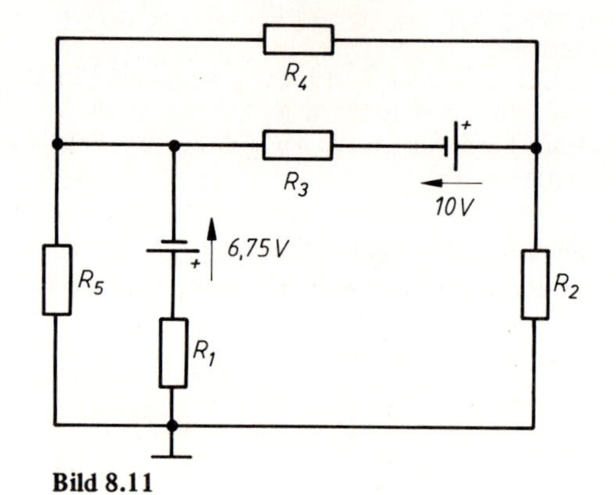

Bild 8.11

△ **Übung 8.6: Sternschaltung**

Berechnen Sie für die in Bild 8.12 gezeigte Sternschaltung der Widerstände die Ströme I_1, I_2 und I_3 mit dem Kreisstromverfahren, und führen Sie die Potentialkontrolle durch.

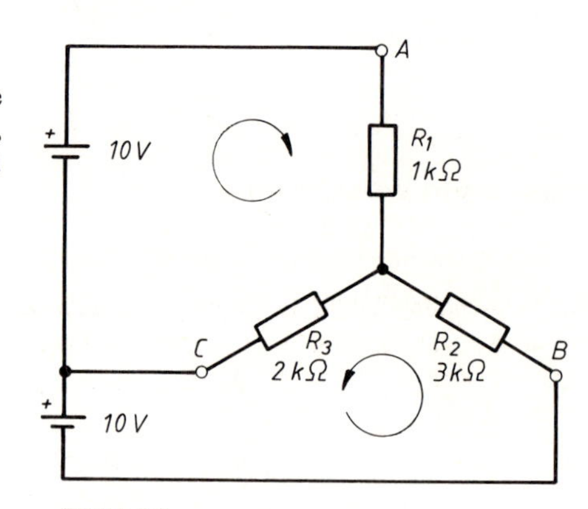

Bild 8.12

△ **Übung 8.7: Strombedingung vorgegeben**

a) Auf welchen Widerstandswert muß R_L eingestellt werden, damit der Strom $I = 0{,}1$ A beträgt?

b) Wie groß wird Strom I, wenn der Lastwiderstand $R_L = 10$ Ω beträgt?

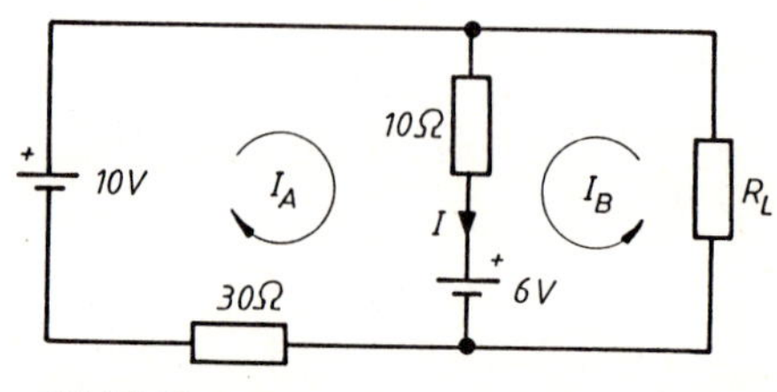

Bild 8.13

9 Ersatzquellen

9.1 Ersatzschaltungen

Für ein nur aus passiven Zweipolen (Schaltwiderständen) bestehendes Netzwerk kann der Ersatzwiderstand oder Ersatzleitwert berechnet werden (s. Abschnitt 5.2 und 5.3).

Entsprechend kann für ein aus aktiven Zweipolen (Spannungsquellen) und passiven Zweipolen (Schaltwiderständen) bestehendes Netzwerk eine Ersatzquellenschaltung mit Innenwiderstand oder eine Ersatzquellenschaltung mit Innenleitwert berechnet werden.

Die Umwandlung eines Netzwerks mit Spannungsquellen in eine Ersatzquelle wird in der Regel dann angewendet, wenn Strom und Spannung an einem einzigen Schaltwiderstand des Netzwerks in Abhängigkeit von dessen Widerstandswert gesucht sind, während alle übrigen Zweipole des Netzwerks konstante Eigenschaften haben.

9.2 Ersatzspannungsquelle

Ein gegebenes Netzwerk wirkt auf einen Schaltwiderstand mit veränderbarem Widerstand R_a. Zur vorteilhafteren Berechnung der Klemmenspannung und des Stromes für R_a wird das Netzwerk in eine *Ersatzspannungsquelle* umgerechnet (Bild 9.1).

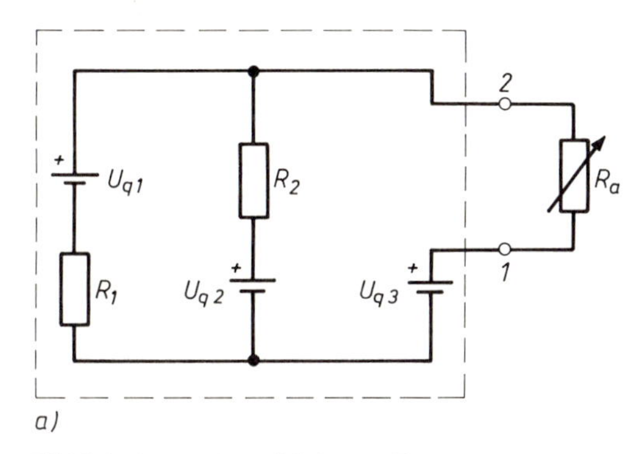

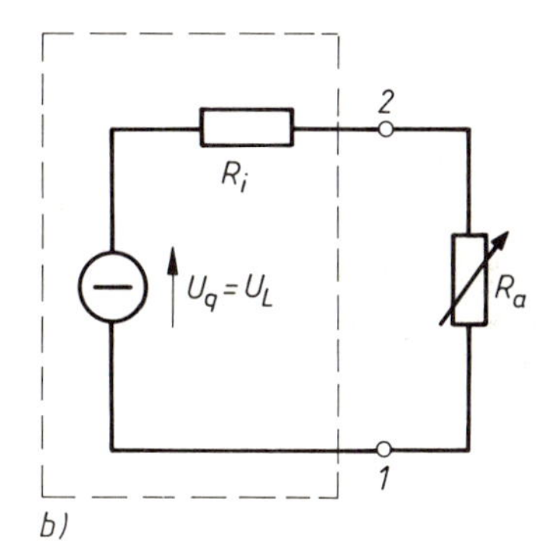

Bild 9.1 Anwendungsfall für die Ersatzspannungsquelle

a) Netzwerk mit aktiven und passiven Zweipolen, wobei nur ein Widerstand veränderlich ist

b) Ersatzspannungsquelle mit den Kennwerten U_q und R_i

1. Schritt: Ermittlung der Quellenspannung

Das Netzwerk wird in die Leerlaufbedingung $R_a = \infty$ versetzt, um die Potentialdifferenz

$$U_L = \varphi_1 - \varphi_2$$

zu ermitteln, die dem Betrag nach gleich der gesuchten Quellenspannung ist. Für den geschlossenen Stromkreis in Bild 9.2a) gilt:

$$\Sigma U = 0$$

$$+12\,\text{V} + I \cdot 3\,\Omega - 24\,\text{V} + I \cdot 6\,\Omega = 0$$

$$I \cdot 9\,\Omega = 12\,\text{V}$$

$$I = +\frac{4}{3}\,\text{A}$$

Die Potentiale in Bild 9.2a):

$$\varphi_0 = 0\ \text{V} \quad \text{(Annahme)}$$
$$\varphi_1 = \varphi_0 + 72\ \text{V} \quad = +72\ \text{V}$$
$$\varphi_3 = \varphi_0 + 24\ \text{V} \quad = +24\ \text{V}$$
$$\varphi_2 = \varphi_3 - I \cdot 6\ \Omega = +16\ \text{V}$$

Die Leerlaufspannung:

$$U_L = \varphi_1 - \varphi_2$$
$$U_L = (+72\ \text{V}) - (+16\ \text{V}) = 56\ \text{V}$$

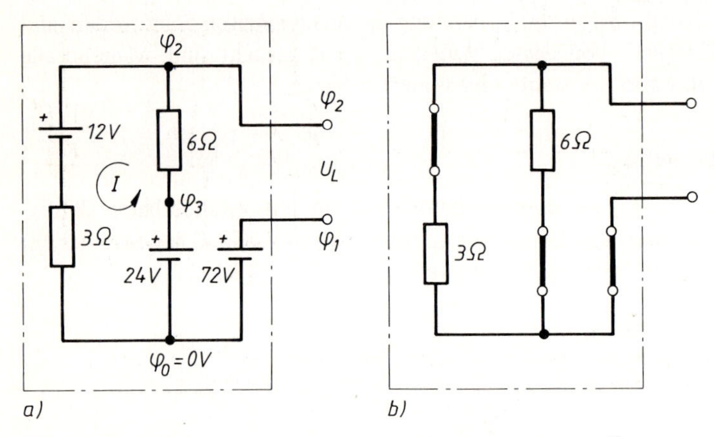

Bild 9.2 Zur Berechnung der Kennwerte der Ersatzspannungsquelle
a) Leerlaufspannung $U_L = U_q$, b) Innenwiderstand R_i

2. Schritt: Ermittlung des Innenwiderstandes

Sämtliche Quellenspannungen des Netzwerkes werden gleich Null gesetzt und der verbleibende *Innenwiderstand* ermittelt (Bild 9.2b):

$$R_i = \frac{3\ \Omega \cdot 6\ \Omega}{3\ \Omega + 6\ \Omega} = 2\ \Omega$$

Ergebnis:

Die Kennwerte der in Bild 9.1b) dargestellten Ersatzspannungsquelle sind gefunden:

$$U_q = 56\ \text{V}$$
$$R_i = 2\ \Omega$$

Beispiel

Wir kontrollieren die Richtigkeit des bisherigen Ergebnisses, indem wir für den Widerstand $R_a = 6\ \Omega$ annehmen und die Stromstärke in diesem Widerstand berechnen. Es muß sich der bereits bekannte Wert 7 A ergeben (vgl. mit Lösungen in Kapitel 8.2 und 8.3).

Lösung: In der Ersatzschaltung nach Bild 9.1b) berechnet sich die Stromstärke aus:

$$I = \frac{U_q}{R_i + R_a} = \frac{56\ \text{V}}{2\ \Omega + 6\ \Omega} = 7\ \text{A}$$

9.3 Ersatzstromquelle

Im Gegensatz zur Ersatzspannungsquelle, bei der eine konstante Quellenspannung angenommen wird, unterstellt man bei einer *Ersatzstromquelle* eine konstante Stromergiebigkeit I_q, d.h. der Quellenstrom ist nicht lastabhängig! Damit die Ersatzstromquelle im Leerlauffall auch eine Leerlaufspannung aufweisen kann, muß man sich den Innenwiderstand der Ersatzstromquelle parallel zu den Ausgangsklemmen geschaltet vorstellen (Bild 9.3b)).

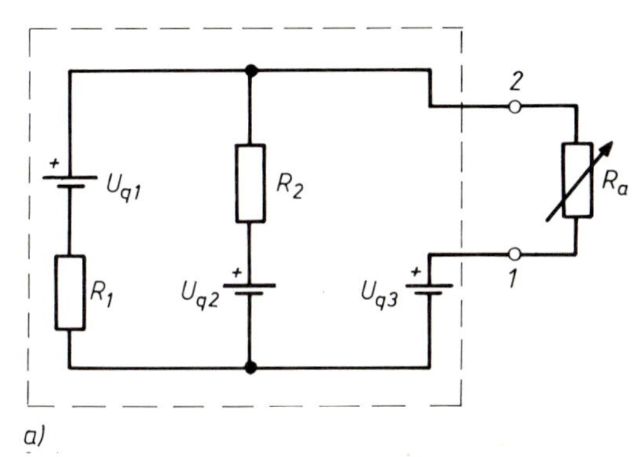

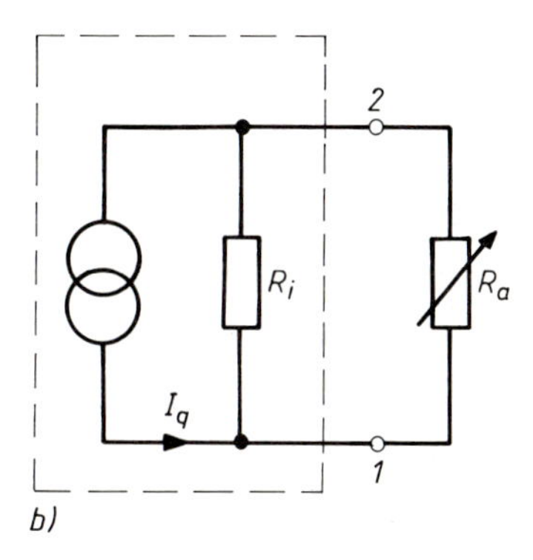

Bild 9.3 Anwendungsfall für die Ersatzstromquelle
a) Netzwerk mit aktiven und passiven Zweipolen, wobei nur ein Widerstand veränderlich ist
b) Ersatzstromquelle mit den Kennwerten I_q und R_i

1. Schritt: Ermittlung des Quellenstromes

Denkt man sich in Bild 9.2 die Ausgangsklemmen kurzgeschlossen, so fließt im äußeren Stromkreis (Kurzschlußbügel) ein Kurzschlußstrom. Dem Betrag nach ist dieser Strom gleich dem gesuchten Quellenstrom I_q. Zur Berechnung des Kurzschlußstromes betrachten wir die Potentiale in Bild 9.4:

$$\varphi_0 = 0 \quad \text{(Annahme)}$$
$$\varphi_2 = \varphi_0 + 72\ \text{V} = +72\ \text{V}$$
$$\varphi_3 = \varphi_0 + 24\ \text{V} = +24\ \text{V}$$
$$\varphi_4 = \varphi_2 - 12\ \text{V} = +60\ \text{V}$$

Damit werden die Ströme:

$$I_1 = \frac{\varphi_4 - \varphi_0}{3\ \Omega} = 20\ \text{A}$$

$$I_2 = \frac{\varphi_2 - \varphi_3}{6\ \Omega} = 8\ \text{A}$$

$$\Sigma I = 0$$
$$I_k = I_1 + I_2 = 28\ \text{A}$$

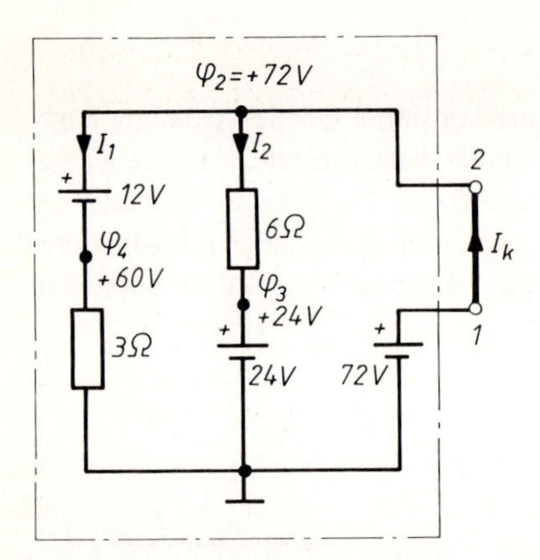

Bild 9.4

Zur Berechnung der Kennwerte der Ersatzstromquelle:

Kurzschlußstrom $I_K \Rightarrow$ Quellenstrom I_q
Innenwiderstand R_i, wie in Bild 9.2b) gezeigt

2. Schritt: Ermittlung des Innenwiderstandes

Der Innenwiderstand R_i wird wieder nach der Methode des Bildes 9.2b) ermittelt und hat dann den Betrag 2 Ω.

Der Innenwiderstand kann auch nach der Methode Leerlaufspannung geteilt durch Kurzschlußstromstärke berechnet werden:

$$R_i = \frac{U_L}{I_K} = \frac{56 \text{ V}}{28 \text{ A}} = 2 \ \Omega$$

Der Innenwiderstand der Ersatzstromquelle ist somit gleich dem Innenwiderstand der Ersatzspannungsquelle, jedoch ist seine Lage in der Ersatzschaltung zu beachten.

Ergebnis:

Die Kennwerte der Ersatzstromquelle betragen damit $I_q = 28$ A, $R_i = 2\ \Omega$ beziehungsweise $G_i = 1/R_i = 0{,}5$ S (s. Bild 9.3b)).

Beispiel

Wir kontrollieren die Richtigkeit des bisherigen Ergebnisses, indem wir für den Widerstand $R_a = 6\ \Omega$ annehmen und die Stromstärke in diesem Widerstand berechnen. Es muß sich der bereits bekannte Wert 7 A ergeben (vgl. mit Lösungen in Kapitel 9.2, 8.2, 8.3).

Lösung: In der Ersatzschaltung nach Bild 9.3b) berechnet sich die Stromstärke aus:

$$\frac{I}{I_q} = \frac{\dfrac{R_i \cdot R_a}{R_i + R_a}}{R_a}$$

$$I = I_q \cdot \frac{R_i}{R_i + R_a} = 28 \text{ A} \cdot \frac{2\ \Omega}{2\ \Omega + 6\ \Omega}$$

$$I = 7 \text{ A}$$

9.4 Vergleich der Ersatzquellen

Da die Ersatzstromquelle und die Ersatzspannungsquelle äquivalente Schaltungen sein müssen, denn beide sind Ersatzschaltungen ein und desselben Netzwerkes, gilt die Umrechnungsbeziehung:

$$U_q = I_q\, R_i$$

Beide Ersatzquellen liefern, bezogen auf den belastenden Schaltwiderstand R_a, dieselben Ergebnisse. In der nachfolgenden Gegenüberstellung werden die errechneten Quellenkennwerte aus den Abschnitten 9.2 und 9.3 verwendet.

Belastungsfall \ Ersatzschaltung	R_i, U_q, R_a	I_q, R_i, R_a
Leerlauf $R_a = \infty$	$U_L = U_q = 56\ \text{V}$	$U_L = I_q\,R_i = 56\ \text{V}$
Belastung $R_a = 6\ \Omega$	$U = U_q \dfrac{R_a}{R_a + R_i}$ $U = 56\ \text{V}\ \dfrac{6\ \Omega}{6\ \Omega + 2\ \Omega}$ $U = 42\ \text{V}$	$\dfrac{I_{R_a}}{I_q} = \dfrac{\dfrac{R_i\,R_a}{R_i + R_a}}{R_a} = \dfrac{R_i}{R_i + R_a}$ $I_{R_a} = 7\ \text{A}$ $U = I_{R_a}\,R_a = 42\ \text{V}$
Kurzschluß	$I_K = \dfrac{U_q}{R_i} = 28\ \text{A}$	$I_K = 28\ \text{A}$

9.5 Ersatzschaltungen zur Nachbildung nichtlinearer *I*-*U*-Kennlinien

Ersatzspannungs- und Ersatzstromquellen sind auch Methoden zur *elektrischen Nachbildung* nichtlinearer *I*-*U*-Kennlinien.

Problemstellung: Für ein elektronisches Bauelement wurde durch Messung eine nichtlineare *I*-*U*-Kennlinie ermittelt. Welche Ersatzschaltung bildet den Kennlinienverlauf nach?

Schritt 1:
Die Kennlinienaufnahme eines nichtlinearen Widerstandes gelingt mit der Meßschaltung nach Bild 9.5.

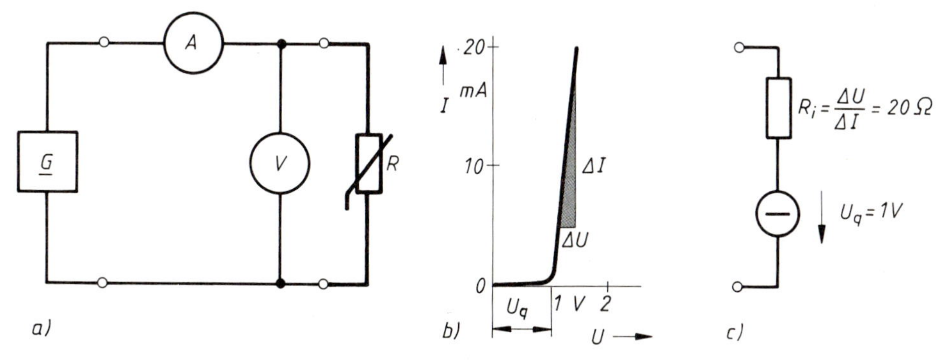

Bild 9.5 Ersatzspannungsquelle zur Nachbildung eines nichtlinearen Widerstandes
a) Meßschaltung zur Kennlinienaufnahme
b) Nichtlineare *I*-*U*-Kennlinie
c) Ersatzspannungsquelle für den nichtlinearen Widerstand

Schritt 2:

Bestimmung der Ersatzquellenspannung aus der *I-U*-Kennlinie:

$$U_q = 1\,\text{V}$$

Errechnung des Ersatz-Innenwiderstandes:

$$R_i = \frac{\Delta U}{\Delta I} = \frac{1{,}4\,\text{V} - 1{,}0\,\text{V}}{20\,\text{mA} - 0} = 20\,\Omega$$

Beispiel

Wir betrachten einen Stromkreis mit dem nichtlinearen Widerstand R, der über einen Vorwiderstand $R_v = 200\,\Omega$ an die konstante Spannung $U = 4$ V angeschlossen wird. Wie groß ist die Stromstärke?

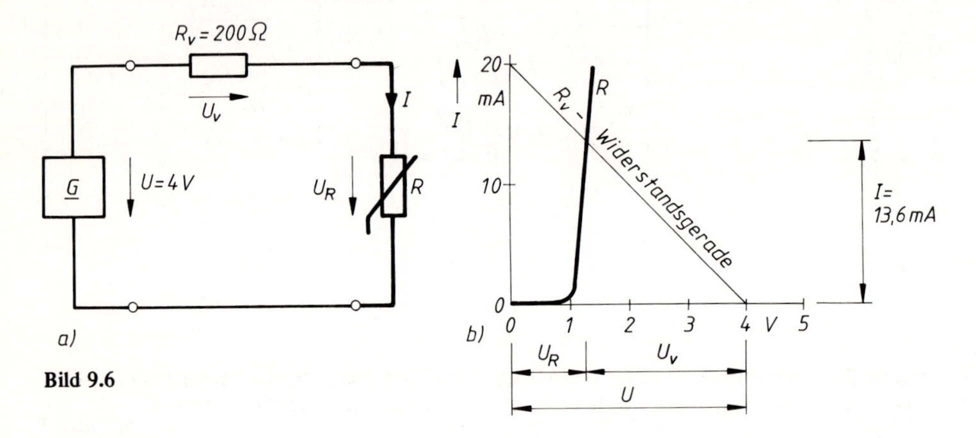

Bild 9.6

Lösung: Da der Widerstandswert des nichtlinearen Widerstandes R nicht bekannt ist, kann der Strom I zunächst nicht berechnet werden.

Gilt für den nichtlinearen Widerstand die *I-U*-Kennlinie nach Bild 9.6b), so kann eine graphische Lösung der Problemstellung gefunden werden. Aus Bild 9.6b) werden im Schnittpunkt der Kennlinien entnommen:

$$I = 13{,}6\,\text{mA}, \qquad U_R = 1{,}28\,\text{V}$$

Bildet man die nichtlineare *I-U*-Kennlinie des Widerstandes durch eine Ersatzspannungsquelle nach, so wird der Stromkreis berechenbar! Kennwerte der Ersatzspannungsquelle:

$$U_q = 1\,\text{V}$$

$$R_i = \frac{1{,}28\,\text{V} - 1\,\text{V}}{13{,}6\,\text{mA}} \approx 20\,\Omega$$

Wir erhalten eine Schaltung gemäß Bild 9.7.

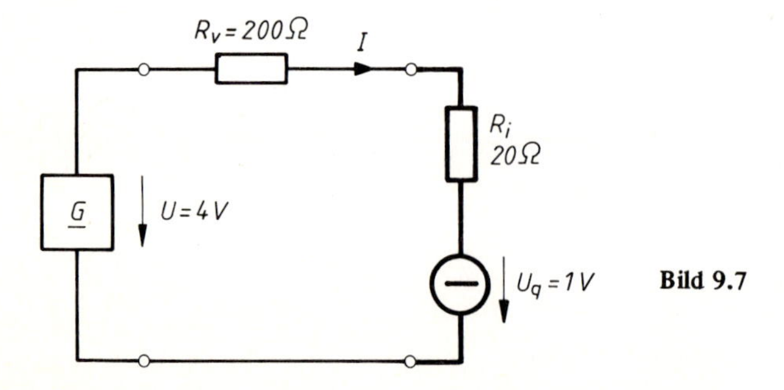

Bild 9.7

Die Stromstärke I errechnet sich aus:

$$I = \frac{U - U_q}{R_v + R_i} = \frac{4\text{ V} - 1\text{ V}}{200\ \Omega + 20\ \Omega} = 13{,}64\text{ mA}$$

Zu beachten ist hier besonders die Pfeilrichtung von U_q.

Auch Ersatzstromquellen lassen sich vorteilhaft zur Nachbildung nichtlinearer Bauelemente heranziehen. Bild 9.8 zeigt ein Beispiel.

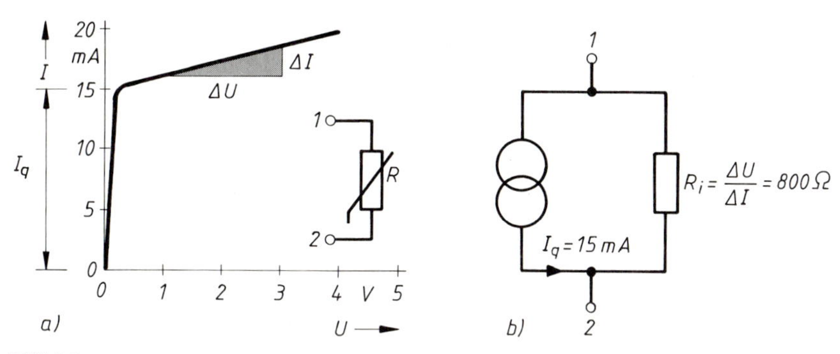

Bild 9.8

Beispiel

Wir betrachten einen Stromkreis mit einem nichtlinearen Widerstand, der über einen Vorwiderstand $R_v = 200\ \Omega$ an die konstante Spannung $U = 4$ V gelegt wird. Wie groß ist die Stromstärke?

Lösung: Wegen des unbekannten Widerstandes R kann die Stromstärke zunächst nicht berechnet werden. Gilt für den nichtlinearen Widerstand die *I-U*-Kennlinie das Bild 9.9b), dann kann eine graphische Lösung der Problemstellung gefunden werden. Aus Bild 9.9b) wird der ungefähre Wert der Stromstärke I entnommen:

$$I = 16\text{ mA}$$

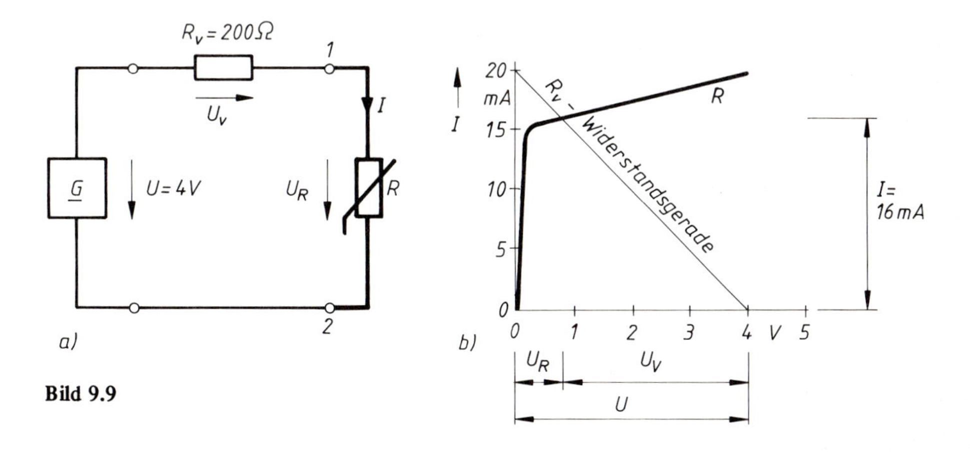

Bild 9.9

Bildet man die nichtlineare I-U-Kennlinie des Widerstandes durch eine Ersatzstromquelle nach, so erhält man:

$$I_q = 15 \text{ mA}$$

$$R_i = \frac{\Delta U}{\Delta I} = \frac{4 \text{ V} - 0 \text{ V}}{20 \text{ mA} - 15 \text{ mA}} = 800 \ \Omega$$

Das rechnerisch lösbare Schaltungsproblem hat dann das Aussehen wie in Bild 9.10a).

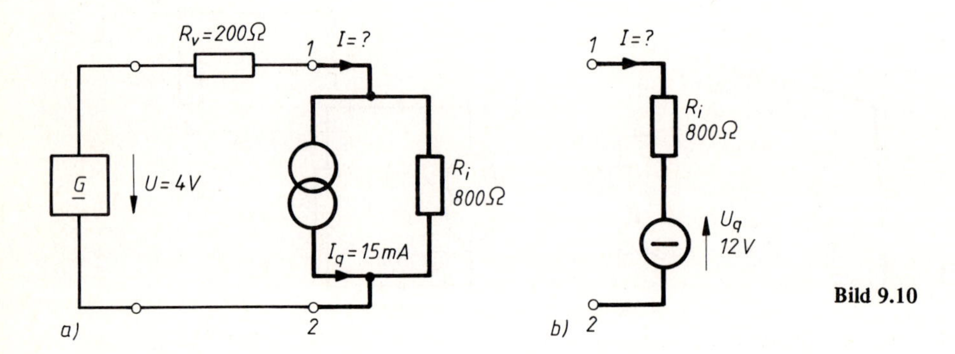

Bild 9.10

Man wandelt die Ersatzstromquelle in eine Ersatzspannungsquelle um. Es gilt die Umrechnungsbeziehung:

$$U_q = I_q R_i$$
$$U_q = 15 \text{ mA} \cdot 800 \ \Omega = 12 \text{ V}$$

Die Stromstärke berechnet sich in der neuen Ersatzschaltung (Bild 9.10b)) aus:

$$I = \frac{U + U_q}{R_v + R_i} = \frac{4 \text{ V} + 12 \text{ V}}{1000 \ \Omega} = 16 \text{ mA}$$

Zu beachten sind hier besonders die Pfeilrichtungen von I_q und U_q.

9.6 Vertiefung und Übung

Beispiel

Man berechne in der in Bild 9.11 gezeigten Schaltung die Ausgangsspannung

a) im Leerlauf und
b) bei Belastung mit $R_3 = 5{,}6 \text{ k}\Omega$.

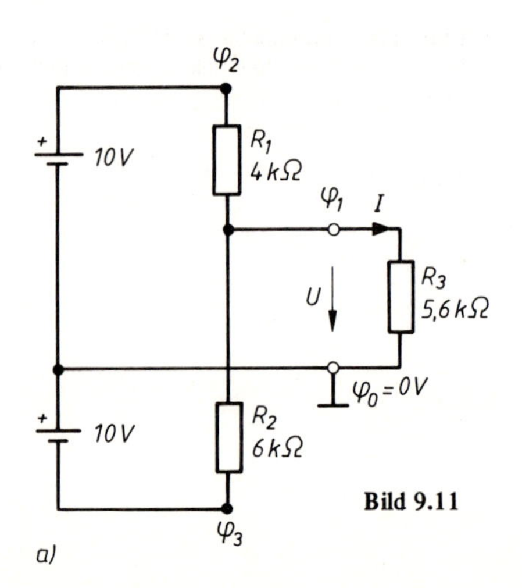

Bild 9.11

Lösung:

a) Leerlauf-Ausgangsspannung (Bild 9.11b)):

$U_L = \varphi_2 - IR_1$ mit $I = \dfrac{20\ \text{V}}{10\ \text{k}\Omega} = 2\ \text{mA}$

$U_L = +10\ \text{V} - 2\ \text{mA} \cdot 4\ \text{k}\Omega$

$U_L = +2\ \text{V}$

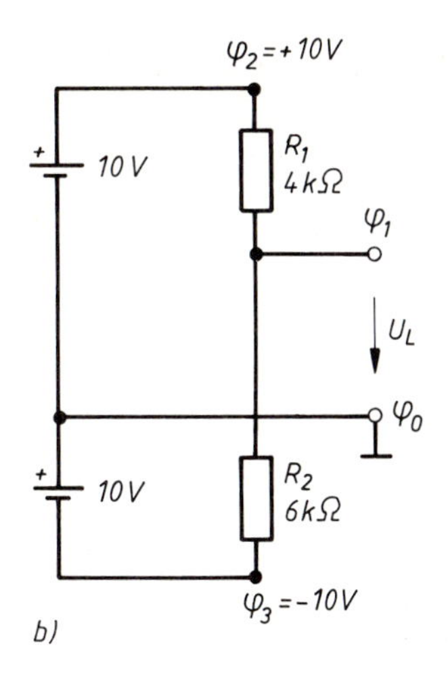

b) Die Ausgangsspannung bei Belastung wird mit Hilfe der Ersatzspannungsquelle berechnet, deren Kennwerte U_q und R_i bestimmt werden müssen:

$U_q = U_L = 2\ \text{V}$ (Bild 9.11b)

$$R_i = \frac{R_1 \cdot R_2}{R_1 + R_2} = \frac{4\ \text{k}\Omega \cdot 6\ \text{k}\Omega}{4\ \text{k}\Omega + 6\ \text{k}\Omega} = 2{,}4\ \text{k}\Omega$$

(Bild 9.11c)

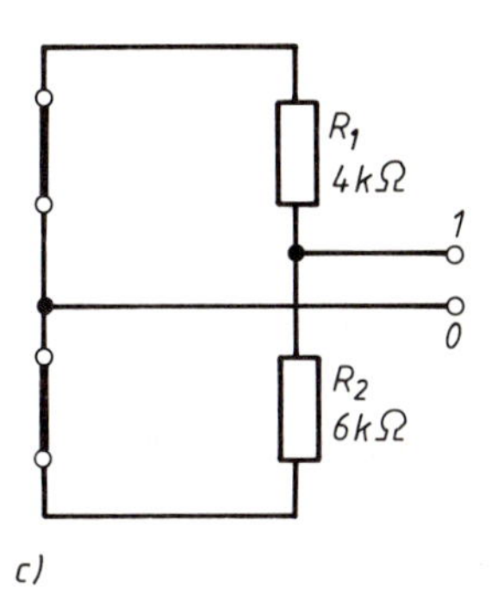

Die Ersatzspannungsquelle wird mit $R_3 = 5{,}6\ \text{k}\Omega$ belastet und liefert die Klemmenspannung U für den Lastwiderstand R_3 (Bild 9.11d)):

$$U = U_q \cdot \frac{R_3}{R_i + R_3} = 2\ \text{V} \cdot \frac{5{,}6\ \text{k}\Omega}{2{,}4\ \text{k}\Omega + 5{,}6\ \text{k}\Omega}$$

$U = 1{,}4\ \text{V}$ (Vgl. auch Lösung zu Übung 8.4.)

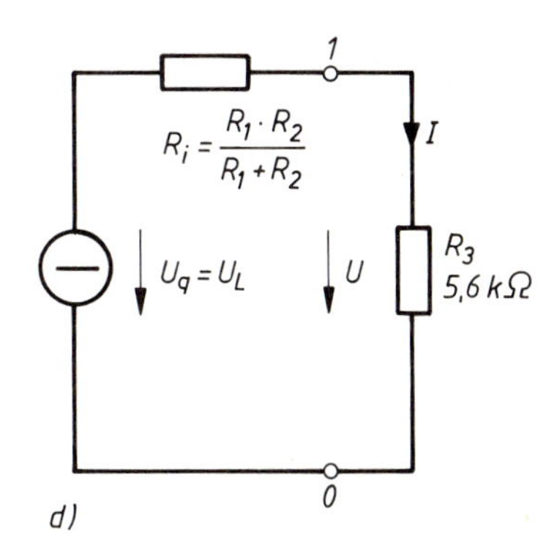

- **Übung 9.1: Ersatzquellen**

Zwei Studienkollegen unterhalten sich über das Problem der Ersatzquellen. Es sagt der eine: „Ich überlege mir die ganze Zeit, ob meine Autobatterie im Innern eine Spannungsquelle oder eine Stromquelle ist. Die meßbare Leerlaufspannung könnte durch eine innere Quellenspannung U_q aber auch durch den Spannungsabfall eines inneren Quellenstromes I_q an dem parallelliegenden Innenwiderstand R_i verursacht werden. Ich weiß wirklich nicht, wie man diese Frage löst?"

Darauf sagt der andere:

„Deine Autobatterie ist eine Spannungsquelle. Wäre sie eine Stromquelle, so müßte im Innern der Batterie ständig der Quellenstrom I_q durch den Innenwiderstand R_i fließen, damit die Leerlaufspannung U_L entsteht. Der Leistungsumsatz wäre dann $P = I_q^2 R_i$ und müßte im Leerlauf die Batterie spürbar erwärmen und entladen!" Was meinen Sie?

- **Übung 9.2: Reihen- oder Parallelschaltung**

Ein Netzgerät (Stromversorgungsgerät) wird mit einem Widerstand $R_a = 100\ \Omega$ belastet und liefert eine Klemmenspannung $U = 10$ V. Liegt eine Reihen- oder Parallelschaltung vor?

△ **Übung 9.3: Ersatzspannungsquelle**

Berechnen Sie die Ersatzspannungsquelle für die in Bild 9.12 dargestellte Schaltung.

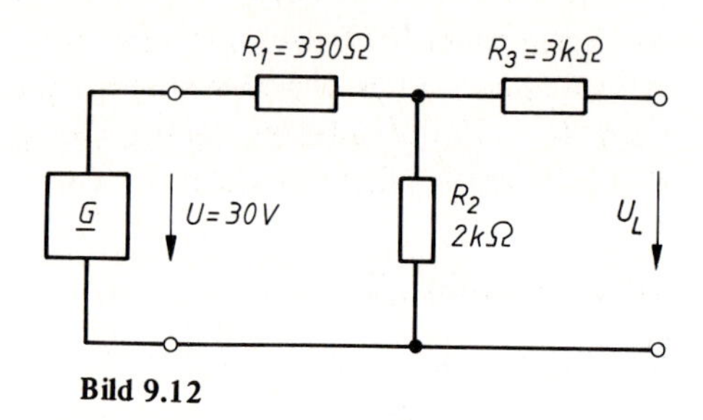

Bild 9.12

△ **Übung 9.4: Ersatzstromquelle**

Berechnen Sie die Ersatzstromquelle für die in Bild 9.12 gezeigte Schaltung

a) durch Umwandlung der Ersatzspannungsquelle aus der Lösung von Übung 9.3,
b) durch direkte Berechnung aus der gegebenen Schaltung.

△ **Übung 9.5: Wheatstonesche Brückenschaltung**

Im Brückenzweig der abgeglichenen Wheatstoneschen Brücke liegt ein mA-Meter mit dem Innenwiderstand 100 Ω (s. Bild 9.13).

a) Wie groß ist Widerstand R_2, wenn die anderen Widerstände folgende Werte haben: $R_1 = 300\ \Omega$, $R_3 = 750\ \Omega$, $R_4 = 1500\ \Omega$?
b) Welcher Strom fließt durch das Brückeninstrument, wenn der Widerstand R_3 auf 800 Ω erhöht wird?

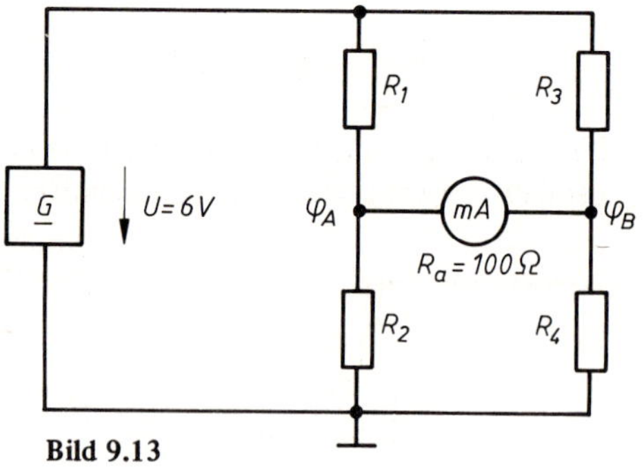

Bild 9.13

△ **Übung 9.6: Schaltungsumwandlung**

Berechnen Sie den Strom im Lastwiderstand R_L (Bild 9.14)

a) mit Hilfe der Kirchhoffschen Sätze,
b) durch Umwandlung der Stromquelle in eine Spannungsquelle.

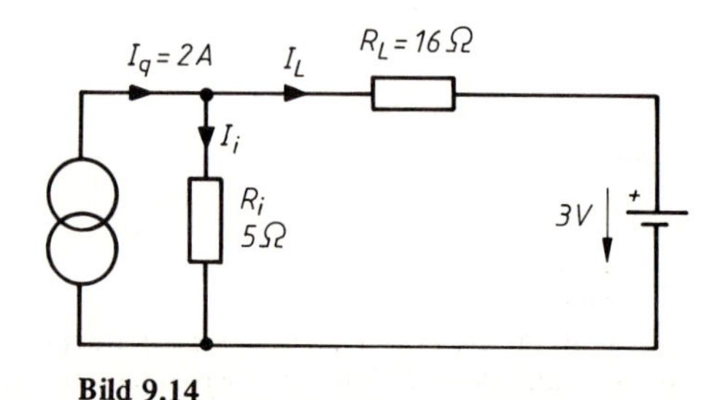

Bild 9.14

10 Eigenschaften und Bemessung des Spannungsteilers

Ein niederohmiger Verbraucher, dessen Nennspannung kleiner ist als eine zur Verfügung stehende Festspannung, wird in der Regel über einen Vorwiderstand angeschlossen. Für bestimmte hochohmige Verbraucher – das sind oftmals elektronische Schaltungen, die hier ersatzweise durch Belastungswiderstände R_{Last} von gleicher Stromaufnahme nachgebildet werden, ist eine sogenannte Spannungsteileranpassung vorteilhafter. Dies hat zumeist zwei Gründe:

- Die Spannung für den Belastungswiderstand muß verstellbar sein.
- Der Belastungswiderstand hat keinen festen Widerstandswert.

Als Spannungsteiler bezeichnet man deshalb solche Widerstandsschaltungen, die es bei veränderlichen Belastungswiderständen gestatten, von einer Spannung U eine Teilspannung $U_2 < U$ fest oder verstellbar abzugreifen. Die durch Belastung hervorgerufenen Probleme sollen näher untersucht werden.

10.1 Leerlauffall

Beim unbelasteten Spannungsteiler ist:

$$U_{20} = U \frac{R_2}{R_1 + R_2} \qquad \text{(s. Gl. (24))}$$

Man erhält eine allgemein gültige Kurve für $U_2 = \mathrm{f}(R_2)$, wenn man relative Größen verwendet. Unter einer „relativen Größe" wird hier ein Quotient verstanden, bei dem die im Zähler und Nenner stehenden Größen von gleicher Art sind, also z.B:

$$\frac{U_{20}}{U} = \frac{R_2}{R} \qquad \text{mit } R = R_1 + R_2$$

Bild 10.1 zeigt die Schaltung eines Spannungsteilers und die Abhängigkeit der relativen Leerlauf-Ausgangsspannung vom relativen Teilwiderstand.

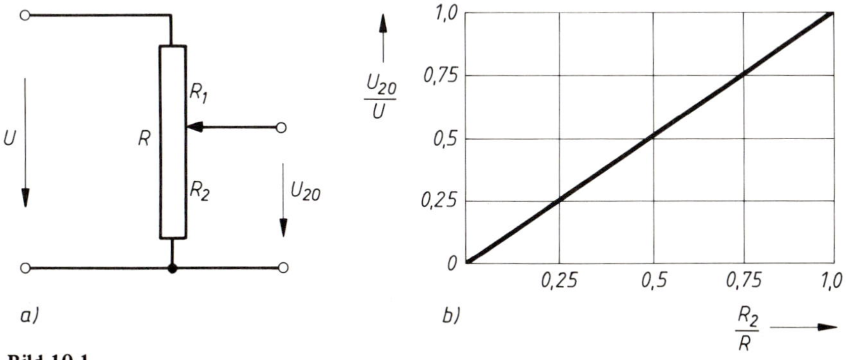

Bild 10.1

a) Schaltung des unbelasteten Spannungsteilers

b) Kennlinie des unbelasteten Spannungsteilers, U_{20} = Leerlauf-Ausgangsspannung

Beispiel

Für eine elektronische Schaltung, deren Eingangswiderstand $R_{Ein} = \infty$ sei, muß eine Gleichspannung bereitgestellt werden, die in den Grenzen von 4 V bis 6 V einstellbar sein soll. Zur Verfügung steht eine Festspannungsquelle mit $U = 10$ V und ein Trimmpotentiometer 1 kΩ/0,1 W. Die Teilspannung soll bei Rechtsdrehung des Schleifers zunehmen und den Pluspol am Schleiferabgriff haben. Die Schaltung ist zu entwerfen.

Lösung: Bild 10.2 zeigt einen Spannungsteiler mit definiertem Einstellbereich. Bei Rechtsdrehung des Schleifers (S) nimmt die Ausgangsspannung zu.

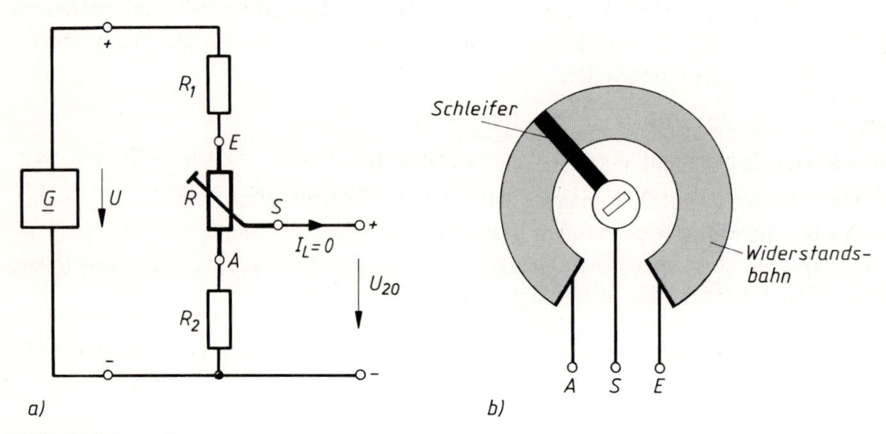

Bild 10.2 Potentiometer
a) Schaltung, b) Aufbau

Die minimale Teilspannung $U_{20} = 4$ V wird bei Schleiferstellung am Anfang (A) der Widerstandsbahn ausgegeben:

$$U_{20\min} = U \frac{R_2}{R_1 + R + R_2} = 4 \text{ V}$$

Die maximale Teilspannung $U = 6$ V wird bei Schleiferstellung am Ende (E) der Widerstandsbahn abgegeben:

$$U_{20\max} = U \frac{R_2 + R}{R_1 + R + R_2} = 6 \text{ V}$$

Aus beiden Bedingungen berechnen sich bei $U = 10$ V die gesuchten Widerstände R_1 und R_2.

I	$R_2 = 0{,}4\,(R_1 + 1\text{ k}\Omega + R_2)$	
II	$R_2 + 1\text{ k}\Omega = 0{,}6\,(R_1 + 1\text{ k}\Omega + R_2)$	
I	$0{,}4\,R_1 - 0{,}6\,R_2 + 0{,}4\text{ k}\Omega = 0$	$/ \cdot (-1{,}5)$
II	$0{,}6\,R_1 - 0{,}4\,R_2 - 0{,}4\text{ k}\Omega = 0$	
I′	$-0{,}6\,R_1 + 0{,}9\,R_2 - 0{,}6\text{ k}\Omega = 0$	
I′ + II	$+0{,}5\,R_2 - 1\text{ k}\Omega = 0$	
	III $\quad R_2 = 2\text{ k}\Omega$	
III in I	$0{,}4\,R_1 - 1{,}2\text{ k}\Omega + 0{,}4\text{ k}\Omega = 0$	
	IV $\quad R_1 = 2\text{ k}\Omega$	

Kontrollrechnung zur Einhaltung der Belastungsgrenze von 0,1 W des Trimmpotentiometers:

$$I = \frac{U}{R_1 + R + R_2} = \frac{10\ \text{V}}{5\ \text{k}\Omega} = 2\ \text{mA}$$

$$P = I^2 \cdot R = (2\ \text{mA})^2 \cdot 1\ \text{k}\Omega = 4\ \text{mW}\ (< 0{,}1\ \text{W})$$

10.2 Belastungsfall

Belastung eines Spannungsteilers heißt: An die Ausgangsklemmen eines Spannungsteilers wird ein Belastungswiderstand R_L angeschlossen, der dem Spannungsteiler den Laststrom I_L entnimmt. Es gibt zwei rechnerische Lösungswege zur Ermittlung der Ausgangsspannung des belasteten Spannungsteilers:

Lösungsweg 1: Direkte Berechnung des Netzwerks

Der Spannungsteiler besteht aus den Widerständen R_1 und R_2, er wird mit dem Lastwiderstand R_L belastet (s. Bild 10.3). Durch die Parallelschaltung von R_2 mit R_L verringert sich der Gesamtwiderstand der Schaltung:

$$(R_1 + R_2) > \left(R_1 + \frac{R_2 \cdot R_L}{R_2 + R_L}\right)$$

Bei konstanter Versorgungsspannung U erhöht sich die Stromaufnahme der Schaltung:

$$I' > I$$

Dadurch wird der Spannungsabfall am Teilwiderstand R_1 größer und die Ausgangsspannung U_{2L} kleiner:

$$U_{2L} < U_{20}$$

Bild 10.3 zeigt diesen Sachverhalt am Beispiel eines Festspannungsteilers.

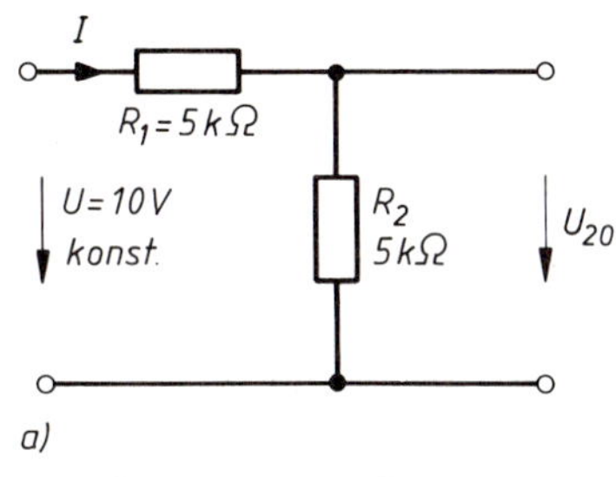

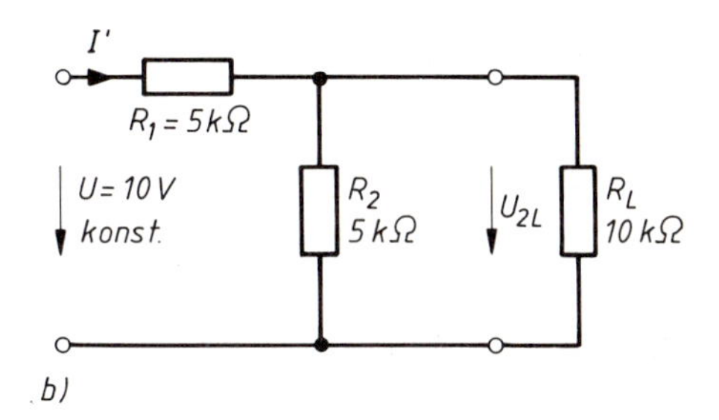

Bild 10.3 Spannungsteiler
a) unbelastet, b) belastet

Stromstärke I des unbelasteten Spannungsteilers:

$$I = \frac{U}{R_1 + R_2} = 1\ \text{mA}$$

Ausgangsspannung U_{20} des unbelasteten Spannungsteilers:

$$U_{20} = U - IR_1 = 5\ \text{V}$$

Stromstärke I' des belasteten Spannungsteilers:

$$I' = \frac{U}{R_1 + (R_2 \parallel R_L)} = 1{,}2\ \text{mA}$$

Ausgangsspannung U_{2L} des belasteten Spannungsteilers:

$$U_{2L} = U - I'R_1 = 4\ \text{V}$$

In Worten: Die Ausgangsspannung U_{2L} des belasteten Spannungsteilers ist immer kleiner als seine Leerlauf-Ausgangsspannung U_{20}.

Lösungsweg 2: Ersatzspannungsquelle

Für den gegebenen Spannungsteiler – ohne den Lastwiderstand R_L – wird zunächst die Ersatzspannungsquelle wie folgt berechnet.

Die Quellenspannung U_q der Ersatzquelle ist gleich der Leerlauf-Ausgangsspannung U_{20} des Spannungsteilers:

$$U_q = U_{20} \qquad \text{mit } U_{20} = U \cdot \frac{R_2}{R_1 + R_2}$$

Der Innenwiderstand R_i der Ersatzquelle ist gleich der Parallelschaltung der beiden Spannungsteiler-Widerstände:

$$R_i = \frac{R_1 \cdot R_2}{R_1 + R_2}$$

Man berechnet nun die gesuchte Ausgangsspannung U_{2L} in der Ersatzschaltung nach Bild 10.4 und nicht in der eigentlichen Spannungsteiler-Schaltung:

$$\boxed{U_{2L} = U_{20} - I_L R_i} \qquad (51)$$

In Worten: Die Ausgangsspannung U_{2L} eines mit dem Strom I_L belasteten Spannungsteilers berechnet sich aus seiner Leerlauf-Ausgangsspannung U_{20} abzüglich des inneren Spannungsabfalls $I_L R_i$ des Spannungsteilers. Als Innenwiderstand des Spannungsteilers tritt die Parallelschaltung der Spannungsteilerwiderstände R_1 und R_2 auf.

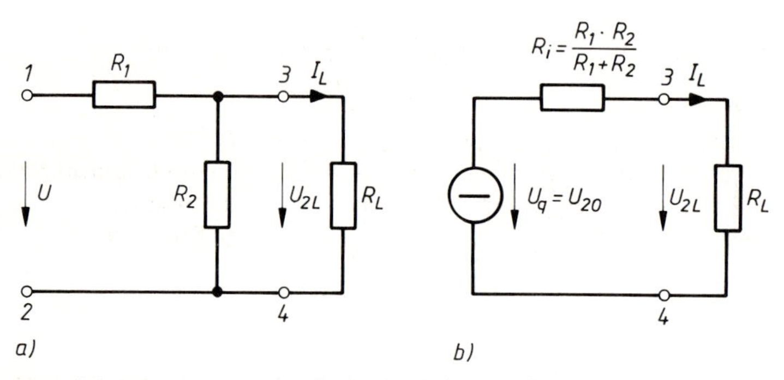

Bild 10.4 Ersatzspannungsquelle für den belasteten Spannungsteiler

Beispiel

Wir betrachten einen Spannungsteiler mit den Teilwiderständen $R_1 = R_2 = 1\,\text{k}\Omega$ an der Versorgungsspannung $U = 10$ V. Der Belastungswiderstand R_L ist nicht bekannt, dafür ist jedoch der Laststrom $I_L = 2$ mA gegeben. Wie groß ist die Ausgangsspannung des Spannungsteilers?

Lösung: Der Lösungsweg über die Ersatzspannungsquelle des Spannungsteilers liefert das Ergebnis auf kürzestem Wege (s. Bild 10.4).

Leerlauf-Ausgangsspannung U_{20} des Spannungsteilers:

$$U_{20} = U \cdot \frac{R_2}{R_1 + R_2} = 10\ \text{V} \cdot \frac{1\ \text{k}\Omega}{2\ \text{k}\Omega} = 5\ \text{V}$$

Innenwiderstand R_i des Spannungsteilers:

$$R_i = \frac{R_1 \cdot R_2}{R_1 + R_2} = \frac{1\ \text{k}\Omega \cdot 1\ \text{k}\Omega}{2\ \text{k}\Omega} = 0{,}5\ \text{k}\Omega$$

Ausgangsspannung U_{2L} bei Belastung mit dem Strom $I_L = 2$ mA:

$$U_{2L} = U_{20} - I_L R_i = 5\ \text{V} - 2\ \text{mA} \cdot 0{,}5\ \text{k}\Omega = 4\ \text{V}$$

(Falls Sie diesen Lösungsweg zu abstrakt finden, probieren Sie einmal die Lösung der Aufgabe auf einem anderen Weg. Sie werden bald merken, wie vorteilhaft die Anwendung der Ersatzspannungsquelle ist.)

Lastwiderstand R_L:

$$R_L = \frac{U_{2L}}{I_L} = \frac{4\ \text{V}}{2\ \text{mA}} = 2\ \text{k}\Omega$$

10.3 Linearitätsfehler des belasteten Spannungsteilers

Beim unbelasteten Spannungsteiler besteht eine exakte *Linearität* (Proportionalität) zwischen der Ausgangsspannung U_{20} und dem Teilwiderstand R_2; dabei darf das Teilerverhältnis $k = R_2/R$ Werte zwischen $k_{min} = 0\,\%$ und $k_{max} = 100\,\%$ annehmen. Diese Linearität ist bei einem belasteten Spannungsteiler nicht mehr gegeben (s. Durchhangskurven in Bild 10.5b).

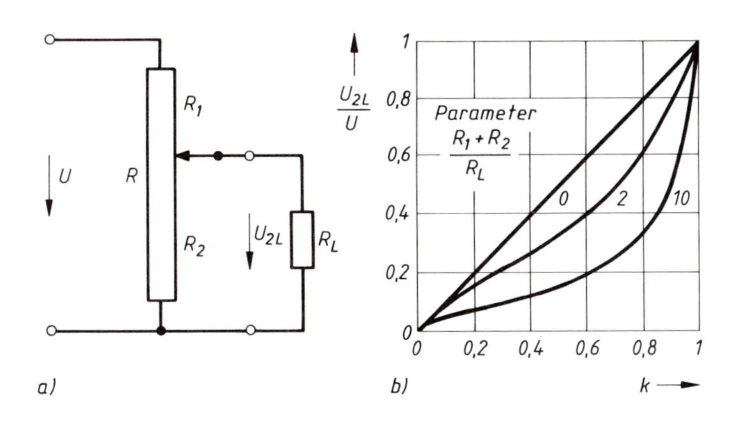

Bild 10.5
Belasteter Spannungsteiler
a) Schaltung
b) Kennlinien

Es soll nun berechnet werden, welchen Einfluß ein Lastwiderstand R_L auf die Linearität der Ausgangsspannung hat.

1. Schritt: Leerlaufspannung U_{20} des Spannungsteilers:

$$U_{20} = \frac{R_2}{R} U \qquad \text{mit } R = R_1 + R_2$$

$$U_{20} = k\,U \qquad \text{mit } k = \frac{R_2}{R}$$

Zwischen der Leerlaufspannung U_{20} und dem Teilerverhältnis k besteht Proportionalität bei U = konst.

2. Schritt: Innenwiderstand R_i des Spannungsteilers:

$$R_i = \frac{R_1 R_2}{R_1 + R_2} \qquad R_1 = R - R_2$$

$$R_i = \frac{R R_2 - R_2^2}{R} \qquad \text{mit } R_2 = kR$$

$$R_i = \frac{kR^2 - k^2 R^2}{R}$$

$$R_i = k(1-k)R$$

Zwischen dem Innenwiderstand R_i und dem Teilerverhältnis k besteht keine Proportionalität. Bild 10.6 zeigt, daß der Innenwiderstand sein Maximum in der Mitte des Einstellbereichs des Spannungsteilers hat und bei den beiden Endstellungen des Schleifers jeweils Null ist.

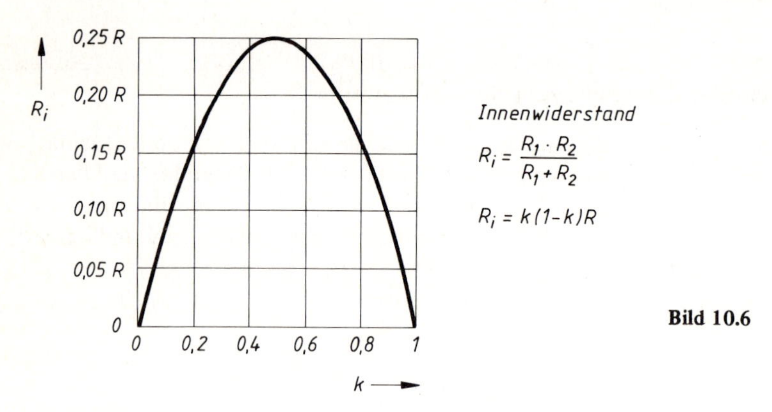

Bild 10.6

3. Schritt: Berechnung der Ausgangsspannung bei Belastung:

$$U_{2L} = U_{20} \cdot \frac{R_L}{R_L + R_i}$$

$$\boxed{U_{2L} = k \cdot U \cdot \frac{R_L}{R_L + k(1-k)R}} \tag{52}$$

In Worten: Die Ausgangsspannung U_{2L} des belasteten verstellbaren Spannungsteilers ist bei voller Ausnutzung des Einstellbereichs $0 < k < 1$ nur dann in etwa proportional zum Teilerverhältnis $k = R_2/R$, wenn der Lastwiderstand $R_L > k(1-k)R$ ist, d.h. für den ungünstigsten Fall: $R_L > 0{,}25\,R$. Der *absolute Linearitätsfehler* äußert sich in einem „Durchhängen" der Spannungsteilerkennlinie, wie es in Bild 10.5b) für einige Belastungsfälle gezeigt wird.

Der *prozentuale Linearitätsfehler* F berechnet sich mit Gl. (52) aus:

$$F(\%) = \frac{U_{20} - U_{2L}}{U_{20}} \cdot 100$$

$$\boxed{F(\%) = \frac{K}{K + \frac{R_L}{R}} \cdot 100} \qquad \text{mit } K = k(1-k) \tag{53}$$

In Worten: Der prozentuale Linearitätsfehler hat sein Maximum bei $k = 0{,}5$ in der Mitte des Einstellbereichs und ist abhängig vom Verhältnis des Lastwiderstandes zum Spannungsteilerwiderstand.

Beispiel

Wir betrachten ein Anwendungsbeispiel des Spannungsteilers, das die Forderung nach Linearität der Ausgangsspannung $U_{2\,L}$ als Funktion des Teilerverhältnisses k begründet.

Problemstellung:

Der Füllstand eines Behälters stellt eine nichtelektrische Größe dar, die aber elektrisch erfaßt werden soll, d.h. es wird gefordert: Die Spannung U_{2L} soll möglichst proportional zum Füllstand h sein. Gesucht sind die Prinzipdarstellung der technologischen Lösung sowie die Berechnung des absoluten und prozentualen Linearitätsfehlers, wenn der Nennwiderstand des Potentiometers $R = 10\ \text{k}\Omega$ ist. Der Belastungswiderstand sei $R_L = 20\ \text{k}\Omega$.

Lösung: Bild 10.7a) zeigt eine Prinzipskizze der technologischen Lösung. Der Schleifer verstellt in Abhängigkeit vom Füllstand h die Ausgangsspannung U_{2L} des Potentiometers. Die Meßeinrichtung bildet den Belastungswiderstand R_L. Berechnungen in der Tabelle:

k	0	0,2	0,4	0,5	0,6	0,8	1,0	
$K = k\,(1 - k)$	0	0,16	0,24	0,25	0,24	0,16	0	
$U_{2L} = kU \cdot \dfrac{R_L}{R_L + KR}$	0	1,85	3,57	4,44	5,36	7,41	10	V
$F\,(\%) = \dfrac{K \cdot 100}{K + R_L/R}$	0	7,41	10,7	11,1	10,7	7,41	0	%

Graphische Darstellungen der Ergebnisse $U_{2\,L} = f(k)$ (unmaßstäblich zwecks Verdeutlichung von ΔU) und $F = f(k)$, s. Bild 10.7.

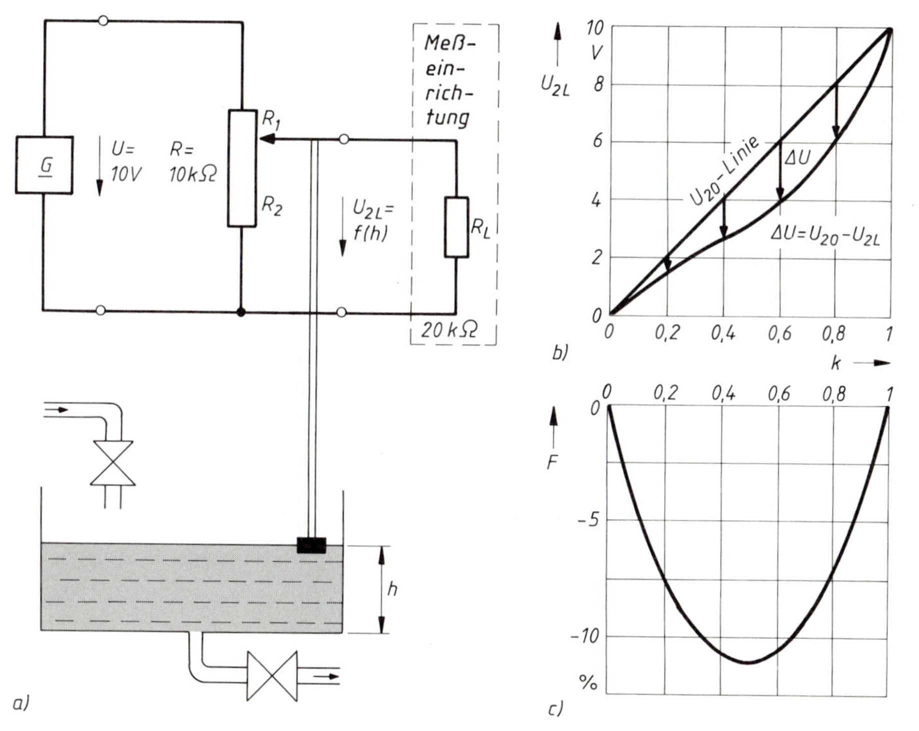

Bild 10.7

10.4 Dimensionierung des Spannungsteilers

Die Dimensionierung des Spannungsteilers ist anforderungsabhängig. Es müssen immer zwei schlüssige Bedingungen für den belasteten Spannungsteiler angegeben werden, sonst ist er nicht berechenbar.

Beispiel für einen häufig vorkommenden Fall

1. Bedingung: Leerlaufausgangsspannung U_{20}
2. Bedingung: Lastspannung U_{2L}, bei Anschluß des Lastwiderstandes R_L
   Lösungsgang: Über Ersatzspannungsquelle mit den Kennwerten $U_q = U_{20}$ und R_i

1. Schritt: Der Spannungsteiler muß einer Ersatzspannungsquelle mit Innenwiderstand entsprechen:

$$R_i = \frac{\Delta U}{\Delta I} = \frac{U_{20} - U_{2L}}{I_L - 0}$$

2. Schritt: Der Innenwiderstand des Spannungsteilers wird durch die Teilwiderstände R_1 und R_2 gebildet:

$$R_i = \frac{R_1 R_2}{R_1 + R_2}$$

3. Schritt: Die beiden Spannungsteilerwiderstände R_1 und R_2 müssen auch die Leerlaufbedingung U_{20} erfüllen:

$$\frac{U_{20}}{U} = \frac{R_2}{R_1 + R_2}$$

4. Schritt: Die an den Spannungsteiler anzulegende Spannung U muß größer gewählt werden als die benötigte Leerlaufspannung.

Aus den beiden obigen Gleichungen lassen sich R_1 und R_2 berechnen.

Beispiel

Man berechne R_1 und R_2 des Spannungsteilers für die Bedingung, daß die Ausgangsspannung U_{2L} bei Veränderung des Lastwiderstandes R_L von 3,3 kΩ auf 2,2 kΩ, von 8 V höchstens auf 7,6 V zurückgeht. Die Versorgungsspannung U für den Spannungsteiler ist in geeigneter Größe zu wählen. Schaltung und Bezeichnungen s. Bild 10.8.

Lösung: Berechnung des Innenwiderstandes:

Bei $U_{2L} = 8$ V fließt $I_L = \dfrac{8\text{ V}}{3{,}3\text{ k}\Omega} = 2{,}43$ mA

Bei $U_{2L} = 7{,}6$ V fließt $I_L = \dfrac{7{,}6\text{ V}}{2{,}2\text{ k}\Omega} = 3{,}45$ mA

Daraus $$R_i = \frac{\Delta U}{\Delta I} = \frac{0{,}4\text{ V}}{1{,}02\text{ mA}} = 392\ \Omega$$

Vom Lastwiderstand R_L aus betrachtet besteht der Ersatz-Innenwiderstand des Spannungsteilers aus einer Parallelschaltung von R_1 und R_2:

$$R_i = \frac{R_1 R_2}{R_1 + R_2} = 392\ \Omega \qquad \text{(s. Bild 10.9)}$$

Berechnung der Ersatzquellenspannung U_q:

$$U_q = U_{2L} + I_L R_i$$
$$U_q = 8\ \text{V} + 2{,}43\ \text{mA} \cdot 392\ \Omega = 8{,}95\ \text{V}$$

Damit ist auch die Leerlaufspannung des Spannungsteilers bekannt:

$$U_{20} = U_q = 8{,}95\ \text{V} \qquad \text{(s. Bild 10.9)}$$

Die Versorgungsspannung U des Spannungsteilers muß größer als die geforderte Leerlaufspannung sein. Es wird gewählt $U = 12$ V (s. Bild 10.8).

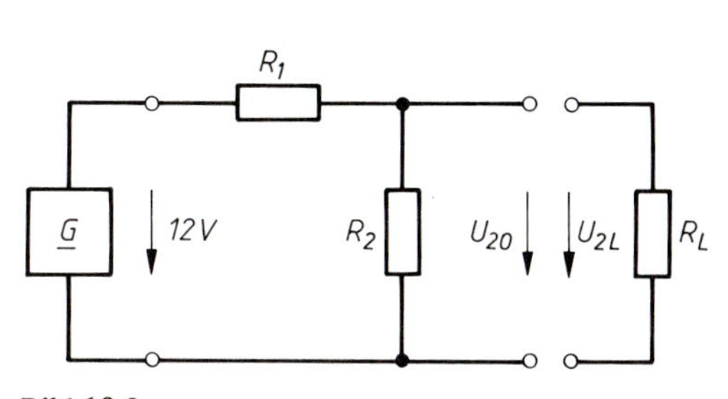

Bild 10.8

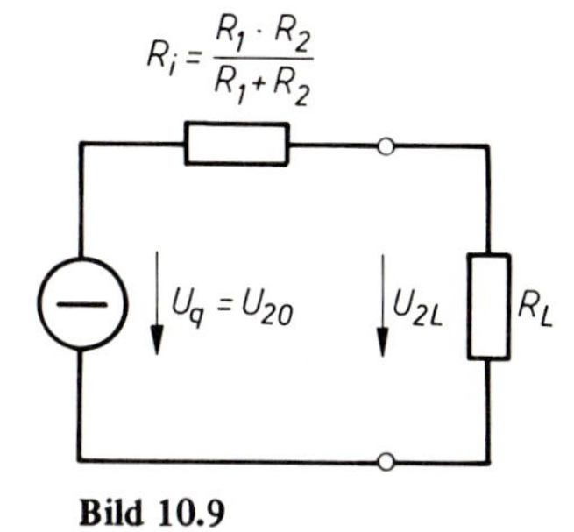

Bild 10.9

Bestimmung von R_1 und R_2:

$$\frac{R_2}{R_1 + R_2} = \frac{8{,}95\ \text{V}}{12\ \text{V}}$$
$$12\ \text{V}\, R_2 = 8{,}95\ \text{V}\, R_1 + 8{,}95\ \text{V}\, R_2$$
$$3{,}05\ \text{V}\, R_2 = 8{,}95\ \text{V}\, R_1$$
$$R_2 = \frac{8{,}95\ \text{V}}{3{,}05\ \text{V}} R_1 = 2{,}94\, R_1$$

eingesetzt in:

$$\frac{R_1 R_2}{R_1 + R_2} = 392\ \Omega$$
$$\frac{2{,}94\, R_1^2}{3{,}94\, R_1} = 392\ \Omega$$
$$\left.\begin{aligned} R_1 &= 525\ \Omega \\ R_2 &= 2{,}94\, R_1 = 2{,}94 \cdot 525\ \Omega \\ R_2 &= 1544\ \Omega \end{aligned}\right\} \text{(s. Bild 10.8)}$$

In der Praxis ist noch ein zweites Lösungsverfahren für die Dimensionierung des Spannungsteilers üblich. Diese als *Querstromfaktorverfahren* bezeichnete Rechenmethode beruht auf der Kenntnis, daß ein Spannungsteiler dann eine fast belastungsunabhängige Ausgangsspannung liefert, wenn sein Querwiderstand sehr viel kleiner als der Belastungswiderstand ist. Als Querwiderstand R_q wird derjenige Spannungsteilerwiderstand bezeichnet, zu dem der Lastwiderstand parallel geschaltet wird.

Der Querstromfaktor ist das Verhältnis des Querstromes I_q im Querwiderstand R_q zum Laststrom I_L:

$$m = \frac{I_q}{I_L}$$

10.5 Vertiefung und Übung

△ **Übung 10.1: Spannungsteilung**

Mit Hilfe eines Spannungsteilers soll aus der Spannung 30 V eine Teilspannung 12 V gewonnen werden. Der Widerstand R_1 sei 10 kΩ (s. Bild 10.10).

a) Wie groß muß der Widerstand R_2 gewählt werden?

b) Wie groß wird die Teilspannung bei Belastung des Spannungsteilers mit R_L = 47 kΩ?

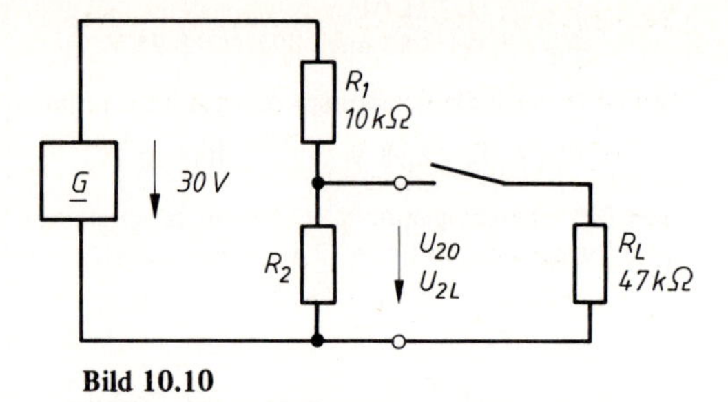

Bild 10.10

△ **Übung 10.2: Messungen am hochohmigen Spannungsteiler**

Ein Spannungsteiler besteht aus den Widerständen $R_1 = R_2 = 1$ MΩ, die an der Spannung 30 V liegen. Welche Teilspannung zeigt ein Spannungsmesser im 30-V-Meßbereich an, wenn sein Innenwiderstand 40 kΩ/V beträgt? Die Angabe 40 kΩ/V bedeutet, daß der Spannungsmesser pro 1 V-Meßbereich einen Innenwiderstand von 40 kΩ hat (s. Bild 10.11).

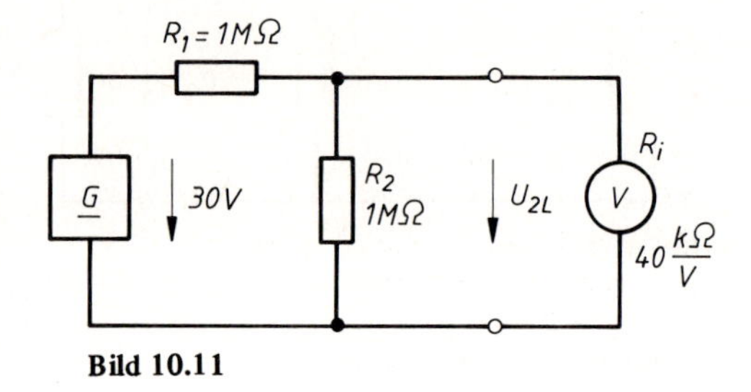

Bild 10.11

● **Übung 10.3: Dimensionierung eines Spannungsteilers**

Dimensionieren Sie einen Spannungsteiler, der folgenden Anforderungen genügt:

Leerlauf-Ausgangsspannung U_{20} = 12,6 V,

Ausgangsspannung bei Belastung U_{2L} = 12 V, wenn der Laststrom 3 mA beträgt.

Als Versorgungsspannung des Spannungsteilers steht U = 18 V zur Verfügung.

△ **Übung 10.4: Querstromfaktor**

Von einem Spannungsteiler wird bei Belastung eine Teilspannung von 3 V gefordert. Der Laststrom beträgt 7 mA.

a) Wie groß müssen R_1 und R_2 gewählt werden, wenn ein Querstromfaktor $m = I_q/I_L = 10$ und eine Batteriespannung von 15 V angenommen werden?

b) Wie groß wird die Leerlauf-Ausgangsspannung (Bild 10.12)?

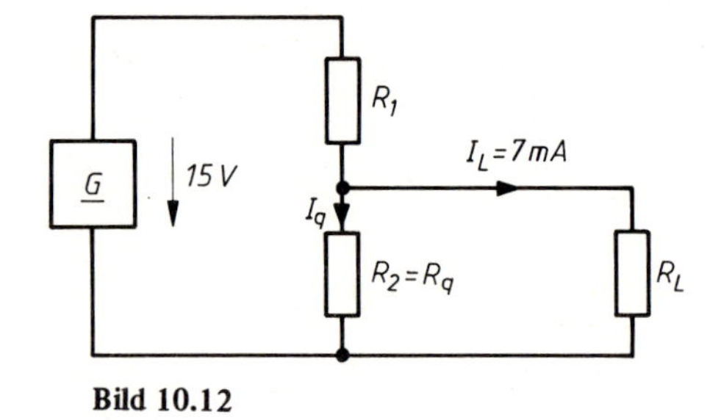

Bild 10.12

▲ **Übung 10.5: Belasteter Spannungsteiler**

Vorhanden sind die zwei Spannungsteiler A mit R = 2 kΩ und B mit R = 200 Ω. Der Abgriff für die Ausgangsspannung liegt jeweils in der Mitte des Widerstandes R. Die Batteriespannung sei 100 V. Wie wirkt sich bei beiden Spannungsteilern eine Belastung mit R_L = 1 kΩ auf die Ausgangsspannung aus (Bild 10.13)?

a) Lösung durch direkte Berechnung des Netzwerks

b) Lösung über die Ersatzspannungsquelle

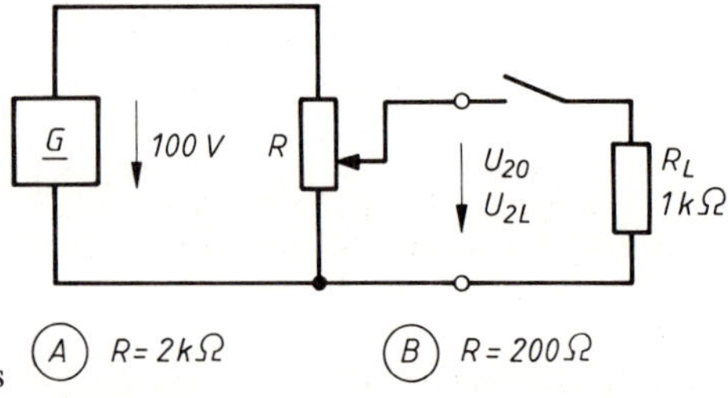

Bild 10.13

Hinweis: Beachten Sie, daß in der Ersatzspannungsquelle die Quellenspannung U_q gleich der Leerlaufspannung U_{20} gesetzt werden muß. Ein häufig vorkommender Fehler ist der, daß U_q gleich dem Betrag der Batteriespannung angenommen wird.

△ **Übung 10.6: Einstellbarer Spannungsteiler**

Innerhalb welcher Grenzen läßt sich die Teilspannung des in Bild 10.14 gezeigten Spannungsteilers einstellen

a) im Leerlauf,
b) bei Belastung mit $R_L = 5\ k\Omega$?

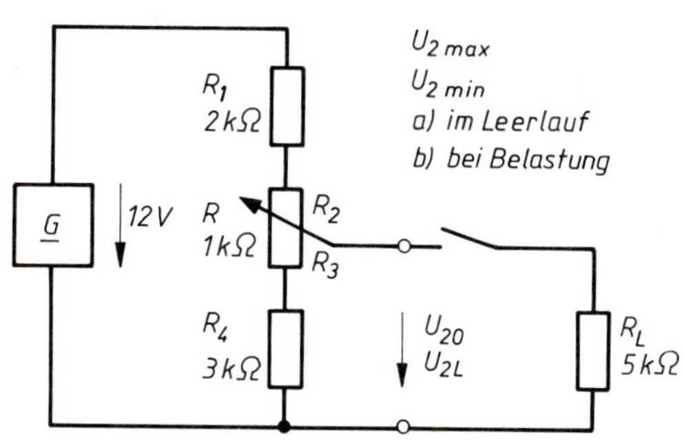

Bild 10.14

△ **Übung 10.7: Strombelastung eines Spannungsteilers**

Welcher Lastwiderstand R_L bewirkt beim Spannungsteiler des Bildes 10.15 einen Laststrom von 20 mA?

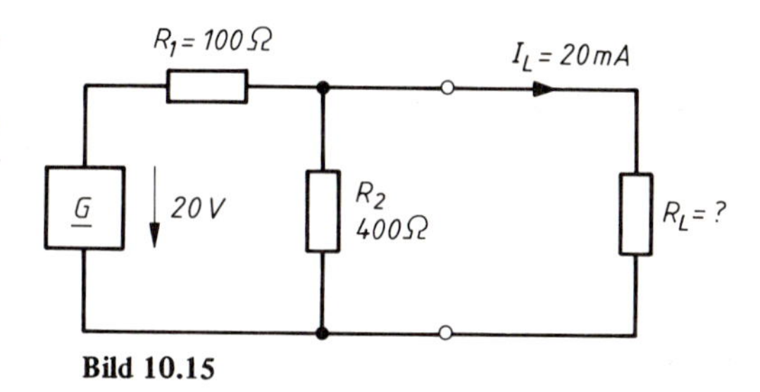

Bild 10.15

△ **Übung 10.8: Leerlaufspannung**

Der in Bild 10.16 dargestellte Spannungsteiler liefert bei Belastung die Ausgangsspannung 5 V.

a) Wie groß wird die Leerlaufspannung U_{20}?
b) Wie groß ist die Versorgungsspannung U?

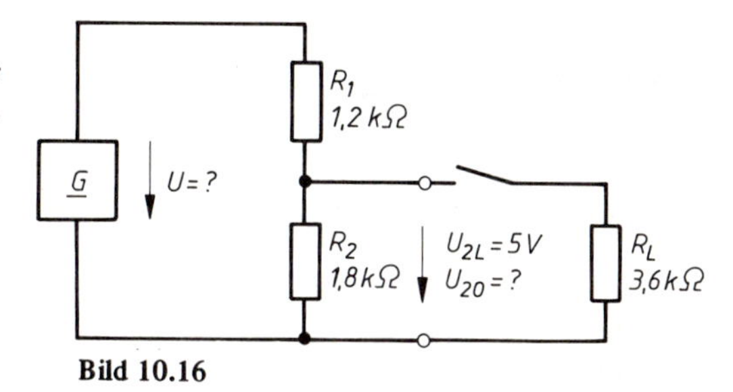

Bild 10.16

△ **Übung 10.9: Ersatzspannungsquelle des Spannungsteilers**

Bild 10.17 zeigt einen einstellbaren Spannungsteiler mit umkehrbarer Polarität der Ausgangsspannung.

a) Wie groß wird jeweils die Leerlauf-Ausgangsspannung bei den Schleiferstellungen $k = 0$, $k = 0{,}5$, $k = 1$, wenn $k = R_2/R$ ist? Zeichnen Sie $U_{20} = f(k)$.
b) Berechnen und zeichnen Sie die Ausgangsspannung bei Belastung des Spannungsteilers mit $R_L = 2\ k\Omega$, d.h. bestimmen Sie $U_{2L} = f(k)$ bei $k = 0$, $k = 0{,}25$, $k = 0{,}5$, $k = 0{,}75$, $k = 1$.

Hinweis: Lösungsweg über Ersatzspannungsquelle

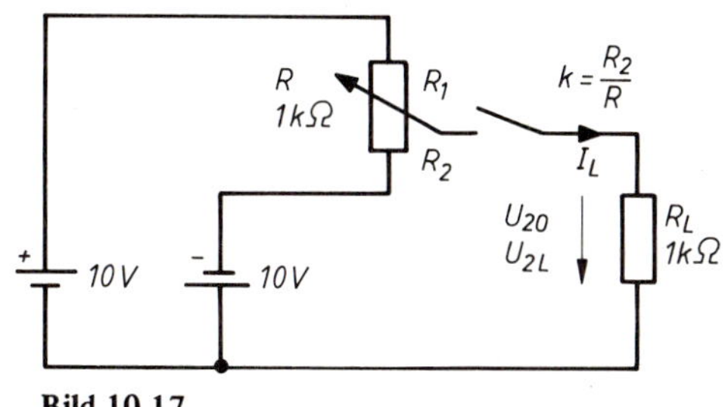

Bild 10.17

11 Elektrostatisches Feld

Das *elektrostatische Feld* ist ein Sonderfall des elektrischen Feldes. Kennzeichen dieses Sonderfalls sind ruhende elektrische Ladungen ($I = 0$).

11.1 Elektrostatisches Feld des Plattenkondensators

Als Beschreibungsgrundlage für die Eigenschaften des elektrostatischen Feldes wird zunächst eine geeignete Versuchsanordnung dargestellt.

Die einfachste Form eines elektrostatischen Feldes bildet sich zwischen zwei planparallelen Metallplatten aus, deren Zwischenraum Luft ist und die an einer Gleichspannung liegen. Der vom elektrostatischen Feld erfüllte Raum wird *Dielektrikum* genannt.

Der Aufbau des elektrischen Feldes erfolgt durch eine Gleichspannungsquelle. Ihre Quellenspannung verschiebt die in der Leitung und in den Metallplatten befindlichen Elektronen. Dadurch entsteht auf der einen Platte ein Überschuß von Elektronen, also eine Elektrizitätsmenge $-Q$, entsprechend auf der anderen Platte eine Fehlmenge gleichen Wertes $+Q$.

Kurzzeitig fließt ein Ladestrom mit dem Momentanwert i, der in traditioneller Richtung eine Elektrizitätsmenge $+Q$ fördert. Der Ladestrom i wird Null, wenn die durch die Elektrizitätsmenge $+Q$ und $-Q$ erzeugte Gegenspannung den Gleichgewichtszustand bewirkt (Bild 11.1).

$$U_q = U = Es \qquad \text{s. Gl. (5) Kap. 2}$$

Das elektrostatische Feld bleibt nach dem Abtrennen der Gleichspannungsquelle bestehen, wie durch Spannungsmessung mit einem allerdings sehr hochohmigen Spannungsmesser nachgewiesen werden kann. Man schließt daraus: Das elektrostatische Feld wird durch die getrennten Ladungen $+Q, -Q$ verursacht. Die vorhandene Spannung zeigt an, daß im Feld Energie gespeichert ist. Die Anordnung heißt *Plattenkondensator*.

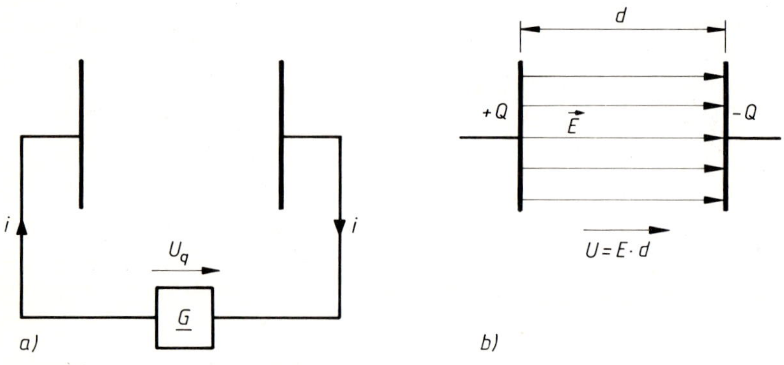

Bild 11.1

a) Der Ladestrom i wird Null, wenn $E \cdot d = U_q$.

b) Elektrisches Feld zwischen den Platten: E = Elektrische Feldstärke, d = Plattenabstand

11.2 Kapazität

Die Kapazität ist eine Bauelementeigenschaft besonders von *Kondensatoren* aber auch von Leitungen oder ganz allgemein von entgegengesetzt aufladbaren elektrischen Leitern, die durch einen Isolator voneinander getrennt sind.

Die *Kapazität C* des Kondensators gibt das interessierende Verhältnis von gespeicherter Ladungsmenge Q zur Ladespannung U_c an:

$$C = \frac{Q}{U_c} \qquad \text{Einheit } 1\,\frac{\text{As}}{\text{V}} = 1\text{ F (Farad)} \tag{54}$$

kleinere Einheiten:

Mikrofarad $1\ \mu F = 10^{-6}\ F$
Nanofarad $1\ nF = 10^{-9}\ F$
Pikofarad $1\ pF = 10^{-12}\ F$

Die Kapazität des Kondensators beschreibt den gesetzmäßigen Zusammenhang von gespeicherter Ladungsmenge Q und Ladespannung U_c:

1. Deutung: $Q = CU_c$

Die gespeicherte Ladungsmenge Q ist abhängig von der Kapazität C des Kondensators und seiner Ladespannung U_c, die den Wert seiner Nennspannung nicht übersteigen darf. Dem Bild 11.2a) kann die Ladungsmenge Q für gleiche Ladespannung $U_c = 40$ V bei Kondensatoren mit unterschiedlicher Kapazität entnommen werden:

$$Q_1 = C_1 \cdot U_c = 0{,}5\ \mu F \cdot 40\ V = 20\ \mu C$$
$$Q_2 = C_2 \cdot U_c = 0{,}1\ \mu F \cdot 40\ V = 4\ \mu C$$

Umgekehrt kann aus Bild 11.2a) auch die Ladespannung U_c für die gleiche Ladungsmenge $Q = 5\ \mu C$ bei Kondensatoren mit unterschiedlicher Kapazität abgelesen werden:

$$U_{c1} = \frac{Q}{C_1} = \frac{5\ \mu As}{0{,}5\ \mu F} = 10\ V$$

$$U_{c2} = \frac{Q}{C_2} = \frac{5\ \mu As}{0{,}1\ \mu F} = 50\ V$$

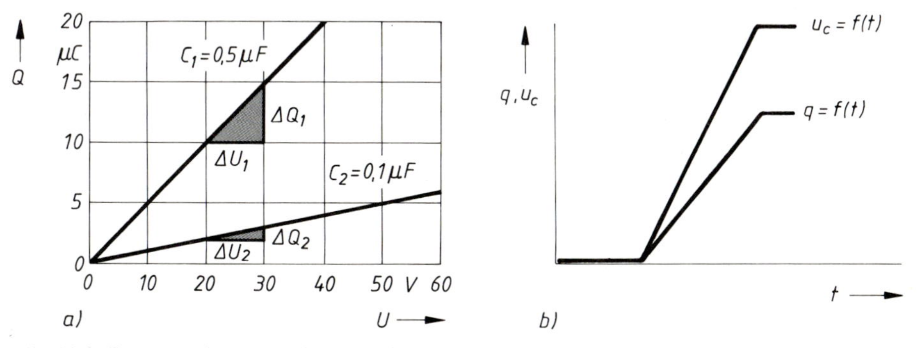

Bild 11.2 Zusammenhang zwischen gespeicherter Ladung und Ladespannung des Kondensators

2. Deutung: $\Delta Q = C \cdot \Delta U_c$

Bild 11.2a) zeigt auch, daß einer Spannungsänderung ΔU_c eine Ladungsänderung ΔQ zugeordnet werden kann:

$$\Delta Q_1 = C_1 \cdot \Delta U_c = 0{,}5\ \mu\text{F}\,(30\ \text{V} - 20\ \text{V}) = 5\ \mu\text{C}$$
$$\Delta Q_2 = C_2 \cdot \Delta U_c = 0{,}1\ \mu\text{F}\,(30\ \text{V} - 20\ \text{V}) = 1\ \mu\text{C}$$

3. Deutung: $q = Cu_c$

Der Zusammenhang von Ladungsmenge Q und Ladespannung U_c gilt nicht nur für den beendeten Ladungsvorgang, sondern auch für jeden beliebigen Augenblick, also auch für Momentanwerte:

$$\boxed{q = Cu_c} \qquad (55)$$

Bild 11.2b) zeigt, daß bei konstanter Kapazität C die Momentanwerte der Ladungsmenge q und der Spannung u_c in jedem Augenblick proportional zueinander sind.

11.3 Kapazitätsberechnung

Die Kapazität einer Leiteranordnung (Kondensator, Leitung etc.) ist durch Definition eingeführt worden:

$$C = \frac{Q}{U_c}$$

Es fehlt noch die Aussage, von welchen Einflußgrößen die Kapazität C abhängig ist, d.h. man will auch wissen, durch welche Maßnahmen die Kapazität einer Leiteranordnung ggf. verändert werden kann.

Der Berechnungsgang folgt nachstehender Lösungsmethodik:

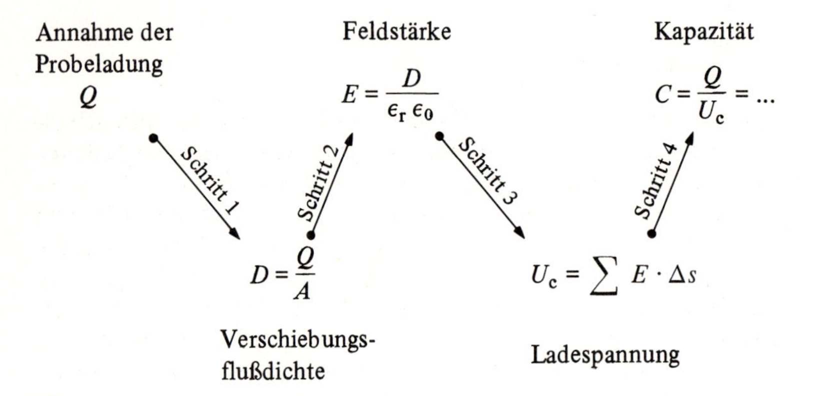

1. Schritt: Verschiebungsflußdichte D

Ein Kondensator ist eine Leiteranordnung, die immer gleich große, aber ungleichnamige Ladungen aufnimmt. Jede Änderung der positiven Ladung $+Q$ auf der einen Kondensatorplatte ist von einer gleichzeitigen und gleichsinnigen Änderung der negativen Ladung $-Q$ auf der anderen Kondensatorplatte begleitet. Man definiert deshalb eine neue Feldgröße, die eine Verbindung zwischen den getrennten Ladungen $+Q$, $-Q$ im Feldraum herstellt, und bezeichnet sie als *Verschiebungsfluß* ψ (Psi):

$$\boxed{\psi = Q} \tag{56}$$

Der elektrische Verschiebungsfluß ψ wird als die andersartige, d.h. feldgemäße Beschreibung der Ladung Q betrachtet.

Es wird nun eine für viele symmetrische Leiteranordnungen recht einfach berechenbare Feldgröße eingeführt, die man *Verschiebungsflußdichte D* nennt:

$$\boxed{D = \frac{\psi}{A}} \qquad \text{Einheit } \frac{1\ \text{As}}{1\ \text{m}^2} = 1\ \frac{\text{C}}{\text{m}^2} \tag{57}$$

In Worten: Man erhält die Verschiebungsflußdichte D einer symmetrischen Leiteranordnung, wenn man den von der Ladung $+Q$ ausgehenden Verschiebungsfluß ψ durch die durchsetzte Fläche A teilt, die vom Verschiebungsfluß betroffen ist. In Bild 11.3 gilt deshalb als durchsetzte Fläche nur die Plattenfläche A, alle anderen Flächen sind nicht vom Verschiebungsfluß durchsetzt.

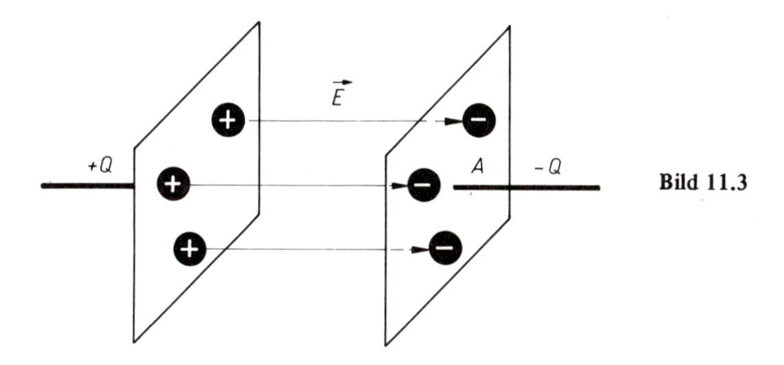

Bild 11.3

Der Ausdruck Verschiebungsfluß bzw. Verschiebungsflußdichte rührt daher, daß sich die im Dielektrikum vorhandenen, aber an die Atomkerne gebundenen negativen Ladungsträger unter dem Einfluß der Feldkräfte F elastisch verschieben. Dadurch fallen die Ladungsschwerpunkte der positiven Atomkerne und der negativen Elektronenhülle nicht mehr zusammen, so daß aus den zuvor neutralen Isolierstoffatomen kleine elektrische Dipole werden. Alle im Dielektrikum auftretenden elastischen Verschiebungen und Ausrichtungen vorhandener elektrischer Dipole tragen zum elektrischen Verschiebungsfluß ψ bei; man nennt den Vorgang *Polarisation*. Betreibt man einen Kondensator bei konstanter Feldstärke E z.B. durch Anlegen einer konstanten Spannung U_c bei unveränderlichem Plattenabstand d, so vergrößert sich der Verschiebungsfluß, wenn an Stelle von Luft ein geeigneter Isolierstoff als Dielektrikum verwendet wird. Der Steigerungsfaktor wird *Dielektrizitätszahl* ϵ_r genannt und ist eine dimensionslose Zahl:

Für Luft	$\epsilon_r \approx 1$
Papier (trocken)	$\epsilon_r \approx 2{,}3$
Aluminiumoxid (Al_2O_3)	$\epsilon_r \approx 8$

Da auch Vakuum ein denkbares Dielektrikum wäre, bezieht man alle Dielektrizitätswerte auf Vakuum und setzt:

$\epsilon = \epsilon_r \epsilon_0$ mit $\epsilon_0 = 0{,}885 \cdot 10^{-11}$ As/Vm
als Feldkonstante des elektrischen Feldes für Vakuum.

ϵ (Epsilon) heißt *Dielektrizitätskonstante.*

Die Verschiebungsflußdichte D vergrößert sich bei einem Kondensator durch Einführen eines geeigneten Dielektrikums. Die Felstärke E wird als konstant angenommen. In Bild 11.4 wird dies durch Vergrößerung der auf den Kondensatorplatten befindlichen Ladungen $+Q$, $-Q$ dargestellt. Die Zunahme der Ladungsmenge Q muß mit einem elektrischen Effekt verbunden sein. Nach bisheriger Vorstellung kann dies nur ein Stromfluß sein, der die Zusatzladung ΔQ transportiert. Die erhöhte Verschiebungsflußdichte berechnet sich aus:

$$D = \epsilon_r \epsilon_0 E$$

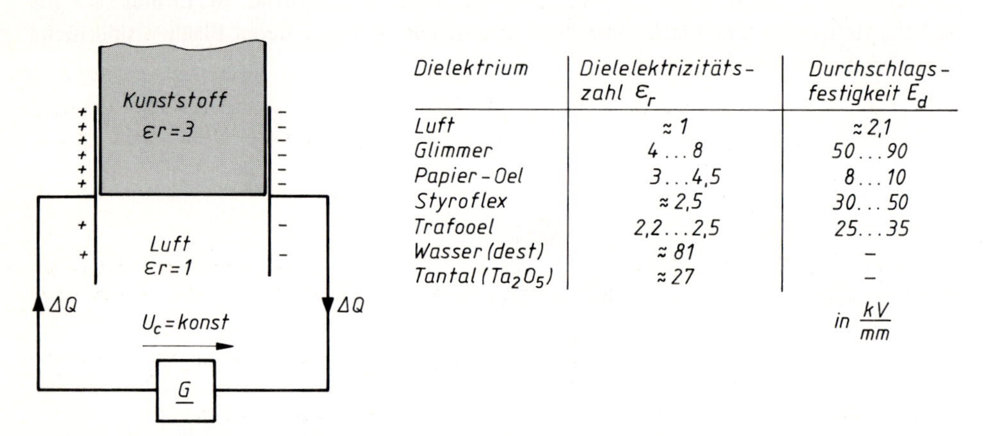

Dielektrium	Dielelektrizitätszahl ϵ_r	Durchschlagsfestigkeit E_d
Luft	≈ 1	≈ 2,1
Glimmer	4 ... 8	50 ... 90
Papier-Oel	3 ... 4,5	8 ... 10
Styroflex	≈ 2,5	30 ... 50
Trafooel	2,2 ... 2,5	25 ... 35
Wasser (dest)	≈ 81	–
Tantal (Ta_2O_5)	≈ 27	–
		in $\frac{kV}{mm}$

Bild 11.4 Einfluß des Dielektrikums auf die Kapazität eines Kondensators

2. Schritt: Feldstärke E

Die Gleichung $D = \epsilon_r \epsilon_0 E$ beschreibt den Einfluß des Dielektrikums auf die Verschiebungsflußdichte D bei gegebener Feldstärke E. In der Lösungsmethodik der Kapazitätsberechnung beliebiger Leiteranordnungen geht man jedoch umgekehrt vor und beginnt mit der Annahme einer Ladungsmenge Q auf den Kondensatorplatten (Q = konst.). Dann ist definitionsgemäß die Verschiebungsflußdichte D unabhängig vom Dielektrikum, und die Feldstärke E wird zur abhängigen Variablen:

$$\boxed{E = \frac{D}{\epsilon_r \epsilon_0}} \qquad (58)$$

In Worten: Die Feldstärke eines elektrischen (elektrostatischen) Feldes ist bei gegebener Verschiebungsflußdichte D umgekehrt proportional zur Dielektrizitätskonstanten ϵ.

3. Schritt: Spannung U_c

Die elektrische Feldstärke E ist gemäß Gl. (5), Kapitel 2 gleich dem Potentialgefälle der Leiteranordnung:

$$E = \frac{\Delta\varphi}{\Delta s}$$

Summiert man alle Feldstärke-Weg-Produkte längs einer Feldlinie zwischen den Punkten 1 und 2, so erhält man die elektrische Spannung über dieser Strecke:

$$U_c = \sum_1^2 E \cdot \Delta s$$

4. Schritt: Kapazität C

In diesem Schritt werden die Ergebnisse der vorangegangenen Schritte zusammengezogen. Man berechnet die Kapazität C einer Leiteranordnung, indem man in die Gleichung

$$C = \frac{Q}{U_c}$$

den im 3. Schritt ermittelten Ausdruck für die Spannung U_c einsetzt. Es kürzt sich dann die anfänglich angenommene Ladung Q heraus, und übrig bleiben die Einflußgrößen der Kapazität.

Beispiel

Wir ermitteln die Formel zur Kapazitätsberechnung des Plattenkondensators und berechnen dessen Kapazität für den Fall, daß die Metallplatten eine Fläche von je 400 cm^2 haben und durch eine 4 mm dicke Hartpapierplatte ($\epsilon_r = 5$) getrennt sind.

Lösung: Annahme einer gespeicherten Ladungsmenge Q. Man setzt einfach „Q", da sich diese Größe am Schluß der Rechnung wieder herauskürzt.

Schritt 1: Berechnung der Verschiebungsflußdichte D für die Plattenfläche $A = a \cdot b$:

$$D = \frac{Q}{A}$$

Schritt 2: Berechnung der Feldstärke E:

$$E = \frac{D}{\epsilon_r \epsilon_0} = \frac{Q}{\epsilon_r \epsilon_0 A}$$

Schritt 3: Berechnung der Ladespannung U_c aus der Feldstärke E. Beim Plattenkondensator ist die örtliche Feldstärke E an allen Stellen des Feldraumes gleich groß, und die Summe aller Abschnitte Δs längs einer Feldlinie ergibt den Plattenabstand d:

$$U_c = \sum_1^2 E \cdot \Delta s = E \cdot d$$

Schritt 4: Berechnung der Kapazität C durch Einsetzen in die Definitionsgleichung (54). Es kürzt sich die oben angenommene Ladung Q heraus, und übrig bleiben die Einflußgrößen der Kapazität:

$$C = \frac{Q}{U_c} = \frac{Q}{E \cdot d} = \frac{Q}{\dfrac{Q}{\epsilon_r \epsilon_0 A} \cdot d} = \frac{\epsilon_r \epsilon_0 A}{d}$$

Mit den oben angegebenen Werten erhalten wir für die Kapazität des Plattenkondensators den Wert:

$$C = \frac{5 \cdot 0{,}885 \cdot 10^{-11}\ \text{As} \cdot 400 \cdot 10^{-4}\ \text{m}^2}{4 \cdot 10^{-3}\ \text{m} \cdot \text{Vm}} = 443\ \text{pF}$$

Das formelmäßige Ergebnis für den Plattenkondensator sei wegen seiner Wichtigkeit noch einmal herausgestellt:

$$\boxed{\frac{Q}{U_c} = C = \frac{\epsilon_r \cdot \epsilon_0 \cdot A}{d}} \qquad \text{Einheit } \frac{1\ \text{As} \cdot 1\ \text{m}^2}{\text{Vm} \cdot \text{m}} = 1\ \text{F} \tag{59}$$

In Worten: Die Kapazität eines *Plattenkondensators* hängt direkt proportional von seiner Plattenfläche und der Dielektrizitätszahl des Dielektrikums und umgekehrt proportional von seinem Plattenabstand ab. Durch diese drei geometrisch-werkstofflichen Abmessungen legt der Plattenkondensator das Verhältnis der bei ihm meßbaren Globalgrößen von Ladungsmenge Q und Ladespannung U_c fest.

Beispiel

Wir berechnen die Kapazität eines Hochfrequenz-Sendekabels, das als Koaxialkabel ausgeführt ist. Der Innenleiter besteht aus 2,3 mm ϕ Kupferdraht, die Abschirmung (Außenleiter) aus einem Kupfergeflecht von 10 mm ϕ. Die Polyäthylen-Isolation hat eine Dielektrizitätszahl $\epsilon_r = 2{,}3$. Das Koaxialkabel ist mit einer PVC-Hülle umgeben. Wie groß ist die Kapazität je 1 m Leitungslänge?

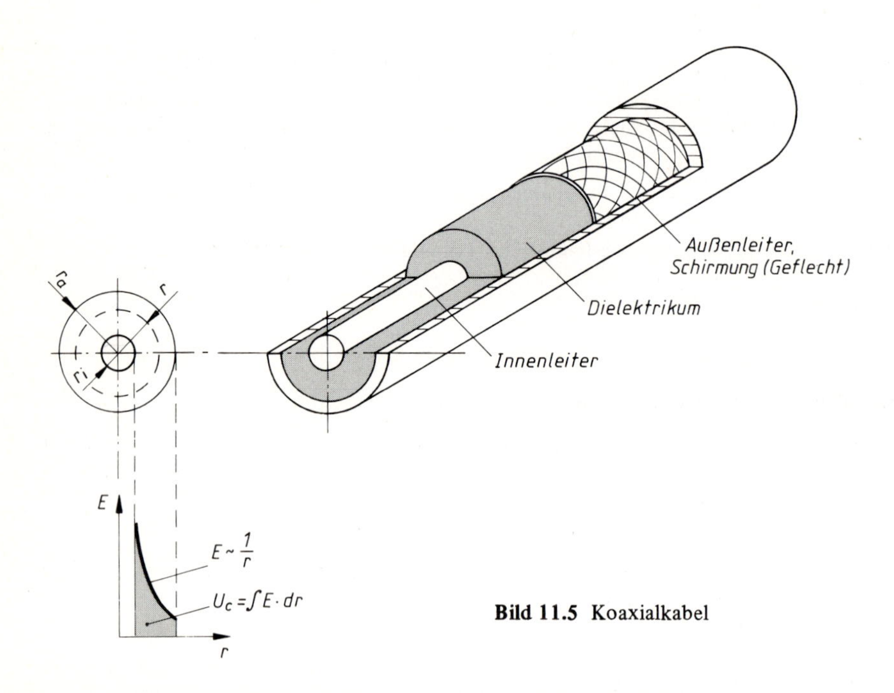

Bild 11.5 Koaxialkabel

Lösung: Wir betrachten das Koaxialkabel als einen Kondensator, auf dessen Innenleiter sich die Ladung $+Q$ und auf dessen Außenleiter sich die gleich große, aber ungleichnamige Ladung $-Q$ befindet, und bilden für den beliebigen Radius r ($r_i < r < r_a$) die Verschiebungsflußdichte D in allgemeiner Form:

$$D = \frac{\psi}{A} = \frac{Q}{2\pi \cdot r \cdot l} \qquad A = \text{Zylinderfläche}$$

Zwischen der Verschiebungsflußdichte D und der Feldstärke E besteht nach Gl. (58) ein fester Zusammenhang. Wir ermitteln in allgemeiner Form die Feldstärke E im Dielektrikum am Ort des Radius r:

$$E = \frac{D}{\epsilon_r \epsilon_0} = \frac{Q}{\epsilon_r \epsilon_0 \cdot 2\pi \cdot l \cdot r}$$

Man erkennt, daß die Feldstärke einer einfachen Gesetzmäßigkeit unterliegt:

$$E \sim \frac{1}{r}$$

Im Bild 11.5 ist der zylindrisch-radiale Feldstärkeverlauf dargestellt. Da die Feldstärke längs einer Feldlinie nicht gleich groß ist, müssen wir zur Spannungsberechnung anstelle der Beziehung

$$U_c = \sum_1^2 E \cdot \Delta s$$

den Ausdruck

$$U_c = \int_1^2 E \cdot \mathrm{d}s$$

setzen und integrieren. Durch Einsetzen der Feldstärke und Bestimmung der Integrationsgrenzen (vom Innenradius r_i bis zum Außenradius r_a) ergibt sich unter Herbeiziehung einer Tabelle mit der Lösung von Grundintegralen:

$$U_c = \frac{Q}{2\pi \cdot \epsilon_r \epsilon_0 \cdot l} \int_{r_i}^{r_a} \frac{1}{r}\, \mathrm{d}r$$

$$U_c = \frac{Q}{2\pi \cdot \epsilon_r \epsilon_0 \cdot l} \cdot \ln\left(\frac{r_a}{r_i}\right)$$

Zur Lösung des Integrals:

$$\int_{r_i}^{r_a} \frac{1}{r} \cdot \mathrm{d}r = [\ln r]_{r_i}^{r_a} = \ln r_a - \ln r_i = \ln \frac{r_a}{r_i}$$

Somit erhalten wir für die Kapazität der Koaxialleitung den allgemeinen Ausdruck:

$$C = \frac{Q}{U_c} = \frac{2\pi \cdot \epsilon_r \epsilon_0 \cdot l}{\ln\left(\frac{r_a}{r_i}\right)}$$

Die Kapazität je 1 m Leitungslänge ist dann:

$$C = \frac{2\pi \cdot 2{,}3 \cdot 0{,}885 \cdot 10^{-11} \cdot \mathrm{As} \cdot 1\ \mathrm{m}}{\ln\left(\frac{5\ \mathrm{mm}}{1{,}15\ \mathrm{mm}}\right) \mathrm{Vm}} = 87\ \mathrm{pF}$$

Die formelmäßigen Ergebnisse seien wegen ihrer Bedeutung für *Koaxialkabel* bzw. *Zylinderkondensatoren* noch einmal herausgestellt:

Kapazität:

$$\boxed{\frac{Q}{U} = C = \frac{2\pi \cdot \epsilon_r \epsilon_0 \cdot l}{\ln \frac{r_a}{r_i}}} \qquad (60)$$

Feldstärke:

$$E = \frac{Q}{2\pi \cdot \epsilon_r \epsilon_0 \cdot l \cdot r} \quad \text{mit } Q = C \cdot U = \frac{2\pi \cdot \epsilon_r \epsilon_0 \cdot l}{\ln \frac{r_a}{r_i}} \cdot U$$

$$\boxed{E = \frac{U}{r \cdot \ln \frac{r_a}{r_i}}} \tag{61}$$

In Worten: Die Feldstärke E hat an der Oberfläche des Innenleiters $r = r_i$ ihren Höchstwert. Dieser Größtwert muß um einen Sicherheitsfaktor unterhalb der Durchschlagsfestigkeit des Dielektrikums liegen.

Beispiel

Wir berechnen die erforderliche Isolierschicht einer Wanddurchführung für einen Leitungsdurchmesser von 10 mm. Die Hochspannungsleitung führe eine Wechselspannung von 20 000 V_{eff} gegenüber der geerdeten Metallwand. Wie groß muß die Wandstärke des isolierenden Kunststoffrohres sein, wenn dieser eine Durchschlagsfestigkeit D von 20 kV/mm aufweist und eine 3fache Sicherheit S vorzusehen ist?

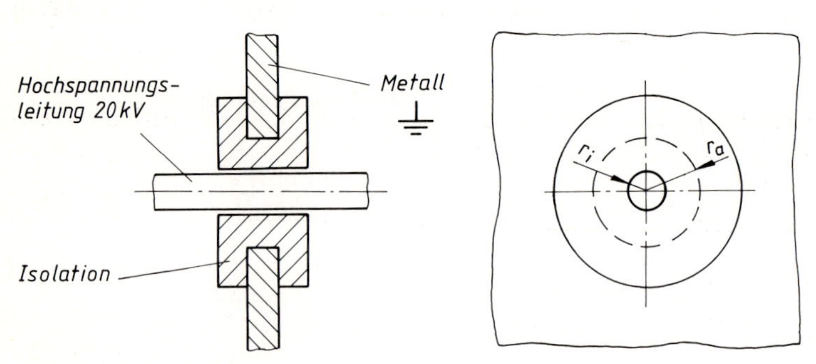

Bild 11.6 Wanddurchführung

Lösung: Höchstwert der zulässigen Feldstärke E:

$$E = \frac{D}{S} = \frac{20\,000}{3} \frac{\text{V}}{\text{mm}} = 6667 \frac{\text{V}}{\text{mm}}$$

Wanddurchmesser r_a:

$$E = \frac{U}{r_i \cdot \ln \frac{r_a}{r_i}} \quad \text{mit } U = \sqrt{2} \cdot 20\,000 \text{ V für den maximalen Momentanwert der Wechselspannung}$$

$$\ln \frac{r_a}{r_i} = \frac{U}{r_i \cdot E} = \frac{28\,200 \text{ V} \cdot \text{mm}}{5 \text{ mm} \cdot 6667 \text{ V}} = 0{,}846$$

$$r_a = 2{,}33 \cdot r_i = 11{,}65 \text{ mm}$$

Wandstärke x der Isolierschicht:

$$x = 11{,}65 \text{ mm} - 5 \text{ mm} = 6{,}65 \text{ mm}$$

11.4 Parallel- und Reihenschaltung von Kondensatoren

Bei der *Parallelschaltung* von Kondensatoren liegen diese alle an der gleichen Spannung U (s. Bild 11.7). Die Ladung, die jeder Kondensator speichert, ist proportional seiner Kapazität und der anliegenden Spannung:

$$Q = C\,U$$

Die gespeicherte Gesamtladung Q setzt sich aus den Einzelladungen zusammen:

$$Q = Q_1 + Q_2 + \ldots + Q_\mathrm{i} + \ldots + Q_\mathrm{n}$$
$$Q = C_1 U + C_2 U + \ldots + C_\mathrm{i} U + \ldots + C_\mathrm{n} U$$
$$Q = U(C_1 + C_2 + \ldots + C_\mathrm{i} + \ldots + C_\mathrm{n})$$

$$Q = U \sum_{i=1}^{n} C_\mathrm{i}$$

Daraus folgt für die Gesamtkapazität parallel geschalteter Kondensatoren:

$$C = C_1 + C_2 + \ldots + C_\mathrm{i} + \ldots + C_\mathrm{n}$$

$$\boxed{C = \sum_{i=1}^{n} C_\mathrm{i}} \tag{62}$$

In Worten: Bei der Parallelschaltung von Kondensatoren ist die Gesamtkapazität (Ersatzkapazität) gleich der Summen der Einzelkapazitäten.

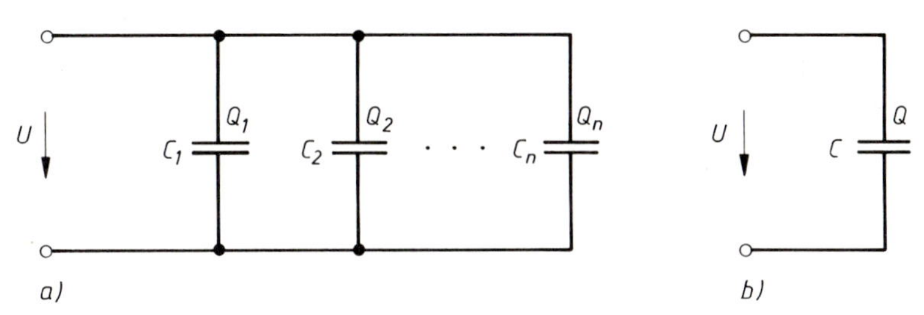

Bild 11.7 Parallelschaltung von Kondensatoren

Für jeden Kondensator in einer *Reihenschaltung* gilt unabhängig von seiner Kapazität: Er wird mit demselben Ladestrom i geladen wie alle anderen Kondensatoren auch. Für alle Kondensatoren ist deshalb die gespeicherte Ladungsmenge Q_i gleich groß:

$$Q = \int i \,\mathrm{d}t$$

Es gilt deshalb:

$$Q = Q_1 = Q_2 = \ldots = Q_\mathrm{i} = \ldots = Q_\mathrm{n}$$

Dabei lädt sich der Kondensator mit der Kapazität C auf die Spannung U auf:

$$U = \frac{Q}{C}$$

Alle Ladespannungen U_1 bis U_n addieren sich zur Gesamtspannung U (s. Bild 11.8):

$$U = U_1 + U_2 + \ldots + U_i + \ldots + U_n$$

$$U = \frac{Q}{C_1} + \frac{Q}{C_2} + \ldots + \frac{Q}{C_i} + \ldots + \frac{Q}{C_n}$$

$$U = Q\left(\frac{1}{C_1} + \frac{1}{C_2} + \ldots + \frac{1}{C_i} + \ldots + \frac{1}{C_n}\right)$$

$$U = Q \sum_{i=1}^{n} \frac{1}{C_i}$$

Daraus folgt für die Gesamtkapazität (Ersatzkapazität) in Reihe geschalteter Kondensatoren:

$$\frac{1}{C} = \frac{1}{C_1} + \frac{1}{C_2} + \ldots \frac{1}{C_i} + \ldots + \frac{1}{C_n}$$

$$\boxed{\frac{1}{C} = \sum_{i=1}^{n} \frac{1}{C_i}} \tag{63}$$

In Worten: Bei der Reihenschaltung von Kondensatoren ist der Kehrwert der Gesamtkapazität gleich der Summe der Kehrwerte der Einzelkapazitäten.

Aus Gl. (63) kann für den Sonderfall von nur zwei in Reihe geschalteter Kondensatoren eine spezielle Formel zur Berechnung der Gesamtkapazität hergeleitet werden:

$$\boxed{C = \frac{C_1 \cdot C_2}{C_1 + C_2}} \tag{64}$$

Bei der Reihenschaltung von Kondensatoren wird gemäß Gln. (63) und (64) die Gesamtkapazität kleiner als die kleinste Einzelkapazität.

Die Reihenschaltung von Kondensatoren stellt einen *kapazitiven Spannungsteiler* dar. Aus dem Ansatz $Q_1 = Q_2$ folgt:

$$\frac{U_1}{U_2} = \frac{C_2}{C_1}\,; \qquad \frac{U_1}{U} = \frac{C}{C_1}\,; \qquad \frac{U_2}{U} = \frac{C}{C_2}$$

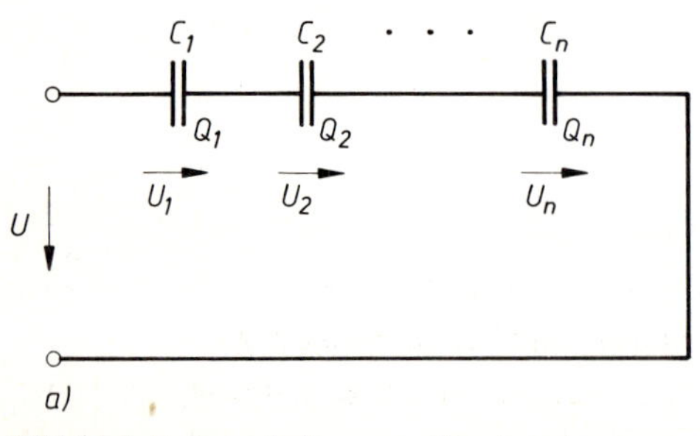

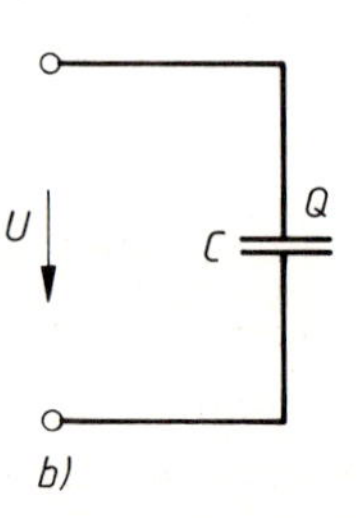

Bild 11.8 Reihenschaltung von Kondensatoren

Beispiel

Wir berechnen die Ersatzkapazität der in Bild 11.9 gezeigten Schaltung und die Einzelladungen Q_1, Q_2, Q_3 sowie die Spannung an den Kondensatoren.

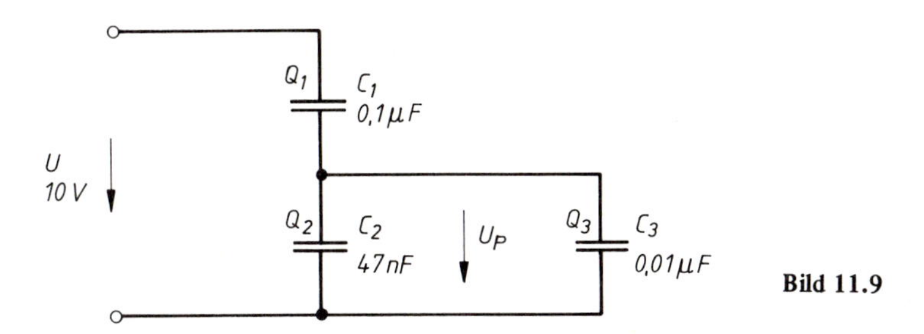

Bild 11.9

Lösung:

Ersatzkapazität:

$$C_{2,3} = C_2 + C_3 = 47 \text{ nF} + 10 \text{ nF} = 57 \text{ nF}$$

$$C = \frac{C_1 \cdot C_{2,3}}{C_1 + C_{2,3}} = \frac{100 \text{ nF} \cdot 57 \text{ nF}}{100 \text{ nF} + 57 \text{ nF}} = 36{,}3 \text{ nF}$$

Einzelladungen und Spannungen:

a) $Q = Q_1 = Q_{2,3}$

$Q = C \cdot U = 36{,}3 \text{ nF} \cdot 10 \text{ V} = 363 \text{ nC}$

$Q_1 = 363 \text{ nC}$

$Q_{2,3} = 363 \text{ nC}$

b) $$\left.\begin{aligned} U_1 &= \frac{Q_1}{C_1} = \frac{363 \text{ nC}}{100 \text{ nF}} = 3{,}63 \text{ V} \\ U_p &= \frac{Q_{2,3}}{C_{2,3}} = \frac{363 \text{ nC}}{57 \text{ nF}} = 6{,}37 \text{ V} \end{aligned}\right\} = 10 \text{ V}$$

c) $$\left.\begin{aligned} Q_2 &= C_2 \cdot U_p = 47 \text{ nF} \cdot 6{,}37 \text{ V} = 299{,}3 \text{ nC} \\ Q_3 &= C_3 \cdot U_p = 10 \text{ nF} \cdot 6{,}37 \text{ V} = 63{,}7 \text{ nC} \end{aligned}\right\} = 363 \text{ nC}$$

Kontrolle:

$$\frac{U_1}{U_p} = \frac{C_{2,3}}{C_1} = \frac{3{,}63 \text{ V}}{6{,}37 \text{ V}} = \frac{57 \text{ nF}}{100 \text{ nF}} = 0{,}57$$

$$\frac{U_p}{U} = \frac{C}{C_{2,3}} = \frac{6{,}37 \text{ V}}{10 \text{ V}} = \frac{36{,}3 \text{ nF}}{57 \text{ nF}} = 0{,}637$$

11.5 Kapazitive Kopplung von Stromkreisen

Kopplung ist definiert als Verbindungsart zweier Netzwerkteile. Man unterscheidet galvanische, kapazitive und die noch später zu behandelnde induktive Kopplung.

Eine *galvanische Kopplung* liegt vor, wenn Netzwerkteile gleichstrommäßig verbunden sind, z.B. durch einen ohmschen Widerstand R_K.

Bei der *kapazitiven Kopplung* unterscheidet man beabsichtigte und unbeabsichtigte Verbindungen von Netzwerkteilen durch eine Koppelkapazität C_K. Bei der beabsichtigten kapazitiven Kopplung wird die Koppelkapazität durch einen oder mehrere Kondensatoren realisiert. Bei unbeabsichtigten kapazitiven Kopplungen entsteht die Koppelkapazität durch den Aufbau von Leiteranordnungen mit der Schichtenfolge Metall-Isolation-Metall. Die gemeinsame physikalische Grundlage der beiden kapazitiven Kopplungsarten ist der sogenannte Influenzeffekt des elektrischen Feldes.

Influenz

Bringt man in ein elektrostatisches Feld, das von den Ladungen $+Q, -Q$ gebildet wird, einen isoliert aufgestellten elektrischen Leiter, so werden auf dessen bewegliche Ladungsträger Kräfte ausgeübt. Diese Kräfte verschieben die freien Elektronen entgegen der Feldrichtung des äußeren elektrischen Feldes. Infolge dieser Ladungstrennung sammeln sich an der Oberfläche sog. influenzierte Ladungsträgerpaare $-Q_i$, $+Q_i$. Im Innern des elektrischen Leiters wird durch die beschriebene Ladungstrennung ein zweites elektrisches Feld erzeugt, das dem äußeren Feld entgegengerichtet ist. Die Ladungsverschiebung ist beendet, wenn das Leiterinnere wegen

$$E_a + E_i = 0$$

feldfrei geworden ist. Der Vorgang der Ladungsverschiebung in elektrischen Leitern unter dem Einfluß eines elektrostatischen (elektrischen) Feldes wird *Influenz* genannt.

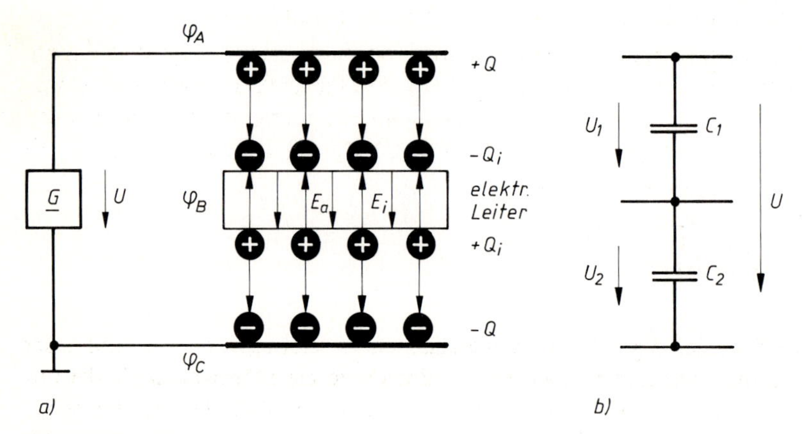

Bild 11.10 Zur Influenz

a) Aufladung eines elektrischen Leiters im elektrischen Feld

b) Ersatzschaltung für die räumliche Anordnung eines elektrischen Feldes

Bild 11.10a) zeigt, wie sich durch Influenz Ladungsträgerpaare gebildet haben ($+Q$ mit $-Q_i$, $+Q_i$ mit $-Q$), zwischen denen gemäß Kapazitätsdefinition eine Spannung besteht:

$$U_1 = \frac{Q}{C_1}$$

$$U_2 = \frac{Q}{C_2}$$

Der isoliert aufgestellte elektrische Leiter ist Teil des Stromkreises geworden.

Man erkennt: Isoliert aufgestellte elektrische Leiter nehmen im elektrostatischen Feld das Potential des Feldes am betreffenden Ort an, d.h. sie führen gegenüber dem Bezugspunkt der Schaltung eine durch Influenz entstandene Spannung.

In elektrotechnischer Betrachtungsweise führt man das Entstehen der beiden Spannungen U_1 und U_2 auf eine kapazitive Spannungsteilung zurück (s. Bild 11.10b)).

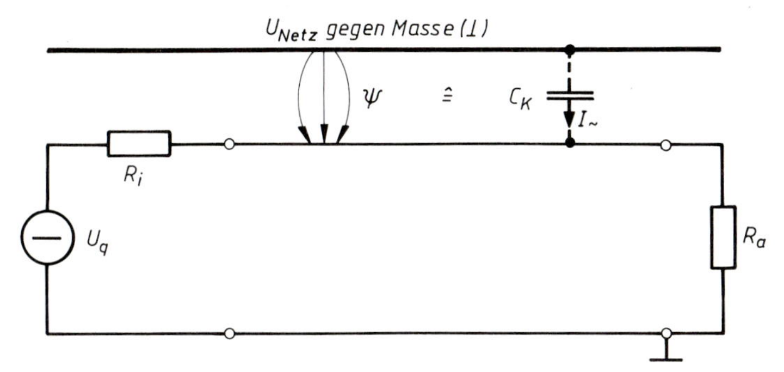

Bild 11.11 Entstehung von Störspannungen in einem Stromkreis durch Einfluß eines elektrischen Feldes

Abschirmung

Bild 11.12 zeigt einen Signalstromkreis, der sich in unmittelbarer Nähe einer Netzspannungsleitung befindet. Die Signalleitung wird durch Influenz gestört.

Um sich den Störeinfluß schaltungsmäßig veranschaulichen zu können, ersetzt man gerne den physikalischen Vorgang der Influenz durch die Wirkung einer Koppelkapazität C_K. Nun erklärt man sich die Entstehung der Störspannung schaltungsmäßig damit, daß ein Wechselstrom $I_\sim$ über die Koppelkapazität C_K und die Parallelschaltung von R_a und R_i nach Masse abfließt und dabei die Störspannung $U_{Stör}$

$$U_{Stör} = I_\sim \cdot \frac{R_a \cdot R_i}{R_a + R_i}$$

erzeugt.

Umgibt man die Signalleitung mit einem metallischen Abschirmgeflecht, so findet der Vorgang der Influenz zwar immer noch statt, jedoch wird die Störspannung in der mit Masse verbundenen *Abschirmung* influenziert. Der Innenraum bleibt feldfrei und somit gegen Störeinstrahlung geschützt (Prinzip des *Faradayschen Käfigs*). In der Ersatzbilddarstellung fließt der Wechselstrom $I_\sim$ über die Abschirmung nach Erde ab.

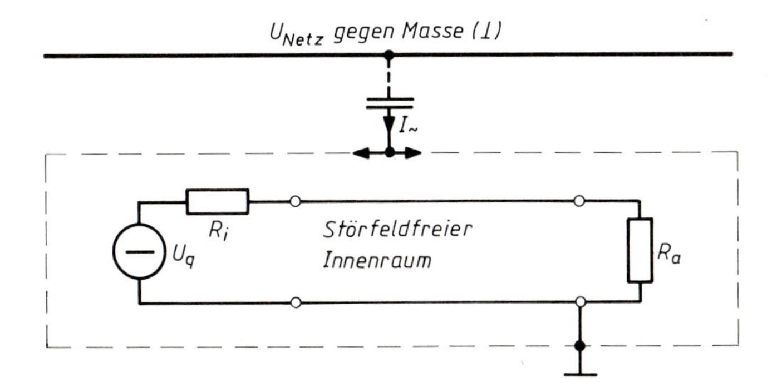

Bild 11.12 Abschirmung elektrischer Felder

11.6 Energie des elektrostatischen Feldes

Innerhalb der Ladezeit eines Kondensators ist die vom Generator während der Zeit dt zu verrichtende Arbeit:

$$\mathrm{d}W = u_\mathrm{c}\, i\, \mathrm{d}t$$

Dabei sind u_c und i die Momentanwerte von Spannung und Strom während der Ladezeit. Mit

$$u_\mathrm{c} = \frac{q}{C}$$

und

$$i = \frac{\mathrm{d}q}{\mathrm{d}t}$$

wird

$$\mathrm{d}W = \frac{1}{C}\, q\, \mathrm{d}q$$

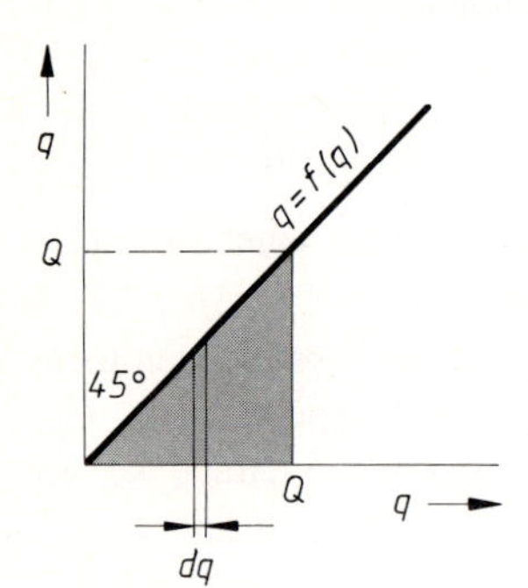

Bild 11.13
Zur Berechnung der Energie eines geladenen Kondensators

Dem Arbeitsaufwand steht ein Vorrat an gespeicherter Energie gegenüber. Für die Energie des Kondensators mit der elektrischen Ladung Q gilt dann:

$$W = \frac{1}{C} \int_0^Q q\, \mathrm{d}q$$

Zur Lösung des Integrals: Die in Bild 11.13 dargestellte Funktion $q = \mathrm{f}(q)$ ist bei gleichem Achsenmaßstab eine Gerade unter 45°. Die Fläche unter der Funktionskurve kann ohne Flächenauszählmethode direkt berechnet werden:

$$\int_0^Q q\, \mathrm{d}q = \frac{Q^2}{2}$$

Daraus folgt für die Energie W mit $Q = CU_\mathrm{c}$:

$$\boxed{W = \frac{1}{2} \cdot \frac{Q^2}{C} = \frac{1}{2} QU = \frac{1}{2} CU^2} \qquad \text{Einheit } 1\,\frac{\mathrm{As}}{\mathrm{V}} \cdot \mathrm{V}^2 = 1\,\mathrm{Ws} \qquad (65)$$

In Worten: Die in einem Kondensator *gespeicherte Energie* W ist gleich dem halben Wert des Produkts aus Kapazität und Spannungsquadrat. Dabei ist es gleichgültig, wie der Ladungsvorgang zeitlich verlaufen ist.

Der Faktor 1/2 taucht immer dann in Formeln der Energie auf, wenn *Wachstumsprozesse* der Form $y = ax$ vorliegen, wie dies beim Spannen einer Feder ($F = ks$) oder eben beim Aufladen des Kondensators ($Q = CU$) und später auch bei der Spule ($\psi = LI$) der Fall ist. Immer lautet die Energieformel $W = 1/2\, ax^2$.

Beispiel

Die Ausgangsspannung eines geregelten Netzgerätes sei 5 V bei einem maximal entnehmbaren Strom von 5 A. Der Regelmechanismus wirke so, daß bei jeder Belastung innerhalb der bezeichneten Grenzen die Ausgangsspannung auf U = 5 V = konst. gebracht wird.

a) Wie müßte sich das Zuschalten des zweiten Verbrauchers (s. Bild 11.14) spannungsmäßig auswirken, wenn der hier nicht näher beschriebene Regelmechanismus erst 1 ms nach Schließen des Schalters S zur Geltung kommt, dh. die Stromstärke auf den geforderten neuen Wert bringt?

b) Wie groß sind die Beträge von gespeicherter Ladungsmenge und Energie, wenn der Ausgang des Netzgerätes mit einem Kondensator der Kapazität 10 000 μF beschaltet wird?

c) Wieviel Prozent der gespeicherten Ladungs- und Energiemenge verliert der Kondensator vorübergehend durch den Lastwechsel?

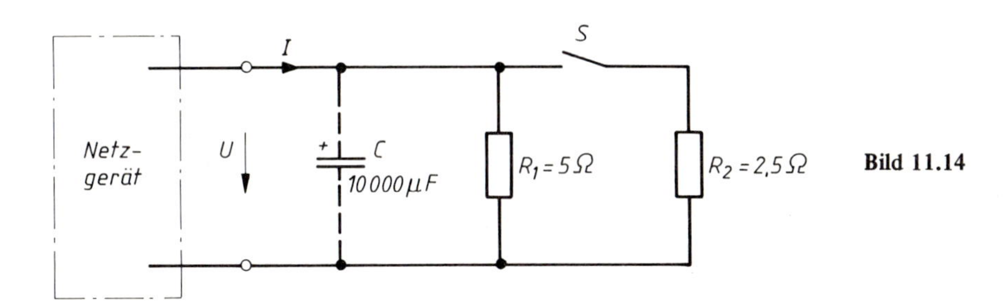

Bild 11.14

Lösung:

zu a)

Schalter S offen:

$$U = 5\ \text{V}$$

$$I = \frac{U}{R_1} = \frac{5\ \text{V}}{5\ \Omega} = 1\ \text{A}$$

Schalter S schließt:

Bedingt durch den Regelmechanismus sei für 1 ms:

$$I = 1\ \text{A} = \text{konst.}$$

$$U = I \cdot \frac{R_1 \cdot R_2}{R_1 + R_2} = 1\ \text{A} \cdot \frac{5\ \Omega \cdot 2{,}5\ \Omega}{5\ \Omega + 2{,}5\ \Omega} = 1{,}67\ \text{V}$$

(Kurzzeitiger Spannungseinbruch mit möglichen Funktionsstörungen bei elektronischen Geräten.)

Schalter S geschlossen:

$$U = 5\ \text{V}$$

$$I = \frac{U}{R_{\text{ges}}} = \frac{5\ \text{V}}{1{,}67\ \Omega} = 3\ \text{A}$$

zu b) $Q = CU = 10\,000\ \mu\text{F} \cdot 5\ \text{V} = 50\ \text{mC}$

$$W = \frac{1}{2} C U^2 = \frac{1}{2} \cdot 10\,000\ \mu\text{F} \cdot (5\ \text{V})^2 = 125\ \text{mWs}$$

zu c) Der Kondensator wirkt als schnell verfügbare Hilfsspannungsquelle ohne Innenwiderstand und liefert den kurzfristig erforderlichen Zusatzstrom:

$$I_c = 3\ \text{A} - 1\ \text{A} = 2\ \text{A}$$

Entladung:

$$\Delta Q = I \cdot \Delta t = 2\ \text{A} \cdot 1\ \text{ms} = 2\ \text{mC} \ (\hat{=}\ 4\ \%\ \text{Abnahme, d.h. praktisch konstante Spannung}\ U)$$

$$\Delta W = \frac{1}{2} \frac{Q_1^2}{C} - \frac{1}{2} \frac{Q_2^2}{C} = 9{,}8\ \text{mWs} \ (\hat{=}\ 7{,}84\ \%\ \text{Abnahme})$$

11.7 Kräfte im elektrostatischen Feld

Kräfte auf freie Ladungen

Als Lösungsmethodik zur Berechnung von Kräften wird die Aufstellung von Energiebilanzen verwendet.

Ein Ladungsträger mit der Ladung Q durchlaufe in einem elektrischen Feld längs einer Feldlinie mit der konstanten Feldstärke E die Potentialdifferenz $\Delta\varphi$ vom höheren zum niederen Potential. Also verliert die Ladung Q potentielle Energie ΔW_{el}:

$$\Delta W_{el} = Q \cdot \Delta\varphi$$

Nach dem Energieerhaltungssatz muß die Energieabnahme zur gleichwertigen Verrichtung einer Arbeit verwendet worden sein. Diese Arbeit läßt sich als mechanische Arbeit immer in der Form

$$\Delta W_{mech} = F \cdot \Delta s$$

ausdrücken, womit die gesuchte Kraft F im Ansatz enthalten ist. Wenn Verluste z.B. in Form von Wärme nicht auftreten, gilt:

$$\Delta W_{mech} = \Delta W_{el}$$

$$F \cdot \Delta s = Q \cdot \Delta\varphi$$

$$F = Q \cdot \frac{\Delta\varphi}{\Delta s}$$

$$\boxed{F = QE} \qquad \text{Einheit } 1\ \text{As} \cdot 1\ \frac{\text{V}}{\text{m}} = 1\ \text{N} \qquad (66)$$

In Worten: Die vom elektrischen Feld auf eine Punktladung ausgeübte Kraft ist proportional zur Ladungsmenge Q und zur Feldstärke E. Bei positiver Ladung $+Q$ wirkt die Kraft in Feldrichtung, bei negativer Ladung $-Q$ entgegen der Feldrichtung. Dieses Ergebnis stimmt mit der Definition der elektrischen Feldstärke, Gl. (1), überein.

Die gleiche Lösungsmethodik kann auch angewendet werden, wenn anstelle der Kraft eine andere mit der Energie zusammenhängende Systemgröße gesucht ist. Soll beispielsweise die Geschwindigkeit der im elektrischen Feld einer Vakuumstrecke beschleunigten Ladungen errechnet werden, so kann

$$\Delta W_{mech} = \frac{1}{2} m \cdot (v_e^2 - v_0^2)$$

mit v_e = Endgeschwindigkeit
v_0 = Anfangsgeschwindigkeit

angesetzt werden. In diesem Fall erhalten wir:

$$\Delta W_{\text{mech}} = \Delta W_{\text{el}}$$

$$\frac{1}{2} m \cdot (v_e^2 - v_0^2) = Q \cdot \Delta\varphi$$

Für den häufig vorkommenden Fall $v_0 = 0$ (Anfangsgeschwindigkeit) erhalten wir mit der Endgeschwindigkeit v_e der Ladung nach Durchlaufen der Potentialdifferenz:

$$\frac{1}{2} m \cdot v_e^2 = QU \quad \text{mit } U = \Delta\varphi$$

$$\boxed{v_e = \sqrt{\frac{2QU}{m}}} \tag{67}$$

In Worten: Die Endgeschwindigkeit von Ladungsträgern, die sich in einer Vakuumstrecke bewegen, ist unabhängig von der Länge des Feldes und wird von der angelegten Spannung bestimmt. Gl. (67) gilt nur unter der Einschränkung, daß die Geschwindigkeit v_e vernachlässigbar gering gegenüber der Lichtgeschwindigkeit ist, da sonst die Masse m nicht mehr als konstant angesehen werden darf.

Beispiel

Wir berechnen die Kraft auf Elektronen und deren erreichte Endgeschwindigkeit, wenn sich diese im elektrischen Feld einer Vakuumstrecke (z.B. Oszilloskopröhre) unter dem Einfluß einer Spannung von 2000 V bewegen. Einfachheitshalber sei angenommen, daß Anode (a) und heiße Kathode (k) parallel angeordnete ebene Platten mit dem Abstand 8 cm sind. Die Anfangsgeschwindigkeit der aus der Glühkathode emittierten Elektronen sei Null. Für Elektronen gelten folgende Konstanten:
Elektronenmasse $m = 0{,}911 \cdot 10^{-30}$ kg, Elementarladung $-e = 1{,}6 \cdot 10^{-19}$ As

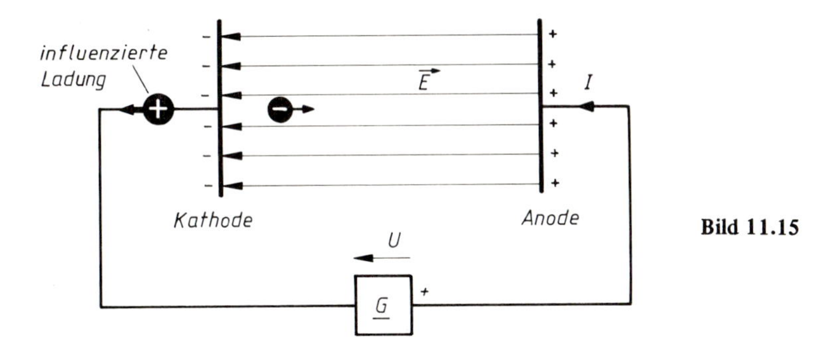

Bild 11.15

Lösung: Die Elektronen werden mit der konstanten Kraft F beschleunigt:

$$F = QE = -1{,}6 \cdot 10^{-19}\,\text{As} \cdot \frac{2000\,\text{V}}{0{,}08\,\text{m}} = 4 \cdot 10^{-15}\,\text{N}$$

Endgeschwindigkeit:

$$v_e = \sqrt{\frac{2QU}{m}} = \sqrt{\frac{2 \cdot 1{,}6 \cdot 10^{-19}\,\text{As} \cdot 2000\,\text{V}}{0{,}911 \cdot 10^{-30}\,\text{kg}}}$$

$$v_e = 26\,505\,\frac{\text{km}}{\text{s}}$$

Die horizontale bzw. vertikale Strahlablenkung in einer Elektronenstrahlröhre geschieht durch Elektronenablenkung im elektrostatischen Feld zwischen zwei planparallelen Platten.

Elektronen treten mit der Geschwindigkeit v_E in den Plattenzwischenraum ein und erfahren während ihrer Durchlaufzeit t eine konstante Auslenkungskraft F

$$F = QE \quad \text{mit } E = \frac{U_y}{d} \qquad U_y = \text{Ablenkspannung}$$

und damit eine Geschwindigkeitskomponente v_p in Feldrichtung. Der Elektronenstrahl wird ausgelenkt, s. Bild 11.16.

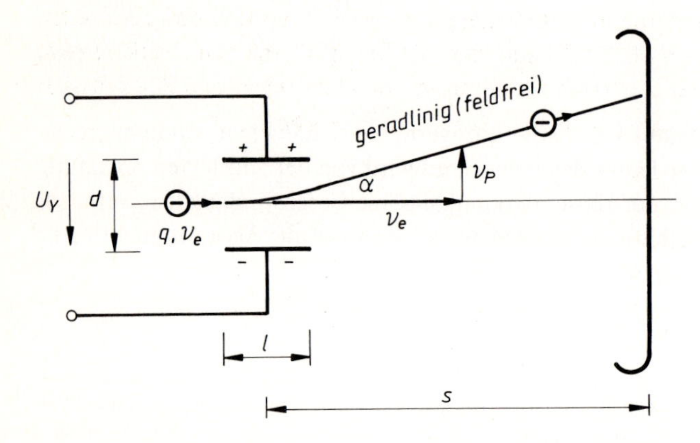

Bild 11.16
Elektrostatische Elektronenstrahl-Ablenkung

Beschleunigung a in Richtung zur positiv geladenen Platte:

$$a = \frac{F}{m} = \frac{E \cdot Q}{m} = \frac{U_y \cdot Q}{d \cdot m}$$

Geschwindigkeit v_p:

$$v_p = a \cdot t \qquad \text{mit } t = \frac{l}{v_e}$$

$$v_p = \frac{U_y \cdot Q \cdot l}{d \cdot m \cdot v_e}$$

Winkel α:

$$\tan\alpha = \frac{v_p}{v_e} = \frac{U_y \cdot Q \cdot l}{d \cdot m \cdot v_e^2} \qquad \text{mit } v_e = \sqrt{\frac{2 \cdot Q \cdot U}{m}} \qquad \text{(s. Gl. (67))}$$

$$\tan\alpha = \frac{U_y \cdot l}{2 \cdot d \cdot U}$$

Für $\alpha < 10°$ gilt $\widehat{\alpha} \approx \tan\alpha$:

$$\boxed{\widehat{\alpha} = \frac{l}{2 \cdot d} \cdot \frac{U_y}{U}} \qquad (68)$$

In Worten: Bei kleinen Ablenkwinkeln ist die elektrostatische Ablenkung proportional zur Ablenkspannung U_y und umgekehrt proportional zur Anlaufspannung U.

△ **Übung 11.1: Ablenkempfindlichkeit**

Das Rasterfeld des Bildschirms bei Oszilloskopröhren hat üblicherweise die Abmessungen Höhe × Breite = 8 × 10 cm. Wie groß muß die Ablenkspannung U_y (Vertikalablenkung) sein, um den Strahl an den oberen Bildrand zu bringen, wenn die Elektronen vor Eintritt in den Ablenkkondensator eine Anlaufspannung $U = 2000$ V durchlaufen haben und die Abmessungen $s = 25$ cm, $d = 0{,}5$ cm, $l = 4$ cm gelten (s. Bild 11.16)?

Kraft zwischen parallelen Flächen

Bild 11.17 zeigt ein Kondensator-Feder-System. Die linke Plattenseite sei fest, die rechte werde von einer federnden Einspannung gehalten.

Beim aufgeladenen Kondensator besteht zwischen den Kondensatorplatten eine Anziehungskraft F, die von der federnden Aufhängung kompensiert wird, so daß ein Gleichgewicht herrscht. Diese Anziehungskraft F kann über die Energiebilanz berechnet werden. Um die Energiebilanz des Systems einfach zu gestalten, soll der aufgeladene Kondensator von der Spannungsquelle abgetrennt werden, so daß für ihn Q = konst. gilt.

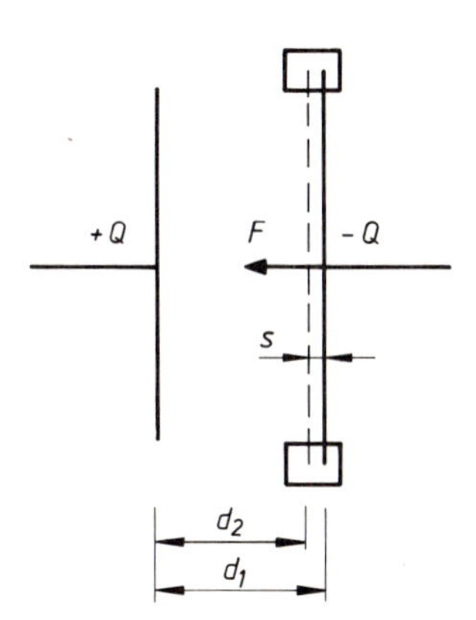

Bild 11.17
Zur Berechnung der Anzugskraft von Kondensatorplatten

Wir nehmen nun eine Annäherung der Kondensatorplatten um den sehr kleinen Weg Δs an und berechnen die dazu an der Feder zu verrichtende mechanische Arbeit:

$$\Delta W_{\text{mech}} = F \cdot \Delta s$$

Dabei kann wegen des sehr kleinen Federwegs die Federkraft F noch als konstant angesehen werden. Die mechanische Arbeit ΔW_{mech} kann nur aufgrund einer gleichwertigen Energieabnahme ΔW_{el} des elektrischen Feldes geleistet werden:

$$\Delta W_{\text{el}} = W_1 - W_2$$

Wir berechnen die Energiezustände W_1 und W_2:

$$\left.\begin{aligned} W_1 &= \frac{1}{2} \cdot \frac{Q^2}{C_1} = \frac{1}{2} \cdot \frac{Q^2}{\epsilon_r \epsilon_0 A} \cdot d_1 \\ W_2 &= \frac{1}{2} \cdot \frac{Q^2}{C_2} = \frac{1}{2} \cdot \frac{Q^2}{\epsilon_r \epsilon_0 A} \cdot d_2 \end{aligned}\right\} \text{mit } d_2 < d_1$$

Wir bilden die Energiedifferenz:

$$\Delta W_{el} = \frac{1}{2} \cdot \frac{Q^2}{\epsilon_r \epsilon_0 A} \cdot (d_1 - d_2)$$

$$\Delta W_{el} = \frac{1}{2} \cdot \frac{Q^2}{\epsilon_r \epsilon_0 A} \cdot \Delta x \qquad \text{mit } \Delta x = d_1 - d_2$$

Die Energiebilanz liefert:

$$\Delta W_{mech} = \Delta W_{el}$$

$$F \cdot \Delta s = \frac{1}{2} \cdot \frac{Q^2}{\epsilon_r \epsilon_0 A} \cdot \Delta x \qquad \text{mit } \Delta s = \Delta x$$

$$\boxed{F = \frac{Q^2}{2 \cdot \epsilon_r \epsilon_0 A}} \tag{69}$$

In Worten: Die Gleichgewichtskraft F des Kondensator-Feder-Systems ist proportional zum Quadrat der gespeicherten Ladung Q und umgekehrt proportional zur Plattenquerschnittsfläche A sowie zur Dielektrizitätszahl ϵ_r. Die Richtung der Kraft bestimmt sich aus dem Wirkungsprinzip: Die Zunahme der mechanischen Arbeit wird aus der Abnahme der elektrischen Energie gewonnen! Daraus folgt: Bei konstant gehaltener Ladung muß der Kondensator seine Kapazität vergrößern, da $W = 0{,}5 \cdot Q^2/C$ ist. Daraus folgt: Eine Kapazitätsvergrößerung kann je nach konstruktiver Gegebenheit durch Abstandsverkleinerung, Flächenvergrößerung oder Erhöhung der Dielektrizitätszahl erreicht werden. Daraus folgt: Die Kraft kann je nach konstruktiver Gegebenheit eine Längs- oder Querbewegung verursachen.

Dieses Ergebnis gilt auch für den Fall, daß nicht die Ladungsmenge, sondern die Spannung konstant gehalten wird. Jedoch: Eine Kapazitätsvergrößerung bei konstanter Spannung erfordert eine Ladungszunahme. Es fließt ein Strom, d.h. es erfolgt Zufuhr elektrischer Energie aus der Quelle.

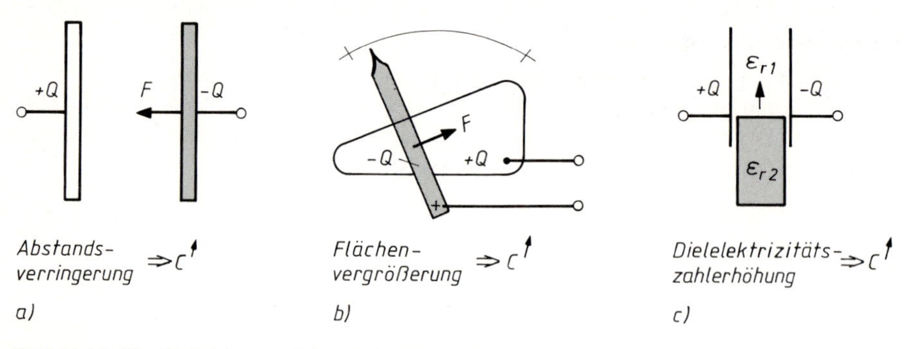

Bild 11.18 Die Kraftrichtung zielt auf eine Kapazitätszunahme

Beispiel

Bei einem elektrostatischen Lautsprecher steht einer festen Kondensatorplatte eine bewegliche Metallmembran gegenüber. Die Membran muß durch eine hohe Gleichspannung vorgespannt werden. Die der Gleichspannung überlagerte Signalspannung erzeugt dann je nach Polarität eine noch stärkere bzw. etwas schwächere Auslenkung der Lautsprechermembran (s. Bild 11.19).

a) Wie groß ist die Anziehungskraft F der Membran, wenn der Kondensatorlautsprecher eine Kapazität von 200 pF hat und an einer Vorspannung von 500 V liegt? Die Membranfläche sei 400 cm^2.

b) Wie groß ist die Auslenkung der Membran unter dem Einfluß der Spannung U = 500 V, wenn die Federkonstante $k = F/s$ = 0,1 N/mm ist?

c) Wie groß ist der Abstand zwischen der festen Platte und der Membran?

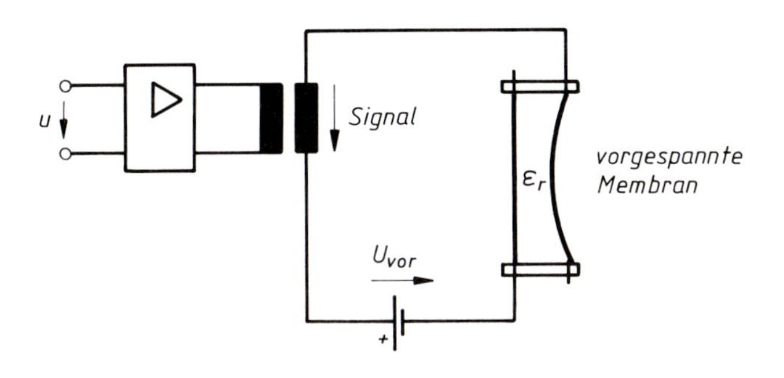

Bild 11.19
Elektrostatischer Lautsprecher

Lösung:

a) Ladungsmenge:

$$Q = CU = 200 \text{ pF} \cdot 500 \text{ V} = 0{,}1 \ \mu\text{C}$$

Kraft:

$$F = \frac{Q^2}{2 \cdot \epsilon_r \epsilon_0 A} = \frac{(0{,}1 \cdot 10^{-6} \text{ As})^2 \text{ Vm}}{2 \cdot 1 \cdot 0{,}885 \cdot 10^{-11} \text{ As} \cdot 400 \cdot 10^{-4} \text{ m}^2}$$

$$F = 0{,}014 \text{ N}$$

b) Auslenkung:

$$s = \frac{F}{k} = \frac{0{,}014 \text{ Nmm}}{0{,}1 \text{ N}} = 0{,}14 \text{ mm}$$

c) Plattenabstand bei Vorspannung:

$$d = \frac{\epsilon_r \epsilon_0 A}{C} = \frac{1 \cdot 0{,}885 \cdot 10^{-11} \text{ As} \cdot 400 \cdot 10^{-4} \text{ m}^2}{200 \cdot 10^{-12} \text{ F} \cdot \text{Vm}}$$

$$d = 1{,}77 \text{ mm}$$

11.8 Vertiefung und Übung

Beispiel

Ein Kondensator ist mit der Ladungsmenge Q aufgeladen und befinde sich im Leerlauf, d.h. er habe offene Klemmen. Wie verändern sich die Kapazität, Spannung, Feldstärke und Energie des Kondensators, wenn man seinen Plattenabstand verdoppelt bzw. verdreifacht? Das Feld des Kondensators sei auch dann noch homogen.

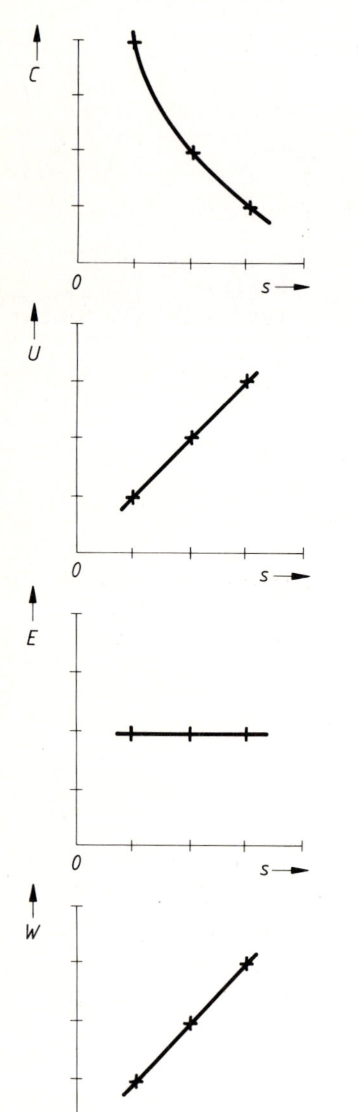

Bild 11.20

a) Die Kapazität sinkt auf die Hälfte bzw. ein Drittel des Anfangswertes:

$$C = \frac{\epsilon_r \epsilon_0 A}{d} \quad \text{mit } d = s$$

b) Die Spannung steigt auf das Doppelte bzw. Dreifache der Ausgangsspannung:

Q = konst. = UC

c) Die Feldstärke bleibt konstant:

$$E = \frac{U}{s}$$

d) Die Energie steigt auf den doppelten bzw. dreifachen Wert des Anfangsbetrages:

$$W = \frac{1}{2} C U^2$$

△ **Übung 11.2: Kapazität einer Metallplatten-anordnung**

a) Wie groß ist die Kapazität der in Bild 11.21 gezeigten Plattenanordnung, wenn eine Plattenquerschnittsfläche 50 cm^2 ist und die Plattenabstände $d_1 = d_2 = 1$ mm betragen sollen?

b) Wie verändert sich die Kapazität der Plattenanordnung, wenn Metallplatte 2 asymmetrisch montiert wird: $d_1 = 0{,}9$ mm, $d_2 = 1{,}1$ mm?

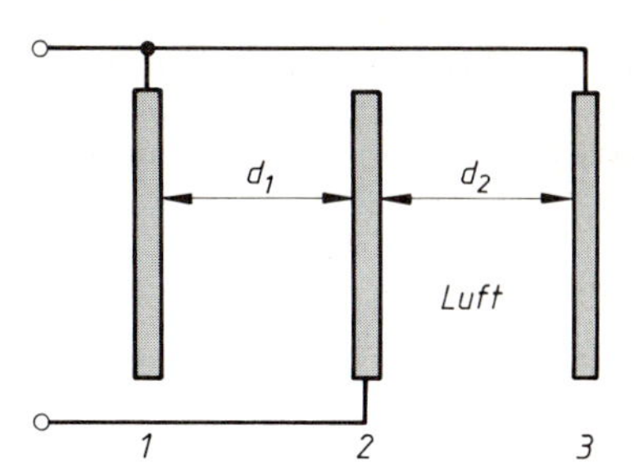

Bild 11.21

△ **Übung 11.3: Kapazitive Füllstandsmessung**

Ein Plattenkondensator wird zur Füllstandsmessung verwendet. Das flüssige Füllgut sei elektrisch nichtleitend und habe eine Dielektrizitätszahl $\epsilon_r = 5$. Die parallelen Meßplatten haben die Abmessungen: Länge $l = 1$ m, Breite $b = 5$ cm, Abstand $d = 4$ mm (Bild 11.22).

a) Wie groß ist die Kapazität C_0 bei leerem Behälter?

b) Welcher Füllstand h liegt vor, wenn die Kapazität auf den Wert $2\,C_0$ gestiegen ist?

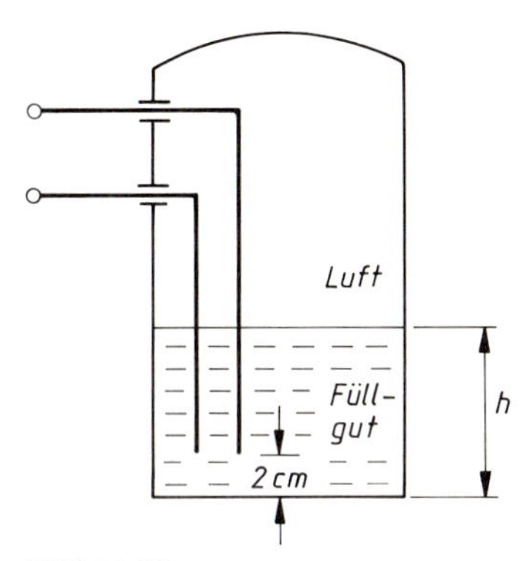

Bild 11.22

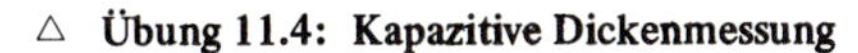

△ **Übung 11.4: Kapazitive Dickenmessung**

Die Dicke einer Papierbahn soll im Herstellungsprozeß kontinuierlich und berührungslos gemessen und das Meßergebnis einer Regeleinrichtung zugeführt werden, die ggf. eine Nachstellung veranlaßt. Bild 11.23 zeigt das Prinzip der Meßeinrichtung: Zwei planparallele Metallplatten der Breite $b = 1{,}5$ m und Länge $l = 10$ cm haben einen Abstand $d = 1$ mm. Welche Kapazität C müßte gemessen werden, wenn das Papier 45/100 mm dick sein soll? Die Dielektrizitätszahl des Papiers sei $\epsilon_r = 2{,}2$.

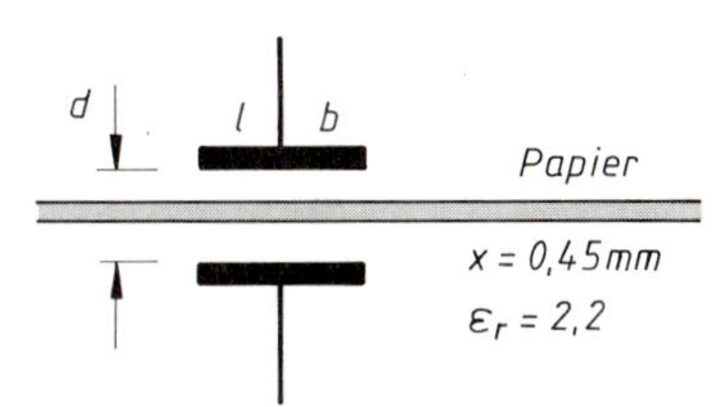

Bild 11.23

▲ **Übung 11.5: Leitungskapazität**

Wie groß ist die Kapazität einer Paralleldrahtleitung je 1 m Leitungslänge, wenn die in Bild 11.24 angegebenen Abmessungen gelten?

Lösungshinweis:

Verwenden Sie die in Kapitel 11.3 angegebene Lösungsmethodik zur Aufstellung der Kapazitätsformel. Beachten Sie dabei, daß sich die örtliche Gesamtfeldstärke E aus den Einzelfeldstärken E_1 (von Ladung $+Q$) und E_2 (von Ladung $-Q$) zusammensetzt. Berechnen Sie die Spannung U_c zwischen den beiden Leitern entlang der mittleren geradlinigen Feldlinie, weil dort die vektorielle Addition der Einzelfeldstärken in eine algebraische Addition übergeht.

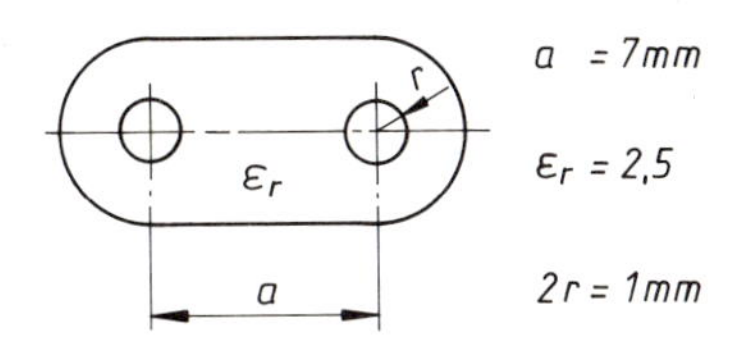

Bild 11.24

△ **Übung 11.6: Ersatzkapazität**

Welche Kapazität hat der Kondensator C_2, wenn C_1 = 22 nF, C_3 = 6,8 nF und die Gesamtkapazität der Schaltung C = 24,2 nF beträgt. C_2 liegt in Reihe mit C_3, C_1 dazu parallel (Bild 11.25).

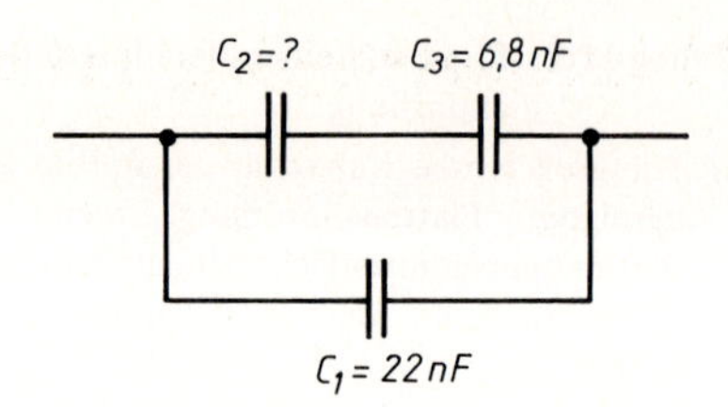

Bild 11.25

▲ **Übung 11.7: Elektrostatische Spannungserzeugung**

Bild 11.26a) zeigt das Prinzip eines elektrostatischen Generators: Auf einem Isolierstoffkörper befinden sich die Metallplatten 2 und 3. Wird an die Kondensatorplatten 1 und 4 die Spannung U = 100 V angelegt, wenn Schalter S geschlossen ist, so influenziert der Verschiebungsfluß ψ die Ladung $-Q_i$ und $+Q_i$ auf den inneren Metallplatten. Wird dann Schalter S geöffnet, kann die influenzierte Ladung nicht mehr abfließen. Entfernt man nun die äußeren Kondensatorplatten, so bleibt ein aufgeladener Kondensator nach Bild 11.26b) übrig.

Wie groß wird die Spannung U_x, wenn die Plattenflächen $A_1 = A_2 = A_3 = A_4$ und die Abstände $d_1 = d_3 = 1/100 \cdot d_2$ sind?

ϵ_{r1} = 1 (Luft)
ϵ_{r2} = 2 (Isolierstoff)

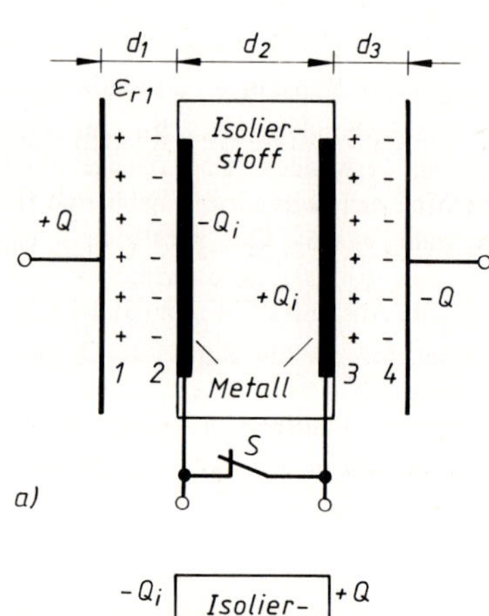

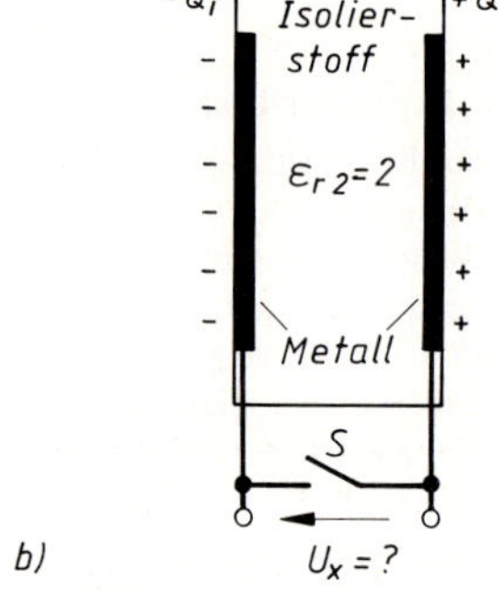

Bild 11.26

▲ **Übung 11.8: Durchführungskapazität und Feldstärke**

Bild 11.27 zeigt das Problem einer Leitungsdurchführung durch eine geerdete Metallwand: Es besteht eine Potentialdifferenz zwischen Leiter und Erde (Masse) von 1 kV. Reicht die Isolationsfähigkeit der Luft mit einer Durchschlagsfestigkeit von 2,1 kV/mm aus, wenn als Leiterdurchmesser $2 \cdot r_i$ = 2 mm ϕ und als Lochdurchmesser $2 \cdot r_a$ = 6 mm ϕ angenommen wird?

Lösungshinweis:

Es handelt sich hier um das Problem eines zylinderförmigen Kondensators. Beachten Sie die Beispiele in Kapitel 11.3.

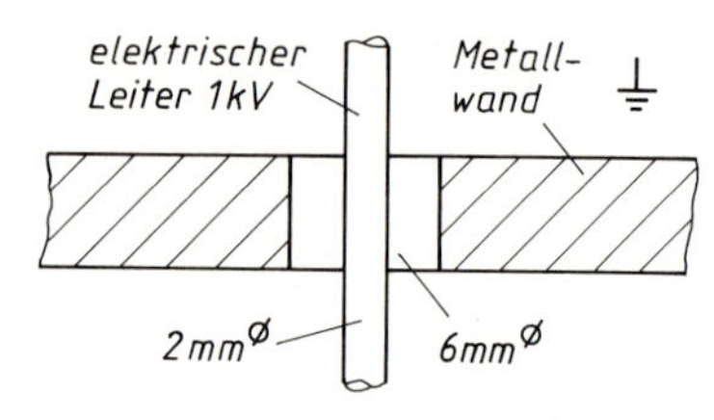

Bild 11.27

12 Ladungsvorgänge bei Kondensatoren

Der zeitliche Verlauf der Kondensatoraufladung ist abhängig von der Speisungsart. Es stehen Konstantstromquellen mit einstellbarer Stromstärke und Konstantspannungsquellen mit wählbarer Konstantspannung zur Verfügung. Bei Speisung mit Konstantspannungsquellen muß zur Strombegrenzung ein Vorwiderstand verwendet werden.

12.1 Aufladung des Kondensators mit konstantem Strom

Ein Kondensator, dessen Dielektrikum die elektrische Leitfähigkeit Null besitzen soll, werde über den Schalter S an eine Gleichstromquelle gelegt und mit einem konstanten Strom geladen (Bild 12.1).

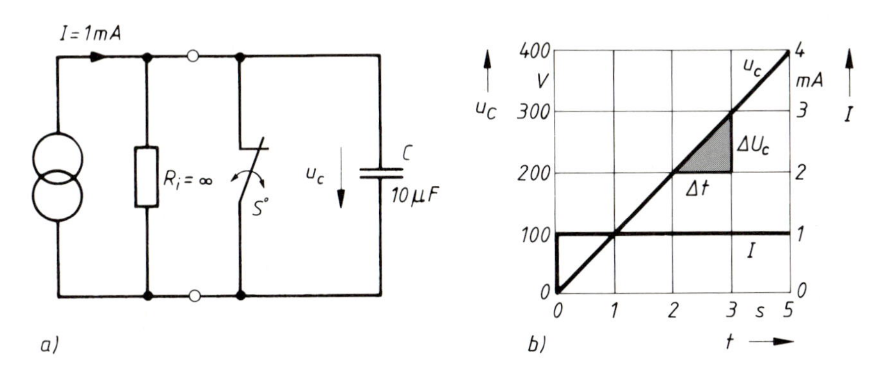

Bild 12.1 Ladung eines Kondensators mit konstantem Strom
a) Schaltung mit Konstantstromquelle: *S* offen → Konstantstromaufladung des Kondensators; *S* geschlossen → Stromquelle wirkungslos für Kondensator
b) zeitlicher Verlauf der Aufladung

Der Ladestrom $I = I_q$ transportiert in der Zeit Δt die Ladungsmenge ΔQ:

$$\Delta Q = I\,\Delta t$$

Der Kondensator wird um die Spannung ΔU_c aufgeladen:

$$\Delta U_c = \frac{\Delta Q}{C}$$

Man erkennt, daß die Kondensatorspannung gleichmäßig mit der Ladezeit ansteigt und spricht von einem linearen Spannungsanstieg am Kondensator:

$$\boxed{\Delta U_c = \frac{I}{C} \cdot \Delta t} \qquad (70)$$

In Worten: Bei *Konstantstromaufladung* ergibt sich ein zeitproportionaler Anstieg der Kondensatorspannung, deren Anstiegsgeschwindigkeit $\Delta U_c / \Delta t$ umgekehrt proportional zur Kapazität C ist. Ein solcher Ladungsvorgang wird z.B. bei der Erzeugung sägezahnförmiger Spannungen angewendet.

Nach dem Unterbrechen des Ladestromes führt der ideale Kondensator an seinen Klemmen eine Gleichspannung, die gleich der zuvor erreichten Ladespannung ist.

Die von der Stromquelle während der Aufladung an den Kondensator abgegebene Energie wird in seinem elektrischen Feld gespeichert.

12.2 Kondensatoraufladung über Vorwiderstand an konstanter Spannung

In diesem Betriebsfall ist die Stromstärke nicht durch eine Stromquelle fest vorgegeben, sondern eine abhängige Variable. Welches Stromstärkegesetz gilt für den Kondensator? Der Momentanwert des Stromes errechnet sich gemäß Gl. (7) allgemein aus der Beziehung:

$$i = \frac{dq}{dt}$$

Die in den Zuleitungen zu einem Kondensator fließende Ladungsmenge ist:

$$dq = C\, du_c$$

Der Momentanwert des Lade- oder Entladestromes des Kondensators berechnet sich deshalb aus:

$$\boxed{i_c = C \frac{du_c}{dt}} \qquad \text{Einheit } 1\frac{\text{As}}{\text{V}} \cdot 1\frac{\text{V}}{\text{s}} = 1\,\text{A} \tag{71}$$

In Worten: Der Kondensatorstrom ist proportional zur Kapazität und zur Änderungsgeschwindigkeit der Kondensatorspannung. In den Zuleitungen zum Kondensator fließt nur solange ein Strom, wie sich die Kondensatorspannung ändert. Bei Gleichspannung am Kondensator ist $du_c/dt = 0$, also auch der Strom $i_c = 0$[1].

Würde man also einen Kondensator über einen Schalter schlagartig an eine feste Gleichspannung anschließen, so müßte die Anfangsstromstärke wegen der steilen Spannungsflanke einen sehr großen Wert annehmen. Kondensatoren werden deshalb entweder mit einem konstanten Ladestrom oder über einen Vorwiderstand an konstanter Spannung geladen (Bild 12.2).

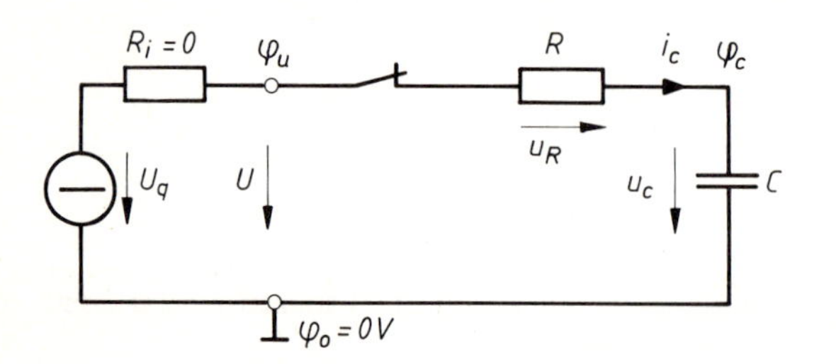

Bild 12.2
Aufladung eines Kondensators über einen Widerstand bei konstanter Generatorspannung: *RC*-Glied

[1] Bei einem technischen Kondensator fließt auch nach der Aufladung ein Verluststrom, da das Dielektrikum des Kondensators eine geringe elektrische Leitfähigkeit besitzt.

Die Grenzwerte für den Ladestrom i_c und die Ladespannung u_c können durch folgende einfache Überlegungen bereits ermittelt werden:

Vor dem Schließen von Schalter S in Bild 12.2 gilt für den vollständig entladenen Kondensator:

$$u_c = 0$$
$$i_c = 0$$

Für den ersten Moment des geschlossenen Stromkreises muß gelten

$$u_c = 0,$$

da sich die Kondensatorspannung nicht sprunghaft, sondern nur allmählich durch Auf- oder Entladung ändern kann. Die Anfangsstromstärke ist also:

$$i_c = \frac{\varphi_u - \varphi_c}{R} = \frac{U}{R} \quad \text{mit } \varphi_c = 0$$

Infolge der beim Einschalten entstehenden plötzlichen Potentialänderung fließt ein Strom mit dem Anfangswert U/R.

Nach erfolgter Aufladung gilt bei noch immer geschlossenem Stromkreis

$$u_c = U$$

$$i_c = \frac{\varphi_u - \varphi_c}{R} = 0,$$

da $\varphi_c = \varphi_u$ geworden ist. Die Aufladung ist bei Erreichen der Stromstärke Null beendet.

Es soll nun das typische Übergangsverhalten des Energiespeichers Kondensator untersucht werden.

Das Ohmsche Gesetz für den Stromkreis gemäß Bild 12.2 lautet:

$$i = \frac{U - u_c}{R}$$

Die Anfangsstromstärke beträgt:

$$i_0 = \frac{U}{R}$$

Dem Kondensator wird in der kleinen Zeit Δt eine Ladungsmenge ΔQ_0 zugeführt:

$$\Delta Q_0 = i_0 \cdot \Delta t$$

Die Spannung am Kondensator steigt auf:

$$\Delta U_0 = \frac{\Delta Q_0}{C} = \frac{U}{RC} \cdot \Delta t$$

Die Spannung am Widerstand ist dann:

$$U_1 = U - \Delta U_0 = U\left(1 - \frac{\Delta t}{RC}\right)$$

Die neue Stromstärke, mit welcher der Kondensator weiter aufgeladen wird, ist kleiner. Die Berechnungsschritte wiederholen sich.

Faßt man n derartige Vorgänge zusammen, so ist die Spannung am Widerstand:

$$U_R = U\left(1 - \frac{\Delta t}{RC}\right)^n$$

Dieser Ausdruck für den Widerstand muß umgeformt werden. Der kleine Zeitabschnitt Δt errechnet sich aus der gesamten Ladezeit t dividiert durch die Anzahl n der Ladungsschritte.

Mit $\Delta t = \frac{t}{n}$ wird:

$$U_R = U\left(1 - \frac{t}{n \cdot RC}\right)^n$$

Setzt man $n = -\frac{m\,t}{RC}$, dann wird:

$$U_R = U\left(1 + \frac{1}{m}\right)^{-\frac{mt}{RC}} \qquad \text{oder auch} \qquad U_R = U\left[\left(1 + \frac{1}{m}\right)^m\right]^{-\frac{t}{RC}}$$

Bei Verwendung des Taschenrechners ist es möglich, den Ausdruck $(1 + 1/m)^m$ zu untersuchen und herauszufinden, daß

$$\left(1 + \frac{1}{m}\right)^m_{m \to \infty} = 2{,}718\ \ldots = e$$

wird. Dadurch wird die Spannung am Widerstand:

$$u_R = U \cdot \mathrm{e}^{-\frac{t}{RC}}$$

Das Produkt RC ist eine berechenbare Stromkreiskonstante mit einer Zeiteinheit und wird *Zeitkonstante* τ des RC-Gliedes genannt:

$$\boxed{\tau = RC} \qquad \text{Einheit } 1\,\frac{\mathrm{V}}{\mathrm{A}} \cdot 1\,\frac{\mathrm{As}}{\mathrm{V}} = 1\,\mathrm{s} \tag{72}$$

Mit $RC = \tau$ wird die Spannung am Widerstand R:

$$u_R = U \cdot \mathrm{e}^{-\frac{t}{\tau}}$$

Für den Strom erhält man mit dem Ohmschen Gesetz:

$$\boxed{i = \frac{U}{R} \cdot \mathrm{e}^{-\frac{t}{\tau}}} \tag{73}$$

Die Kondensatorspannung ist dann $u_C = U - u_R$:

$$\boxed{u_C = U\left(1 - \mathrm{e}^{-\frac{t}{\tau}}\right)} \tag{74}$$

In Worten: Die Ladungsmenge $q = Cu_c$ und die Spannung u_c steigen bis zur Erreichung ihrer Endwerte nach einer *e-Funktion*, während der Strom, von seinem Anfangswert ausgehend, nach einer e-Funktion bis auf Null abnimmt.

Beispiel

Ein Kondensator mit der Kapazität 5 μF wird über einen Vorwiderstand von 100 kΩ an eine Gleichspannung 100 V gelegt. Wie groß sind Ladestromstärke und Ladespannung des anfänglich ungeladenen Kondensators 1 s nach Beginn der Aufladung?

Lösung:

Zeitkonstante:

$$\tau = RC = 100 \text{ k}\Omega \cdot 5 \ \mu\text{F} = 0{,}5 \text{ s}$$

Momentanwert der Ladespannung:

$$u_c = U\,(1 - e^{-\frac{t}{\tau}}) = 100 \text{ V}\,(1 - e^{-\frac{1 \text{ s}}{0{,}5 \text{ s}}}) = 86{,}46 \text{ V}$$

Momentanwert der Ladestromstärke:

$$i_c = \frac{U}{R} \cdot e^{-\frac{t}{\tau}} = \frac{100 \text{ V}}{100 \text{ k}\Omega} \cdot e^{-\frac{1 \text{ s}}{0{,}5 \text{ s}}} = 0{,}1354 \text{ mA}$$

Kontrolle über Ohmsches Gesetz:

$$i_c = i_R = \frac{U - u_c}{R} = \frac{100 \text{ V} - 86{,}46 \text{ V}}{100 \text{ k}\Omega} = 0{,}1354 \text{ mA}$$

Die Aufladung des Kondensators im RC-Glied kann auch graphisch dargestellt werden:

Würde der Kondensator mit einer Stromstärke, die gleich der Anfangsstromstärke ist, bis auf die Ladung Q aufgeladen werden, dann wäre der Vorgang nach Ablauf der Zeit $\tau = RC$ abgeschlossen. Die Tangente T_1 zeigt im Bild 12.3 diesen Verlauf. Da sich die Stromstärke jedoch laufend vermindert, wird eine Aufladung mit zeitabschnittsweise konstanten, aber immer kleiner werdenden Strömen angenommen, so daß die weitere Aufladung entlang der Tangenten T_2, T_3, T_4 usw. erfolgt.

Die Zeitkonstante τ gibt jene Zeit an, die der Kondensator benötigt, um sich auf 63,2 % der angelegten Spannung aufzuladen. Nach Ablauf einer Ladezeit von fünf Zeitkonstanten ($5\,\tau$) erreicht der Kondensator die nahezu vollständige Aufladung.

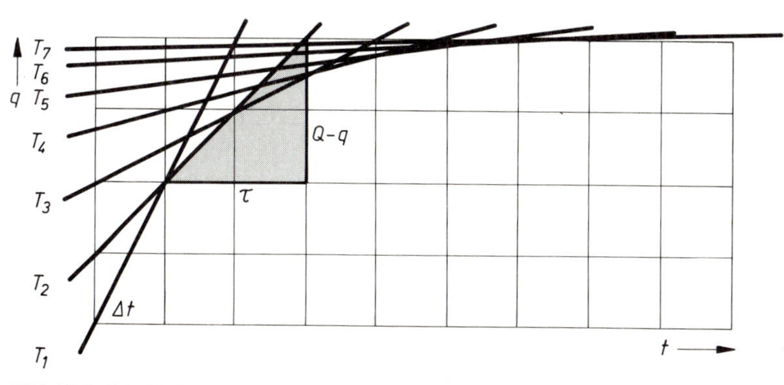

Bild 12.3 Die Hülltangentenkonstruktion ergibt den angenäherten zeitlichen Verlauf der Kondensatoraufladung nach der e-Funktion. Während des zweiten Zeitabschnitts (2. Kästchen) fließt ein konstanter Ladestrom $I = (Q - q)/\tau$. Die Ladung q steigt zeitproportional entlang der Tangente T2.

Beispiel

Ein Kondensator mit der Kapazität $C = 5\ \mu F$ wird über einen Vorwiderstand $R = 20\ k\Omega$ an eine Gleichspannung $U = 100$ V gelegt. Wir berechnen den zeitlichen Verlauf der Aufladung für die Ladungsmenge q, den Ladestrom i_c, die Ladespannung u_c, den Spannungsabfall am Vorwiderstand u_R und die Leistung P_{tc} in einer Tabelle und stellen die Ergebnisse zeichnerisch dar.

Lösung:

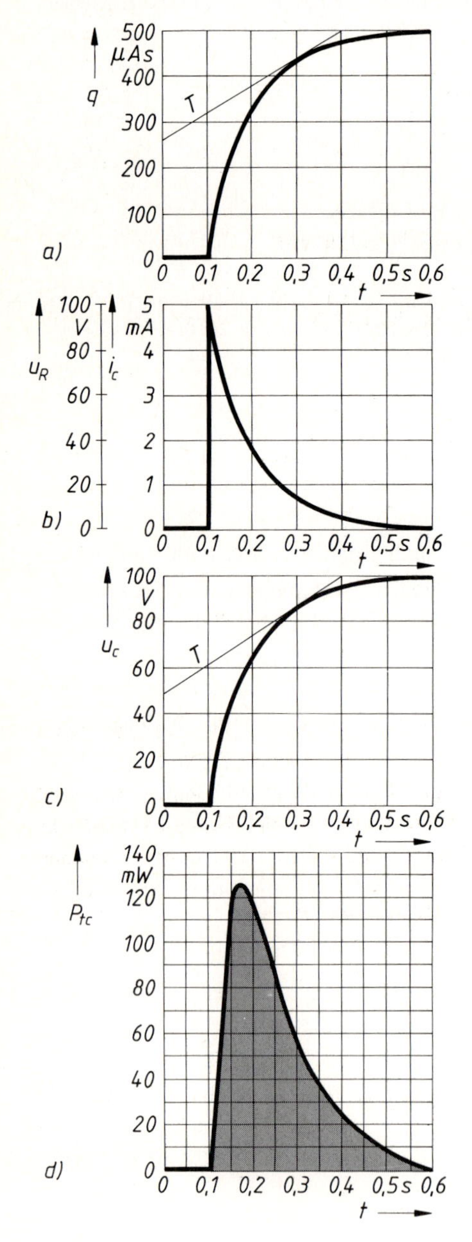

Bild 12.4 Aufladung eines Kondensators im *RC-Glied*

a) $q = f(t)$

Aus der Steigung der Ladungsmengenfunktion läßt sich der Momentanstrom $i_c = \frac{dq}{dt}$ berechnen. Für $t = 0{,}3$ s:

$$i_c = \frac{250\ \mu As}{0{,}4\ s} = 0{,}625\ mA$$

Zeitkonstante:

$$\tau = RC = 20 \cdot 10^3\ \frac{V}{A} \cdot 5 \cdot 10^{-6}\ \frac{As}{V} = 0{,}1\ s$$

b) $i_c = f(t)$ und $u_R = f(t)$

Der Spannungsabfall am Schaltwiderstand hat den gleichen zeitlichen Verlauf wie der Strom, da $u_R = i_c R$.
Für $t = 0{,}3$ s: $u_R = 0{,}625\ mA \cdot 20\ k\Omega = 12{,}5\ V$

c) $u_c = f(t)$

Aus der Steigung der Spannungsfunktion läßt sich der Momentanstrom berechnen, $i_c = C\frac{du_c}{dt}$. Für $t = 0{,}3$ s:

$$i_c = 5 \cdot 10^{-6}\ \frac{As}{V} \cdot \frac{50\ V}{0{,}4\ s} = 0{,}625\ mA$$

d) $P_{tc} = f(t)$

Ermittlung der Energie des geladenen Kondensators durch Auszählen der Flächeneinheiten unter $P_{tc} = f(t)$:

$$W = \int_{t=0{,}1\ s}^{t=0{,}6\ s} P_{tc}\, dt = 47\ FE\ \frac{10\ mW \cdot 0{,}05\ s}{FE}$$

$W = 23{,}5$ mWs

Rechnerisch:

$$W = \frac{1}{2} C U_c^2 = \frac{1}{2}\, 5 \cdot 10^{-6}\ \frac{As}{V} \cdot (100\ V)^2 = 25\ mWs$$

Tabelle zu Bild 12.4

t	$q = Q(1 - e^{-\frac{t}{\tau}})$	$i_c = \frac{U}{R} e^{-\frac{t}{\tau}}$	$u_c = U(1 - e^{-\frac{t}{\tau}})$	$P_{tc} = u_c i_c$
0 τ = 0,1 s	0 μAs	5 mA	0 V	0 mW
0,5 τ = 0,15 s	197 μAs	3,03 mA	39,4 V	119 mW
0,75 τ = 0,175 s	264 μAs	2,37 mA	52,8 V	125 mW
1 τ = 0,2 s	316 μAs	1,85 mA	63,2 V	117 mW
1,5 τ = 0,25 s	388 μAs	1,11 mA	77,7 V	86,2 mW
2 τ = 0,3 s	432 μAs	0,678 mA	86,4 V	58,6 mW
3 τ = 0,4 s	475 μAs	0,25 mA	95 V	23,8 mW
5 τ = 0,6 s	≈ 500 μAs	≈ 0 mA	≈ 100 V	≈ 0 mW

12.3 Entladung des Kondensators über einen Widerstand

Der mit der Elektrizitätsmenge Q geladene Kondensator ist ein aktiver Zweipol. Er wird mit einem Widerstand belastet und dadurch entladen (Bild 12.5):

$$i_c = C \frac{du_c}{dt}$$

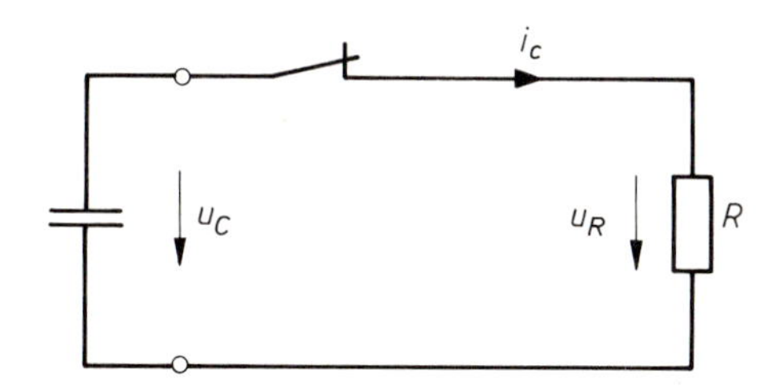

Bild 12.5
Zur Kondensator-Entladung

Die Richtungszuordnung von Kondensatorspannung und Strom ergibt sich aus einer Energiebetrachtung: Beim Aufladen entnimmt der Kondensator Energie aus dem Stromkreis und verhält sich in dieser Zeitspanne ebenso wie ein Schaltwiderstand. Beim Laden sind Kondensatorspannung und Kondensatorstrom gleichgerichtet. Beim Entladen wird das elektrische Feld des Kondensators abgebaut und damit Energie frei. In dieser Zeitspanne verhält sich der Kondensator wie eine Spannungsquelle mit Quellenspannung. Kondensatorspannung und Kondensatorstrom sind entgegengerichtet. (Bild 12.6)

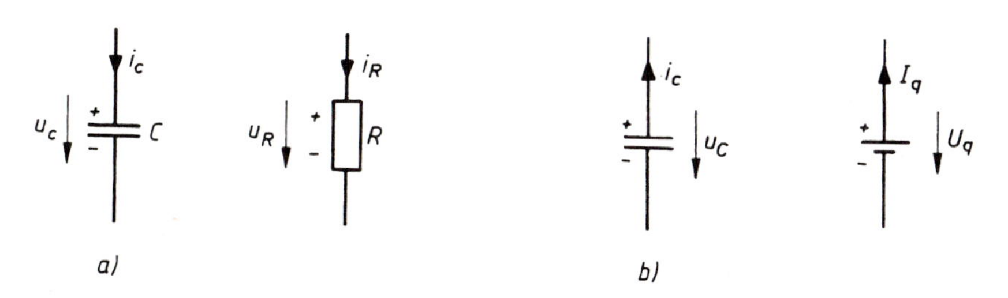

Bild 12.6 Richtungszuordnung von Spannung und Strom
a) beim Laden eines Kondensators
b) beim Entladen eines Kondensators

Wie soll nun die Stromrichtung eines Kondensators eingezeichnet werden, wenn sowohl Auf- und Entladevorgänge stattfinden? Man zeichnet nicht physikalisch richtige Richtungspfeile, sondern Zählpfeile, wie in Bild 12.9 dargestellt. Die unterschiedlichen Stromrichtungen ergeben sich aus den Vorzeichen der Rechenergebnisse: Negatives Vorzeichen heißt, daß die physikalische Stromrichtung entgegengesetzt der angenommenen Zählpfeilrichtung ist.

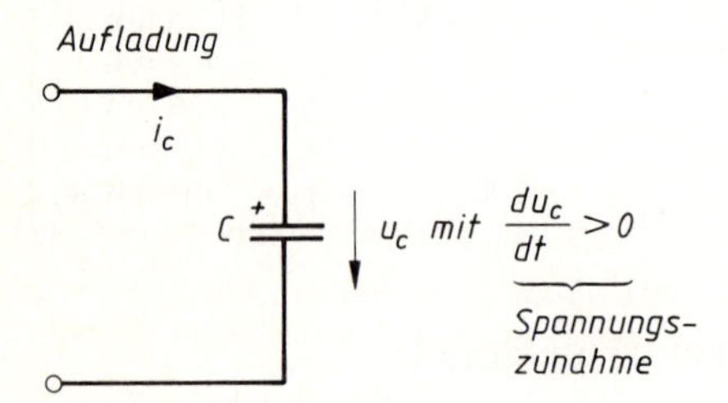

Bild 12.7 Aufladung des Kondensators: Zählpfeil- und Stromrichtung sind übereinstimmend.

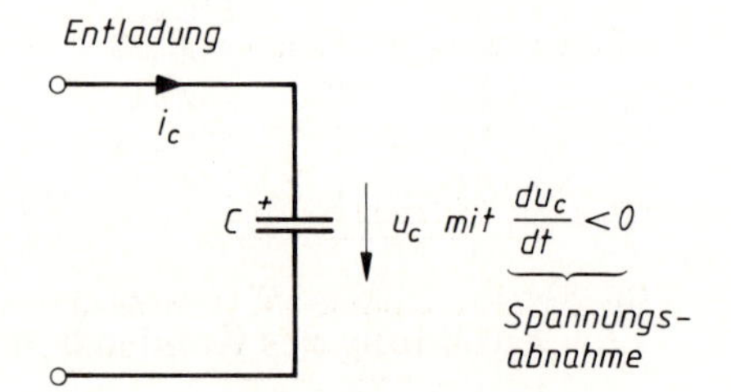

Bild 12.8 Entladung des Kondensators: Stromrichtung ist entgegen der Zählpfeilrichtung.

Beispiel

Mit einem Zahlenbeispiel soll der Zusammenhang von Strom- und Spannungspfeilrichtung beim Kondensator und das Vorzeichen von Gl. (71) für den Lade- und Entladevorgang verdeutlicht werden.

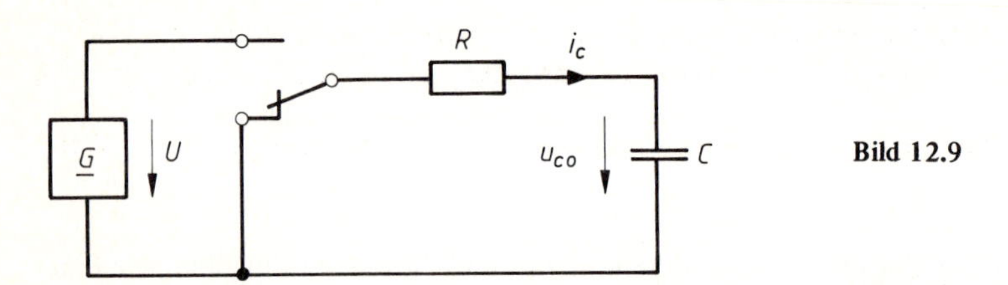

Bild 12.9

Am Kondensator $C = 1\ \mu F$ wurden folgende Momentanwerte festgestellt. Die Spannungsänderung verläuft gleichmäßig:

$t_1 = 5$ ms

$u_{c1} = 20$ V

$t_2 = 7$ ms

$u_{c2} = 30$ V

$$i_c = C \frac{du_c}{dt}$$

$$i_c = C \frac{u_2 - u_1}{t_2 - t_1}$$

$$i_c = 1 \cdot 10^{-6}\ F \frac{30\ V - 20\ V}{7\ ms - 5\ ms}$$

$$i_c = +5\ mA$$

Stromrichtung stimmt mit Zählpfeilrichtung überein.

$t_1 = 5$ ms

$u_{c1} = 30$ V

$t_2 = 7$ ms

$u_{c2} = 20$ V

$$i_c = C \frac{du_c}{dt}$$

$$i_c = C \frac{u_2 - u_1}{t_2 - t_1}$$

$$i_c = 1 \cdot 10^{-6}\ F \frac{20\ V - 30\ V}{7\ ms - 5\ ms}$$

$$i_c = -5\ mA$$

Stromrichtung ist entgegengesetzt der Zählpfeilrichtung.

Bei der Entladung eines Kondensators über einen Widerstand gemäß Bild 12.10 nehmen die Größen Ladungsmenge, Spannung und Stromstärke nach einer e-Funktion ab.

Die Momentanwertgleichung für die Ladungsmenge lautet deshalb:

$$q = Q \, e^{-\frac{t}{\tau}} \tag{75}$$

Für den zeitlichen Verlauf der Kondensatorspannung gilt:

$$u_c = U_{c0} \, e^{-\frac{t}{\tau}} \tag{76}$$

Der Entladestrom des Kondensators ist dann:

$$i_c = -\frac{U_{c0}}{R} \, e^{-\frac{t}{\tau}} \tag{77}$$

Hierin bedeutet U_{c0} die Anfangsspannung des Kondensators, die er vor Beginn der Entladung hatte. Die Richtung des Entladestromes ist entgegengesetzt der in Bild 12.9 angegebene Zählpfeilrichtung, daher erscheint ein Minuszeichen in der Formel.

Beispiel

Man sagt, daß ein Kondensator nach einer Entladezeit von $t = 5\,\tau$ praktisch entladen ist.

a) Wie groß ist die prozentuale Restspannung eines Kondensators nach einer Entladezeit von $t = 5\,\tau$?

b) Wie groß ist die absolute Restspannung des Kondensators, wenn dieser auf $U_{c0} = 10\,000$ V aufgeladen war?

Lösung:

a) $u_c = U_{c0} \cdot e^{-\frac{t}{\tau}} = U_{c0} \cdot e^{-\frac{5\,\tau}{\tau}}$

$u_c \approx 6{,}74 \cdot 10^{-3}\, U_{c0} \mathrel{\hat{=}} 0{,}674\,\%\, U_{c0}$, d.h. < 1 % von der Anfangsspannung

b) $u_c = U_{c0} \cdot e^{-\frac{t}{\tau}} = 10\,000\text{ V} \cdot e^{-\frac{5\,\tau}{\tau}}$

$u_c = 67{,}4$ V (!), d.h. die prozentual geringe Restspannung hat doch noch einen beträchtlichen Wert

Beispiel

Ein Kondensator $C = 5\,\mu$F wird über einen Schaltwiderstand $R = 20$ kΩ entladen. Der Kondensator war zuvor auf $U_{c0} = 100$ V aufgeladen worden (s. Bild 12.10).

Es ist der zeitliche Verlauf der Entladung für die Ladungsmenge q, den Strom i_c, die Kondensatorspannung u_c, den Spannungsabfall u_R am Schaltwiderstand und die Leistung P_{tc} in einer Tabelle zu errechnen und dann zeichnerisch darzustellen.

Lösung:

Zeitkonstante:

$$\tau = RC = 20\text{ k}\Omega \cdot 5\,\mu\text{F} = 0{,}1\text{ s}$$

Zeitliche Verläufe der gesuchten Größen gemäß Tabellenrechnung:

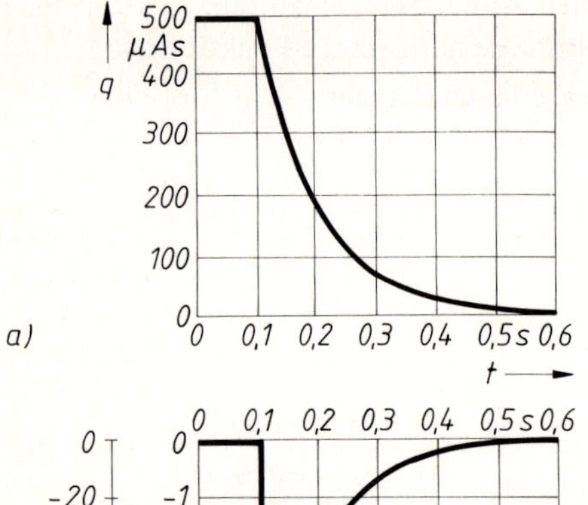

Bild 12.10

Entladung des Kondensators über einen Widerstand

a) $q = \mathrm{f}(t)$

Die gleiche Ladungsmenge, die bei der Aufladung aufgenommen wurde, wird bei der Entladung abgegeben.

b) $i_c = \mathrm{f}(t)$

Die Entladestromrichtung ist der Ladestromrichtung entgegengesetzt (Bild 12.4b). Der Spannungsabfall am Schaltwiderstand R hat den gleichen zeitlichen Verlauf wie der Entladestrom, da $u_R = i_c R$ ist.

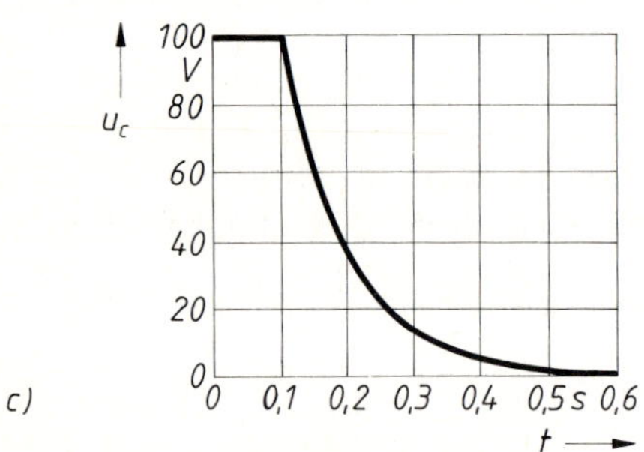

c) $u_c = \mathrm{f}(t)$

Der zweite Kirchhoffsche Satz $\Sigma U_n = 0$ ist für jeden Zeitaugenblick erfüllt, da u_R den zu u_c entgegengerichteten Verlauf hat.

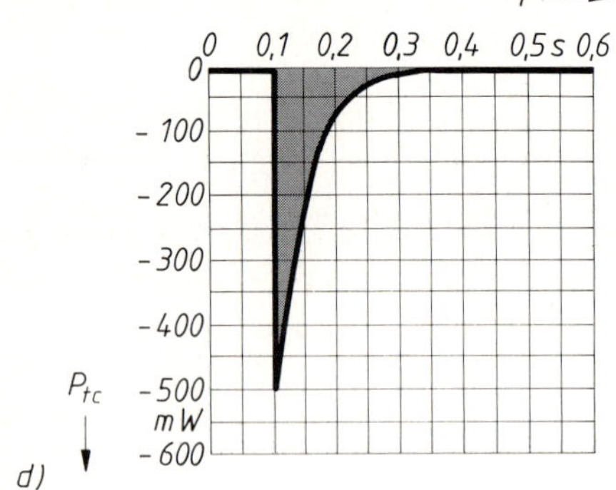

d) $P_{tc} = \mathrm{f}(t)$

Errechnung der Energieabgabe des Kondensators an den Widerstand R durch Auszählen der Flächenelemente:

$$W = \int_{t=0,1\,\mathrm{s}}^{t=0,6\,\mathrm{s}} P_{tc}\,\mathrm{d}t = 10{,}5\ \mathrm{FE}\ \frac{50\ \mathrm{mW} \cdot 0{,}05\ \mathrm{s}}{\mathrm{FE}} = 25{,}6\ \mathrm{mWs}$$

Rechnerisch:

$$W = \frac{1}{2}\,C U_{c0}^2 = 25\ \mathrm{mWs}$$

Tabelle zu Bild 12.10

t	$q = Q\,e^{-\frac{t}{\tau}}$	$i_c = -\frac{U_{c0}}{R}\,e^{-\frac{t}{\tau}}$	$u_c = U_{c0}\,e^{-\frac{t}{\tau}}$	$P_{tc} = u_c i_c$
$0\,\tau = 0{,}1$ s	500 μAs	– 5 mA	+ 100 V	500 mW
$0{,}5\,\tau = 0{,}15$ s	303 μAs	– 3,03 mA	+ 60,6 V	183 mW
$0{,}75\,\tau = 0{,}175$ s	237 μAs	– 2,37 mA	+ 47,2 V	112 mW
$1\,\tau = 0{,}2$ s	185 μAs	– 1,85 mA	+ 36,8 V	68 mW
$1{,}5\,\tau = 0{,}25$ s	111 μAs	– 1,11 mA	+ 22,2 V	24,6 mW
$2\,\tau = 0{,}3$ s	67,8 μAs	– 0,678 mA	+ 13,6 V	9,2 mW
$3\,\tau = 0{,}4$ s	25 μAs	– 0,25 mA	+ 5 V	1,25 mW
$5\,\tau = 0{,}6$ s	≈ 0	0	$\approx$ 0 V	≈ 0

12.4 Vertiefung und Übung

Beispiel

In der gegebenen Schaltung sei der Schalter S geöffent und der Kondensator aufgeladen.

1. Welchen zeitlichen Verlauf nehmen die Potentiale φ_1 und φ_2 beim Schließen des Schalters?
2. Nach welcher Zeit ist der Kondensator praktisch entladen?
3. Nach welcher Zeit ist der Entladestrom auf 60 mA abgesunken?

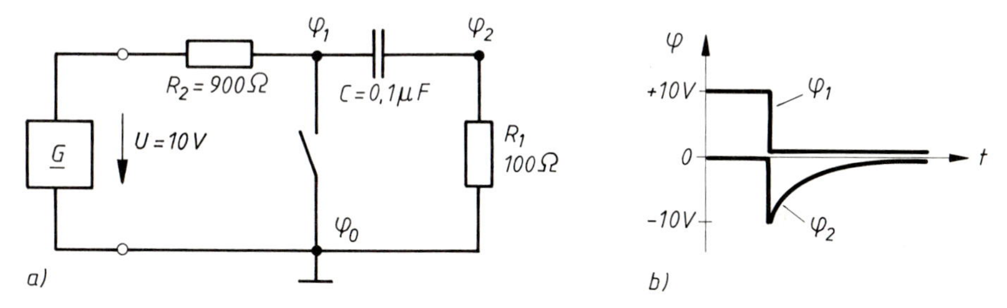

Bild 12.11

Lösung:

1: Der Kondensator C sei vollständig aufgeladen. Damit ist der Ladestrom $i_c = 0$, also keine Spannungsabfälle an den beiden Widerständen. Potentiale $\varphi_1 = +\,10$ V, $\varphi_2 = 0$ V.

Beim Schließen des Schalters wird das Potential φ_1 schlagartig auf 0 V gelegt. Da der Kondensator in diesem Augenblick noch die volle Ladespannung von 10 V führt, muß das Potential φ_2 auf den Wert – 10 V springen. Der Kondensator entlädt sich nun über den 100 Ω-Widerstand.

2: Der Kondensator ist nach einer Zeit von ca. fünf Zeitkonstanten praktisch entladen. Die Entladung erfolgt nur über den Widerstand R_1:

$$t = 5\,\tau = 5 \cdot 100\,\frac{\text{V}}{\text{A}} \cdot 0{,}1 \cdot 10^{-6}\,\frac{\text{As}}{\text{V}}$$

$$t = 50\,\mu\text{s}$$

3: $$i_c = -\frac{U_{c0}}{R}\,e^{-\frac{t}{\tau}} \Rightarrow -\,60\text{ mA} = -\frac{10\text{ V}}{100\,\Omega}\,e^{-\frac{t}{\tau}}$$

$$t = \tau \ln \frac{100}{60} = 10\,\mu s \cdot 0{,}513 = 5{,}13\,\mu s$$

▲ **Übung 12.1**

In der gegebenen Schaltung sei der Schalter bis zur Zeit t_1 geschlossen und der Kondensator C vollständig entladen (Bild 12.12).

Welchen zeitlichen Verlauf nehmen die Potentiale φ_1 und φ_2, wenn der Schalter geöffnet wird?

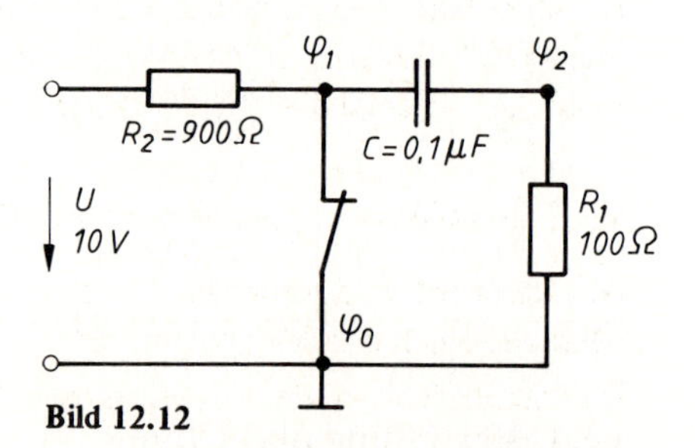

Bild 12.12

△ **Übung 12.2: Entladung des Kondensators**

1. Zeichnen Sie $\varphi_1 = f(t)$, $\varphi_2 = f(t)$, $u_c = f(t)$, $u_{R1} = f(t)$ für die in Bild 12.13 gegebene Schaltung und für den Fall, daß Schalter S geschlossen wird, nachdem sich der Kondensator zuvor vollständig aufgeladen hat.
2. Nach welcher Zeit ist der Kondensator praktisch entladen, wenn $R_1 = 10\ \text{k}\Omega$ ist?
3. Nach welcher Zeit ist der Entladestrom auf $i_c = 0{,}25$ mA abgesunken?

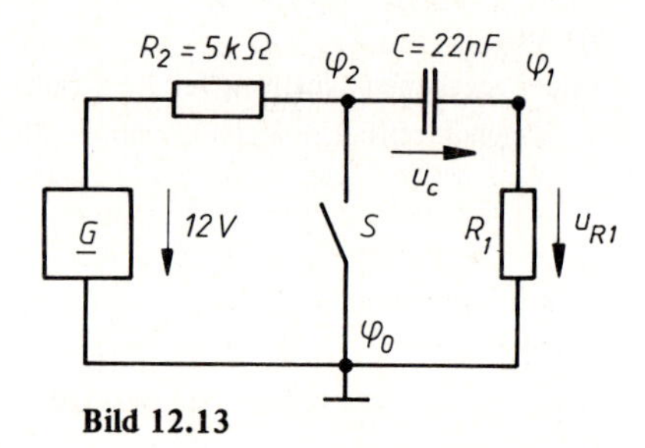

Bild 12.13

● **Übung 12.3: Gegenüberstellung Schaltwiderstand-Kondensator**

Welche wesentlichen Unterschiede weisen die beiden Zweipole Schaltwiderstand und Kondensator in ihrem Strom-Spannungsverhalten und bei der Energieaufnahme auf?

△ **Übung 12.4: Umladung mit Konstantstrom**

Bild 12.14 zeigt den Spannungsverlauf an einem Kondensator $C = 0{,}1\ \mu$F.

1. Welche Aussagen kann man über den Ladestrom machen?
2. Berechnen Sie den Ladestrom.
3. Entwerfen Sie ein Schaltungsprinzip.

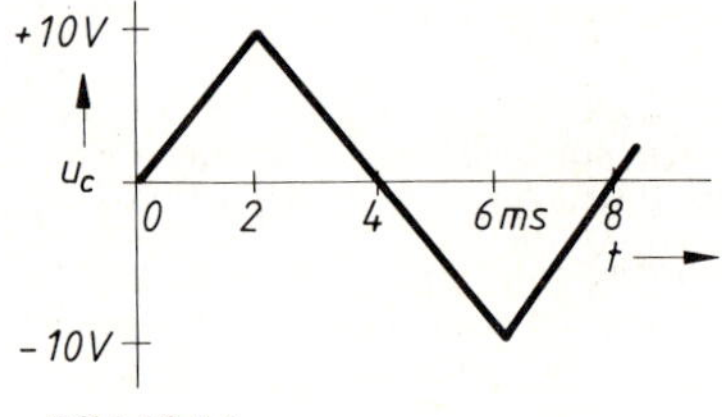

Bild 12.14

△ **Übung 12.5: Konstantstromaufladung**

Ein Kondensator mit der Kapazität 2 μF wird mit einer Konstantstromquelle 20 s lang mit einer Stromstärke von 8 μA aufgeladen. Man ermittle Ladung $q = f(t)$, Spannung $u_c = f(t)$ und Energie $W = f(t)$.

△ **Übung 12.6: e-Funktion**

Nach welcher Zeit ist ein Kondensator mit der Kapazität 10 μF über einen Widerstand 47 kΩ auf den halben Wert der angelegten Spannung aufgeladen, wenn der Kondensator anfänglich ungeladen war?

13 Magnetisches Feld

Es ist bisher unerwähnt geblieben, daß bewegte elektrische Ladungen – also Ströme – magnetische Felder in ihrer Umgebung aufweisen. Magnetische Felder sind wegen ihrer Kraft- und Induktionswirkung technisch bedeutungsvoll.

13.1 Magnetfeld des stromdurchflossenen Leiters

Als Beschreibungsgrundlage für die Eigenschaften des magnetischen Feldes werden zunächst einige Feldbilder vorgestellt.

Das von einem stromdurchflossenen Leiter erzeugte Magnetfeld wird durch beweglich gelagerte kleine Magnetnadeln nachgewiesen, die sich unter dem Einfluß des magnetischen Feldes ausrichten, d.h. eine Kraftwirkung erfahren. Die Magnetnadeln lassen die Richtungsstruktur des magnetischen Feldes erkennen. Stärke und Richtung der Magnetfelder werden durch Feldlinienbilder veranschaulicht. Die *magnetischen Feldlinien* sind – wenn auch nicht immer so gezeichnet – grundsätzlich geschlossene Linien ohne Anfang und Ende.

Die einfachste Form eines vom Strom erzeugten magnetischen Feldes bildet sich bei einem geradlinigen Leiter aus, bei dem die Feldlinien in Form konzentrischer Kreise den Leiter umschlingen.

Die Zuordnung von Feld- und Stromrichtung ist durch die sog. *Rechtsschraubenregel* festgelegt:

Dreht man eine Rechtsschraube in Richtung des Magnetfeldes, dann bewegt sich diese in Richtung des Stromes (technische Stromrichtung). Dabei bedeuten „x“-Symbolik Strom- oder Feldrichtung in die Zeichenebene hinein und „·“-Symbolik Strom- oder Feldrichtung aus der Zeichenebene heraus (s. Bild 13.1).

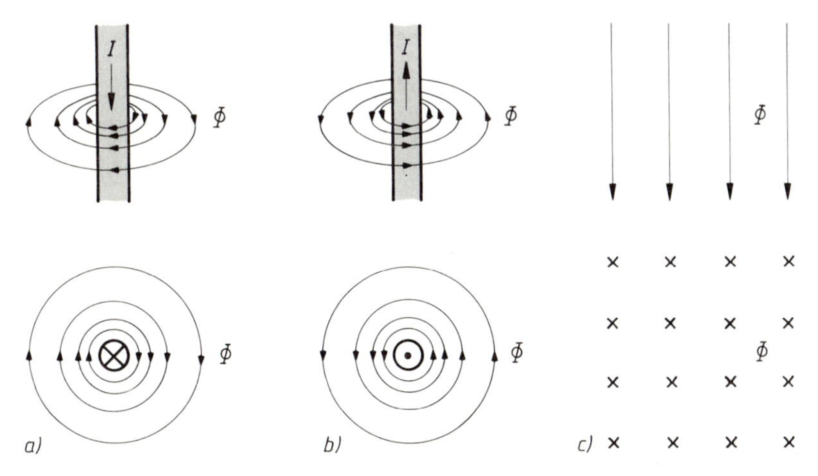

Bild 13.1 Feldlinienbilder des magnetischen Feldes
a) Konzentrisch verlaufende Feldlinien um einen stromdurchflossenen Leiter, Stromrichtung in die Zeichenebene gerichtet
b) wie bei a), jedoch Stromrichtung aus der Zeichenebene herauszeigend
c) Homogenes magnetisches Feld, Feldlinien in zwei Ansichten dargestellt

Da sich das magnetische Feld in jeder Art von Materie und in Vakuum ausbreiten kann, besteht auch innerhalb stromdurchflossener Leiter ein magnetisches Feld, dessen Feldlinien in Bild 13.1 aus zeichentechnischen Gründen jedoch nicht dargestellt sind.

Die Beeinflussung der Magnetnadel stellt man sich jedoch nicht direkt durch den Strom verursacht vor, sondern man fügt einen sog. *magnetischen Fluß* Φ als Repräsentanten aller magnetischen Erscheinungen in die Ursachen-Wirkungskette ein:

Strom $I \rightarrow$ Magnetfluß $\Phi \rightarrow$ Kraft auf Magnetnadel

Der magnetische Fluß vertritt die Gesamtheit aller Feldlinien und ist somit eine Globalgröße des magnetischen Feldes. Da magnetische Feldlinien geschlossene Linie sind, durchsetzt der magnetische Fluß in gleicher Stärke alle Abschnitte eines Magnetfeldes, unabhängig von Material und Querschnittsflächen.

Magnetischer Fluß Φ Einheit $1\ \text{V} \cdot 1\ \text{s} = 1\ \text{Wb}$ (Weber)

Die Einheit des magnetischen Flusses ist aus der Induktionswirkung des magnetischen Feldes abgeleitet und auch auf dieser Basis mit einem sog. Fluxmeter meßbar (s. Übung 14.9).

13.2 Induktivität

Die Induktivität ist eine Bauelementeigenschaft besonders von *Spulen*, aber auch von Leitungen oder ganz allgemein von Leiteranordnungen, bei denen der vom Strom selbst erzeugte magnetische Fluß mit der Leiteranordnung verkettet ist.

Die *Induktivität* einer Spule gibt das interessierende Verhältnis von dem mit der Windungszahl N vervielfachten magnetischen Fluß Φ und dem ihn erzeugenden elektrischen Strom I an:

$$L = \frac{N \cdot \Phi}{I} \qquad \text{Einheit } \frac{1\ \text{Vs}}{1\ \text{A}} = 1\ \text{H (Henry)} \tag{78}$$

kleinere Einheiten:
$1\ \text{mH} = 10^{-3}\ \text{H}$
$1\ \mu\text{H} = 10^{-6}\ \text{H}$
$1\ \text{nH} = 10^{-9}\ \text{H}$

Da jeder elektrische Strom von einem Magnetfeld umgeben ist, müßte demnach jeder elektrische Leiter eine Induktivität haben. Die Leiteranordnung kann jedoch konstruktiv so gestaltet werden, daß sich das resultierende Eigenfeld des Stromes verstärkt bzw. schwächt. Bei einer einfach gewickelten Spule erhält man eine Verstärkung des magnetischen Flusses, während sich bei einer bifilar gewickelten Spule eine Schwächung des Magnetfeldes einstellt. Bild 13.2 zeigt in einer Gegenüberstellung die induktivitätsbehaftete (normale) Spule und die induktivitätsarme (bifilare) Spule.

Die einfach gewickelte Spule hat eine Induktivität L, da die Leiteranordnung mit dem vom Strom I erzeugten magnetischen Fluß Φ verkettet ist.

Die bifilar gewickelte Spule hat im Idealfall keine Induktivität L, da sich bei dieser vom Strom I durchflossenen Leiteranordnung das magnetische Feld aufhebt.

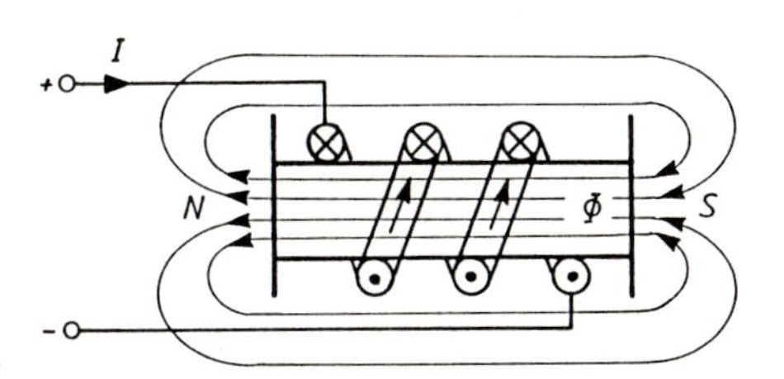

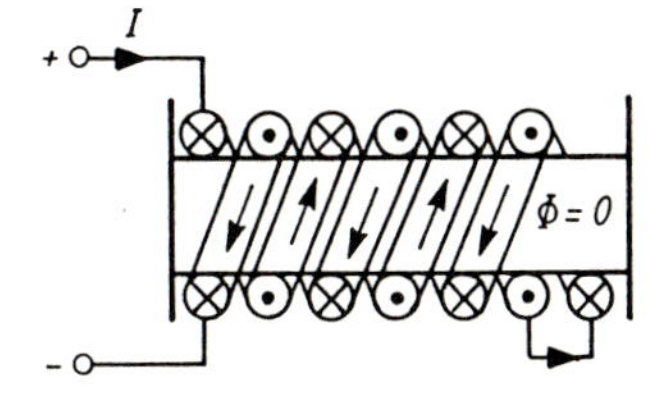

Bild 13.2 Zum Begriff der Induktivität

Zur Bedeutung der Induktivität eines Bauelements kann hier nur im Vorgriff auf nachfolgende Kapitel ausgesagt werden, daß sie bei einer Spule die Fähigkeit zur Erzeugung von Selbstinduktionsspannungen und bei einem Elektromagneten die Stärke der Kraftwirkung beeinflußt.

13.3 Induktivitätsberechnung

Die Induktivität einer Leiteranordnung (Kabel, Spule etc.) ist durch Definition eingeführt worden:

$$L = \frac{N\Phi}{I}$$

Es fehlt noch die Aussage, von welchen Einflußgrößen die Induktivität L abhängig ist, d.h. man will auch wissen, durch welche Maßnahmen die Induktivität einer Leiteranordnung ggf. verändert werden kann. Der Berechnungsgang folgt nachstehender Lösungsmethodik:

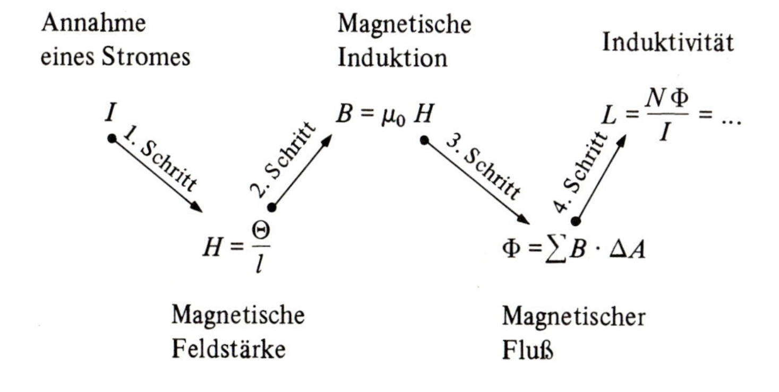

1. Schritt: Magnetische Feldstärke H

Zur Kennzeichnung der Intensität eines Magnetfeldes am beliebigen Ort P führt man die magnetische Feldstärke H ein. Erfahrungsgemäß besteht der in Bild 13.3 dargestellte quantitative Zusammenhang zwischen den magnetfeldverursachenden Strömen und der Stärke des Magnetfeldes am Punkt P:

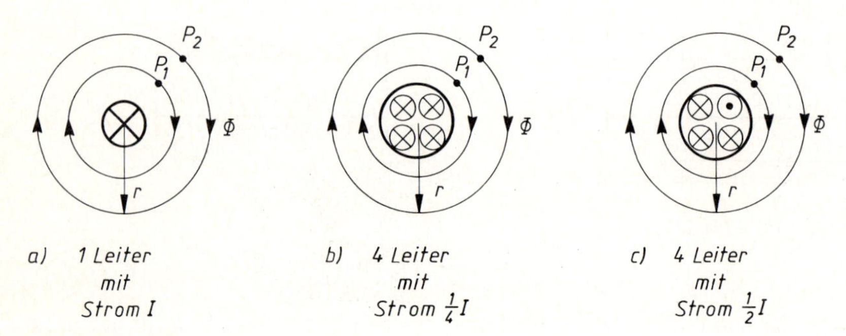

Bild 13.3 Durchflutung
Die Einzelbilder zeigen Stromleiter, die eine gleich starke Durchflutung hervorrufen.

Es ist gleichgültig, ob das magnetische Feld von einem Leiter mit der Stromstärke I oder von vier Leitern mit den Strömen $1/4\,I$ oder von vier Leitern mit der Stromstärke $1/2\,I$, wobei einer der Ströme in die entgegengesetzte Richtung fließt, erzeugt wird. Die Stärke des magnetischen Feldes am Punkt P_1 ist in allen drei Fällen gleich. Man definiert deshalb die Stromsumme als eine eigenständige Größe, die *Durchflutung* Θ genannt wird:

$$\boxed{\Theta = \sum_{i=1}^{n} I_{\mathrm{i}}} \tag{79}$$

Man stellt ferner fest, daß die Stärke des magnetischen Feldes am weiter entfernten Punkt P_2 geringer ist als am Punkt P_1. Bei doppeltem Abstand r vom Strommittelpunkt ist die Abnahme jedoch durch den Faktor $2\pi r$ gegeben. Daraus schließt man, daß die magnetische Feldstärke umgekehrt proportional ist zur Länge l der Feldlinien, die den Stromleiter in konzentrischen Kreisen umfassen. Insgesamt formuliert man diese Ergebnisse als magnetische Feldstärke H:

$$\boxed{H = \frac{\Theta}{l}} \qquad \text{Einheit } \frac{1\,\text{A}}{1\,\text{m}} = 1\,\text{A/m} \tag{80}$$

In Worten: Die *magnetische Feldstärke H* ist die auf die Feldlinienlänge l verteilte Durchflutung. Die magnetische Feldstärke ist somit analog zur elektrischen Feldstärke $E = U/l$ definiert und wie diese eine vektorielle Größe. H zeigt am Punkt P in Richtung des magnetischen Feldes.

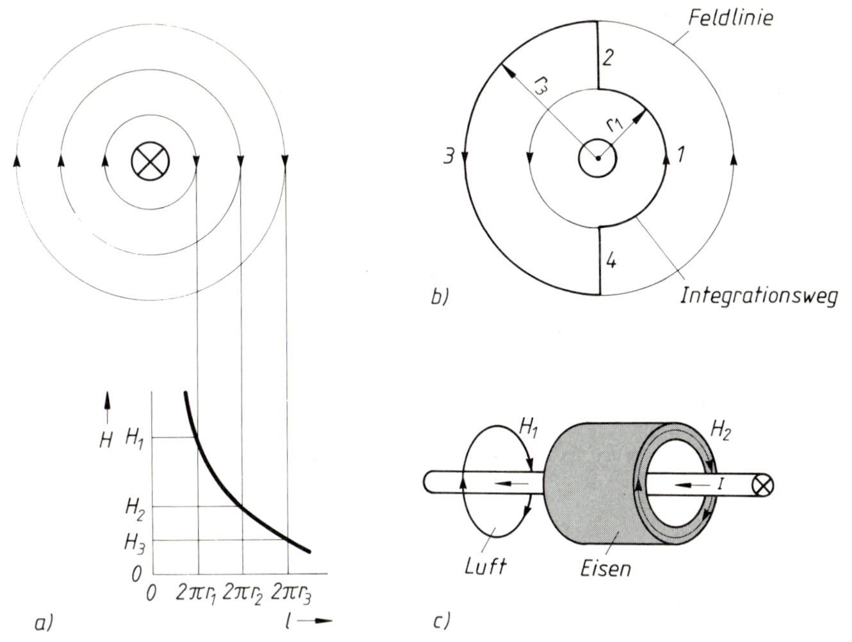

Bild 13.4 Feldstärke und Durchflutungssatz

a) Feldstärke in Abhängigkeit vom Radius (Entfernung vom stromdurchflossenen Leiter)

b) Zum Durchflutungssatz: Es ist der Feldstärkeanteil zu nehmen, der in Wegrichtung zeigt.

c) Gleiche Feldstärke in Luft und Eisen: $H_1 = H_2$ (Durchflutungssatz gilt materialunabhängig.)

Wird der stromdurchflossene Leiter gemäß Bild 13.4a) auf einer konzentrischen Feldlinie mit dem Radius r umlaufen, so ist jeder Punkt auf dieser Linie durch denselben Feldstärkebetrag H ausgezeichnet und errechnet aus:

$$H = \frac{I}{2\pi r}$$

Die Richtung der Feldstärke ist am betreffenden Punkt gleich der Tangentenrichtung des Feldes.

Für einen beliebigen Umlauf um den stromdurchflossenen Leiter muß u.U. abschnittsweise gerechnet werden. Zur Vorbereitung dieser Rechnung formuliert man das *Durchflutungsgesetz*:

$$\boxed{\Theta = \sum_{i=1}^{n} H_i\, l_i} \tag{81}$$

Für den in Bild 13.4b) dargestellten Fall gilt:

$$\Theta = H_1 l_1 + H_2 l_2 + H_3 l_3 + H_4 l_4 \quad \text{mit} \quad H_1 = \frac{I}{2\pi r_1}\,;\ H_3 = \frac{I}{2\pi r_3}$$

$$\Theta = \frac{I}{2\pi r_1} \cdot \frac{2\pi r_1}{2} + 0 \cdot l_2 + \frac{I}{2\pi r_3} \cdot \frac{2\pi r_3}{2} + 0 \cdot l_4$$

2. Schritt: Magnetische Induktion B

Die magnetische Induktion B ist eine Feldgröße, die die Materialabhängigkeit des magnetischen Feldes berücksichtigt. Alle ferromagnetischen Materialien können den an sich vorhandenen magnetischen Fluß erheblich steigern. Der Steigerungsfaktor ist eine dimensionslose Zahl und wird *Permeabilitätszahl* μ_r genannt.

$\mu_r = 1$ für Luft
$\mu_r \gg 1$ für Eisen

Da Magnetfelder auch im Vakuum bestehen können, bezieht man alle Permeabilitätswerte auf ein Vakuum und setzt:

$$\mu = \mu_r \mu_0$$ mit $\mu_0 = 4\pi \cdot 10^{-7}$ Vs/Am
als Feldkonstante des magnetischen Feldes

Zwischen der magnetischen Induktion B und der magnetischen Feldstärke H besteht der Zusammenhang:

$$\boxed{B = \mu_r \mu_0 H} \qquad \text{Einheit } 1 \frac{\text{Vs}}{\text{Am}} \cdot 1 \frac{\text{A}}{\text{m}} = 1 \frac{\text{Vs}}{\text{m}^2} = 1 \text{ T (Tesla)} \tag{82}$$

3. Schritt: Magnetischer Fluß Φ

Aus der Einheit der magnetischen Induktion kann man entnehmen, daß diese Größe auch als *Flußdichte* aufgefaßt werden kann:

$$\boxed{B = \frac{d\Phi}{dA}} \quad \text{oder für homogene Felder:} \quad \boxed{B = \frac{\Phi}{A}} \qquad \text{Einheit } \frac{1 \text{ Vs}}{1 \text{ m}^2} = 1 \frac{\text{Vs}}{\text{m}^2} \tag{83}$$

Demgemäß berechnet sich der *magnetische Fluß* Φ aus einer bekannten Flußdichte B und der vom Fluß durchsetzten Querschnittsfläche A allgemein aus:

$$\boxed{\Phi = \int_A B \cdot dA} \quad \text{oder für homogene Felder:} \quad \boxed{\Phi = B \cdot A} \qquad \text{Einheit } 1 \frac{\text{Vs}}{\text{m}^2} \cdot 1 \text{ m}^2 = 1 \text{ Vs} \tag{84}$$

4. Schritt: Induktivität L

In diesem Schritt werden die Ergebnisse der vorangegangenen Schritte zusammengefaßt. Man berechnet die *Induktivität* L einer Leiteranordnung, indem man in die Gleichung

$$L = \frac{N\Phi}{I}$$

N = Windungszahl
Φ = Magnetischer Fluß
I = Stromstärke

den im 3. Schritt ermittelten Ausdruck für den magnetischen Fluß einsetzt. Es kürzt sich dabei der anfänglich angenommene Strom I heraus, und übrig bleiben die Einflußgrößen der Induktivität.

Beispiel

Wir berechnen die Induktivität einer ringförmigen, mit $N = 1000$ Windungen dicht gewickelten Spule vom Radius $R = 2$ cm und der Querschnittsfläche $A = 1\ \text{cm}^2$ des Spulenkörpers.

Lösung: Annahme einer Stromstärke I

Magnetische Feldstärke H:

$$H = \frac{\Theta}{l} = \frac{I \cdot N}{2 \cdot \pi \cdot R}$$

Magnetische Induktion B:

$$B = \mu_r \mu_0 H = \mu_r \mu_0 \frac{I \cdot N}{2 \cdot \pi \cdot R}$$

Magnetischer Fluß Φ:

$$\Phi = B \cdot A \quad \text{(homogenes Feld)}$$

$$\Phi = \mu_r \mu_0 \frac{I \cdot N}{2 \cdot \pi \cdot R} A$$

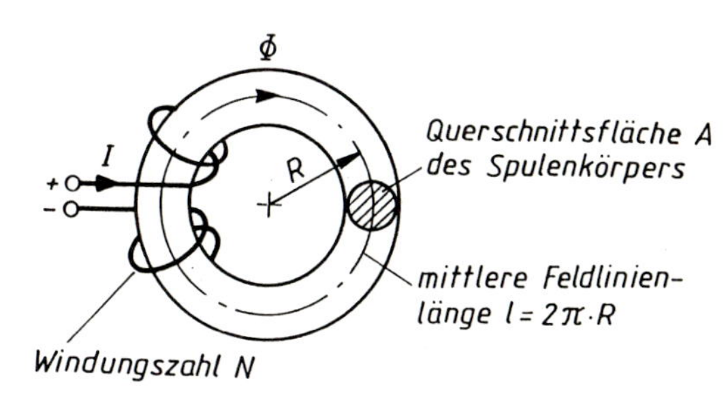

Bild 13.5 Eisenlose Ringspule

Induktivität L:

$$L = \frac{N \cdot \Phi}{I} = N^2 \frac{\mu_r \mu_0 A}{2 \cdot \pi \cdot R} = 10^6 \cdot \frac{1 \cdot 4\pi \cdot 10^{-7}\ \text{Vs} \cdot 10^{-4}\ \text{m}^2}{2\pi \cdot 2 \cdot 10^{-2}\text{m Am}} = 1\ \text{mH}$$

Beispiel

Wir berechnen die Induktivität einer Koaxialleitung je 1 m Leitungslänge. Der Innenleiter besteht aus 2,3 mm ϕ Kupferdraht, die Abschirmung (Außenleiter) aus einem Kupfergeflecht von 10 mm ϕ. Die Polyäthylenisolation habe eine Permeabilitätszahl $\mu_r = 1$ wie Luft.

Lösung: Annahme eines Stromes I, der im Innenleiter hin- und im Außenleiter zurückfließt.

Magnetische Feldstärke H:

$$H = \frac{I}{2\pi r} \quad \text{mit } r_i < r < r_a$$

Magnetische Induktion B:

$$B = \mu_r \mu_0 H = \mu_0 \frac{I}{2\pi r}$$

Magnetischer Fluß Φ:

$$\Phi = \int_A B\, dA \quad \text{mit } dA = l\, dr$$

$$\Phi = \mu_0 \frac{Il}{2\pi} \int_{r_1}^{r_a} \frac{1}{r}\, dr = \mu_0 \frac{Il}{2\pi} \ln \frac{r_a}{r_i} \quad \text{(s. S. 127)}$$

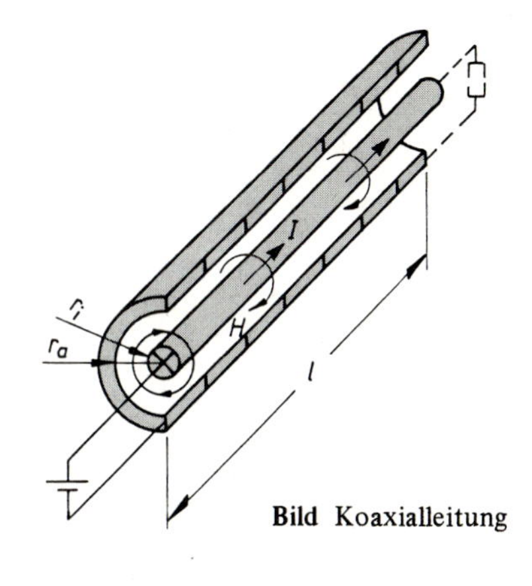

Bild Koaxialleitung

Induktivität L:

$$L = \frac{N\Phi}{I} \quad \text{mit } N = 1$$

$$L = \frac{\mu_0 l}{2\pi} \ln \frac{r_a}{r_i} = \frac{4\pi \cdot 10^{-7}\ \text{Vs} \cdot 1\ \text{m}}{2\pi \cdot \text{Am}} \ln \frac{5\ \text{mm}}{1{,}15\ \text{mm}} = 0{,}294\ \mu\text{H}$$

In Worten: Die Induktivität L einer *Koaxialleitung* berechnet sich nur aus ihren geometrischen Abmessungen:

$$\boxed{L = \frac{\mu_0\, l}{2\pi} \ln \frac{r_a}{r_i}} \qquad (85)$$

Beispiel

Wir berechnen die Induktivität einer Paralleldrahtleitung je 1 m Leitungslänge (s. Bild 13.6). Der Durchmesser jeder Ader beträgt 1 mm ∅, ihr Abstand sei 7 mm.

Lösung: Annahme einer Stromstärke I in der Leitung.

In der gerasterten Ebene der Doppelleitung gemäß Bild 13.6 addieren sich die magnetischen Einzelfelder. Die Feldbeträge beider Ströme I sind gleich groß.

Magnetische Feldstärke H:

$$H = 2 \frac{\Theta}{l_\mathrm{H}} = 2 \frac{I}{2 \pi r}$$

Magnetische Induktion B:

$$B = \mu_\mathrm{r} \mu_0 H = \mu_0 \frac{I}{\pi r}$$

Magnetischer Fluß Φ:

$$\Phi = \int_A B \, \mathrm{d}A \qquad \text{mit } \mathrm{d}A = l \, \mathrm{d}r$$

$$\Phi = \frac{\mu_0 I l}{\pi} \int_{r_0}^{a} \frac{1}{r} \, \mathrm{d}r = \frac{\mu I l}{\pi} \ln \frac{a}{r_0}$$

(zur Lösung des Integrals s. S. 127)

Induktivität L:

$$L = \frac{N \Phi}{I} \qquad \text{mit } N = 1$$

$$L = \frac{\mu_0 l}{\pi} \ln \frac{a}{r_0} = \frac{4\pi \cdot 10^{-7} \, \mathrm{Vs} \cdot 1 \, \mathrm{m}}{\pi \cdot \mathrm{Am}} \ln \frac{7 \, \mathrm{mm}}{0{,}5 \, \mathrm{mm}} = 1{,}06 \, \mu\mathrm{H}$$

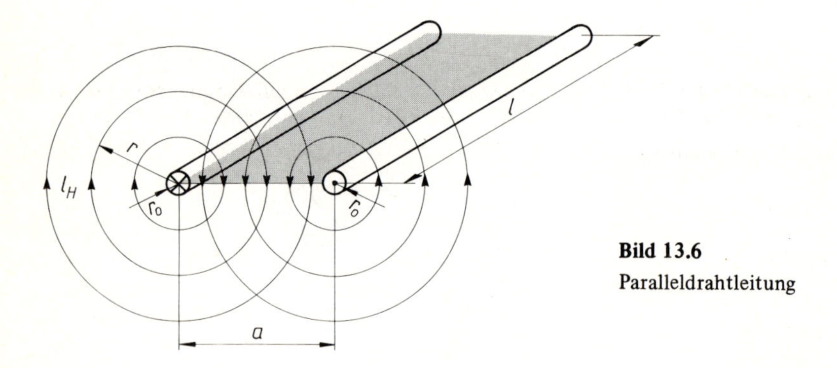

Bild 13.6
Paralleldrahtleitung

In Worten: Die Induktivität L der *Paralleldrahtleitung* hängt nur von ihren geometrischen Abmessungen ab:

$$\boxed{L = \frac{\mu_0 l}{\pi} \ln \frac{a}{r_0}} \qquad (86)$$

Bevor die Induktivität einer Zylinderspule berechnet wird, soll gezeigt werden, daß eine dichtgewickelte Spule eine Magnetfeldform hat, die der eines stabförmigen Dauermagneten entspricht. Die stromdurchflossene Zylinderspule hat auch wie der Dauermagnet magnetische Pole. Man definiert als Nordpol diejenige Stelle, an der die Feldlinien aus dem Spuleninneren heraustreten. Die Feldlinieneintrittsstelle wird demgemäß als Südpol bezeichnet. Man findet den Nordpol einer Spule am einfachsten durch Anwendung der sog. *Rechte-Hand-Regel*:

Umschließen die Finger der rechten Hand die Spule in Stromrichtung (= Fließrichtung der positiven Ladungsträger), so zeigt der Daumen die Richtung des magnetischen Feldes an.

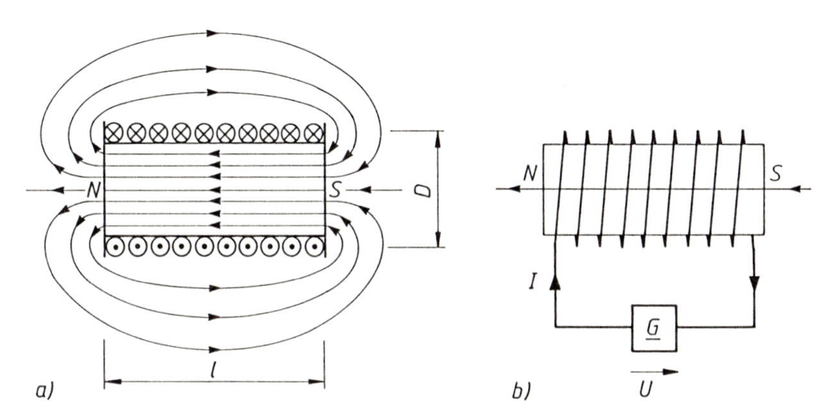

Bild 13.7 a) Feldbild einer stromdurchflossenen Spule, b) Ermittlung der Feldrichtung mit der Rechte-Hand-Regel

Beispiel

Wir berechnen die Induktivität der in Bild 13.7 gezeigten Zylinderspule mit den geometrischen Abmessungen Kerndurchmesser $D = 1$ cm, Spulenlänge $l = 10$ cm. Die Spule habe 1000 Windungen.

Lösung: Annahme einer Stromstärke I

Durchflutung:

$$\Theta = \sum_{i=1}^{n} I_i = NI$$

Magnetische Feldstärke H:

$$H = \frac{\Theta}{l_H}$$

In diesem Fall ist das magnetische Feld inhomogen und die Feldstärke H entlang einer beliebigen Feldlinie der Länge l_H nicht konstant. Um eine Näherungslösung berechnen zu können, muß die Feldstärke im Außenraum vernachlässigt werden. Dies ist, wie Messungen auch bestätigen, bei Spulen mit $l \gg D$ gerechtfertigt. Man kann sich vorstellen, daß das magnetische Feld sich im unbegrenzten Querschnitt des Außenraumes ausbreiten kann, was einer geringen Feldliniendichte und damit auch einer geringen Feldstärke entspricht. Es gilt deshalb näherungsweise:

$$H \approx \frac{\Theta}{l} = \frac{IN}{l}$$

N = Windungszahl
l = Spulenlänge

Magnetische Induktion B:

$$B \approx \mu_r \mu_0 H \approx \mu_0 \frac{IN}{l}$$

Magnetischer Fluß Φ:

$$\Phi = BA, \quad \text{da homogenes Feld im Spuleninneren}$$

$$\Phi \approx \mu_0 \frac{IN}{l} A$$

Induktivität L:

$$L = \frac{N\Phi}{I} \approx N^2 \frac{\mu_0 A}{l} \quad \text{mit } A = \frac{D^2 \pi}{4}$$

$$L \approx N^2 \frac{\mu_0 \pi \cdot D^2}{4l} = 1000^2 \cdot \frac{4\pi \cdot 10^{-7}\,\text{Vs} \cdot \pi \cdot (0{,}01\,\text{m})^2}{4 \cdot \text{Am} \cdot 0{,}1\,\text{m}} = 0{,}98\,\text{mH}$$

In Worten: Die Induktivität einer langen *Luft-Zylinderspule* berechnet sich in Annäherung aus ihren geometrischen Abmessungen und dem Quadrat der Windungszahl:

$$\boxed{L \approx N^2 \frac{\mu_0 \pi \cdot D^2}{4l}} \qquad (87)$$

13.4 Magnetische Eigenschaften des Eisens

Die Unterscheidung einer magnetischen Feldstärke H und einer magnetischen Induktion B wäre an sich nicht nötig, wenn alle magnetischen Felder im leeren Raum (Vakuum) verlaufen würden. Das magnetische Feld, dargestellt durch die B-Linien, wäre dann um den konstanten Faktor μ_0 dichter zu zeichnen als das gleiche magnetische Feld, dargestellt durch die H-Linien.

Verlaufen magnetische Felder in magnetisierbaren Werkstoffen, so ist es zweckmäßig, die magnetische Feldstärke H als eine Art „örtliche magnetische Erregung“ zu betrachten, die unter Mitwirkung des Stoffes in diesem die magnetische Flußdichte B erzeugt. Für eine eingehende Erklärung dieser Erscheinungen sei auf die entsprechende werkstoffkundliche Literatur verwiesen. Hier genügt es zu wissen, daß bei ferromagnetischen Stoffen eine Ordnung der atomaren Magnetfelder für kleinere Bereiche (Weißsche Bezirke) bereits vorliegt. Die Einwirkung eines fremden Magnetfeldes führt zu einer einheitlichen Ausrichtung der Weißschen Bezirke, wodurch eine erhebliche Verstärkung des Magnetfeldes, aber auch die Erscheinung der magnetischen Sättigung entsteht.

Die graphische Darstellung des Zusammenhanges $B = f(H)$ wird Magnetisierungskurve genannt. Sie hat bei ferromagnetischen Stoffen einen nichtlinearen Verlauf. Man unterscheidet die nachfolgend näher erläuterten Kurven:

– die *Neukurve*, die beim erstmaligen Magnetisieren eines vorher nicht magnetisierten Materials durchlaufen wird. Für die Magnetisierungskurve in Bild 13.8a) sei angenommen, daß der ferromagnetische Stoff vollkommen entmagnetisiert ist, d.h. $H = 0$, $B = 0$. Das Aufbringen einer Feldstärke H führt zu einer magnetischen Induktion B, die erst langsam, dann schneller und schließlich kaum mehr ansteigt (Sättigungsgebiet).

– die *Hystereseschleife*, die beim Ummagnetisieren zyklisch durchlaufen wird. Man betrachte Bild 13.8b): Wird, ausgehend von der Sättigung $+B_{max}$, die Feldstärke H verringert, so folgt die Induktion der Feldstärkeänderung nicht auf der Neukurve zurück, sondern verläuft oberhalb von ihr. Bei $H = 0$ bleibt im Eisen ein Restmagnetismus, die sog. *Remanenz* $+B_r$ zurück. Man nennt dieses zeitunabhängige Zurückbleiben *Hysterese*. Zur Beseitigung der Remanenz $+B_r$ ist die *Koerzitivfeldstärke* $-H_c$ notwendig. Die beiden Zustände $B = 0$ mit $H = 0$ und $B = 0$ mit $H = -H_c$ sind nicht identisch. Im ersten Fall stellt man sich vor, daß die Orientierungen sämtlicher *Weißschen* Bezirke verschieden sind. Im zweiten Fall kann man annehmen, daß durch das Aufbringen einer Koerzitivfeldstärke $-H_c$ die Restbestände der ursprünglichen Orientierung der Weißschen Bezirke durch den Aufbau einer Gegenorientierung anderer Weißscher Bezirke neutralisiert werden.

Wird die negative Feldstärke weiter gesteigert, erreicht das Eisen wieder einen Sättigungszustand $-B_{max}$. Bei Verringerung der Feldstärke auf Null bleibt die Remanenz $-B_r$ zurück. Wird die positive Feldstärke gesteigert, so erreicht die Kurve in $+B_{max}$ wieder ihren Anfang.

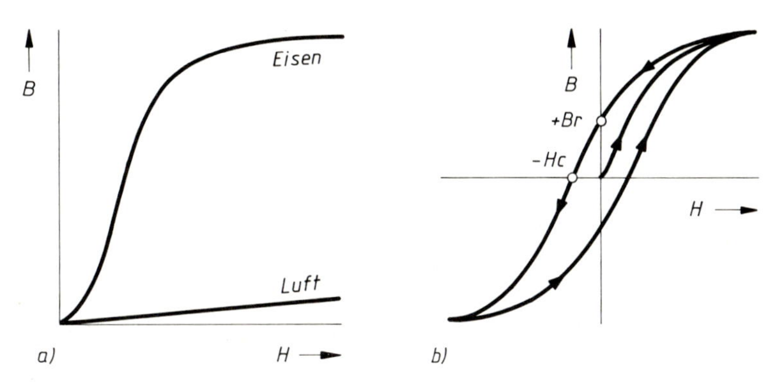

Bild 13.8 Magnetisierung
a) Magnetisierungskurve von Eisen und Luft
b) Neukurve und Hystereseschleife

Je nach der Form der Hystereseschleife ergeben sich unterschiedliche Anwendungen für Magnetwerkstoffe. So sollen Magnetwerkstoffe für *Übertrager* eine hohe Permeabilität bei kleinster Koerzitivfeldstärke haben (*weichmagnetisches Material* mit schmaler Hystereseschleife). Für *Dauermagnete* fordert man dagegen hohe Koerzitivfeldstärken und Remanenz, damit sie von fremden Magnetfeldern nicht umgepolt werden können (*hartmagnetisches Material* mit breiter Hystereseschleife).

Bei der Anwendung von Magnetisierungskurven für Berechnungszwecke im magnetischen Kreis geht man immer von einer eindeutigen Magnetisierungskurve aus, d.h. man vernachlässigt die Hysterese. Bild 13.9 zeigt Magnetisierungskurven, die den nachfolgenden Rechenbeispielen zugrunde liegen.

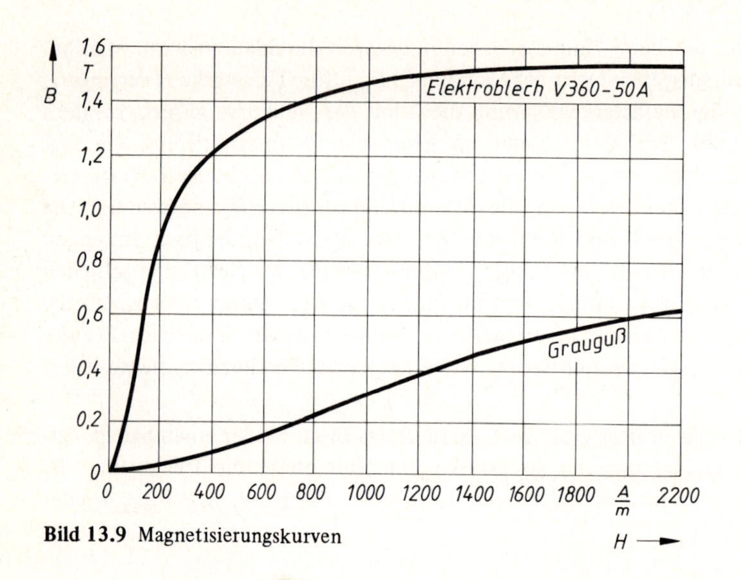

Bild 13.9 Magnetisierungskurven

Magnetische Felder können in allen Stoffen und im Vakuum bestehen. Die nachfolgende Tabelle zeigt eine Übersicht über die magnetischen Eigenschaften von Materialien:

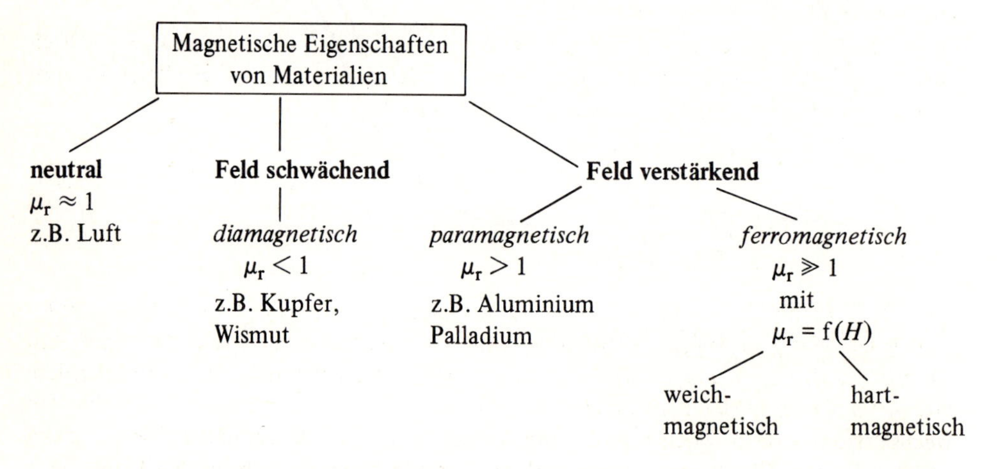

Die *Permeabilität* μ ist definiert als der Quotient aus dem Betrag der magnetischen Flußdichte B und dem Betrag der magnetischen Feldstärke H:

$$\mu = \mu_r \, \mu_0 = \frac{B}{H} \qquad \text{mit } \mu_0 = 4\pi \cdot 10^{-7} \, \frac{\text{Vs}}{\text{Am}}$$

Permeabilität bedeutet magnetische Durchlässigkeit. Dabei ist μ_r, die relative Permeabilität oder Permeabilitätszahl, eine dimensionslose Zahl, die den Steigerungsfaktor der magnetischen Flußdichte durch Einfügen von Eisen in den magnetischen Kreis angibt. Dies wurde bereits durch Gl. (82) $B = \mu_r \, \mu_0 \, H$ ausgedrückt.

Die Permeabilität ist bei Magnetwerkstoffen leider keine konstante Größe, da die Magnetisierungskurve $B = f(H)$ einen nichtlinearen Verlauf zeigt. Das bedeutet praktisch, daß

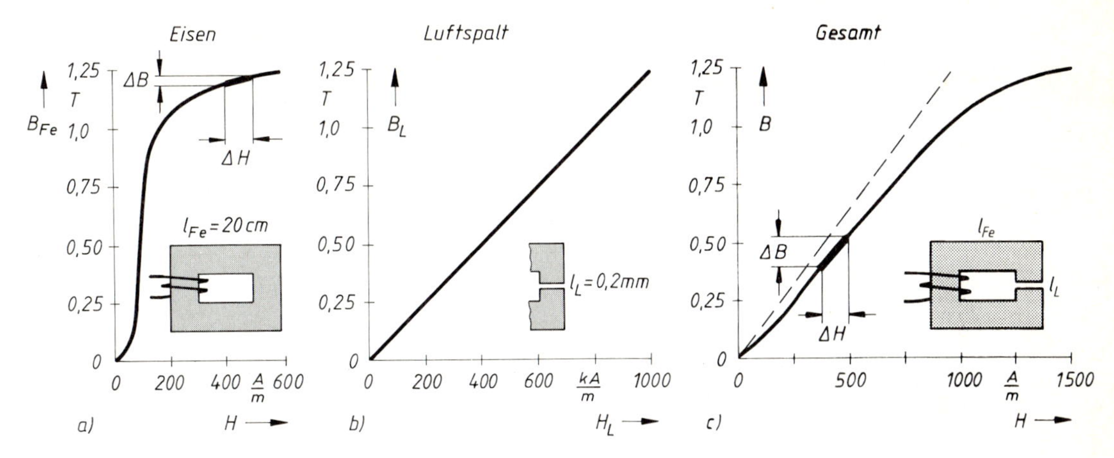

Bild 13.10 Ein Luftspalt linearisiert die Magnetisierungskurve.

eine eisengefüllte Spule keine konstante Induktivität aufweisen kann. Will man diesen Nachteil vermeiden, muß man der eisengefüllten Spule einen Mindest-Luftspalt geben. Bild 13.10 zeigt den Einfluß eines *Luftspaltes* auf die Form der Magnetisierungskennlinie, die dadurch flacher und geradliniger verläuft.

Durch die Einführung des Luftspaltes wird die Permeabilität verringert, aber zugleich auch in größeren Bereichen konstanter gehalten. Man erhält eine neue Permeabilitätsgröße, die man *effektive Permeabilität* des Eisens nennt:

$$\mu_e = \frac{\mu_r}{1 + \mu_r \dfrac{l_{Luft}}{l_{Fe}}} < \mu_r \qquad (88)$$

Bild 13.11 zeigt einen weiteren Permeabilitätsbegriff für den Fall der sog. *Gleichstromvormagnetisierung*. Darunter versteht man den Betriebsfall einer Spule, die von einem Gleichstrom I_{Gl} durchflossen wird, dem ein kleiner Wechselstrom $i_\sim$ überlagert ist (Siebdrossel in Gleichrichterschaltungen). Hier kommt es darauf an, daß die Spule für den Wechselstrom eine möglichst große Induktivität hat. Für die Induktivitätsberechnung ist jetzt die sog. *Überlagerungspermeabilität* μ_Δ maßgebend, die sich aus den Änderungen der magnetischen Größen errechnet und von der Stärke der Vormagnetisierung abhängig ist:

$$\mu_\Delta = \frac{1}{\mu_0} \cdot \frac{\Delta B}{\Delta H} \qquad (89)$$

Man erkennt aus Bild 13.11, daß eine Spule mit Luftspalt u.U. eine größere Überlagerungspermeabilität aufweisen kann als eine Spule ohne Luftspalt, die durch die Vormagetisierung in die Sättigung geraten ist.

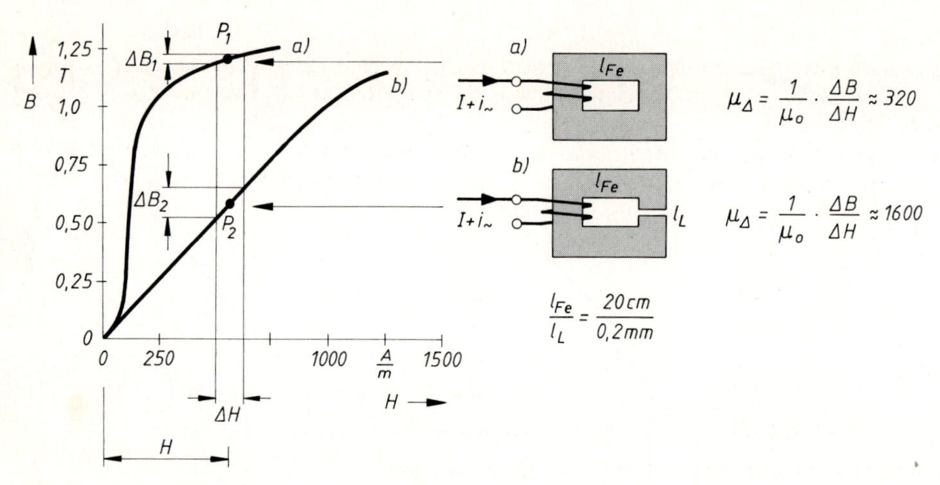

Bild 13.11 Die Überlagerungspermeabilität kann in einem magnetischen Kreis mit Luftspalt größer sein als in einem Kreis ohne Luftspalt.

13.5 Magnetischer Kreis

Der Aufbau einer elektrischen Maschine kann als eine magnetische Schaltung aufgefaßt werden, die im Prinzip aus einer eisengefüllten Spule mit Luftspalt besteht. Man bezeichnet eine solche Anordnung als *magnetischen Kreis*. Die Problemstellung bei der Berechnung magnetischer Kreise besteht meistens darin, aus einer gegebenen Luftspaltinduktion (Flußdichte B im Luftspaltquerschnitt A) die erforderliche Durchflutung Θ (Stromstärke $I \times$ Windungszahl N) zu ermitteln. Diese Grundaufgabe ist verbunden mit den Zusatzforderungen nach einer bestimmten Induktivität L der Spule (z.B. bei einer Siebdrossel) bzw. nach einem bestimmten magnetischen Fluß Φ (z.B. bei einem Transformator) oder nach einer bestimmten Tragkraft F (z.B. bei einem Hubmagneten).

Diese Aufgabenstellung läßt sich mit der nachstehenden Lösungsmethodik bewältigen:

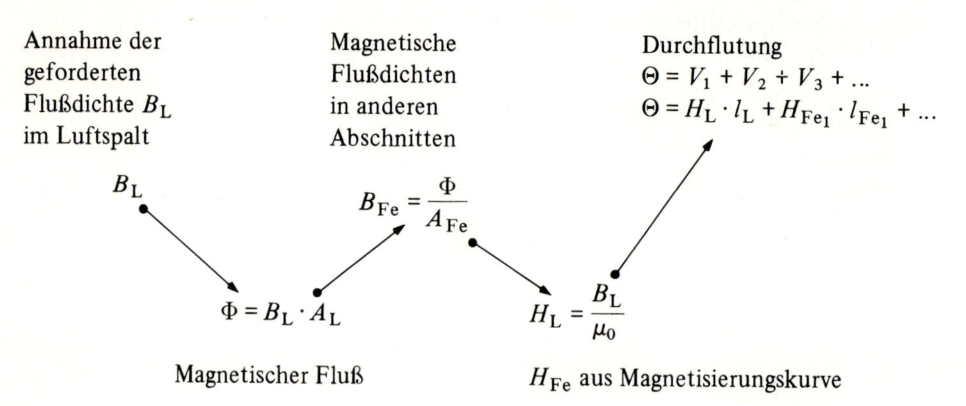

Beispiel

Eine Siebdrossel dient zur Glättung eines welligen Gleichstromes (genauer Mischstromes), wie er in Gleichrichterschaltungen entsteht. Induktivität und Nennstrom sind dabei zwei wichtige Kennwerte einer Siebdrossel.

Mit dem Beispiel soll gezeigt werden, wie die erreichbare Induktivität L durch Wahl des Nennstromes I beeinflußt wird, wenn die Luftspaltinduktion 0,75 T nicht überschreiten soll, um eine Eisensättigung zu vermeiden. Bild 13.12 zeigt die Abmessungen des verwendeten M 65-Kerns und nennt wichtige Kenndaten.

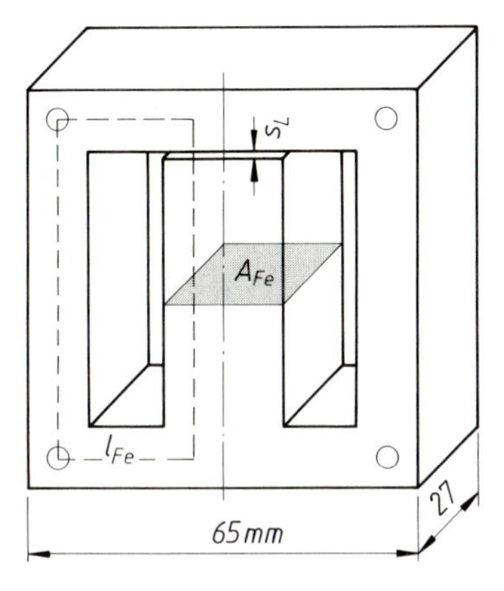

M65-Kern:

Eisenquerschnitt (eff.)	A_{Fe}	$= 4{,}85\,cm^2$
Eisenweglänge	l_{Fe}	$= 15{,}4\,cm$
Luftspalt (eff.)	s_L	$= 0{,}7\,mm$
Mittlere Windungslänge	l_m	$= 13{,}5\,cm$
Verfügbarer Wicklungsquerschnitt	A_w	$= 3{,}6\,cm^2$
Zulässige Stromdichte	S	$= 3{,}5\,\frac{A}{mm^2}$

Bild 13.12

Lösung:

Flußdichte B:

$$B_L = B_{Fe} = 0{,}75\ \text{T}$$

Magnetische Feldstärken H:

$$H_L = \frac{B_L}{\mu_0} = \frac{0{,}75\ \text{Am} \cdot \text{Vs}}{4\pi \cdot 10^{-7}\ \text{Vs} \cdot \text{m}^2} = 597\,130\ \frac{\text{A}}{\text{m}}$$

$$H_{Fe} = 175\ \frac{\text{A}}{\text{m}} \text{ aus Magnetisierungskurve Bild 13.9}$$

Durchflutung Θ:

Nach dem Durchflutungssatz ist die Durchflutung gleich der Summe aller Feldstärke-Weg-Produkte, die man auch magnetische Spannungen nennt: $V = H \cdot l$

$$\Theta = H_{Fe} \cdot l_{Fe} + H_L \cdot l_L$$

$$\Theta = 175\ \text{A/m} \cdot 0{,}154\ \text{m} + 597\,130\ \text{A/m} \cdot 0{,}7 \cdot 10^{-3}\ \text{m}$$

$$\Theta = \underbrace{27\ \text{A}}_{\substack{\text{Durchflutungsanteil zur}\\ \text{Magnetisierung des Eisens}\\ \hat{=}\ 6\,\%}} + \underbrace{417\ \text{A}}_{\substack{\text{Durchflutungsanteil}\\ \text{zur Magnetisierung}\\ \text{des Luftspalts}\\ \hat{=}\ 94\,\%}} = \underbrace{444\ \text{A}}_{\hat{=}\ 100\,\%}$$

Magnetischer Fluß Φ:

$$\Phi = BA = 0{,}75\ \text{Vs/m}^2 \cdot 4{,}85\ \text{cm}^2$$
$$\Phi = 0{,}363\ \text{mVs}$$

Induktivität L und Nennstrom I:

$$\Theta = IN = 444\ \text{A} \qquad \text{(1. Bedingung)}$$

$$L = \frac{N\Phi}{I} \qquad \text{(2. Bedingung)}$$

Nennstrom (gewählt) I	0,4 A	0,2 A	0,1 A
Windungszahl $N = \frac{\Theta}{I}$	1110	2220	4440
Induktivität $L = \frac{N\Phi}{I}$	1 H	4 H	16 H

Aus dem Beispiel erkennt man:
Bei Wahl eines kleineren Nennstromes I ist zur Erzielung der Durchflutung Θ = 444 A eine größere Windungszahl erforderlich, dadurch wird eine höhere Induktivität erreicht (s.A. Gl. 87).

△ **Übung 13.1: Induktivität einer Siebdrossel**

Im voranstehenden Beispiel benötigt die Siebdrossel mit M65-Kern bei 1110 Windungen einen Strom von 0,4 A, um eine Induktivität von 1 H bei einer Flußdichte im Luftspalt von 0,75 T zu erreichen. Führen Sie den gleichen Rechengang für einen M85-Kern durch, wenn dessen entsprechende Daten wie folgt gegeben sind:

Eisenquerschnitt $A_{Fe} = 8{,}5\ \text{cm}^2$
Eisenlänge $l_{Fe} = 21{,}4\ \text{cm}$
Luftspalt $s_L = 0{,}7\ \text{mm}$

Gefordert: $B_L = 0{,}75$ T bei $I = 0{,}4$ A
Gesucht: Windungszahl N, Induktivität L

13.6 Energieumsatz in der Spule

Felder sind Energieräume, so auch das magnetische Feld. Ein Volumen – z.B. in Form einer eisengefüllten Spule mit Luftspalt – kann nur durch *magnetische Energie* in den magnetischen Zustand versetzt werden. Woher hat das Volumen die magnetische Energie?

Eine Möglichkeit der Energieaufnahme besteht im Bezug von elektrischer Energie über die Spule, die als Energieumformstelle wirkt.

Betrachten wir eine verlustlose Spule mit $R \Rightarrow 0$, dann ist zur Aufrechterhaltung eines magnetischen Feldes lediglich ein Strom erforderlich. Es bedarf keiner Energiezufuhr. Diese ist jedoch aus Energieerhaltungsgründen dann erforderlich, wenn das magnetische Feld von Null auf seinen Endwert aufgebaut werden muß. In dieser Phase muß die Spule dem Stromfluß eine Art „Widerstand" entgegensetzen, um die Energieumformungsarbeit verrichten zu lassen. Dieser *„Widerstand"* ist in Wirklichkeit eine von der Spule erzeugte

Gegenspannung, die immer nur dann auftritt, wenn der magnetische Fluß sich ändert, also z.B. aufgebaut wird von $\Phi = 0 \Rightarrow \Phi > 0$. Diese Spannung entsteht durch Induktion und wird in Kapitel 14 noch ausführlich behandelt. Hier genügt es zu wissen, daß diese Gegenspannung automatisch eine solche Polarität besitzt, daß die Spannungsquelle nur unter Energieaufwand den Strom von $I = 0 \Rightarrow I > 0$ erhöhen kann.

Um diese *zeitabhängige Gegenspannung* zu erhalten, gehen wir auf die schon bekannte Beziehung

$$LI = N\Phi \quad \text{(Definition der Induktivität)}$$

zurück und betrachten deren zeitliche Änderungen:

$$u_L = L\frac{\Delta I}{\Delta t} = N\frac{\Delta \Phi}{\Delta t} \qquad \text{Einheit } 1\,\frac{\text{Vs}}{\text{A}} \cdot 1\,\frac{\text{A}}{\text{s}} = 1\,\text{V}; \quad 1\,\frac{\text{Vs}}{\text{s}} = 1\,\text{V}$$

Die Einheitenprobe zeigt, daß es sich bei beiden Ausdrücken um eine Spannung handelt, die als *induktive Spannung* der Spule bezeichnet wird.

Elektrische Energie ist nach einer allgemeinen Beziehung aus dem Produkt Spannung × Stromstärke × Zeit zu berechnen. Für zeitlich veränderliche Werte der induktiven Spannung u_L und des induktiven Stromes i_L der Spule gilt:

$$\mathrm{d}W_{el} = u_L\, i_L\, \mathrm{d}t$$

Dieser kleine Energiebetrag wird von der Spule in magnetische Energie umgesetzt:

$$\mathrm{d}W_{magn} = L \cdot \frac{\mathrm{d}i}{\mathrm{d}t} \cdot i_L \cdot \mathrm{d}t \qquad \text{mit } u_L = L \cdot \frac{\mathrm{d}i}{\mathrm{d}t}$$

$$W_{magn} = L\int i_L\, \mathrm{d}i$$

Zur Lösung des Integrals wird die Funktionskurve in Bild 13.13 gezeichnet. Die Summe aller $i_L\,\mathrm{d}i$ ergibt die dort schraffierte Dreiecksfläche und stellt die Lösung des Integrals dar. Es ist dann:

$$\boxed{W_{magn} = \frac{1}{2} LI^2} \qquad \text{Einheit } 1\,\frac{\text{Vs}}{\text{A}} \cdot 1\,\text{A}^2 = 1\,\text{Ws} \qquad (90)$$

In Worten: Der *Energieinhalt* des magnetischen Feldes einer Spule berechnet sich aus der Induktivität der Spule und dem Quadrat des in der Spule fließenden Stromes, wobei es gleichgültig ist, nach welcher Funktion der Strom von $i = 0$ auf $i = I$ beim Einschaltvorgang zugenommen hat. Gl. (90) gilt nur für Spulen mit konstanter Induktivität.

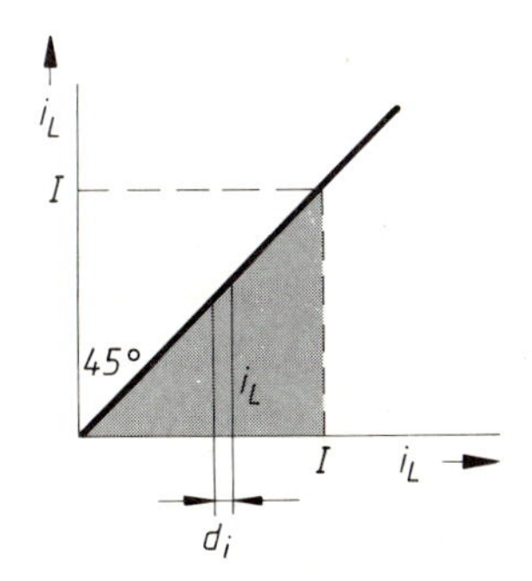

Bild 13.13
Zur Berechnung der magnetischen Energie einer Spule mit konstanter Induktivität

Wir fragen nun, wieviel Energie das magnetische Feld in einem bestimmten Kernformat speichern kann. Dazu ersetzen wir die elektrischen durch magnetische Größen

$$W_{\text{magn}} = \frac{1}{2} L I^2 \quad \text{mit } L = \frac{N\Phi}{I}$$

und erhalten:

$$W_{\text{magn}} = \frac{1}{2} \Theta\Phi$$

Das Duchflutungs-Fluß-Produkt trat bei der Berechnung des magnetischen Kreises als begrenzende Einflußgröße des Eisenkerns auf. Durch welche Bedingungen ist dieses Produkt bestimmt?

Wir setzen

$$W_{\text{magn}} = \frac{1}{2} \Theta\Phi \quad \text{mit } \Theta = Hl, \ \Phi = BA$$

und erhalten:

$$W_{\text{magn}} = \frac{1}{2} BHV \qquad \text{mit } V = Al, \ H = \frac{B}{\mu_r \mu_0}$$

V = Volumen
A = Querschnittsfläche
l = Länge

$$\boxed{W_{\text{magn}} = \frac{1}{2} \cdot \frac{B^2}{\mu_r \mu_0} V} \qquad \text{Einheit } \frac{1\,(\text{Vs})^2 \cdot \text{Am} \cdot \text{m}^3}{(\text{m}^2)^2\ \text{Vs}} = 1\ \text{Ws} \tag{91}$$

In Worten: Die von einer Spule speicherbare Energie hängt ab vom Quadrat der erreichbaren magnetischen Flußdichte B und dem Volumen V, in dem das Magnetfeld gespeichert wird. Gl. (91) gilt für alle Spulen, wenn eine konstante Permeabilität μ_r gegeben ist.

Bei einer eisengefüllten Spule mit Luftspalt wird der überwiegende Energieanteil im Luftspaltvolumen V_L und die kleinere Restenergie im Eisenvolumen V_{Fe} gespeichert sein. Will man die Aufteilung berechnen, so muß man die Energieanteile einzelnen ermitteln. Für die im effektiven Luftspaltvolumen V_L gespeicherte Energie kann Gl. (91) mit $\mu_r = 1$ verwendet werden:

$$W_{\text{magn}} = \frac{1}{2} \cdot \frac{B_L^2}{\mu_0} \cdot V_L$$

Der im Eisen gespeicherte Energieanteil läßt sich wegen der Nichtlinearität der Magnetisierungskennlinie nicht einfach berechnen. Es muß angesetzt werden:

$$\mathrm{d}W_{\text{magn}} = u_L i_L \,\mathrm{d}t \qquad \text{mit} \quad u_L = N \frac{\mathrm{d}\Phi}{\mathrm{d}t}, \quad u_L = N \frac{A\,\mathrm{d}B}{\mathrm{d}t}$$

$$\text{und} \quad i_L N = H_{Fe} \cdot l_{Fe}, \quad i_L = \frac{H_{Fe} \cdot l_{Fe}}{N}$$

$$\mathrm{d}W_{\text{magn}} = V_{Fe} H_{Fe}\,\mathrm{d}B$$

$$\boxed{W_{\text{magn}} = V_{Fe} \int_0^B H_{Fe}\,\mathrm{d}B} \qquad \text{Einheit } 1\ \frac{\text{m}^3 \cdot \text{A} \cdot \text{Vs}}{\text{mm}^2} = 1\ \text{Ws} \tag{92}$$

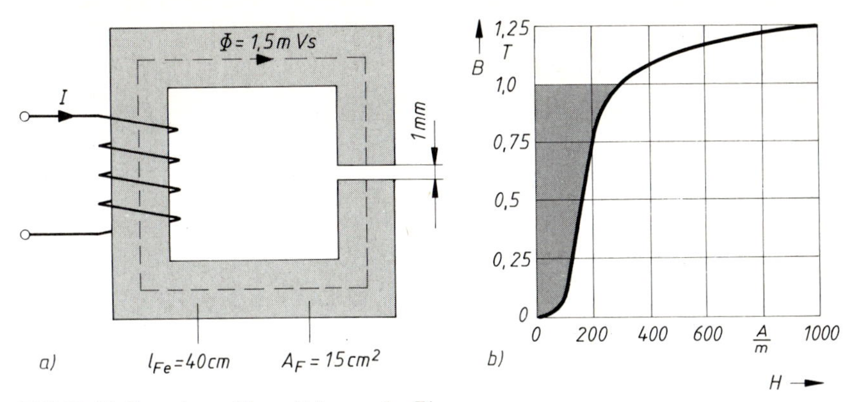

Bild 13.14 Energie zur Magnetisierung des Eisens
a) Magnetischer Kreis
b) Die gerasterte Fläche zeigt die zur Magnetisierung des Eisens erforderliche Energie.

In Worten: Die im Eisenvolumen V_{Fe} gespeicherte Energie muß aus der in Bild 13.14 schraffierten Fläche berechnet werden. Dies kann näherungsweise mit der Methode des Flächenauszählens (s. S. 23) geschehen:

$$W_{\mathrm{magn}} = V_{\mathrm{Fe}} \cdot x\,\mathrm{FE}\,\frac{\mathrm{Wert}}{\mathrm{FE}} \qquad \mathrm{FE} = \text{Flächenelement}$$

Beispiel

Wir berechnen die magnetische Energie, die der in Bild 13.14 gezeigte magnetische Kreis speichert. Wie groß ist die zur Aufrechterhaltung des magnetischen Feldes erforderliche Stromstärke?

Lösung:

Magnetische Induktion B:

$$B_{\mathrm{L}} = B_{\mathrm{Fe}} = \frac{\Phi}{A} = \frac{1{,}5\ \mathrm{mVs}}{15\ \mathrm{cm}^2} = 1\ \mathrm{T}$$

Magnetische Energie im Luftspalt:

$$W_{\mathrm{magn}} = \frac{1}{2} \cdot \frac{B^2}{\mu_0} \cdot V_{\mathrm{L}}$$

$$W_{\mathrm{magn}} = \frac{1}{2} \cdot \frac{(1\ \mathrm{T})^2\ \mathrm{Am}}{4\pi \cdot 10^{-7}\ \mathrm{Vs}} \cdot 1{,}5\ \mathrm{cm}^3 = 600\ \mathrm{mWs}$$

Magnetische Energie im Eisen:

$$W_{\mathrm{magn}} = V_{\mathrm{Fe}} \int_0^{1\,\mathrm{T}} H\,\mathrm{d}B$$

$$W_{\mathrm{magn}} \approx 600\ \mathrm{cm}^3 \cdot 3\ \mathrm{FE} \cdot \frac{0{,}25\ \mathrm{T} \cdot 200\ \mathrm{A}}{\mathrm{FE} \cdot \mathrm{m}} = 90\ \mathrm{mWs}$$

Durchflutung Θ:

$$\Theta = H_{Fe}\, l_{Fe} + H_L\, l_L$$

$$\Theta = 300\,\frac{A}{m} \cdot 0{,}4\ m + \frac{1\ T \cdot Am}{4\pi \cdot 10^{-7}\ Vs}\, 1 \cdot 10^{-3}\ m$$

$$\Theta = 120\ A + 796\ A = 916\ A$$

Stromstärke I:

$$I = \frac{\Theta}{N} = \frac{916\ A}{1000} = 0{,}916\ A$$

13.7 Hystereseverluste

In einer eisengefüllten Spule fließt ein Wechselstrom. Dadurch entsteht ein magnetischer Wechselfluß. Das veränderliche magnetische Feld erzeugt im Eisen Wirbelströme und damit Wirbelstromverluste (s. Übung 14.7).

Außerdem erzwingt das magnetische Wechselfeld im Eisenkern eine fortwährende Umorientierung der Elementarmagnete, so daß im Eisen noch weitere Verluste, die sog. *Hystereseverluste*, entstehen.

Die Hystereseverluste können durch Ansatz von Gl. (92) aus der Hystereseschleife berechnet werden.

Die Integration von $-B_r$ bis $+B_{max}$ ergibt einen Energieaufwand, der im Bild 13.15a) durch die dort gerasterte Fläche ausgedrückt wird:

$$W_{magn1} = V_{Fe} \int_{-B_r}^{+B_{max}} H\, dB$$

Mit abnehmender Induktion von $+B_{max}$ bis $+B_r$ wird ein geringerer Energiebetrag wieder frei und in elektrische Energie zurückverwandelt. Dieser Anteil wird im Bild 13.15b) durch die dort schraffierte Fläche bezeichnet:

$$W_{magn2} = V_{Fe} \int_{+B_{max}}^{+B_r} H\, dB$$

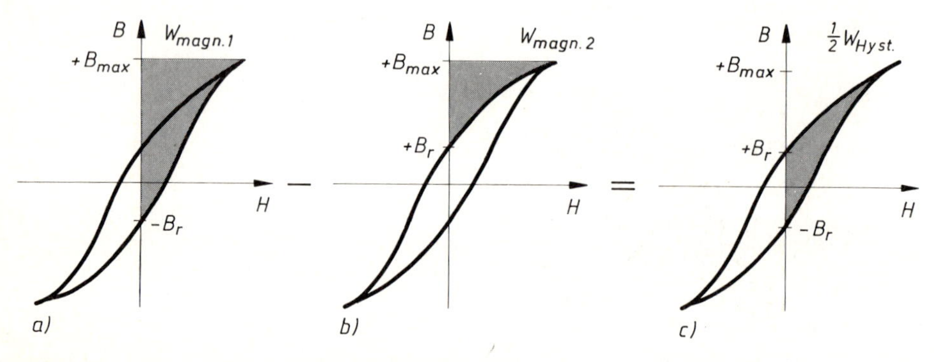

Bild 13.15 Zur Berechnung der Hystereseverluste

Die Differenz $\Delta W = W_{\text{magn1}} - W_{\text{magn2}}$ stellt den Energieanteil dar, der im Magnetwerkstoff bei dem bisher beschriebenen Magnetisierungsvorgang in Wärme umgewandelt wurde. Im Bild 13.15c) wird dieser Anteil durch die dort gerasterte Fläche gekennzeichnet. Der Vorgang wiederholt sich analog für die negative Halbwelle des Wechselstromes.

Würden die beiden Äste der Hystereseschleife zusammenfallen, dann wäre die in einer Viertelperiode aufgenommene Energie genau so groß, wie die während der zweiten Viertelperiode abgegebene Energie.

Die Auswertung der von der Hystereseschleife eingeschlossenen Fläche führt somit zu den Hystereseverlusten für ein einmaliges Durchlaufen der gesamten Hystereseschleife:

$$\boxed{W_{\text{Hyst}} = V_{\text{Fe}} \int_A H \, dB} \quad \text{Lösung über Flächenauszählmethode (s. S. 23)} \qquad (93)$$

Es bedeutet: $\int_A$ ein voller Umlauf auf der Hystereseschleife, d.h. es ist die Fläche der Hystereseschleife zu berechnen. Weichmagnetische Werkstoffe mit einer schmalen Hystereseschleife haben also geringere Hystereseverluste als hartmagnetische Werkstoffe, die eine breite Hystereseschleife aufweisen. Man muß noch beachten, daß die oben angegebenen Hystereseverluste auf dem nur einmaligen Durchlauf der Hystereseschleife beruhen.

Beispiel

Welche Hysteresearbeit pro Volumeneinheit ergibt sich bei einmaligem Durchlauf der Hystereseschleife des magnetisch harten Eisens je 1 cm³ Material?

Lösung:

$$W_{\text{Hyst}} = V_{\text{Fe}} \int_A H \, dB$$

$$\frac{W_{\text{Hyst}}}{V_{\text{Fe}}} = \int_A H \, dB = 0{,}2 \, \frac{\text{Vs}}{\text{m}^2} \cdot 1000 \, \frac{\text{A}}{\text{m}} \cdot 120 \text{ FE} \qquad \text{(FE = Flächenelemente)}$$

$$\frac{W_{\text{Hyst}}}{V_{\text{Fe}}} = 24\,000 \, \frac{W_s}{\text{m}^3} = 0{,}024 \, \frac{W_s}{\text{cm}^3}$$

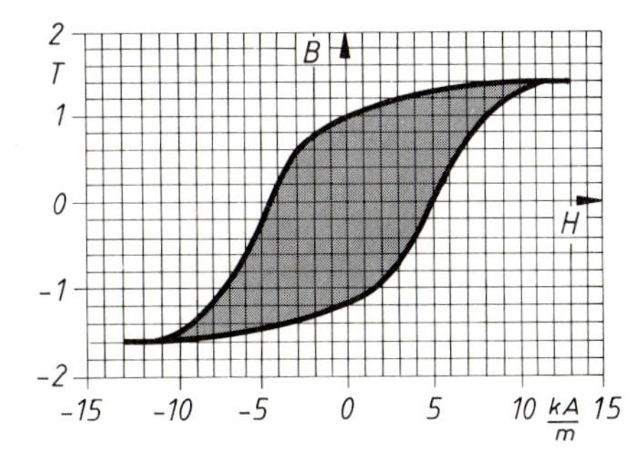

Bild 13.16

13.8 Kraftwirkungen

Im magnetischen Feld treten drei unterscheidbare Kraftwirkungen auf:

1. Kräfte zwischen zwei Magneten
2. Kräfte auf stromdurchflossene Leiter oder bewegte elektrische Ladungen im Magnetfeld
3. Kräfte zwischen stromdurchflossenen Leitern

Kraftwirkung zwischen zwei Magneten

Der im Bild 13.17 dargestellte Elektromagnet besteht aus einem feststehenden Weicheisen-Joch und einem beweglichen (federnd gelagerten) Weicheisen-Anker. Der Strom in der Spule erzeugt einen magnetischen Fluß, dessen Richtung mit der Rechtsschraubenregel bestimmt werden kann. Durch die Magnetisierung der Weicheisen-Abschnitte entstehen zwei Magnete, die sich mit ungleichnamigen magnetischen Polen gegenüberstehen. Der Elektromagnet zieht seinen Anker gegen die Wirkung der Federkraft mit der Anzugskraft F um das Wegstück Δs an und verrichtet dabei die Hubarbeit:

$$\Delta W = F\,\Delta s$$

Wir berechnen die Anzugskraft nach dem *Prinzip der virtuellen Verschiebung* (s. auch Kapitel 11.7). Dazu nehmen wir an, daß bei der Ankerbewegung um das sehr kleine Wegstück Δs die magnetische Flußdichte B konstant bleibt. Diese Annahme bedeutet, daß die Kraft F längs des Weges Δs konstant bleibt. Ferner muß aus Gründen der Klarheit der Energiebilanz das Magnet-Feder-System als abgeschlossen betrachtet werden, d.h. es findet keine Energieeinströmung von außen z.B. durch den Generator statt.

Unter diesen theoretischen Voraussetzungen, die bei einem Dauermagneten anstelle des Elektromagneten auf natürliche Weise gegeben sind, bei einem Elektromagneten jedoch nur unter Einhaltung besonderer Bedingungen erreicht werden können, gelingt die Ableitung der Kraftformel. Es kann behauptet werden, daß die Hubarbeit auf Kosten der Energieabnahme des magnetischen Feldes im Luftspalt erfolgen muß:

$$F\,\Delta s = \Delta W_{\text{magn}}$$

Dabei nimmt die magnetische Feldenergie wegen Verkleinerung des Luftspaltvolumens ab.

$$\Delta V = A\,\Delta s \;\Rightarrow\; \text{wird eingesetzt in Gl. (91).}$$

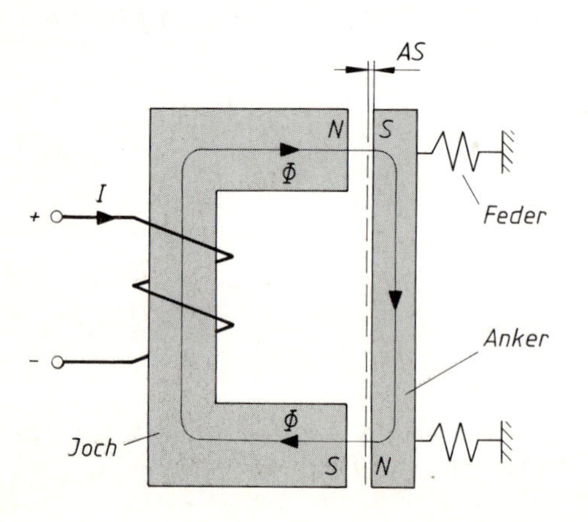

Bild 13.17
Zur Berechnung der Anzugskraft eines (Elektro)-Magneten

$$F\,\Delta s = \frac{1}{2}\cdot\frac{B_L^2}{\mu_0}\cdot A_L\,(l_{L1}-l_{L2}) \qquad \text{mit } \Delta s = l_{L1}-l_{L2}$$

$$\boxed{F = \frac{1}{2}\cdot\frac{B_L^2}{\mu_0}\cdot A_L} \qquad \text{Einheit } 1\,\frac{(\mathrm{Vs})^2\cdot\mathrm{Am}\cdot\mathrm{m}^2}{(\mathrm{m}^2)^2\cdot\mathrm{Vs}} = 1\,\mathrm{N} \tag{94}$$

In Worten: Die *Anzugskraft F* ist proportional dem Quadrat der Luftspaltinduktion B_L und der Luftspaltquerschnittsfläche A_L. Gl. (94) zeigt keinen Hinweis mehr auf die Entstehungsursache der Luftspaltinduktion und gilt deshalb für Dauermagnete und Elektromagnete. Wegen der einschränkenden Bedingungen bei der Herleitung der Formel kann bei Elektromagneten mit Gl. (94) nur die sog. Haltekraft des Magneten berechnet werden, bei der eine Ankerbewegung nicht stattfindet.

Beispiel

Der Luftspalt des Elektromagneten im Bild 13.17 hat die Abmessungen $A = 25\ \mathrm{cm}^2$ je Polfläche und den Ankerabstand $s = 0{,}5$ cm, der mit einer Kunststoffzwischenlage ausgefüllt ist. Die magnetische Flußdichte beträgt konstant $B = 0{,}5$ T. Mit welcher Anzugskraft wird der Anker angezogen, und welche Durchflutung ist erforderlich zur Erzeugung der Luftspaltinduktion?

Lösung: In Gl. (94) muß die Gesamtpolfläche des Magneten, diese besteht aus Einzelpolflächen, eingesetzt werden. Es ist:

$$F = 2\cdot 25\cdot 10^{-4}\ \mathrm{m}^2\cdot\frac{(0{,}5\ \mathrm{T})^2}{2\cdot 4\pi\cdot 10^{-7}\ \mathrm{Vs/Am}}$$

$$F = 500\ \mathrm{N}$$

Um allein im Luftspalt die geforderte magnetische Induktion von 0,5 T zu erzeugen, ist die Durchflutung Θ erforderlich. Bei Annahme eines homogenen magnetischen Feldes im Luftspalt erhält man:

$$\Theta = H(2\cdot s)$$

$$\Theta = \frac{B}{\mu_0}\cdot 2\cdot s = \frac{0{,}5\ \mathrm{T}\cdot 2\cdot 0{,}5\ \mathrm{cm}\cdot 10^{-2}\ \mathrm{m}}{4\pi\cdot 10^{-7}\ \mathrm{Vs/Am}}$$

$$\Theta = 3979\ \mathrm{A} \qquad \text{z.B. } I\approx 4\ \mathrm{A},\ N = 1000\ \text{Windungen}$$

Kraftwirkung auf stromdurchflossene Leiter

Erfahrungsgemäß wird auf stromdurchflossene Leiter im magnetischen Feld eine Kraft ausgeübt, deren Entstehung man sich durch Überlagerung des vorhandenen magnetischen Fremdfeldes mit der Flußdichte B und dem magnetischen Eigenfeld des Stromes I veranschaulichen kann. Bild 13.18 zeigt als Ergebnis der Überlagerung eine *Feldverstärkung*

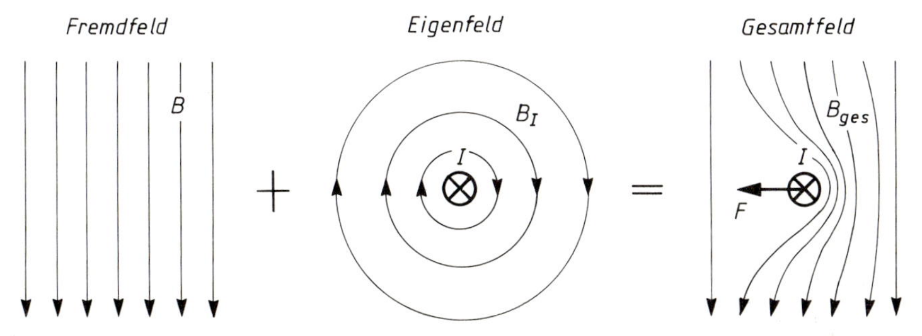

Bild 13.18 Elektrodynamische Kraft: Kraftwirkung auf stromdurchflossenen Leiter im Magnetfeld. Veranschaulichung der Kraftrichtung durch die Tendenz der Feldlinien, sich zu verkürzen

auf der rechten Seite und eine *Feldschwächung* auf der linken Seite des stromdurchflossenen Leiters. Der Leiter erfährt eine elektrodynamische Kraft, deren Richtung sich aus dem Bestreben der Feldlinien ergibt, sich wie Gummifäden zu verkürzen.

Der Betrag der *elektrodynamischen Kraft* läßt sich aus einer Energiebilanz berechnen. Wir betrachten die in Bild 13.19 dargestellte Anordnung: Ein beweglicher Leiter 1–2 werde über zwei Stromschienen A, B an Spannung gelegt. Der Stromkreis wird von einem magnetischen Feld senkrecht durchsetzt. Man beobachtet bei geschlossenem Stromkreis, wie der bewegliche Leiter auf den Stromschienen unter Überwindung der Reibungskräfte gleitet; dabei wird eine Arbeit verrichtet:

$$\Delta W_{\mathrm{mech}} = F\,\Delta s$$

Diese mechanische Energie kann nur auf Kosten von elektrischer Energie gewonnen werden:

$$\Delta W_{\mathrm{el}} = UI\,\Delta t$$

Bei einem widerstandslosen Stromkreis ist die Spannung U des Generators erforderlich, um die induktive Gegenspannung U_{L} des Stromkreises zu überwinden:

$$U_{\mathrm{L}} = N\frac{\Delta\Phi}{\Delta t} \qquad \text{(s.a. Kp. 14.5)}$$

Diese Spannung hat ihren Ursprung in der Flußänderung in der Leiterschleife (s. Kapitel 13.6 und 14.2).

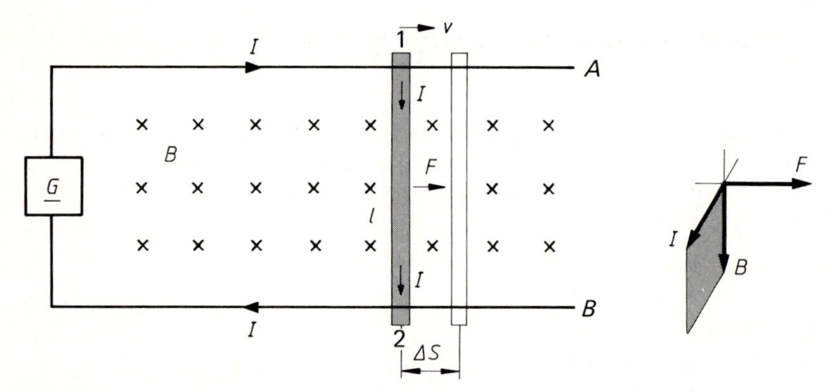

Bild 13.19 Elektrodynamische Kraft: Kraftwirkung auf stromdurchflossenem Leiter im Magnetfeld. Richtungsregel: Die Kraft wirkt senkrecht zu der aus den Vektoren I und B gebildeten Fläche.

Die Energiebilanz lautet:

$$F\,\Delta s = U_{\mathrm{L}}\,I\,\Delta t$$

$$F\,\Delta s = N\frac{\Delta\Phi}{\Delta t}\,I\,\Delta t \qquad \text{mit } N = 1,\ \Delta\Phi = B\,\Delta A$$

$$F\,\Delta s = BI\,\Delta A \qquad \text{mit } l = \frac{\Delta A}{\Delta s}$$

$$\boxed{F = BIl} \qquad \text{mit } I \perp B \qquad \text{Einheit } 1\,\frac{\mathrm{Vs}\cdot\mathrm{A}\cdot\mathrm{m}}{\mathrm{m}^2} = 1\,\mathrm{N} \qquad (95)$$

In Worten: Die elektrodynamische Kraft F ist proportional der Stromstärke I im Leiter, der sich mit der Länge l im magnetischen Feld der Flußdichte B befindet, und hat ihr Maximum, wenn B und I einen Winkel von 90° bilden. Bei einem beliebigen Winkel α zwischen B und I lautet Gl. (95):

$$F = B I l \sin \alpha$$

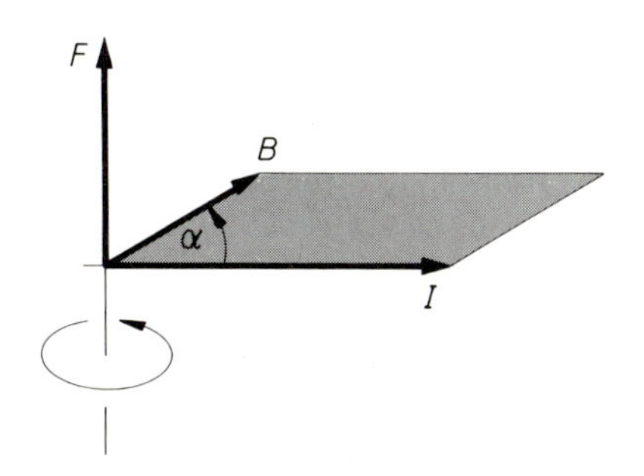

Bild 13.20
Werden die Vektoren I und B im Sinne einer Rechtsschraube gedreht, so wirkt die elektrodynamische Kraft in Richtung des Vorschubs einer Rechtsschraube.

Richtungsregel:
Die Kraft steht immer senkrecht auf der Stromrichtung

$$F \perp I$$

sowie senkrecht auf der Feldrichtung

$$F \perp B$$

und ist dem Drehsinn dieser Vektoren rechtswendig zugeordnet.

Beispiel
Eine Leiterschleife befindet sich in einem Magnetfeld mit der Flußdichte $B = 0{,}3$ T. In der Leiterschleife besteht der Strom $I = 5$ A. Die wirksame Leiterlänge im Magnetfeld beträgt $l = 8$ cm. Es ist das Drehmoment M der drehbar gelagerten und von einer Feder gehaltenen Leiterschleife zu berechnen, wenn deren Radius $r = 3$ cm ist.

Lösung:

$$F = B l I = 0{,}3\ \mathrm{T} \cdot 8 \cdot 10^{-2}\ \mathrm{m} \cdot 5\ \mathrm{A}$$
$$F_1 = F_2 = 0{,}12\ \mathrm{N}$$
$$M_1 = M_2 = F s = 0{,}12\ \mathrm{N} \cdot 3 \cdot 10^{-2}\ \mathrm{m} = 3{,}6 \cdot 10^{-3}\ \mathrm{Nm}$$
$$M_{ges} = M_1 + M_2 = 7{,}2 \cdot 10^{-3}\,\mathrm{Nm}$$

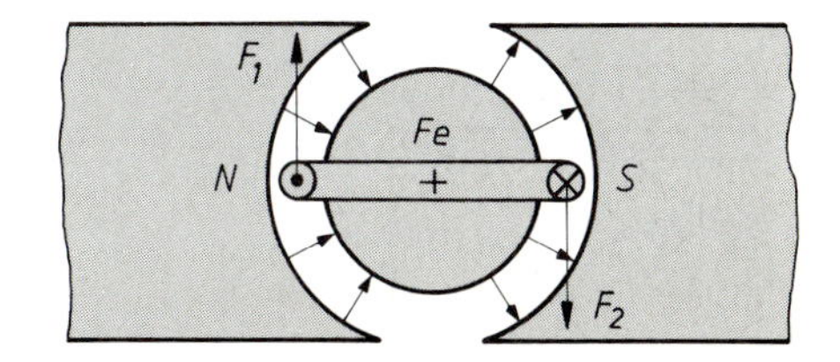

Bild 13.21
Elektrodynamische Kraft: Stromdurchflossene Leiterschleife im Magnetfeld

Kraftwirkung auf bewegte Ladungen

Stromfluß in elektrischen Leitern bedeutet Ladungsträgerbewegung. Man kann daher an Stelle eines Stromelements Il eine entsprechende Ladungsbewegung Qv setzen. Mit Gl. (95) erhält man:

$$\boxed{F = B\,Q\,v} \qquad v \perp B \tag{96}$$

In Worten: Bewegt sich eine Ladung Q im Magnetfeld der Induktion B mit der Geschwindigkeit v, so erfährt sie eine Kraft F, die man *Lorentzkraft* nennt. Die Kraftrichtung steht senkrecht auf der von den Vektoren v und B gebildeten Ebene. Die Kraftwirkung verschwindet, wenn die Bewegungsrichtung der Ladung mit der Feldrichtung zusammenfällt, d.h. Winkel $\alpha = 0°$ wird. Wegen $F \perp v$ kann das magnetische Feld nur Richtungsänderungen aber keine Geschwindigkeitsänderungen an einer bewegten elektrischen Ladung verursachen:

$$F = B\,Q\,v \cdot \sin\alpha$$

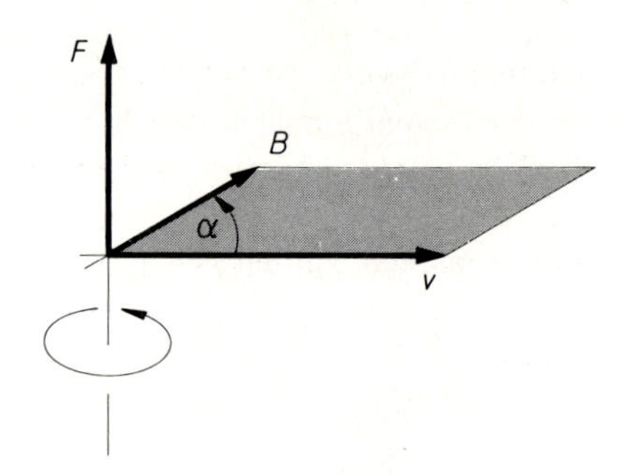

Bild 13.22
Lorentzkraft: Kraftwirkung auf bewegte elektrische Ladungen im Magnetfeld. Richtungsregel: Die Lorentzkraft wirkt senkrecht zu der aus den Vektoren v und B gebildeten Fläche im Sinne eines Rechtssystems (s. Bild 13.20).

Beispiel

Meßgeräte für die Magnetfeldmessung erfordern ein geeignetes Meßaufnehmerprinzip. Bild 13.23 zeigt das Schema einer sog. Hallsonde, bei der die Wirkung der Lorentzkraft ausgenutzt wird. Wie kann das Entstehen der Hallspannung U_H in der gezeichneten Anordnung erklärt und die Polarität bestimmt werden?

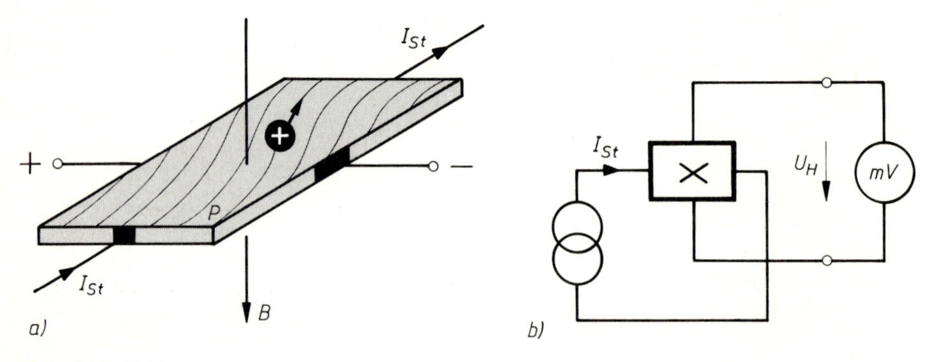

Bild 13.23 Hallgenerator
a) Zur Entstehung der Hallspannung
b) Anschlußschema

Lösung: Ein Hallgenerator ist ein flaches Halbleiterplättchen, das in seiner Längsrichtung von einem Steuerstrom I_{St} durchflossen wird. Bringt man das Plättchen so in ein magnetisches Feld, daß der magnetische Fluß senkrecht auf die Plattenfläche trifft, so erfolgt eine Auslenkung der im Halbleiter beweglichen Ladungsträger aufgrund der Lorentzkraft. Es entsteht eine Hallspannung U_{Hall}, die bei konstantem Steuerstrom I_{St} ziemlich proportional zur magnetischen Flußdichte B ist.

In Richtung des Steuerstromes I_{St} bewegen sich positive Ladungsträger im Halbleiterplättchen. Auf bewegte Ladungsträger (Ströme) werden im Magnetfeld mit der Flußdichte B Kräfte F ausgeübt:

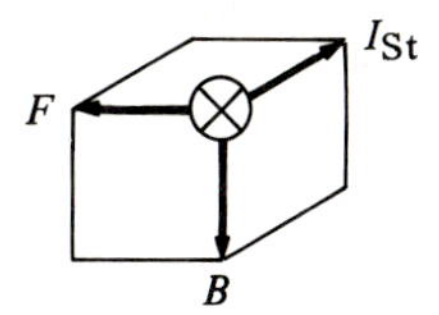

Als Folge der Kraftwirkung werden die positiven Ladungsträger in Bild 13.23 mehr zum linken Plattenrand ausgelenkt, der sich deshalb positiv auflädt. Es entsteht ein quer zur Stromrichtung liegendes elektrisches Feld mit der Hallspannung U_{Hall}.

Kraftwirkung zwischen stromdurchflossenen Leitern

Die Kraftwirkung zwischen zwei stromdurchflossenen Leitern hängt von der gegenseitigen Stromrichtung und Lage der Leiter ab. Die festmontierten Leiter A und B verlaufen parallel im Abstand a zueinander. Die Leiterlänge sei l. Der Strom I_A im Leiter A erzeugt im Abstand a die magnetische Induktion:

$$H_A = \frac{I_A}{2\pi a}$$

$$B_A = \mu_r \mu_0 H_A = \mu_r \mu_0 \frac{I_A}{2\pi a}$$

Der Strom I_B des Leiters B befindet sich somit im magnetischen Feld des Leiters A. Es wirkt die Kraft F_B auf den Leiter B:

$$F_B = B_A I_B l$$

$$\boxed{F_B = \frac{\mu_r \mu_0 l}{2\pi a} I_A I_B} \qquad \text{Einheit } 1\,\frac{\text{Vs}}{\text{Am}} \cdot \frac{1\,\text{m}}{1\,\text{m}} \cdot \text{A}^2 = 1\,\text{N} \qquad (97)$$

Ebenso befindet sich der Leiter A im magnetischen Feld des Leiters B, so daß auch gilt:

$$F_A = F_B$$

Die Befestigungsvorrichtungen müssen die Zugkräfte aufnehmen. Die Richtung der Zugkräfte ist stromrichtungsabhängig:

Parallele Leiter mit gleicher Stromrichtung ziehen sich an, parallele Leiter mit entgegengesetzter Stromrichtung stoßen sich ab.

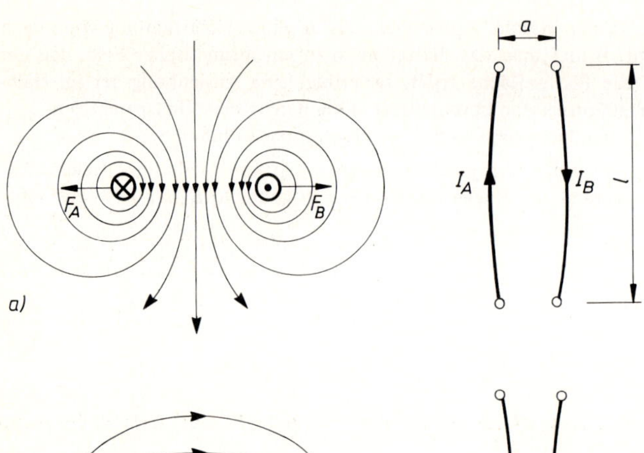

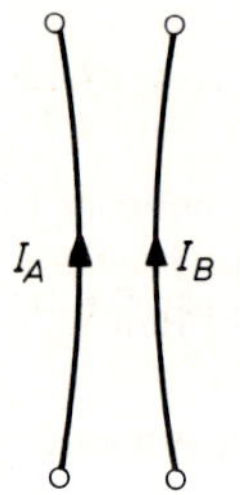

b)

Bild 13.24
Elektrodynamische Kraft zwischen zwei parallelen, stromdurchflossenen Leitern
a) Abstoßung bei Gegenströmen
b) Anziehung bei Mitströmen

Beispiel

Mit der Anziehungskraft zweier stromdurchflossener Leiter ist die Einheit der Stromstärke definiert worden.

Definition der Stromstärke 1 Ampere:

Die Basiseinheit 1 Ampere ist die Stärke eines zeitlich unveränderlichen elektrischen Stromes, der durch zwei im Vakuum parallel im Abstand 1 Meter voneinander angeordnete, geradlinige unendlich lange Leiter mit vernachlässigbar kleinem, kreisförmigen Querschnitt fließt und zwischen diesen Leitern von je 1 Meter Leiterlänge elektrodynamisch die Kraft $2 \cdot 10^{-7}$ N hervorrufen würde:

$$F = \frac{\mu_r \mu_0 l}{2 \pi a} I^2$$

$$F = \frac{1 \cdot 4\pi \cdot 10^{-7}\ \text{Vs} \cdot 1\ \text{m} \cdot 1\ \text{A}^2}{2\pi \cdot 1\ \text{m} \cdot \text{Am}} = 2 \cdot 10^{-7}\ \frac{\text{Ws}}{\text{m}}$$

13.9 Vertiefung und Übung

△ **Übung 13.2: Induktivität**

Wie groß ist die Induktivität der in Bild 13.25 gezeigten eisengefüllten Spule, wenn mit einer Hallsonde in einem sehr schmalen Schlitz des Eisens eine magnetische Induktion von 250 mT gemessen wird? Magnetisierungskurve: Bild 13.9.

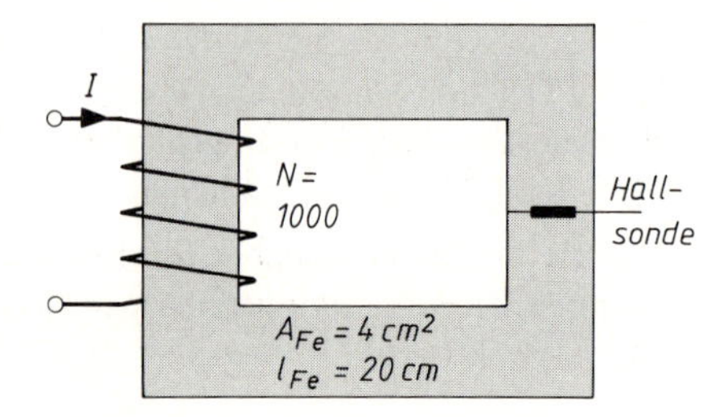

Bild 13.25

△ **Übung 13.3: Magnetischer Kreis**

Wie groß muß der Spulenstrom I gewählt werden, damit der Hubmagnet eine Tragkraft von 1000 N erzeugt (Bild 13.26)? Magnetisierungskurve: Bild 13.9.

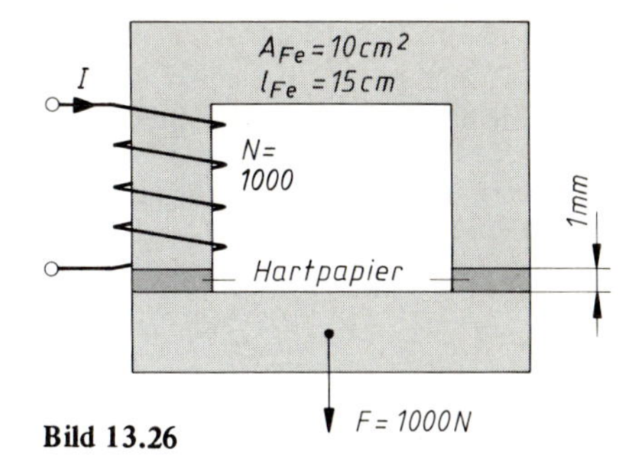

Bild 13.26

△ **Übung 13.4: Induktivität**

(Im Anschluß an Übung 13.3.) Wie groß ist die Induktivität des in Bild 13.26 dargestellten Hubmagneten bei angezogenem Anker?

△ **Übung 13.5: Magnetische Energie**

(Im Anschluß an Übung 13.4.) Berechnen Sie die im Hubmagneten (Bild 13.26) gespeicherte magnetische Energie?

△ **Übung 13.6: Lorentzkraft**

Ein Elektron wird mit der Geschwindigkeit 10 000 km/s senkrecht in ein magnetisches Feld der Flußdichte 0,01 T geschossen. Berechnen Sie den Bahnverlauf des Elektrons, und machen Sie eine Aussage über dessen Geschwindigkeit im Magnetfeld. Daten: $e = 1,6 \cdot 10^{-19}$ C, $m = 0,911 \cdot 10^{-30}$ kg. Hinweis: Zentrifugalkraft $F = mv^2/r$.

△ **Übung 13.7: Stromdurchflossene Leiterschleife im Magnetfeld**

Bild 13.27 zeigt zwei Leiterschleifen mit gleichen geometrischen Abmessungen: Leiterlänge im Magnetfeld $l = 3$ cm, Radius $r = 1,5$ cm. Beide Leiterschleifen werden von einem Strom gleicher Stärke $I = 1$ mA durchflossen. Das magnetische Feld sei in beiden Fällen homogen und habe die Flußdichte $B = 0,1$ T. Wie groß ist das Drehmoment, mit dem beide Leiteranordnungen gegen die Wirkung der federmechanischen Richtkräfte bewegt werden, wenn die Leiterschleife um einen Winkel von 30° aus der Senkrechten herausgedreht ist?

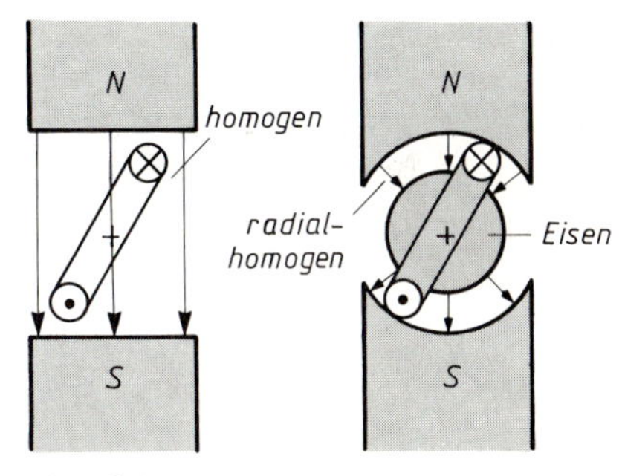

Bild 13.27

△ **Übung 13.8: Kräfte zwischen stromdurchflossenen Leitern**

Welche Kraft entsteht zwischen der Hin- und Rückleitung im Moment des Kurzschlusses, wenn dabei ein Strom $I = 40$ kA auftritt und die Leitungen auf einer Länge von 70 m parallel und im Abstand von 45 cm liegen?

△ **Übung 13.9: Anziehungskraft zweier Magnete**

Im Luftspalt zweier Magnete mit der Polquerschnittsfläche 12 cm² herrscht die Flußdichte 1,2 T. Mit welcher Kraft ziehen sich die Eisenkerne an?

△ **Übung 13.10: Lorentzkraft**

In der Bildschirmmitte eines Oszilloskops erscheint durch aufschlagende Elektronen ein Leuchtpunkt. Wie beeinflussen die außen aufgelegten Dauermagnete den Elektronenstrahl (Bild 13.28)?

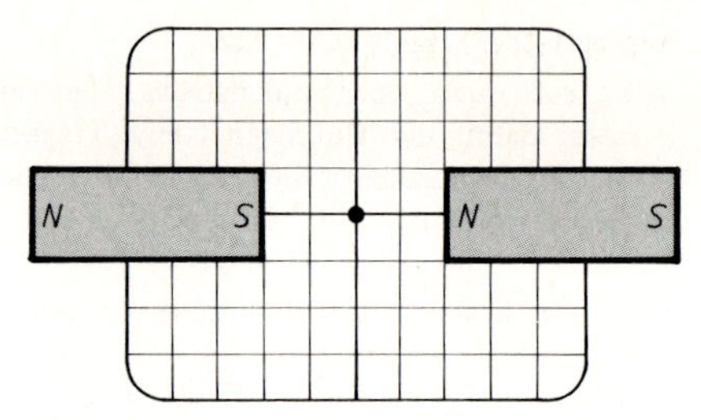

Bild 13.28

△ **Übung 13.11: Magnetkraft**

Zwei bewegliche Strahlzungen mit geringem Abstand befinden sich in einem Glasröhrchen, das von einer Wicklung umgeben ist. Begründen Sie die Bewegung der Stahlzungen unter dem Einfluß einer ausreichend großen Stromstärke in der Wicklung (Bild 13.29).

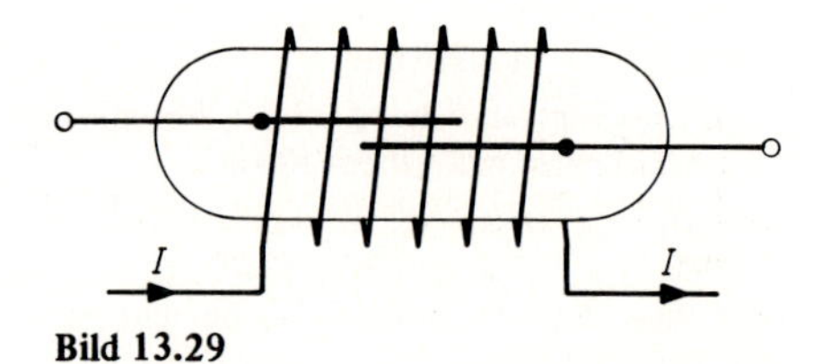

Bild 13.29

△ **Übung 13.12: Elektrodynamische Kraft**

Bild 13.30 zeigt die Prinzipskizze eines Drehspul-Flachinstruments (ohne Zeiger und Federn dargestellt).

a) In welche Richtung wird die Flachspule bei Stromfluß bewegt?
b) Wie groß ist die Auslenkungskraft bei Annahme eines homogenen Magnetfeldes der Flußdichte 0,2 T, wenn die Stromstärke 1 mA beträgt und die Spule 1000 Windungen hat?

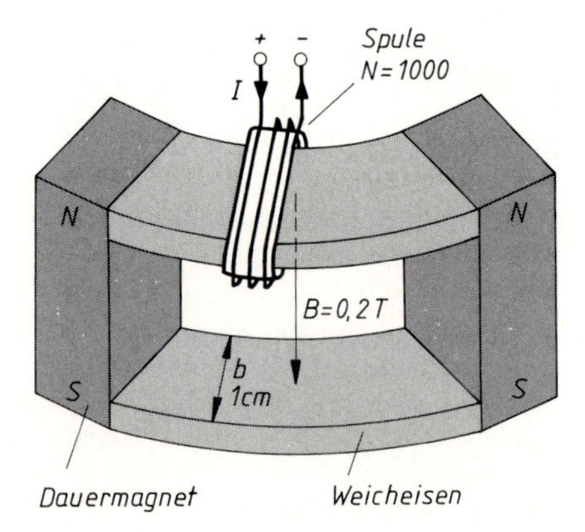

Bild 13.30

△ **Übung 13.13: Magnetisierungsarbeit**

Berechnen Sie die Magnetisierungsarbeit für das Eisenvolumen 1 dm^3

a) zum Aufmagnetisieren von Arbeitspunkt 1 nach Arbeitspunkt 2,
b) zum Entmagnetisieren von Arbeitspunkt 2 nach Arbeitspunkt 3. (Berücksichtigen Sie, daß die Beseitigung der Remanenz energieaufwendig ist.) (Bild 13.31).

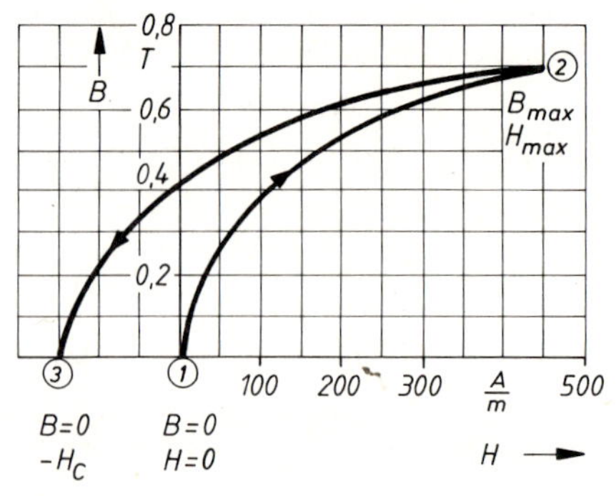

Bild 13.31

14 Induktion

14.1 Induktion in der Leiterschleife

Erfahrungsgemäß induziert (erzeugt) ein sich zeitlich ändernder magnetischer Fluß, der eine Leiterschleife durchdringt, in dieser einen Strom.

Je größer die Geschwindigkeit dieser Flußänderung, desto größer ist der induzierte Strom in der Schleife:

$$i \sim \frac{d\Phi}{dt}$$

Der *Induktionsstrom* ist dabei immer so gerichtet, daß sein Magnetfeld Φ_i einer Änderung des Fremdflusses Φ entgegenwirkt (*Lenzsches Gesetz*), s. Bild 14.1.

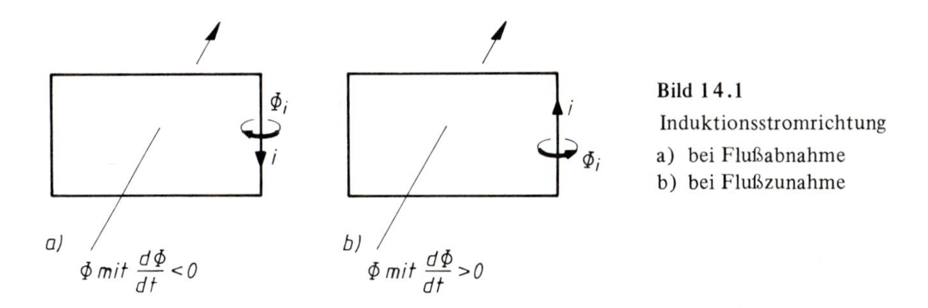

Bild 14.1
Induktionsstromrichtung
a) bei Flußabnahme
b) bei Flußzunahme

Die Richtung des Induktionsstromes kann auch durch Anwendung formaler Regeln ermittelt werden (Bild 14.2).

Rechtsschraubenregel:
Rechtsschraubig oder rechtswendig heißt: Der Laufsinn von Φ und der Umlaufsinn von i sind einander so zugeordnet wie die Fortschreitungsrichtung und die Drehung einer Rechtsschraube.

Induktionsstromrichtung:
Die technische Stromrichtung des Induktionsstromes wird durch Anwendung des folgenden Satzes gefunden: Der abnehmende magnetische Fluß Φ verursacht einen rechtswendigen Induktionsstrom.

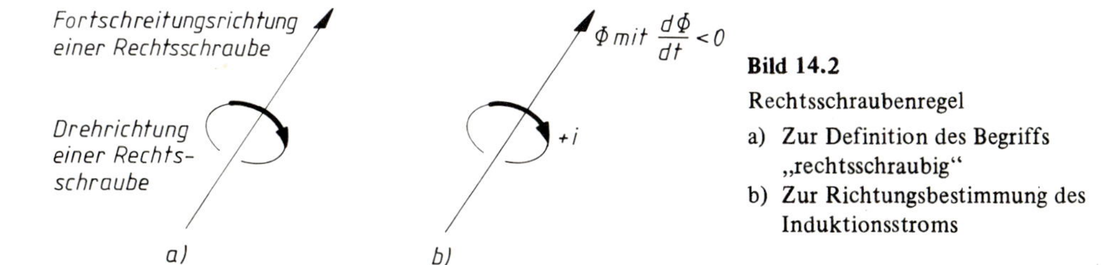

Bild 14.2
Rechtsschraubenregel
a) Zur Definition des Begriffs „rechtsschraubig"
b) Zur Richtungsbestimmung des Induktionsstroms

△ **Übung 14.1: Richtung des Induktionsstromes**

Es ist die Richtung des Induktionsstromes in den gegebenen Anordnungen zu bestimmen (Bild 14.3).

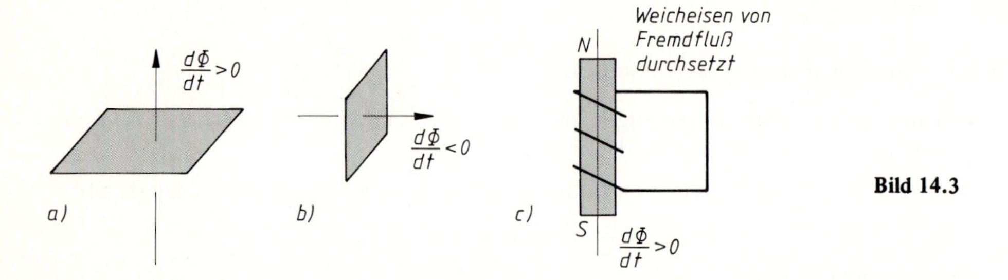

Bild 14.3

14.2 Induktionsgesetz

Im Abschnitt 3.5 wurde festgestellt, daß die Ursache für eine Ladungsträgerbewegung in einem Stromkreis die örtliche elektrische Feldstärke ist. Der in einer Leiterschleife induzierte Strom läßt also auf die Anwesenheit eines elektrischen Ringfeldes mit der Feldstärke E längs der Leiterschleife schließen.

Als Ursache dieses elektrischen Ringfeldes tritt die zeitliche Änderung des mit der Leiterschleife verketteten magnetischen Flusses auf. Diese Beziehung wird *Induktionsgesetz* genannt:

$$\boxed{\mathring{U} = \oint \vec{E}\, \mathrm{d}s = -\frac{\mathrm{d}\Phi}{\mathrm{d}t}} \qquad \text{Einheit } 1\,\frac{\mathrm{V}}{\mathrm{m}} \cdot 1\,\mathrm{m} = 1\,\mathrm{V} \tag{98}$$

Das negative Vorzeichen bezieht sich auf die Zählpfeilrichtung von Φ und $\mathring{U}$ in Bild 14.4.

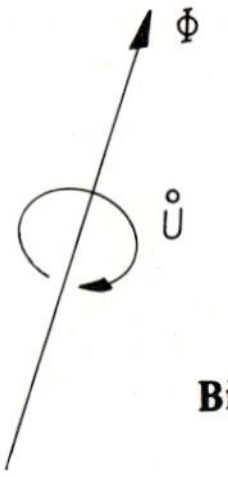

Φ
Ů

Bild 14.4

In Worten: Jeder zeitlich veränderliche magnetische Fluß induziert ein elektrisches Ringfeld. Die Summe aller kleinsten Teilspannung $E\,\mathrm{d}s$ längs einer geschlossenen Feldlinie ($\oint \mathrel{\hat=}$ Integral rundum) wird elektrische *Umlaufspannung* $\mathring{U}$ (Spannung rundum) genannt; sie ist gleich der Änderungsgeschwindigkeit des magnetischen Flusses.

Richtungsregel und Vorzeichen:

Das negative Vorzeichen im Induktionsgesetz bringt die Festlegung der Rechtsschraubenregel mit der physikalisch richtigen Induktionsspannungsrichtung in Einklang. Zur Berechnung der vorzeichenbehafteten Flußänderungsgeschwindigkeit $\mathrm{d}\Phi/\mathrm{d}t$ siehe nachfolgendes Beispiel.

Beispiel

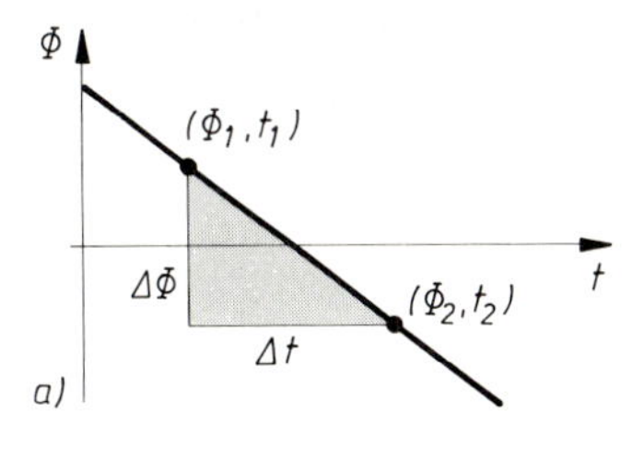

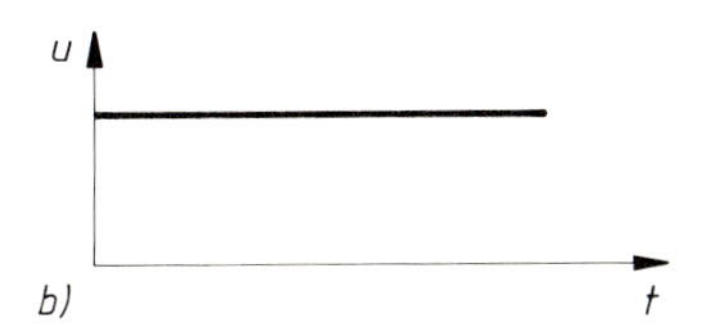

Bild 14.5

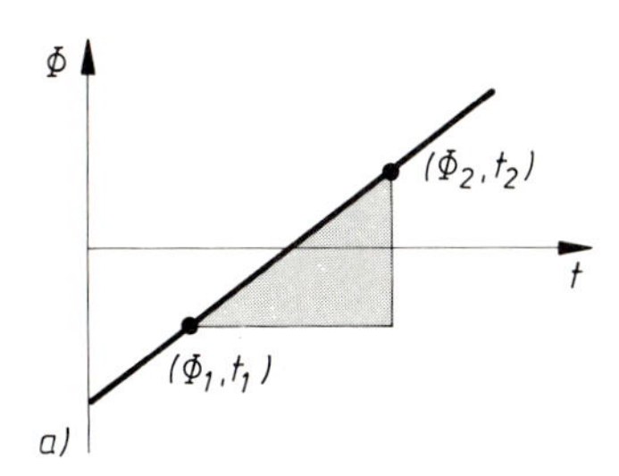

Bild 14.6

$$\mathring{U} = -\frac{\Phi_2 - \Phi_1}{t_2 - t_1} \quad \text{mit } \Phi_2 < \Phi_1$$

$\mathring{U} = + \ldots \text{V}$

↓

d.h. physikalische Richtung gleich Zählpfeilrichtung in Bild 14.4

$$\mathring{U} = -\frac{\Phi_2 - \Phi_1}{t_2 - t_1} \quad \text{mit } \Phi_2 > \Phi_1$$

$\mathring{U} = - \ldots \text{V}$

↓

d.h. physikalische Richtung entgegen Zählpfeilrichtung in Bild 14.4

Eine Leiterschleife ist ein Schaltwiderstand, dessen Anfang und Ende miteinander verbunden sind. Sie besitzt den Gesamtwiderstand $\mathring{R}$ (Widerstand rundum). Besteht der Widerstand der Leiterschleife aus dem Leiterwiderstand R_i und aus einem von einem Lastwiderstand herrührenden Widerstandswert R_a, dann ist (s. Bild 14.7):

$$\mathring{R} = R_i + R_a$$

Erhält diese Leiterschleife ein durch Induktion entstandenes elektrisches Feld, so verursacht dieses einen Strom in Feldrichtung. Dabei entsteht in der Leiterschleife ein Spannungsabfall, der nicht größer sein kann, als die in Gl. (98) erwähnte Umlaufspannung $\mathring{U}$. Es ist also:

Ohmsches Gesetz Induktionsgesetz

$$I\mathring{R} = \boxed{\mathring{U}} = -\frac{d\Phi}{dt} \tag{99}$$

In Worten: Mit Gl. (99) ist die Verbindung zwischen dem *Ohmschen Gesetz* und dem *Induktionsgesetz* hergestellt. Das Produkt aus dem Strom I und dem Widerstand $\mathring{R}$ des ganzen Stromkreises ist gleich der zeitlichen Änderung des magnetischen Flusses $d\Phi/dt$. Bei Verdopplung des Widerstandes geht der Strom auf die Hälfte zurück, wenn die Änderungsgeschwindigkeit des magnetischen Flusses konstant ist.

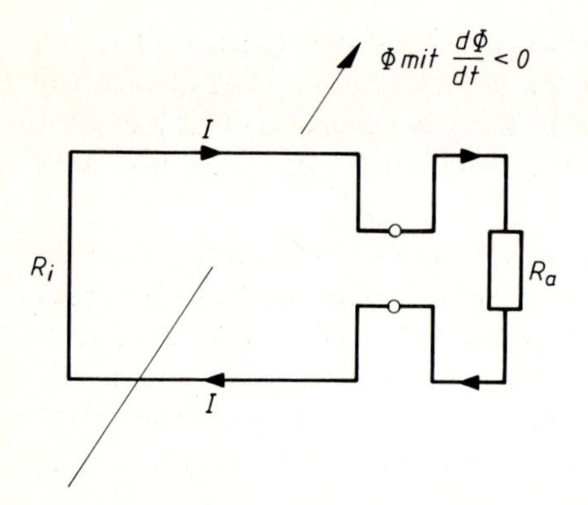

Bild 14.7
Stromkreis mit elektrischer Induktion

Beispiel

Eine Leiterschleife umfaßt einen gleichmäßig abnehmenden magnetischen Fluß, der im Zeitpunkt $t_1 = 1$ ms den Betrag $\Phi_1 = 800 \cdot 10^{-4}$ Vs und im Zeitpunkt $t_2 = 6$ ms den Betrag $\Phi_2 = 400 \cdot 10^{-4}$ Vs hat. Man berechne den Induktionsstrom, wenn der Widerstand der Leiterschleife 10 Ω beträgt.

Lösung: $\mathring{U} = I\mathring{R}$ ist für den betrachteten Zeitraum eine Gleichspannung.

$$\mathring{U} = I\mathring{R} = -\frac{\mathrm{d}\Phi}{\mathrm{d}t} = -\frac{\Phi_2 - \Phi_1}{t_2 - t_1}$$

$$\mathring{U} = -\frac{400 \cdot 10^{-4}\ \mathrm{Vs} - 800 \cdot 10^{-4}\ \mathrm{Vs}}{6 \cdot 10^{-3}\ \mathrm{s} - 1 \cdot 10^{-3}\ \mathrm{s}} = +8\ \mathrm{V}$$

$$I = \frac{\mathring{U}}{R} = \frac{+8\ \mathrm{V}}{10\ \Omega} = +0{,}8\ \mathrm{A}$$

(Positives Ergebnis von $\mathring{U}$ und I bedeutet einen rechtsschraubigen Verlauf der Umlaufspannung und des Induktionsstroms.)

Das Induktionsgesetz gibt keine Vorschriften, wie die Flußänderung zustandekommen muß. Es verlangt lediglich, daß der mit der Leiterschleife *verkettete* magnetische Fluß sich zeitlich ändert. Es bestehen dafür zwei prinzipielle Möglichkeiten:

1. Zeitliche Flußdichteänderung

Ein magnetisches Feld mit veränderlicher Flußdichte B durchsetzt eine starre Leiterschleife mit konstanter Querschnittsfläche A:

$$\mathrm{d}\Phi = A\ \mathrm{d}B$$

In Worten: Flußdichteänderung als Ursache der Flußänderung (Bild 14.8).
Das Induktionsgesetz erscheint dann in der Form:

$$\underbrace{\mathring{U}}_{\text{meßtechnisches Ergebnis}} = \underbrace{\oint E\,\mathrm{d}s = -A\frac{\mathrm{d}B}{\mathrm{d}t}}_{\text{physikalische Bedeutung}}$$

des Induktionsvorgangs

Man nennt diesen Vorgang *Ruheinduktion*; sie kommt beim Transformator zur Anwendung.

Das meßtechnische Ergebnis des in Bild 14.8 gezeigten Induktionsvorgangs ist die induzierte Spannung. Da diese Spannung entlang der ganzen Leiterschleife entsteht und nicht wie bei üblichen Spannungsquellen lokalisiert werden kann, bezeichnet man die induzierte Spannung als *Umlaufspannung* $\mathring{U}$. Die Spannung $\mathring{U}$ ist die Größe, die man früher *EMK* (Elektro-Motorische-Kraft) genannt hat.

Die induzierte Spannung ist jedoch nur ein sekundärer Effekt, der auftritt, wenn die Leiterschleife tatsächlich vorhanden ist. Der physikalische Vorgang der Induktion spielt sich jedoch auch ohne Leiterschleife ab, indem die zeitliche Veränderung der Flußdichte ein elektrisches Ringfeld erzeugt. Ein solches *Ringfeld* muß durch geschlossene elektrische Feldlinien (!) dargestellt werden. Im Vergleich dazu sind die elektrischen Feldlinien des elektrostatischen Feldes Linien mit Anfang und Ende, die zwischen den getrennten elektrischen Ladungen $+Q$, $-Q$ verlaufen.

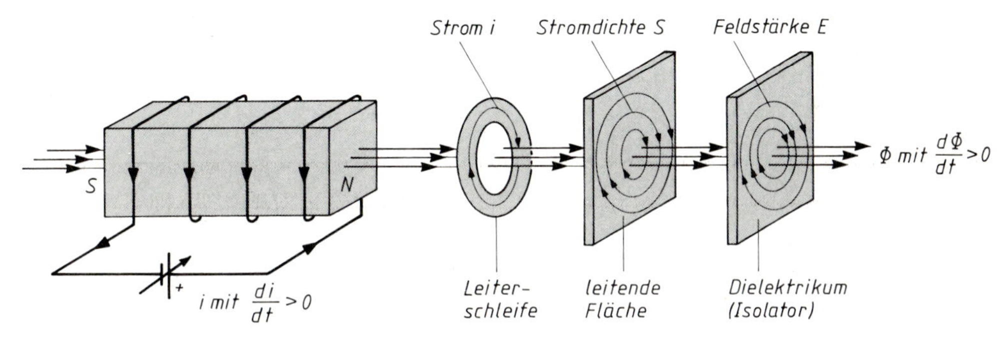

Bild 14.8 Wirkung eines zeitlich veränderlichen magnetischen Feldes
- in einer Leiterschleife: Strom i
- in einer leitfähigen Fläche: Stromdichte S
- in einem Dielektrikum: Elektrisches Ringfeld

2. Zeitliche Flächenänderung

Ein magnetisches Feld mit konstanter Flußdichte B durchsetzt eine veränderliche Leiterquerschnittsfläche A:

$$d\Phi = B\,dA$$

In Worten: Flächenänderung als Ursache der Flußänderung (Bild 14.9).

Das Induktionsgesetz erhält dann die Fassung:

$$\underbrace{\mathring{U}}_{\text{meßtechnisches Ergebnis}} = \underbrace{\int E\,ds = -B\,\frac{dA}{dt}}_{\text{physikalische Bedeutung}}$$

des Induktionsvorgangs

Man nennt diesen Vorgang *Bewegungsinduktion*; sie kommt bei der Spannungserzeugung in Generatoren zur Anwendung.

Die Flächenänderung wird in der Anordnung nach Bild 14.9 durch die Bewegung eines Leiterstabes verursacht.

Der zu betrachtende Induktionsvorgang ist die Umkehrung des elektrodynamischen Prinzips. Um dies zu zeigen, betrachten wir eine bekannte Versuchsanordnung: Zwei bewegliche Leiter A und B befinden sich in einem magnetischen Feld und sind elektrisch verbunden. Auf der linken Seite – der Generatorseite – wird der Leiter A durch eine mechanische Kraft F_{mech} von Hand bewegt. Zeitgleich bewegt sich Leiter B auf der rechten Seite – der Motorseite – unter dem Einfluß einer elektrodynamischen Kraft F_{el}. Diese Kraft wird vom Strom I verursacht, der in den Zuleitungen meßbar ist.

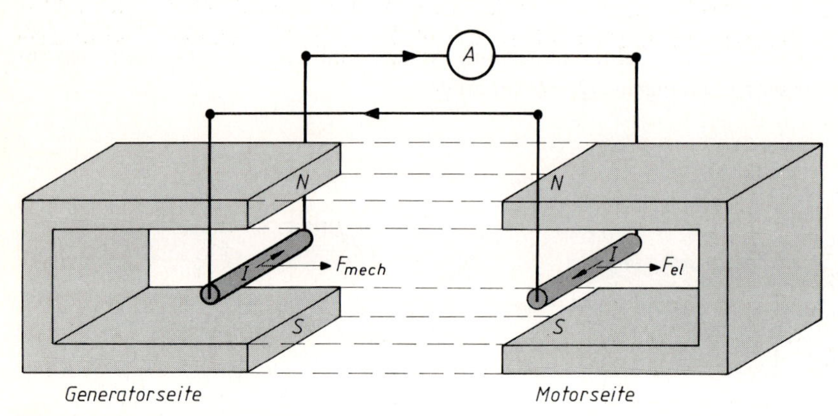

Bild 14.9 Zur Bewegungsinduktion

Der Induktionsvorgang wird durch die Bewegung des Leiters A verursacht. Aus der Versuchsanordnung nach Bild 14.9 ist zu entnehmen, daß durch Flußabnahme ein rechtswendiger Induktionsstrom erzeugt wird. Neu ist hier lediglich, daß das Induktionsgesetz mit den Bewegungsgrößen der Versuchsanordnung aufgeschrieben werden kann, wie die nachfolgende Ableitung zeigt:

$$\mathring{U} = -B \frac{\mathrm{d}A}{\mathrm{d}t}$$

$$\mathring{U} = -B \frac{l\,\mathrm{d}s}{\mathrm{d}t} \quad \text{mit } \mathrm{d}A = l\,\mathrm{d}s$$

Mit der Geschwindigkeit $v = \mathrm{d}s/\mathrm{d}t$ des bewegten Leiters wird:

$$\mathring{U} = -B\,l\,v \quad \text{mit } v \perp B$$

In Worten: Die im Leiterstab induzierte Spannung ist proportional der Flußdichte B und der Leiterlänge l sowie zur Relativgeschwindigkeit v des Stabes gegenüber dem magnetischen Feld. $\mathring{U}$ weist in Richtung des induzierten Stromes und wurde früher *EMK* genannt.

Auch bei der Bewegungsinduktion besteht der eigentliche physikalische Induktionsvorgang in der Entstehung eines elektrischen Ringfeldes durch Flußänderung.

14.3 Induktionsspule

Hat eine Spule N Windungen, d.h. sind N Leiterschleifen in Reihe geschaltet und werden diese vom gleichen sich ändernden magnetischen Fluß durchsetzt, so berechnet sich die induzierte Gesamtspannung der Spule aus:

$$\boxed{\mathring{U} = -N\frac{\mathrm{d}\Phi}{\mathrm{d}t}} \tag{100}$$

In Worten: Die in einer Spule induzierte Spannung ist proportional der Windungszahl N und der Änderungsgeschwindigkeit $\mathrm{d}\Phi/\mathrm{d}t$ des mit der Spule verketteten magnetischen Flusses.

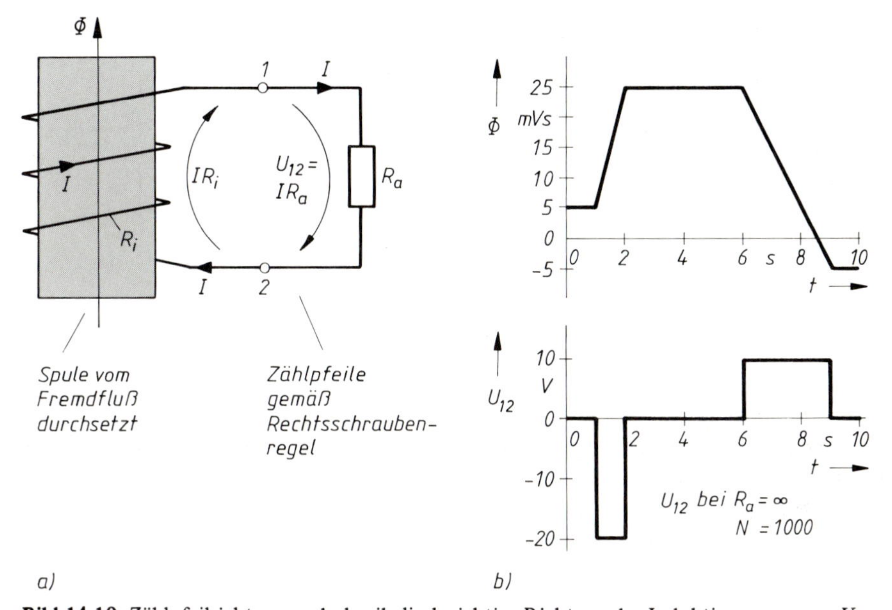

Bild 14.10 Zählpfeilrichtung und physikalisch richtige Richtung der Induktionsspannung U_{12}

Die in Bild 14.10a) gezeigte Schaltung läßt sich mit Hilfe des Ohmschen Gesetzes und Induktionsgesetzes vollständig beschreiben:

$$IR_\mathrm{i} + IR_\mathrm{a} = -N\frac{\mathrm{d}\Phi}{\mathrm{d}t}$$

Zu dieser Gleichung gehört noch die Zählpfeilfestsetzung, die bestimmt, daß der Strom I sowie die Spannungsabfälle IR_i und IR_a dem magnetischen Fluß Φ rechtswendig zugeordnet werden müssen. Diese Zählpfeilfestsetzung bedeutet nicht, daß Strom und Spannungsabfälle – wie in Bild 14.10a) eingetragen – verlaufen. Die tatsächlichen Richtungen hängen von den Ergebnissen aus obiger Gleichung ab. Ergibt sich dort für die rechte Gleichungsseite ein positives Vorzeichen wegen Flußabnahme $\mathrm{d}\Phi/\mathrm{d}t < 0$, dann stimmen physikalische Richtung und Zählpfeilrichtung überein. Bei Flußzunahme $\mathrm{d}\Phi/\mathrm{d}t > 0$ zeigen sich entgegengesetzte Strom- und Spannungsrichtungen.

Die Spannung IR_a ist die durch Induktion entstandene meßbare Klemmenspannung U_{12}

$$U_{12} = IR_a,$$

so daß das Induktionsgesetz für die Spule in Bild 14.10a) auch in der Form

$$\boxed{IR_i + U_{12} = -N\frac{d\Phi}{dt}} \tag{101}$$

geschrieben werden kann.

Für diese Gleichung lassen sich Sonderfälle der Belastung betrachten.

1. Sonderfall: $R_a = 0$

$$R_a = 0 \Rightarrow U_{12} = 0$$

$$IR_i = -N\frac{d\Phi}{dt}$$

Die gesamte Induktionsspannung fällt am Innenwiderstand R_i der Induktionsspule ab.

2. Sonderfall: $R_a = \infty$

$$R_a = \infty \Rightarrow I = 0$$

$$U_{12} = -N\frac{d\Phi}{dt}$$

Die gesamte Induktionsspannung steht als Leerlauf-Klemmenspannung U_{12} zur Verfügung. Die Entstehung von U_{12} an den offenen Klemmen kann so verstanden werden, daß sich an Klemme 1 eine Anhäufung und an Klemme 2 ein Defizit an positiven Ladungen bildet, wenn $d\Phi/dt < 0$. Die induzierten Feldkräfte bewegen die positiven Ladungsträger innerhalb der Spule in Richtung von 2 nach 1 und lassen die Spannung U_{12} als Folge des sich aufbauenden Ladungsunterschieds entstehen. Die Ladungsverschiebung kommt von allein zu einem Ende, wenn die durch Ladungstrennung entstandene äußere Feldstärke (vom + nach − gerichtet) die induzierte Feldstärke (von − nach + gerichtet) kompensiert.

Wird die Leerlauf-Klemmenspannung nicht als U_{12} (Punkt 1 gegen Punkt 2), sondern als U_{21} (Punkt 2 gegen Punkt 1) gemessen, so muß beachtet werden, daß U_{21} gegenphasig zu U_{12} verläuft! Bild 14.10b) zeigt den zeitlichen Verlauf der Leerlauf-Klemmenspannung U_{12} in Zuordnung zum Zeitverlauf des sich ändernden magnetischen Flusses.

14.4 Generatorprinzip

Eine rechteckige Leiterschleife wird mit konstanter Drehzahl n in einem homogenen und zeitlich konstanten Magnetfeld der Flußdichte B gedreht. Es findet Bewegungsinduktion statt. Als Verbindungselemente zwischen der rotierenden Wicklung und den ruhenden Zuleitungen werden Schleifringe verwendet, die gegeneinander und gegen die Welle des Läufers isoliert sind. Auf den Schleifringen schleifen die mit den Zuleitungen verbundenen Bürsten (Bild 14.11).

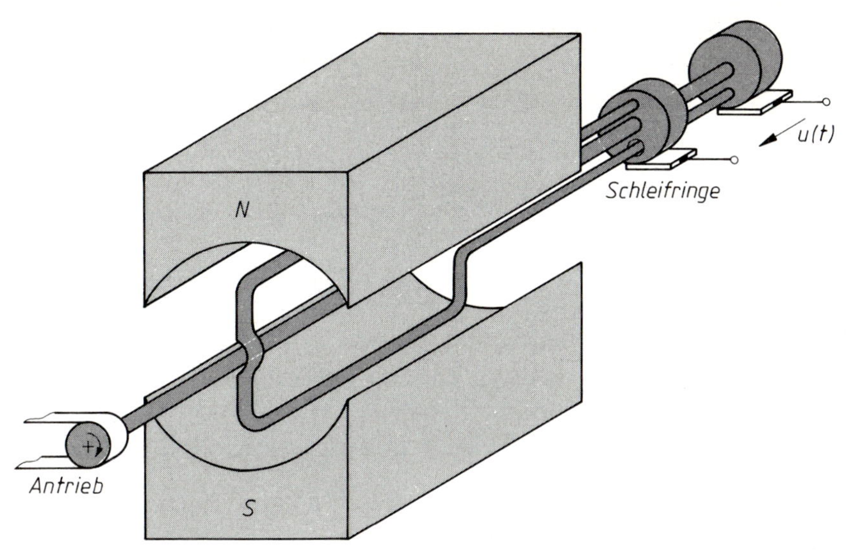

Bild 14.11 Prinzip der Induktionsstromerzeugung in einer drehenden Leiterschleife im Magnetfeld. Die Forderung nach einem homogen Magnetfeld, d.h. gleicher Flußdichte B, muß durch konstruktive Maßnahmen gewährleistet werden.

Zur Zeit t_0 möge der magnetische Fluß die Leiterschleife senkrecht durchsetzen ($A \perp B$):

$$\Phi(t_0) = +\Phi_{max} = BA \qquad \text{Fläche } A = l \cdot 2r$$

Nach einer Drehung um den Winkel α verringert sich der die Leiterschleife durchsetzende magnetische Fluß auf:

$$\Phi(t) = BA \cos\alpha$$

Nach einer Vierteldrehung erreicht die Leiterschleife die in Bild 14.11 gezeigte Lage. Der die Leiterschleife durchsetzende magnetische Fluß hat den Momentanwert:

$$\Phi(t_1) = BA \cos 90° = 0$$

Bei einer weiteren Vierteldrehung erreicht der Fluß wieder den Höchstwert, jedoch muß beachtet werden, daß der magnetische Fluß die Spulenfläche von der anderen Seite durchsetzt und deshalb seinen negativen Höchstwert annimmt:

$$\Phi(t_2) = -\Phi_{max} = BA$$

Nach einer vollen Umdrehung ist die Spule wieder in der Ausgangslage.

Um die Beziehung zwischen dem Winkel α und der ihm entsprechenden Zeit t zu erhalten, wird die *Winkelgeschwindigkeit* der Leiterschleife berechnet:

$$\omega = \frac{\text{vom Zeiger überstrichener Winkel } \widehat{\alpha}}{\text{dazu nötige Zeit } t}$$

$\widehat{\alpha}$ = Winkel im Bogenmaß $2\pi \mathrel{\hat{=}} 360°$

$$\omega = \frac{\widehat{\alpha}}{t}$$

Mit dieser neuen Größe ist es möglich, bei einer gleichförmigen Drehung einer Leiterschleife im Magnetfeld (Generatorprinzip) den Drehwinkel α in Beziehung zur Zeit t zu setzen:

$$\widehat{\alpha} = \omega t$$

Der Momentanwert des mit der Leiterschleife verketteten magnetischen Flusses $\Phi(t)$ ändert sich bei konstanter Flußdichte B des Magnetfeldes durch Drehung der Leiterschleife nach einem Kosinusgesetz:

$$\Phi(t) = \Phi_{\text{max}} \cdot \cos \omega t$$

Der Verlauf von Φ ist in Bild 14.12 über dem zeitabhängigen Drehwinkel ωt aufgetragen: $\Phi = f(\omega t)$. Da die Winkelgeschwindigkeit ω konstant ist, kann der Verlauf von Φ auch direkt über der Zeit t aufgetragen werden: $\Phi = f(t)$.

Berechnet man mit dem zeitlichen Verlauf von Φ die *induzierte Spannung* (s. Gl. (100)), so erhält man:

$$u = -N \frac{\mathrm{d}\Phi}{\mathrm{d}t}$$

$$u = -N \Phi_{\text{max}} \frac{\mathrm{d}(\cos \omega t)}{\mathrm{d}t}$$

$$u = \underbrace{N \Phi_{\text{max}}\, \omega}_{U_{\text{max}}} \cdot \sin \omega t$$

$$\boxed{u = U_{\text{max}} \sin \omega t} \qquad (102)$$

In Worten: Die im homogenen und zeitlich konstanten Magnetfeld rotierende Leiterschleife erzeugt eine sinusförmige Wechselspannung, d.h. die Folge der Momentanwerte u unterliegt dem Sinusgesetz (Bild 14.12).

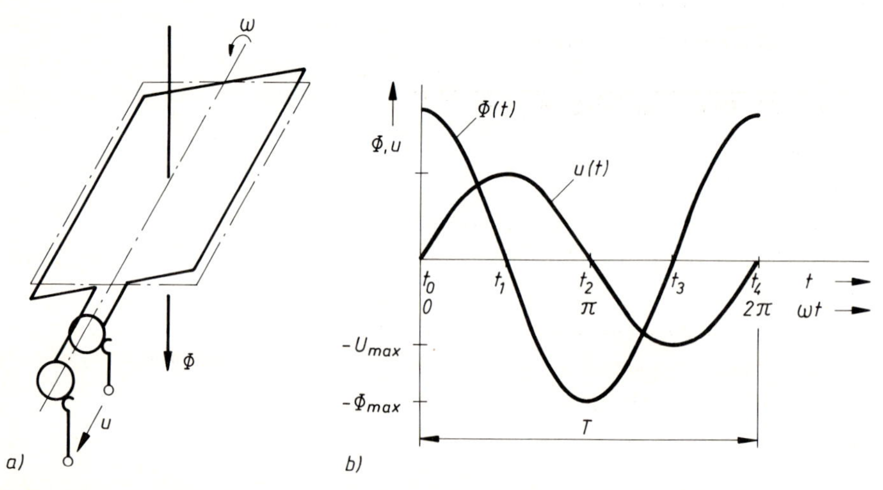

Bild 14.12 Phasenlage des magnetischen Flusses Φ und der Induktionsspannung u

Zum Gebrauch von Gl. (102):

- U_{max} ist die Amplitude der induzierten Wechselspannung.
- $\sin \omega t$ bleibt meistens ein unberechneter mathematischer Ausdruck, der dem Leser lediglich mitteilt, daß die zeitliche Folge der Momentanwerte u dem Sinusgesetz unterliegt.
- Will man tatsächlich einzelne Momentanwerte u berechnen, so ist der Zeitpunkt t – gerechnet ab t_0 – in Gl. (102) einzusetzen, ebenso die konstante Größe ω, die man aus der Drehzahl n der Leiterschleife bestimmen kann:

$$\omega = \frac{\widehat{\alpha}}{t} = \frac{2\pi \text{ (überstrichener Winkel bei 1 Umdrehung)}}{T \text{ (Zeit für 1 Umdrehung der Leiterschleife)}}$$

$$\omega = \frac{2\pi}{1/n} = 2\pi n, \qquad \text{da } T = \frac{1}{n}$$

Beispiel

Wie groß ist der Momentanwert der in Bild 14.12 gezeigten sinusförmigen Wechselspannung zum Zeitpunkt t = 12 ms, wenn zum Zeitpunkt t_0 der magnetische Fluß seinen positiven Maximalwert hat. Die Leiterschleife (Wicklung) habe 100 Windungen sowie die Abmessungen l = 20 cm und r = 5 cm und werde mit der Drehzahl 3000 Umdr/min in einem homogenen und zeitlich konstanten Magnetfeld der Flußdichte 0,2 T gedreht?

Lösung:

Amplitude des mit der Leiterschleife verketteten magnetischen Flusses:

$$\Phi_{max} = BA = 0{,}2 \text{ T} \cdot 0{,}2 \text{ m} \cdot 0{,}1 \text{ m} = 4 \text{ mVs}$$

Winkelgeschwindigkeit der Leiterschleife:

$$\omega = 2\pi n = 2\pi \cdot 3000 \frac{1}{\text{min}} = 2\pi \cdot \frac{3000}{60 \text{ s}} = 314 \text{ s}^{-1}$$

Amplitude der induzierten Wechselspannung:

$$U_{max} = N\Phi_{max}\,\omega = 100 \cdot 4 \cdot 10^{-3} \text{ Vs} \cdot 314 \text{ s}^{-1} = 125{,}6 \text{ V}$$

Zeitgesetz der induzierten Wechselspannung:

$$u = U_{max} \sin \omega t = 125{,}6 \text{ V} \cdot \sin \omega t$$

Bestimmung der Zeitpunkte $t_1 \dots t_4$ in Bild 14.12:

$$T = \frac{1}{n} = \frac{1}{3000 \text{ Umdr./min}} = \frac{1}{50 \text{ Umdr./sec}} = 20 \text{ ms}$$

Aus $t_0 = 0$ folgt:

$$t_1 = 5 \text{ ms}$$
$$t_2 = 10 \text{ ms}$$
$$t_3 = 15 \text{ ms}$$
$$t_4 = 20 \text{ ms}$$

Momentanwert der Wechselspannung u zum Zeitpunkt t = 12 ms:

$$u = U_{max} \sin \omega t$$
$$u = 125{,}6 \text{ V} \cdot \sin (314 \text{ s}^{-1} \cdot 12 \cdot 10^{-3} \text{ s})$$
$$u = -73{,}63 \text{ V}$$

14.5 Selbstinduktion

Bei den bisher behandelten Induktionsvorgängen wurde stets angenommen, daß ein magnetischer Fremdfluß Φ eine Leiterschleife oder eine Spule durchsetzt und in dieser eine Induktionsspannung verursacht. Weiterhin wurde unterstellt, daß die durch Induktion entstandenen Ströme mit ihrem magnetischen Eigenfluß Φ_i keine eigenen Induktionsvorgänge verursachen. Diese Bedingungen werden nun aufgehoben.

Der Generator im Bild 14.13 erzeugt während der Zeit dt eine ansteigende Quellenspannung $du_q > 0$. Deshalb besteht während der Zeit dt im Stromkreis eine Stromänderung $di_L > 0$. Diese Stromänderung bewirkt in der im Stromkreis liegenden Spule eine Flußänderung $d\Phi_i > 0$. Entsprechend dem Induktionsgesetz wird in der Spule eine Spannung induziert. Diese Erscheinung heißt *Selbstinduktion*.

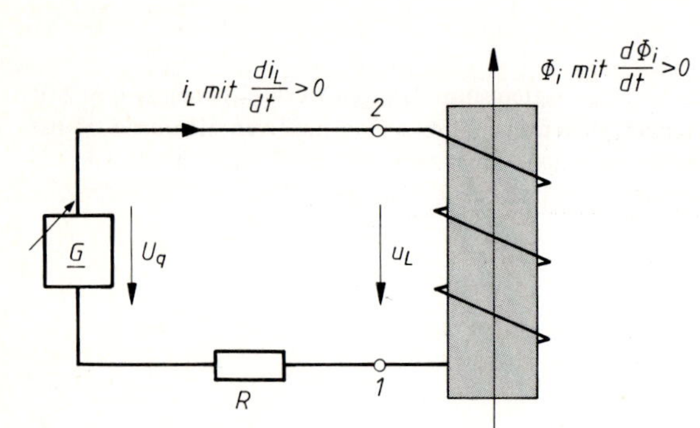

Bild 14.13
Zum Selbstinduktionsvorgang: Der zeitlich veränderliche Strom i verursacht in der Spule eine Selbstinduktionsspannung u_L.

Neu an diesem Induktionsvorgang ist lediglich die Art und Weise, wie die Flußänderung in der Spule entsteht, nämlich ohne äußeren Einfluß. Die Wirkungskette der Selbstinduktion lautet:

veränderlicher Strom i	$\Rightarrow$	veränderlicher magnetischer Eigenfluß Φ_i	$\Rightarrow$	Induktionsspannung u_L	$\Rightarrow$	Rückwirkung auf den Verursacher i

Wesentlich ist hier die Vorstellung, daß der in Bild 14.13 wirkende Strom i_L den zweiten Kirchhoffschen Satz $\Sigma u = 0$ in jedem Moment erfüllen muß.

Es ist:

$$+u_L + i_L R - U_q = 0$$

Da die Selbstinduktionsspannung u_L durch die Änderungsgeschwindigkeit des Stromes beeinflußt wird und der Spannungsabfall $i_L R$ zum Momentanwert des Stromes proportional ist, muß der zeitliche Verlauf des Stromes diese beiden Bedingungen in jedem Augenblick erfüllen.

Für die Berechnung der Selbstinduktionsspannung verbinden wir den Induktionsvorgang mit der Definition der Induktivität:

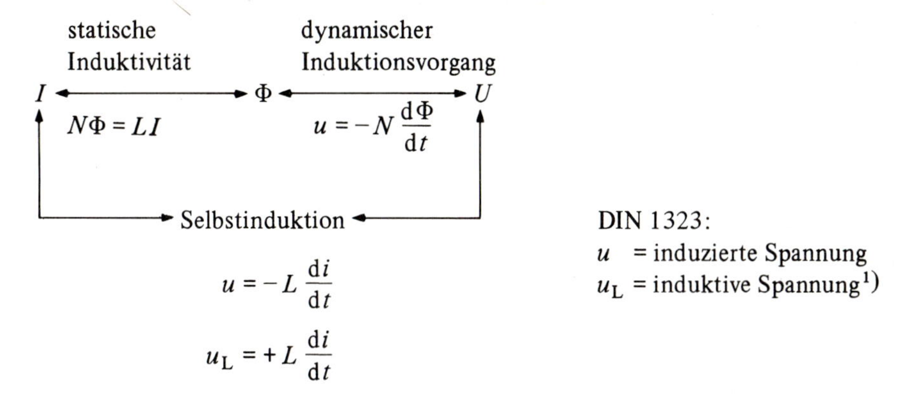

DIN 1323:
u = induzierte Spannung
u_L = induktive Spannung[1])

Herleitung:

	$N\Phi = LI$	für Spule bei Gleichstrom
I	$N \mathrm{d}\Phi = L\, \mathrm{d}_i$	für Änderungen
II	$u_L = N \dfrac{\mathrm{d}\Phi}{\mathrm{d}t}$	Induktionsgesetz

I in II $\quad \boxed{u_L = L \dfrac{\mathrm{d}i}{\mathrm{d}t}} \quad$ Einheit $1 \dfrac{\mathrm{Vs}}{\mathrm{A}} \cdot 1 \dfrac{\mathrm{A}}{\mathrm{s}} = 1\,\mathrm{V}$ (103)

In Worten: Die *Selbstinduktionsspannung* (induktive Spannung) ist proportional zur Induktivität der Spule und ihrer Stromänderungsgeschwindigkeit. Es gibt keine Selbstinduktionsspannung bei Gleichstrom in der Spule.

Die Induktivität als Eigenschaft einer Spule wird in der Praxis durch die Beziehung

$$\boxed{L = N^2 A_L} \qquad (104)$$

bestimmt. Der A_L-Wert ist der Kernfaktor der Spule und wird vom Hersteller des Spulen-Bausatzes als Induktivitätswert für $N = 1$ angegeben.

Beispiel

Herstellerangabe $A_L = 2$ nH (bei $N = 1$)

Gewünschte Induktivität $L = 2$ mH. Gesucht wird die erforderliche Windungszahl.

Lösung:

$$N = \sqrt{\frac{L}{A_L}} = \sqrt{\frac{2000\ \mathrm{nH}}{2\ \mathrm{nH}}}$$

$N = 32$ Windungen

---

[1]) „Die induzierte Spannung benutzt man zweckmäßig, wenn der geschlossene Stromkreis einen veränderlichen magnetischen Fluß umfaßt, der durch Vorgänge außerhalb des Stromkreises bestimmt wird (Fremdfluß), die induktive Spannung dann, wenn der umfaßte magnetische Fluß als Folge des veränderlichen Stromes in dem geschlossenen Stromkreis betrachtet wird (Eigenfluß)" (DIN 1323).

Zur Richtung der Selbstinduktionsspannung

Wir verwenden immer die in Bild 14.14a) gezeigte gleichsinnige Zählpfeilzuordnung von Strom und Spannung. Die physikalisch richtige Polarität der Selbstinduktionsspannung für Stromzunahme bzw. Stromabnahme zeigen die Bilder 14.14b), c). Diese gelten unabhängig vom Wickelsinn der Spule, da sich bei Änderung des Wickelsinns auch die Flußrichtung der Spule umkehrt.

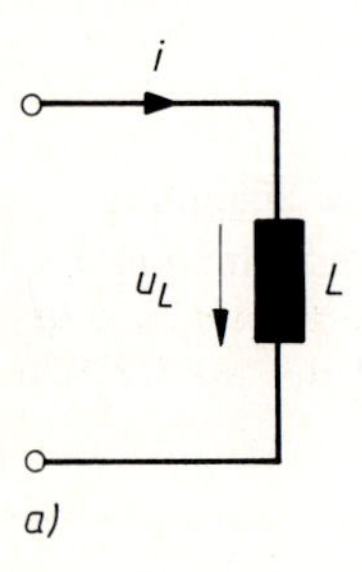

Bild 14.14
Zur Selbstinduktion
a) Zählpfeil-Festlegung für die Spule
b) Polarität der Selbstinduktionsspannung u_L bei Stromzunahme
c) Polarität der Selbstinduktionsspannung u_L bei Stromabnahme

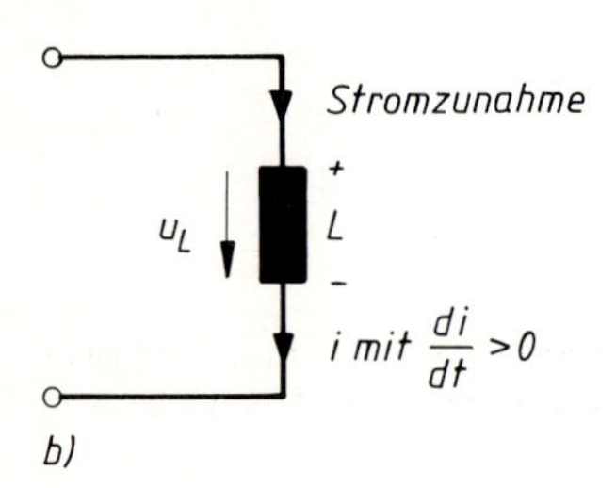

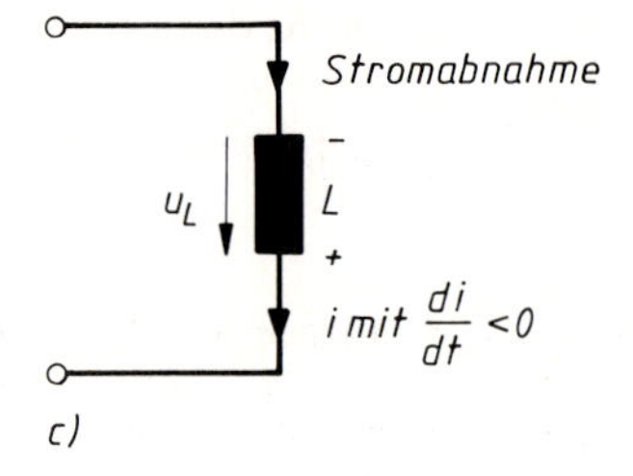

$$u_L = L \frac{I_2 - I_1}{t_2 - t_1} \quad \text{mit } I_2 > I_1$$

$u_L = + \ldots$ V

↓

d.h. physikalische Richtung gleich Zählpfeilrichtung

$$u_L = L \frac{I_2 - I_1}{t_2 - t_1} \quad \text{mit } I_2 < I$$

$u_L = - \ldots$ V

↓

d.h. physikalische Richtung entgegen Zählpfeilrichtung

Beispiel

Welche Änderungsgeschwindigkeit muß der Strom mit dem Momentanwert $i_L = 2$ mA aufweisen, wenn in der gegebenen Schaltung die Induktivität der Spule $L = 0{,}1$ H und ihr Widerstand $R_i = 0$ ist.

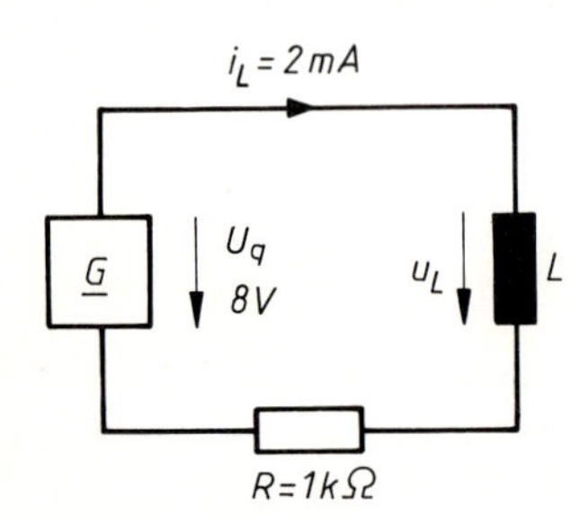

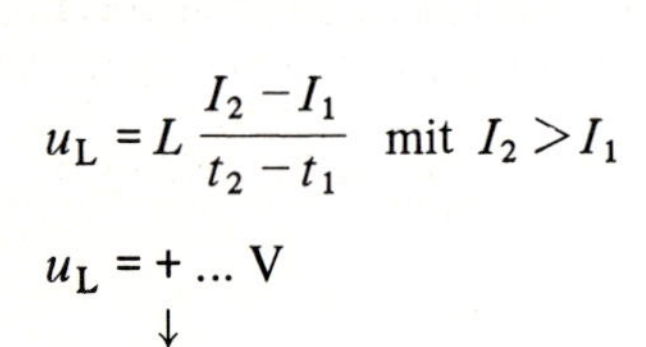

Bild 14.15
Induktiver Stromkreis im Einschalt-Zeitraum

Lösung: Für den Stromkreis gilt $\Sigma u = 0$:

$$-U_q + i_L R + u_L = 0$$
$$-8\text{ V} + 2\text{ V} + u_L = 0$$
$$u_L = +6\text{ V}$$

Die für diese Selbstinduktionsspannung erforderliche Änderungsgeschwindigkeit des Stromes i hat den Momentanwert:

$$u_L = +L\frac{di_L}{dt}$$

$$\frac{di_L}{dt} = \frac{u_L}{L} = \frac{+6\text{ V}}{0{,}1\text{ H}} = +60\,\frac{\text{A}}{\text{s}}$$

Der Strom i muß zunehmend sein. (Vgl. hierzu Bild 14.13.) Mit der errechneten Stromänderungsgeschwindigkeit befindet sich der Stromkreis in einem dynamischen Gleichgewicht, d.h. der 2. Kirchhoffsche Satz ist erfüllt, und der Strom i strebt seinem Endwert

$$I = \frac{U}{R} = 8\text{ mA}$$

entgegen.

14.6 Vertiefung und Übung

Beispiel

Es soll die Wechselwirkung zwischen dem Motorprinzip (Auslenkungskraft auf den stromdurchflossenen Leiter im Magnetfeld) und dem Generatorprinzip (Induktionsspannung bei Bewegung eines Leiters im Magnetfeld) an einem einfachen Modell untersucht werden.

Das bewegliche Leiterstück A–B hat eine Länge l = 1 m und wird über zwei Stromschienen mit Gleichspannung U_K versorgt. Der Leiter A–B wird senkrecht zu den Feldlinien eines homogenen magnetischen Feldes mit der Flußdichte B = 1 T und der gleichbleibenden Geschwindigkeit v = 10 m/s bewegt. Dabei ist eine konstant bleibende äußere Bremskraft F = 10 N zu überwinden (Bild 14.16).

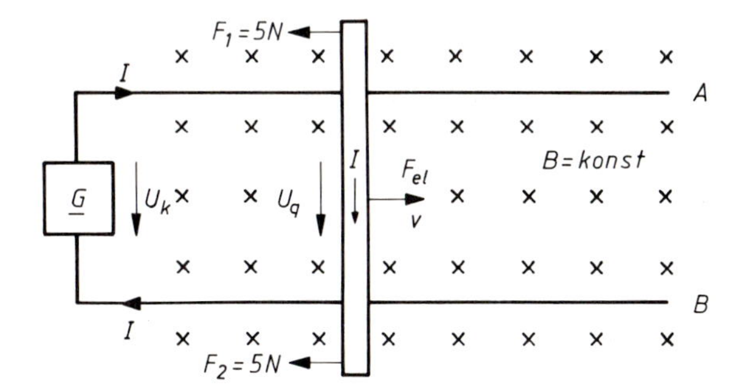

Bild 14.16
Prinzip des Linearmotors

Lösung:

Mechanische Leistung (Nutzleistungsabgabe):

Die Bewegung des Leiters A–B mit der Geschwindigkeit v = 10 m/s entgegen der Bremskraft F = 10 N bedeutet eine Leistungsabgabe des Leiters:

$$P_{Nutz} = Fv = 10\text{ N}\cdot 10\,\frac{\text{m}}{\text{s}} = 100\,\frac{\text{Nm}}{\text{s}} = 100\text{ W}$$

Erforderliche Stromstärke:

Da die Geschwindigkeit v des Leiters A–B aufgrund des Motorprinzips entstehen soll, muß in der Leiterschleife ein Strom I fließen, der die notwendige Lorentzkraft verursacht, die in Richtung des Geschwindigkeitsvektors weisen muß. Wenn der Leiter mit konstanter Geschwindigkeit bewegt wird, also seine Beschleunigung Null ist, muß die erforderliche Lorentzkraft 10 N betragen und gegen die Bremskraft gerichtet sein. Daraus ergibt sich die Stromstärke:

$$F_{el} = B\,l\,I$$

$$I = \frac{F_{el}}{l B} = \frac{10\ \text{N}}{1\ \text{m} \cdot 1\ \text{T}} = 10\ \text{A}$$

Erforderliche Klemmenspannung:

Aufgrund der Bewegung des Leiterstabes A–B im Magnetfeld wird in der Leiterschleife eine Induktionsspannung erzeugt:

$$U_q = B\,l\,v = 1\ \text{T} \cdot 1\ \text{m} \cdot 10\ \frac{\text{m}}{\text{s}} = 10\ \text{V}$$

Die induktive Spannung U_q ist dem zunehmenden magnetischen Fluß in der Leiterschleife rechtsschraubig zugeordnet. Mit dem 2. Kirchhoffschen Satz ist dann:

$$I R_i + U_q - U_K = 0$$

mit $R_i = 0{,}05\ \Omega$

$$U_K = U_q + I R_i$$
$$U_K = 10\ \text{V} + 10\ \text{A} \cdot 0{,}05\ \Omega = 10{,}5\ \text{V}$$

Die an die Leiterschleife angelegte Gleichspannung U_K hat also die induzierte Gegenspannung U_q zu überwinden und muß den unvermeidlichen Spannungsabfall der Leiterschleife decken.

△ **Übung 14.2: Bewegter Leiter im Magnetfeld**

Der leitende Gleitbügel wird in der Anordnung nach Bild 14.17 mit gleichförmiger Geschwindigkeit $v = 0{,}1$ m/s bewegt. Das homogene und zeitlich konstante Magnetfeld habe die Flußdichte 0,1 T. Geben Sie den Strom im Leiterkreis als Funktion der Zeit an. Der Widerstand einer Schiene betrage 10 mΩ/m, weitere Widerstände seien nicht vorhanden. Gleitbügellänge sei 1 m.

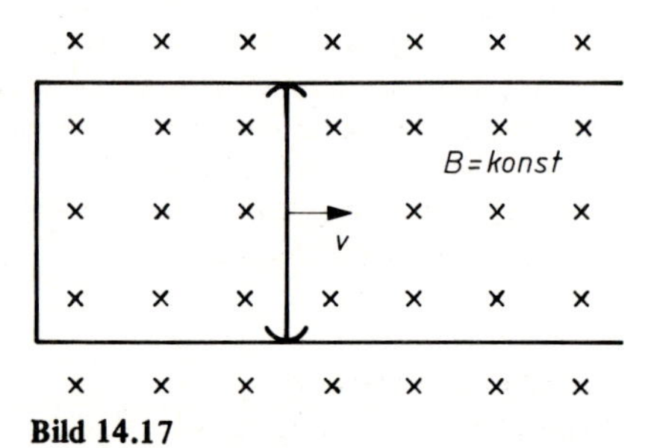

Bild 14.17

△ **Übung 14.3: Lenzsche Regel**

Bild 14.18 zeigt zwei Spulen: Primärspule und Sekundärspule. Ein Teil des von der Primärspule erzeugten magnetischen Feldes durchsetzt die Sekundärspule.

a) Ermitteln Sie die Richtung des Induktionsstroms in der Sekundärspule sowie die Richtung ihres magnetischen Flusses und die sich daraus ergebende Kraftwirkung zwischen den Spulen, wenn Schalter S geschlossen wird.

b) Schalter S wird geöffnet. Fragestellung wie unter a).

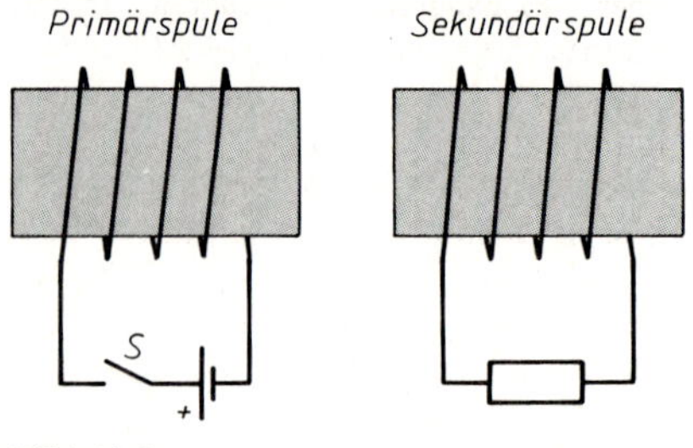

Bild 14.18

△ **Übung 14.4: Induktionsspannung**

Eine Spule mit 1000 Windungen wird von einem zeitlich veränderlichen magnetischen Feld gemäß Bild 14.19 durchsetzt. Berechnen Sie für die einzelnen Zeitabschnitte die Induktionsspannung U_q an den offenen Klemmen der Spule.

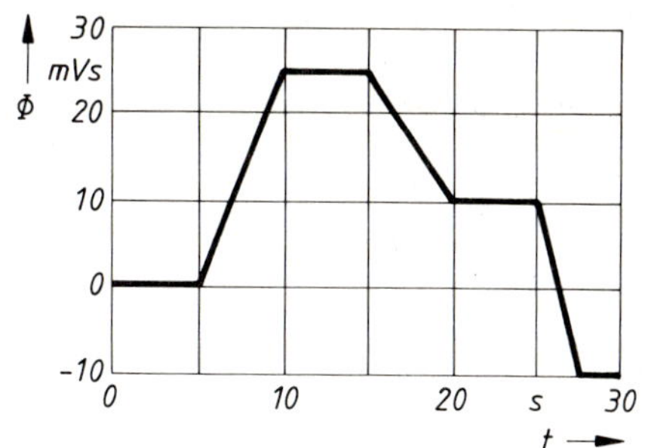

Bild 14.19

△ **Übung 14.5: Umlaufspannung**

Ein Kupferrähmchen mit den Seiten a = 10 cm und b = 20 cm wird mit gleichförmiger Geschwindigkeit v = 1,5 m/s senkrecht in ein homogenes und zeitlich konstantes Magnetfeld eingetaucht (Bild 14.20).

Bestimmen Sie die induzierte Umlaufspannung $\mathring{U}$ nach Richtung, Betrag und Zeitdauer, wenn die Flußdichte B = 0,1 T beträgt.

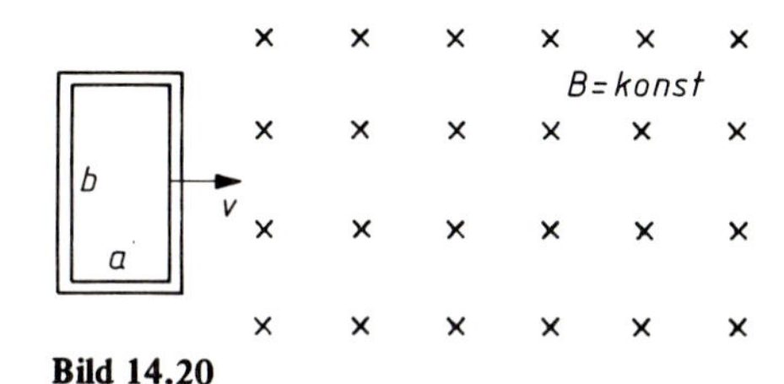

Bild 14.20

△ **Übung 14.6: Wirbelstrombremse**

Wird eine Blechscheibe zwischen den Polen eines (Dauer-)Magneten gedreht, so entstehen sog. Wirbelströme. Die Wirbelströme erzeugen, auf Kosten der mechanischen Bewegungsenergie der Scheibe, Wärme (Wirbelstrombremse).

Entwickeln Sie eine Ursachen-Wirkungskette zur Beschreibung des Vorgangs.

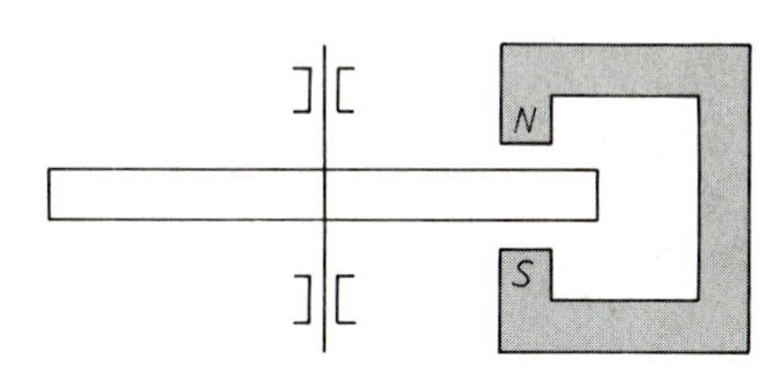

Bild 14.21

● **Übung 14.7: Fluxmeter**

Fluxmeter sind Meßgeräte zur Messung des magnetischen Flusses auf der Basis des von einer Flußänderung erzeugten Induktionsstromes, der zur Aufladung eines Kondensators bekannter Kapazität verwendet wird. Die Ladespannung des Kondensators ist dann proportional zur Flußänderung in der Meßspule (1 Windung).

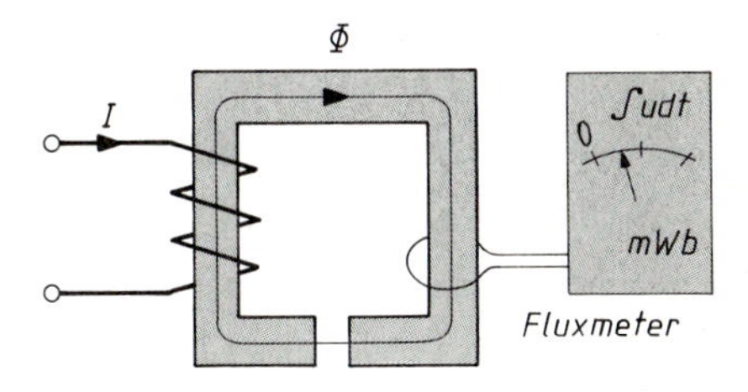

Bild 14.22

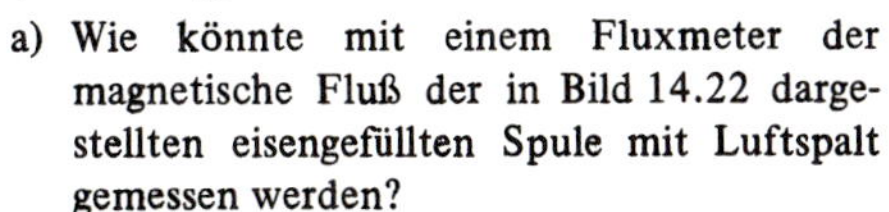

a) Wie könnte mit einem Fluxmeter der magnetische Fluß der in Bild 14.22 dargestellten eisengefüllten Spule mit Luftspalt gemessen werden?
b) Welche Angaben sind noch erforderlich, um bei bekanntem magnetischen Fluß die Induktivität der Spule zu berechnen?

15 Schaltvorgänge bei Spulen in Gleichstromkreisen

15.1 Einschaltvorgang

Der im Bild 15.1 gezeigte Stromkreis besteht aus einer verlustbehafteten Spule mit konstanter, d.h. stromunabhängiger Induktivität, die über den Schalter an eine konstante Gleichspannung gelegt wird. Es wird gefragt, nach welchem typischen zeitlichen Verlauf der Strom seinen Endwert erreicht.

Grundlegend für den Selbstinduktionsvorgang in einer Spule ist die Beziehung:

$$u_L = L \frac{di}{dt}$$

Jeder zeitlich veränderliche Strom induziert in einer Spule eine Induktionsspannung. Für den Einschaltvorgang gilt gemäß 2. Kirchhoffschen Satz und Bild 15.1a):

$$U = i_L R + L \frac{di}{dt}$$

$$\frac{U}{R} = i_L + \frac{L}{R} \frac{di}{dt}$$

i_L ist der Momentanwert des Stromes während des Einschaltvorganges, der dem Endwert U/R entgegenstrebt. Der Quotient L/R ist eine Schaltungskonstante und heißt *Zeitkonstante* τ:

$$\boxed{\tau = \frac{L}{R}} \qquad \text{Einheit } \frac{1\ \text{Vs/A}}{1\ \text{V/A}} = 1\ \text{s} \qquad (105)$$

Damit wird:

$$I = i_L + \tau \frac{di}{dt}$$

Für diese Gleichung läßt sich ein graphischer Lösungsweg über die Hülltangentenkonstruktion, wie bereits beim Kondensator ausführlich dargestellt, angeben (s. Bild 15.1b)).

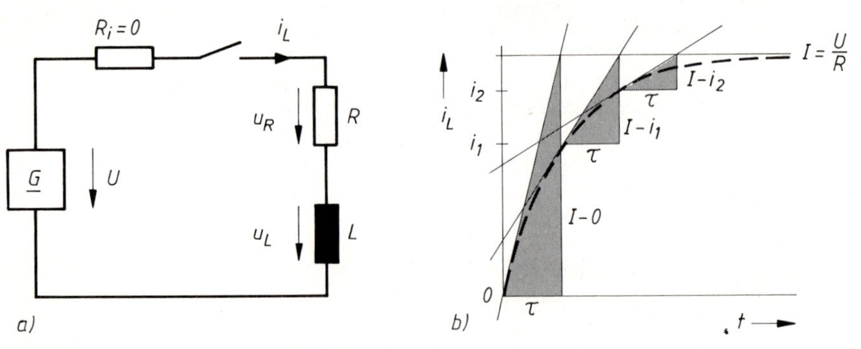

Bild 15.1 Einschaltstrom in einem induktiven Stromkreis

a) Schaltung

b) Hülltangentenkonstruktion für den Spulenstrom i_L. Die Steigung einer Tangente berechnet sich aus $di/dt = (I - i)/\tau$.

Der Spulenstrom steigt nach einer e-Funktion an und erreicht nach einer Zeit von 5τ annähernd seinen Endwert I:

$$\boxed{i_L = \frac{U}{R}\,(1 - e^{-\frac{t}{\tau}})}\,, \tag{106}$$

wobei $I = U/R$ der angestrebte Gleichstrom ist.

Die Selbstinduktionsspannung der Spule verzögert den Stromanstieg. Erst wenn der Spulenstrom seinen Gleichstrom-Endwert erreicht hat, ist seine Änderungsgeschwindigkeit $\mathrm{d}i/\mathrm{d}t = 0$ und somit auch die *Selbstinduktionsspannung* nicht mehr vorhanden.

Die allgemeingültige Beziehung für die Selbstinduktionsspannung

$$u_L = L\,\frac{\mathrm{d}i}{\mathrm{d}t}$$

geht bei einer e-funktionsmäßigen Stromänderung mit dem 2. Kirchhoffschen Satz über in den Ausdruck:

$$u_L = U - i_L R = U - \frac{U}{R}\,(1 - e^{-\frac{t}{\tau}})\,R$$

$$\boxed{u_L = U\,e^{-\frac{t}{\tau}}} \tag{107}$$

Im Einschaltmoment $i_L = 0$ erreicht die Selbstinduktionsspannung ihren Höchstwert $u_L = U$. Beim Übergang in den stationären Zustand $i_L = I$ klingt die Selbstinduktionsspannung auf den Wert Null ab.

Beispiel

Anhand eines Berechnungsbeispiels soll die Bedeutung der Zeitkonstanten in einem induktiven Stromkreis verdeutlicht werden.

Ein kleiner Elektromagnet dient als Bremse eines Lochstreifenlesers. Im stromlosen Zustand des Magneten kann der Lochstreifen vom Antriebsmechanismus bewegt werden. Gebremst wird durch gleichzeitiges Abschalten des Antriebs und Einschalten der Bremse (Bild 15.2).

a) Wie groß ist die Induktivität des Magneten, wenn eine Bremskraft $F = 10$ N erforderlich ist? Der zur Magnetisierung des Eisens erforderliche Durchflutungsanteil soll durch einen 20 %igen Zuschlag beim Luftspalt berücksichtigt werden.

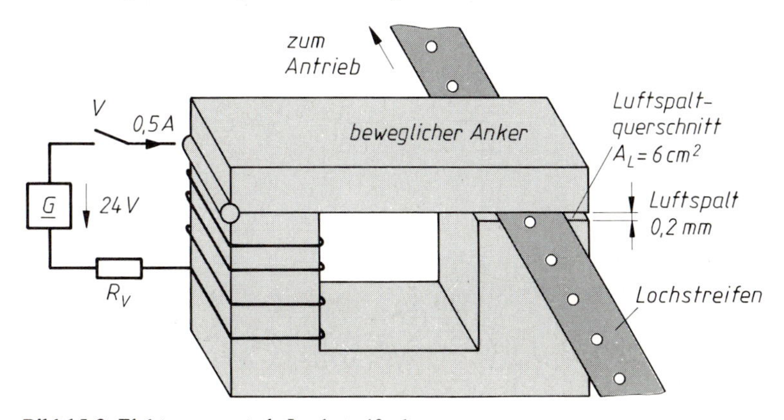

Bild 15.2 Elektromagnet als Lochstreifenbremse

b) Welche Zeitspanne vergeht zwischen dem Schließen des Stromkreises mit dem elektronischen Schalter V, wenn die erforderliche Bremskraft bei 70 % des Strom-Endwertes erreicht sein soll? Eventuelle mechanische Zeitkonstanten seien Null.

c) Wieviel Prozent des Strom-Endwertes sind nach Ablauf einer Zeitkonstanten τ beim Einschalten erreicht?

Lösung:

a) Erforderliche Flußdichte B:

$$F = \frac{1}{2} \frac{B_L^2}{\mu_0} A_L$$

$$B_L = \sqrt{\frac{2\,\mu_0\,F}{A}} = \sqrt{\frac{2 \cdot 4\pi \cdot 10^{-7}\ \text{Vs} \cdot 10\ \text{N}}{6 \cdot 10^{-4}\ \text{m}^2 \cdot \text{Am}}} = 0{,}2\ \text{T}$$

Magnetischer Fluß Φ:

$$\Phi = B_L A_L = 0{,}2\ \text{T} \cdot 6 \cdot 10^{-4}\ \text{m}^2$$

$$\Phi = 0{,}12\ \text{mWb}$$

Durchflutung Θ:

$$\Theta = H_L\,l_L + H_{Fe}\,l_{Fe} \Rightarrow H_L \cdot 1{,}2\,l_L$$

$$\Theta = \frac{B_L}{\mu_0} \cdot 1{,}2\,l_L = \frac{0{,}2\ \text{T} \cdot \text{Am}}{4\pi \cdot 10^{-7}\ \text{Vs}} \cdot 1{,}2 \cdot 0{,}2 \cdot 10^{-3}\ \text{m}$$

$$\Theta = 38{,}2\ \text{A}$$

Windungszahl N:

$$N = \frac{\Theta}{I} = \frac{38{,}2\ \text{A}}{0{,}5\ \text{A}} = 76{,}4$$

Induktivität L:

$$L = \frac{N\Phi}{I} = \frac{76{,}4 \cdot 0{,}12 \cdot 10^{-3}\ \text{Vs}}{0{,}5\ \text{A}} = 18{,}3\ \text{mH}$$

b) Gesamtwiderstand R_{ges} des induktiven Stromkreises:

$$R_{ges} = R_V + R_{Sp} = \frac{24\ \text{V}}{0{,}5\ \text{A}} = 48\ \Omega$$

Zeitkonstante τ:

$$\tau = \frac{L}{R_{ges}} = \frac{18{,}3\ \text{mH}}{48\ \Omega} = 0{,}38\ \text{ms}$$

Ansprechzeit t des Bremsmagneten:

$$i_L = \frac{U}{R_{ges}} (1 - e^{-\frac{t}{\tau}})$$

$$0{,}7 \cdot 0{,}5\ \text{A} = 0{,}5\ \text{A}\,(1 - e^{-\frac{t}{\tau}})$$

$$e^{-\frac{t}{\tau}} = 0{,}3$$

$$-\frac{t}{\tau} \ln e = \ln 0{,}3$$

$$t = -\tau \cdot \ln 0{,}3 = -0{,}38\ \text{ms} \cdot (-1{,}2) = 0{,}46\ \text{ms}$$

c) $i_L = \frac{U}{R} (1 - e^{-\frac{t}{\tau}}) = 0{,}632\,I \Rightarrow 63\ \%$

Beispiel

Eine Spule hat die Induktivität $L = 0{,}5$ mH und den Verlustwiderstand $R = 10\ \Omega$. Die Spule wird an 2 V Gleichspannung gelegt. Es sind der zeitliche Verlauf des Stromes, der Selbstinduktionsspannung sowie der Leistung in einer Tabelle zu errechnen und dann zeichnerisch darzustellen.

Lösung:

Zeitkonstante $\tau = \frac{L}{R} = \frac{0{,}5\ \text{mH}}{10\ \Omega} = 50\ \mu\text{s}$

Berechnung in der Tabelle

t	$i_L = \frac{U}{R}(1 - e^{-\frac{t}{\tau}})$	$u_L = U e^{-\frac{t}{\tau}}$	$u_L = U - i_L R$	$P_{tL} = u_L i$
0	0	2 V	2 V	0
25 µs = 0,5 τ	0,079 A	1,21 V	1,21 V	96,5 mW
50 µs = 1 τ	0,126 A	0,74 V	0,74 V	93,3 mW
75 µs = 1,5 τ	0,157 A	0,44 V	0,44 V	69 mW
100 µs = 2 τ	0,173 A	0,27 V	0,27 V	46,4 mW
150 µs = 3 τ	0,19 A	0,1 V	0,1 V	19 mW
200 µs = 4 τ	0,196 A	0,04 V	0,04 V	7,8 mW
250 µs = 5 τ	≈ 0,2 A	≈ 0 V	≈ 0 V	≈ 0 mW

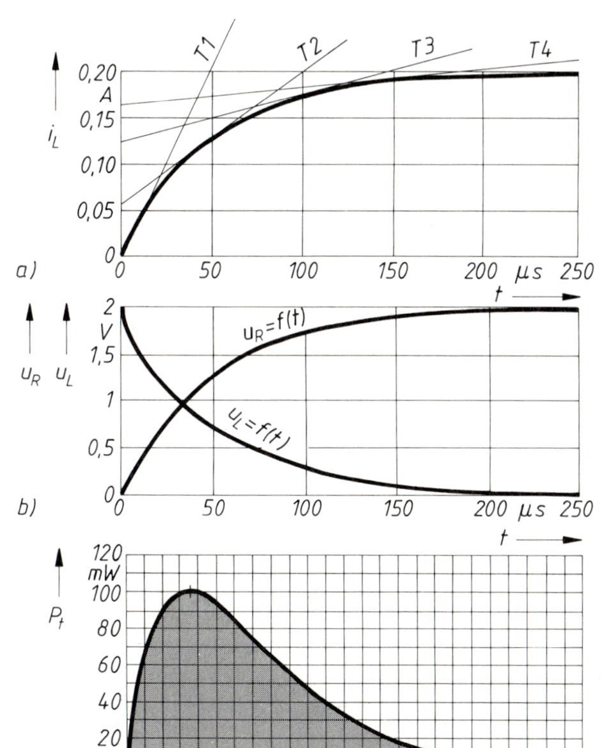

Bild 15.3

Einschaltvorgang bei einer Spule

a) $i_L = f(t)$

Die Tangenten zeigen die abnehmende Stromänderungsgeschwindigkeit.

b) $u_L = f(t)$

$u_R = f(t)$

Die Gesamtspannung an der Spule ist in jedem Augenblick $U = u_R + u_L = 2$ V.

c) $P_t = f(t)$

Errechnung der magnetischen Energie:

$$W_m = \int_0^{5\tau} P_t \, dt \approx \times \text{ FE} \frac{\text{Wert}}{\text{FE}}$$

$$W_m \approx 97 \text{ FE} \frac{10\ \mu\text{s} \cdot 10\ \text{mW}}{\text{FE}} = 9{,}7\ \mu\text{Ws}$$

$$W_m = \frac{1}{2} L I^2 = 10\ \mu\text{Ws}$$

15.2 Abschaltvorgang

Eine vom Gleichstrom I durchflossene Spule mit konstanter Induktivität besitzt, wie in Abschnitt 13.6 gezeigt wurde, ein magnetisches Feld mit dem Energieinhalt:

$$W_{magn} = \frac{1}{2} L I^2$$

Mit dem Unterbrechen des Generatorstromkreises muß das magnetische Feld der Spule zusammenbrechen und seinen Energieinhalt abgeben.

Erfolgt der Abschaltvorgang durch Kurzschließen der Spule, so gilt für jeden Zeitpunkt (s. Bild 15.4a)):

$$i_L R + u_L = 0$$

$$i_L R + L \frac{di}{dt} = 0$$

Die Richtung des Abschaltstromes i stimmt mit der Richtung des vorher geflossenen Gleichstromes $I = U/R$ überein, da der Induktionsstrom gemäß der Lenzschen Regel jeder Flußänderung entgegenwirkt.

Bei Division der Gleichung durch R ergibt sich:

$$i_L + \frac{L}{R} \frac{di}{dt} = 0$$

mit der Abschalt-Zeitkonstanten $\tau = \frac{L}{R}$

$$i_L + \tau \frac{di}{dt} = 0$$

Die Lösung dieser Gleichung läßt sich graphisch über eine Hülltangentenkonstruktion ermitteln oder ergibt rechnerisch für den Spulenstrom:

$$\boxed{i_L = \frac{U}{R} e^{-\frac{t}{\tau}}} \quad \text{mit } I = \frac{U}{R} \text{ dem vor dem Abschalten geflossenen Gleichstrom} \qquad (108)$$

Gl. (108) stellt einen nach einer e-Funktion abklingenden Spulenstrom dar, der nach einer Zeit von $5\,\tau$ praktisch auf den Wert Null abgenommen hat.

Das Abschalten eines Spulenstromes, also seine Unterbrechung, ist verbunden mit dem Auftreten einer Selbstinduktionsspannung. Beim Öffnen von induktiven Stromkreisen können sehr hohe Schaltspannungen entstehen, die insbesondere elektronische Schalter gefährden:

$$\boxed{u_L = -U_{max} e^{-\frac{t}{\tau}}} \qquad (109)$$

U_{max} ist der Anfangswert (Maximalwert) der Abschaltspannung. Die Richtung von u_L ist entgegen zur Zählpfeilrichtung in Bild 15.4, daher erscheint in der Formel ein Minuszeichen.

Der Betrag der Anfangsspannung U_{max} ist schaltungsabhängig und kann wesentlich höher sein als die Batteriespannung U. U_{max} bestimmt sich aus folgender Überlegung:

Der Strom in einer Spule kann sich nicht sprunghaft ändern, so daß der Maximalwert der Abschaltspannung U_{max} sich in Bild 15.4b) nach dem Ohmschen Gesetz berechnet:

$$U_{max} = I R_{ges},$$

wobei I der Spulenstrom vor dem Abschalten und R_{ges} der Gesamtwiderstand im Abschaltstromkreis ist (s. Bild 15.4a) bis c)). Dort werden die Schaltungen zum Zeitpunkt $t > 0$ gezeigt.

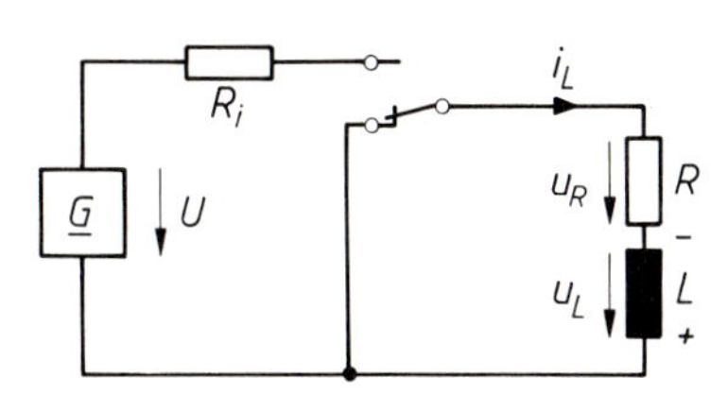

Bild 15.4

a) Kurzschluß beim Abschalten:

$$u_L = -I\,R\,e^{-\frac{t}{\tau}}, \quad \tau = \frac{L}{R} \quad \text{mit } I = \frac{U}{R + R_i}$$

(Umschalter schaltet unterbrechungslos.)

b) Abschalten über Widerstand R_a:

$$u_L = -I\,(R + R_a)\,e^{-\frac{t}{\tau}}, \quad \tau = \frac{L}{R + R_a} \quad \text{mit } I = \frac{U}{R + R_i}$$

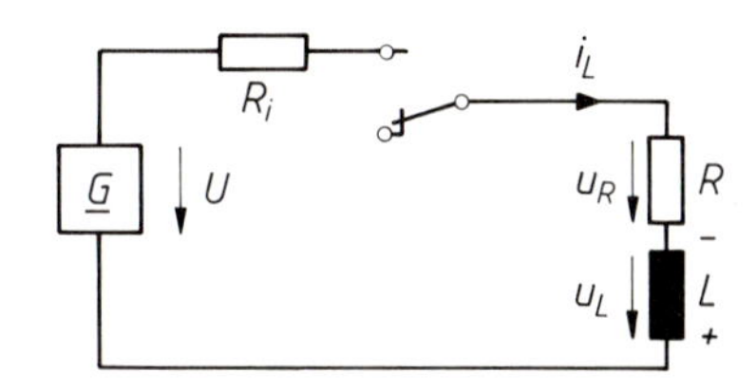

c) Unterbrechung des Stromkreises:

$$u_L = -I\,(R + \infty)\,e^{-\frac{t}{\tau}}, \quad \tau = \frac{L}{R + \infty} \quad \text{mit } I = \frac{U}{R + R_i}$$

$U_{max} = \infty$ (theoretisch) wird durch Schaltkapazität jedoch verhindert.

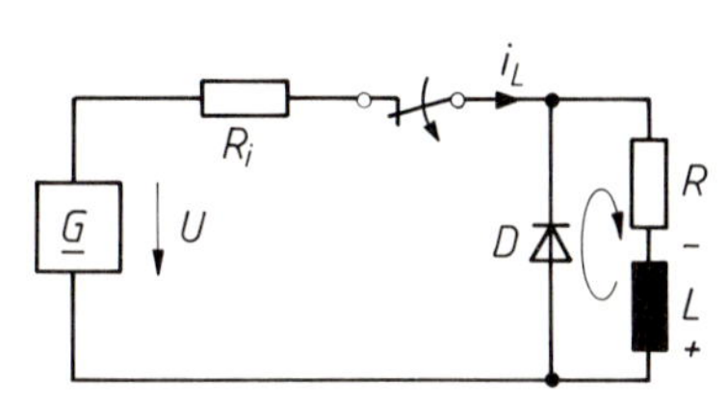

d) Freilaufdiode D ist für die Betriebsspannung in Sperrrichtung, für die mit umgekehrter Polarität auftretende Selbstinduktionsspannung beim Abschalten jedoch in Durchlaßrichtung gepolt (Kurzschluß der Abschaltspannung).

Beispiel

Für die im Bild 15.5 gegebene Schaltung sind für den Abschaltvorgang der zeitliche Verlauf des Induktionsstromes i_L und der Induktionsspannung u_L zu berechnen und zeichnerisch darzustellen.

Lösung:

Stromstärke I im geschlossenen Stromkreis:

$$I = \frac{2\ \text{V}}{1\ \Omega + 3\ \Omega} = 0{,}5\ \text{A}$$

Zeitkonstante τ für den Abschaltvorgang:

$$\tau = \frac{1\ \text{H}}{100\ \Omega} = 0{,}01\ \text{s}$$

Selbstinduktionsspannung u_L:

$$u_L = -0{,}5\ \text{A} \cdot 100\ \Omega \cdot e^{-\frac{t}{\tau}}$$

$$u_L = -50\ \text{V} \cdot e^{-\frac{t}{\tau}}$$

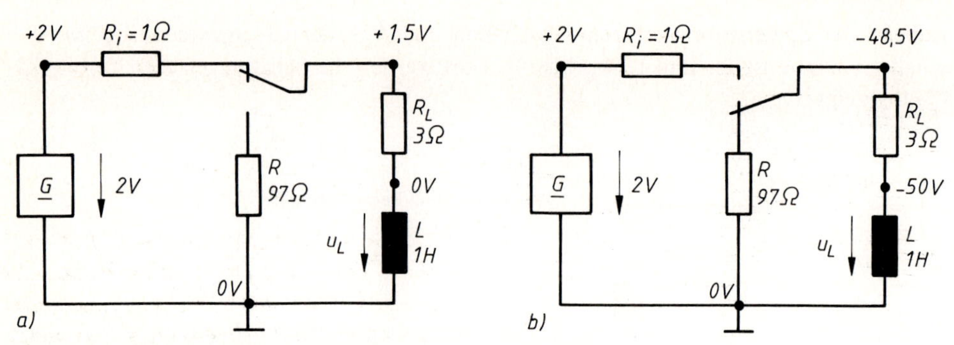

B15.5 Zum Ausschaltvorgang in einem induktiven Stromkreis
a) Stromkreis vor dem Abschalten: $I = 0{,}5$ A
b) Potentiale im Abschaltaugenblick

Vor dem Abschalten des Stromkreises fließt ein Gleichstrom $I = 0{,}5$ A. Eine Selbstinduktionsspannung ist nicht vorhanden, s. Bild 15.5a). Im Abschaltmoment fließt der Spulenstrom im ersten Augenblick in unveränderter Stärke weiter; er hat jedoch abnehmende Tendenz (0,5 A mit $di/dt < 0$). Es entsteht eine Selbstinduktionsspannung u_L, deren physikalisch richtige Richtung in Bild 15.5b) durch das Vorzeichen des Potentials eingetragen ist. Tabelle mit Momentanwerten von u_L und i_L beim Abschalten:

t	$u_L = -50\ \text{V} \cdot e^{-\frac{t}{\tau}}$	$i_L = 0{,}5\ \text{A} \cdot e^{-\frac{t}{\tau}}$
0 s	−50 V	500 mA
0,01 s = 1 τ	−18,4 V	184 mA
0,02 s = 2 τ	− 6,77 V	67,7 mA
0,03 s = 3 τ	− 2,5 V	25 mA
0,05 s = 5 τ	− 0,34 V	3,4 mA

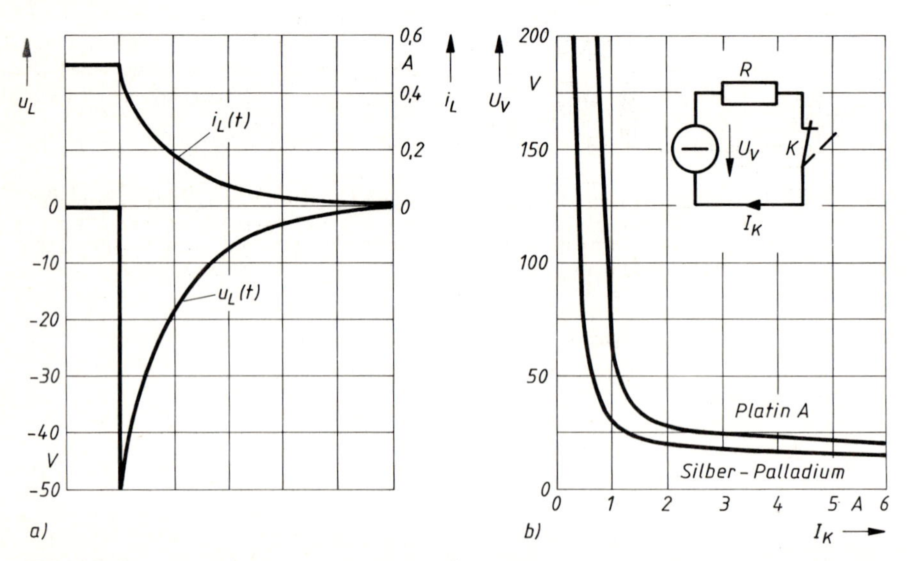

Bild 15.6 Zum Abschaltvorgang im induktiven Stromkreis
a) Zeitlicher Verlauf des Spulenstroms i_L und der Selbstinduktionsspannung u_L in der Schaltung gemäß Bild 15.5
b) Lichtbogen-Grenzkurven: Die Spannung, bei der ein Lichtbogen bestehen kann, hängt von der Größe des Schaltstroms, dem Kontaktwerkstoff und dem Abstand der Schaltstücke ab. Bild 15.6b) zeigt die Lichtbogen-Grenzkurven für sehr kleine Kontaktöffnungen. Strom-Spannungswerte unterhalb der Grenzkurven verursachen keinen Lichtbogen.

△ **Übung 15.1: Zeitlicher Verlauf der Schalterspannung**

Im induktiven Stromkreis in Bild 15.9 wird Schalter S geöffnet.

a) Wie verändert sich die Stromstärke im Stromkreis?

b) Wie lange dauert es, bis Strom I seinen neuen Wert angenommen hat?

c) Wie verändern sich die Potentiale φ_1, φ_2, φ_3 im Augenblick des Öffnens von Schalter S?

d) Geben Sie den zeitlichen Verlauf der Selbstinduktionsspannung u_L an.

e) Zeichnen Sie den zeitlichen Verlauf der Spannung u_S über dem Schalter.

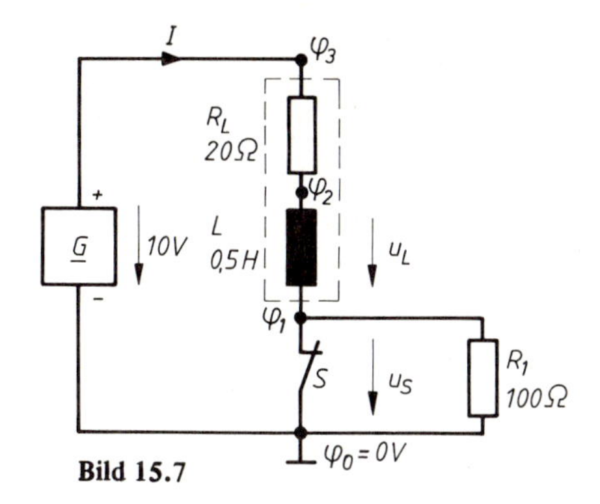

Bild 15.7

15.3 Begriffsdefinitionen und Übersicht für die Gleichstromschaltvorgänge

Gleichstromkreise mit Widerständen, Kondensatoren und Spulen müssen irgendwann ein- und ausgeschaltet werden. Den elektrischen Zustand kurz vor und lange nach dem Schalten bezeichnet man als *eingeschwungenen Zustand*. Da diese Zustände hinsichtlich Spannung und Strom verschieden sind, muß beim Schalten ein *Ausgleichsvorgang* auftreten. Das *Übergangsverhalten* wird durch die Bauelemente bestimmt.

Wird ein *Energiespeicher* geschaltet, wobei Kondensatoren elektrische und Spulen magnetische Energie speichern, dann verlaufen die Ausgleichsvorgänge grundsätzlich nach einer *e-Funktion*. Dies kann so gedeutet werden, daß es unmöglich ist, den Energieinhalt eines Speichers in der Zeit Null zu verändern. Vielmehr bedarf es einer Zeit von etwa 5 τ, bis der neue Energiezustand erreicht wird.

Jede Energieänderung erfordert einen stetigen Verlauf, sprunghafte Änderungen sind nicht möglich. Da die im Kondensator gespeicherte Energie sich aus $W = \frac{1}{2}\, CU^2$ berechnet, muß beim Schalten die Kondensatorspannung stetig zu- oder abnehmen, während sich der Kondensatorstrom dabei sprunghaft ändert. Die in einer Spule gespeicherte Energie berechnet sich aus $W = \frac{1}{2}\, LI^2$. Hier ist es also der Strom, der beim Schalten nach einer e-Funktion stetig zu- oder abnimmt, während sich die Selbstinduktionsspannung an der Spule sprunghaft ändert.

In Schaltwiderständen wird weder elektrische noch magnetische Energie gespeichert. Von Widerständen kann keine Energie für den Stromkreis zurückgewonnen werden. Die den Widerständen zugeführte elektrische Energie wird in Wärme umgewandelt und abgestrahlt, einschließlich der in der Masse gespeicherten Wärmeenergie. Spannung und Strom sind über das Ohmsche Gesetz $u = iR$ verknüpft und weisen beim Schalten sprunghafte Änderungen auf. Bild 15.8 gibt eine Übersicht über die Schaltvorgänge in Gleichstromkreisen mit maximal einem Energiespeicher.

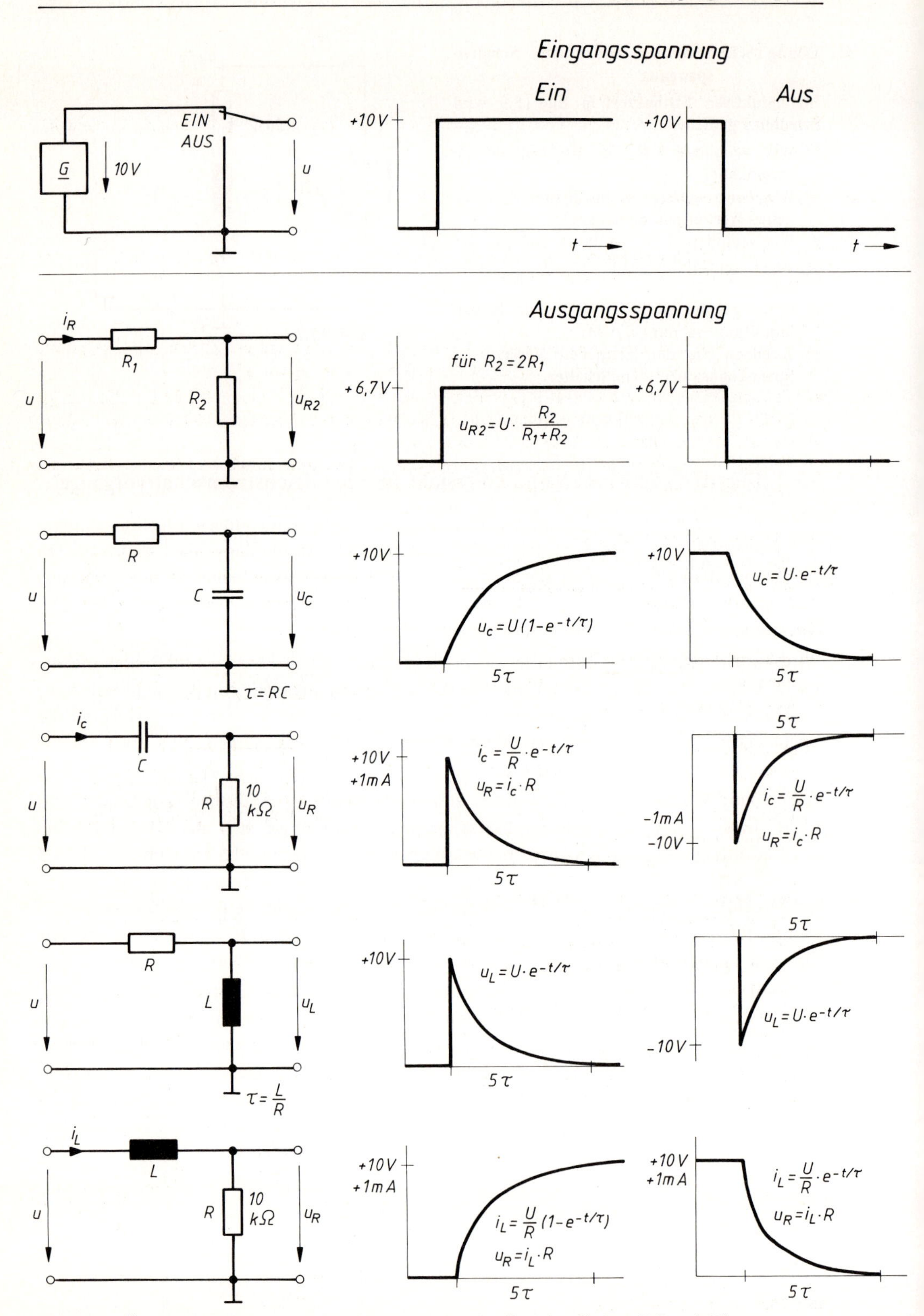

Bild 15.8 Übergangsverhalten beim *RR*-Glied sowie bei den Speichergliedern *RC* und *RL*

15.4 Vertiefung und Übung

△ **Übung 15.2: Einschaltvorgang**

Berechnen Sie die Anzugszeit eines Relais (Zeit vom Beginn des Stromflusses bis zur erfolgten Kontaktbetätigung) mit den gegebenen Daten:

Induktivität 2,1 H
Wicklungswiderstand 300 Ω
5000 Windungen

Das Relais wird an eine Gleichspannung von 24 V gelegt. Die Kontaktbetätigung erfolgt, wenn die Durchflutung den Wert 200 A erreicht hat.

△ **Übung 15.3: Ausschaltvorgang**

Eine Relaisspule mit den Angaben $L = 1{,}5$ H und $R_L = 120\ \Omega$ ist mit einem Schaltwiderstand R_a parallelgeschaltet. Die Parallelschaltung liegt an einer Gleichspannung von 6 V.

a) Welchen Widerstandswert muß R_a mindestens erhalten, wenn beim Abschalten der Spannungsquelle an den Spulenklemmen eine Induktionsspannung von höchstens 160 V auftreten darf?
b) Welchen Wert hat dann die Abschalt-Zeitkonstante?
c) Welche Auswirkungen hätte die Verwendung einer Freilaufdiode anstelle des Schaltwiderstandes R_a zur Vermeidung einer hohen Induktionsspannung?

△ **Übung 15.4: Kleines Rundrelais**

Ein kleines Rundrelais für 12 V Gleichspannung ist mit vier Wechselkontakten ausgerüstet (Bild 15.9). Laut Datenbuch sind folgende Angaben bekannt:

– Ankerbelastung durch die Kontaktfedern	140 cmN
– Ansprecherregung (= Durchflutung für Kontaktumschalschaltung)	205 A
– Ankerhub	0,7 mm
– Windungszahl	3600
– Widerstand	120
– A_L-Wert (Anker angezogen)	$15 \cdot 10^{-8}$ H
(Anker abgefallen)	$8 \cdot 10^{-8}$ H

a) Bei wieviel Prozent der Dauer-Durchflutung liegt die Ansprecherregung?
b) Wie groß sind die Relais-Induktivitäten, und warum unterscheiden sie sich je nach Ankerstellung?
c) Wie groß ist die ungefähre Ansprechzeit des Relais, wenn für die mechanische Zeitkonstante zusätzlich 1 ms berücksichtigt wird und mit einem mittleren Induktivitätswert gerechnet wird?

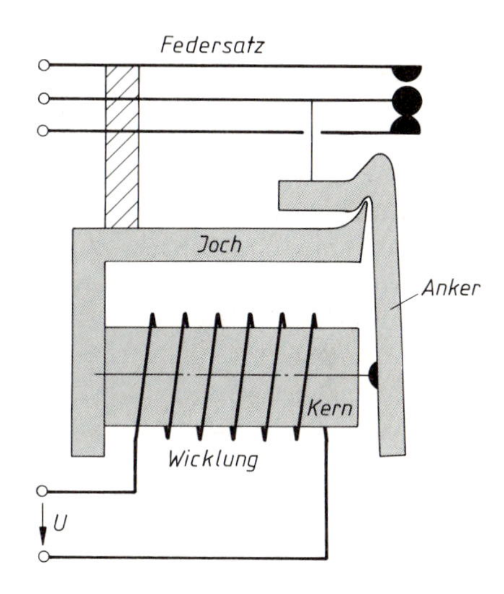

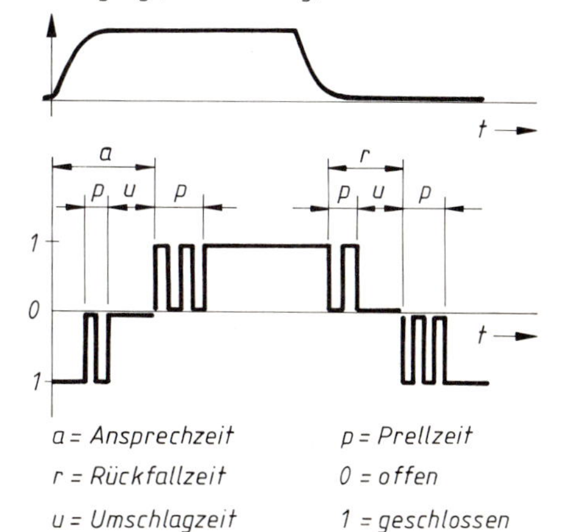

Bild 15.9 Schalten von Relais

16 Sinusförmige Änderungen elektrischer Größen

In diesem Kapitel sollen die Kenngrößen und Beschreibungsmittel zur Darstellung sinusförmiger Wechselgrößen (Spannungen, Ströme) unabhängig vom Vorgang ihrer Erzeugung behandelt werden. Zur Entstehung sinusförmiger Wechselspannung im Generator sei auf die ausführliche Darstellung in Kapitel 14.4 verwiesen.

16.1 Darstellung sinusförmiger Größen

Eine Gleichspannung ist vollkommen beschrieben durch die Angabe ihres Betrages und ihrer Polarität. Betrachtet man dagegen eine genügend „langsame" Wechselspannung, z.B. mit einem Drehspulinstrument, so zeigt sich eine Pendelbewegung des Zeigers um den Nullpunkt in der Skalenmitte. Ein *Oszilloskop*[1]) zeichnet dieselbe Spannung als einen in der vertikalen Richtung pendelnden Bildpunkt auf. Die Wechselspannung besteht somit aus einer periodischen Folge von Momentanwerten und ist erst dann eindeutig bestimmt, wenn die Spannungswerte zu *jedem* Zeitpunkt bekannt sind.

Wie kann dieses Beschreibungsproblem gelöst werden?

Beschreibungsmittel Liniendiagramm

Man verschafft sich rein bildlich eine genauere Kenntnis über die periodische Abfolge der Momentanwerte, wenn man die Wechselspannung in ihrem zeitlichen Verlauf aufzeichnet. Dazu führt man eine Zeitachse t ein. Beim Oszilloskop geschieht dies durch Einschalten der Zeitablenkung. Der vertikalen Pendelbewegung des Bildpunktes wird eine horizontale Ablenkung überlagert. Es entsteht ein Kurvenzug, den man das *Liniendiagramm* der Wechselspannung nennt. Das Liniendiagramm zeigt alle *Momentanwerte* $u(t)$ der Wechselspannung in ihrer zeitlichen Reihenfolge sowie den positiven und negativen Höchstwert, für die auch die Bezeichnungen *Scheitelwert* oder *Amplitude* $\hat{u}$ verwendet werden.

Ferner erkennt man die kleinste Zeitspanne, nach der sich die Momentanwerte wiederholen. Jeder Schwingungszyklus heißt *Periode*, und deren Zeit ist die *Periodendauer* T.

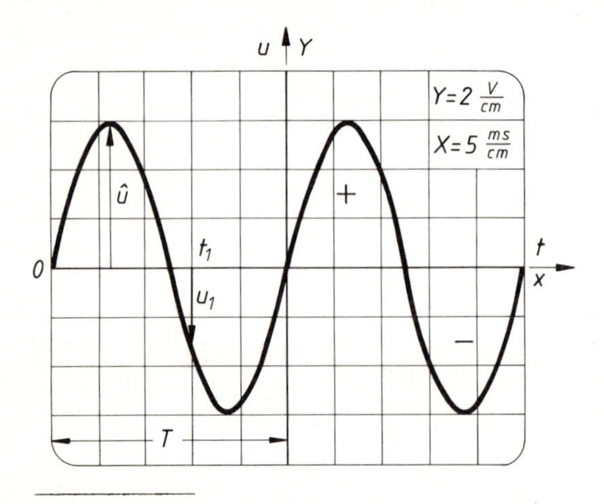

Bild 16.1
Sinusförmige Wechselspannung

[1]) Meßgerät zur Kurvenformanzeige einer Spannung.

Beschreibungsmittel Funktionsgleichung

Jede Wechselspannung gehorcht einer ganz bestimmten *Zeitfunktion*. Typische Zeitfunktionen der Elektrotechnik/Elektronik werden in Bild 16.2 gezeigt. Eine Gleichspannung dagegen ist zeit*un*abhängig.

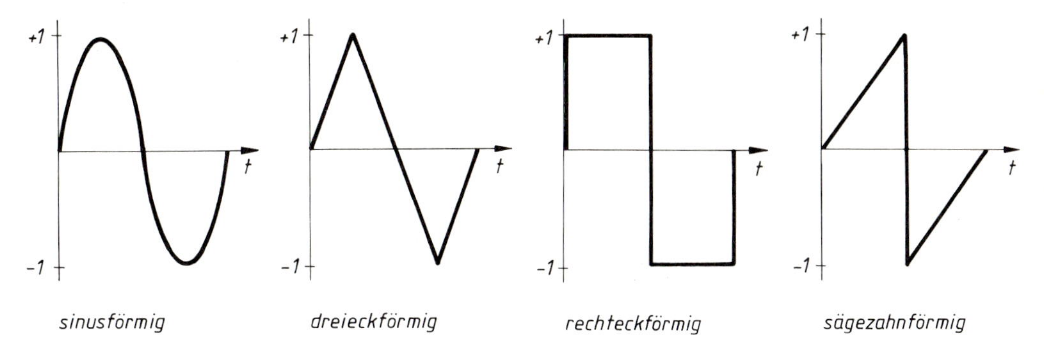

Bild 16.2 Zeitfunktionen von Wechselgrößen

Die Funktionswerte der abgebildeten Zeitfunktionen sind dimensionslos und schwanken zwischen den Grenzwerten +1 und −1. Das Auftreten einer Zeitfunktion ist der wesentlichste Unterschied der Wechselspannung gegenüber der Gleichspannung.

Eine Wechselspannung ist vollständig beschrieben durch Angabe ihrer Amplitude und ihrer Zeitfunktion:

$$u(t) = \hat{u} \cdot \mathrm{f}(t)$$

Für den Fall der sinusförmigen Wechselgrößen soll das Zeitgesetz mathematisch formuliert werden, es lautet:

$$\mathrm{f}(t) = \sin(\omega t) \quad \text{mit} \quad \omega t = \widehat{\alpha} \text{ (Winkel)}$$

Im Argument der Sinusfunktion steht die Zeit t und die Größe ω (Omega).

ω ist eine rechennotwendige konstante Größe, die aus dem vorliegenden Liniendiagramm (Bild 16.1) entnommen werden kann:

$$\boxed{\omega = \frac{2\pi}{T}} \qquad \text{Einheit } \frac{1}{\mathrm{s}} \tag{110}$$

Die Rechengröße ω wurde so definiert, daß nach Ablauf einer Periodendauer T der Wert des Winkels $\alpha = \omega t$ um genau 2π zunimmt, da die Sinusfunktion die Periode 2π hat (weitere Einzelheiten zu ω in Kapitel 16.2).

Die *Funktionsgleichung* zur Beschreibung der sinusförmigen Wechselspannung lautet also:

$$\boxed{u(t) = \hat{u} \sin(\omega t)} \tag{111}$$

In Worten: Läßt sich die Zeitabhängigkeit eines Vorgangs durch eine Sinuskurve beschreiben, deren Argument eine lineare Funktion der Zeit ist, so heißt der Vorgang Sinusschwingung und die schwingende Größe Sinusgröße. Die Spannung u zum beliebigen Zeitpunkt t berechnet sich aus dem Produkt von Amplitude $\hat{u}$ und dem zugehörigen Funktionswert der Zeitfunktion.

Beispiel

Wir betrachten das meßtechnisch ermittelte Liniendiagramm einer sinusförmigen Wechselspannung.

a) Wie lautet die Funktionsgleichung der in Bild 16.3 gezeigten Wechselspannung?

b) Wie groß ist der Momentanwert der Wechselspannung zum Zeitpunkt $t_1 = 1$ ms?

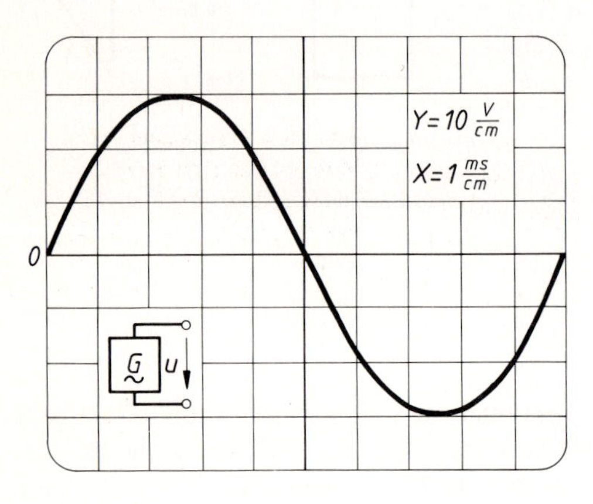

Bild 16.3

Oszillogramm einer sinusförmigen Wechselspannung:

Amplitude $\hat{u} = 3\ \text{cm} \cdot 10\ \dfrac{\text{V}}{\text{cm}} = 30\ \text{V}$

Periodendauer $T = 10\ \text{cm} \cdot 1\ \dfrac{\text{ms}}{\text{cm}} = 10\ \text{ms}$

Lösung:

zu a)

Amplitude $\hat{u}$ aus Liniendiagramm:

$$\hat{u} = 30\ \text{V}$$

Zeitgesetz $f(t)$ aus Liniendiagramm:

$$f(t) = \sin(\omega t)$$

Funktionsgleichung:

$$u(t) = \hat{u} \sin(\omega t)$$

$$u(t) = 30\ \text{V} \sin(\omega t)$$

zu b)

Rechengröße ω aus Liniendiagramm:

$$\omega = \frac{2\pi}{T} = \frac{2\pi}{10\ \text{ms}}$$

Momentanwert $u(t_1)$, d.h. Spannung u zum Zeitpunkt t_1:

$$u(t_1) = 30\ \text{V} \cdot \sin\left(\frac{2\pi}{10\ \text{ms}} \cdot 1\ \text{ms}\right)$$

$$u(t_1) = 30\ \text{V} \cdot \sin(0{,}2\pi) = 17{,}63\ \text{V}$$

Beschreibungsmittel Zeigerdiagramm

Die Darstellung einer sinusförmigen Wechselgröße durch ein *Zeigerdiagramm* beruht auf folgenden drei Vereinbarungen:

- Die Zeigerlänge ist proportional zur Amplitude der Wechselgröße (später proportional dem Effektivwert).
- Der Zeiger rotiert gegen den Uhrzeigersinn mit einer Umdrehung je Periodendauer T.
- Der Momentanwert der Wechselspannung ist gleich der Gegenkathete in einem Dreieck, dessen Hypotenuse durch den Zeiger und dessen Ankathete durch einen Abschnitt auf der Bezugslinie gebildet wird (Bild 16.4).

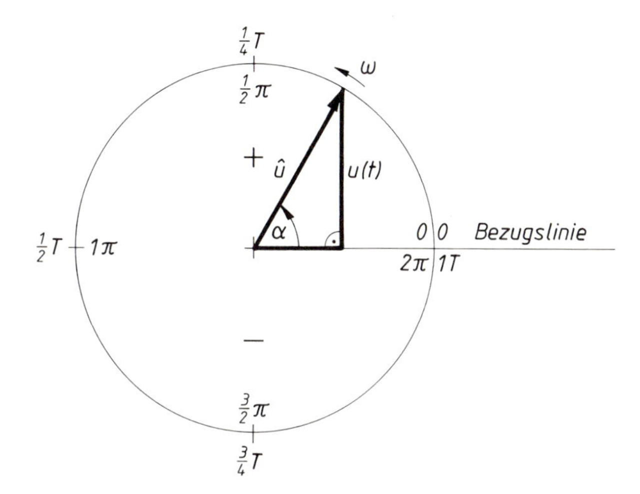

Bild 16.4 Darstellung von Momentanwerten einer sinusförmigen Wechselspannung durch einen rotierenden Zeiger

Durch die Zeigerdrehung wird erreicht, daß jeder Momentanwert darstellbar ist:

$$u(t) = \hat{u} \sin \widehat{\alpha} \qquad \text{mit } \widehat{\alpha} = \omega t$$

Wie vorteilhaft der Einsatz von Zeigerdiagrammen zur Beschreibung von Wechselgrößen ist, erweist sich jedoch erst bei Problemstellungen, die zwei und mehr Zeiger in einem Bild erfordern. Für diese Fälle werden weitere Vereinbarungen getroffen und erläutert. Hier seien die wichtigsten Regeln bereits im voraus im Sinne einer Zusammenstellung aufgeführt:

- Zeigerbilder dürfen mehrere Zeiger enthalten, jedoch müssen die dargestellten Wechselstromgrößen frequenzgleich sein.
- Zeigerlängen können proportional zu meßbaren Effektivwerten der Wechselgrößen gezeichnet werden.
- Die Addition bzw. Subtraktion von Sinusgrößen erfolgt im Zeigerbild entsprechend den Regeln für Vektoren (z.B. Kräfte). Zeiger sind jedoch keine Vektoren. Die Richtung eines Zeigers hat keine räumliche Bedeutung.
- Zeigerbilder mit rotierenden Zeigern können durch ebensolche mit ruhenden Zeigern ersetzt werden, wenn auf die Darstellung von Momentanwerten kein Wert gelegt wird.
- Zeigerbilder mit ruhenden Zeigern können zu Zeigerdreiecken und Zeigerpolygonen umgestaltet werden (an das Ende des ersten Zeigers wird der Anfang des zweiten Zeigers gezeichnet usw., jedoch unter Beachtung der richtigen Längen und Richtungen.
- Zeigerbilder können in die komplexe Zahlenebene gelegt werden.

- Zeigerbilder können als „Rechenersatz“ zur Lösung von Problemstellungen verwendet werden, dann sind sie maßstäblich gezeichnet.
- Zeigerbilder können die Grundlage für Rechenansätze sein, dann sind sie in Ermangelung bekannter Zahlenwerte unmaßstäblich gezeichnet.

Zeigerbilder sind im Zusammenhang mit zugehörigen Schaltbildern die entscheidenen Werkzeuge bei der Lösung von Problemstellungen der Wechselstromtechnik.

16.2 Frequenz, Kreisfrequenz

Die Geschwindigkeit, mit der sich die Perioden der Wechselspannung wiederholen, wird als *Frequenz* f bezeichnet:

$$f = \frac{n}{t}$$ n = Anzahl der Perioden
t = Zeit für n Perioden

Die Zeit für 1 Periode heißt Periodendauer T:

$$T = \frac{t}{n}$$

Daraus folgt für den Zusammenhang zwischen Frequenz und Periodendauer:

$$\boxed{f = \frac{1}{T}} \qquad \text{Einheit } \frac{1}{\text{s}} = 1\ \text{Hz (Hertz)} \tag{112}$$

In Worten: Die Frequenz einer Wechselspannung ist zahlenmäßig gleich der Anzahl der Perioden pro Sekunde, dabei kann die Schwingung sinusförmig oder auch nichtsinusförmig verlaufen.

Beispiel

Die Frequenz eines Wechselstromnetzes sei $f = 16\frac{2}{3}$ Hz. Wie groß ist die Periodendauer?

Lösung:

$$T = \frac{1}{f} = \frac{1}{\frac{50}{3}\ \text{Hz}} = \frac{3}{50}\ \text{s} = 60\ \text{ms}$$

Eine volle Schwingung dauert 60 ms.

△ **Übung 16.1: Periodendauer**

Berechnen Sie die Periodendauer der Netzfrequenz $f = 50$ Hz.

Mit Kenntnis der Frequenz f kann die in der Zeitfunktion $\sin(\omega t)$ auftauchende Größe ω benannt werden. Aus

$$\omega = \frac{2\pi}{T}$$

erhält man mit

$$f = \frac{1}{T}$$

den Ausdruck:

$$\boxed{\omega = 2\pi f} \qquad \text{Einheit } \frac{1}{\text{s}} \qquad (113)$$

Man bezeichnet die Rechengröße ω als *Kreisfrequenz*, sie bezieht sich immer auf eine sinusförmige Schwingung.

Es ist aus Kapitel 16.1 bereits bekannt, daß die Kreisfrequenz im Argument der Zeitfunktion $\sin(\omega t)$ als rechennotwendiger Proportionalitätsfaktor auftritt. Eine besondere Bedeutung kommt der Kreisfrequenz bei der Berechnung der Anstiegsgeschwindigkeit sinusförmiger Größen zu.

Die in Bild 16.5 dargestellte Größe u verläuft zeitlich sinusförmig, ihre Änderungsgeschwindigkeit $\Delta u/\Delta t$ wird durch die Steigung einer Tangente im betrachteten Zeitpunkt dargestellt. Die Bestimmung der maximalen Änderungsgeschwindigkeit einer sinusförmigen Größe erfordert im Liniendiagramm die Konstruktion einer Tangente im Nulldurchgang der Schwingung. Bild 16.5 zeigt ein Beispiel.

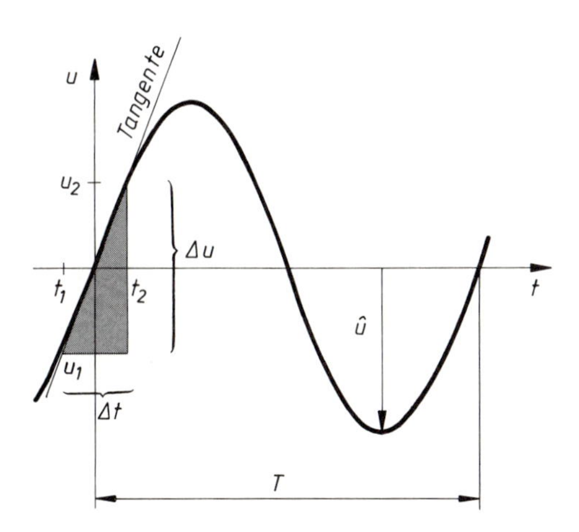

Bild 16.5
Zur Ermittlung der maximalen Änderungsgeschwindigkeit einer sinusförmigen Wechselspannung

Die maximale Änderungsgeschwindigkeit einer sinusförmigen Größe läßt sich aus der Tangentensteigung berechnen. Für das Beispiel im Bild 16.5 ist:

$$\left(\frac{\Delta u}{\Delta t}\right)_{\max} = \frac{u(t_2) - u(t_1)}{t_2 - t_1}$$

$$\left(\frac{\Delta u}{\Delta t}\right)_{\max} = \frac{\hat{u}\sin(\omega t_2) - \hat{u}\sin(\omega t_1)}{t_2 - t_1} \qquad \text{mit } \omega = \frac{2\pi}{T} = \text{konst.}$$

$$\left(\frac{\Delta u}{\Delta t}\right)_{\max} = \frac{\hat{u}\,\omega t_2 - \hat{u}\,\omega t_1}{t_2 - t_1}, \qquad \text{da } \sin\omega t \approx \omega t, \text{ wenn } \omega t \leqslant 0{,}1$$

$$\boxed{\left(\frac{\Delta u}{\Delta t}\right)_{\max} = \hat{u}\,\omega} \qquad \text{Einheit } 1\,\frac{\text{V}}{\text{s}} \qquad (114)$$

In Worten: Die maximale Änderungsgeschwindigkeit einer sinusförmigen Wechselgröße errechnet sich aus dem Produkt von Kreisfrequenz und Amplitude der Größe.

Beispiel

Eine drehbar gelagerte Leiterschleife befinde sich in einem homogenen und zeitlich konstanten Magnetfeld. Durch Drehung der Leiterschleife ändere sich der die Leiterschleife durchsetzende magnetische Fluß kosinusförmig (s. auch ausführliche Darstellung in Kapitel 14.4).

Wie groß ist die Induktionsspannung u zum Zeitpunkt t_1 in Bild 16.6, wenn die Amplitude des magnetischen Flusses 20 mVs beträgt?

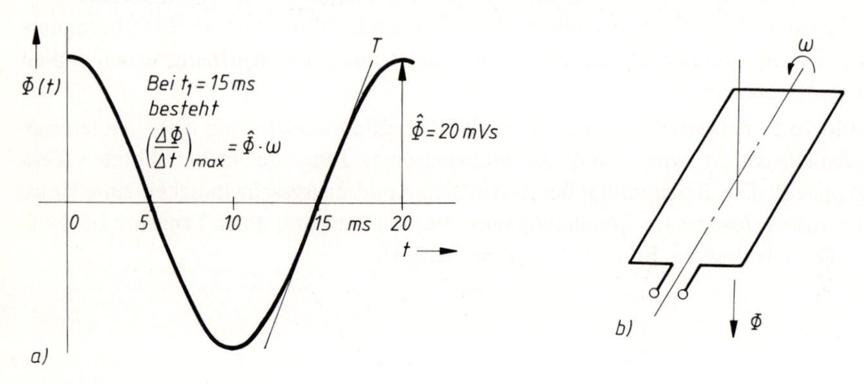

Bild 16.6

Zur Erzeugung der Flußänderung in einer Leiterschleife

a) Der mit der Leiterschleife verkettete magnetische Fluß hat einen kosinusförmigen zeitlichen Verlauf.

b) Drehende Leiterschleife: Die Stellung der Leiterschleife ist passend für den Zeitpunkt $t = 0$ im Liniendiagramm dargestellt.

Lösung:

Induktionsgesetz:

$$u = -N \frac{\Delta \Phi}{\Delta t}$$

Frequenz f der Induktionsspannung:

$$f = \frac{1}{T} = \frac{1}{20 \text{ ms}} = 50 \text{ Hz}$$

Kreisfrequenz ω:

$$\omega = 2\pi \cdot f = 2\pi \cdot 50 \text{ Hz} = 314 \frac{1}{\text{s}}$$

Spannung u zum Zeitpunkt t_1:

$$u(t_1) = -N \left(\frac{\Delta \Phi}{\Delta t}\right)_{\text{max}}$$

$$u(t_1) = -N \hat{\Phi} \omega = -1 \cdot 20 \text{ mVs} \cdot 314 \frac{1}{\text{s}} = -6{,}28 \text{ V}$$

$u(t_1)$ ist der negative Scheitelwert $\hat{u}$ der Induktionsspannung.

▲ **Übung 16.2: Anwendung der Kreisfrequenz**

Sie wollen durch Betrachtung des Liniendiagramms $i = f(t)$ eines sinusförmigen Stromes den Zeitpunkt der größten Selbstinduktionsspannung einer Spule erkennen und diesen Höchstwert berechnen.

Lösungsleitlinie:

1. Wie lautet die Formel zur Berechnung der Selbstinduktionsspannung einer Spule?
2. In welchem Augenblick wird die Selbstinduktionsspannung u_L beim gegebenen Strom $i = f(t)$ ihren Maximalwert haben? Welche Größen müssen zur Berechnung von $\hat{u}_L$ bekannt sein?
3. Berechnen Sie durch sinngemäße Anwendung von Gl. (114) die maximale Stromänderungsgeschwindigkeit.
4. Berechnen Sie die Amplitude $\hat{u}_L$ der Selbstinduktionsspannung zum Zeitpunkt t_0, wenn L = 0,5 H ist.

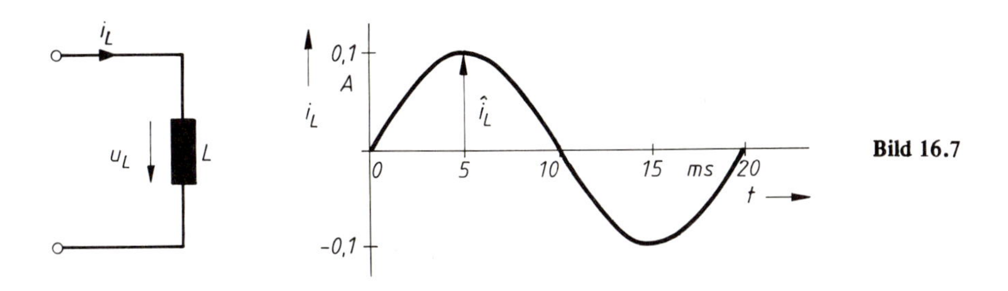

Bild 16.7

16.3 Zeichnerische Darstellung $u = f(t)$ und $u = f(\omega t)$

Wird $u = f(t)$ dargestellt, dann erkennt man im Liniendiagramm die verschiedene Frequenz der Schwingungen $u_1 = f(t)$ und $u_2 = f(t)$, ebenso auch ihre unterschiedliche maximale Änderungsgeschwindigkeit $(du/dt)_{max}$. Jedes Schaubild gilt nur für eine bestimmte Frequenz der Wechselgröße (Bild 16.8a)). Diese Darstellung wird gewählt, wenn unterschiedliche Frequenzen, zeitliche Mittelwerte, Änderungsgeschwindigkeiten und Amplitudenänderungen von Schwingungen dargestellt werden sollen.

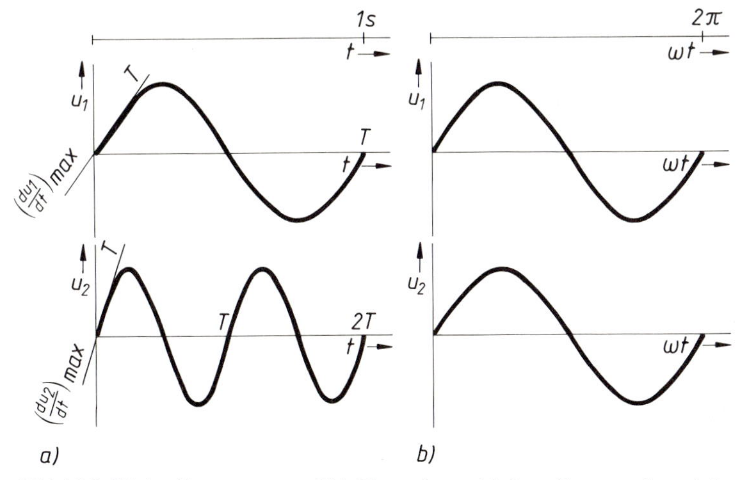

Bild 16.8 Liniendiagramme u = f (t) für zwei verschiedene Grenzen f_1 und f_2
a) Abszisse mit Zeiteinteilung (t)
b) Abszisse mit Drehwinkeleinteilung (ωt)

Die zeichnerische Darstellung $u = f(\omega t)$ erfolgt bei allen Frequenzen für eine Periode der Wechselgröße von 0 bis 2π. Die verschiedene Frequenz der Wechselgrößen $u_1 = f(t)$ und $u_2 = f(t)$ ist nicht mehr erkennbar, ebenso die unterschiedliche Änderungsgeschwindigkeit (Bild 16.8b)). Trotzdem hat diese Darstellungsform ihre Vorzüge, denn in einem solchen Liniendiagramm lassen sich jene Erscheinungen besonders einfach darstellen, die für alle Frequenzen der Wechselgrößen gleichermaßen gültig sind. Eine solche Erscheinung ist beispielsweise die frequenzunabhängige Phasenverschiebung zwischen Strom und Spannung bei bestimmten Bauelementen.

Mathematisch darstellbar ist in jedem Fall nur $u = \hat{u} \sin \textcircled{\omega t}$, weil das Argument der Sinusfunktion immer ein Winkel sein muß: $u = \hat{u} \sin \textcircled{t}$ ist falsch!

16.5 Vertiefung und Übung

△ **Übung 16.3: Momentanwerte sinusförmiger Wechselgrößen**

Die Funktionsgleichung eines Stromes lautet $i = 1{,}41\,\text{A} \cdot \sin \omega t$, seine Frequenz beträgt 50 Hz. Berechnen Sie die Zeitpunkte innerhalb der ersten Periode nach dem Zeitpunkt $t = 0$, in denen der Momentanwert des Stromes $i = 0{,}8$ A beträgt.

△ **Übung 16.4: Änderungsgeschwindigkeit sinusförmiger Wechselgrößen**

Welche maximale Änderungsgeschwindigkeit weist eine sinusförmige Spannung mit der Amplitude 5 V und der Periodendauer 2,5 ms auf?

△ **Übung 16.5: Linien- und Zeigerdiagramm**

Ein sinusförmiger Strom habe die Amplitude 100 mA und die Frequenz 1 kHz. Ermitteln Sie den Momentanwert des Stromes durch Berechnung und aus dem maßstäblich gezeichneten Zeigerdiagramm für die Zeit $t = 0{,}4$ ms.

△ **Übung 16.6: Wechselspannungsgenerator**

Eine Leiterschleife mit 1000 Windungen wird mit 3000 Umdrehungen/min in einem magnetischen Feld gedreht. Dabei entsteht ein magnetischer Fluß mit der Amplitude 1 mVs. Es sind Frequenz und Amplitude der induzierten Wechselspannung zu berechnen.

▲ **Übung 16.7: Anstiegsgeschwindigkeit eines Sinussignals**

Eine sinusförmige Signalspannung $u = 10\,\text{mV} \cdot \sin \omega t$ soll mit einem Verstärker auf die Amplitude 5 V verstärkt werden, wobei die Kurvenform des Signals erhalten bleiben soll. Die Frequenz der Signalspannung betrage 50 kHz.

Hinweis: Der Verstärker soll hier als ein Gerät mit zwei Eingangs- und zwei Ausgangsklemmen betrachtet werden und habe die folgenden Eigenschaften:

- einen einstellbaren Verstärkungsfaktor zwischen 10 ... 1000fach,
- eine höchste Anstiegsgeschwindigkeit der Ausgangsspannung von 0,5 V/μs, bedingt durch interne Kapazitäten, die aufgeladen werden müssen.

Kann mit dem gegebenen Verstärker das Sinussignal kurvenformgetreu verstärkt werden?

△ **Übung 16.8: Funktionsgleichung**

Seite 214 zeigt das Oszillogramm einer Wechselspannung. Die Ablenkkoeffizienten seien: $Y = 2$ V/cm, $X = 5$ ms/cm.

a) Wie lautet die Funktionsgleichung der Schwingung?
b) Wie groß ist die Frequenz?

● **Übung 16.9: Kreisfrequenz**

a) Wie groß ist die Kreisfrequenz einer Wechselspannung der Frequenz 1 kHz?
b) Welche Kurvenform muß diese Wechselspannung haben?
c) Wozu wird die Größe ω in der Elektrotechnik verwendet?

17 Mittelwerte periodischer Größen

Periodisch zeitabhängige Größen bestehen aus einer Folge von Momentanwerten, die mit dem Oszilloskop sichtbar dargestellt werden können. Zeigerinstrumente können infolge ihrer Trägheit bereits bei Netzfrequenz nur noch Mittelwerte darstellen.

17.1 Arithmetischer Mittelwert: Gleichanteil der Größe

Der *arithmetische Mittelwert* eines periodischen Stromes (analog auch für Spannungen, Leistungen) ist definiert durch die Beziehung:

$$\boxed{\bar{i} = \frac{1}{T}\int_{t}^{t+T} i\,\mathrm{d}t} \qquad (115)$$

In Worten: Man beobachte den zeitlichen Verlauf des periodischen Stromes über eine Periodendauer T, beginnend bei einem beliebigen Zeitpunkt t, und ermittle unter Beachtung der Stromrichtung die in diesem Zeitraum resultierend geflossene Ladungsmenge. Die anschließende Division der Ladungsmenge durch die Periodendauer T ergibt den arithmetischen Mittelwert des Stromes. Arithmetische Mittelwerte werden durch Überstreichung gekennzeichnet.

Die Messung eines periodischen Stromes mit einem *Drehspulinstrument* führt zu einem Zeigerausschlag α, der proportional zum arithmetischen Mittelwert $\bar{i}$ ist:

$\alpha \sim \bar{i}$ [1]

Da von der Gleichstrommessung mit dem Drehspulinstrument bekannt ist, daß der Zeigerausschlag α proportional zur Stromstärke I ist

$\alpha \sim I,$

bezeichnet man den arithmetischen Mittelwert auch als den *Gleichanteil* oder den *Gleichwert* des periodischen Stromes.

Näherungsweise erhält man den arithmetischen Mittelwert auch mit der mathematisch einfacheren Beziehung:

$$\boxed{\bar{i} = \frac{1}{\mathrm{n}}\sum_{\mathrm{i}=1}^{\mathrm{n}} i_{\mathrm{i}}} \qquad (116)$$

Diese Rechenanweisung lautet: Man unterteile die gegebene Funktion über eine volle Periode möglichst fein (n-fach) und errechne den arithmetischen Mittelwert, indem die Summe aller Momentanwerte unter Berücksichtigung ihres Vorzeichens durch die Anzahl der Summanden dividiert wird.

[1] Bei sehr langsam verlaufenden Stromvorgängen zeigt das Drehspulinstrument die Momentanwerte des Stromes an. Bei ausreichend hoher Frequenz wird dann der arithmetische Mittelwert gebildet.

Der arithmetische Mittelwert liefert das Kriterium für die Unterscheidung von Wechselgrößen und Mischgrößen. Nach DIN 40 110 liegt eine *Wechselgröße* vor, wenn der arithmetische Mittelwert der Größe gleich Null ist. Anschaulich bedeutet dies, daß die durch die Stromkurve gebildeten Flächen oberhalb und unterhalb der Zeitachse gleich groß sind und sich aufheben: Der arithmetische Mittelwert eines sinusförmigen Stromes über eine volle Periode ist Null.

Ist der arithmetische Mittelwert eines periodischen Stromes nicht Null, so liegt ein *Mischstrom* vor. Mischgrößen bestehen dann definitionsgemäß immer aus einem *Gleich*- und einem *Wechselanteil*.

Beispiel

Wir betrachten den zeitlichen Verlauf einer rechteckförmigen, periodischen Spannung in Bild 17.1.

a) Welchen Betrag zeigt ein Drehspulinstrument von dieser Spannung an?

b) Wie kann die Zerlegung der gegebenen Mischspannung erfolgen und welchen zeitlichen Verlauf weisen Gleich- und Wechselanteil auf?

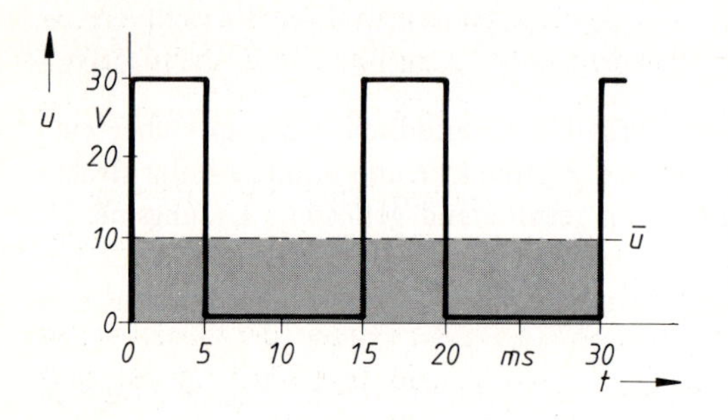

Bild 17.1
Arithmetischer Mittelwert einer Mischspannung

Lösung:

a) Es liegt eine Mischspannung vor. Das Drehspulinstrument zeigt den arithmetischen Mittelwert an

$$\bar{u} = \frac{1}{T} \int_0^T u \, \mathrm{d}t = \frac{1}{15 \text{ ms}} \cdot 30 \text{ V} \cdot 5 \text{ ms}$$

$$\bar{u} = 10 \text{ V}$$

b) Die Zerlegung der Mischspannung gelingt mit einem *RC*-Glied, dessen Zeitkonstante τ sehr viel größer als die Periodendauer T der Mischspannung ist. Bild 17.2 zeigt die Liniendiagramme der Spannungen.

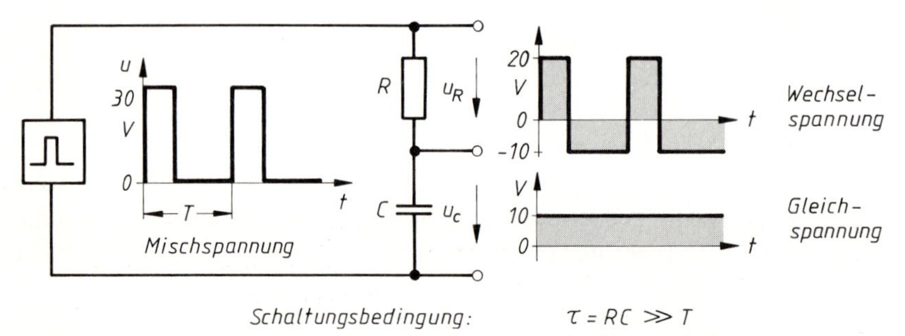

Bild 17.2 Mischspannung bestehend aus einem Gleichanteil und einem Wechselanteil. Die Zerlegung einer Mischspannung ist mit einer geeigneten Schaltung möglich

17.2 Gleichrichtwert

Zwei beliebige Wechselströme unterscheiden sich nicht in ihrem arithmetischen Mittelwert, da dieser in beiden Fällen Null ist. Verschieden kann jedoch der sog. *Gleichrichtwert* der Wechselströme sein. Darunter versteht man den arithmetischen Mittelwert der Beträge des periodischen Stromes:

$$\overline{|i|} = \frac{1}{T} \int_{t}^{t+T} |i| \, dt \qquad (117)$$

Der Gleichrichtwert wird gekennzeichnet durch Einschließen des Formelbuchstabens in Betragsstriche und Überstreichen des gesamten Zeichens.

Der Gleichrichtwert steht in engem Zusammenhang mit der Arbeitsweise der Gleichrichterschaltungen, deren Aufgabe es ist, sinusförmige Wechselströme in Gleichströme (genauer Mischströme) umzuformen. Die in Gl. (117) geforderte Betragsbildung erfolgt technisch in sog. Zweiweg-Gleichrichterschaltungen durch automatische Richtungsvertauschung des Stromflusses. Graphisch läßt sich dieser Vorgang durch „Umklappen" der negativen Halbwelle darstellen.

Die rechnerische Betragsbildung gemäß Gl. (117) erfolgt bei sinusförmigen Wechselströmen einfach dadurch, daß man nur über die positive Halbwelle integriert (die Ladungsmenge bildet) und das Ergebnis durch die halbe Periodendauer ($T/2 \mathrel{\hat{=}} \pi$) teilt.

Mit Hilfe des Gleichrichtwertes kann der Gleichwert berechnet werden, der durch Gleichrichtung der Wechselgröße entsteht. Die gleichgerichtete sinusförmige Wechselgröße stellt eine Mischgröße dar, die in einen Gleich- und einen Wechselanteil zerlegt werden kann (Bild 17.3).

Der Gleichrichtwert darf nicht verwechselt werden mit der bei einer Gleichrichterschaltung erzielbaren Gleichspannung, da diese auch noch von der Beschaltung des Gleichrichters abhängt. Ebenso unzutreffend ist die Vorstellung, daß ein Drehspulinstrument mit Meßgleichrichter in der Betriebsart „Wechselstrom (~)" den Gleichrichtwert zur Anzeige bringt. Lediglich der Ausschlagswinkel α ist proportional zum Gleichrichtwert, die Skala ist jedoch in Effektivwerten geeicht (s. Kapitel 17.3).

Beispiel

Wie groß ist der Gleichrichtwert eines sinusförmigen Wechselstromes der Amplitude 100 mA?

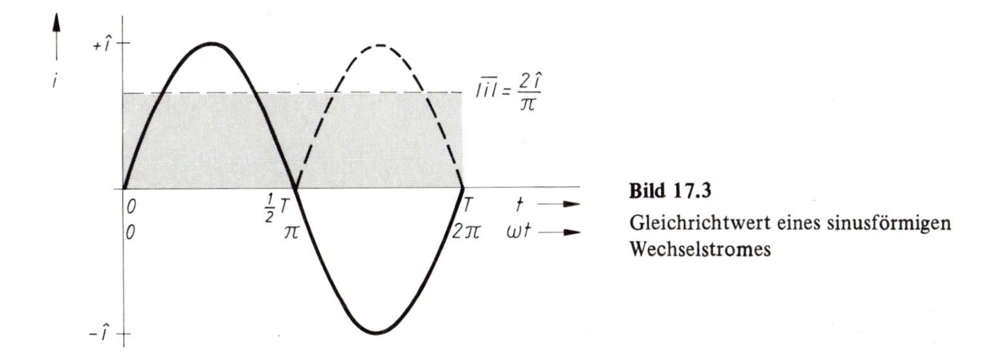

Bild 17.3
Gleichrichtwert eines sinusförmigen Wechselstromes

Lösung:

Definitionsgleichung:

$$\overline{|i|} = \frac{1}{T}\int_{t}^{t+T} |i| \, \mathrm{d}t$$

umgeformt für die positive Halbwelle:

$$\overline{|i|} = \frac{1}{T/2}\int_{0}^{T/2} i \, \mathrm{d}t$$

Da die Funktionsgleichung des sinusförmigen Wechselstromes im Argument der Zeitfunktion den Winkel $\alpha = \omega t$ führt, müssen die Zeitgrenzen durch Winkel im Bogenmaß ersetzt werden. Anstelle von $\mathrm{d}t$ muß dann $\mathrm{d}\omega t$ geschrieben werden:

$$\overline{|i|} = \frac{1}{\pi}\int_{0}^{\pi} \hat{i} \cdot \sin \omega t \cdot \mathrm{d}\, \omega t$$

Die Lösung dieses Integrals lautet:

$$\overline{|i|} = \frac{\hat{i}}{\pi}\left[-\cos \omega t\right]_{0}^{\pi} \quad \begin{matrix}\text{(Obergrenze)}\\ \text{(Untergrenze)}\end{matrix}$$

Man bildet nun „Obergrenze minus Untergrenze“ und erhält:

$$\overline{|i|} = \frac{\hat{i}}{\pi}\,[\underbrace{(-\cos \pi)}_{1} - \underbrace{(-\cos 0)}_{-1}]$$

$$\overline{|i|} = \frac{2\hat{i}}{\pi} = \frac{2 \cdot 100 \text{ mA}}{\pi} = 63{,}66 \text{ mA}$$

In Worten: Der Gleichrichtwert des sinusförmigen Wechselstromes (analog auch für Spannungen) errechnet sich aus dem konstanten Faktor $2/\pi$ und der Amplitude $\hat{i}$:

$$\boxed{\overline{|i|} = \frac{2\hat{i}}{\pi}} \qquad (118)$$

17.3 Quadratischer Mittelwert: Effektivwert der Größe

Für die Messung von Wechselströmen beliebiger Kurvenform werden Meßgeräte verwendet, deren Zeigerausschlag α proportional dem Mittelwert der Stromquadrate sind. Diese Meßgeräte (z.B. Dreheisen-Meßwerk) wirken unabhängig von der Stromrichtung, da für die negative Halbwelle des Wechselstromes $(-i)^2 = +i^2$ ist:

$$\alpha \sim \overline{i^2}$$

Der über eine oder mehrere Perioden T gebildete Mittelwert der Stromquadrate errechnet sich aus:

$$\overline{i^2} = \frac{1}{T}\int_{t}^{t+T} i^2 \, \mathrm{d}t$$

Der Mittelwert der Stromquadrate stellt jedoch noch kein brauchbares Meßergebnis dar, denn seine Einheit lautet A^2. Man definiert deshalb einen sog. Effektivwert für Ströme (analog auch für Spannungen) beliebiger Kurvenform einschließlich Sinus:

$$I = \sqrt{\frac{1}{T} \int_{t}^{t+T} i^2 \, dt} \qquad (119)$$

In Worten: Der *Effektivwert* des Stromes, der auch quadratischer Mittelwert genannt wird, ist gleich der positiven Quadratwurzel aus dem Mittelwert der Stromquadrate. Effektivwerte werden durch einen Großbuchstaben des Formelzeichens eventuell mit Index „eff" gekennzeichnet.

Bei komplizierteren Zeitverläufen des periodischen Stromes verwendet man zur Berechnung des Effektivwertes ein Näherungsverfahren:

$$I = \sqrt{\frac{1}{n} \sum_{i=1}^{n} i_i^2} \qquad (120)$$

Die Rechenanweisung für die Näherungslösung lautet: Man unterteile die gegebene Funktion über eine Periode möglichst fein (n-fach), bilde für jeden Momentanwert sein Quadrat und errechne den Mittelwert, indem die Summe aller quadratischen Werte durch die Anzahl der Summanden dividiert wird. Aus dem so gewonnenen Zwischenergebnis, muß noch die Quadratwurzel gezogen werden, um den Effektivwert zu erhalten.

Aus der Entstehung des Effektivwertes läßt sich seine Verwendbarkeit zur Berechnung der Wechselstromleistung erkennen. Liegt das Meßergebnis für einen Wechselstrom in Effektivwerten vor, wie das bei der Anzeige durch Dreheiseninstrumente der Fall ist, so kann die Wechselstromleistung mit

$$P = I^2 \cdot R$$

berechnet werden, da der quadrierte Effektivwert gleich dem Mittelwert der Stromquadrate über eine Periodendauer ist.

Der Effektivwert eines zeitveränderlichen Stromes erzeugt im Widerstand R die gleiche Leistung wie ein Gleichstrom gleicher Größe.

Beispiel

Wie groß ist der Effektivwert eines sinusförmigen Wechselstromes mit der Amplitude 2 A?

Lösung:

Definitionsgleichung:

$$I = \sqrt{\frac{1}{T} \int_{t}^{t+T} i^2 \, dt}$$

Die rein mathematische Lösung ist in diesem Fall etwas schwierig. Da die Sinuskurve eine symmetrisch verlaufende Kurve ist, soll ein anschaulicherer Lösungsweg beschritten werden. Den nachfolgenden Einzelbildern entsprechen die notwendigen Rechenschritte in der Definitionsgleichung.

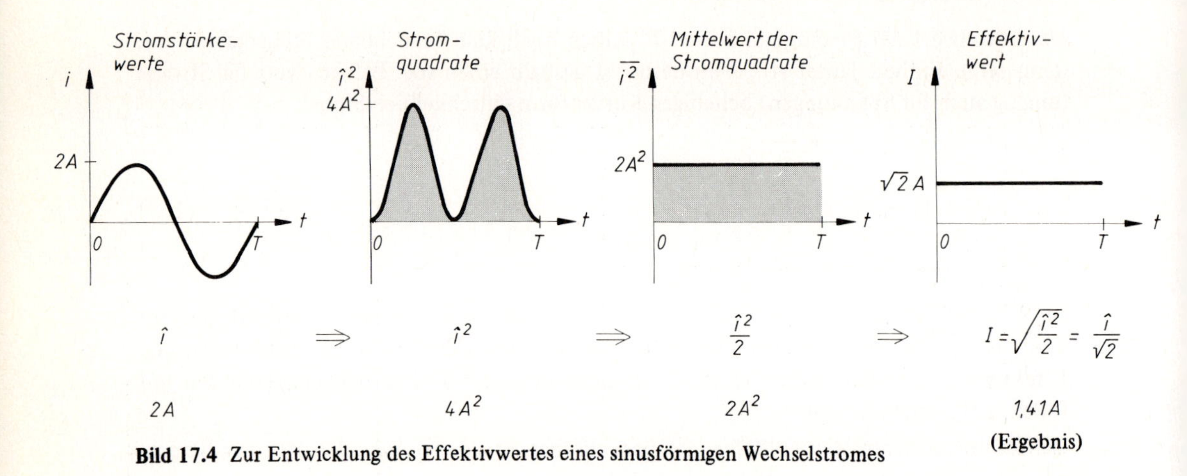

Bild 17.4 Zur Entwicklung des Effektivwertes eines sinusförmigen Wechselstromes

In Worten: Der Effektivwert des sinusförmigen Wechselstromes (analog auch für Spannung) errechnet sich aus der Amplitude des Stromes $\hat{i}$ geteilt durch $\sqrt{2}$:

$$I = \frac{\hat{i}}{\sqrt{2}} \tag{121}$$

17.4 Scheitelfaktor (Crestfaktor), Formfaktor

Die Skala von Wechselstrom-Meßgeräten ist in Effektivwerten geeicht, und der Meßgerätebenutzer erwartet, daß sein Instrument den richtigen Betrag des Effektivwertes anzeigt, unabhängig davon, ob seine periodische Meßgröße ein sinusförmiger Strom oder eine Folge von spitzen Impulsen ist. Dies können Meßgeräte jedoch nicht unbedingt leisten. Es ist deshalb erforderlich, einen Beurteilungsfaktor zu benennen, der das Verhältnis von Scheitelwert (Höchstwert, Amplitude) und Effektivwert bei einem zu messenden Strom (Spannung) erfaßt. Dieser Faktor heißt *Scheitelfaktor* (*Crestfaktor*):

$$\text{Scheitelfaktor} = \frac{\text{Scheitelwert}}{\text{Effektivwert}} \tag{122}$$

Erst wenn man den Scheitelfaktor der zu messenden Größe kennt, ist ein Vergleich mit dem vom Meßgerätehersteller als noch zulässig angegeben Crestfaktor sinnvoll. Wird der Crestfaktor eingehalten, so ist keine zusätzliche Beeinträchtigung der Meßgenauigkeit zu erwarten.

Je spitzer die Kurvenform der Meßgröße ist, umso größer ist der Scheitelfaktor; bei sinusförmigen Signalen hat er den Wert $\sqrt{2}$,wie Gl. (121) belegt.

Die nachfolgende Tabelle verschafft einen Überblick über den Crestfaktor typischer Signalformen.

Kurvenform der Spannung	Scheitelfaktor $S = \frac{\hat{u}}{U_{eff}}$	Effektivwert U_{eff}	Effektivwert bei $\hat{u}$ = 10 V
Sinus 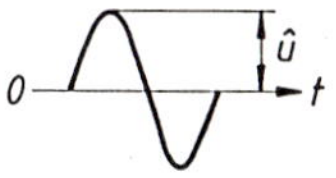	$\sqrt{2} = 1{,}414$	$\frac{\hat{u}}{\sqrt{2}}$	7,07 V
Symmetrisches Rechteck oder Gleichspannung 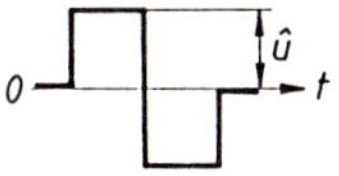	1	$\hat{u}$	10 V
Rechteckimpulse 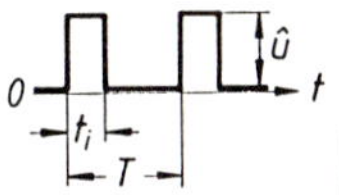	$\frac{1}{\sqrt{t_i/T}}$	$\hat{u}\sqrt{t_i/T}$	$10\ V\sqrt{t_i/T}$
	t_i/T = 1; S = 1	$\hat{u}$	10 V
	t_i/T = 1/4; S = 2	1/2 $\hat{u}$	5 V
	t_i/T = 1/16; S = 4	1/4 $\hat{u}$	2,5 V
	t_i/T = 1/64; S = 8	1/8 $\hat{u}$	1,25 V
Symmetrisches Dreieck 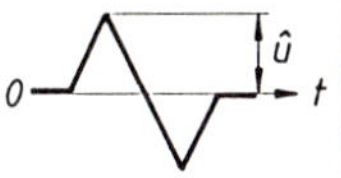	$\sqrt{3} = 1{,}73$	$\frac{\hat{u}}{\sqrt{3}}$	5,77 V
Sägezahn 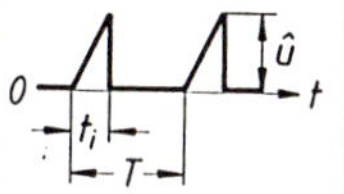	$\sqrt{\frac{3T}{t_i}}$	$\hat{u}\sqrt{\frac{t_i}{3T}}$	$10\ V\sqrt{\frac{t_i}{3T}}$
	t_i/T = 1; S = 1,73	$1/\sqrt{3}\ \hat{u}$	5,77 V
	t_i/T = 1/3; S = 3	1/3 $\hat{u}$	3,33 V
	t_i/T = 1/12; S = 6	1/6 $\hat{u}$	1,67 V
	t_i/T = 1/27; S = 9	1/9 $\hat{u}$	1,11 V
Sinus + DC 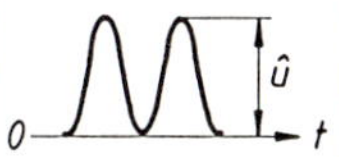	$\sqrt{\frac{8}{3}} = 1{,}63$	$\frac{\hat{u}}{\sqrt{\frac{8}{3}}}$	6,13 V
Sinus-Phasenanschnitt 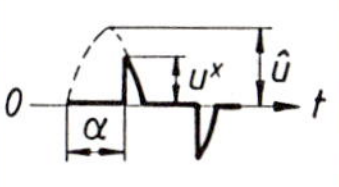	$\sqrt{\frac{2\pi}{\pi - \alpha + \frac{1}{2}\sin 2\alpha}} \cdot \underbrace{\sin\alpha}$ nur bei $\alpha > 90°$	$\hat{u} \cdot \sqrt{\frac{\pi - \alpha + \frac{1}{2}\sin 2\alpha}{2\pi}}$	$10\ V \cdot \sqrt{\frac{\pi - \alpha + \frac{1}{2}\sin 2\alpha}{2\pi}}$
	α = 0°; S = 1,41 (bezogen auf $\hat{u}$)	0,707 $\hat{u}$	7,07 V
	α = 60°; S = 1,58 (bezogen auf $\hat{u}$)	0,634 $\hat{u}$	6,34 V
	α = 90°; S = 2,0 (bezogen auf $\hat{u}$)	0,5 $\hat{u}$	5 V
	α = 120°; S = 2,77 (auf u^x)	0,313 $\hat{u}$ oder 0,361 u^x	3,13 V
	α = 150°; S = 4,17 (auf u^x)	0,12 $\hat{u}$ oder 0,24 u^x	1,2 V

Bild 17.5 Übersicht: Scheifelfaktor und Effektivwert von Spannungen

Beispiel

In der Betriebsanleitung eines digitalen Multimeters steht folgende Crestfaktorangabe:

- Crestfaktor bei Meßbereichsendwert

$$CF_{\text{Meßbereich}} = 3$$

- Crestfaktor bei Meßwert < Meßbereichsendwert

$$CF_{\text{Meßwert}} = CF_{\text{Meßbereich}} \cdot \frac{\text{Meßbereich}}{\text{Meßwert}}$$

Mit dem Meßgerät soll der Effektivwert des in Bild 17.6 gezeigten Signals gemessen werden.

Kann die Messung im 5 V-Meßbereich durchgeführt werden, ohne daß der zulässige Crestfaktor des Meßgerätes überschritten wird?

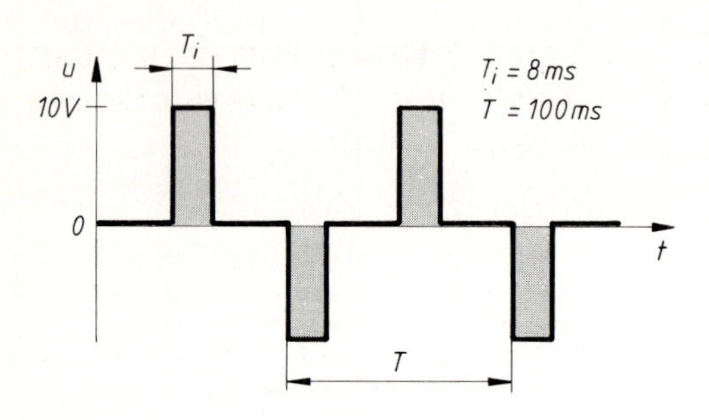

Bild 17.6

Lösung: Wir berechnen zunächst den Effektivwert der Signalspannung und daraus den Scheitelfaktor (Crestfaktor).

Effektivwert:

$$U = \sqrt{\frac{1}{T}\int_0^T u^2\,\mathrm{d}t}$$

$$U = \sqrt{\frac{1}{100\ \text{ms}} \cdot (10\ \text{V})^2 \cdot 2 \cdot 8\ \text{ms}} = 4\ \text{V}$$

Crestfaktor des Signals:

$$CF = \frac{\hat{u}}{U} = \frac{10\ \text{V}}{4\ \text{V}} = 2{,}5$$

Zulässiger Crestfaktor:

$$CF_{\text{Meßwert}} = 3 \cdot \frac{5\ \text{V}}{4\ \text{V}} = 3{,}75$$

Die Messung kann im 5 V-Meßbereich durchgeführt werden, da der Meßwert den Meßbereich nicht überschreitet und der zulässige Crestfaktor größer ist als der Crestfaktor des Signals.

Wechselstrom-Meßgeräte mit Drehspul-Meßwerk haben einen Meßgleichrichter. Dadurch wird ihr Zeigerausschlag proportional zum Gleichrichtwert des Meßstroms:

$$\alpha \sim \overline{|i|}$$

Die Skala ist jedoch in Effektivwerten geeicht, da man von Wechselspannungen/-strömen insbesondere den Effektivwert messen möchte.

Skaleneichung in Effektivwerten

Das Verhältnis von Effektivwert und Gleichrichtwert einer Wechselgröße wird *Formfaktor* genannt:

$$\text{Formfaktor} = \frac{\text{Effektivwert}}{\text{Gleichrichtwert}} \tag{123}$$

Bei der Eichung von Drehspulinstrumenten mit Meßgleichrichtern wird der Formfaktor der Sinuskurve zugrundegelegt:

$$F = \frac{I}{\overline{|i|}} = 1{,}11 \qquad \text{mit } I = \frac{\hat{i}}{\sqrt{2}} \qquad \text{und } \overline{|i|} = \frac{2\,\hat{i}}{\pi}$$

Mittelwertmesser mit Effektivwerteichung können den Effektivwert nichtsinusförmiger Wechselströme und gleichstromüberlagerte Wechselströme nicht richtig messen. Das Meßergebnis müßte mit Hilfe des richtigen Formfaktors korrigiert werden:

$$\text{Effektivwert} = F_{\text{neu}} \cdot \frac{\text{Meßwert}}{1{,}11}$$

Beispiel

Wie groß ist der von einem Drehspulinstrument mit Meßgleichrichter angezeigte Effektivwert eines Sinushalbwellenstromes mit der Amplitude 100 mA? Wie groß ist der wahre Effektivwert?

Lösung:

Zeigerausschlag proportional dem arithmetischen Mittelwert:

$$\overline{|i|} = \frac{i}{\pi} = \frac{100\text{ mA}}{\pi} = 31{,}83\text{ mA}$$

Meßwert gemäß Skaleneichung mit Formfaktor $F = 1,11$:

$$I = F \cdot \overline{|i|} = 1{,}11 \cdot 31{,}83\text{ mA} = 35{,}33\text{ mA}$$

Wahrer Wert:

$$I = \frac{\hat{i}}{2} = \frac{100\text{ mA}}{2} = 50\text{ mA}$$

17.5 Vertiefung und Übung

Beispiel

Ein Widerstand wird von zwei Strömen durchflossen: Gleichstrom $I_{-} = 1$ A und sinusförmiger Wechselstrom $I_{\text{eff}} = 1$ A. Wie groß ist der Effektivwert des Gesamtstromes I (Bild 17.7)?

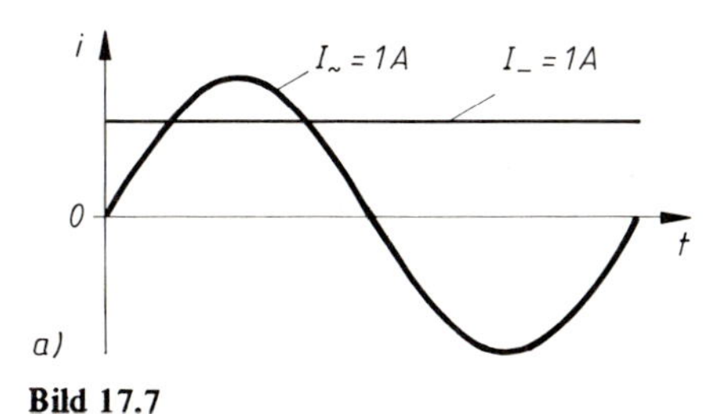

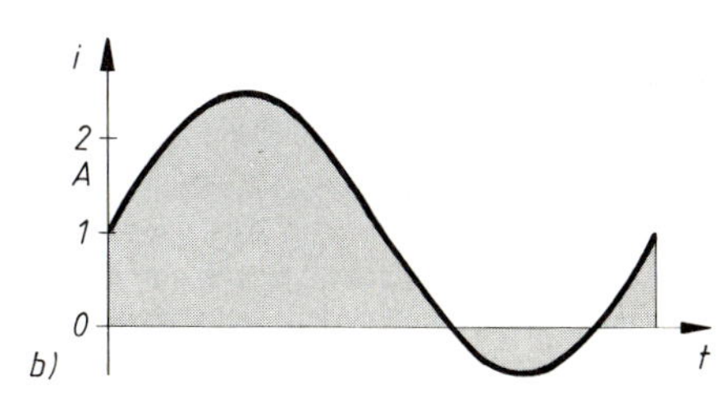

Bild 17.7

Lösung: Der Gesamtstrom im Widerstand R ist ein Mischstrom, der eine Leistung erzeugen muß, die gleich der Summe der Einzelleistungen von Gleich- und Wechselstrom ist:

$$P = P_{-} + P_{\sim}$$

Aus der Leistungsbilanz folgt für die Effektivwerte der Ströme:

$$I^2 R = I_{-}^2 R + I_{\sim}^2 R \quad / : R$$

$$I^2 = I_{-}^2 + I_{\sim}^2$$

$$I = \sqrt{I_{-}^2 + I_{\sim}^2}$$

$$I = \sqrt{(1\ \mathrm{A})^2 + (1\ \mathrm{A})^2} = 1.41\ \mathrm{A}$$

Die Effektivwerte der frequenzverschiedenen Einzelströme müssen geometrisch addiert werden. $I = I_{-} + I_{\sim}$ ist falsch!

△ **Übung 17.1: Effektivwert einer Mischspannung**

Wie groß ist der Effektivwert der in Bild 17.8 dargestellten Mischspannung?

a) Rechnung mit Definitionsgleichung:

$$U = \sqrt{\frac{1}{T} \int_{t}^{t+T} u^2\, \mathrm{d}t}$$

b) Rechnung über geometrische Addition von Gleich- und Wechselanteil.

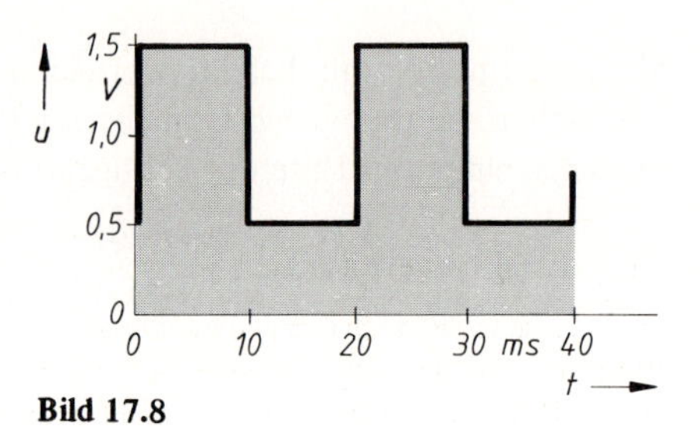

Bild 17.8

△ **Übung 17.2: Impulsspannung**

Wie groß sind

a) Effektivwert,
b) arithmetischer Mittelwert

der in Bild 17.9 gezeigten Impulsspannung?

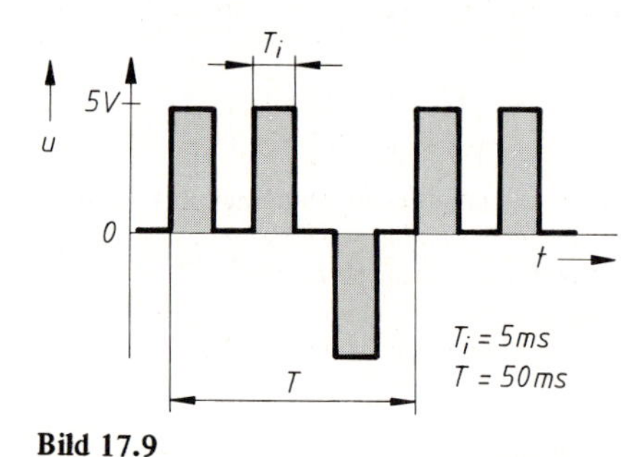

Bild 17.9

△ **Übung 17.3: Effektivwert**

Berechnen Sie den Effektivwert einer dreieckförmigen Wechselspannung mit der Amplitude ± 20 V nach dem Näherungsverfahren.

△ **Übung 17.4: Effektivwert und Scheitelwert**

Welche Amplitude muß eine sinusförmige Wechselspannung haben, damit sie den gleichen Effektivwert wie eine dreieckförmige Wechselspannung mit der Amplitude 15 V aufweist?

△ **Übung 17.5: Arithmetischer Mittelwert**

Am Ausgang einer Einweg-Gleichrichterschaltung ohne Ladekondensator wird mit einem Drehspulinstrument eine Spannung von 11,8 V gemessen. Wie groß ist der Scheitelwert der gleichgerichteten, sinusförmigen Wechselspannung (Bild 17.10)?

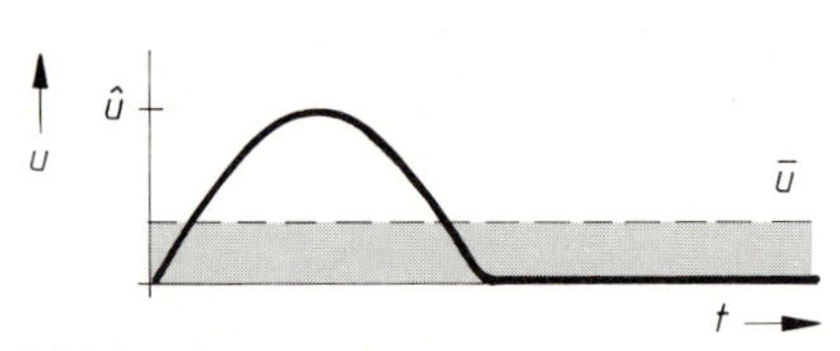

Bild 17.10

▲ **Übung 17.6: Mischspannung**

Der Effektivwert einer Mischspannung beträgt 5,6 V. Der in der Mischspannung enthaltene Gleichspannungsanteil ist 3,9 V. Berechnen Sie den Effektivwert des in der Mischspannung enthaltenen Wechselspannungsanteils!

Hinweis: Lösung über den Leistungsansatz für Mischspannungen: $P = P_{-} + P_{\sim}$

△ **Übung 17.7: Effektivwert eines Schwingungspakets**

Man berechne den Effektivwert der in Bild 17.11 dargestellten geschalteten Wechselspannung ($f = 50$ Hz, $t_{Aus} = 40$ ms).

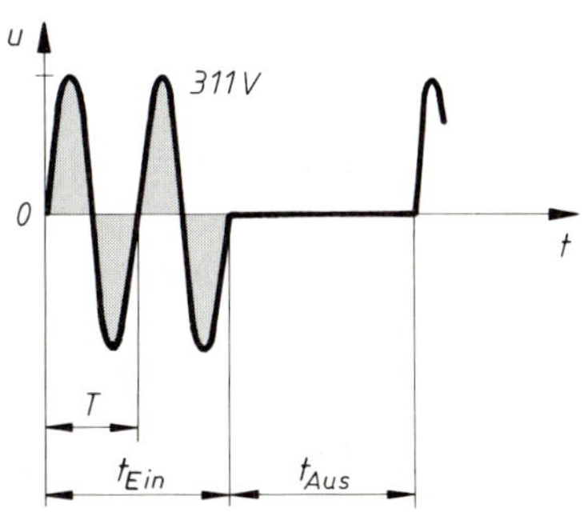

Bild 17.11

● **Übung 17.8: AC-Eingang eines Oszilloskops**

Der Eingangswahlschalter eines Oszilloskops steht in Stellung DC (direkte Kopplung = Gleichstromkopplung). Bild 17.12 zeigt die Eingangsschaltung und das Oszillogramm. Wie verändert sich das Schirmbild bei Umschaltung auf Betriebsart AC (Wechselstromkopplung)?

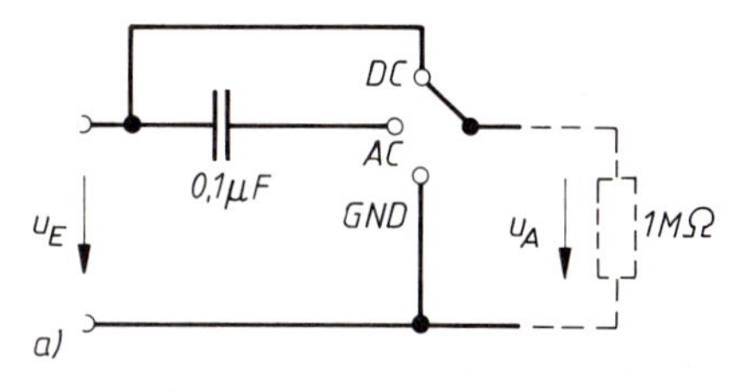

Bild 17.12

▲ **Übung 17.9: Herleitung**

In Bild 17.5 sind Formeln zur Errechnung des Effektivwertes bei bekannter Amplitude und Kurvenform angegeben:

a) Rechteckimpulse: $U_{eff} = \hat{u}\sqrt{\frac{t_i}{T}}$

b) Sägezahn: $U_{eff} = \hat{u}\sqrt{\frac{t_i}{3T}}$

Leiten Sie die Formeln her, indem Sie zunächst eine Funktion $u = f(t)$ aufstellen und diese in die Definitionsgleichung des Effektivwertes (Gl. (119)) einsetzen und ausrechnen.

△ **Übung 17.10: Scheitelfaktor**

Wie groß ist der Scheitelfaktor der in Bild 17.13 abgebildeteten Spannung?

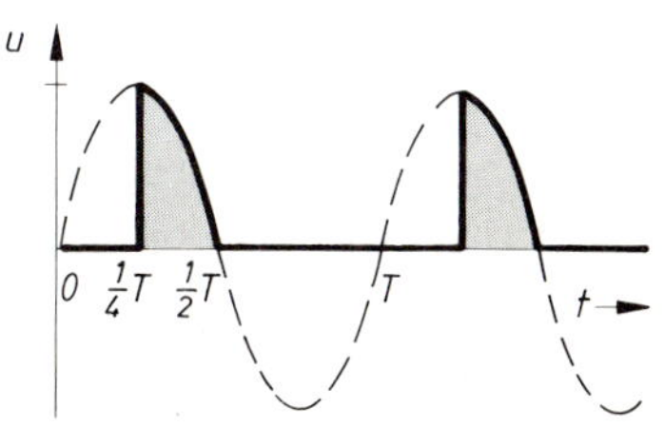

Bild 17.13

18 Addition frequenzgleicher Wechselgrößen

18.1 Nullphasenwinkel, Phasenverschiebungswinkel

Bild 18.1 zeigt zwei sinusförmige Wechselgrößen gleicher Frequenz im eingeschwungenen Zustand. Beide periodischen Schwingungen laufen zwar gleichzeitig ab, weisen jedoch verschiedene augenblickliche Schwingungszustände auf. Man sagt, die Schwingungen haben eine unterschiedliche *Phasenlage* oder sie sind *phasenverschoben*.

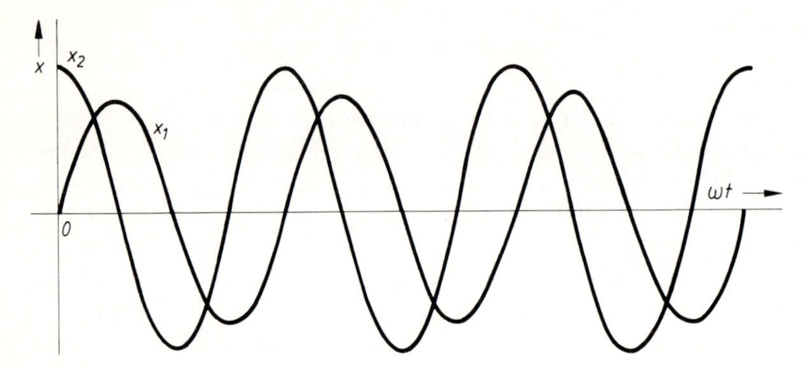

Bild 18.1 Sinusförmige Wechselgrößen, die aufeinander Bezug haben

Bild 18.2 zeigt zwei Sinusschwingungen in Zeiger- und Liniendiagramm-Darstellung. Der Zeitnullpunkt ist willkürlich gewählt worden. Der Winkel, den ein Zeiger gegenüber der Bezugsachse einnimmt, heißt *Nullphasenwinkel* und kann im Zeigerdiagramm anschaulich mit einem Einfachpfeil angegeben werden.

Für die Schwingung x_2 ist der Nullphasenwinkel positiv z. B. $\varphi_{x_2} = +60°$, während er für die Schwingung x_1 negativ ist, z. B. $\varphi_{x_1} = -30°$. Positive Winkel werden im Zeigerdiagramm im Gegenuhrzeigersinn und negative Winkel im Uhrzeigersinn eingetragen.

Im Liniendiagramm können die Nullphasenwinkel so eingetragen werden, daß sie beim positiven Nulldurchgang beginnen und auf die Ordinate zeigen. Einen positiven Winkel erkennt man im Liniendiagramm an seiner nach rechts weisenden Richtung. Ein negativer Winkel wird durch einen nach links zeigenden Pfeil dargestellt.

Die allgemeingültige Momentanwert-Gleichung einer sinusförmigen Schwingung lautet:

$$u = \hat{u} \sin(\omega t + \varphi_x),$$

wobei für φ_x positive oder negative Werte einzusetzen sind.

Bei einer anderen Wahl des Zeitnullpunktes würden die Nullphasenwinkel andere Werte aufweisen! Dagegen ist die Differenz der Nullphasenwinkel eine bezugspunkt*un*abhängige Größe, die man *Phasenverschiebungswinkel* φ nennt:

$$\boxed{\varphi = \varphi_{x_2} - \varphi_{x_1}} \qquad (124)$$

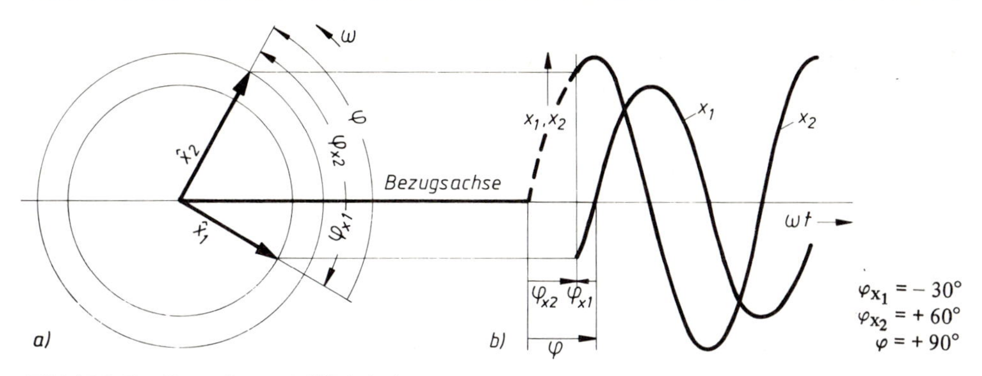

Bild 18.2 Zur Darstellung von Winkeln im
a) Zeigerdiagramm, b) Liniendiagramm

Auch der Phasenverschiebungswinkel φ muß durch einen Einfachpfeil gekennzeichnet werden. In der Praxis wird der Phasenverschiebungswinkel durch bestimmte Umschreibungen zusätzlich gekennzeichnet, damit immer darüber Klarheit herrscht, was mit der Winkelangabe gemeint ist: Man sagt, daß die Schwingung x_2 der Schwingung x_1 um den Phasenverschiebungswinkel φ vorauseilt. Bei den Sonderfällen $\varphi = 0^\circ$ wird von Gleichphasigkeit, bei $\varphi = 180^\circ$ von Gegenphasigkeit der Schwingungen gesprochen. Ein Phasenverschiebungswinkel kann nur für frequenzgleiche Schwingungen angegeben werden.

Beispiel

Ein sinusförmiger Wechselstrom der Amplitude $\hat{i} = 30\,\text{mA}$ und der Frequenz $f = 50\,\text{Hz}$ hat zum Bezugszeitpunkt t_0 einen Nullphasenwinkel $\varphi_i = +15^\circ$. Es ist der Momentanwert des Stromes zum Zeitpunkt $t_1 = 2\,\text{ms}$ zu berechnen und das Zeigerdiagramm anzufertigen.

Lösung:

Kreisfrequenz: $\omega = 2\pi f = 2\pi \cdot 50\,\text{s}^{-1}$

Zeitabhängiger Drehwinkel: $\omega t = 2\pi \cdot 50\,\text{s}^{-1} \cdot 2 \cdot 10^{-3}\,\text{s} = 0{,}2\,\pi \mathrel{\hat{=}} 36^\circ$

Momentanwert: $i = \hat{i} \sin(\omega t + \varphi_i)$

$i = 30\,\text{mA} \cdot \sin(36^\circ + 15^\circ) = 23{,}3\,\text{mA}$

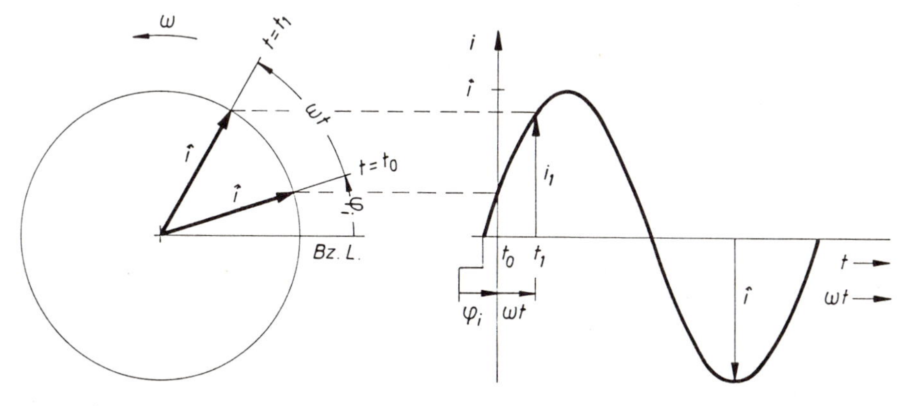

Bild 18.3 Lage des Zeigers zu den Zeitpunkten t_0 und t_1.

18.2 Addition von Wechselspannungen

Zwei sinusförmige Wechselspannungen gleicher Frequenz, aber beliebiger Phasenlage sollen addiert werden (Bild 18.4).

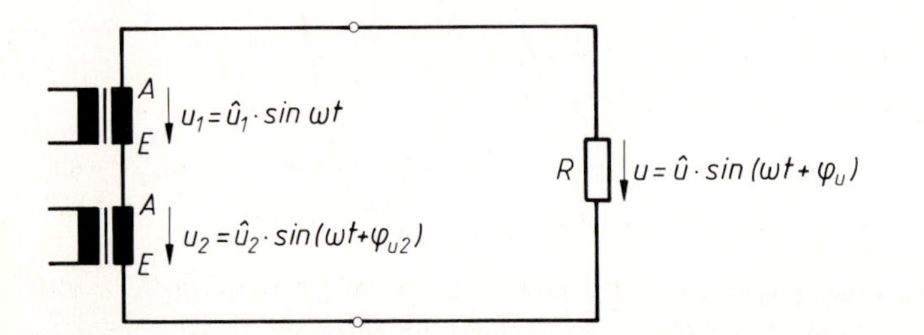

Bild 18.4
Summenreihenschaltung zweier gleichsinnig gewickelter Spulen. Gemäß Kirchhoff II:
$\Sigma u = 0$
$u - u_2 - u_1 = 0$
$u = u_1 + u_2$

Zunächst wird die graphische Lösung im Linien- und Zeigerdiagramm ausgeführt (Bild 18.5). Die gestrichelt gezeichnete Summenkurve im Liniendiagramm erhält man durch Addition der Momentanwerte der Einzelschwingungen.

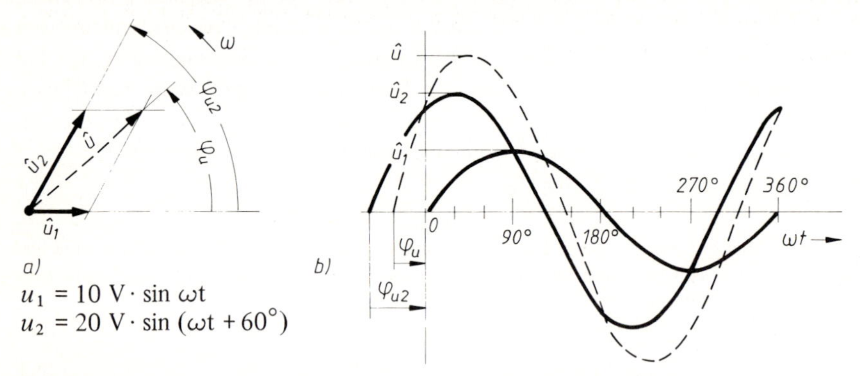

Bild 18.5 Addition zweier phasenverschobener (frequenzgleicher) Wechselspannungen
a) im Zeigerdiagramm, b) im Liniendiagramm

Im Zeigerdiagramm werden die sinusförmigen Wechselgrößen addiert, indem ihre Zeiger geometrisch addiert werden.

Als Summenspannung entsteht wieder eine sinusförmige Wechselspannung, deren Amplitude und Nullphasenwinkel vom Phasenverschiebungswinkel der beiden Einzelspannungen abhängig ist. Aus dem maßstäblich gezeichneten Linien- und Zeigerdiagrammen kann die Gleichung für die Summenspannung ermittelt werden, indem man die Werte für die Amplitude $\hat{u}$ und den Nullphasenwinkel φ_u abliest und in die Gleichung

$$u = \hat{u} \cdot \sin(\omega t + \varphi_u)$$

einsetzt.

Es soll nun die mathematische Lösung der Überlagerung dargestellt werden. Der Momentanwert der Summenspannung errechnet sich aus dem Momentanwert der Einzelspannungen:

$$u = u_1 + u_2$$
$$u = \hat{u}_1 \sin(\omega t + 0°) + \hat{u}_2 \sin(\omega t + \varphi_{u_2})$$

Nach einem Additionstheorem darf für

$$\sin(\omega t + \varphi_{u_2}) = \sin\omega t \cos\varphi_{u_2} + \cos\omega t \sin\varphi_{u_2}$$

geschrieben werden.

Damit wird:

$$u = \hat{u}_1 \sin\omega t + \hat{u}_2 (\sin\omega t \cos\varphi_{u_2} + \cos\omega t \sin\varphi_{u_2})$$

$$u = (\hat{u}_1 + \hat{u}_2 \cos\varphi_{u_2}) \sin\omega t + (\hat{u}_2 \sin\varphi_{u_2}) \cos\omega t$$

Mit $\cos\omega t = \sin(\omega t + 90^\circ)$ und $u = \hat{u} \sin(\omega t + \varphi_u)$ ergibt sich:

$$\hat{u} \sin(\omega t + \varphi_u) = (\hat{u}_1 + \hat{u}_2 \cos\varphi_{u_2}) \sin\omega t + (\hat{u}_2 \sin\varphi_{u_2}) \sin(\omega t + 90^\circ)$$

Diesen komplizierten Ausdruck verdeutlicht das Zeigerdiagramm. Da die Scheitelwerte $\hat{u}_1$, $\hat{u}_2$ und der Phasenverschiebungswinkel $\varphi = \varphi_{u_2} - \varphi_{u_1}$ bekannt sind, fasse man den Ausdruck $(\hat{u}_1 + \hat{u}_2 \cos\varphi_{u_2})$ als einen Betrag auf, der in der Richtung $\sin\omega t$ aufgetragen wird. Am Endpunkt dieser Strecke, trage man den Betrag $(\hat{u}_2 \sin\varphi_{u_2})$ in der Richtung $\sin(\omega t + 90^\circ)$ ein, d.h. in einer Richtung, die zu der vorher festgelegten Richtung von $\sin\omega t$ um $+90^\circ$ im mathematischen Richtungssinn gedreht ist. Der so erreichte Endpunkt ist vom Ausgangspunkt um den Betrag $\hat{u}$ entfernt und um den Winkel φ_u gegenüber der Bezugsrichtung $\sin\omega t$ gedreht.

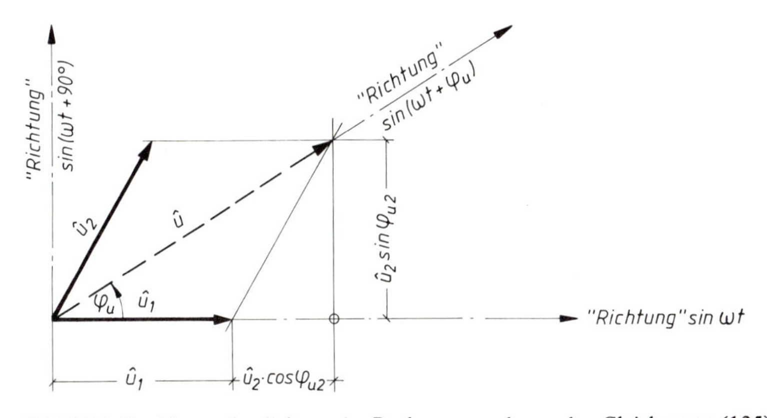

Bild 18.6 Zur Veranschaulichung des Rechengangs, der zu den Gleichungen (125) und (126) führt

Aus den geometrischen Verhältnissen des Zeigerdiagramms lassen sich $\hat{u}$ und φ_u bestimmen:

$$\hat{u}^2 = (\hat{u}_1 + \hat{u}_2 \cos\varphi_{u_2})^2 + (\hat{u}_2 \sin\varphi_{u_2})^2$$

$$\hat{u}^2 = \hat{u}_1^2 + 2\hat{u}_1 \hat{u}_2 \cos\varphi_{u_2} + \hat{u}_2^2 \cos^2\varphi_{u_2} + \hat{u}_2^2 \sin^2\varphi_{u_2}$$

$$\hat{u}^2 = \hat{u}_1^2 + 2\hat{u}_1 \hat{u}_2 \cos\varphi_{u_2} + \hat{u}_2^2 (\cos^2\varphi_{u_2} + \sin^2\varphi_{u_2})$$

Mit $\cos^2\varphi_{u_2} + \sin^2\varphi_{u_2} = 1$:

$$\boxed{\hat{u} = \sqrt{\hat{u}_1^2 + \hat{u}_2^2 + 2\hat{u}_1 \hat{u}_2 \cos\varphi_{u_2}}} \qquad (125)$$

Mit den Einzelspannungen

$$u_1 = 10\ \text{V} \cdot \sin \omega t$$
$$u_2 = 20\ \text{V} \cdot \sin(\omega t + 60°)$$

gemäß Bild 18.5 wird die Amplitude der Gesamtspannung:

$$\hat{u} = \sqrt{(10\ \text{V})^2 + (20\ \text{V})^2 + 2 \cdot 10\ \text{V} \cdot 20\ \text{V} \cdot \cos 60°} = 26{,}5\ \text{V}$$

Die Berechnung des Nullphasenwinkels φ_u ergibt:

$$\boxed{\tan \varphi_u = \frac{\hat{u}_2 \sin \varphi_{u2}}{\hat{u}_1 + \hat{u}_2 \cos \varphi_{u2}}} \quad \text{bei } \varphi_{u1} = 0° \qquad (126)$$

Mit den oben angenommenen Werten wird:

$$\tan \varphi_u = \frac{20\ \text{V} \cdot \sin 60°}{10\ \text{V} + 20\ \text{V} \cdot \cos 60°} = 0{,}866$$
$$\varphi_u = 40{,}9°$$

18.3 Subtraktion von Wechselspannungen

Die Wechselspannung $u_1 = 10\ \text{V} \cdot \sin \omega t$ soll von der Wechselspannung $u_2 = 20\ \text{V} \cdot \sin(\omega t + 60°)$ subtrahiert werden. Schaltungsmäßig ergibt sich dann die Gegenreihenschaltung nach Bild 18.7.

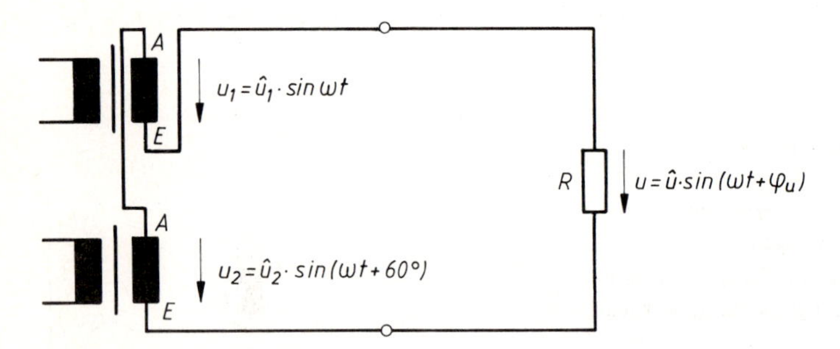

Bild 18.7 Gegenreihenschaltung zweier gleichsinnig gewickelter Spulen.
Gemäß Kirchhoff II:
$$\Sigma u = 0 \Rightarrow u - u_2 + u_1 = 0$$
$$u = u_2 - u_1$$

Bei der graphischen Lösung im Liniendiagramm müßte u_1 gegenphasig zu der Darstellung im Bild 18.5b) eingezeichnet werden, während die Lage von u_2 unverändert bleibt. Im Zeigerdiagramm erscheint u_1 um 180° phasenverschoben gegenüber der Darstellung im Bild 18.5a).

Die Subtraktion der Spannung $u_1 = 10\ \text{V} \cdot \sin \omega t$ von der Spannung $u_2 = 20\ \text{V} \cdot \sin(\omega t + 60°)$ wird in eine Addition der Spannung $u_1' = 10\ \text{V} \cdot \sin(\omega t + 180°)$ mit u_2 verwandelt.

Aus dem Zeigerdiagramm nach Bild 18.8 ergibt sich die Amplitude der Summenspannung:

$$\hat{u}^2 = (\hat{u}_2 \cos\varphi_{u_2} - \hat{u}_1)^2 + (\hat{u}_2 \cdot \sin\varphi_{u_2})^2$$

$$\hat{u} = \sqrt{(10\ \text{V})^2 + (20\ \text{V})^2 + 2 \cdot (-\ 10\ \text{V}) \cdot 20\ \text{V} \cdot \cos 60^\circ}$$

$$\hat{u} = 17{,}3\ \text{V}$$

Der Nullphasenwinkel der Summenspannung ist mit Gl. (126):

$$\tan\varphi = \frac{\hat{u}_2 \sin\varphi_{u_2}}{\hat{u}_1 + \hat{u}_2 \cdot \cos\varphi_{u_2}} = \frac{20\ \text{V} \cdot \sin 60^\circ}{(-\ 10\ \text{V}) + 20\ \text{V} \cdot \cos 60^\circ} = +\infty$$

$$\varphi_u = +\ 90^\circ$$

Die Funktion der Summenspannung lautet damit:

$$u = 17{,}3\ \text{V} \cdot \sin(\omega t + 90^\circ)$$

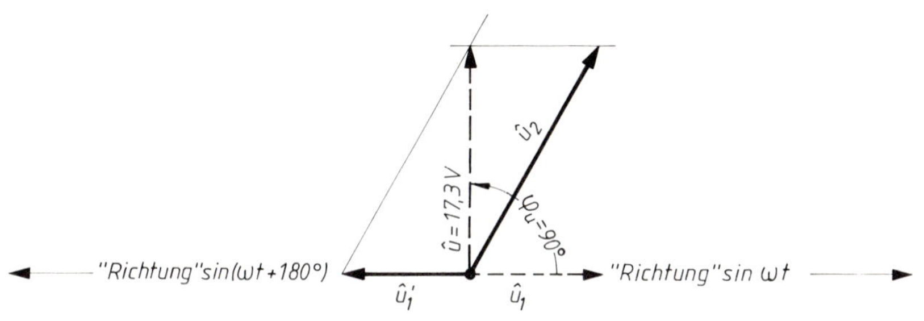

Bild 18.8 Die Subtraktion der Wechselspannung u_1 von der Wechselspannung u_2 erscheint im Zeigerdiagramm als Addition einer zu u_1 gegenphasigen Wechselspannung u'_1 mit u_2.

18.4 Vertiefung und Übung

▲ **Übung 18.1: Subtraktion phasenverschobener Wechselspannungen**

Ein Drehstromgenerator verfügt über drei Induktionswicklungen, die Stränge genannt werden. Diese sind bei zweipoligen Generatoren räumlich um 120° gegeneinander versetzt angeordnet, so daß durch Induktion drei Strangspannungen entstehen, die auch gegeneinander einen Phasenverschiebungswinkel von 120° aufweisen. Der Effektivwert jeder Strangspannung betrage 230 V.

Bestimmen Sie graphisch mit einem Effektivwert-Zeigerdiagramm und rechnerisch, welche meßbaren Spannungen entstehen, wenn man die Enden der drei Stränge miteinander verbindet (Bild 18.9)!

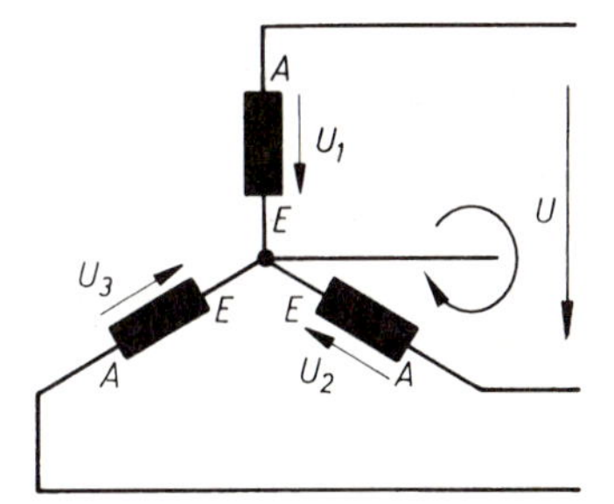

Bild 18.9 Drei um 120° gegeneinander phasenverschobene Strangspannungen. Diese Schaltung heißt Sternschaltung.

Lösungsleitlinie:

1. Zeichnen Sie ein Effektivwert-Zeigerdiagramm für die drei Strangspannungen U_1, U_2 und U_3. Beim Effektivwert-Zeigerdiagramm legen Sie für die Zeigerlänge den Effektivwert der Wechselspannungen zugrunde.
   Bilden Sie für die in Bild 18.9 angegebene Netzmasche $\Sigma U = 0$.
2. Ermitteln Sie in einem zweiten Zeigerbild die Spannung U graphisch.
3. Berechnen Sie den Effektivwert der Spannung U mit Gl. (125).
4. Welche Spannungen können den Verbrauchern zugeführt werden?

△ **Übung 18.2: Addition phasenverschobener Wechselströme**

Einem Schaltwiderstand fließen drei Ströme $I_1 = 8$ A, $I_2 = 6$ A und $I_3 = 3$ A zu. I_1 ist 60° voreilend gegenüber I_2 und 30° nacheilend gegenüber I_3. Ermitteln Sie den Effektivwert des Gesamtstromes graphisch und rechnerisch.

△ **Übung 18.3: Wechselspannung mit Nullphasenwinkel**

Die Momentanwertgleichung einer Wechselspannung der Frequenz $f = 77{,}3$ kHz lautet:

$$u = 19\,\text{mV} \cdot \cos\left(\omega t - \frac{\pi}{10}\right).$$

Zu welchen Zeitpunkten innerhalb der ersten Periode erreicht die Wechselspannung den Momentanwert $u = -7$ mV?

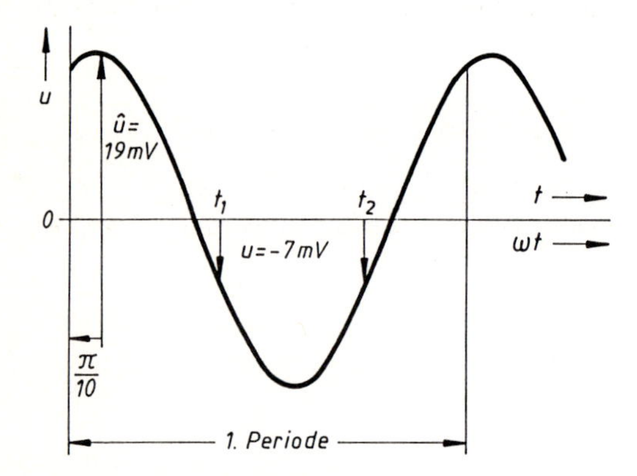

Bild 18.10
Momentanwert-Gleichungen zur abgebildeten Schwingung
a) $u = 19\,\text{mV} \cdot \cos(\omega t - 18°)$
b) $u = 19\,\text{mV} \cdot \sin(\omega t + 72°)$

△ **Übung 18.4: Dreieckschaltung**

Die drei im Bild 18.9 dargestellten Induktionswicklungen eines Drehstromgenerators können auch so geschaltet werden, daß immer ein Wicklungsende E mit dem Anfang A der nächsten Wicklung verbunden wird.

Zeichnen Sie die gesuchte Schaltung und prüfen Sie graphisch nach, ob in dem geschlossenen Wicklungskreis tatsächlich in keinem Augenblick ein Kreisstrom fließen kann.

△ **Übung 18.5: Zerlegung einer Wechselspannung mit Nullphasenwinkel**

Zerlegen Sie die Wechselspannung $u = 26{,}5\,\text{V} \cdot \sin(\omega t + 41°)$ in zwei frequenzgleiche Wechselspannungen, deren Phasenverschiebungswinkel 90° beträgt.

Hinweis: Zeichnen Sie zunächst das Zeigerdiagramm der gegebenen Wechselspannung und ermitteln Sie graphisch die gesuchten, um 90° phasenverschobenen Wechselspannungen. Dem Zeigerdiagramm können Sie dann den Ansatz für die rechnerische Lösung entnehmen.

19 Idealer Wirkwiderstand im Wechselstromkreis

Der ideale Wirkwiderstand besitzt einen konstanten Widerstandswert. Die Wirkungen seines magnetischen und elektrischen Feldes sind Null. Zugeführte Energie wird vollständig umgewandelt und in anderer Energieform abgegeben.

19.1 Phasenlage zwischen Strom und Spannung

Es bestehe zu jedem Zeitpunkt Proportionalität zwischen Spannung und Strom am Schaltwiderstand, also ist:

$$u_R = R i_R$$

Ändert sich die Spannung nach dem Gesetz $u = \hat{u} \sin \omega t$, so ändert sich der Strom ebenfalls zeitlich sinusförmig:

$$\hat{u}_R \sin \omega t = R \, \hat{i}_R \sin \omega t$$

Der Strom erreicht im gleichen Zeitpunkt wie die Spannung den positiven oder den negativen Höchstwert. Die Nullwerte werden in gleicher Richtung im gleichen Zeitpunkt durchlaufen (s. Bild 19.1). Die Phasenverschiebung zwischen Strom und Spannung ist Null:

$$\varphi_R = \sphericalangle (i_R, u_R) = 0°$$

Beispiel

An einem Wirkwiderstand wurden folgende Effektivwerte gemessen: $U_R = 70{,}7$ V, $I_R = 0{,}707$ A. Es sind Zeiger- und Liniendiagramme darzustellen.

Lösung:

Scheitelwerte für Strom und Spannung:

$$\hat{u}_R = \sqrt{2}\, U_R = 1{,}414 \cdot 70{,}7 \text{ V} = 100 \text{ V}$$
$$\hat{i}_R = \sqrt{2}\, I_R = 1{,}414 \cdot 0{,}707 \text{ A} = 1 \text{ A}$$

Zeiger- und Liniendiagramm:

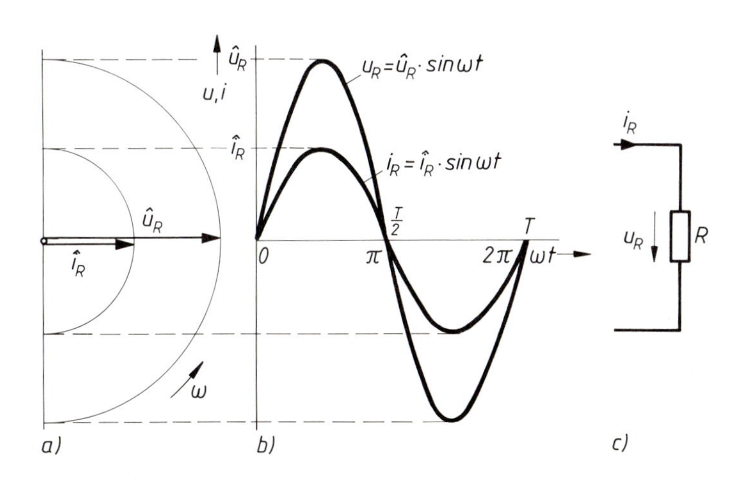

Bild 19.1
Phasenlage von Strom und Spannung bei einem idealen Wirkwiderstand
a) im Zeigerdiagramm
b) im Liniendiagramm
c) Zählpfeile

19.2 Leistung und Energieumsetzung

Betrachtet man die Energieumsetzung eines Verbrauchers (z.B. eines Heizwiderstandes) in Bild 19.2 innerhalb einer Folge kleinster Zeitabschnitte $\mathrm{d}t$, so erkennt man, daß die je Zeitabschnitt umgewandelte Energiemenge schwankend ist. Die direkte Beobachtung des Heizwiderstandes zeigt dagegen bei ausreichend hoher Frequenz der Wechselspannung eine gleichmäßige Energieabgabe des Verbrauchers. Die Temperatur des Heizwiderstandes richtet sich offensichtlich nach einem Durchschnittswert der Momentanleistungen, der nachfolgend ermittelt werden soll:

In einem beliebigen Zeitpunkt t besteht eine Momentanspannung u_R und ein Momentanstrom i_R am Widerstand. Die in diesem Augenblick bestehende Geschwindigkeit der Energiezuführung – also die Leistung – beträgt:

$$p(t) = u_R\, i_R \quad \text{oder}$$

$$p(t) = \hat{u}_R \sin \omega t \cdot \hat{i}_R \sin \omega t$$

$$p(\mathrm{t}) = \hat{u}_R\, \hat{i}_R \sin^2 \omega t$$

Mit der trigonometrischen Umformung

$$\sin^2 \omega t = \frac{1}{2}(1 - \cos 2\,\omega t)$$

wird:

$$p(t) = \frac{\hat{u}_R\, \hat{i}_R}{2} - \frac{\hat{u}_R\, \hat{i}_R}{2} \cos 2\,\omega t$$

Mit den Effektivwerten von Strom und Spannung ergibt sich der zeitliche Verlauf der Leistung zu:

$$\boxed{p(t) = U_R\, I_R - U_R\, I_R \cos 2\,\omega t} \tag{127}$$

Bild 19.2 zeigt anschaulich den zeitlichen Verlauf dieser Funktionskurve. Bei dem Momentanwert Null von Strom und Spannung ist auch die Leistung momentan Null. Bei den Maximalwerten von Strom und Spannung ist die Leistung maximal.

Der Durchschnittswert P aus dem zeitlichen Verlauf der Momentanleistung $p(t)$ über eine volle Periode des Wechselstromes wird *Wirkleistung P* genannt:

$$\boxed{P = \frac{1}{T} \int_0^T p(t)\, \mathrm{d}t} \tag{128}$$

Speziell für den sinusförmigen Strom im Wirkwiderstand ist die Wirkleistung gleich dem Durchschnittswert aus dem zeitlichen Verlauf der Momentanleistung in Gl. (127). Wie Bild 19.2 zeigt, ist dieser Durchschnittswert:

$$\boxed{P = U_R\, I_R}\ ,\ \text{wenn } \varphi_R = 0^\circ. \qquad \text{Einheit 1 W} \tag{129}$$

Die Wirkleistung P des idealen Wirkwiderstandes errechnet sich bei sinusförmigem Wechselstrom aus dem Produkt der Effektivwerte von Wechselspannung und Wechselstrom. Die Wirkleistung ist die durchschnittliche Arbeitsgeschwindigkeit, mit der elektrische Energie in andere Energie umgewandelt und an die Umgebung abgegeben wird.

Beispiel

An einem Schaltwiderstand wurden gemessen: $U_R = 70{,}7$ V, $I_R = 0{,}707$ A.
Es ist die Funktionskurve $p(t) = f(\omega t)$ zu ermitteln und daraus die Wirkleistung zu bestimmen.

Lösung: Der zeitliche Verlauf der Leistung wird mit Gl. (127) in einer Tabelle berechnet:

ωt	$\cos 2\omega t$	$p(t) = U_R I_R - U_R I_R \cos 2\omega t$
0	+ 1	0 W
30°	+ 0,5	+ 25 W
45°	0	+ 50 W
60°	− 0,5	+ 75 W
90°	− 1	+ 100 W
120°	− 0,5	+ 75 W
135°	0	+ 50 W
150°	+ 0,5	+ 25 W
180°	+ 1	0 W
	Wiederholung der Werte	
360°	+ 1	0 W
		$\phi = 50$ W

Bild 19.2 zeigt den zeitlichen Verlauf der Leistung. Man erkennt eine Leistungsschwingung mit doppelter Frequenz gegenüber der Frequenz des Wechselstromes. Der Durchschnittswert aller Momentanleistungen über eine volle Periode beträgt:

$$P = \frac{1}{T}\int_0^T p(t)\,\mathrm{d}t = 50 \text{ W}$$

Die Wirkleistung kann auch einfach aus

$$P = U_R I_R = 70{,}7 \text{ V} \cdot 0{,}707 \text{ A} = 50 \text{ W}$$

errechnet werden.

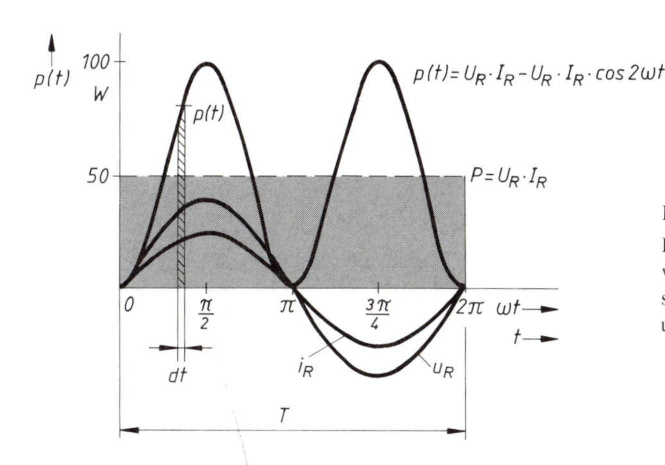

Bild 19.2

Die Leistung $p(t)$ der dem Wirkwiderstand zugeführten Energie schwingt mit doppelter Frequenz um den Mittelwert $P = U_R I_R$.

Im Liniendiagramm der Momentanleistung wurde ein Flächenstreifen unter der Funktionskurve eingetragen (s. Bild 19.2). Es besitzt eine Grundlinie $\mathrm{d}(\omega t)$, die bei einer bestimmten Frequenz der Zeit $\mathrm{d}t$ entspricht. Die Höhe des Flächenstreifens ist mit genügender Genauigkeit $p(t)$. Die Fläche „$p(t)\,\mathrm{d}t$" entspricht einer während der Zeit $\mathrm{d}t$ dem Schaltwiderstand zugeführten elektrischen Energie $\mathrm{d}W$. Die Summe aller Flächenstreifen von 0 bis T ist folglich gleich der während der Zeit einer Periode aufgewendeten elektrischen Energie:

$$W = \int_0^T p(t)\,\mathrm{d}t$$

Mit dem Mittelwert der Leistung $P = U_R I_R$ und der Zeitdauer des Bestehens dieser Leistung über volle Perioden ist die im Wirkwiderstand in Wärme umgesetzte elektrische Energie:

$$\boxed{W_R = U_R I_R t} \qquad \text{Einheit } 1\,\mathrm{Ws} \qquad (130)$$

Diese elektrische Arbeit, die durch registrierende Meßgeräte (Zähler) gemessen wird, wird *Wirkarbeit* genannt. Kennzeichen der Wirkarbeit ist die vollständige Umwandlung und Abgabe der zugeführten elektrischen Energie. Die in Bild 19.2 gerasterte Fläche stellt die Wirkarbeit dar, die in einer Periodendauer T verrichtet wird.

Wirkarbeit bedeutet jedoch nicht immer Wärmeerzeugung. Eine Antenne z.B. verrichtet Wirkarbeit durch Abstrahlung elektromagnetischer Energie. Ein Motor verrichtet Wirkarbeit durch Abgabe von mechanischer Energie usw.

19.3 Ohmsches Gesetz, Wirkwiderstand

Ein sinusförmiger Strom verursacht an einem idealen Wirkwiderstand einen sinusförmigen Spannungsabfall:

$$\hat{u}_R \sin \omega t = R\,\hat{i} \sin \omega t$$

Deshalb ist auch

$$\hat{u}_R = R\,\hat{i}_R$$

und mit Effektivwerten:

$$\boxed{U_R = R I_R} \qquad (131)$$

Diese Beziehung ist das Ohmsche Gesetz für den Widerstand bei Wechselspannung. Der darin enthaltene Widerstand R wird *Wirkwiderstand* genannt. Mit dem Begriff Wirkwiderstand wird ausgedrückt, daß bei einem Schaltelement, das einen reinen Wirkwiderstand besitzt, bei Anlegen einer Wechselspannung ein phasengleicher Wechselstrom auftritt und die gesamte ihm zugeführte elektrische Energie vollständig umgewandelt und in anderer Energieform abgegeben wird. Allgemein gültig ist deshalb die Bestimmung des Wirkwiderstandes über die Wirkleistung:

$$P = I^2 R$$

Beispiel

Bei einem Wirkwiderstand an sinusförmiger Wechselspannung werden die Effektivwerte U_R = 70,07 V und I_R = 0,707 A gemessen. Ein Leistungsmesser zeigt die Leistungsaufnahme des Wirkwiderstandes P = 50 W an. Wie groß ist der Wirkwiderstand R?

Lösung:

Mit den Effektivwerten von Strom und Spannung:

$$R = \frac{U_R}{I_R} = \frac{70{,}7\ \text{V}}{0{,}707\ \text{A}} = 100\ \Omega$$

Über die Wirkleistung:

$$R = \frac{P}{I_R^2} = \frac{50\ \text{W}}{(0{,}707\ \text{A})^2} = 100\ \Omega \qquad \text{oder} \qquad R = \frac{U_R^2}{P} = \frac{(70{,}7\ \text{V})^2}{50\ \text{W}} = 100\ \Omega$$

Der Begriff des Wirkwiderstandes ist jedoch nicht so einfach,wie er im voranstehenden Beispiel erscheint. Dort ist der Wirkwiderstand gleich dem *Leitungswiderstand* des verwendeten Drahtwiderstandes. Bei Betrieb an Gleichspannung U = 70,7 V würde sich der Gleichstrom I = 0,707 A einstellen, da der Widerstand bei Gleichstrom und auch bei niederfrequentem Wechselstrom durch die Drahtlänge, den Drahtquerschnitt und den spezifischen Widerstand bestimmt wird.

Wirkwiderstand = Leitungswiderstand, gilt bei Gleichstrom und Wechselstrom sehr niedriger Frequenz

Bei erhöhten Frequenzen stellt man fest, daß der Wirkwiderstand sich gegenüber dem Leitungswiderstand offensichtlich vergrößert hat. Man führt dies auf den Effekt der *Stromverdrängung* zurück: Der Strom fließt nicht mehr im vollen Leiterquerschnitt, sondern nur noch an der Oberfläche des Leiters, wodurch sich die wirksame Drahtquerschnittsfläche verringert hat.

Wirkwiderstand > Leitungswiderstand, gilt bei erhöhten Frequenzen

In einigen Fällen ist der Wirkwiderstand nicht die Eigenschaft eines Drahtwiderstandes, an dem Messungen durchgeführt werden können, sondern ein Ersatzwiderstand für die Verluste des magnetischen und elektrischen Feldes. So kann z.B. die Eisenerwärmung eines Transformators infolge ständiger Ummagnetisierung durch einen Ersatzwiderstand schaltungsmäßig erfaßt werden. Neben diesen sog. *Ummagnetisierungsverlusten* im magnetischen Feld gibt es bei Kondensatoren und Leitungen sog. *dielektrische Verluste*. Diese zeigen sich als eine Erwärmung des Dielektrikums infolge ständiger Umpolung der Dipolmoleküle und können ebenfalls durch einen Ersatzwiderstand schaltungsmäßig erfaßt werden. Diese Ersatzwiderstände für die Verluste des magnetischen und elektrischen Feldes sind Wirkwiderstände, die überhaupt nichts mit dem Gleichstromwiderstand von Drähten zu tun haben.

Wirkwiderstand als Ersatzwiderstand für die Verluste des magnetischen und elektrischen Feldes

Ferner wird der Begriff des Wirkwiderstandes auch so verwendet, daß eine beabsichtigte, nützliche Energieumwandlung durch einen Wirkwiderstand schaltungsmäßig dargestellt wird wie z.B. die Energieumwandlung in einer Antenne, bei der elektrische in elektromagnetische Leistung umgesetzt wird.

Wirkwiderstand als Ersatzwiderstand für eine beabsichtigte, nützliche Leistungsumwandlung

Deshalb gilt: Der Wirkwiderstand R ist der aus der Wirkleistung P und dem Effektivwert I des Stromes bestimmte Wechselstrom-Widerstandswert eines Bauelementes:

$$R = \frac{P}{I^2}$$

19.4 Vertiefung und Übung

△ **Übung 19.1: Leistungsschwingung**

In einem Wirkwiderstand $R = 100\ \Omega$ fließt ein sinusförmiger Wechselstrom mit der Amplitude 50 mA und Frequenz 500 Hz.

a) Wie groß ist die Wirkleistung?
b) Wie groß sind Maximal- und Minimalwerte der Momentanleistung?
c) Wie groß ist die Frequenz der Leistungsschwingung?

● **Übung 19.2: Widerstandsbegriffe**

Grenzen Sie die Begriffe

– ohmscher Widerstand
– Gleichstromwiderstand
– Wirkwiderstand

gegeneinander ab.

△ **Übung 19.3: Wirkleistung**

Welche Leistung müßte ein Leistungsmesser in einer Schaltung anzeigen, bei der ein Wirkwiderstand 23 Ω an Netzwechselspannung $u = 325\ \text{V} \cdot \sin \omega t$ liegt?

△ **Übung 19.4: Wirkwiderstand und Wirkleistung**

Welchen Wirkwiderstand hat ein Heizleiter, der an Netzspannung 230 V ($f = 50$ Hz) innerhalb von $t = 1$ min die elektrische Energie 10 Wh aufnimmt?

△ **Übung 19.5: Effektivwert**

Wie groß ist der Wirkwiderstand des Verbrauchers, wenn ein sinusförmiger Strom der Amplitude 0,4 A die Leistungsmesseranzeige 50 W verursacht?

20 Idealer Kondensator im Wechselstromkreis

Der ideale Kondensator besitzt eine konstante Kapazität. Sein Wirkwiderstand ist unendlich, die Wirkung seines Magnetfeldes ist Null.

20.1 Phasenlage zwischen Strom und Spannung

Der Kondensatorstrom ist bei konstanter Kapazität proportional der Änderungsgeschwindigkeit der Kondensatorspannung:

$$i_c = C \frac{du_c}{dt}$$

Für den Kondensatorstrom ergeben sich bei sinusförmigem Spannungsverlauf folgende Extremwerte:

bei $\omega t = 0$	bzw. bei $t = 0$	ist $u = 0$	und $\frac{du}{dt} = +\max$,	daher ist $i = +\hat{i}$
bei $\omega t = \frac{\pi}{2}$	bzw. bei $t = \frac{T}{4}$	ist $u = +\hat{u}$	und $\frac{du}{dt} = 0$,	daher ist $i = 0$
bei $\omega t = \pi$	bzw. bei $t = \frac{T}{2}$	ist $u = 0$	und $\frac{du}{dt} = -\max$,	daher ist $i = -\hat{i}$
bei $\omega t = \frac{3\pi}{2}$	bzw. bei $t = \frac{3T}{4}$	ist $u = -\hat{u}$	und $\frac{du}{dt} = 0$,	daher ist $i = 0$

Wie die Tabelle und Bild 20.1 zeigen, sind die entsprechenden Höchstwerte von Strom und Spannung sowie die entsprechenden Nulldurchgänge gegeneinander verschoben. Der Strom zum Kondensator eilt der Spannung am Kondensator um 90° oder 1/4 Periodendauer voraus:

$$\varphi_c = \sphericalangle(i_c, u_c) = +90°$$

Oszillografiert man Strom und Spannung beim Kondensator, so bestätigt sich das Gleichungspaar:

$$u_c = \hat{u}_c \sin \omega t$$
$$i_c = \hat{i}_c \sin(\omega t + 90°)$$

Aus einer Strom- und Spannungsmessung mit Zeigerinstrumenten ist die Phasenverschiebung nicht erkennbar.

Beispiel

An einem idealen Kondensator werden folgende Werte gemessen: $U_C = 70{,}7$ V, $I_C = 0{,}707$ A. Es sind Zeiger- und Liniendiagramme darzustellen.

Lösung:

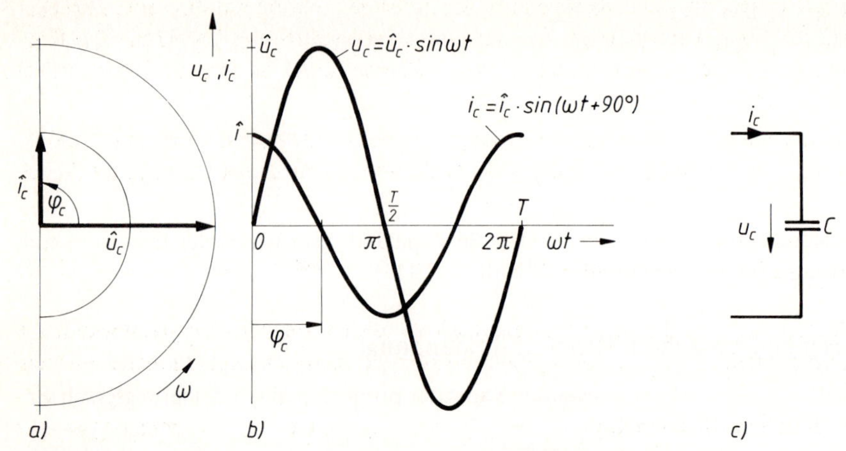

Bild 20.1 Phasenlage von Strom und Spannung beim idealen Kondensator
a) im Zeigerdiagramm, b) im Liniendiagramm, c) Zählpfeile

20.2 Leistung und Energieumsetzung

Die Momentanleistung zu einem Zeitpunkt t ist durch das Produkt der zu diesem Zeitpunkt bestehenden Spannung u_c und dem Strom i_c bestimmt:

$$p(t) = u_c \, i_c$$

$$p(t) = \hat{u}_c \sin\omega t \cdot \hat{i}_c \cos\omega t \quad \text{mit} \quad \cos\omega t = \sin(\omega t + 90°)$$

Mit der trigonometrischen Umformung

$$2 \sin\omega t \cos\omega t = \sin 2\omega t$$

wird:

$$p(t) = \frac{\hat{u}_c \, \hat{i}_c}{2} \sin 2\omega t$$

oder:

$$p(t) = 0 + \frac{\hat{u}_c \, \hat{i}_c}{2} \sin 2\omega t$$

Mit den Effektivwerten für Strom und Spannung ergibt sich der zeitliche Verlauf der Leistung zu:

$$\boxed{p(t) = 0 + U_c I_c \sin 2\omega t} \tag{132}$$

Den zeitlichen Verlauf der Funktionskurve zeigt Bild 20.2. Die Leistung schwankt sinusförmig um den konstanten Mittelwert Null. Der Durchschnittswert der Momentanleistung über eine volle Periode des Wechselstromes, der in Abschnitt 19.2 Wirkleistung genannt wurde, ist hier Null:

$$\boxed{P = 0} \quad \text{, wenn } \varphi_c = 90°. \tag{133}$$

Die Wirkleistung des idealen Kondensators ist Null, es erfolgt also auch keine Energieabgabe an die Umgebung. Der Kondensator stellt für den Stromkreis eine sog. *Blindlast* dar, weil er ein Energiespeicher ist. Bei der periodischen Auf- und Entladung des Kondensators fließen in den Übertragungsleitungen Ströme, ohne daß im zeitlichen Mittel Energie übertragen wird.

Da aber formal das Produkt der Effektivwerte von Kondensatorspannung und Kondensatorstrom eine zahlenmäßige Leistung ergibt, definiert man dieses Produkt als *Blindleistung* Q_c:

$$\boxed{Q_c = U_c I_c} \quad \text{, wenn } \varphi_c = 90°. \qquad \text{Einheit 1 var oder 1 W} \qquad (134)$$

Um anzudeuten, daß die Blindleistung ein Maß für eine reversible Energieumwandlung ist, wird ihre Einheit 1 var (lies Volt-Ampere-reaktiv) genannt, s. auch Einheitenhinweis auf S. 422.

Setzt man die Definition der Blindleistung $Q_c = U_c I_c$ in Gl. (132) ein, dann ergibt sich:

$$p(t) = 0 + Q_c \sin 2\omega t$$

Die Blindleistung ist also kein zeitlicher Mittelwert von Momentanwerten der Leistungsfunktion $p(t) = f(\omega t)$, wie das bei der Wirkleistung der Fall ist, sondern entspricht der Amplitude der Leistungsschwingung in Bild 20.2.

Beispiel

An einem Kondensator wurden gemessen: $U_c = 70{,}7$ V, $I_c = 0{,}707$ A.
Es ist die Funktionskurve $p(t) = f(\omega t)$ zu ermitteln und auszuwerten.

Lösung: Der zeitliche Verlauf der Leistung wird mit Gl. (132) in einer Tabelle berechnet.

ωt	$\sin 2\omega t$	$p(t) = 0 + U_c I_c \sin 2\omega t$
0°	0	0 W
30°	+ 0,866	43,3 W
45°	+ 1	50 W
60°	+ 0,866	43,3 W
90°	0	0 W
120°	− 0,866	− 43,3 W
135°	− 1	− 50 W
150°	− 0,866	− 43,3 W
180°	0	0 W
	Wiederholung der Werte	
360°	0	0 W
		$\phi = 0$ W

→ Der Durchschnittswert aller Momentanleistungen über eine volle Periode ist:

$$P = \frac{1}{T}\int_0^T p(t)\,\mathrm{d}t = 0$$

Die Wirkleistung des Kondensators ist Null.

→ Die Blindleistung, d.h. die Amplitude der schwingenden Leistung beträgt:

$$Q_c = 50 \text{ var}$$

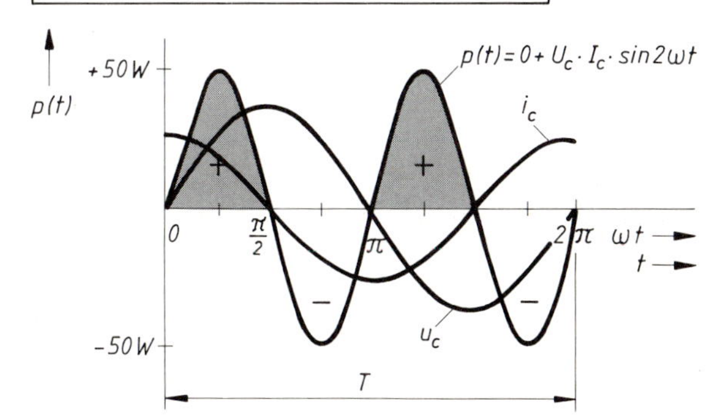

Bild 20.2

Die Leistung $p(t)$ der dem Kondensator zugeführten Energie schwingt mit doppelter Frequenz um den Mittelwert Null. Eine positive Fläche bedeutet eine Energiemenge, die dem Kondensator während der Aufladung zugeführt wird. Eine negative Fläche entspricht einer Energieabgabe bei der Entladung.

20.3 Ohmsches Gesetz, kapazitiver Blindwiderstand

Wird ein idealer Kondensator an die sinusförmige Wechselspannung $u = \hat{u} \sin \omega t$ gelegt, dann fließt ein um 90° phasenverschobener Strom $i = \hat{i} \cos \omega t$.

Es muß nun der zahlenmäßige Zusammenhang von Kondensatorspannung und Kondensatorstrom entwickelt werden. Allgemein gilt für den Kondensator:

$$i_c = C \frac{du_c}{dt}$$

und für die Amplitude des Wechselstromes:

$$\hat{i}_c = C \left(\frac{du_c}{dt} \right)_{max}$$

Die Berechnung der maximalen Änderungsgeschwindigkeit der sinusförmigen Wechselspannung ist mit Gl. (114) möglich. Es ist

$$\left(\frac{du}{dt} \right)_{max} = \omega \hat{u}_c$$

und damit der Scheitelwert des Wechselstromes:

$$\hat{i}_c = C \omega \hat{u}_c$$

Dividiert man beide Seiten der Gleichung durch $\sqrt{2}$, so wird:

$$I_c = \omega C U_c$$

In diesem Ausdruck definiert man den

kapazitiven Blindleitwert $\boxed{B_c = \omega C}$ Einheit $\frac{1}{s} \cdot 1 \frac{As}{V} = 1\,S$ (135)

sowie den

kapazitiven Blindwiderstand $\boxed{X_c = \frac{1}{\omega C}}$ [1] Einheit $\frac{1}{S} = 1\,\Omega$ (136)

Damit erhält man das Ohmsche Gesetz für den Kondensator im sinusförmigen Wechselstromkreis:

$$\boxed{I_c = \frac{U_c}{X_c}} \tag{137}$$

Der Begriff kapazitiver Blindwiderstand umfaßt inhaltlich:

a) die Wirkleistung des idealen Kondensators ist Null,
b) der Phasenverschiebungswinkel zwischen Strom und Spannung beträgt 90°, der Strom ist voreilend,

---

[1] Nach DIN 5483 T3: $X_C = -\frac{1}{\omega C}$ (s. Fußnote S. 256)

Vorzeichen bei Blindleitwerten und Blindwiderständen werden in diesem Lehrbuch erst im Rahmen der komplexen Rechnung (Kapitel 23) eingeführt.

c) der Blindwiderstand des Kondensators ist frequenzabhängig (Bild 20.3),
d) der kapazitive Blindwiderstand ist ein linearer Widerstand, da bei konstanter Frequenz der Strom streng proportional zur Spannung ist, also eine lineare *I-U*-Kennlinie vorliegt (Bild 20.4).

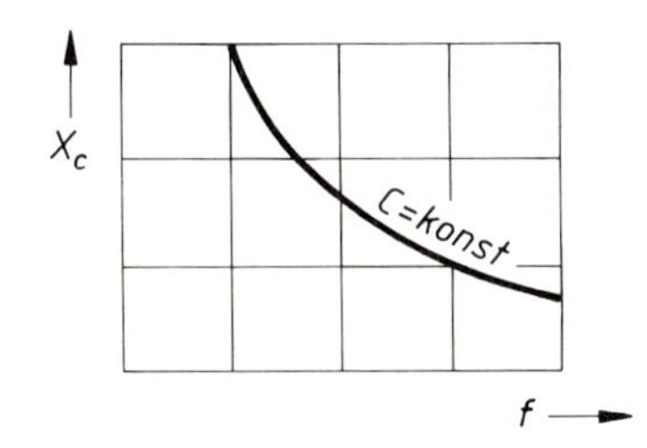

Bild 20.3

Bei konstanter Kapazität des Kondensators verringert sich der kapazitive Widerstand mit steigender Frequenz:

$$X_c \sim \frac{1}{f}$$

Bei $f = 0$ geht $X_c \Rightarrow \infty$
Bei $f \Rightarrow \infty$ geht $X_c \Rightarrow 0$

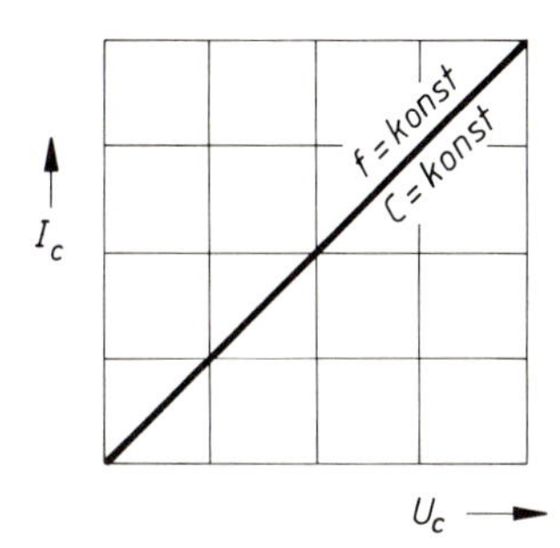

Bild 20.4

Der kapazitive Blindwiderstand ist der Wechselstromwiderstand des Kondensators. Bei konstanter Frequenz und Kapazität ist der Blindwiderstand spannungs*un*abhängig also konstant, d.h. er hat eine lineare *I-U*-Kennlinie und ist somit ein linearer, nicht aber ein ohmscher Widerstand.

Beispiel

Welchen Wert hat die Kapazität des Kondensators in den beiden voranstehenden Beispielen, wenn an seinen Klemmen die Effektivwerte $U_c = 70{,}7$ V und $I_c = 0{,}707$ A gemessen werden. Die dort bereits gefundene Lösung soll über den Weg des kapazitiven Widerstandes bestätigt werden.

Lösung:

Es war

$$U_c = 70{,}7 \text{ V}, \; I_c = 0{,}707 \text{ A}, \; f = 50 \text{ Hz}$$

Daraus folgt der kapazitive Blindwiderstand:

$$X_c = \frac{U_c}{I_c} = \frac{70{,}7 \text{ V}}{0{,}707 \text{ A}} = 100 \; \Omega$$

Die erforderliche Kapazität des Kondensators bei Netzfrequenz ist:

$$X_c = \frac{1}{\omega C}$$

$$C = \frac{1}{\omega X_c} = \frac{1}{314 \text{ s}^{-1} \cdot 100 \; \Omega}$$

$$C = 31{,}8 \; \mu\text{F}$$

20.4 Vertiefung und Übung

▲ **Übung 20.1: Kapazitive Blindleistung**

Zwei (ideale) Kondensatoren mit $C_1 = 5\ \mu F$ und $C_2 = 12\ \mu F$ sind parallelgeschaltet. Die an der Parallelschaltung liegende Wechselspannung beträgt $U_c = 230$ V, $f = 50$ Hz.

Zeichnen Sie das Zeigerdiagramm mit Effektivwerten, und berechnen Sie die Energie, die die zwei Kondensatoren während einer positiven Leistungshalbwelle aufnehmen.

Lösungsleitlinie:

1. Berechnen Sie den kapazitiven Gesamtwiderstand und dann den Gesamtstrom I_c.
2. Zeichnen Sie das Zeigerdiagramm mit Effektivwerten. Die Phasenlage des Gesamtstromes gegenüber der Spannung ist zu beachten.
3. Berechnen Sie die Blindleistung.
4. Berechnen Sie die Energieaufnahme des Kondensators während der positiven Leistungshalbwelle mit der Gleichung $W = 1/2\ CU^2$.

△ **Übung 20.2: Frequenzabhängigkeit von X_c und I_c**

Die Frequenz eines Wechselstromes ändert sich von $f = 100$ Hz bis $f = 1000$ Hz. Stellen Sie die Frequenzabhängigkeit des kapazitiven Widerstandes eines Kondensators mit $C = 10\ \mu F$ in einem Schaubild dar. Berechnen und zeichnen Sie dann auch noch die Funktion $I_c = f(f)$, wenn $U_c = 3$ V ist.

△ **Übung 20.3: Kapazitiver Widerstand und Kondensatorstrom**

Wie verändert sich der kapazitive Widerstand einer Schaltung von Kondensatoren mit der gleichen Kapazität $C = 0{,}1\ \mu F$, wenn zunächst zwei, dann drei und später vier Kondensatoren parallel liegen? Stellen Sie $X_c = f(C)$ dar.

Berechnen Sie dann den Verlauf des Kondensatorstromes in Abhängigkeit von der Kapazität für die konstante Wechselspannung $U_c = 3$ V. Die Frequenz beträgt $f = 800$ Hz.

△ **Übung 20.4: Ohmsches Gesetz des Kondensators**

Bei welcher Frequenz der Wechselspannung $u = 30\ V \cdot \sin \omega t$ zeigt ein Strommesser den Kondensatorstrom 3 mA an, wenn die Kapazität $C = 0{,}1\ \mu F$ beträgt?

● **Übung 20.5: Phasenverschiebung**

Warum ist folgende Behauptung falsch?

„Werden zwei Kondensatoren mit gleicher Kapazität in Reihe geschaltet, so beträgt die Phasenverschiebung $2 \cdot 90° = 180°$."

● **Übung 20.6: Blindwiderstand**

Welche gemeinsamen Eigenschaften haben ein Wirk- und ein Blindwiderstand des gleichen Betrages bei konstanter Frequenz? Worin unterscheiden sie sich aber doch?

21 Ideale Spule im Wechselstromkreis

Die ideale Spule besitzt eine konstante Induktivität. Ihr Wirkwiderstand und die Kapazität sind Null. Es entsteht keine Wirkleistung.

21.1 Phasenlage zwischen Strom und Spannung

Die Selbstinduktionsspannung ist bei konstanter Induktivität proportional zur Änderung des Spulenstromes:

$$u_L = L \frac{di_L}{dt}$$

di_L/dt ist die Änderung des Stromes zu einem Zeitpunkt t. Verläuft der Strom sinusförmig, so ergeben sich für die Selbstinduktionsspannung folgende Extremwerte:

bei $\omega t = 0$ bzw. bei $t = 0$ ist $i_L = 0$ und $\frac{di_L}{dt} = +\max$, daher ist $u_L = +\hat{u}$

bei $\omega t = \frac{\pi}{2}$ bzw. bei $t = \frac{T}{4}$ ist $i_L = +\hat{i}$ und $\frac{di_L}{dt} = 0$, daher ist $u_L = 0$

bei $\omega t = \pi$ bzw. bei $t = \frac{T}{2}$ ist $i_L = 0$ und $\frac{di_L}{dt} = -\max$, daher ist $u_L = -\hat{u}$

bei $\omega t = \frac{3\pi}{2}$ bzw. bei $t = \frac{3T}{4}$ ist $i_L = -\hat{i}$ und $\frac{di_L}{dt} = 0$, daher ist $u_L = 0$

bei $\omega t = 2\pi$ bzw. bei $t = T$ ist $i_L = 0$ und $\frac{di_L}{dt} = +\max$, daher ist $u_L = +\hat{u}$

Wie die Tabelle und Bild 21.1 zeigen, sind die entsprechenden Höchstwerte von Selbstinduktionsspannung und Strom sowie die entsprechenden Nulldurchgänge gegeneinander verschoben. Der Strom in der Spule eilt der Spannung an der Spule um 90° nach:

$$\varphi_L = \sphericalangle(i_L, u_L) = -90^\circ$$

Der Strom in der Spule eilt der Spannung an der Spule um 90° nach. Oszillografiert man Spannung und Strom bei der Spule, bestätigt sich das Gleichungspaar:

$$u_L = \hat{u}_L \sin \omega t$$
$$i_L = \hat{i}_L \sin(\omega t - 90^\circ)$$

Aus einer Strom- und Spannungsmessung mit Zeigerinstrumenten ist die Phasenverschiebung nicht erkennbar.

Beispiel

Bei einer idealen Spule werden folgende Werte gemessen:

$U_L = 70{,}7$ V, $I = 0{,}707$ A

Es sind Linien- und Zeigerdiagramm darzustellen.

Lösung:

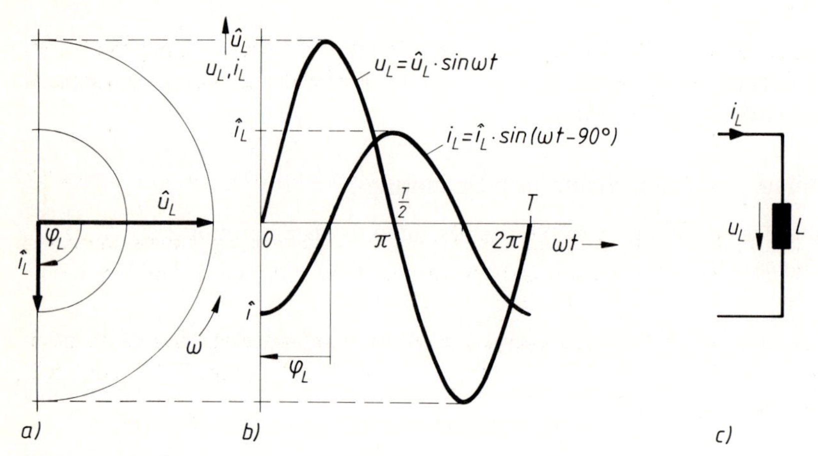

Bild 21.1 Phasenlage von Strom und Spannung bei der idealen Spule
a) im Zeigerdiagramm, b) im Liniendiagramm, c) Zählpfeile

21.2 Leistung und Energieumsetzung

Der Momentanwert der Leistung zu einem Zeitpunkt t errechnet sich aus dem Produkt der Momentanwerte von Strom und Spannung:

$$p(t) = u_L \, i_L$$

$$p(t) = \hat{u}_L \sin\omega t \cdot \hat{i}_L (-\cos\omega t) \qquad \text{mit } (-\cos\omega t) = \sin(\omega t - 90°)$$

Mit der trigonometrischen Umformung

$$2 \sin\omega t \cos\omega t = \sin 2\omega t$$

wird

$$p(t) = -\frac{\hat{u}_L \, \hat{i}_L}{2} \sin 2\omega t$$

oder

$$p(t) = 0 - \frac{\hat{u}_L \, \hat{i}_L}{2} \sin 2\omega t$$

Mit den Effektivwerten für Strom und Spannung ergibt sich der zeitliche Verlauf der Leistung:

$$\boxed{p(t) = 0 - U_L I_L \sin 2\omega t} \qquad (138)$$

Bild 21.2 zeigt anschaulich den Verlauf dieser Funktionskurve.

Die Leistung schwankt sinusförmig um den konstanten Mittelwert Null. Der Durchschnittswert aus dem zeitlichen Verlauf der Momentanleistung über eine volle Periode des Wechselstromes wurde in Abschnitt 19.2 Wirkleistung genannt und ist bei der idealen Spule Null:

$$\boxed{P = 0} \quad , \text{wenn } \varphi_L = -90°. \tag{139}$$

Da aber formal das Produkt der Effektivwerte von Selbstinduktionsspannung und Strom der Spule eine zahlenmäßige Leistung ergibt, spricht man hier wie auch beim Kondensator von einer *Blindleistung* Q_L der Spule:

$$\boxed{Q_L = U_L I_L}^{1)} \quad , \text{wenn } \varphi_L = -90°. \qquad \text{Einheit 1 var oder 1 W} \tag{140}$$

Um anzudeuten, daß die Blindleistung ein Maß für eine reversible Energieumwandlung ist, wird ihre Einheit 1 var (Volt-Ampere-reaktiv) genannt, s. auch Einheitenhinweis auf S. 422.

Man erkennt in Gl. (138), daß die Blindleistung kein zeitlicher Mittelwert von Momentanwerten der Leistungsfunktion $p(t)$ ist, sondern der Amplitude der in Bild 21.2 dargestellten Leistungsschwingung entspricht.

Beispiel

An einer Spule wurden gemessen: $U_L = 70{,}7$ V, $I_L = 0{,}707$ A

Es ist der zeitliche Verlauf der Momentanleistung der idealen Spule zu berechnen und auszuwerten.

Lösung:

ωt	$\sin 2\omega t$	$p(t) = 0 - U_L I_L \sin 2\omega t$
0°	0	0 W
30°	+ 0,866	− 43,3 W
45°	+ 1	− 50 W
60°	+ 0,866	− 43,3 W
90°	0	0 W
120°	− 0,866	+ 43,3 W
135°	− 1	+ 50 W
150°	− 0,866	+ 43,3 W
180°	0	0 W
	Wiederholung der Werte	
360°	0	0 W
		$\phi = 0$ W

→ Der Durchschnittswert aller Momentanwerte für eine volle Periode ist:

$$P = \frac{1}{T} \int p(t)\, dt = 0$$

Die Wirkleistung der idealen Spule ist Null.

→ Die Blindleistung, d.h. die Amplitude der schwingenden Leistung beträgt:

$Q_L = 50$ var

Die Flächen unter der Funktionskurve $p(t)$ in Bild 21.2 stellen Energiebeträge dar. Die positive (gerasterte) Fläche bedeutet den Energiebetrag, den die Spule zum Aufbau des magnetischen Feldes benötigt. Die darauf folgende negative Fläche nennt den Energiebetrag, den die Spule beim Abbau ihres magnetischen Feldes durch Selbstinduktion wieder in elektrische Energie zurückverwandelt und an den Stromkreis abgibt. Die ideale Spule verrichtet keine Wirkarbeit, sie stellt eine induktive *Blindlast* dar.

---

[1] Gln. (134) und (140) weisen die Blindleistungen Q_C und Q_L nur als vorzeichenlose Beträge aus. Man berücksichtigt dann separat, daß induktive Blindleistung durch kapazitive kompensiert werden kann (s. auch Fußnote S. 265).

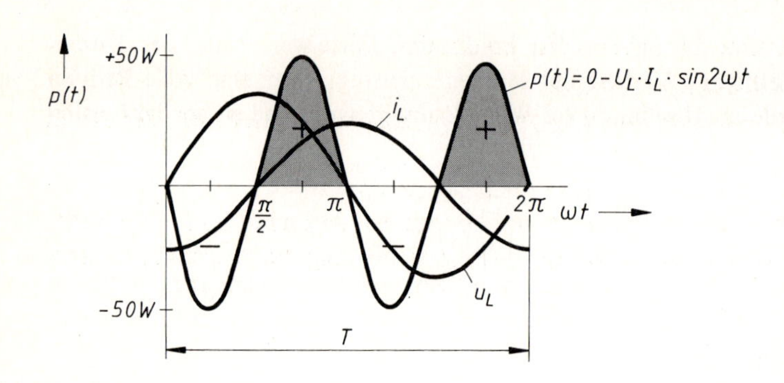

Bild 21.2
Zeitlicher Verlauf der Leistung bei der idealen Spule. Die Leistungsschwingung erfolgt mit doppelter Frequenz. Eine positive Fläche bedeutet eine Energiemenge, die der Spule beim Aufbau des magnetischen Feldes zugeführt wird. Eine negative Fläche entspricht einer Energieabgabe der Spule durch Abbau des magnetischen Feldes.

21.3 Ohmsches Gesetz, induktiver Blindwiderstand

Bei der idealen Spule eilt der Strom der Spannung um 90° nach. Es muß nun noch der größenmäßige Zusammenhang von Spulenspannung und Spulenstrom bei gegebener Induktivität der Spule bestimmt werden.

Allgemein gilt für die Spule:

$$u_L = L \frac{di_L}{dt}$$

Die Amplitude der Wechselspannung ist dann:

$$\hat{u}_L = L \left(\frac{di_L}{dt}\right)_{max}$$

$$\hat{u}_L = L\,\omega\,\hat{i} \quad \text{mit} \quad \left(\frac{di_L}{dt}\right)_{max} = \omega\,\hat{i}$$

Dividiert man beide Gleichungsseiten durch $\sqrt{2}$, so wird:

$$U_L = \omega L I_L$$

In diesem Ausdruck definiert man den

induktiven Blindwiderstand $\boxed{X_L = \omega L}$ Einheit $\frac{1}{s} \cdot 1\,\frac{Vs}{A} = 1\,\Omega$ (141)

sowie den

induktiven Blindleitwert $\boxed{B_L = \frac{1}{\omega L}}$ [1] Einheit $\frac{1}{\Omega} = 1\,S$ (142)

Damit erhält man das Ohmsche Gesetz für die ideale Spule im sinusförmigen Wechselstromkreis:

$$\boxed{I_L = \frac{U_L}{X_L}} \tag{143}$$

---

[1] Nach DIN 5483 T3: $B_L = -\frac{1}{\omega L}$ (s. Fußnote S. 250)

Der Begriff induktiver Blindwiderstand umfaßt inhaltlich:

a) Die Wirkleistung der idealen Spule ist Null.
b) Der Phasenverschiebungswinkel zwischen Strom und Spannung beträgt 90°; der Strom ist nacheilend.
c) Der Blindwiderstand der Spule ist frequenzabhängig (Bild 21.3).
d) Der induktive Blindwiderstand ist ein linearer Widerstand, da bei konstanter Frequenz und konstanter Induktivität der Strom sich streng proportional zur Spannung verhält.

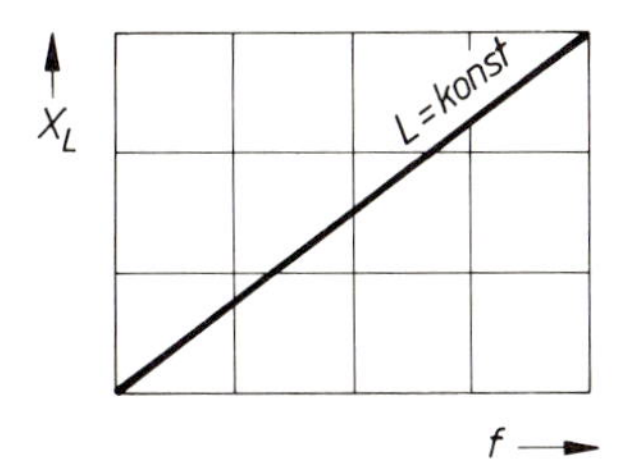

Bild 21.3 Bei konstanter Induktivität der Spule steigt der induktive Widerstand proportional mit der Frequenz:

$$X_L \sim f$$

Bei $f = 0$ ist $X_L = 0$
Bei $f \Rightarrow \infty$ geht $X_L \Rightarrow \infty$

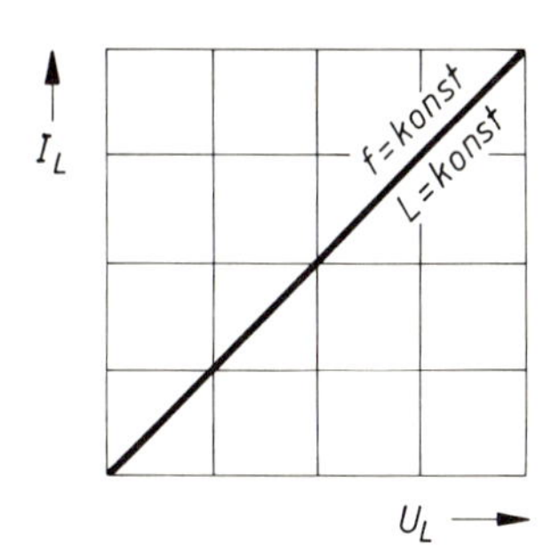

Bild 21.4 Der induktive Blindwiderstand ist der Wechselstromwiderstand der idealen Spule. Bei konstanter Frequenz und Induktivität ist der Blindwiderstand strom*un*abhängig, also konstant, d.h. er hat eine lineare *I-U*-Kennlinie und ist somit ein linearer, nicht aber ein ohmscher Widerstand.

Beispiel

Welchen Wert hat die Induktivität der Spule in den voranstehenden beiden Beispielen, wenn an ihren Klemmen die Effektivwerte $U_L = 70{,}7$ V und $I_L = 0{,}707$ A gemessen werden? Die dort bereits gefundene Lösung soll über den Weg des induktiven Widerstandes bestätigt werden.

Lösung: Es war:

$$U_L = 70{,}7 \text{ V}, \quad I_L = 0{,}707 \text{ A}, \quad f = 50 \text{ Hz}$$

Daraus folgt der induktive Blindwiderstand:

$$X_L = \frac{U_L}{I_L} = \frac{70{,}7 \text{ V}}{0{,}707 \text{ A}} = 100 \, \Omega$$

Die erforderliche Induktivität der Spule bei Netzfrequenz ist:

$$X_L = \omega L$$

$$L = \frac{X_L}{\omega} = \frac{100 \, \Omega}{314 \text{ s}^{-1}} = 0{,}318 \text{ H}$$

21.4 Vertiefung und Übung

▲ **Übung 21.1: Induktive Blindleistung**

Zwei ideale Spulen, deren Magnetfelder sich gegenseitig nicht beeinflussen, liegen in Reihe und werden von einem Wechselstrom durchflossen. Die Frequenz beträgt $f = 3$ kHz. Beide Spulen haben einen ausreichend großen Luftspalt im Eisenkern, so daß ihre Induktivitäten konstant sind. Es liegen folgende Meßergebnisse vor: $I_L = 10$ mA, $U_{L1} = 5$ V, $U_{L2} = 11$ V.

Berechnen Sie die Induktivität der Spulen und den Betrag der zwischen Generator und Spulen hin- und herpendelnden Energie.

Lösungsleitlinie:

1. Zeichnen Sie das Zeigerdiagramm mit Effektivwerten von Strom und Spannung.
2. Berechnen Sie die induktiven Widerstände und daraus die Induktivität der Spulen.
3. Begründen Sie, warum ein ausreichend großer Luftspalt im Eisenkern die Induktivität der Spule stromunabhängig macht.

△ **Übung 21.2: Ohmsches Gesetz der Spule, Phasenverschiebung**

Welcher Strom besteht in einer idealen Spule, die an einer Wechselspannung 5 V/80 kHz liegt?

Die Spule hat 30 Windungen und einen Kernfaktor $A_L = 1\,\mu$H. Wie lauten die Momentanwert-Gleichungen für Strom und Spannung?

△ **Übung 21.3: Blindleistung**

In einer idealen Spule mit der Induktivität 48 mH besteht ein Strom von 50 mA bei einer Frequenz von 200 Hz.

Berechnen Sie die Blindleistung der Spule mit den Beziehungen:

$$Q_L = U_L I_L = I_L^2 X_L = \frac{U_L^2}{X_L}$$

△ **Übung 21.4: Frequenzabhängigkeit des induktiven Widerstandes**

Eine Spule liegt an einer Wechselspannung 3 V, deren Frequenz von $f = 1{,}5$ kHz bis 9 kHz verändert wird.

Stellen Sie in einem Schaubild $I = f(f)$ dar, wenn die Induktivität der Spule $L = 100$ mH beträgt.

● **Übung 21.5: Blindwiderstand**

Welchen zeitlichen Verlauf müssen die magnetische Feldstärke und die Flußdichte einer Spule aufweisen, um von der Spule einen Blindwiderstand angeben zu können?

● **Übung 21.6: Ideale Spule**

Kann eine Spule mit geschlossenem Eisenkern und einer gekrümmten Magnetisierungskurve (Hystereseschleife) eine ideale Spule im Sinne dieses Kapitels sein?

22 Grundschaltungen im Wechselstromkreis

22.1 Parallelschaltung von Widerstand und Kondensator

22.1.1 Phasenlage zwischen Strom und Spannung

Die Parallelschaltung eines Kondensators mit einem Wirkwiderstand liegt an der Spannung:

$$u = \hat{u} \sin \omega t$$

Der Strom im Wirkwiderstand ist phasengleich zur Spannung am Wirkwiderstand, also ist:

$$i_R = \hat{i}_R \sin \omega t$$

Der Strom im Kondensator eilt der Spannung am Kondensator um 90° voraus, deshalb ist:

$$i_C = \hat{i}_C \sin(\omega t + 90°)$$

Bei Parallelschaltung addieren sich die Momentanwerte der Einzelströme zum Momentanwert des Gesamtstromes:

$$i = i_R + i_C$$
$$i = \hat{i}_R \sin \omega t + \hat{i}_C \sin(\omega t + 90°)$$

Die geometrische Addition der um 90° phasenverschobenen Ströme läßt sich in einem Zeigerdiagramm darstellen. Zeigerdiagramme dienen nicht nur der Veranschaulichung, sondern auch Rechenzwecken. Um eine Übereinstimmung der Rechen- und Meßergebnisse zu erzielen, wählt man eine *Zeigerdiagrammdarstellung mit Effektivwerten* (s. Bild 22.1).

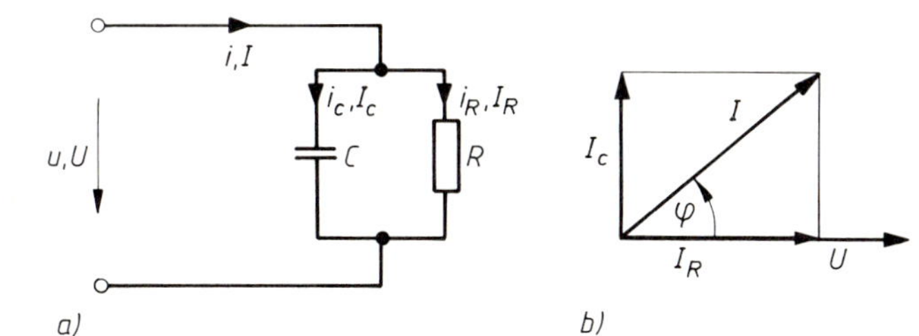

Bild 22.1
Zur geometrischen Addition phasenverschobener Ströme
a) Parallelschaltung von Widerstand und Kondensator
b) Zeigerbild mit Effektivwerten

Aus dem Zeigerdiagramm mit den Effektivwerten ergibt sich für den Gesamtstrom:

$$I^2 = I_R^2 + I_C^2$$

$$\boxed{I = \sqrt{I_R^2 + I_C^2}} \quad (144)$$

Man bezeichnet I_R als *Wirkstrom* und I_C als *kapazitiven Blindstrom* und berechnet den Gesamtstrom aus der geometrischen Addition der Teilströme.

Der Phasenverschiebungswinkel zwischen dem Gesamtstrom und der Spannung an der Parallelschaltung kann aus dem Zeigerbild berechnet werden:

$$\boxed{\tan\varphi = \frac{+I_C}{I_R}} \tag{145}$$

Der der Parallelschaltung zufließende Gesamtstrom ist sinusförmig, seine Momentanwertgleichung lautet $i = \hat{i}\sin(\omega t + \varphi)$.

Beispiel

In einer Schaltung gemäß Bild 22.1 wurden gemessen:

$U = 70{,}7\text{ V},\quad I_R = 0{,}707\text{ A},\quad I_C = 0{,}707\text{ A}$

Es ist der Gesamtstrom im Linien- und Zeigerdiagramm nach Betrag und Phasenlage zu ermitteln.

Lösung:

Effektivwert des Gesamtstromes:

$$I = \sqrt{I_R^2 + I_C^2} = \sqrt{(0{,}707\text{ A})^2 + (0{,}707\text{ A})^2}$$
$$I = 1\text{ A}$$

Phasenverschiebungswinkel zwischen Gesamtstrom und Spannung:

$$\tan\varphi = \frac{+I_C}{I_R} = \frac{0{,}707\text{ A}}{0{,}707\text{ A}} = +1$$

$\varphi = 45°$ (Strom eilt vor)

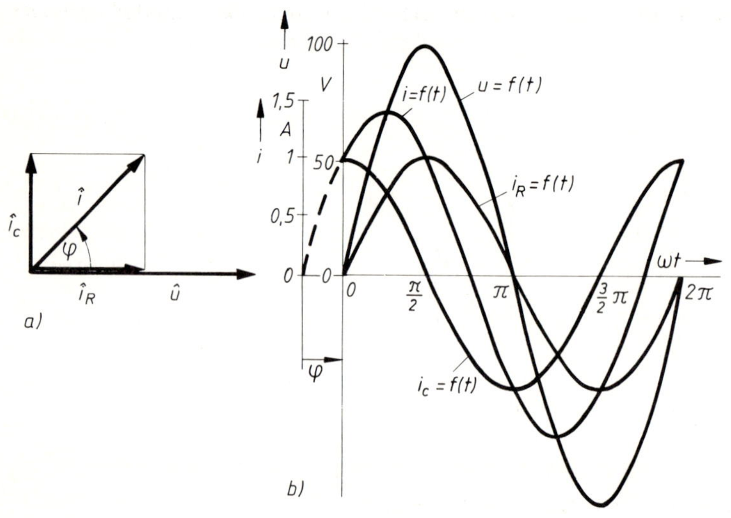

Bild 22.2 Zur Parallelschaltung von Widerstand und Kondensator

a) Zeigerbild

b) Liniendiagramm: Anschauliche Darstellung der Phasenverschiebung von Gesamtstrom und Spannung

22.1.2 Ohmsches Gesetz, Scheinleitwert

Aus der geometrischen Addition des Wirkstromes

$$I_R = UG$$

mit dem Blindstrom

$$I_C = UB_C$$

ergibt sich der Gesamtstrom:

$$I = \sqrt{(UG)^2 + (UB_C)^2} = U\sqrt{G^2 + B_C^2}$$

Bildet man den Quotienten I/U und bezeichnet diesen als *Scheinleitwert* Y, dann ergibt sich dieser aus der geometrischen Addition von Wirk- und Blindleitwert:

$$\boxed{Y = \sqrt{G^2 + B_C^2}} \qquad \text{Einheit 1 S} \qquad (146)$$

Der Phasenverschiebungswinkel zwischen dem Gesamtstrom und der Spannung an der Parallelschaltung läßt sich aus dem *Leitwertdreieck* berechnen (Bild 22.3).

Es ist:

$$\boxed{\tan\varphi = \frac{+B_C}{G}} \qquad (147)$$

Dieser Sachverhalt läßt sich auch graphisch darstellen. Zunächst bildet man aus dem Zeigerdiagramm für die Ströme ein sog. Stromdreieck, bei dem der Wirkstromanteil immer waagerecht nach rechts liegend gezeichnet wird. Der Blindstromanteil der Schaltung wird entsprechend seiner Art um 90° versetzt aufgetragen. Das Stromdreieck kann in ein sog. Leitwertdreieck umgewandelt werden (s. Bild 22.3).

Das Ohmsche Gesetz für die Parallelschaltung eines Wirk- und eines Blindwiderstandes lautet:

$$\boxed{I = YU} \qquad (148)$$

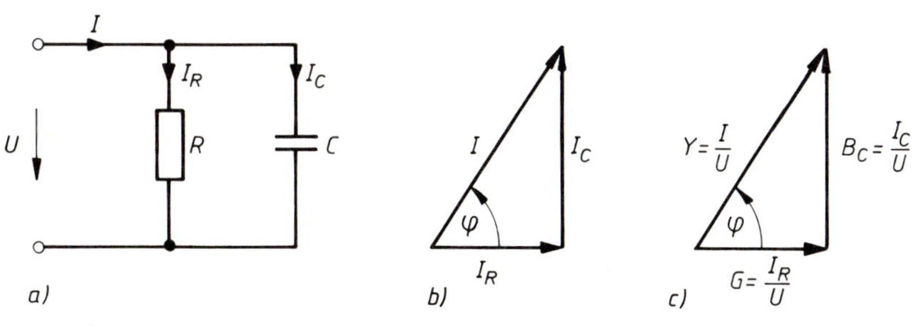

Bild 22.3 Zur Parallelschaltung von Widerstand und Kondensator
a) Schaltung, b) Stromdreieck, c) Leitwertdreieck

Beispiel

Mit den Angaben des voranstehenden Beispiels sind Wirk-, Blind- und Scheinleitwert zu berechnen und mit Gl. (146) zu kontrollieren.

Lösung:

Wirkleitwert: $G = \frac{I_R}{U} = \frac{0{,}707\ \text{A}}{70{,}7\ \text{V}} = 10\ \text{mS}$

Blindleitwert: $B_c = \frac{I_c}{U} = \frac{0{,}707\ \text{A}}{70{,}7\ \text{V}} = 10\ \text{mS}$

Scheinleitwert: $Y = \frac{I}{U} = \frac{1\ \text{A}}{70{,}7\ \text{V}} = 14{,}1\ \text{mS}$

Kontrolle: $Y = \sqrt{G^2 + B_c^2}$

$Y = \sqrt{(10\ \text{mS})^2 + (10\ \text{mS})^2}$

$Y = 14{,}1\ \text{mS}$

22.1.3 Ersatzschaltung des Kondensators

Der technische Kondensator ist nicht verlustfrei. Das Vorhandensein von Verlusten bedeutet energiemäßig, daß im technischen Kondensator nicht nur Blindarbeit, sondern auch Wirkarbeit verrichtet wird.

Die Kondensatorverluste beruhen besonders auf

- einer geringen elektrischen Leitfähigkeit des Dielektrikums (endlicher Isolationswiderstand),
- der Umpolarisation der Moleküldipole des Dielektrikums (dielektrische Verluste)
- einem geringen Widerstand der Zuleitungen und der Kondensatorplatten.

Die Ersatzschaltung, die die Verluste berücksichtigt, besteht aus der Parallelschaltung eines idealen Kondensators und eines idealen Schaltwiderstandes.

Die Verluste des Kondensators werden als Verhältnis von Blindwiderstand X_c zu Wirkwiderstand R_c angegeben. Im Leitwertdreieck entspricht dieses Seitenverhältnis dem Tangens des Verlustwinkels δ:

$$\boxed{\tan\delta = \frac{X_c}{R_c}} \tag{149}$$

δ ist der *Verlustwinkel* des Kondensators, also die Abweichung vom Phasenverschiebungswinkel 90° zwischen Strom und Spannung beim Kondensator. Der Ausdruck $\tan\delta$ wird *Verlustfaktor* des Kondensators genannt.

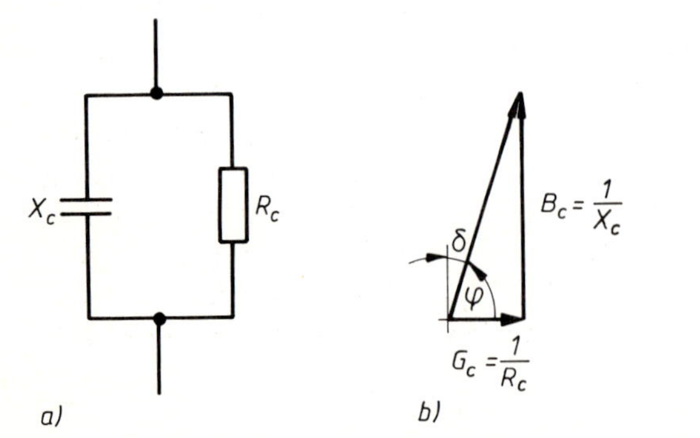

Bild 22.4
Ersatzschaltung für den technischen Kondensator
a) Ersatzschaltbild
b) Zur Definition des Verlustfaktors

Beispiel

Der frequenzabhängige Verlustwinkel eines Keramikkondensators von 470 pF beträgt bei der Frequenz 2 MHz D = tan δ = 0,004. Wie groß ist der Verlustwiderstand in der Parallel-Ersatzschaltung?

Lösung:

$$X_c = \frac{1}{\omega C} = \frac{1}{2\pi \cdot 2 \cdot 10^{+6}\,\text{Hz} \cdot 470 \cdot 10^{-12}\,\text{F}} = 170\ \Omega$$

$$R_c = \frac{X_c}{\tan\delta} = \frac{170\ \Omega}{4 \cdot 10^{-3}} = 42{,}5\ \text{k}\Omega$$

$$\delta = \arctan 0{,}004 = 0{,}23°$$

22.1.4 Energieumsetzung

In der Parallelschaltung eines Wirkwiderstandes mit einem Kondensator ist der in der Zuleitung fließende Strom i gegenüber der Spannung u voreilend. Es ergibt sich ein zeitlicher Verlauf der Leistung mit

$$p(t) = ui,$$

wie in Bild 22.5b) dargestellt. Die mit (+) bezeichneten Flächen stellen die vom Generator zur Schaltung gelieferten Energiebeträge (Vorlaufenergie) dar, während die mit (–) bezeichneten Flächen die Rücklaufenergien angeben. Die im Wirkwiderstand verrichtete Wirkarbeit ist:

$$W_R = W_{vor} - W_{rück}$$

$$W_R = \int_0^T p(t)\,dt$$

Die recht anschaulichen Begriffe Vorlauf- und Rücklaufenergie sind jedoch für eine zweckmäßige mathematische Darstellung des Energieumsatzes in der Wechselstromschaltung weniger geeignet, da die Berechnung von W_{vor} und $W_{rück}$ aus meßbaren Spannungen und Strömen zu kompliziert ist. Man hat deshalb zur Berechnung der Energieumsetzung ein Modell gewählt, das auf der getrennten Betrachtung von Wirk- und Blindleistung beruht (Bild 22.5).

Eine vertiefende Darstellung des Energieumsatzes in der betrachteten Parallelschaltung von Widerstand und Kondensator zeigt Bild 22.5c).

Man erkennt dort für den Zeitraum $t_0 - t_1$, daß der Generator einen Energiebetrag A–B–C–D–A an die Schaltung abgibt, während der Wirkwiderstand nur den geringeren Energiebetrag A–C–D–A in Wärme umwandelt. Die überschüssige Energie (senkrecht schraffierte Fläche) wird als Feldenergie + W_Q des Kondensators gespeichert.

W_Q ist der in Bild 22.5d) dargestellte Energiebetrag des auf die Spannung u aufgeladenen Kondensators. Im Zeitraum $t_1 - t_2$ wandelt der Wirkwiderstand den Energiebetrag D–C–F–E–D in Wärme um, während der Generator nur den Energiebetrag D–C–E–D liefert und sogar noch den Energiebetrag E–G–F–E zurückerhält. Der Energiefehlbetrag – W_Q (waagerecht schraffierte Fläche) wird aus dem Energieinhalt des sich entladenden Kondensators gedeckt. Bild 22.5c) zeigt den beschriebenen Energieumsatz im Kondensator.

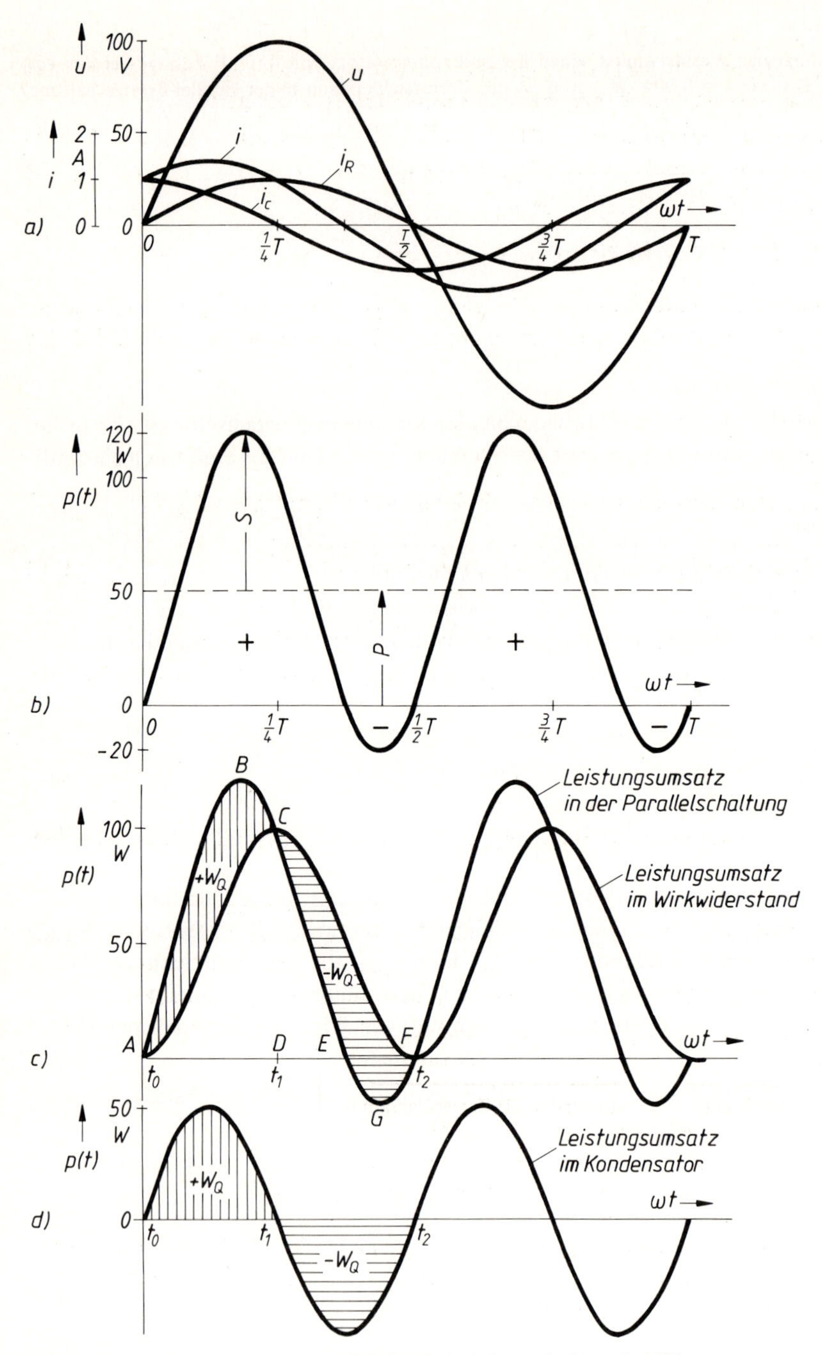

Bild 22.5 Energieumsetzung in der RC-Parallelschaltung (s. Text S. 263)

22.1.5 Leistung

Die in jedem Zeitpunkt bestehende Leistung der Energiezuführung teilt sich bei der Parallelschaltung eines Schaltwiderstandes mit einem Kondensator auf in

- Leistung des Schaltwiderstandes $p(t) = U_R I_R - U_R I_R \cos 2\omega t$ s. Gl. (127)
- Leistung des Kondensators $p(t) = 0 + U_C I_C \sin 2\omega t$ s. Gl. (132)

Demnach ist die momentane Gesamtleistung:

$$p(t) = U_R I_R - U_R I_R \cos 2\omega t + U_C I_C \sin 2\omega t$$

Dieser Ausdruck soll so umgeformt werden, daß er den in der Zuleitung zur Parallelschaltung fließenden Strom I enthält. Aus dem Zeigerbild für die Ströme der Parallelschaltung ergibt sich (Bild 22.3):

$$I_R = I \cos\varphi$$

$$I_C = I \sin\varphi$$

Damit wird die Gesamtleistung, wie in Bild 22.5b) dargestellt, mit $U_C = U_R = U$:

$$p(t) = \underbrace{UI\cos\varphi - UI\cos\varphi}_{P = UI\cos\varphi} \cos 2\omega t + \underbrace{UI\sin\varphi}_{Q = UI\sin\varphi} \sin 2\omega t \tag{150}$$

Berechnung der *Wirkleistung* aus Spannung U und Strom I sowie deren Phasenverschiebungswinkel φ:

$$P = UI\cos\varphi \qquad \text{Einheit 1 W} \tag{151}$$

Berechnung der *Blindleistung* aus Spannung U und Strom I sowie deren Phasenverschiebungswinkel φ:

$$Q_c = UI\sin\varphi \tag{152}$$

[1] Einheit 1 var; Q_c negativ, wenn $\varphi = \varphi_u - \varphi_i$ (s. Gl. 166)

Mit den Gln. (151) und (152) erhält man für die Gesamtleistung den Ausdruck:

$$p(t) = \underbrace{P}_{\text{eigentliche Wirkleistung}} \underbrace{- P\cos 2\omega t + Q_c \sin 2\omega t}_{\text{auswertbar als Zeigerdiagramm für Leistungen mit den beiden Komponenten Wirk- und Blindleistung (s. Bild 22.6)}} \tag{153}$$

Der besondere Vorteil dieses Modells liegt in der Möglichkeit, die schwingenden Leistungsanteile in einem Leistungsdreieck mit den Zeigerlängen P, Q und S darzustellen, wie es nachfolgend in Bild 22.6 beschrieben wird.

---

[1] Üblich ist der Gebrauch der Gln. (152) und (166) in der Weise, daß φ nur als Betrag eingesetzt wird. Dann ergeben sich für Q_C und Q_L positive Blindleistungen. Man berücksichtigt jedoch, daß induktive Blindleistung durch kapazitive kompensiert wird (s. Bild S. 293).

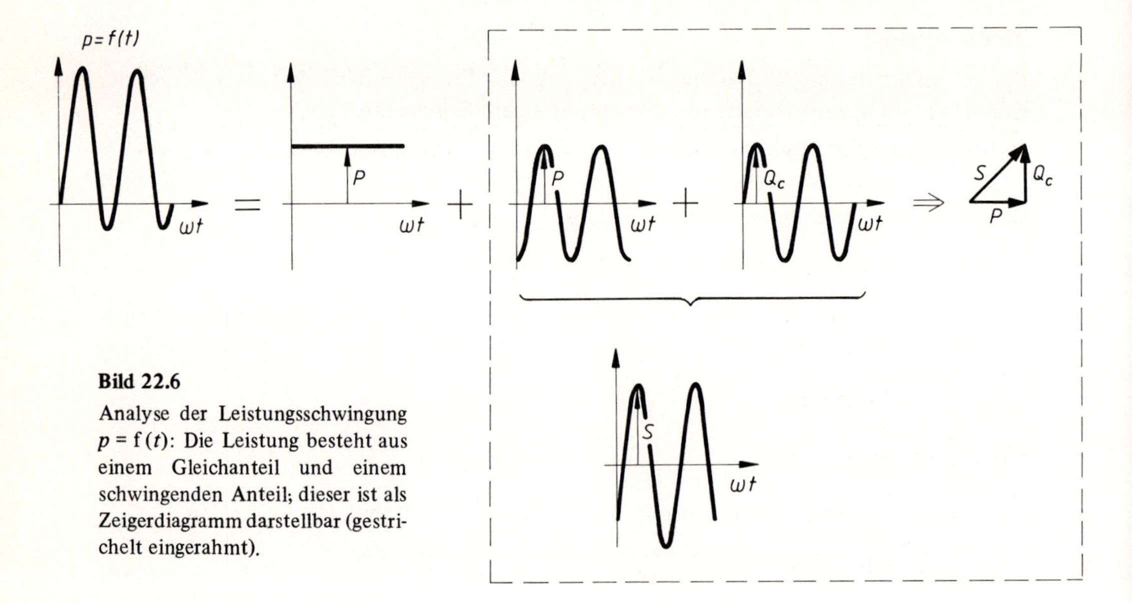

Bild 22.6
Analyse der Leistungsschwingung $p = \mathrm{f}(t)$: Die Leistung besteht aus einem Gleichanteil und einem schwingenden Anteil; dieser ist als Zeigerdiagramm darstellbar (gestrichelt eingerahmt).

Das Ergebnis der geometrischen Addition von Wirk- und Blindleistung im Bild 22.6b) wird *Scheinleistung S* genannt:

$$S = \sqrt{P^2 + Q_c^2} \tag{154}$$

Die Scheinleistung kann durch eine Strom-Spannungsmessung ermittelt werden, denn es ist:

$$S = \sqrt{(UI\cos\varphi)^2 + (UI\sin\varphi)^2} \qquad \text{mit} \quad P = UI\cos\varphi$$

$$S = \sqrt{(UI)^2 \underbrace{(\sin^2\varphi + \cos^2\varphi)}_{=1}} \qquad Q_c = UI\sin\varphi$$

$$S = UI \qquad \text{Einheit 1 VA (Volt-Ampere) oder 1 W} \tag{155}$$

Die Scheinleistung ist das Produkt aus den Effektivwerten (Meßwerten) von Strom und Spannung ohne Berücksichtigung des Phasenverschiebungswinkels φ. Die Scheinleistung bildet die Grundlage für die elektrischen und magnetischen Abmessungen oder für die Beanspruchung elektrischer Geräte und Leiter, s. auch Einheitenhinweis auf S. 422.

Das Verhältnis von Wirkleistung zu Scheinleistung wird *Leistungsfaktor* genannt. Bei sinusförmigem Strom stimmt der Leistungsfaktor mit dem Kosinus des Phasenverschiebungswinkels φ zwischen Strom und Spannung überein:

$$\cos\varphi = \frac{P}{S} \tag{156}$$

Der Leistungsfaktor nimmt bei Phasengleichheit von Strom und Spannung den maximalen Wert 1 an. Je größer der Leistungsfaktor, je größer ist der Wirkstrom I_R in der Leitung gegenüber dem tatsächlich fließenden Gesamtstrom I.

Beispiel

Im Beispiel, Abschnitt 22.1.2 lag die Spannung $U = 70{,}7$ V an der Parallelschaltung des Wirkwiderstandes mit $R = 100\ \Omega$ und des Kondensators mit $X_C = 100\ \Omega$.

Es sind Wirk-, Blind- und Scheinleistung sowie der Leistungsfaktor zu berechnen. Das Ergebnis für die Scheinleistung soll durch Nachmessen im Liniendiagramm veranschaulicht werden (Bild 22.5b)).

Lösung:

Ströme:

$$I_R = \frac{U}{R} = 0{,}707 \text{ A}$$

$$I_C = \frac{U}{X_C} = 0{,}707 \text{ A}$$

$$I = \sqrt{I_R^2 + I_C^2} = 1 \text{ A}$$

Phasenverschiebungswinkel:

$$\tan\varphi = \frac{+I_C}{I_R} = +1$$

$$\varphi = +45° \text{ (Strom eilt vor)}$$

Wirkleistung:

$$P = UI\cos\varphi = 70{,}7 \text{ V} \cdot 1 \text{ A} \cdot 0{,}707 = 50 \text{ W}$$

Blindleistung:

$$Q_c = UI\sin\varphi = 70{,}7 \text{ V} \cdot 1 \text{ A} \cdot 0{,}707 = 50 \text{ var}$$

Scheinleistung:

$$S = UI = 70{,}7 \text{ V} \cdot 1 \text{ A} = 70{,}7 \text{ VA}$$

$$S = \sqrt{P^2 + Q_c^2} = \sqrt{(50 \text{ W})^2 + (50 \text{ var})^2} = 70{,}7 \text{ VA}$$

Der Vergleich mit der Leistungsschwingung in Bild 22.5b) zeigt die Scheinleistung als Amplitude der Leistungsschwingung.

Leistungsfaktor:

$$\cos\varphi = \frac{P}{S} = \frac{50 \text{ W}}{70{,}7 \text{ VA}} = 0{,}707$$

70,7 % der Scheinleistung wird in Wirkleistung umgesetzt. Die Blindleistung beträgt ebenfalls 70,7 % der Scheinleistung.

22.2 Reihenschaltung von Widerstand und Spule

22.2.1 Phasenlage zwischen Strom und Spannung

Die Reihenschaltung eines Wirkwiderstandes und einer idealen Spule wird von dem Strom

$$i = \hat{i}\ \sin\ \omega t$$

durchflossen. Die Spannung am Wirkwiderstand ist phasengleich mit dem Strom:

$$u_R = \hat{u}_R\ \sin\ \omega t$$

Die durch Selbstinduktion entstandene Spannung an der Spule ist gegenüber dem Strom um 90° voreilend:

$$u_L = \hat{u}_L \sin(\omega t + 90°)$$

Die geometrische Addition der um 90° phasenverschobenen Spannungen läßt sich in einem Zeigerdiagramm darstellen (Bild 22.7).

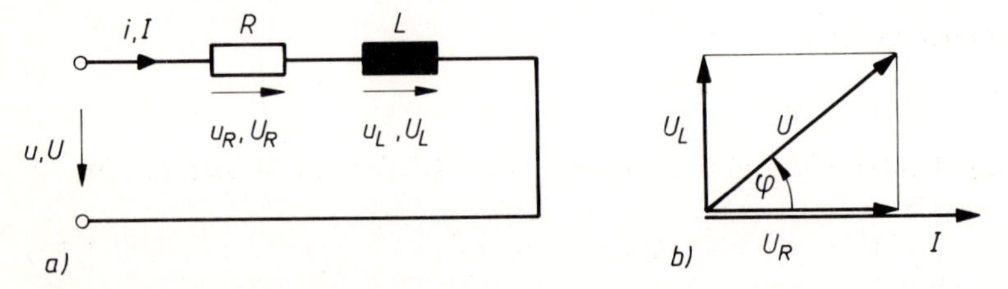

Bild 22.7 Zur geometrischen Addition phasenverschobener Spannungen
a) Reihenschaltung von Widerstand und Spule
b) Zeigerbild mit Effektivwerten

Aus dem Zeigerdiagramm mit den Effektivwerten ergibt sich für die Gesamtspannung:

$$U^2 = U_R^2 + U_L^2$$

$$\boxed{U = \sqrt{U_R^2 + U_L^2}} \qquad (157)$$

Man bezeichnet U_R als *Wirkspannung* und U_L als *Blindspannung*. Wirk- und Blindspannungen dürfen nur geometrisch addiert werden.

Der Phasenverschiebungswinkel zwischen der Gesamtspannung und dem Strom in der Reihenschaltung kann aus dem Zeigerdiagramm berechnet werden:

$$\boxed{\tan\varphi = \frac{+U_L}{U_R}} \qquad (158)$$

Beispiel

In einer Schaltung gemäß Bild 22.7 wurden gemessen:

$$I = 0{,}1\text{ A}, \quad U_R = 5\text{ V}, \quad U_L = 3\text{ V}$$

Es ist die Gesamtspannung nach Betrag und Phasenlage zu berechnen und im Zeigerdiagramm maßstäblich darzustellen.

Lösung:

Gesamtspannung:

$$U = \sqrt{U_R^2 + U_L^2}$$

$$U = \sqrt{(5\text{ V})^2 + (3\text{ V})^2} = 5{,}83\text{ V}$$

Phasenverschiebungswinkel zwischen Gesamtspannung und Strom:

$$\tan\varphi = \frac{+U_L}{U_R} = \frac{+3\text{ V}}{5\text{ V}} = +0{,}6$$

$$\varphi = 31° \quad \text{(Spannung voreilend)}$$

22.2.2 Ohmsches Gesetz, Scheinwiderstand

Aus der geometrischen Addition der Wirkspannung

$$U_R = IR$$

mit der Blindspannung

$$U_L = IX_L$$

ergibt sich die Gesamtspannung:

$$U = \sqrt{(IR)^2 + (IX_L)^2} = I\sqrt{R^2 + X_L^2}$$

Bildet man den Quotienten U/I und bezeichnet diesen als *Scheinwiderstand* Z, dann ist:

$$\boxed{Z = \sqrt{R^2 + X_L^2}} \qquad \text{Einheit } 1\ \Omega \qquad (159)$$

Für den Phasenverschiebungswinkel zwischen Gesamtspannung und Strom gilt:

$$\boxed{\tan\varphi = \frac{+X_L}{R}} \qquad (160)$$

Dieser Sachverhalt läßt sich auch graphisch darstellen. Man bildet zunächst aus dem Zeigerdiagramm für die Spannungen ein sog. Spannungsdreieck. Die Wirkspannung wird waagerecht, die Blindspannung dazu senkrecht gelegt. Aus dem Spannungsdreieck kann dann zu Rechenzwecken ein Widerstandsdreieck gebildet werden (Bild 22.8).

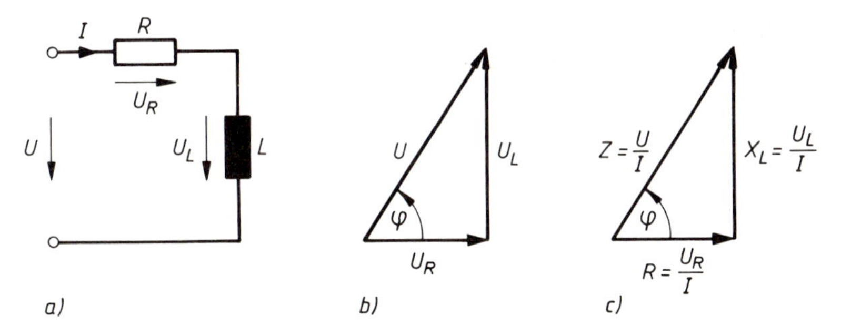

Bild 22.8 Zur Reihenschaltung von Widerstand und Spule
a) Schaltbild, b) Spannungsdreieck, c) Widerstandsdreieck

Das Ohmsche Gesetz für die Reihenschaltung eines Wirk- und eines Blindwiderstandes lautet:

$$\boxed{U = IZ} \qquad (161)$$

Beispiel

Mit den Angaben des voranstehenden Beispiels $I = 0{,}1$ A, $U_R = 5$ V, $U_L = 3$ V sind die Größen Wirk-, Blind- und Scheinwiderstand zu berechnen und mit Gl. (159) zu kontrollieren.

Lösung:

Wirkwiderstand:

$$R = \frac{U_R}{I} = \frac{5\ \text{V}}{0{,}1\ \text{A}} = 50\ \Omega$$

Induktiver Blindwiderstand:

$$X_L = \frac{U_L}{I} = \frac{3\ \text{V}}{0{,}1\ \text{A}} = 30\ \Omega$$

Scheinwiderstand:

$$Z = \frac{U}{I} = \frac{5{,}83\ \text{V}}{0{,}1\ \text{A}} = 58{,}3\ \Omega$$

Kontrolle:

$$Z = \sqrt{R^2 + X_L^2} = \sqrt{(50\ \Omega)^2 + (30\ \Omega)^2}$$

$$Z = 58{,}3\ \Omega$$

Phasenverschiebungswinkel zwischen Strom und Gesamtspannung:

$$\tan\varphi = \frac{+X_L}{R} = \frac{+30\ \Omega}{50\ \Omega} = +0{,}6$$

$$\varphi = +31^\circ \quad \text{(Spannung eilt vor)}$$

22.2.3 Ersatzschaltung der Spule ohne Eisen

Bei der eisenlosen Spule treten durch Stromerwärmung der Wicklung Leistungsverluste auf, die man auch *Kupferverluste* nennt.

Stellt man die Verluste durch einen Wirkwiderstand R dar, der in Reihe zum induktiven Widerstand X_L liegt, so läßt sich ein Widerstandsdreieck für die technische Spule angeben (Bild 22.9).

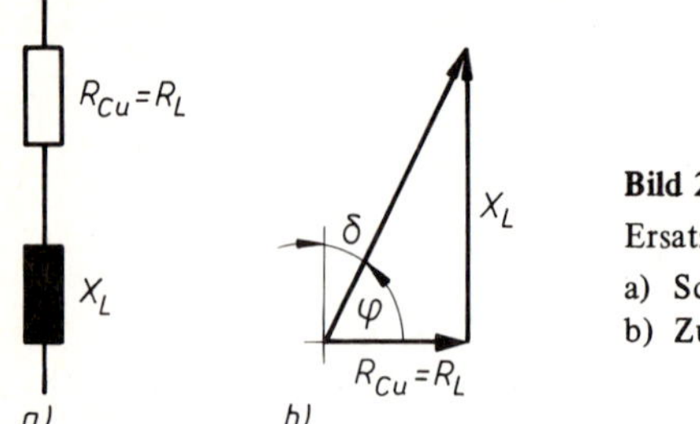

Bild 22.9
Ersatzschaltung für die eisenlose Spule
a) Schaltbild
b) Zur Definition der Spulengüte

Das Verhältnis von Wirk- und Blindwiderstand wird Verlustfaktor der Spule genannt und erscheint im Bild 22.9 als der Tangens des Verlustwinkels δ:

$$\boxed{\tan\delta = \frac{R_L}{X_L}} \qquad (162)$$

Häufig wird der reziproke Wert des Verlustfaktors, die *Spulengüte Q*, angegeben:

$$Q = \frac{1}{\tan \delta} = \frac{X_L}{R_L} \tag{163}$$

Der induktive Widerstand steigt proportional mit der Frequenz, während der Verlustwiderstand durch Stromverdrängung, Wirbelströme etc. mit der Frequenz zunimmt. Insgesamt ist die Spulengüte frequenzabhängig.

22.2.4 Energieumsetzung, Leistung

Die Energieumsetzung und das Schema der Leistungsberechnung wurden im Abschnitt 22.1.4 und 22.1.5 ausführlich dargestellt und gelten entsprechend auch für die Reihenschaltung eines Wirkwiderstandes mit einer idealen Spule. Der Wirkwiderstand verrichtet Wirkarbeit und die von der Spule aufgenommene Energie wird in magnetische Feldenergie verwandelt. Beim Abbau des magnetischen Feldes erfolgt die Rücklieferung der Energie an den Stromkreis durch Selbstinduktion.

Die Leistung der Energieumsetzung wird durch ein Zeigerbild dargestellt (Bild 22.10).

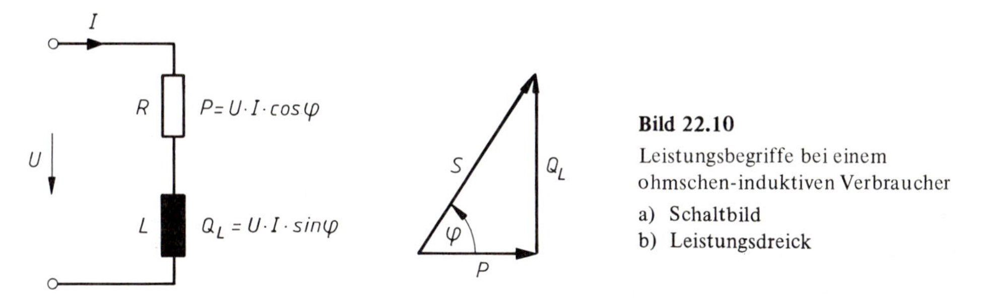

Bild 22.10
Leistungsbegriffe bei einem ohmschen-induktiven Verbraucher
a) Schaltbild
b) Leistungsdreick

Die Scheinleistung der Reihenschaltung errechnet sich aus dem Zeigerdiagramm für Leistungen:

$$S = \sqrt{P^2 + Q_L^2} \qquad \text{Einheit 1 VA} \tag{164}$$

P ist die *Wirkleistung* der Spule:

$$P = UI \cos \varphi \qquad \text{Einheit 1 W} \tag{165}$$

Q_L ist die *Blindleistung* der Spule:

$$Q_L = UI \sin \varphi \qquad \text{Einheit 1 var} \tag{166}$$

[1] Q_L positiv, wenn $\varphi = \varphi_u - \varphi_i$ (s. Gl. 152)

Der *Leistungsfaktor* nennt den Leistungsanteil der Scheinleistung, der in Wirkleistung umgesetzt wird:

$$\cos \varphi = \frac{P}{S} \tag{167}$$

[1] s. Fußnote S. 265

22.3 Vertiefung und Übung

△ **Übung 22.1: RC-Reihenschaltung**

Ein Lötkolben hat bei Netzspannung 230 V und 50 Hz eine Leistungsaufnahme von 50 W. Wenn nicht gelötet wird, soll die Leistung auf 25 W herabgesetzt werden. Zu diesem Zweck wird beim Ablegen des Lötkolbens automatisch ein Kondensator in Reihe mit dem Lötkolben geschaltet. Welche Kapazität muß der Kondensator haben?

Lösungshinweis: Der Wirkwiderstand des Lötkolbens sei temperaturunabhängig.

△ **Übung 22.2: Wirkleistung**

Gemessen wurde in der Zuleitung zu einer Parallelschaltung von $R = 200\ \Omega$ mit einem Kondensator:

$U = 120$ V, $I = 0{,}8$ A bei $f = 50$ Hz.

Welche Leistung zeigt ein in die Zuleitung eingeschalteter Leistungsmesser an? Welche Kapazität hat der Kondensator?

△ **Übung 22.3: Parallelschaltung *R* und *C***

Der Strom zu einer Parallelschaltung eines Kondensators und eines Widerstandes beträgt 100 mA, die Spannung 12 V.

Welche Kapazität hat der Kondensator, wenn der Strom im Widerstand 80 mA beträgt? Die Frequenz des Wechselstromes ist $f = 600$ Hz.

△ **Übung 22.4: RL-Reihenschaltung**

Wie groß sind Widerstand und Induktivität einer RL-Reihenschaltung, wenn diese an 230 V/50 Hz Wechselspannung 50 W Leistungsaufnahme und einen Leistungsfaktor von 0,6 hat?

△ **Übung 22.5: Spule ohne Eisen**

Eine Spule ohne Eisenkern habe an Gleichspannung 12 V eine Stromaufnahme von 1,5 A. Wie groß ist ihre Stromaufnahme an Wechselspannung 12 V/50 Hz bei einer Induktivität von 0,1 H?

△ **Übung 22.6: RL-Parallelschaltung**

Wie groß ist die Induktivität der in Bild 22.11 gezeigten verlustlosen Spule? $f = 50$ Hz

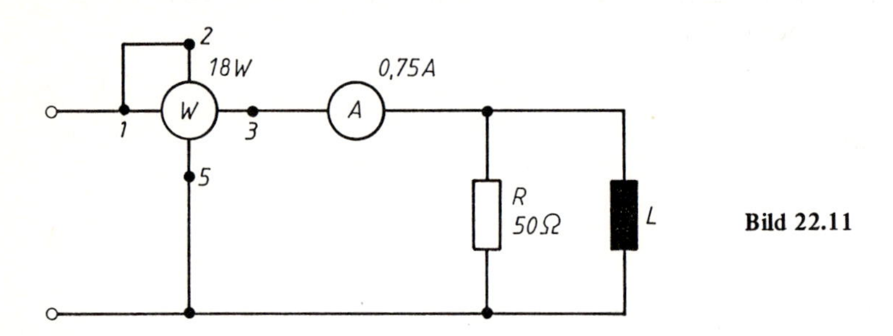

Bild 22.11

△ **Übung 22.7: Ersatzschaltung eines Kondensators**

Mit einem Meßgerät werden an einem Kondensator Messungen durchgeführt, die bei einer Meßfrequenz $f = 20$ kHz einen Kapazitätswert 0,1 μF und einen Verlustfaktor $D = \tan\delta = 0{,}003$ ergeben. Bestimmen Sie die Ersatzschaltung des Kondensators.

△ **Übung 22.8: Spulengüte**

Wie groß ist die Güte einer Spule bei der Frequenz 10,7 MHz, wenn ihre Induktivität 200 μH beträgt und der Verlustwiderstand 40 Ω ist?

23 Einführung der komplexen Rechnung

23.1 Komplexe Darstellung von sinusförmigen Größen

Umfangreiche Wechselstromschaltungen werden zweckmäßigerweise mit Hilfe der komplexen Rechnung gelöst.
Die Umwandlung der Momentanwert-Gleichung

$$u = \hat{u}\,\sin(\omega t \pm \varphi_u)$$

in eine komplexe Spannungsgleichung erfolgt gedanklich in den nachfolgenden Stufen.

1. Schritt: Zerlegung einer gegebenen sinusförmigen Spannung mit Nullphasenwinkel

Mit dem bereits bekannten Additionstheorem

$$\sin(\omega t \pm \varphi_u) = \cos\varphi_u \sin\omega t \pm \sin\varphi_u \cos\omega t$$

geht die Momentanwert-Gleichung über in die Form:

$$u = \hat{u}\,(\cos\varphi_u \sin\omega t \pm \sin\varphi_u \cos\omega t)$$
$$u = (\hat{u}\cos\varphi_u)\sin\omega t \pm (\hat{u}\sin\varphi_u)\cos\omega t$$

Die Deutung dieses Ergebnisses lautet: Jede harmonische Schwingung $u = \hat{u}\,\sin(\omega t \pm \varphi_u)$ kann als Summe einer Sinusschwingung $u_1 = (\hat{u}_1 \cos\varphi_u)\sin\omega t$ und einer Kosinusschwingung $u_2 = (\hat{u}_2 \sin\varphi_u)\cos\omega t$ ohne Nullphasenwinkel dargestellt werden.
Umgekehrt kann jede Summe dieser Art durch eine einzige Sinusschwingung mit Nullphasenwinkel ersetzt werden (s. Übung 18.5).

Beispiel
Gegeben: $u = 10\ \text{V} \cdot \sin(\omega t + 30°)$
Gesucht: u_1, u_2

Lösung:

$$u = \hat{u}\cos\varphi_u \sin\omega t + \hat{u}\sin\varphi_u \cos\omega t$$
$$u = 10\ \text{V} \cdot \cos 30° \cdot \sin\omega t + 10\ \text{V} \cdot \sin 30° \cdot \cos\omega t$$
$$u = 8{,}66\ \text{V} \cdot \sin\omega t + 5\ \text{V} \cdot \cos\omega t$$

Das Ergebnis besagt, daß die vorliegende Wechselspannung

$$u = 10\ \text{V} \cdot \sin(\omega t + 30°)$$

ersetzt werden kann durch die beiden gedachten Wechselspannungen:

$$u_1 = \hat{u}_1 \cos\varphi_u \sin\omega t = 8{,}66\ \text{V} \cdot \sin\omega t$$
$$u_2 = \hat{u}_2 \sin\varphi_u \cos\omega t = 5\ \text{V} \cdot \cos\omega t$$

Bild 23.1 zeigt die Spannungszerlegung im Liniendiagramm.

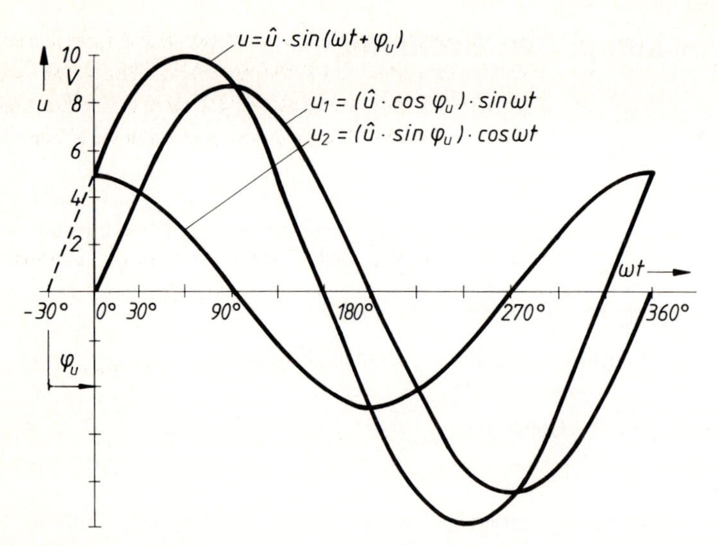

Bild 23.1 Zerlegung einer sinusförmigen Wechselspannung mit Nullphasenwinkel

2. Schritt: Deutung der Spannungszerlegung im Zeigerdiagramm

Die gegebene Wechselspannung

$$u = \hat{u} \sin(\omega t \pm \varphi_u)$$

wird ersetzt durch die Spannungssumme

$$u = \hat{u}_1 \sin \omega t \pm \hat{u}_2 \cos \omega t \quad \text{mit} \quad \hat{u}_1 = \hat{u} \cos \varphi_u = 10\,\text{V} \cdot \cos 30^\circ = 8{,}66\,\text{V}$$
$$\hat{u}_2 = \hat{u} \sin \varphi_u = 10\,\text{V} \cdot \sin 30^\circ = 5\,\text{V}$$

und im Zeigerdiagramm dargestellt (Bild 23.2). Das Zeigerdiagramm gilt für den Zeitpunkt $t = 0$. Die Zeiger rotieren mit der Winkelgeschwindigkeit ω.

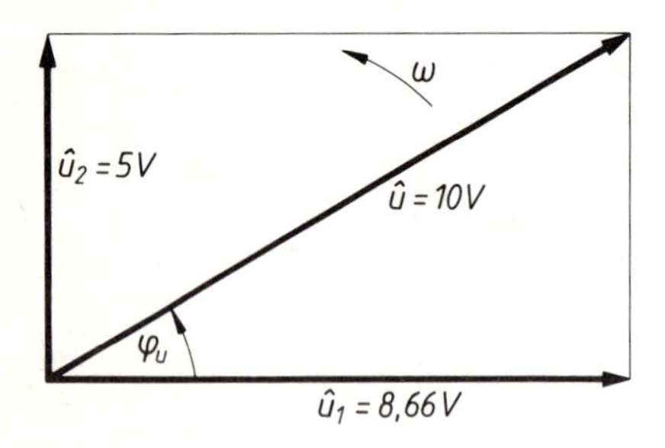

Bild 23.2
Zeigerdiagramm zur Spannungszerlegung

Bei der Zerlegung einer sinusförmigen Wechselspannung mit Nullphasenwinkel in zwei gedachte Spannungen geht es nicht um die Darstellung von Momentanwerten. Es genügt deshalb ein Zeigerdiagramm mit ruhenden Zeigern und Effektivwertangaben. Die Ausdrücke $\sin \omega t$ und $\cos \omega t$ nehmen bei ruhend gedachten Zeigern die Bedeutung von „Richtungsangaben" an. Bild 23.3 zeigt ein solches Zeigerdiagramm.

Es ist dann:

$$U \sin(\omega t \pm \varphi_u) = U_1 \sin \omega t \pm U_2 \cos \omega t$$

Beispiel

Die im voranstehenden Beispiel genannten Spannungen sind mit Effektivwertangaben in einem Zeigerbild mit ruhenden Zeigern darzustellen und mit „Richtungsangaben" zu versehen!

Lösung:

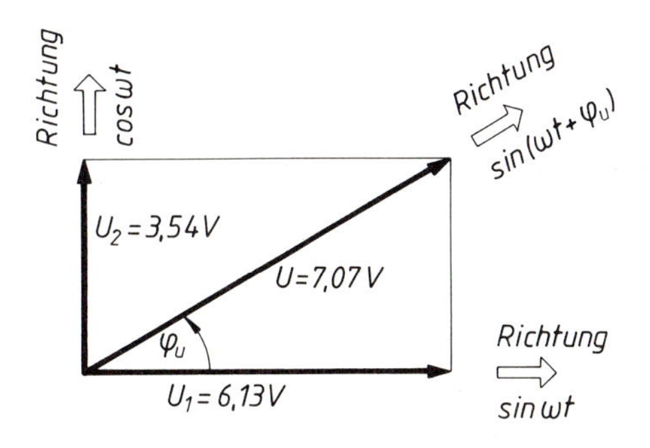

Bild 23.3
Effektivwert-Zeigerdiagramm mit ruhenden Zeigern

$7{,}07\ \text{V}\sin(\omega t + 30°) = 6{,}13\ \text{V}\sin\omega t + 3{,}54\ \text{V}\cos\omega t$

3. Schritt: Ersetzen der ursprünglichen Richtungsangaben sin ωt und cos ωt durch neue Symbolik

Die Gaußsche Zahlenebene ist gekennzeichnet durch den reellen und imaginären Zahlenstrahl (s. Bild 23.4).

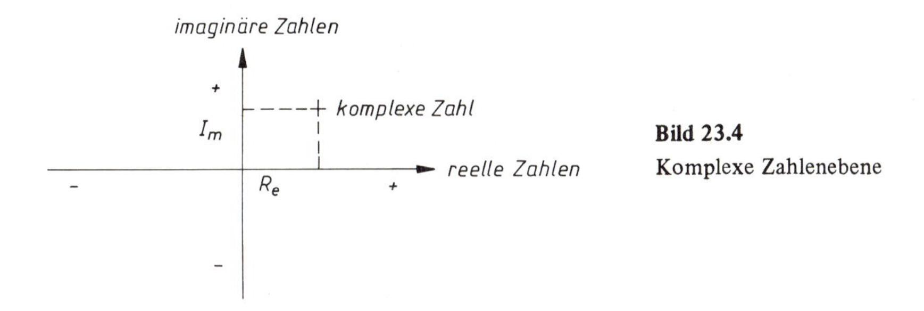

Bild 23.4
Komplexe Zahlenebene

Jede komplexe Zahl kann dargestellt werden durch Angabe ihres Realanteils (Re) und Imaginäranteils (Im). Die Kennzeichnung des Imaginäranteils erfolgt durch den Buchstaben j.

Überträgt man die Zeigerdarstellung aus Bild 23.3 in die Gaußsche Zahlenebene, dann wird aus:

$$U \sin(\omega t \pm \varphi_u) = U_1 \sin\omega t \pm U_2 \cos\omega t$$

$$\boxed{\underline{U} = U_1 \pm j\, U_2} \qquad (168)$$

Gl. (168) wird eine komplexe Spannungsgleichung genannt. Bild 23.4 zeigt die Darstellung der komplexen Spannungsgleichung.

Zur deutlichen Kennzeichnung der komplexen Eigenschaft einer Größe wird deren Formelbuchstabe unterstrichen:

Spannung $\underline{U}$
Strom $\underline{I}$
Scheinwiderstand $\underline{Z}$
Scheinleitwert $\underline{Y}$

Der Betrag U und der Nullphasenwinkel φ_u der Spannung $\underline{U}$ können aus der komplexen Spannungsgleichung (168) nicht entnommen werden. Diese Spannung $\underline{U}$ wird in Gl. (168) indirekt durch zwei gedachte, um 90° phasenverschobene Teilspannungen mit den Beträgen U_1 und U_2 angegeben. Der Phasenverschiebungswinkel 90° zwischen den beiden Teilspannungen drückt sich in Gl. (168) dadurch aus, daß der Effektivwert der einen Teilspannung als reelle Zahl und der Effektivwert der anderen Teilspannung als imaginäre Zahl geschrieben wird.

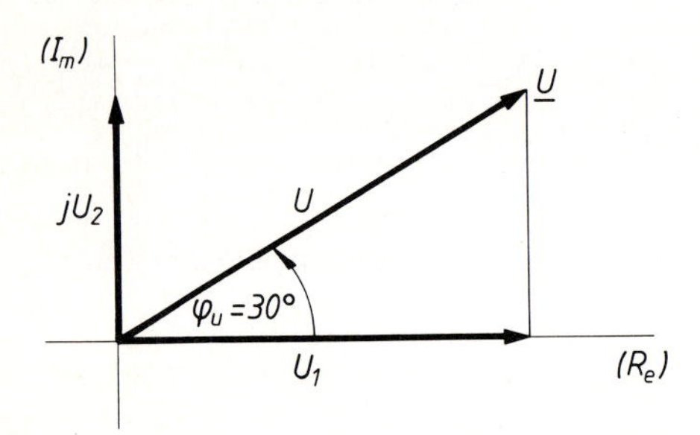

Bild 23.5
Ruhendes Zeigerbild in der komplexen Zahlenebene

4. Schritt: Drei Schreibweisen der komplexen Zahl

Die Darstellung einer komplexen Wechselstromgröße kann in drei verschiedenen Formen geschehen.

– In der *Normalform der komplexen Zahl:*

$$\boxed{\underline{U} = U_1 \pm j\,U_2} \qquad (169)$$

– In der *trigonometrischen Form der komplexen Zahl:*

$$\boxed{\underline{U} = U\,(\cos\varphi_u \pm j\sin\varphi_u)} \qquad (170)$$

Gemäß Bild 23.5 errechnet sich der Betrag U der komplexen Spannung aus:

$$U = \sqrt{U_1^2 + U_2^2}$$

und der Nullphasenwinkel φ_u aus:

$$\tan\varphi_u = \frac{U_2}{U_1}$$

– In der Exponentialform der komplexen Zahl:

Nach *Euler* gilt:

$$e^{\pm j\varphi} = \cos\varphi \pm j\sin\varphi$$

Damit wird aus:

$$\underline{U} = U(\cos \varphi_u \pm j \sin \varphi_u)$$

$$\boxed{\underline{U} = U\, e^{\pm j \varphi_u}} \qquad (171)$$

In der Exponentialform der komplexen Zahl wird die Spannung direkt nach Betrag und Nullphasenwinkel angegeben.

Die verschiedenen Formen der komplexen Zahl werden rein nach der Zweckmäßigkeit ausgewählt:

die Normalform für Addition und Subtraktion komplexer Größen,
die Exponentialform für Multiplikation und Division komplexer Größen,
die trigonometrische Form dient zur Umrechnung der beiden anderen Formen.

Beispiel

Umwandlung der Momentanwert-Gleichung $u = 45{,}5\ \text{V} \cdot \sin(\omega t + 20{,}2°)$ in die drei Formen der komplexen Spannungsgleichung.

Lösung:

Die Exponentialform der komplexen Spannungsgleichung lautet:

$$\underline{U} = U\, e^{\pm j \varphi_u}$$

Somit erhält man numerisch:

$$\underline{U} = \frac{45{,}5\ \text{V}}{\sqrt{2}} \cdot e^{+j\,20{,}2°}$$

$$\underline{U} = 32\ \text{V} \cdot e^{+j\,20{,}2°}$$

Verwandlung der Exponentialform in die trigonometrische Form:

$$\underline{U} = 32\ \text{V}\,(\cos 20{,}2° + j \sin 20{,}2°)$$

Die Ausrechnung ergibt die Normalform der komplexen Spannungsgleichung:

$$\underline{U} = 32\ \text{V}\,(0{,}94 + j\,0{,}346)$$

$$\underline{U} = 30\ \text{V} + j\,11\ \text{V}$$

△ **Übung 23.1: Komplexe Spannungsgleichung**

Wandeln Sie die Momentanwert-Gleichung $u = 45{,}5\ \text{V} \cdot \sin(\omega t - 20{,}2°)$ in die drei Formen der komplexen Spannungsgleichung um.

Hinweis: Die Behandlung eines negativen Nullphasenwinkels wurde in der Darstellung des Abschnitts 23.1 durch Angabe von (–) berücksichtigt.

Beispiel

Die gegebene komplexe Spannungsgleichung $\underline{U} = 30\ \text{V} + j\,11\ \text{V}$ ist in die Exponentialform umzuwandeln!

Lösung:

$$\underline{U} = 30\ \text{V} + j\,11\ \text{V}$$

$$\underline{U} = U(\cos \varphi_u + j \sin \varphi_u)$$

$$U = \sqrt{(30\ \text{V})^2 + (11\ \text{V})^2} = \sqrt{1021\ \text{V}^2} = 32\ \text{V}$$

$$\tan \varphi_u = \frac{+11\ \text{V}}{+30\ \text{V}} = +0{,}365$$

$$\varphi_u = +20{,}2°$$

$$\underline{U} = 32\ \text{V}\,(\cos 20{,}2° + j \sin 20{,}2°)$$

$$\underline{U} = 32\ \text{V} \cdot e^{+j\,20{,}2°}$$

▲ **Übung 23.2: Umformen der komplexen Spannungsgleichung**

Es ist die gegebene komplexe Spannungsgleichung $\underline{U} = 30\ \text{V} - j\ 11\ \text{V}$ in die Exponentialform umzurechnen.

Lösungsleitlinie:

1. Zeichnen Sie das Spannungs-Zeigerdiagramm in der komplexen Zahlenebene.
2. Ermitteln Sie graphisch den Betrag U und den Nullphasenwinkel der Gesamtspannung.
3. Berechnen Sie den Betrag U der Gesamtspannung mit dem Lehrsatz des Pythagoras. Da es bei dieser Rechnung nur auf die Länge der Hypotenuse ankommt, erscheint in der Rechnung kein Minuszeichen und kein j!
4. Berechnen Sie den Nullphasenwinkel der Gesamtspannung mit der Tangensfunktion. Da der Nullphasenwinkel der Gesamtspannung ein Vorzeichen hat, müssen Sie hier das Vorzeichen des Imaginär- und Realanteils mitberücksichtigen, jedoch nicht j!
5. Mit den berechneten Werten können Sie die Exponentialform der komplexen Spannungsgleichung schreiben.

23.2 Definition der Widerstands- und Leitwert-Operatoren

Die komplexe Darstellung von sinusförmig zeitabhängigen Wechselspannungen und Wechselströmen führt zu den Gleichungen $\underline{U} = U\,\text{e}^{\pm j\varphi_\text{u}}$ und $\underline{I} = I\,\text{e}^{\pm j\varphi_\text{i}}$. Dabei sind $\underline{U}$ und $\underline{I}$ als nichtrotierende Zeiger in der komplexen Zahlenebene gedacht, die aber bei entsprechender Wahl des Nullphasenwinkels unterschiedliche Stellungen in der komplexen Zahlenebene einnehmen können. Weiterhin dürfen die Zeiger für $\underline{U}$ und $\underline{I}$ aus dem Drehpunkt entfernt und in beliebiger Parallelverschiebung zu ihrem Ursprung gezeichnet werden.

Aus dem Ohmschen Gesetz folgt, daß zu den komplexen zeitabhängigen Größen $\underline{U}$ und $\underline{I}$ noch Faktoren hinzutreten, die die Bedeutung von Widerständen und Leitwerten haben. Da Spannungen und Ströme als komplexe Ausdrücke in die Wechselstromlehre eingeführt wurden, müssen die Widerstände und Leitwerte ebenfalls als komplexe Größen definiert werden. Widerstände und Leitwerte in komplexer Darstellung bezeichnet man als *Operatoren*.

Für die Schreibweise der Operatoren gelten die bereits getroffenen Festlegungen zur Kennzeichnung der komplexen Eigenschaft einer Formelgröße. Operatoren haben jedoch im Gegensatz zu den Zeigern eine unveränderbare definierte Richtung in der komplexen Zahlenebene. Die Lage der Operatoren kann jedoch durch Parallelverschiebung geändert werden.

Operator des Wirkwiderstandes:

$$\underline{Z}_\text{R} = \frac{\underline{U}_\text{R}}{\underline{I}_\text{R}} = \frac{U_\text{R}\ \text{e}^{+j\varphi_\text{u}}}{I\ \text{e}^{+j\varphi_\text{i}}}$$

$$\underline{Z}_\text{R} = \frac{U_\text{R}}{I}\ \text{e}^{+j(\varphi_\text{u} - \varphi_\text{i})}$$

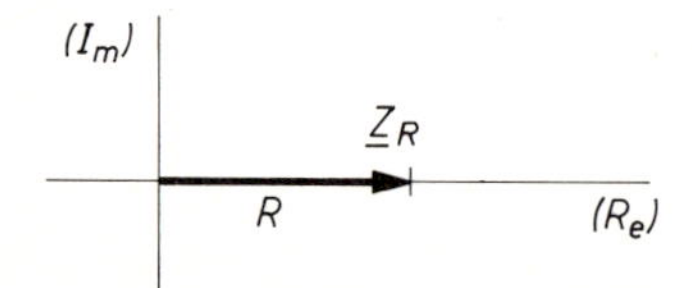

Bild 23.6
Operator des Wirkwiderstandes

Kennzeichen des Wirkwiderstandes ist es, daß zwischen Strom und Spannung keine Phasenverschiebung auftritt. Deshalb gilt:

$$\varphi = \varphi_u - \varphi_i = 0$$

Damit wird:

$$\underline{Z}_R = \frac{U_R}{I_R} e^{j0°} = \frac{U_R}{I_R} (\overbrace{\cos 0°}^{1} + j \overbrace{\sin 0°}^{0})$$

$$\underline{Z}_R = \frac{U_R}{I_R} = R$$

$$\boxed{\underline{Z}_R = R} \qquad (172)$$

Operator des Wirkleitwertes:

$$\underline{Y}_R = \frac{1}{\underline{Z}_R} = \frac{1}{R}$$

$$\boxed{\underline{Y}_R = G} \quad \text{mit } G = \frac{1}{R}$$

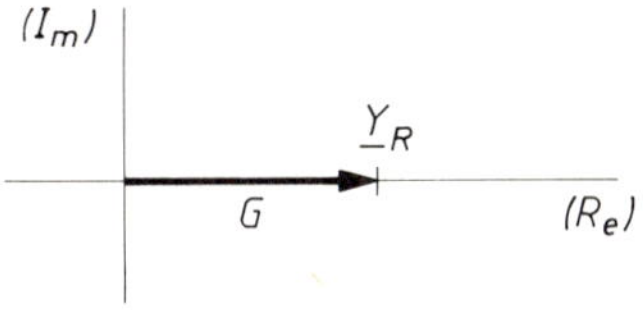

Bild 23.7
Operator des Wirkleitwertes

Operator des induktiven Blindwiderstandes:

$$\underline{Z}_L = \frac{\underline{U}_L}{\underline{I}_L} = \frac{U_L e^{+j\varphi_u}}{I_L e^{+j\varphi_i}}$$

$$\underline{Z}_L = \frac{U_L}{I_L} e^{+j(\varphi_u - \varphi_i)}$$

Kennzeichen des induktiven Widerstandes ist die Phasenverschiebung zwischen Spannung und nacheilendem Strom von 90°:

$$\varphi = \varphi_u - \varphi_i = +90°$$

Damit wird:

$$\underline{Z}_L = \frac{U_L}{I_L} e^{+j90°} = \frac{U_L}{I_L} (\overbrace{\cos 90°}^{0} + j \overbrace{\sin 90°}^{1})$$

$$\underline{Z}_L = j \frac{U_L}{I_L} = j X_L$$

$$\boxed{\underline{Z}_L = +j X_L} \qquad (173)$$

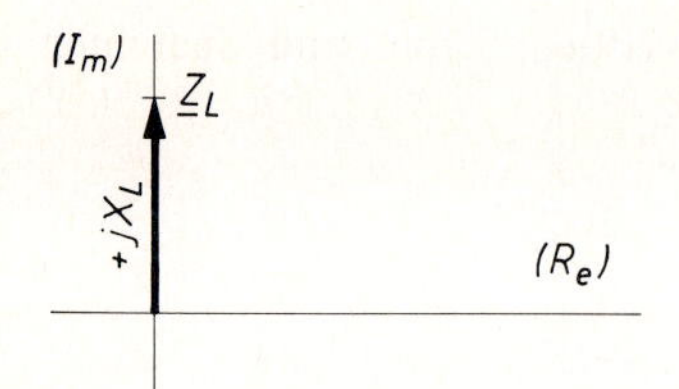

Bild 23.8
Operator des induktiven Blindwiderstandes

Operator des induktiven Blindleitwertes:

$$\underline{Y}_{\mathrm{L}} = \frac{1}{\underline{Z}_{\mathrm{L}}} = + \frac{1}{j\,\omega L}$$

$$\boxed{\underline{Y}_{\mathrm{L}} = -j B_{\mathrm{L}}} \qquad \text{mit } B_{\mathrm{L}} = \frac{1}{X_{\mathrm{L}}} \tag{174}$$

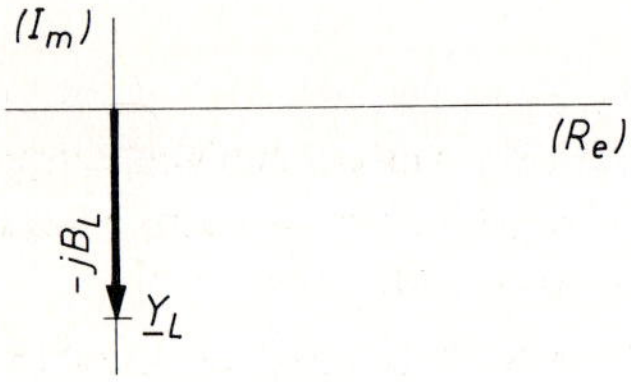

(Im)
(Re)
$-jB_L$
$\underline{Y}_L$

Bild 23.9
Operator des induktiven Blindleitwertes

Operator des kapazitiven Blindwiderstandes:

$$\underline{Z}_{\mathrm{c}} = \frac{\underline{U}_{\mathrm{c}}}{\underline{I}_{\mathrm{c}}} = \frac{U_{\mathrm{c}}\,\mathrm{e}^{+j\varphi_{\mathrm{u}}}}{I_{\mathrm{c}}\,\mathrm{e}^{+j\varphi_{\mathrm{i}}}}$$

$$\underline{Z}_{\mathrm{c}} = \frac{U_{\mathrm{c}}}{I_{\mathrm{c}}}\,\mathrm{e}^{+j(\varphi_{\mathrm{u}} - \varphi_{\mathrm{i}})}$$

Kennzeichen des kapazitiven Widerstandes ist die Phasenverschiebung von 90° zwischen Spannung und voreilendem Strom:

$$\varphi = \varphi_{\mathrm{u}} - \varphi_{\mathrm{i}} = -90^\circ$$

Damit wird:

$$\underline{Z}_{\mathrm{c}} = \frac{U_{\mathrm{c}}}{I_{\mathrm{c}}}\,\mathrm{e}^{-j\,90^\circ} = \frac{U_{\mathrm{c}}}{I_{\mathrm{c}}}\,(\underbrace{\cos 90^\circ}_{0} - j\,\underbrace{\sin 90^\circ}_{1})$$

$$\underline{Z}_{\mathrm{c}} = -j\,\frac{U_{\mathrm{c}}}{I_{\mathrm{c}}} = -j X_{\mathrm{c}}$$

$$\boxed{\underline{Z}_{\mathrm{c}} = -j X_{\mathrm{c}}} \tag{175}$$

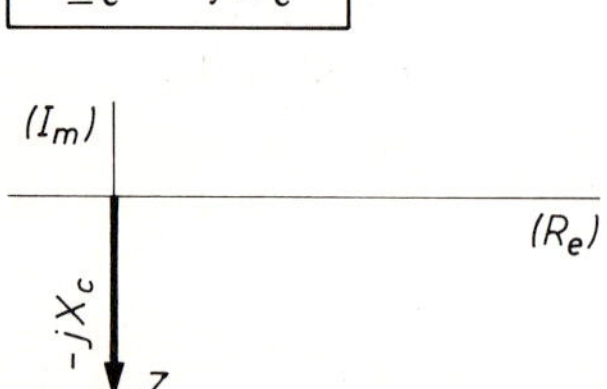

(Im)
(Re)
$-jX_c$
$\underline{Z}_c$

Bild 23.10
Operator des kapazitiven Blindwiderstandes

Operator des kapazitiven Blindleitwertes:

$$\underline{Y}_c = \frac{1}{\underline{Z}_c}$$

$$\underline{Y}_c = +jB_c = +j\omega C$$

$$\boxed{\underline{Y}_c = +jB_c} \quad \text{mit } B_c = \frac{1}{X_c} \tag{176}$$

Bild 23.11
Operator des kapazitiven Blindleitwertes

Operator des Scheinwiderstandes:

Der Scheinwiderstand ist definiert als Quotient des Effektivwertes von Wechselspannung und Wechselstrom an den Klemmen eines Zweipols, wobei der Phasenverschiebungswinkel zwischen Spannung und Strom zwischen den Extremwerten $+90°$ und $-90°$ liegt.

Nur ideale Bauteile sind entweder reine Wirk- oder Blindwiderstände. Scheinwiderstände, auch komplexe Widerstände genannt, enthalten immer einen Wirk- und einen Blindanteil.

$$\underline{Z} = \frac{\underline{U}}{\underline{I}} = \frac{U\,e^{+j\varphi_u}}{I\,e^{+j\varphi_i}}$$

$$\underline{Z} = \frac{U}{I}\,e^{+j(\varphi_u - \varphi_i)}$$

Allgemein gilt für den Phasenverschiebungswinkel:

$$\varphi = \varphi_u - \varphi_i$$

Damit wird:

$$\underline{Z} = \frac{U}{I}\,e^{j\varphi} = Z\,e^{j\varphi}$$

$$\boxed{\underline{Z} = Z\,e^{j\varphi}} \tag{177}$$

Die Zerlegung des Scheinwiderstands-Operators in seine Wirk- und Blindkomponente geschieht durch Umwandlung des komplexen Widerstands-Operators aus der Exponentialform in die Normalform:

$$\underline{Z} = Z\,e^{\pm j\varphi}$$

$$\underline{Z} = Z\,(\cos\varphi \pm j\sin\varphi)$$

Vorzeichenbedeutung: + für induktiv
– für kapazitiv

$$\boxed{\underline{Z} = R \pm jX} \tag{178}$$

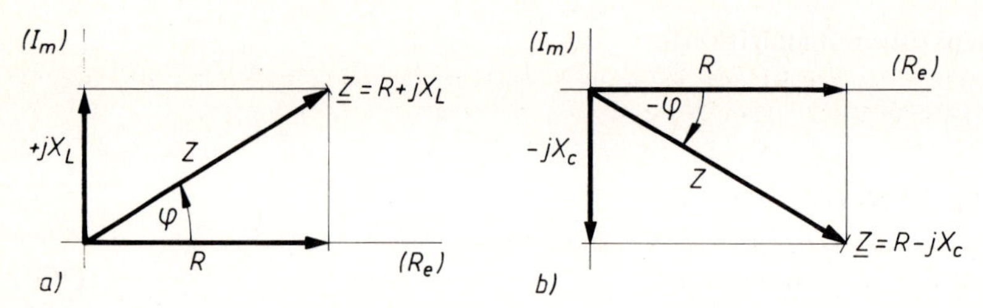

Bild 23.12 Scheinwiderstands-Operator für die Reihenschaltung eines Wirkwiderstandes mit einem
a) induktiven Blindwiderstand, b) kapazitiven Blindwiderstand

Operator des Scheinleitwertes:

$$\underline{Y} = \frac{1}{\underline{Z}} = \frac{1}{Z\,e^{j\varphi}}$$

$$\boxed{\underline{Y} = Y\,e^{j\varphi}}$$ mit $Y = \frac{1}{Z}$ und Vorzeichenwechsel beim Exponenten bei Umrechnung von $\underline{Z}$ auf $\underline{Y}$ (179)

Die Zerlegung des Scheinleitwert-Operators in seine Wirk- und Blindkomponente geschieht durch Umwandlung des komplexen Leitwertoperators aus der Exponentialform in die Normalform.

$$\underline{Y} = Y\,e^{\pm j\varphi}$$

$$\underline{Y} = Y\,(\cos\varphi \pm j\,\sin\varphi)$$

Vorzeichenbedeutung: + für kapazitiv
– für induktiv

$$\boxed{\underline{Y} = G \pm j\,B} \qquad (180)$$

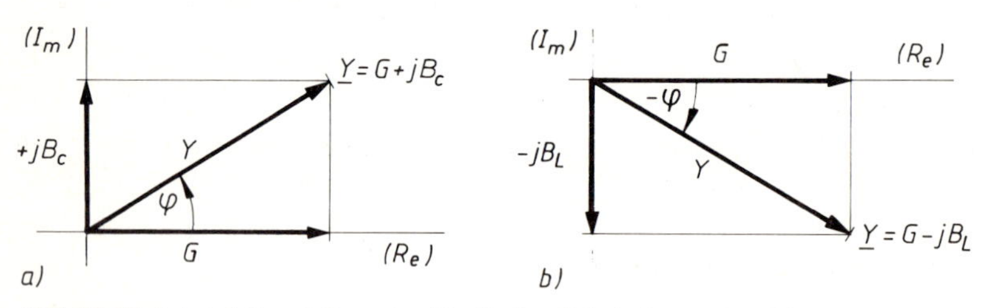

Bild 23.13 Scheinleitwert-Operator für die Parallelschaltung eines Wirkleitwertes mit einem
a) kapazitiven Blindleitwert, b) induktiven Blindleitwert

23.3 Standard-Problemstellungen für komplexe Rechnung

23.3.1 Äquivalente Schaltungen

Eine gegebene Reihenschaltung mit dem Scheinwiderstand $\underline{Z}_R = R \pm j\,X$ läßt sich in eine äquivalente Parallelschaltung mit dem Scheinwiderstand $\underline{Z}_P$ umrechnen. Die gesuchte Schaltung ist *äquivalent* zur gegebenen Schaltung, wenn die Scheinwiderstände beider Schaltungen im Real- und Imaginäranteil übereinstimmen. Die Umrechnung gilt nur für eine Frequenz.

Beispiel

Die Reihenschaltung eines Schaltwiderstandes mit $R = 100\ \Omega$ und einer Spule mit $L = 40$ mH soll für die Frequenz $f = 800$ Hz in eine äquivalente Parallelschaltung umgerechnet werden.

Lösung:

Scheinwiderstand der Reihenschaltung R, L:

$$\underline{Z}_R = R + jX_L = 100\ \Omega + j\,2\pi \cdot 800\ \text{Hz} \cdot 40 \cdot 10^{-3}\ \text{H}$$

$$\underline{Z}_R = 100\ \Omega + j\,200\ \Omega$$

Scheinleitwert der äquivalenten Parallelschaltung R_P, L_P:

$$\underline{Y}_P = \frac{1}{\underline{Z}} = \frac{1}{100\ \Omega + j\,200\ \Omega}$$

„Imaginärfreimachen" des Nenners durch konjugiert komplexe Erweiterung:

$$\underline{Y}_P = \frac{100\ \Omega - j\,200\ \Omega}{(100\ \Omega + j\,200\ \Omega)(100\ \Omega - j\,200\ \Omega)} = \frac{100\ \Omega - j\,200\ \Omega}{50\,000\ \Omega^2}$$

$$\underline{Y}_P = 2\ \text{mS} - j\,4\ \text{mS}$$

Damit ist:

$$R_P = \frac{1}{2\ \text{mS}} = 500\ \Omega$$

$$X_L = \frac{1}{4\ \text{mS}} = 250\ \Omega$$

$$L_P = \frac{X_L}{\omega} = \frac{250\ \Omega}{2\pi \cdot 800\ \text{s}^{-1}} = 50\ \text{mH}$$

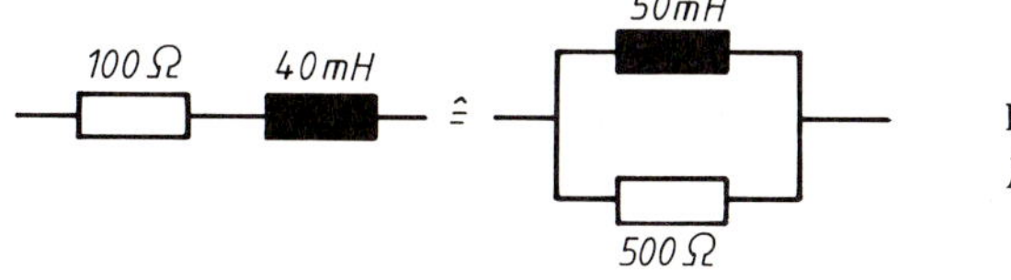

Bild 23.14
Äquivalente Schaltungen für $f = 800$ Hz

△ **Übung 23.3: Äquivalente Reihenschaltung**

Für die Parallelschaltung eines Schaltwiderstandes mit $R = 100\ \Omega$ und eines Kondensators mit $C = 22$ nF ist für die Frequenz $f = 36{,}2$ kHz die äquivalente Reihenschaltung zu berechnen.

23.3.2 Komplexer Widerstand von Netzwerken

Die Berechnung des komplexen Widerstandes eines Netzwerkes soll den Gesamtwiderstand der Schaltung in Form

$$\underline{Z} = R + jX \qquad \text{oder} \qquad \underline{Z} = Z\,\text{e}^{j\varphi}$$

liefern. Man wendet nachfolgende Lösungsmethodik an:

1. Schritt:

Erkennen der Schaltungsstruktur des gegebenen Netzwerks (Reihen- oder Parallelschaltungsstruktur).

2. Schritt:

Anwendung des Prinzips der Schaltungsumwandlung (äquivalente Schaltung). Dieser Schritt muß eventuell mehrmals durchgeführt werden.

3. Schritt:

Schaltungsvereinfachung soweit wie möglich (gegenseitige Aufrechnung der induktiven und kapazitiven Widerstände bzw. Leitwerte).

Beispiel

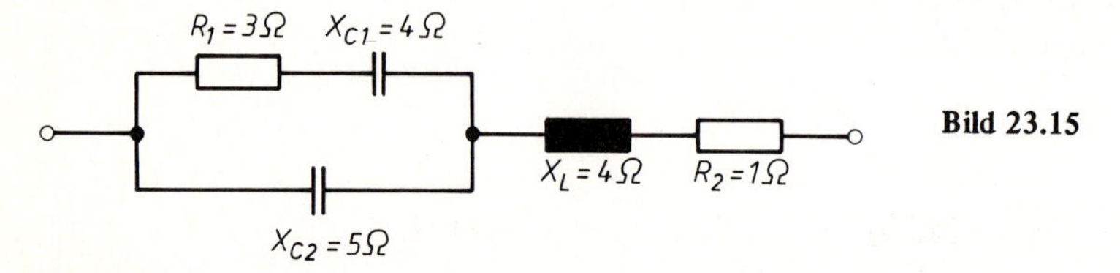

Bild 23.15

Lösung:

1. Schritt:

Die Schaltung gemäß Bild 23.15 zeigt eine Reihenschaltungsstruktur. Deshalb bleiben X_L und R_2 erhalten, der Schaltungsrest, bestehend aus R_1, X_{C1} und X_{C2}, muß in eine äquivalente Reihenschaltung verwandelt werden.

2. Schritt:

Wir wandeln die Reihenschaltung R_1, X_{C1} in eine äquivalente Parallelschaltung um.

$$\underline{Z}_{RC} = \underline{Z}_R + \underline{Z}_{C1} = 3\ \Omega - j\,4\ \Omega$$

$$\underline{Y}_{RC} = \frac{1}{\underline{Z}_{RC}} = \frac{1}{3\ \Omega - j\,4\ \Omega}$$

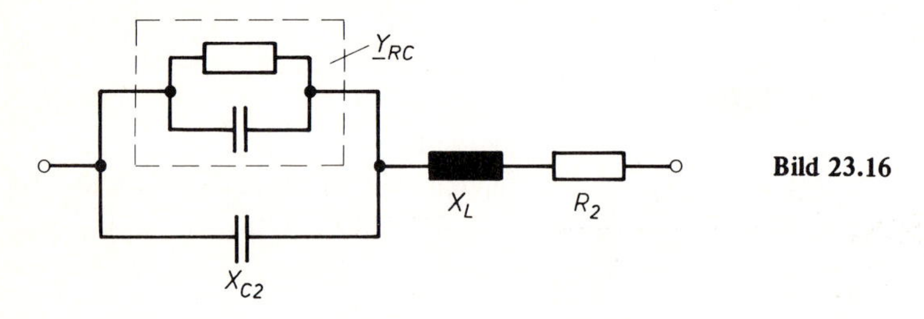

Bild 23.16

„Imaginärfreimachen" des Nenners durch konjugiert komplexe Erweiterung:

$$\underline{Y}_{RC} = \frac{3\ \Omega + j\,4\ \Omega}{(3\ \Omega - j\,4\ \Omega)\,(3\ \Omega + j\,4\ \Omega)}$$

$$\underline{Y}_{RC} = \frac{3\ \Omega + j\,4\ \Omega}{25\ \Omega^2} = 0{,}12\ \mathrm{S} + j\,0{,}16\ \mathrm{S}$$

3. Schritt:

Wir vereinfachen die Schaltung (Bild 23.16) durch Zusammenfassung der kapazitiven Leitwerte

$$\underline{Y}_P = \underline{Y}_{RC} + \underline{Y}_{C2}$$

$$\underline{Y}_P = 0{,}12\ \mathrm{S} + j\,0{,}16\ \mathrm{S} + j\,0{,}2\ \mathrm{S}$$

$$\underline{Y}_P = 0{,}12\ \mathrm{S} + j\,0{,}36\ \mathrm{S}$$

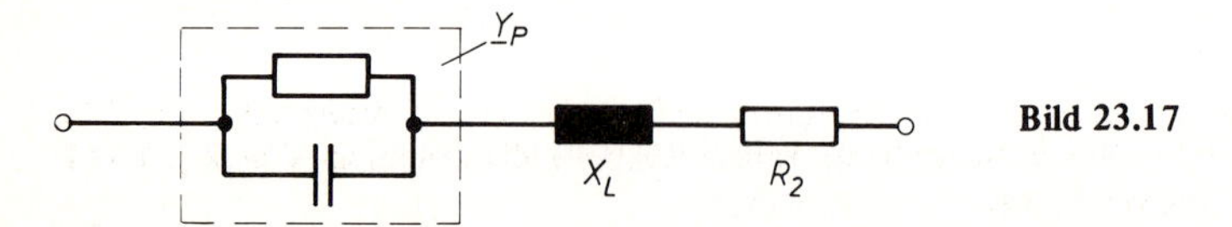

Bild 23.17

Wiederholung des 2. Schrittes:

Wir wandeln die Parallelschaltung in eine äquivalente Reihenschaltung um:

$$\underline{Z}_P = \frac{1}{\underline{Y}_P} = \frac{1}{0{,}12\,\text{S} + j\,0{,}36\,\text{S}}$$

$$\underline{Z}_P = \frac{0{,}12\,\text{S} - j\,0{,}36\,\text{S}}{0{,}144\,(\text{S})^2}$$

$$\underline{Z}_P = 0{,}833\,\Omega - j\,2{,}5\,\Omega$$

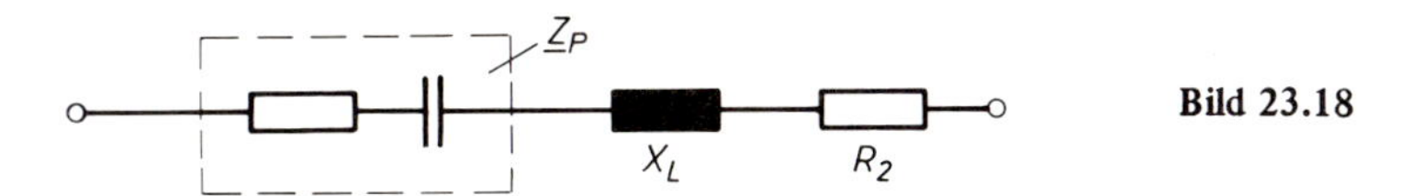

Bild 23.18

Wiederholung des 3. Schrittes:

Wir vereinfachen die Schaltung (Bild 23.18) durch Zusammenfassung der Wirkwiderstände und ebenso der Blindwiderstände:

$$\underline{Z} = \underline{Z}_P + j\,X_L + R_2$$

$$\underline{Z} = 0{,}833\,\Omega - j\,2{,}5\,\Omega + j\,4\,\Omega + 1\,\Omega$$

$$\underline{Z} = 1{,}833\,\Omega + j\,1{,}5\,\Omega$$

Wir wandeln nun das Ergebnis aus der Normalform der komplexen Zahl in die Exponentialform um:

$$Z = \sqrt{(1{,}833\,\Omega)^2 + (1{,}5\,\Omega)^2} = 2{,}37\,\Omega$$

$$\varphi = \arctan \frac{+\,1{,}5\,\Omega}{1{,}833\,\Omega} = +\,39{,}3^\circ$$

$$\underline{Z} = 2{,}37\,\Omega \cdot e^{+j\,39{,}3^\circ}$$

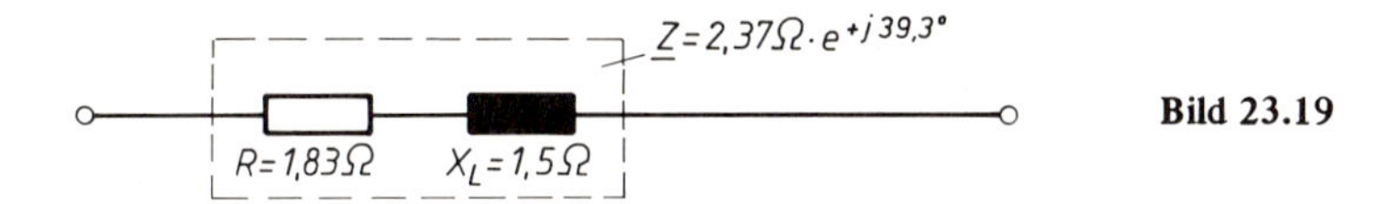

Bild 23.19

Eine weitere Lösungsmethodik zur Berechnung des komplexen Widerstandes eines Netzwerks besteht in der Anwendung der Regeln für die Berechnung von in Reihe liegenden bzw. parallel liegenden Widerständen.

1. Schritt:

Erkennen der Schaltungsstruktur: Welcher Widerstand liegt mit wem in Reihe bzw. parallel?

2. Schritt:

Berechnung der Ersatzwiderstände: In Reihenschaltungen werden die Widerstandsoperatoren addiert, in Parallelschaltungen wird „Produkt durch Summe der Widerstandsoperatoren" gerechnet.

Beispiel

Es erfolgt nachstehend die Berechnung des vorangegangenen Beispiels, dessen Lösung mit $\underline{Z} = 1{,}833\,\Omega + j\,1{,}5\,\Omega$ bereits bekannt ist. Wir wählen für die Parallelschaltung die Lösungsmethodik „Produkt durch Summe der Widerstandsoperatoren".

Lösung:

$$\underline{Z} = \frac{(3\,\Omega - j\,4\,\Omega)(-j\,5\,\Omega)}{(3\,\Omega - j\,4\,\Omega) + (-j\,5\,\Omega)} + j\,4\,\Omega + 1\,\Omega$$

$$\underline{Z} = \frac{-j\,15\,\Omega^2 - 20\,\Omega^2}{3\,\Omega - j\,9\,\Omega} + j\,4\,\Omega + 1\,\Omega$$

„Imaginärfreimachen“ des Nenners durch konjugiert komplexe Erweiterung:

$$\underline{Z} = \frac{(-j\,15\,\Omega^2 - 20\,\Omega^2)(3\,\Omega + j\,9\,\Omega)}{(3\,\Omega - j\,9\,\Omega)(3\,\Omega + j\,9\,\Omega)} + j\,4\,\Omega + 1\,\Omega$$

$$\underline{Z} = \frac{-j\,45\,\Omega^3 - 60\,\Omega^3 + 135\,\Omega^3 - j\,180\,\Omega^3}{90\,\Omega^2} + j\,4\,\Omega + 1\,\Omega$$

$$\underline{Z} = -j\,0{,}5\,\Omega - 0{,}667\,\Omega + 1{,}5\,\Omega - j\,2\,\Omega + j\,4\,\Omega + 1\,\Omega$$

$$\underline{Z} = 1{,}833\,\Omega + j\,1{,}5\,\Omega$$

23.3.3 Komplexer Spannungsteiler

Es gelten für den Spannungsteiler der Wechselstromtechnik die gleichen Gesetze wie für den Spannungsteiler an Gleichspannung:

$$\frac{\underline{U}_1}{\underline{U}} = \frac{\underline{Z}_1}{\underline{Z}} = \frac{\underline{Z}_1}{\underline{Z}_1 + \underline{Z}_2}$$

Beispiel

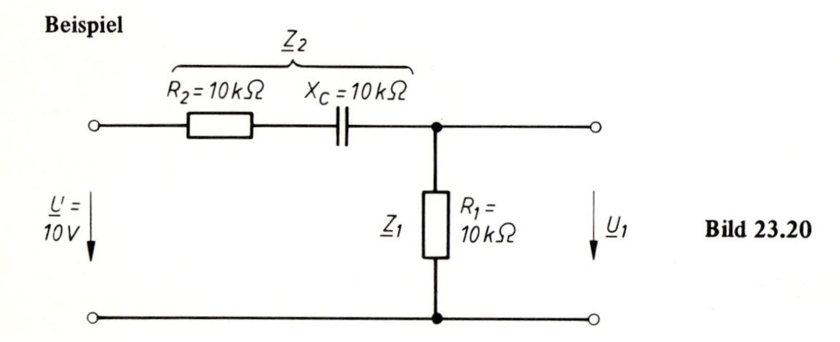

Bild 23.20

Lösung:

$$\frac{\underline{U}_1}{\underline{U}} = \frac{R_1}{R_1 + R_2 - jX_c}$$

$$\underline{U}_1 = \underline{U} \cdot \frac{R_1}{R_1 + R_2 - jX_c}$$

$$\underline{U}_1 = 10\text{ V} \cdot e^{j\,0^\circ} \cdot \frac{10\text{ k}\Omega}{20\text{ k}\Omega - j\,10\text{ k}\Omega}$$

$$\underline{U}_1 = 10\text{ V} \cdot \frac{10\text{ k}\Omega\,(20\text{ k}\Omega + j\,10\text{ k}\Omega)}{400\,(\text{k}\Omega)^2 + 100\,(\text{k}\Omega)^2}$$

$$\underline{U}_1 = 10\text{ V} \cdot \frac{200\,(\text{k}\Omega)^2 + j\,100\,(\text{k}\Omega)^2}{500\,(\text{k}\Omega)^2}$$

$$\underline{U}_1 = 10\text{ V} \cdot \left(\frac{2}{5} + j\frac{1}{5}\right) = 4\text{ V} + j\,2\text{ V}$$

$$\underline{U}_1 = 4{,}47\text{ V} \cdot e^{+j\,26{,}56^\circ}$$

Die Ausgangsspannung hat den Betrag 4,47 V und eilt der Eingangsspannung um 26,56° voraus.

23.3.4 Komplexer Stromteiler

Für den Stromteiler der Wechselstromtechnik gelten die gleichen Gesetzmäßigkeiten wie für den Stromteiler der Gleichspannungstechnik:

$$\frac{\underline{I}_1}{\underline{I}} = \frac{\underline{Z}_P}{\underline{Z}_1} = \frac{\underline{Z}_2}{\underline{Z}_1 + \underline{Z}_2} \qquad \text{mit } \underline{Z}_P = \frac{\underline{Z}_1 \cdot \underline{Z}_2}{\underline{Z}_1 + \underline{Z}_2}$$

Beispiel

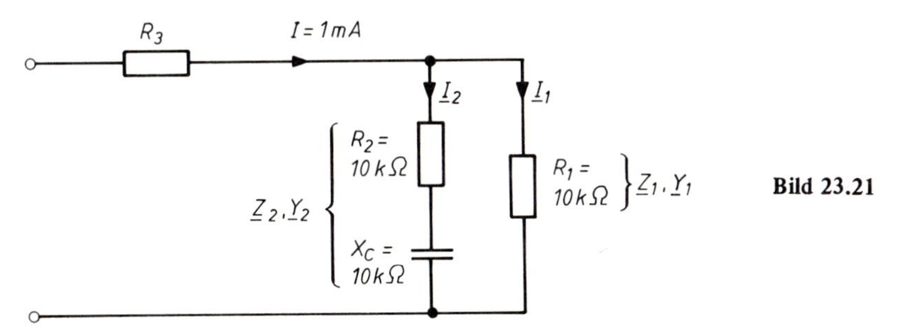

Bild 23.21

Lösung:

$$\underline{I}_1 \cdot \underline{Z}_1 = \underline{U}_P = \underline{I} \cdot \underline{Z}_P$$

$$\underline{I}_1 \cdot \cancel{\underline{Z}_1} = \underline{I} \cdot \frac{\cancel{\underline{Z}_1} \cdot \underline{Z}_2}{\underline{Z}_1 + \underline{Z}_2}$$

$$\frac{\underline{I}_1}{\underline{I}} = \frac{\underline{Z}_2}{\underline{Z}_1 + \underline{Z}_2}$$

$$\underline{I}_1 = \underline{I} \cdot \frac{\underline{Z}_2}{\underline{Z}_1 + \underline{Z}_2}$$

$$\underline{I}_1 = 1\,\text{mA} \cdot e^{j\,0^\circ} \cdot \frac{10\,\text{k}\Omega - j\,10\,\text{k}\Omega}{20\,\text{k}\Omega - j\,10\,\text{k}\Omega}$$

$$\underline{I}_1 = 1\,\text{mA} \cdot \frac{(10\,\text{k}\Omega - j\,10\,\text{k}\Omega)\,(20\,\text{k}\Omega + j\,10\,\text{k}\Omega)}{400\,(\text{k}\Omega)^2 + 100\,(\text{k}\Omega)^2}$$

$$\underline{I}_1 = 1\,\text{mA} \cdot \frac{200\,(\text{k}\Omega)^2 - j\,200\,(\text{k}\Omega)^2 + j\,100\,(\text{k}\Omega)^2 + 100\,(\text{k}\Omega)^2}{500\,(\text{k}\Omega)^2}$$

$$\underline{I}_1 = 1\,\text{mA}\left(\frac{3}{5} - j\,\frac{1}{5}\right) = 0{,}6\,\text{mA} - j\,0{,}2\,\text{mA}$$

$$\underline{I}_1 = 0{,}632\,\text{mA} \cdot e^{-j\,18{,}44^\circ}$$

Der Widerstand R_3 spielt bei der Stromteilung keine Rolle.

23.3.5 Besondere Phasenbedingung

Frequenzabhängige Schaltungen verursachen Phasenverschiebungen. Die komplexe Rechnung gestattet das Einbringen einer besonderen Phasenbedingung z.B. $\varphi = 0^\circ$ durch „Nullsetzen des Imaginärteils".

Beispiel

Unter welchen Bedingungen ist bei der in Bild 23.22 gezeigten Schaltung bei gegebener Frequenz f die Ausgangsspannung $\underline{U}_{R2}$ phasengleich mit der Eingangsspannung $\underline{U}$?

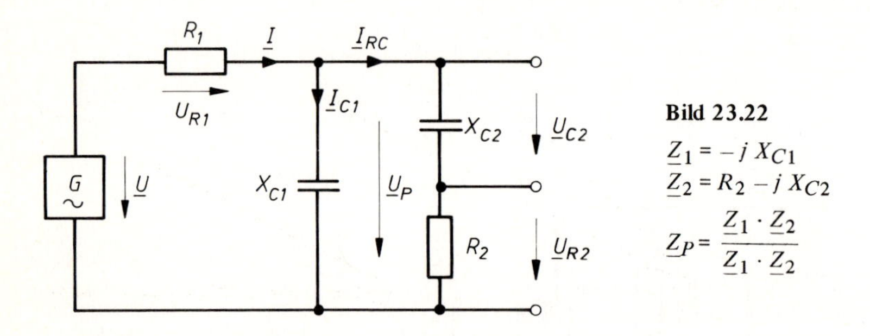

Bild 23.22

$\underline{Z}_1 = -j\,X_{C1}$

$\underline{Z}_2 = R_2 - j\,X_{C2}$

$\underline{Z}_P = \dfrac{\underline{Z}_1 \cdot \underline{Z}_2}{\underline{Z}_1 \cdot \underline{Z}_2}$

Lösung:

Wir stellen eine Beziehung zwischen der Ausgangsspannung und Eingangsspannung auf:

$$\frac{\underline{U}}{\underline{U}_{R2}} = \frac{\underline{I} \cdot \underline{Z}}{\underline{I}_{RC} \cdot R_2} \qquad \text{mit } \underline{Z} = R_1 + \frac{\underline{Z}_1 \cdot \underline{Z}_2}{\underline{Z}_1 + \underline{Z}_2}$$

Wir ersetzen das darin vorkommende Stromverhältnis durch das zugehörige Widerstandsverhältnis der Parallelschaltung:

$$\frac{\underline{I}}{\underline{I}_{RC}} = \frac{\underline{Z}_2}{\underline{Z}_P} = \frac{\underline{Z}_1 + \underline{Z}_2}{\underline{Z}_1}$$

Ausrechnung:

$$\frac{\underline{U}}{\underline{U}_{R2}} = \left(\frac{R_2 - jX_{C2} - jX_{C1}}{-jX_{C1}}\right)\left(\frac{R_1 + \dfrac{(R_2 - jX_{C2})(-jX_{C1})}{R_2 - jX_{C2} - jX_{C1}}}{R_2}\right)$$

$$\frac{\underline{U}}{\underline{U}_{R2}} = \frac{R_1 R_2 - jX_{C2} R_1 - jX_{C1} R_1 - jR_2 X_{C1} - X_{C1} X_{C2}}{-jR_2 X_{C1}} \left| \frac{+j}{+j} \right.$$

$$\frac{\underline{U}}{\underline{U}_{R2}} = \frac{+jR_1 R_2 + X_{C2} R_1 + X_{C1} R_1 + R_2 X_{C1} - jX_{C1} X_{C2}}{R_2 X_{C1}}$$

Die besondere Schaltungsbedingung heißt Phasengleichheit zwischen $\underline{U}$ und $\underline{U}_{R2}$, d.h. der Quotient der Spannungen muß eine reelle Zahl sein! Dies berücksichtigen wir durch „*Nullsetzen des Imaginärteils*" (Im = 0). Zu diesem Zweck ordnen wir zunächst den Rechenausdruck nach reellen und imaginären Anteilen:

$$\frac{\underline{U}}{\underline{U}_{R2}} = \frac{X_{C2} R_1 + X_{C1} R_1 + R_2 X_{C1}}{R_2 X_{C1}} + j\,\frac{R_1 R_2 - X_{C1} X_{C2}}{R_2 X_{C1}}$$

Wir setzen Im = 0:

$$\frac{R_1 R_2 - X_{C1} X_{C2}}{R_2 X_{C1}} = 0$$

und erhalten die Dimensionierungsbedingung für phasengleiche Ausgangsspannung $\underline{U}_{R2}$ mit $\underline{U}$:

$$R_1 R_2 = X_{C1} X_{C2} \qquad \text{für eine bestimmte Frequenz } f$$

So wird beispielsweise mit der Dimensionierung

$$R_1 = R_2 = X_{C1} = X_{C2} = 10\ \text{k}\Omega$$

die Ausgangsspannung $\underline{U}_{R2}$ phasengleich zur Eingangsspannung $\underline{U}$ sein. Bild 23.23 veranschaulicht dieses Ergebnis in Zeigerdiagrammdarstellung.

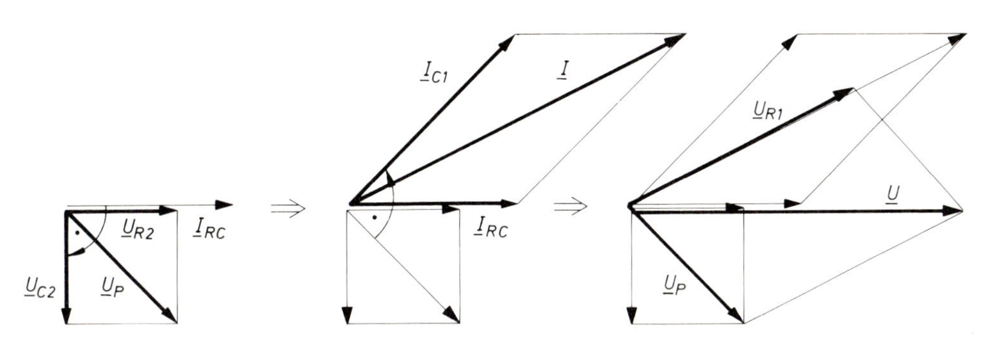

Bild 23.23 Entwicklung des Zeigerbildes für die Schaltung gemäß Bild 23.22

23.4 Schaltungsanalyse mit Hilfe von Zeigerdiagrammen

23.4.1 Zeigerdiagrammtechnik

Die komplexe Rechnung ermöglicht die genaue Bestimmung der Beträge und Phasenlage von Spannungen und Strömen in Wechselstromschaltungen. Der mathematischen Lösung muß meistens eine Schaltungsanalyse vorausgehen, diese beginnt mit dem Aufstellen eines *(un)maßstäblichen Zeigerdiagramms*, um einen Überblick zu gewinnen.

Der erste Zeiger wird im allgemeinen waagerecht nach rechts gelegt. Alle anderen Zeiger ergeben sich dann zwangsläufig. Als ersten Zeiger wählt man

a) bei einer Reihenschaltung den Strom,
b) bei einer Parallelschaltung die Spannung,
c) bei einer gemischten Schaltung einen Teilstrom.

Beispiel

Für die Schaltung im Bild 23.24 soll ein Zeigerdiagramm aufgestellt werden.

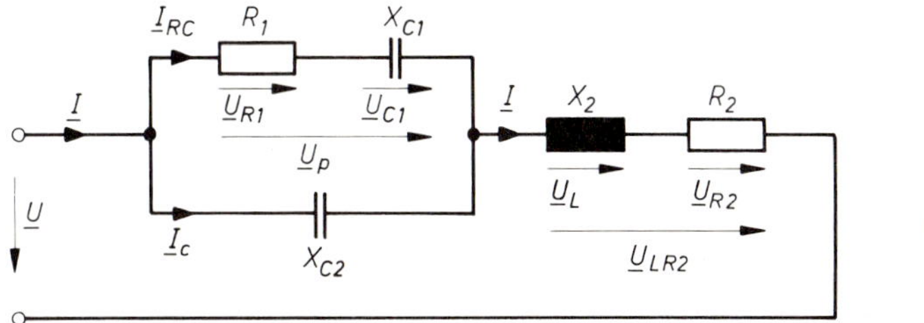

Bild 23.24

Lösung:

1.	Lage von $\underline{I}_{RC}$ willkürlich angenommen: waagerecht nach rechts	
2.	$\underline{U}_{R1}$ in Phase zu $\underline{I}_{RC}$	dargestellt in Bild 23.25a)
3.	$\underline{U}_{C1}$ 90° nacheilend gegenüber $\underline{I}_{RC}$	
4.	Geometrische Addition $\underline{U}_{R1}$ und $\underline{U}_{C1}$ ergibt $\underline{U}_P$	
5.	$\underline{I}_C$ 90° voreilend gegenüber $\underline{U}_P$	
6.	Geometrische Addition $\underline{I}_C$ und $\underline{I}_{RC}$ ergibt $\underline{I}$	
7.	$\underline{U}_L$ 90° voreilend gegenüber $\underline{I}$	dargestellt in Bild 23.25b)
8.	$\underline{U}_{R2}$ in Phase mit $\underline{I}$	
9.	Geometrische Addition $\underline{U}_L, \underline{U}_{R2}$ ergibt $\underline{U}_{LR2}$	
10.	Geometrische Addition $\underline{U}_{LR2}, \underline{U}_P$ ergibt $\underline{U}$	dargestellt in Bild 23.25c)
11.	Eintragung des Phasenverschiebungswinkels $\varphi = \sphericalangle (\underline{U}, \underline{I})$	

$\sphericalangle (\underline{U}, \underline{I})$ ist der Phasenverschiebungswinkel der Gesamtschaltung und kann dem komplexen Widerstand der Schaltung $\underline{Z} = Z \cdot e^{j\varphi}$ entnommen werden. Ist der dortige Winkel φ positiv, eilt die Spannung dem Strom um den angegebenen Winkel voraus.

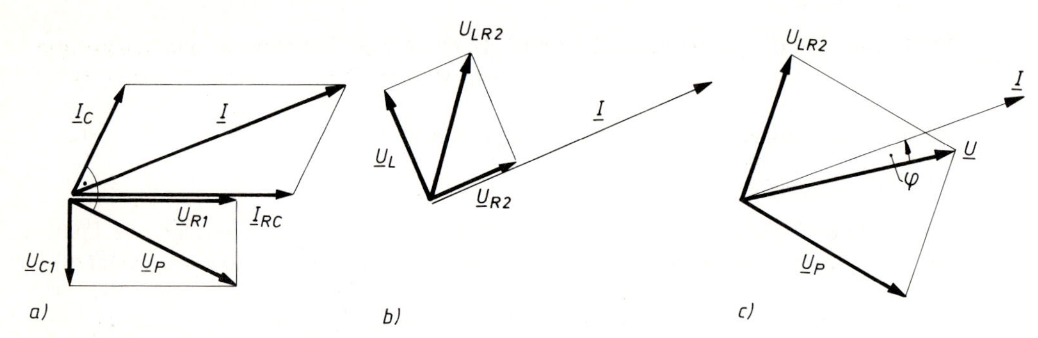

Bild 23.25 Zeigerbild zur Schaltung Bild 23.24
a) Addition von Teilströmen
b) Addition der Teilspannungen der Reihenschaltung X_2 und R_2
c) Ermittlung der Gesamtspannung nach Betrag und Phasenlage

23.4.2 Zeigerdiagramm einer Phasenschieberschaltung

Phasenschieberschaltungen haben die Aufgabe, aus einer sinusförmigen Eingangsspannung $\underline{U}_E$ eine Ausgangsspannung $\underline{U}_A$ zu erzeugen, die innerhalb bestimmter Grenzen gegenüber der Eingangsspannung phasenverschoben sein soll. Die Wirkungsweise einer solchen Schaltung erklärt man sich anhand eines Zeigerdiagramms.

Beispiel

Eine Phasendrehbrücke besteht aus den Widerständen $R_1 = R_2$ und dem Kondensator mit der Kapazität C sowie dem einstellbaren Widerstand R_3, der den Phasenverschiebungswinkel φ bestimmt. Die Ausgangsspannung wird in der Brückendiagonalen abgegriffen (Bild 23.26).

Innerhalb welcher Grenzen ist der Phasenverschiebungswinkel $\varphi = \sphericalangle (\underline{U}_A, \underline{U}_E)$ einstellbar, und wie groß ist der Betrag der Ausgangsspannung bei bestimmten Phasenverschiebungswinkeln, wenn die Eingangsspannung mit Betrag und Frequenz konstant ist?

Die Kapazität des Kompensations-Kondensators berechnet sich aus der Blindleistung Q_c und der Spannung U am Kondensator:

$$Q_c = \frac{U^2}{X_c} = U^2 \omega C$$

Nach der Kompensation pendelt die zum Aufbau des magnetischen Feldes benötigte und beim Abbau des magnetischen Feldes freiwerdende Energie nicht mehr zwischen dem Generator und dem induktiven Verbraucher, sondern nur noch zwischen dem Kompensations-Kondensator und dem induktiven Verbraucher hin und her. Der Generator liefert nur noch die Energie für die Wirkarbeit.

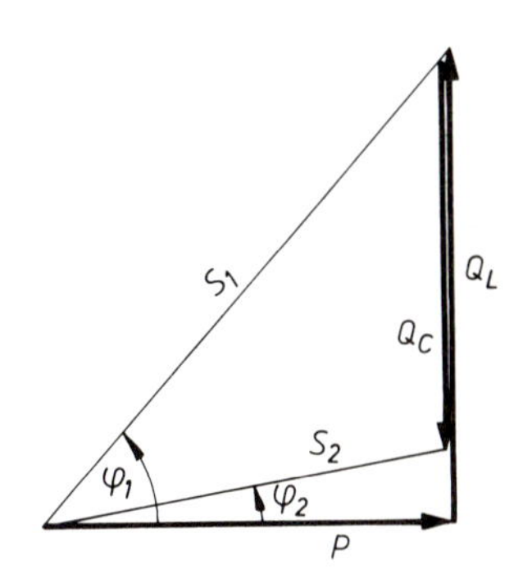

Bild 23.28

Leistungsbetrachtung zur Kompensation mit P = konst.

S_1 = Scheinleistung vor Kompensation
S_2 = Scheinleistung nach Kompensation
$\cos\varphi_1$ = Leistungsfaktor vor Kompensation
$\cos\varphi_2$ = Leistungsfaktor nach Kompensation
Q_L = Induktive Blindleistung positiv gezählt
Q_c = kapazitive Blindleistung negativ gezählt (s. Fußnote S. 265)

Beispiel

Durch Messung an der nichtkompensierten Schaltung eines induktiven Verbrauchers wurden ermittelt

$$U = 230\ \text{V}, \quad f = 50\ \text{Hz}, \quad I_{RL} = 10\ \text{A}, \quad P = 1{,}47\ \text{kW}$$

Der Leistungsfaktor soll auf $\cos\varphi = 1$ (bzw. 0.9) verbessert werden.

Lösung:

Berechnung des erforderlichen Kompensations-Kondensators im Strom- und Spannungs-Zeigerdiagramm (Bild 23.27).

Scheinleistung ohne Kompensation:

$$S_1 = UI_{RL} = 230\ \text{V} \cdot 10\ \text{A}$$
$$S_1 = 2{,}3\ \text{kVA}$$

Leistungsfaktor ohne Kompensation:

$$\cos\varphi_1 = \frac{P}{S_1} = \frac{1{,}47\ \text{kW}}{2{,}3\ \text{kVA}} = 0{,}64$$

Phasenverschiebungswinkel:

$$\varphi_1 = 50{,}2°$$

Kondensatorstrom:

$$I_c = I_{RL} \sin\varphi_1 = 10\ \text{A} \cdot \sin 50{,}2°$$
$$I_c = 7{,}7\ \text{A}$$

Kapazitiver Widerstand:

$$X_c = \frac{U}{I_c} = \frac{230\ \text{V}}{7{,}7\ \text{A}} = 29{,}9\ \Omega$$

Kapazität:

$$C = \frac{1}{\omega X_c} = \frac{1}{314\ \text{s}^{-1} \cdot 29{,}9\ \Omega} = 106\ \mu\text{F}$$

Berechnung des erforderlichen Kompensations-Kondensators aus dem Leistungsdiagramm (Bild 23.28).
Kapazitive Blindleistung:

$$Q_c = Q_L$$
$$Q_c = S_1 \sin \varphi_1 = 2{,}3\ \text{kVA} \cdot 0{,}77$$
$$Q_c = 1{,}77\ \text{kvar}$$

Kapazität:

$$Q_c = U^2 \omega C$$
$$C = \frac{Q_c}{U^2 \omega} = \frac{1{,}77\ \text{kvar}}{(230\ \text{V})^2 \cdot 314\ \text{s}^{-1}}$$
$$C = 106\ \mu\text{F}$$

Kontrollrechnung für Kompensation auf $\cos \varphi = 1$.
Gesamtstrom in der Zuleitung:

$$I = I_{RL} \cos \varphi_1 = 10\ \text{A} \cdot 0{,}64$$
$$I = 6{,}4\ \text{A}$$

Scheinleistung nach Kompensation:

$$S_2 = UI = 230\ \text{V} \cdot 6{,}4\ \text{A}$$
$$S_2 = 1{,}47\ \text{kVA} = P$$

Verbesserung des Leistungsfaktors nur auf $\cos \varphi_2 = 0{,}9$.
Kapazitive Blindleistung:

$$Q_c = P\,(\tan \varphi_1 - \tan \varphi_2)$$
$$Q_c = 1{,}47\ \text{kW}\,(1{,}2 - 0{,}484)$$
$$Q_c = 1{,}05\ \text{kvar}$$

Kapazität des Kompensations-Kondensators:

$$C = \frac{Q_c}{U^2 \omega} = \frac{1{,}05\ \text{kvar}}{(230\ \text{V})^2 \cdot 314\ \text{s}^{-1}} = 63{,}4\ \mu\text{F}$$

23.4.4 Zeigerdiagramm der eisengefüllten Spule

Netzwerke sind häufig Ersatzschaltungen für Bauelemente mit komplexen Eigenschaften. Ein Beispiel dafür ist die eisengefüllte Spule, von der im nachfolgenden angenommen wird, daß sie einen ausreichend breiten Luftspalt hat, um Verzerrungen in der Kurvenform des Stromes auszuschließen.

Der Ausgangspunkt der Betrachtung der verlustbehafteten Spule ist die ideale Spule, die ein rein induktiver Widerstand ist. Bei Anlegen der Wechselspannung U fließt der Strom:

$$I_{\blacksquare} = \frac{U}{X_L}$$

Eine Spule mit der gleichen Induktivität L, aber mit zusätzlicher Wicklungserwärmung, nimmt an der gleichen Spannung einen geringeren Strom auf:

$$\boxed{I_{\square\!-\!\blacksquare} = \frac{U}{Z} < I_{\blacksquare}} \qquad (182)$$

Das bedeutet, daß der Scheinwiderstand Z der Spule nun größer sein muß als der induktive Widerstand. Die Kupferverluste werden deshalb durch einen in Reihe zum induktiven Widerstand liegenden Verlustwiderstand R_{Cu} erfaßt.

Eine Spule mit der gleichen Induktivität, aber mit zusätzlicher Eisenerwärmung, nimmt an der gleichen Spannung einen größeren Strom auf:

$$\boxed{I_{\blacksquare \parallel \square} = \frac{U}{Z} > I_{\blacksquare}} \qquad (183)$$

Daraus folgt, daß der Scheinwiderstand der Spule nun kleiner sein muß als der induktive Widerstand. Die Eisenverluste werden deshalb durch einen zum induktiven Widerstand parallelliegenden Verlustwiderstand R_{Fe} dargestellt.

Das vollständige Ersatzschaltbild einer verlustbehafteten Spule zeigt Bild 23.29.

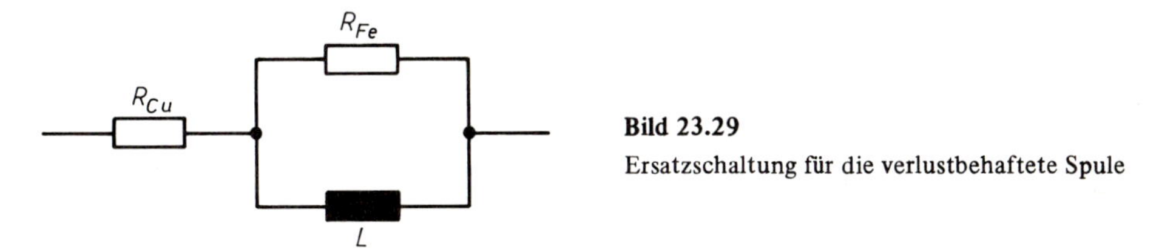

Bild 23.29
Ersatzschaltung für die verlustbehaftete Spule

Beispiel

Die meßtechnischen Untersuchungen einer eisengefüllten Spule liefern die in Bild 23.30 gezeigten Ergebnisse. Die Daten der Spulen-Ersatzschaltung gemäß Bild 23.29 sind zu berechnen und das Zeigerdiagramm aufzustellen.

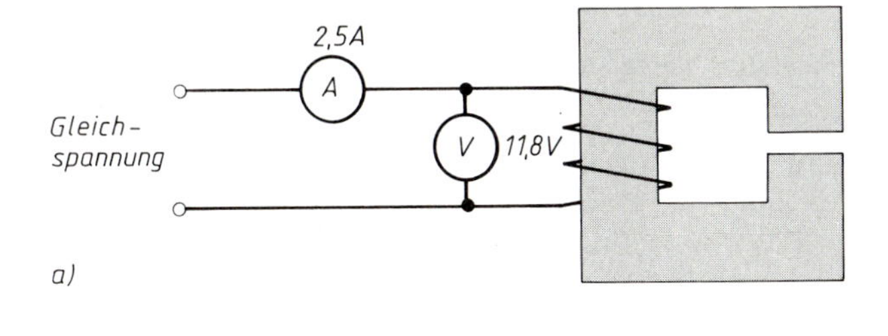

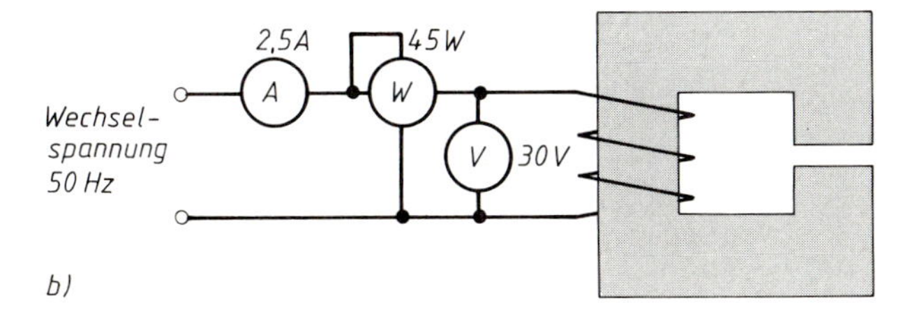

Bild 23.20
Meßtechnische Untersuchung einer Spule

Lösung:

Die Gleichstrommessung liefert den Kupferwiderstand:

$$R_{Cu} = \frac{U_-}{I_-} = \frac{11{,}8\ \text{V}}{2{,}5\ \text{A}} = 4{,}7\ \Omega$$

Die im Kupferwiderstand umgesetzte Verlustleistung ist aus dem Strom I und dem Drahtwiderstand R_{Cu} berechenbar:

$$P_{Cu} = I^2 R_{Cu} = (2{,}5\ \text{A})^2 \cdot 4{,}7\ \Omega = 29{,}4\ \text{W}$$

Der Leistungsmesser zeigt die gesamte Verlustleistung der Spule an: $P = 45$ W. Die der Eisenerwärmung (verursacht durch Hysterese und Wirbelströme) entsprechende Verlustleistung beträgt dann:

$$P_{Fe} = P - P_{Cu} = 45\ \text{W} - 29{,}4\ \text{W} = 15{,}6\ \text{W}$$

Die Strom-Spannungsmessung führt auf die Scheinleistung der Spule:

$$S = UI = 30\ \text{V} \cdot 2{,}5\ \text{A} = 75\ \text{VA}$$

Daraus ergibt sich die Blindleistung:

$$Q_L = \sqrt{S^2 - P^2} = \sqrt{(75\ \text{VA})^2 - (45\ \text{W})^2} = 59{,}9\ \text{var}$$

Wir ermitteln nun den die Eisenverluste repräsentierenden Reihen-Verlustwiderstand R'_{Fe}:

$$R'_{Fe} = \frac{P_{Fe}}{I^2} = \frac{15{,}6\ \text{W}}{(2{,}5\ \text{A})^2} = 2{,}5\ \Omega$$

Ebenso läßt sich die Reihen-Induktivität L' aus der Blindleistung errechnen:

$$X'_L = \frac{Q_L}{I^2} = \frac{59{,}9\ \text{var}}{(2{,}5\ \text{A})^2} = 9{,}58\ \Omega \Rightarrow L' = 30{,}5\ \text{mH}$$

Mit Hilfe der komplexen Rechnung läßt sich die Reihen-Ersatzschaltung R'_{Fe}, X'_L in die geforderte äquivalente Parallel-Ersatzschaltung umrechnen:

$$\underline{Z}_R = 2{,}5\ \Omega + j\,9{,}58\ \Omega$$

$$\underline{Y}_R = \frac{1}{2{,}5\ \Omega + j\,9{,}58\ \Omega} = \frac{2{,}5\ \Omega - j\,9{,}58\ \Omega}{98\ \Omega^2}$$

$$\underline{Y}_R = 0{,}0255\ \text{S} - j\,0{,}098\ \text{S}$$

$$\Downarrow \qquad \Downarrow$$

$$R_{Fe} = 39{,}2\ \Omega \quad X_L = 10{,}23\ \Omega \Rightarrow L = 32{,}5\ \text{mH}$$

Zur Darstellung der Zeigerdiagramme benötigen wir nun noch die Teilspannung U_P und U_R:

$$P_{Fe} = \frac{U_P^2}{R_{Fe}} \qquad \text{und auch } Q_L = \frac{U_P^2}{X_L}$$

$$U_P = \sqrt{P_{Fe} \cdot R_{Fe}} = \sqrt{15{,}6\ \text{W} \cdot 39{,}2\ \Omega}$$

$$U_P = 24{,}7\ \text{V}$$

$$P_{Cu} = \frac{U_R^2}{R_{Cu}}$$

$$U_R = \sqrt{P_{Cu} \cdot R_{Cu}} = \sqrt{29{,}4\ \text{W} \cdot 4{,}7\ \Omega}$$

$$U_R = 11{,}8\ \text{V}$$

sowie die Teilströme I_L und I_R:

$$I_L = \frac{U_P}{X_L} = \frac{24{,}7\ \text{V}}{10{,}23\ \Omega} = 2{,}41\ \text{A}$$

$$I_R = \frac{U_P}{R_{Fe}} = \frac{24{,}7\ \text{V}}{39{,}2\ \Omega} = 0{,}63\ \text{A}$$

Bild 23.31 zeigt das Zeigerdiagramm der verlustbehafteten Spule mit Eisenkern.

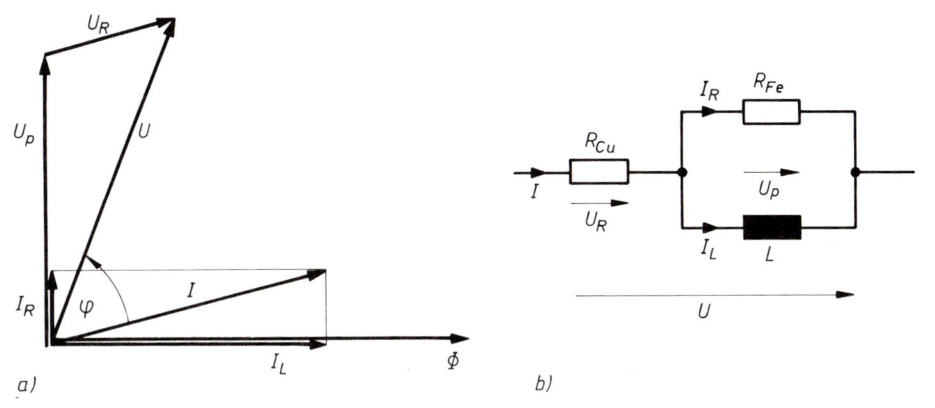

Bild 23.31 Zeigerbild und Ersatzschaltung für die verlustbehaftete Spule

23.5 Ortskurven

Die bisher gezeichneten Zeigerdiagramme galten für eine bestimmte Frequenz und für konstante Kennwerte R, L, C der Schaltelemente. Um die Wirkung bei veränderlichen Bedingungen im Stromkreis zu übersehen, werden *Ortskurven* gezeichnet.

Die Ortskurven zeigen den Verlauf einer komplexen Größe wie z.B. Spannung, Strom, Widerstand oder Leitwert in Abhängigkeit von einem reellen Parameter. Als Parameter können auftreten Veränderungen der Frequenz, des Widerstandes, der Kapazität oder Induktivität.

Ortskurven geben sehr anschaulich das Verhalten einer komplexen Größe wieder, indem sie den Betrag und die Phasenlage in einem Schaubild zeigen.

Die Ortskurven von Grundschaltungen haben eine einfache Gestalt. Es gibt Ortskurven vom *Geradentyp* und *Kreistyp*.

Die Ortskurven des komplexen Widerstandes von Reihenschaltungen und des komplexen Leitwerts von Parallelschaltungen sind vom Geradentyp.

Bei den Ortskurvendarstellungen haben die reelle und imaginäre Achse stets den gleichen Maßstab, anderenfalls würden sich falsche Winkelwerte der Zeiger ergeben. Die Ortskurve selbst ist der geometrische Ort aller Endpunkte (Zeigerspitze) der komplexen Größe, der sich in Abhängigkeit von einem reellen veränderlichen Parameter ergibt.

Beispiel

Für eine Reihenschaltung eines Widerstandes mit einer Spule sind die Ortskurven des komplexen Widerstandes maßstäblich zu ermitteln, wenn als Parameter

a) die Kreisfrequenz $\omega = 0 \dots 400\ s^{-1}$
b) der Widerstand $R = 0 \dots 40\ \Omega$

auftreten.

Lösung:

Schaltung

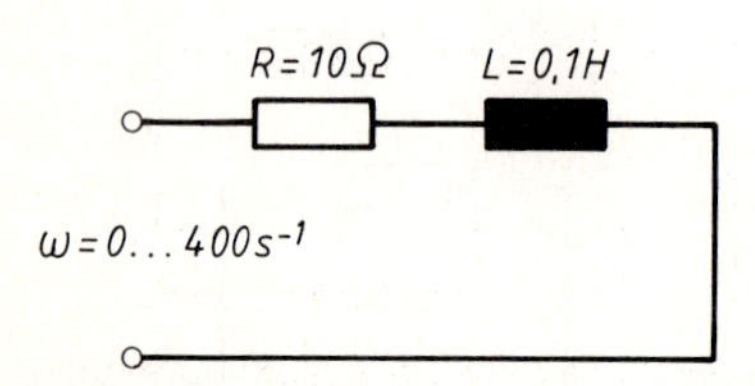

Bild 23.32 Schaltung bei veränderlicher Kreisfrequenz ω

Schaltung

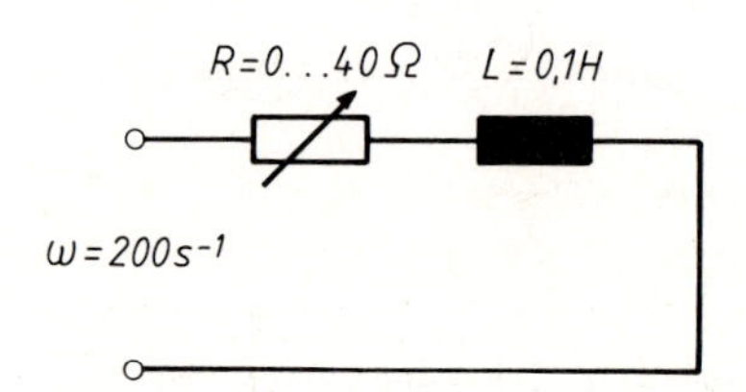

Bild 23.33 Schaltung bei veränderlichem Widerstand R

Tabelle

$\omega\ (s^{-1})$	$\underline{Z} = R + j\omega L$
0	10 Ω
100	10 Ω + j 10 Ω
200	10 Ω + j 20 Ω
300	10 Ω + j 30 Ω
400	10 Ω + j 40 Ω

Tabelle

$R\ (\Omega)$	$\underline{Z} = R + j\omega L$
0	+ j 20 Ω
10	10 Ω + j 20 Ω
20	20 Ω + j 20 Ω
30	30 Ω + j 20 Ω
40	40 Ω + j 20 Ω

Ortskurve

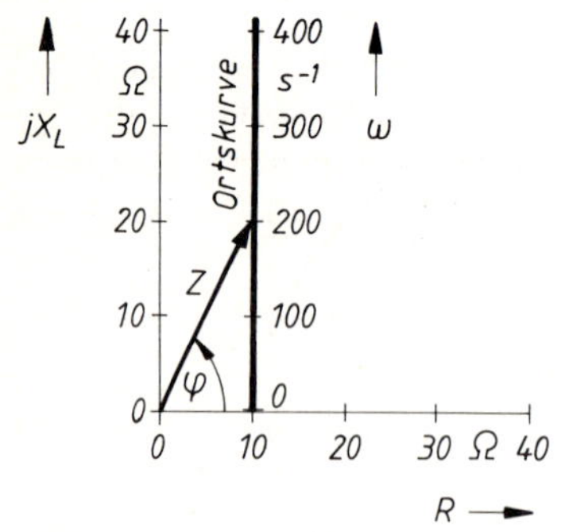

Bild 23.34 Widerstands-Ortskurve für veränderliche Kreisfrequenz ω

Ortskurve

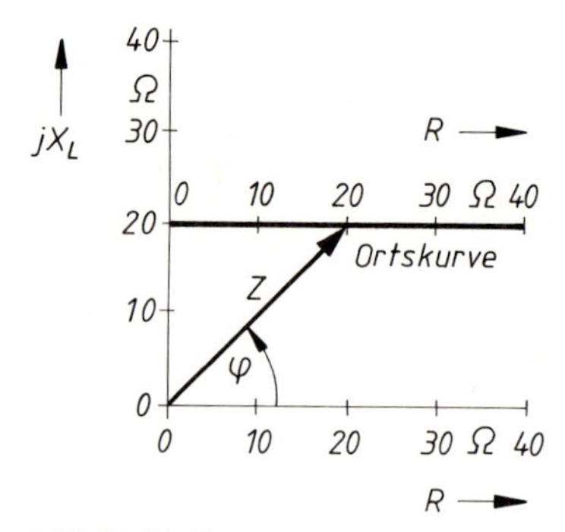

Bild 23.35 Widerstands-Ortskurve für veränderlichen Widerstand R

Die Ortskurven des komplexen Leitwertes von Reihenschaltungen und des komplexen Widerstandes von Parallelschaltungen sind vom Kreistyp.

Beispiel

Für eine Reihenschaltung eines Widerstandes mit einer Spule sind die Ortskurven des komplexen Leitwertes maßstäblich zu ermitteln, wenn als Parameter

a) die Kreisfrequenz $\omega = 0 \dots 400\ s^{-1}$

b) der Widerstand $R = 0 \dots 40\ \Omega$

auftreten (vgl. voranstehendes Beispiel).

Lösung:

Schaltung

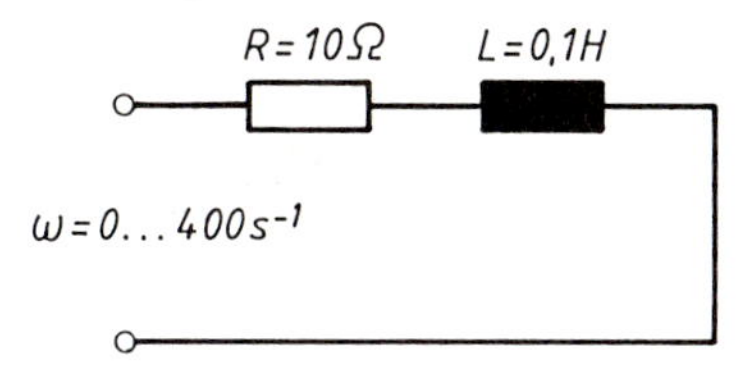

Bild 23.36 Schaltung bei veränderlicher Kreisfrequenz ω

Tabelle

$\omega\ (s^{-1})$	$\underline{Y} = \frac{1}{\underline{Z}} = G - j\frac{1}{\omega L}$
0	100 mS
50	80 mS − j 40 mS
100	50 mS − j 50 mS
200	20 mS − j 40 mS
300	10 mS − j 30 mS
400	≈ 6 mS − j 24 mS

Ortskurve

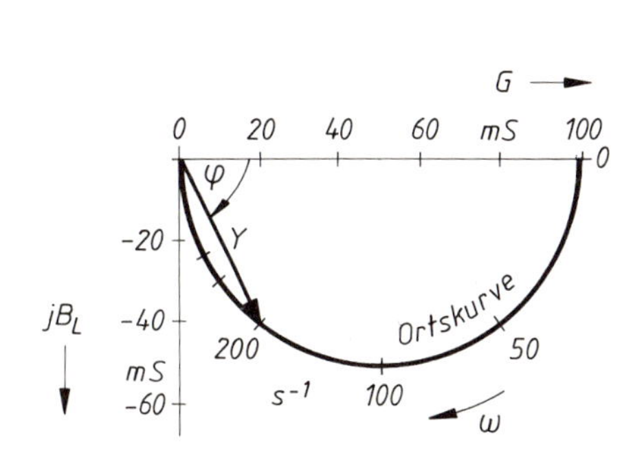

Bild 23.38 Leitwert-Ortskurve für veränderliche Kreisfrequenz ω

Schaltung

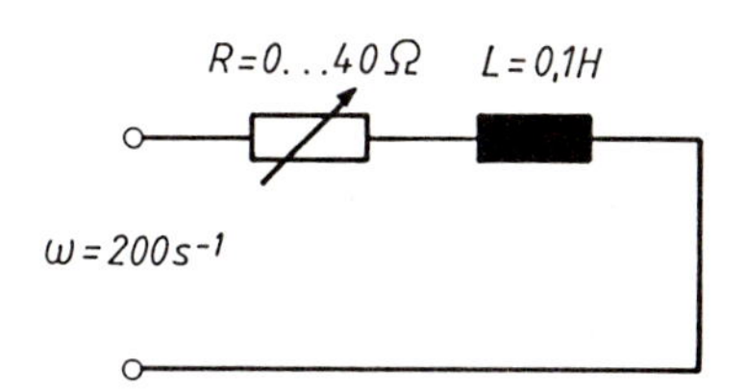

Bild 23.37 Schaltung bei veränderlichem Widerstand R

Tabelle

$R\ (\Omega)$	$\underline{Y} = \frac{1}{\underline{Z}} = G - j\frac{1}{\omega L}$
0	− j 50 mS
5	≈ 12 mS − j 47 mS
10	20 mS − j 40 mS
20	25 mS − j 25 mS
30	≈ 23 mS − j 15 mS
40	20 mS − j 10 mS

Ortskurve

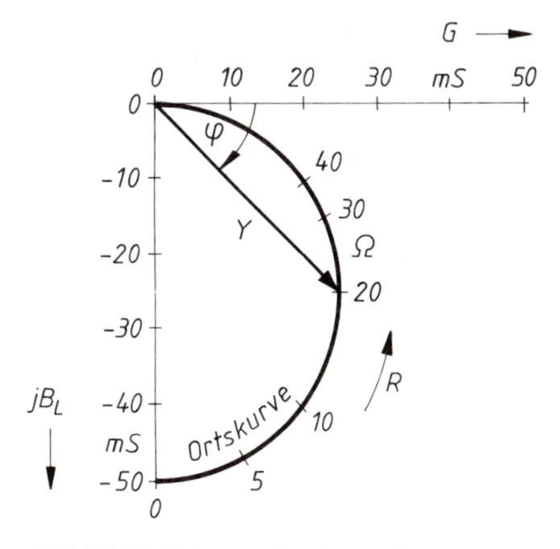

Bild 23.39 Leitwert-Ortskurve für veränderlichen Widerstand R

Aus den voranstehenden Beispielen ist ersichtlich, daß für jede Ortskurve des Scheinwiderstandes eine äquivalente Ortskurve des Scheinleitwertes angegeben werden kann und umgekehrt. Diese Umwandlung der Ortskurven nennt man *Inversion*. Die Inversion kann rechnerisch oder graphisch erfolgen.

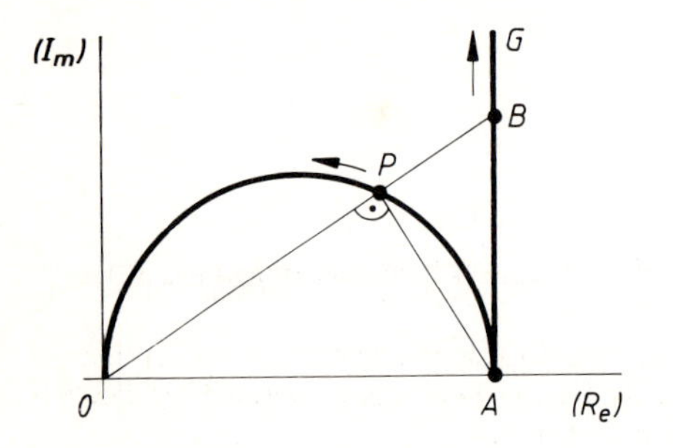

Bild 23.40
Zur Inversion von Ortskurven

Der graphischen Inversion (s. Bild 23.40) liegen folgende Behauptungen zugrunde:

1. Verschiebt sich der Punkt B auf der Ortskurve *G* vom Geradentyp in der in Bild 23.40 angegebenen Richtung, so bewegt sich Punkt P auf einer Kreisbahn. Vorausgesetzt ist, daß der Punkt P der Bedingung $\overline{AP} \perp \overline{OB}$ genügt (*Thaleskreis*).
2. Das Produkt der Strecken $\overline{OB}$ und $\overline{OP}$ ist gleich dem Quadrat der Strecke $\overline{OA}$, wenn der Punkt P auf dem *Thaleskreis* liegt (Kathetensatz):

$$(\overline{OP}) \cdot (\overline{OB}) = (\overline{OA})^2 .$$

Faßt man nun die Strecke $\overline{OB}$ als den Betrag eines Scheinwiderstandes auf, dann stellt die Strecke $\overline{OP}$ den Betrag des äquivalenten Scheinleitwertes dar, wenn der Kreisdurchmesser $\overline{OA}$ konstant gesetzt wird, denn es ist:

$$\underbrace{\overline{OP}} = \underbrace{\frac{1}{\overline{OB}}} \cdot \underbrace{(\overline{OA})^2}$$

$$\underline{Y} = \frac{1}{\underline{Z}} \cdot \text{konst} \qquad \text{mit dem Maßstabsfaktor konst.} = 1$$

Führt man die Inversion nicht nur für einen, sondern für mehrere Punkte B auf der Ortskurve vom Geradentyp durch, so erhält man entsprechend viele Punkte P, die alle auf einem Kreisabschnitt liegen.

Die Inversion einer Ortskurve vom Geradentyp, die nicht durch den Nullpunkt der komplexen Zahlenebene geht, ergibt eine Ortskurve vom Kreistyp, die den Nullpunkt berührt. Diese Aussage gilt auch umgekehrt.

Da bei der Inversion ein Vorzeichenwechsel des Phasenverschiebungswinkels auftritt,

$$\underline{Z} = Z\,\mathrm{e}^{+j\varphi}$$

$$\underline{Y} = \frac{1}{Z}\,\mathrm{e}^{-j\varphi},$$

muß die durch Inversion entstandene Ortskurve aus dem 1. Quadranten in den 4. Quadranten der komplexen Zahlenebene (oder umgedreht) verlegt werden.

Beispiel

Für die in Bild 23.41 gezeigte Parallelschaltung eines Widerstandes mit einer Spule ist die Leitwert-Ortskurve in Abhängigkeit von der Frequenz zu bestimmen und daraus durch Inversion die Widerstands-Ortskurve abzuleiten.

Lösung:

Die Leitwert-Ortskurve ist eine Gerade.

$$\underline{Y} = G - jB_L = 10 \text{ mS} - jB_L$$

Es genügt die Berechnung eines Wertes, z.B. für:

$$f = 2{,}5 \text{ kHz} \quad \text{ist} \quad \underline{Y} = 10 \text{ mS} - j\,10 \text{ mS (Punkt B)}$$

Weitere Punkte auf der Leitwert-Ortskurve ergeben sich durch Verdopplung, Halbierung usw. des Blindleitwertes.

Die Widerstands-Ortskurve der Parallelschaltung von R und L ist ein Halbkreis im 1. Quadranten der komplexen Zahlenebene. Bild 23.41 zeigt die Leitwert-Ortskurve und die durch Inversion entstandene Widerstands-Ortskurve sowie deren Eichung in Frequenzwerten.

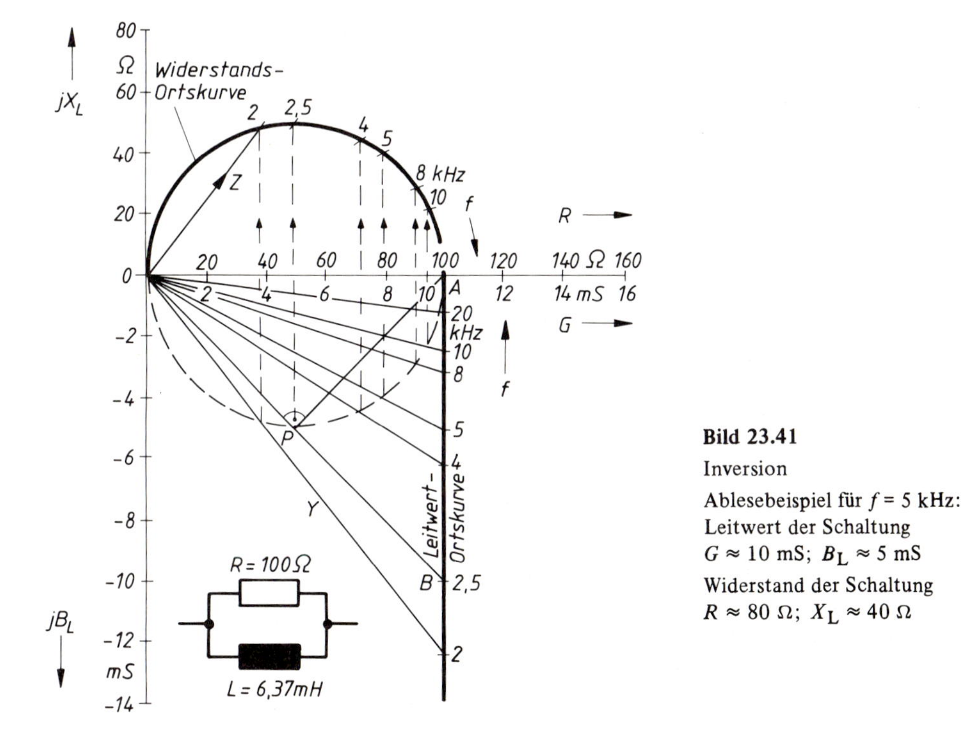

Bild 23.41
Inversion
Ablesebeispiel für $f = 5$ kHz:
Leitwert der Schaltung
$G \approx 10$ mS; $B_L \approx 5$ mS
Widerstand der Schaltung
$R \approx 80\ \Omega$; $X_L \approx 40\ \Omega$

Bild 23.42 zeigt eine Zusammenstellung der Ortskurven von Grundschaltungen. Diese Ortskurven gelten nicht nur für Scheinwiderstände und Scheinleitwerte, sondern unter bestimmten Voraussetzungen auch für Spannungen und Ströme.

Liegt eine R-, L-, C-Schaltung an einer Konstantspannungsquelle (niederohmiger Generator), dann ist die Ortskurve des Scheinleitwertes zugleich auch die *Ortskurve des Stromes*, wenn für den Spannungszeiger der reelle Wert 1 V = konst. gewählt wird:

$$\underline{I} = \underline{Y}\,\underline{U} = \underline{Y} \cdot 1\,\text{V}$$

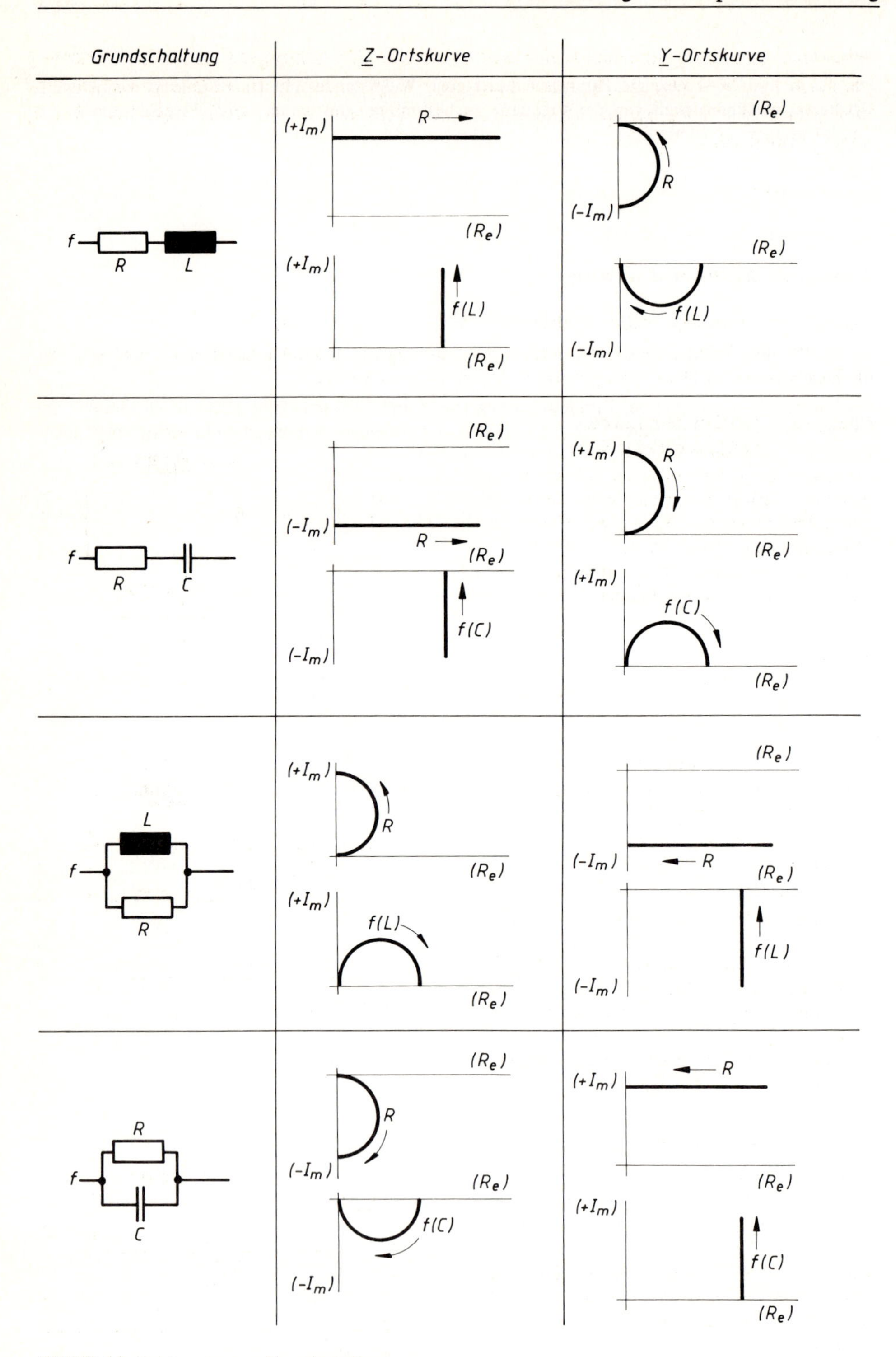

Bild 23.42 Ortskurven von Grundschaltungen

Wird eine Schaltung an einer Konstantstromquelle (hochohmiger Generator) betrieben, dann ist die Ortskurve des Scheinwiderstandes zugleich auch die *Ortskurve für die Gesamtspannung* an der Schaltung, wenn für den Stromzeiger der reelle Wert 1 A = konst. angenommen wird:

$$\underline{U} = \underline{Z}\,\underline{I} = \underline{Z} \cdot 1\,\mathrm{A}$$

23.6 Vertiefung und Übung

△ **Übung 23.4: Äquivalente Reihenschaltung**

Für die Parallelschaltung eines Widerstandes mit $R = 220\ \Omega$ und eines Kondensators mit $C = 47$ nF ist für die Frequenz $f = 36{,}2$ kHz die äquivalente Reihenschaltung zu berechnen.

△ **Übung 23.5: Scheinwiderstand der verlustbehafteten Spule**

Bild 23.43 zeigt das vollständige, Ersatzschaltbild einer verlustbehafteten Spule, die an der Wechselspannung mit 30 V und 50 Hz eine Stromaufnahme von 2,5 A hat. Berechnen Sie den Scheinwiderstand der Ersatzschaltung der Spule, und prüfen Sie die Stromaufnahme nach.

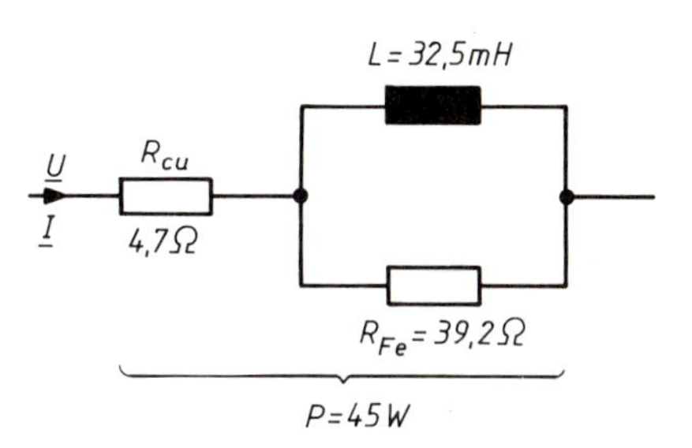

Bild 23.43

▲ **Übung 23.6: Zeigerdiagramm**

Für die im Bild 23.44 gegebene Schaltung soll ein maßstäbliches Zeigerdiagramm angefertigt werden. Gemessen wurde $I = 0{,}1$ A bei $f = 50$ Hz.

Lösungsleitlinie:

1. Versuchen Sie zunächst ein unmaßstäbliches Zeigerdiagramm darzustellen, beginnend mit $\underline{I}$, dann $\underline{U}_C$, $\underline{U}_P$, $\underline{U}$, $\underline{I}_R$, $\underline{I}_L$.
2. Berechnung der Schaltung in der Reihenfolge: X_C, X_L, $\underline{Y}_P$, $\underline{Z}$, $\underline{U}_C$ mit $\varphi_i = 0°$, $\underline{U}_P$, $\underline{U}$, $\underline{I}_R$, $\underline{I}_L$.
3. Anfertigung des maßstäblichen Zeigerdiagramms.

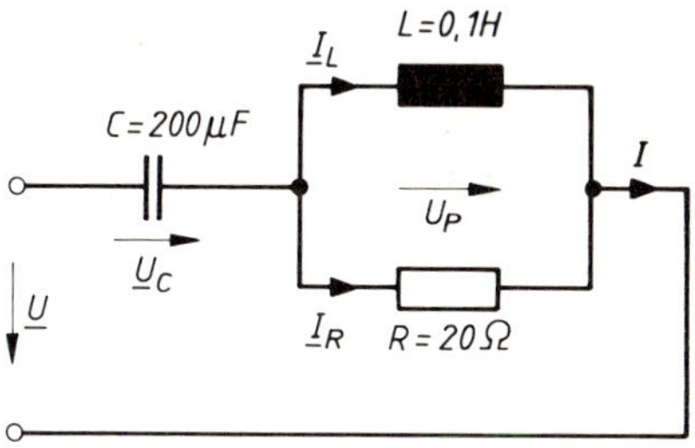

Bild 23.44

△ **Übung 23.7: Phasenverschiebungswinkel**

Welchen Wert muß der Widerstand R_2 haben, damit der Phasenverschiebungswinkel zwischen der Generatorspannung $\underline{U}$ und dem Gesamtstrom $\underline{I}$ 45° beträgt?

Lösungshinweis: Ermitteln Sie den Scheinleitwert in der Normalform der komplexen Zahl, und setzen Sie dann $\tan \varphi = (I_m)/(R_e)$ an (s. Bild 23.45).

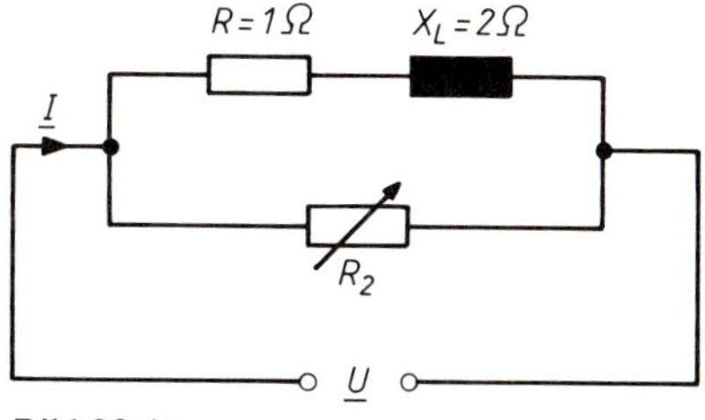

Bild 23.45

△ **Übung 23.8: 3-Spannungsmesser-Methode**

Zur Bestimmung der Induktivität einer verlustbehafteten Spule wurde diese mit einem Schaltwiderstand bekannter Größe in Reihe geschaltet. Es wurden die in Bild 23.46 angegebenen Spannungsmessungen durchgeführt (Spannungsmesser $R_i = \infty$, Frequenz $f = 50$ Hz). Wie groß ist die Induktivität der Spule?

Lösungshinweis: Beginnen Sie mit der Darstellung des Zeigerbildes.

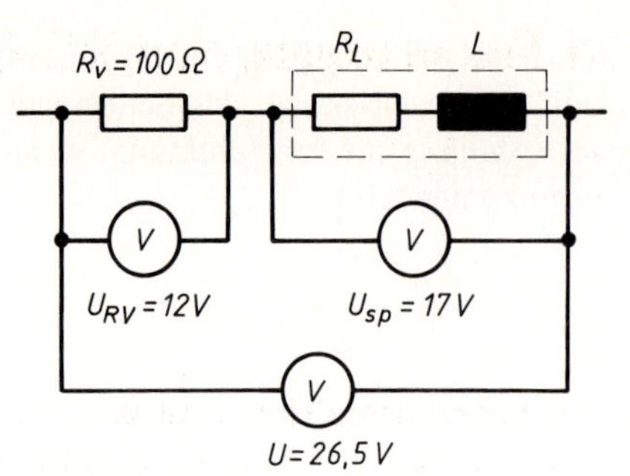

Bild 23.46

▲ **Übung 23.9: Frequenz für den Phasenverschiebungswinkel $\varphi = 0°$**

Bei welcher Frequenz ist in der Schaltung nach Bild 23.47 der Phasenverschiebungswinkel φ zwischen der angelegten Spannung $\underline{U}$ und dem Gesamtstrom $\underline{I}$ gleich Null? Wie groß sind die Ströme $\underline{I}_1$ und $\underline{I}_2$ bei $\varphi = 0°$?

Lösungshinweis: Komplexe Leitwert-Gleichung aufstellen. Bedingung $\varphi = 0°$ erfordert, daß Imaginäranteil gleich Null gesetzt werden muß (s. Kapitel 23.3.6).

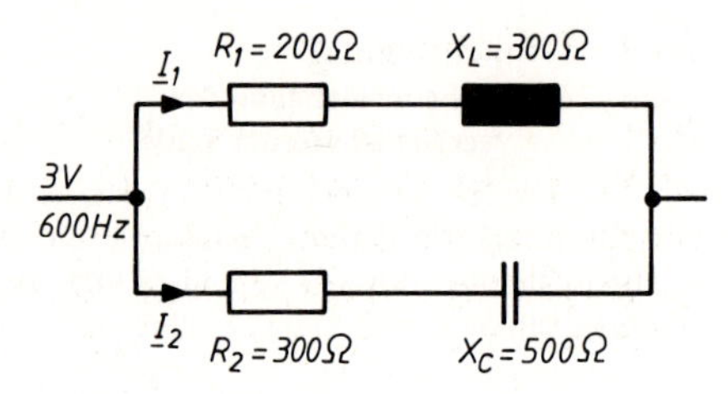

Bild 23.47

△ **Übung 23.10: Äquivalente Schaltung**

Der Phasenverschiebungswinkel zwischen der Spannung $\underline{U}$ und dem Strom $\underline{I}$ sei 20°. Berechnen Sie die äquivalente Reihenschaltung zu Bild 23.48.

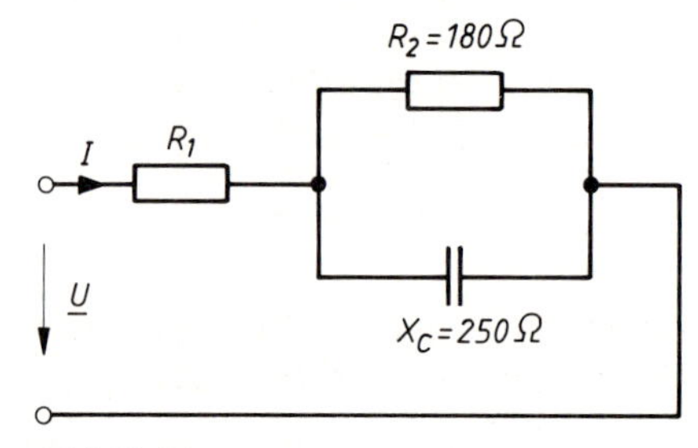

Bild 23.48

△ **Übung 23.11: Zeigerdiagramm**

Zeichnen Sie ein maßstäbliches Zeigerdiagramm für die im Bild 23.49 dargestellte Schaltung. Es ist $R = X_C = X_L$.

Lösungshinweis: Beginnen Sie mit der Festlegung des Betrages und der Richtung von $\underline{U}_P$.

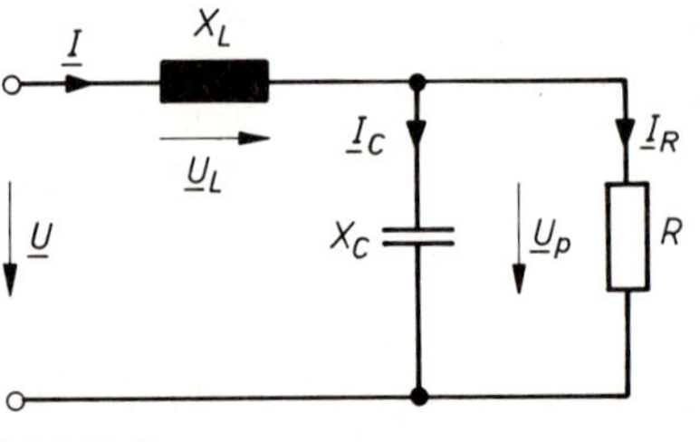

Bild 23.49

24 Frequenzgang von RC-Gliedern

RC-Glieder sind Spannungsteilerschaltungen, deren besonderes Frequenzverhalten bei der Realisierung von Siebgliedern angewendet wird. Man unterteilt die frequenzabhängigen Siebschaltungen in Tiefpässe und Hochpässe.

24.1 Frequenzgang

Jede mit zwei Eingangs- und zwei Ausgangsklemmen versehene Schaltung kann allgemein als Vierpol bezeichnet werden. Besteht die Anordnung aus *R*-, *L*- und *C*-Schaltgliedern, spricht man von einem *passiven Vierpol*. Wird der Vierpol mit einer sinusförmigen Eingangsspannung gespeist, so wird unter der Voraussetzung linearer Schaltelemente in der Schaltung, die Ausgangsspannung ebenfalls sinusförmig sein, jedoch im allgemeinen eine andere Amplitude und eine Phasenverschiebung gegenüber der Eingangsspannung aufweisen.

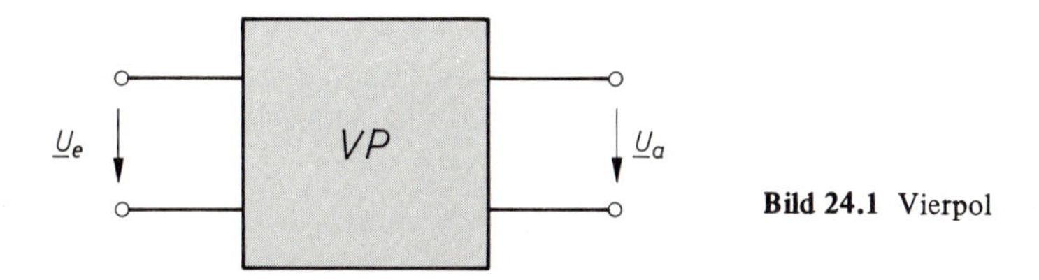

Bild 24.1 Vierpol

Als *Frequenzgang* des Vierpols bezeichnet man das Verhältnis eines Ausgangssignals zu einem Eingangssignal in Abhängigkeit von der Kreisfrequenz bei sinusförmigen Spannungen und Strömen im eingeschwungenen Zustand. Man betrachtet den Frequenzgang als eine komplexe Größe und verwendet das Formelzeichen $\underline{F}$. Um die Frequenzabhängigkeit dieser Größe kenntlich zu machen, fügt man in Klammern die Kreisfrequenz an: $\underline{F}(\omega)$.

Betrachtet man die Spannungen $\underline{U}_a$ und $\underline{U}_e$ als Ausgangs- und Eingangsgrößen eines Vierpols, dann ist der Frequenzgang $\underline{F}(\omega)$ ein Spannungsverhältnis und damit eine dimensionslose, aber komplexe Zahl:

Frequenzgang $$\boxed{\underline{F}(\omega) = \frac{\underline{U}_a}{\underline{U}_e}} \qquad (184)$$

Der Frequenzgang beinhaltet den Betrag des Spannungsverhältnisses und den Phasenverschiebungswinkel in Abhängigkeit von der Frequenz.

Betrachtet man lediglich das Verhältnis der Beträge von Ausgangsgröße und Eingangsgröße in Abhängigkeit von der Frequenz (also ohne Berücksichtigung der Phasenverschiebung), so bezeichnet man diese Darstellung als den *Amplitudengang*:

$$\text{Amplitudengang} \quad \boxed{|F(\omega)| = \frac{U_a}{U_e}} \tag{185}$$

Der Amplitudengang wird üblicherweise in doppeltlogarithmischer Darstellung aufgetragen, wobei für das Betragsverhältnis (Spannungen, Ströme) das logarithmische Maß *„Dezibel"* angegeben wird:

$$\boxed{|F(\omega)|_{dB} = 20 \cdot \lg \frac{U_a}{U_e}} \tag{186}$$

Die nachfolgende Tabelle zeigt, daß sich insbesondere sehr kleine und sehr große Betragsverhältnisse mit dem logarithmischen Maß Dezibel geschickt aufschreiben lassen. Dabei ist zu beachten, daß dem Betragsverhältnis 1 : 1 der Wert 0 dB zugeordnet wird.

$\lvert F(\omega)\rvert$	$\frac{1}{1000}$	$\frac{1}{100}$	$\frac{1}{10}$	$\frac{1}{2}$	$\frac{1}{\sqrt{2}}$	$\frac{1}{1}$	$\frac{\sqrt{2}}{1}$	$\frac{2}{1}$	$\frac{10}{1}$	$\frac{100}{1}$	$\frac{1000}{1}$
$\lvert F(\omega)\rvert_{dB}$	- 60	- 40	- 20	- 6	- 3	0	3	6	20	40	60

Die frequenzabhängige Abnahme der Ausgangsspannung eines Vierpols (bei konstanter Eingangsspannung) wird als *Dämpfung* oder *Sperrdämpfung* bezeichnet und in Dezibel (dB) oder Dezibel pro Frequenzdekade (dB/Dekade) angegeben.

Die besondere Darstellung des Phasenverschiebungswinkels zwischen Ausgangsgröße und Eingangsgröße in Abhängigkeit von der Frequenz wird als *Phasengang* bezeichnet. Der Phasenverschiebungswinkel wird aus dem Imaginäranteil und Realteil des Frequenzgangs berechnet:

$$\text{Phasengang} \quad \boxed{\varphi(\omega) = \sphericalangle(\underline{U}_a, \underline{U}_e) = \arctan \frac{\operatorname{Im}(\underline{F})}{\operatorname{Re}(\underline{F})}} \tag{187}$$

Der Phasengang wird üblicherweise in einfachlogarithmischer Darstellung gezeichnet.

Die graphischen Darstellungen des Amplituden- und Phasengangs werden *Frequenzkennlinien* oder *Bode-Diagramm* genannt.

24.2 Tiefpaß

Der *Tiefpaß* ist eine Spannungsteilerschaltung mit der besonderen Übertragungseigenschaft, die tiefen Frequenzen und Gleichstrom unverändert durchzulassen und die hohen Frequenzen abzuschwächen. Die beiden wohlunterschiedenen Frequenzbereiche heißen Durchlaßbereich bzw. Sperrbereich. Die Trennungslinie des fließend verlaufenden Übergangs wurde willkürlich, aber zweckmäßig bei einem Abfall der Ausgangsspannung U_a auf 0,707 $U_e \mathrel{\hat{=}} -3$ dB festgelegt.

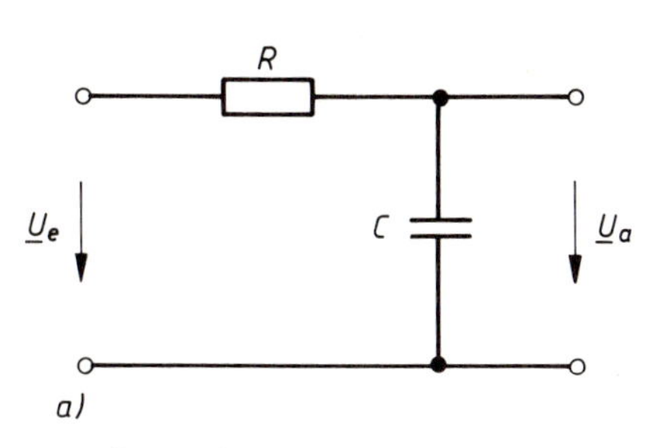

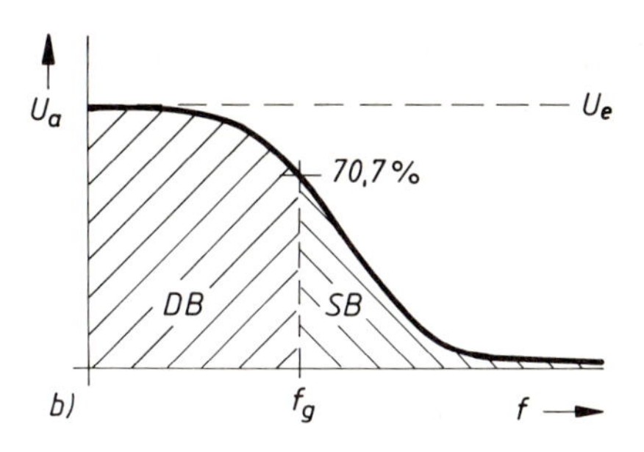

Bild 24.2 Tiefpaß
a) Schaltung als *RC*-Glied
b) Frequenzabhängigkeit der Ausgangsspannung
DB = Durchlaßbereich, SB = Sperrbereich

Bild 24.2 zeigt eine *RC*-Schaltung als Tiefpaß. Der komplexe Frequenzgang dieser Spannungsteilerschaltung kann berechnet werden:

$$\underline{F}(\omega) = \frac{\underline{U}_a}{\underline{U}_e} = \frac{I(-jX_c)}{I(R-jX_c)}$$

$$\underline{F}(\omega) = \frac{1}{\frac{R-jX_c}{-jX_c}} = \frac{1}{\frac{R}{-jX_c}+1}$$

$$\boxed{\underline{F}(\omega) = \frac{1}{1+j\omega RC}} \qquad (188)$$

Zur näheren Analyse des Frequenzgangs betrachtet man den Amplitudengang:

$$|F(\omega)| = \frac{U_a}{U_e} = \frac{IX_c}{IZ}$$

$$|F(\omega)| = \frac{1}{\frac{Z}{X_c}} = \frac{1}{\frac{\sqrt{R^2+X_c^2}}{\sqrt{X_c^2}}}$$

$$\boxed{|F(\omega)| = \frac{U_a}{U_e} = \frac{1}{\sqrt{1+(\omega RC)^2}}} \qquad (189)$$

In Worten: Das Betragsverhältnis von Ausgangsspannung U_a und Eingangsspannung U_e wird durch einen frequenzabhängigen Ausdruck bestimmt, der schaltungsabhängig ist. Die Ausgangsspannung U_a wird mit zunehmender Frequenz kleiner.

Gemäß Festlegung ist bei *Grenzfrequenz* die Ausgangsspannung U_a auf den Wert 70,7 % der Eingangsspannung U_e zurückgegangen:

$$|F(\omega)| = \frac{U_a}{U_e} = \frac{1}{\sqrt{2}} = 0{,}707$$

Die Grenzfrequenz kann mit dieser Bedingung aus Gl. (189) ermittelt werden:

$$\sqrt{1+(\omega RC)^2}=\sqrt{2}$$

Daraus folgt:

$$\omega RC = 1 \qquad \text{mit } \omega = 2\pi f_g$$

$$\boxed{X_c = R} \tag{190}$$

In Worten: Die Grenzfrequenz eines *RC*-Tiefpasses ist dann erreicht, wenn der kapazitive Blindwiderstand X_c gleich dem Wirkwiderstand R ist. Diese Bedingung ist bei der Frequenz f_g erfüllt:

$$\boxed{f_g = \frac{1}{2\pi RC}} \tag{191}$$

Um zu erfahren, wie die Ausgangsspannung gegenüber der Eingangsspannung phasenverschoben ist, berechnet man den Phasengang aus dem Imaginäranteil und Realanteil des Frequenzgangs $\underline{F}(\omega)$:

$$\underline{F}(\omega) = \frac{1}{1+j\,\omega RC} = \frac{1-j\,\omega RC}{1+(\omega RC)^2}$$

$$\underline{F}(\omega) = \underbrace{\frac{1}{1+(\omega RC)^2}}_{\mathrm{Re}(\underline{F})} - j\underbrace{\frac{\omega RC}{1+(\omega RC)^2}}_{\mathrm{Im}(\underline{F})}$$

$$\varphi(\omega) = \arctan\frac{\mathrm{Im}(\underline{F})}{\mathrm{Re}(\underline{F})}$$

$$\varphi(\omega) = \arctan\frac{-\dfrac{\omega RC}{1+(\omega RC)^2}}{\dfrac{1}{1+(\omega RC)^2}}$$

$$\boxed{\varphi(\omega) = -\arctan \omega RC} \tag{192}$$

In Worten: Die Ausgangsspannung ist nacheilend gegenüber der Eingangsspannung (Minuszeichen!). Der Phasenverschiebungswinkel nimmt mit der Frequenz zu und erreicht bei $\omega=\infty$ den Winkel $\varphi = -90°$.

Wie groß ist der Phasenverschiebungswinkel bei Grenzfrequenz? Aus der Bedingung

$$R = X_c$$

folgt:

$$\omega RC = 1$$

Eingesetzt in Gl. (192) ergibt sich:

$$\varphi(\omega) = -\arctan 1 = -45°$$

In Worten: Wird ein Tiefpaß mit der Frequenz $f = f_g$ angesteuert, so erreicht die Ausgangsspannung den Betrag $U_a = 70{,}7\ \%\ U_e$; dabei ist U_a um 45° nacheilend gegenüber U_e.

Bild 24.3 zeigt den Amplituden- und Phasengang in Bode-Diagramm-Darstellung.

Beispiel

Der Frequenzgang eines *RC*-Tiefpasses ist im Frequenzbereich $\omega = 0{,}01\ \text{ks}^{-1}$ bis $10\,000\ \text{ks}^{-1}$ zu untersuchen. Der Widerstand im Längszweig des Vierpols sei $R = 10\ \text{k}\Omega$, und der Kondensator im Querzweig habe die Kapazität $C = 10\ \text{nF}$.

Lösung:

Wir berechnen in der nachfolgenden Tabelle den Amplitudengang:

$$|F(\omega)| = \frac{U_a}{U_e} = \frac{1}{\sqrt{1 + (\omega RC)^2}}$$

und den Phasengang:

$$\varphi(\omega) = \sphericalangle(\underline{U}_a, \underline{U}_e) = -\arctan \omega RC$$

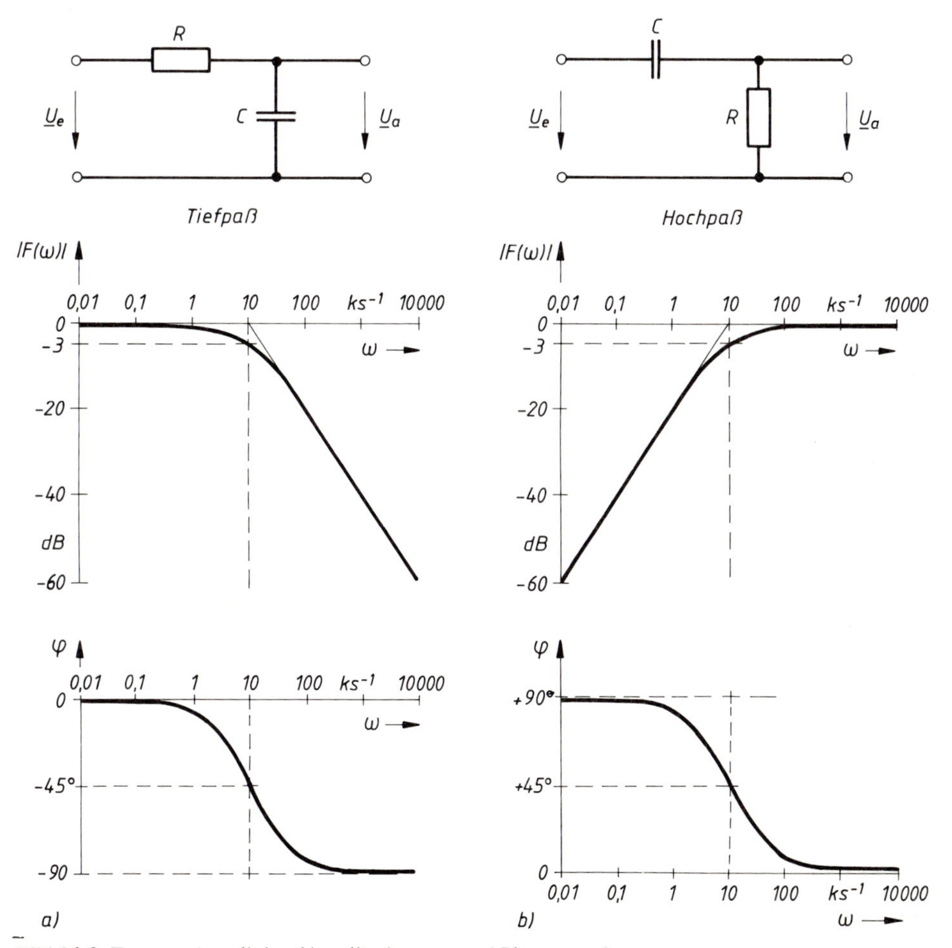

Bild 24.3 Frequenzkennlinien (Amplitudengang und Phasengang)
a) eines Tiefpasses, b) eines Hochpasses

Tabelle

ω	$\lvert F(\omega)\rvert = \frac{U_a}{U_e}$	$\lvert F(\omega)\rvert_{dB} = 20 \lg \frac{U_a}{U_e}$	$\varphi = \sphericalangle (U_a, U_e)$
0,01 ks^{-1}	1	0 dB	0°
0,1	1	0	- 0,57°
1	1	0	- 5,7°
10	0,707	- 3	- 45°
100	0,1	- 20	- 84,3°
1000	0,01	- 40	- 89,43°
10000	0,001	- 60	- 90°

Gleichstrom und tiefe Frequenzen können den Tiefpaß fast ungedämpft passieren. Dagegen steigert sich die Dämpfung im Sperrbereich um 20 dB je Frequenzdekade, d.h. die Ausgangsspannung nimmt jeweils bei Verzehnfachung der Frequenz auf ein Zehntel ab (s. Bild 24.3).

24.3 Hochpaß

Der *Hochpaß* ist eine Spannungsteilerschaltung mit dem genau entgegengesetzten Übertragungsverhalten des Tiefpasses. Hohe Frequenzen sollen unverändert durchgelassen und tiefe Frequenzen abgeschwächt werden. Der *RC*-Hochpaß ist für Gleichstrom undurchlässig, da nun der Kondensator im Längszweig des Vierpols liegt.

Die analytische Behandlung des *RC*-Hochpasses erfolgt in gleicher Weise wie beim Tiepaß (Kapitel 24.2). Es ergeben sich folgende Ergebnisse:

Frequenzgang

$$\underline{F}(\omega) = \frac{1}{1 + \frac{1}{j\omega RC}} \tag{193}$$

Amplitudengang

$$\lvert F(\omega)\rvert = \frac{1}{\sqrt{1 + \left(\frac{1}{\omega RC}\right)^2}} \tag{194}$$

Phasengang

$$\varphi(\omega) = \arctan \frac{1}{\omega RC} \tag{195}$$

Bedingung für Grenzfrequenz

$$X_c = R \tag{196}$$

Grenzfrequenz

$$f_g = \frac{1}{2\pi RC} \qquad (197)$$

Beispiel

Der Frequenzgang eines RC-Hochpasses ist im Frequenzbereich $\omega = 0{,}01\ \text{ks}^{-1}$ bis $10\,000\ \text{ks}^{-1}$ zu untersuchen. Der Kondensator im Längszweig des Vierpols hat die Kapazität $C = 10$ nF, und der Widerstand im Querzweig habe den Wert $R = 10\ \text{k}\Omega$.

Lösung:

Wir berechnen in der nachfolgenden Tabelle den Amplitudengang:

$$|F(\omega)| = \frac{U_a}{U_e} = \frac{1}{\sqrt{1 + \left(\frac{1}{\omega RC}\right)^2}}$$

und den Phasengang:

$$\varphi(\omega) = \sphericalangle(U_a, U_e) = \arctan \frac{1}{\omega RC}$$

Tabelle

ω	$\lvert F(\omega)\rvert = \frac{U_a}{U_e}$	$\lvert F(\omega)\rvert_{dB} = 20 \lg \frac{U_a}{U_e}$	$\varphi(\omega) = \sphericalangle(U_a, U_e)$
0,01 ks^{-1}	0,001	– 60 dB	90°
0,1	0,01	– 40	89,43°
1	0,1	– 20	84,3°
10	0,707	– 3	45°
100	1	0	5,7°
1000	1	0	0,57°
10000	1	0	0°

Hohe Frequenzen können den Hochpaß fast ungedämpft passieren, während für tiefere Frequenzen die Dämpfung im Sperrbereich um 20 dB je Frequenzdekade zunimmt (s. Bild 24.3).

24.4 Vertiefung und Übung

△ **Übung 24.1: *RC*-Tiefpaß**

Die Ausgangsspannung eines RC-Tiefpasses soll bei der Frequenz $f = 1$ kHz nur noch 10 % der Eingangsspannung betragen. Wie groß ist die Grenzfrequenz zu wählen?

△ **Übung 24.2: Dämpfungsmaß**

Wie groß ist die Querkapazität C eines Tiefpasses, wenn dieser bei der Frequenz $f = 800$ Hz eine Sperrdämpfung von 30 dB haben soll und der Längswiderstand $R = 4{,}7\ \text{k}\Omega$ beträgt?

△ **Übung 24.3: Phasenverschiebungswinkel**

Wie groß ist der Phasenverschiebungswinkel φ bei einer Sperrdämpfung des RC-Hochpasses von 6 dB?

△ **Übung 24.4: Abtrennen eines Gleichspannungsanteils**

Eine Mischspannung bestehe aus einem Gleichspannungsanteil $U = 5$ V, dem eine sinusförmige Wechselspannung mit der Amplitude $\hat{u} = 2$ V überlagert ist (Bild 24.4).

a) Mit welcher Vierpolschaltung kann erreicht werden, daß der Gleichspannungsanteil abgetrennt und nur der Wechselspannungsanteil übertragen wird?

b) Wie groß muß die Grenzfrequenz des Vierpols sein, wenn die Ausgangsspannung bei der Frequenz $f = 1$ kHz $U_a = 0{,}95 \cdot U_e$ sein soll?

c) Wie groß muß die Kapazität des Kondensators sein, wenn der Widerstand den Wert $R = 2$ kΩ hat?

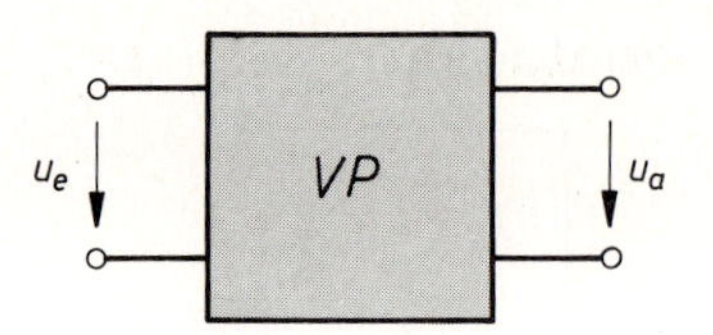

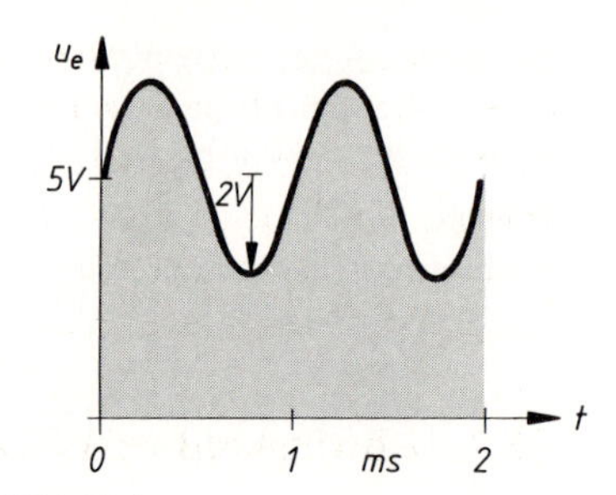

Bild 24.4

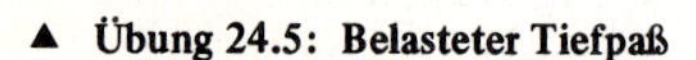

▲ **Übung 24.5: Belasteter Tiefpaß**

Bild 24.5 zeigt eine Tiefpaßschaltung.

a) Wie groß sind Grenzfrequenz und Ausgangsspannung U_a (bei Grenzfrequenz) des unbelasteten Tiefpasses ($R_2 = \infty$)?

b) Wie verändern sich Grenzfrequenz und Ausgangsspannung (bei Grenzfrequenz), wenn die RC-Schaltung mit dem Widerstand R_2 belastet wird?

Lösungshinweis:

Aus den Angaben U_e, R_1, R_2 kann die Ersatzspannungsquelle mit den Kennwerten U_q und R_i gebildet werden.

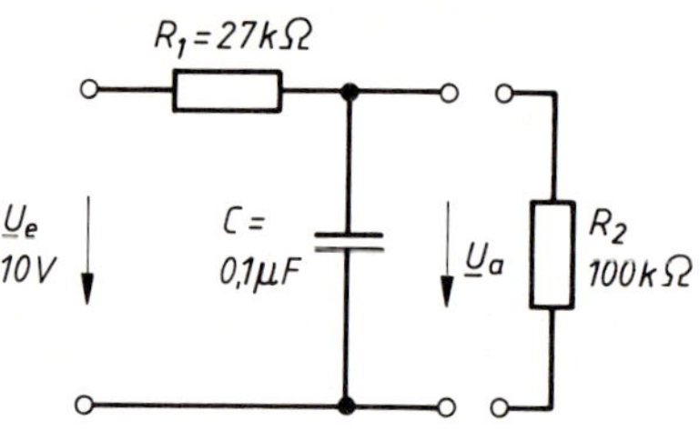

Bild 24.5

▲ **Übung 24.6: Frequenzgang einer Wien-Schaltung**

In der Meßtechnik und in Schaltungen zur Schwingungserzeugung findet sich die in Bild 24.6 dargestellte RC-Kombination nach *Wien*. Mit dieser Schaltung lassen sich Phasenverschiebungen zwischen der Eingangs- und Ausgangsspannung herstellen.

Ermitteln Sie die Gleichung für den Frequenzgang, und werten Sie diese Gleichung zur Anfertigung der Frequenzkennlinien für den Frequenzbereich 0,1 bis 10 kHz aus, wenn $R = 15{,}9$ kΩ und $C = 10$ nF sind.

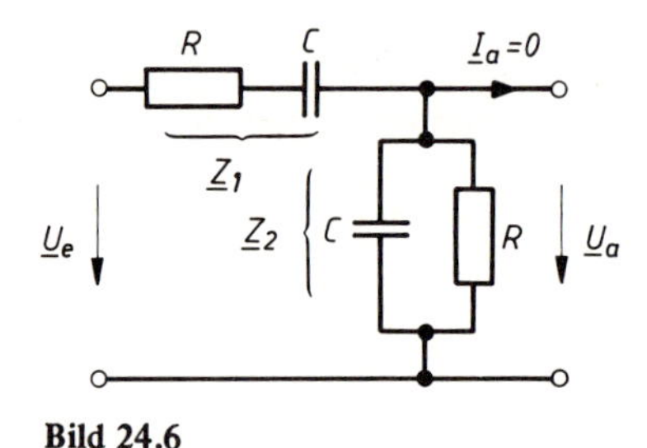

Bild 24.6

Lösungsleitlinie:

1. Stellen Sie für das unbelastete *Wien*-Glied das zum Spannungsverhältnis $\underline{U}_a/\underline{U}_e$ gehörende Widerstandsverhältnis auf. Schreiben Sie das Widerstandsverhältnis zunächst mit $\underline{Z}_1$ und $\underline{Z}_2$, dann kürzen.
2. Führen Sie die Zeitkonstante $\tau = RC$ in den Widerstandsausdruck ein.
3. Stellen Sie eine Gleichung für den Amplituden- und Phasengang auf!
4. Bei welcher Frequenz wird das Spannungsverhältnis U_a/U_e reell, d.h. keine Phasenverschiebung zwischen $\underline{U}_a$ und $\underline{U}_e$?
5. Wie groß ist das Spannungsverhältnis U_a/U_e bei $\varphi = \sphericalangle(\underline{U}_a, \underline{U}_e) = 0°$?

25 Schwingkreis, Resonanzkreis

Ein elektrischer Schwingkreis ist ein System, in dem zwei unabhängige Energiespeicher ihre Energie wechselseitig austauschen, wobei Träger der Energie elektrische und magnetische Felder sind. Im Bereich niederer Frequenzen bestehen Schwingkreise aus konzentrierten Bauelementen, also aus Spulen und Kondensatoren, die durch kurze Leiterstücke miteinander verbunden sind. Das magnetische Feld befindet sich dann im Bereich der Spule und das elektrische Feld ist auf den Kondensator konzentriert.

25.1 Schwingkreis und freie Schwingung

Eine freie Schwingung entsteht, wenn ein auf die Spannung U_0 aufgeladener Kondensator über eine Spule entladen wird.

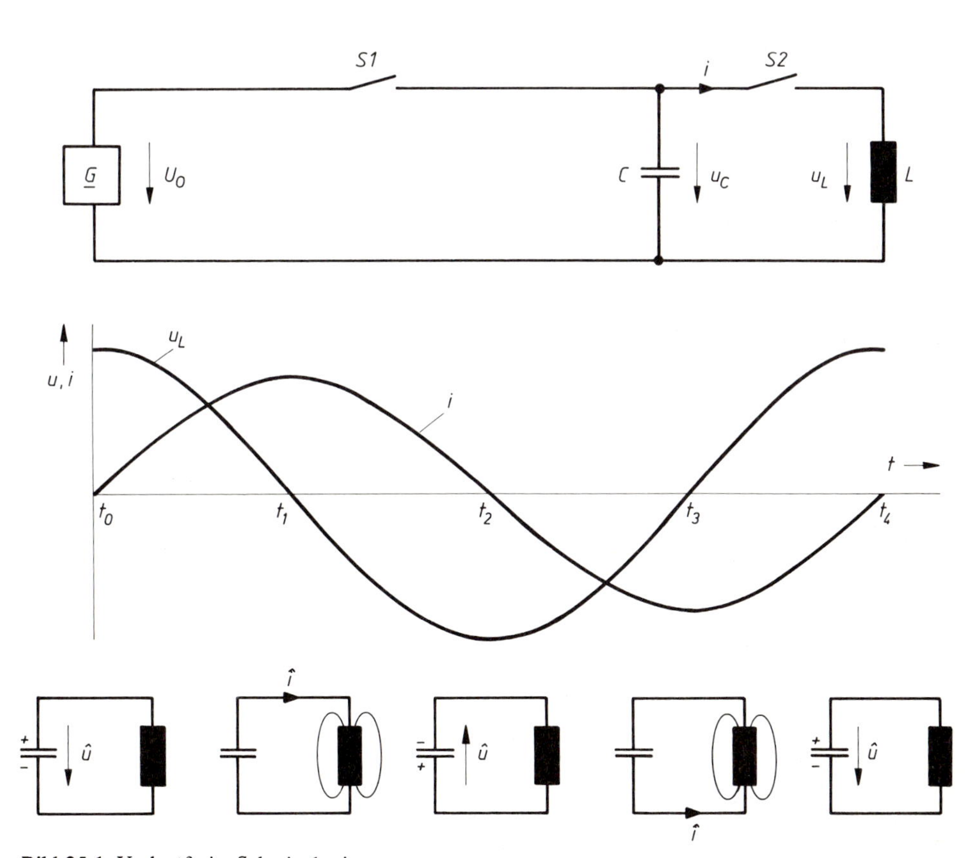

Bild 25.1 Verlustfreier Schwingkreis
Zeitlicher Verlauf von Spannung und Strom bei einer ungedämpften freien Schwingung mit Zuordnung zum elektrischen Feld des Kondensators und magnetischen Feld der Spule

Nimmt man beide Zweipole und die Verbindungsleitungen als ideal (verlustfrei) an, dann kann der einmal in diesen Kreis eingebrachte Energiebetrag aus diesem nicht mehr entweichen. Die Speicherung dieses Energiebetrages kann im geschlossenen Stromkreis nur in der Form einer Energiependelung vom Kondensator zur Spule und zurück erfolgen. Die Energiebilanz des verlustfreien Schwingkreises lautet deshalb:

$$W = \frac{1}{2} C u_c^2 + \frac{1}{2} L i^2 = \text{konst}.$$

Hierin bedeutet W die in den Kreis eingebrachte Energie, die sich auf die elektrische Feldenergie des Kondensators und die magnetische Feldenergie der Spule verteilt. Die bei der Energieschwingung auftretenden Sonderfälle der Energiebilanz lauten:

$$W = \frac{1}{2} C \hat{u}_c^2 + 0 \qquad \text{(Energie } W \text{ im elektrischen Feld)}$$

$$W = 0 + \frac{1}{2} L \hat{i}^2 \qquad \text{(Energie } W \text{ im magnetischen Feld)}$$

Der Energieaustausch heißt *Eigenschwingung* des Kreises. Man erkennt, daß einem Maximum der Schwingkreisspannung ein Minimum des Schwingstromes zugeordnet werden muß. Spannung und Strom sind also um 90° phasenverschoben, ihre Amplituden bleiben konstant. Eine solche Schwingung nennt man eine *ungedämpfte freie Schwingung*.

Qualitative Beschreibung der ungedämpften Schwingung (Bild 25.1):

→ Vorbereitung des Schwingungsvorgangs durch Aufladung des Kondensators auf die Spannung U_0 (S1 geschlossen, S2 geöffnet)

→ Einleitung des Schwingungsvorgangs durch Umschalten der Schalter (S1 geöffnet, S2 geschlossen)

→ 1. Phase des Schwingungsvorgangs

Übergang vom Zustand I $\left\{ \begin{array}{l} u_c(t_0) = \hat{u}_c = U_0 \\ i\ (t_0) = 0 \end{array} \right\}$ zum Zustand II $\left\{ \begin{array}{l} u_c(t_1) = 0 \\ i\ (t_1) = \hat{i} = \dfrac{U_0}{Z} \end{array} \right\}$

Kennzeichen: Die Selbstinduktionswirkung der Spule verhindert, daß sich der Kondensator kurzschlußartig entlädt. Aufbau des magnetischen Feldes (erkennbar an Stromzunahme) durch Abbau des elektrischen Feldes (erkennbar an Abnahme der Kondensatorspannung)

→ 2. Phase des Schwingungsvorgangs

Übergang vom Zustand II $\left\{ \begin{array}{l} u_c(t_1) = 0 \\ i\ (t_1) = \hat{i} \end{array} \right\}$ zum Zustand III $\left\{ \begin{array}{l} u_c(t_2) = \hat{u} = -U_0 \\ i\ (t_2) = 0 \end{array} \right\}$

Kennzeichen: Gleiche Stromrichtung wie in Phase 1 (wegen unveränderter Magnetfeldrichtung), jedoch umgekehrte Polarität der induzierten Spannung (wegen Abbau des magnetischen Feldes). Dadurch Aufladung des Kondensators mit umgekehrter Polarität

→ 3. und 4. Phase des Schwingungsvorgangs

Kennzeichen: Wiederholung der 1. und 2. Phase mit umgekehrter Stromrichtung

Quantitative Beschreibung der ungedämpften Schwingung:

Die genaue Beschreibung des Schwingungsvorgangs zielt auf die Beantwortung der Fragen nach Kurvenform, Amplitude und Frequenz der Schwingungen.

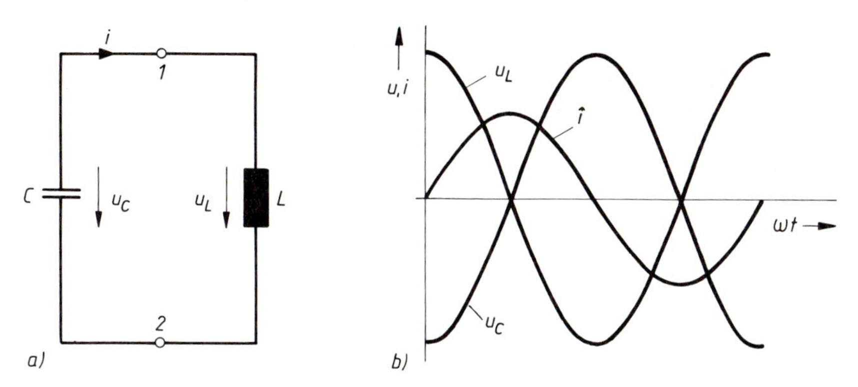

Bild 25.2 Zur Herleitung der Schwingungsgleichung

Mit den Zählpfeilen des Stromes i und der Spannungen u_C, u_L in Bild 25.2a) läßt sich mit Hilfe des 2. Kirchhoffschen Satzes die Beziehung

$$u_L - u_C = 0$$

aufstellen. Die Selbstinduktionsspannung u_L entsteht dabei durch Stromänderung di/dt in der Spule mit der Induktivität L:

$$u_L = L \frac{di}{dt}$$

Die Kondensatorspannung ist das Ergebnis der zum Kondensator mit der Kapazität C geflossenen Ladungsmenge $q = \int i \, dt$:

$$u_C = \frac{q}{C}$$

$$u_C = \frac{1}{C} \int i \, dt$$ Vorzeichen „+" bei u_C ↓ (Kondensator, i ↓), Vorzeichen „–" bei u_C ↓ (Kondensator, i ↑).

Für den verlustfreien Schwingkreis gilt deshalb die folgende grundlegende Gleichung:

$$L \frac{di}{dt} + \frac{1}{C} \int i \, dt = 0 \qquad (198)$$

In Worten: Gl. (198) beschreibt zwei Spannungen, die in jedem Zeitpunkt gleich groß sein müssen, wobei beide Spannungen in komplizierter Weise vom Strom abhängig sind. Die induktive Spannung reagiert auf die Änderungsgeschwindigkeit di/dt und die kapazitive Spannung auf die Momentanwerte $i(t)$ des Stromes. Weitere Einflußgrößen sind Induktivität L und Kapazität C, die jedoch konstante Größen sind.

Die mathematische Lösung[1]) von Gl. (198) liefert den gesuchten Strom:

$$i = \frac{U_0}{Z} \sin \omega_0 t \qquad \text{mit Kennwiderstand } Z = \sqrt{\frac{L}{C}} \qquad (199)$$

[1]) Die Herleitung der Lösung erfordert ein mathematisches Verständnis, das in diesem Buch nicht vorausgesetzt wird.

In Worten: Nur ein *sinusförmiger Strom* der Eigenfrequenz f_0 bzw. Kreisfrequenz $\omega_0 = 2\pi f_0$ und der *Amplitude* $\hat{i} = U_0/\sqrt{L/C}$ erfüllt alle Bedingungen, die zur Aufrechterhaltung einer Schwingung im verlustfreien Schwingkreis erforderlich sind. Der Wurzelausdruck hat die Einheit Ohm und wird *Kennwiderstand* des Schwingkreises genannt.

Bei Zugrundelegung der Zählpfeile für u_C und u_L in Bild 25.2a) gilt für die zwischen den Punkten 1 und 2 meßbare Spannung u_{12}:

$$u_{12} = u_C = u_L$$

$$\boxed{u_{12} = U_0 \cos \omega_0 t} \qquad (200)$$

In Worten: Die Spannungsschwingung verläuft frequenzgleich zum Strom, jedoch um 90° phasenverschoben und hat die Amplitude $\hat{u}_{12} = U_0$.

Bild 25.2b) zeigt die gefundenen Lösungen im Liniendiagramm. Man erkennt, daß die induktive Spannung u_L dem Strom i um 90° vorauseilt. Auch die Voreilung des Stromes i um 90° gegenüber der kapazitiven Spannung u_C ist erfüllt, wenn man die Pfeilrichtungen von i und u_C in Bild 25.2a) beachtet.

In jedem Schwingkreis findet die Energiependelung mit einer für den Kreis typischen *Eigenfrequenz* statt, die sich aus den elektrischen Eigenschaften von Spule und Kondensator ableiten läßt.

Für die Spule gilt:

$$u = L \frac{\mathrm{d}i}{\mathrm{d}t}$$

$$\hat{u} = L \left(\frac{\mathrm{d}i}{\mathrm{d}t}\right)_{\max} = L\,\omega\,\hat{i} \qquad \text{s. Gl. (116)}$$

Für den Kondensator gilt:

$$i = C \frac{\mathrm{d}u}{\mathrm{d}t}$$

$$\hat{i} = C \left(\frac{\mathrm{d}u}{\mathrm{d}t}\right)_{\max} = C\,\omega\,\hat{u}$$

Durch Einsetzen ergibt sich:

$$\hat{u} = L\,\omega C\,\omega \hat{u} \qquad \text{oder}$$

$$\omega^2 LC = 1$$

Daraus folgt für die Eigenfrequenz f_0 eines verlustfreien Schwingkreises:

$$\omega_0 = \frac{1}{\sqrt{LC}}$$

$$\boxed{f_0 = \frac{1}{2\pi\sqrt{LC}}} \qquad \text{Einheit } 1\,\mathrm{s}^{-1} = 1\,\mathrm{Hz} \qquad (201)$$

In Worten: Bei einem verlustlosen Schwingkreis verläuft die durch einmalige Energiezufuhr angestoßene Energiependelung eigenständig (unbeeinflußt von außen) mit der Eigenfrequenz f_0 ab. Diese ist nur von den Bauelementgrößen L und C abhängig.

Freie gedämpfte Schwingung:

In technischen Schwingkreisen treten immer Verluste auf, die den Betrag der pendelnden Energie allmählich verringern. Ursache des Energieverzehrs ist zumeist die Entstehung von Stromwärme. Die Verluste können deshalb durch Einfügen eines ohmschen Widerstandes R in den Schwingkreis nachgebildet werden (s. Bild 25.3a)).

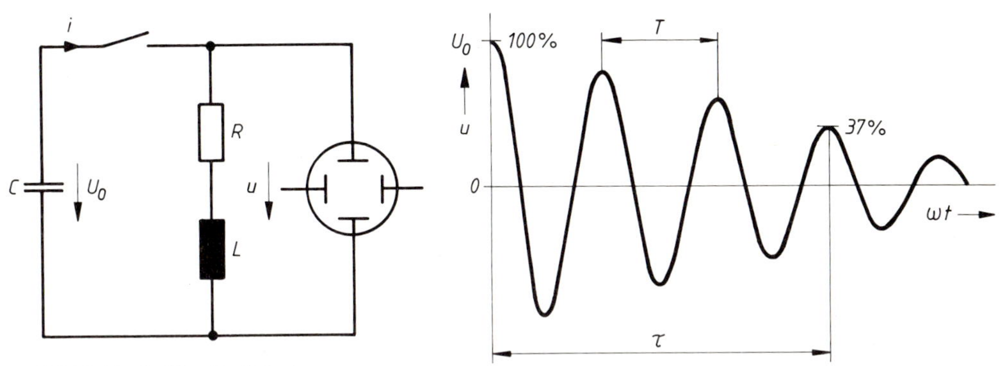

Bild 25.3 Gedämpfte Schwingung

Die zu beobachtende Abnahme der Schwingungsamplituden bezeichnet man als *Dämpfung*. Bei schwach gedämpften Schwingkreisen sinkt die Amplitude nach einer e-Funktion. An die Stelle der konstanten Spannungsamplitude $\hat{u} = U_0$ der ungedämpften Schwingung tritt die exponentiell abklingende Spannungsamplitude der gedämpften Schwingung $\hat{u} = U_0 \cdot e^{-t/\tau}$. Dabei ist die *Abkling-Zeitkonstante* τ aus den Schwingkreisdaten berechenbar:

$$\tau = 2\frac{L}{R}$$

Das Auftreten eines Verlustwiderstandes im Schwingkreis bewirkt außerdem eine etwas verringerte Eigenfrequenz. An die Stelle der Eigenfrequenz ω_0 der ungedämpften Schwingung tritt die etwas kleinere Eigenfrequenz ω der schwach gedämpften Schwingung:

$$\omega = \sqrt{\omega_0^2 - \left(\frac{1}{\tau}\right)^2}$$

Eine Schwingung ist dann schwach gedämpft, wenn gilt:

$\tau \gg T$ $\qquad T$ = Periodendauer der Schwingung

Lautet die Funktionsgleichung der ungedämpften Spannungsschwingung

$$u = U_0 \cos \omega_0 t,$$

so ist für die schwach gedämpfte Spannungsschwingung

$$\boxed{u = U_0\, e^{-\frac{t}{\tau}} \cos \omega t} \qquad (202)$$

zu setzen.

Beispiel

Ein Kondensator mit der Kapazität $C = 12$ nF wird auf die Gleichspannung $U_0 = 10$ V aufgeladen und dann über eine Spule mit der Induktivität $L = 20$ mH entladen.

a) Wie lautet die Schwingungsgleichung für die Spannung u, wenn der Schwingkreis verlustlos ist?
b) Wie lautet die Gleichung der gedämpften Schwingung, wenn die Spule einen Verlustwiderstand von $R = 100\ \Omega$ hat?

Lösung:

a) Eigenfrequenz:

$$\omega_0 = \frac{1}{\sqrt{LC}} = \frac{1}{\sqrt{20 \cdot 10^{-3}\ \text{H} \cdot 12 \cdot 10^{-9}\ \text{F}}} = 64\,550\ \text{s}^{-1}$$

Ungedämpfte Spannungsschwingung:

$$u = U_0 \cos \omega_0 t$$
$$u = 10\ \text{V} \cdot \cos \omega_0 t$$

b) Abkling-Zeitkonstante:

$$\tau = 2\frac{L}{R} = 2\frac{20 \cdot 10^{-3}\ \text{H}}{100\ \Omega} = 0{,}4\ \text{ms}$$

Eigenfrequenz:

$$\omega = \sqrt{\omega_0^2 - \left(\frac{1}{\tau}\right)^2}$$

$$\omega = \sqrt{(64\,550\ \text{s}^{-1})^2 - \left(\frac{1}{0{,}4 \cdot 10^{-3}\ \text{s}}\right)^2} = 64\,506\ \text{s}^{-1}$$

$$T = \frac{2\pi}{\omega} = \frac{2\pi}{64\,506\ \text{s}^{-1}} \approx 0{,}1\ \text{ms}$$

Gedämpfte Spannungsschwingung:

$$u = U_0 \cdot \text{e}^{-\frac{t}{\tau}} \cos \omega t$$

$$u = 10\ \text{V} \cdot \text{e}^{-\frac{t}{0{,}4\ \text{ms}}} \cdot \cos \omega t$$

Die Schwingungsamplitude ist nach $t = 0{,}4$ ms ($\hat{=}$ etwa 4 Schwingungsperioden) auf ca. 37 % des Anfangswertes abgeklungen ($\hat{=}$ ca. 3.7 V).

△ **Übung 25.1: Eigenfrequenz und Schwingungsdauer**

Wie verändern sich Eigenfrequenz und Schwingungsdauer eines dämpfungsfreien Schwingkreises, wenn dessen Induktivität durch Verdreifachen der Windungszahl der Spule bei sonst konstanten Werten vergrößert wird?

25.2 Reihen-Resonanzkreis

Ist der Schwingkreis einer periodischen äußeren Einwirkung (Erregung) ausgesetzt, so entsteht in ihm eine fremderregte Schwingung. Dabei sind zwei Fälle möglich:

1. Der Kreis schwingt mit seiner Eigenfrequenz, wenn er mit der gleichen Frequenz erregt wird (*Resonanz*).
2. Der Kreis schwingt mit der Frequenz der Erregung, wenn diese nicht gleich der Eigenfrequenz ist (*erzwungene Schwingung*).

Da der Schwingkreis auf die Frequenz der Erregung durch Verändern der Strom- oder Spannungsamplitude, also mit einem bestimmten Widerstandsverhalten, reagiert, wird er nachfolgend als *Resonanzkreis* bezeichnet. Technische Resonanzkreise sind verlustbehaftet. Die Verluste entstehen durch Energieabgabe des Kreises in Form von Wärme oder elektromagnetischer Strahlung (Antenne) und werden symbolisch durch den Wirkwiderstand R_V (Verlustwiderstand) erfaßt.

25.2.1 Resonanzfrequenz und Resonanzwiderstand

Der Scheinwiderstand des verlustbehafteten Reihen-Resonanzkreises (Bild 25.4) berechnet sich aus:

$$\underline{Z} = R_V + j\,\omega L - j\,\frac{1}{\omega C}$$

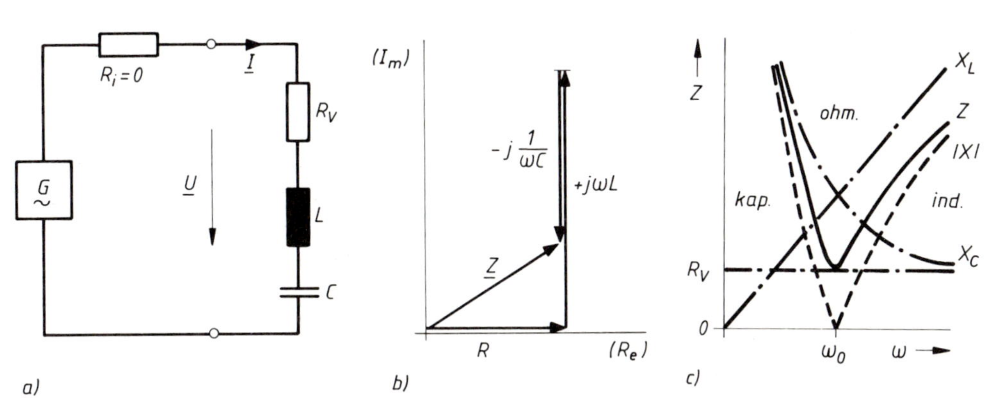

Bild 25.4 Reihen-Resonanzkreis
a) Schaltung, b) Widerstandsdiagramm für $f > f_0$, c) Frequenzabhängigkeit der Widerstände

Das Widerstandsdiagramm im Bild 25.4 weist auf eine Besonderheit dieser Schaltung hin: Blindwiderstände verschiedenen Vorzeichens heben sich auf.

Setzt man als Resonanzbedingung $\sphericalangle(\underline{U}, \underline{I}) = 0°$ fest, dann ist jene Frequenz gesucht, bei der der Imaginäranteil des Widerstandes Null wird:

$$j\,\omega L - j\,\frac{1}{\omega C} = 0$$

$$\boxed{X_L = X_c} \qquad (203)$$

In Worten: Bei Resonanzfrequenz sind beide Blindwiderstände des Reihenkreises gleich groß und heben sich auf.

Daraus folgt:

$$\omega_0 = \frac{1}{\sqrt{LC}}$$

$$\boxed{f_0 = \frac{1}{2\pi\sqrt{LC}}} \qquad \text{Einheit } 1\,\text{s}^{-1} = 1\,\text{Hz} \qquad (204)$$

Dieser Ausdruck wurde bereits als Eigenfrequenz des verlustfreien Schwingkreises ermittelt. Hier heißt f_0 *Resonanzfrequenz*.

Der *Resonanzwiderstand* Z_0 des Reihenkreises ist dann:

$$\boxed{Z_0 = R_v} \qquad \text{Einheit } 1\,\Omega \qquad (205)$$

Bild 25.4c) zeigt den typischen Verlauf des Scheinwiderstandes Z in Abhängigkeit von der Frequenz. Der Scheinwiderstandsbetrag wird bei tieferen Frequenzen ($\omega < \omega_0$) von den hohen Werten des kapazitiven Widerstandes bestimmt. Bei höheren Frequenzen ($\omega > \omega_0$) dominiert der induktive Widerstand. Bei Resonanzfrequenz ($\omega = \omega_0$) heben sich beide Blindwiderstände auf, und es bleibt nur der frequenzunabhängige Wirkwiderstand als resultierender Widerstand übrig.

25.2.2 Resonanzkurven bei konstanter Eingangsspannung

Als *Resonanzkurven* werden hier Kurven des Amplitudenganges von Spannungen und Strömen bezeichnet, die in einem begrenzten Frequenzbereich ein ausgeprägtes Maximum besitzen.

Es ist üblich I, U_L, U_C über der sog. *normierten Frequenz* aufzutragen. Die Resonanzstelle liegt dann bei $\omega/\omega_0 = 1$.

Die Herleitung der Berechnungsgrundlagen beginnt mit dem Scheinwiderstand $\underline{Z}$. Da Frequenzänderungen nur auf Blindwiderstände Einfluß haben, setzt man

$$\underline{Z} = R_v + j\,\omega_0 L \cdot v \qquad \omega_0 L = \text{Blindwiderstand bei Resonanz},$$

wobei v der sogenannte *Verstimmungsfaktor* ist, der positive und negative Werte annehmen kann:

$$\boxed{v = \frac{\omega}{\omega_0} - \frac{\omega_0}{\omega}} \qquad \text{Definition} \qquad (206)$$

Die Auswirkung dieses Faktors sei in der nachfolgenden Tabelle erläutert, wobei $\omega_0 L = 1/\omega_0 C = 1000\ \Omega$ angenommen wird.

gewählte normierte Frequenz $\frac{\omega}{\omega_0}$	Verstimmungsfaktor $v = \frac{\omega}{\omega_0} - \frac{\omega_0}{\omega}$	Blindwiderstand bei normierter Frequenz: 1. Rechenweg $j\,\omega_0 L \cdot v$	2. Rechenweg $j\,\omega L - j\frac{1}{\omega C}$
0,9	$-0{,}211$	$-j\,211\ \Omega$	$+j\,0{,}9\,\omega_0 L - j\frac{1}{0{,}9\,\omega_0 C} = -j\,211\ \Omega$
1,0	0	0	$+j\,\omega_0 L - j\frac{1}{\omega_0 C} = 0$
1,1	$+0{,}191$	$+j\,191\ \Omega$	$+j\,1{,}1\,\omega_0 L - j\frac{1}{1{,}1\,\omega_0 C} = +j\,191\ \Omega$

Man erkennt, daß der Rechenweg mit dem Verstimmungsfaktor v gleiche Ergebnisse liefert wie die Rechnung über die Blindwiderstände.

Stromstärke im Reihenkreis bei Verstimmung, Ziel $I = f(\omega/\omega_0)$ bei U = konst.:

$$I = \frac{U}{Z} = \frac{U}{\sqrt{R_v^2 + (\omega_0 L \cdot v)^2}}$$

$$I = \frac{U}{Z} = \frac{U}{\sqrt{\frac{(\omega_0 L)^2}{(\omega_0 L)^2} \cdot R_v^2 + (\omega_0 L)^2 v^2}}$$

Einführen der Kreisdämpfung d und Kreisgüte Q:

$$\boxed{d = \frac{R_v}{\omega_0 L}} \qquad \text{Definition} \qquad (207)$$

$$\boxed{Q = \frac{1}{d}} \qquad \text{Definition} \qquad (208)$$

Man erhält mit der neu eingeführten Dämpfung d den Ausdruck:

$$\boxed{I = \frac{U}{\omega_0 L \sqrt{d^2 + v^2}}} \qquad (209)$$

Induktive Blindspannung im Reihenkreis bei Verstimmung, Ziel $U_L = f(\omega/\omega_0)$ bei U = konst.:

$$U_L = I X_L = \frac{U}{\omega_0 L \sqrt{d^2 + v^2}} \cdot \omega L$$

$$\boxed{U_L = \frac{U}{\frac{\omega_0}{\omega} \sqrt{d^2 + v^2}}} \qquad (210)$$

Kapazitive Blindspannung im Reihenkreis bei Verstimmung, Ziel $U_c = f(\omega/\omega_0)$ bei U = konst.:

$$U_c = I X_c = \frac{U}{\omega_0 L \sqrt{d^2 + v^2}} \cdot \frac{1}{\omega C}$$

$$U_C = \frac{U}{\omega_0 \omega LC \sqrt{d^2 + v^2}} \qquad \text{mit } LC = \frac{1}{\omega_0^2}$$

$$\boxed{U_C = \frac{U}{\frac{\omega}{\omega_0} \sqrt{d^2 + v^2}}} \qquad (211)$$

Für den Resonanzfall, d.h. $\omega/\omega_0 = 1$ und $v = 0$, entstehen einfache Ausdrücke für I, U_L und U_C:

$$I = \frac{U}{\omega_0 L \cdot d} = \frac{U}{R_v} \qquad \text{mit } d = \frac{R_v}{\omega_0 L}$$

$$U_L = \frac{U}{\frac{\omega_0}{\omega} \cdot d} = QU, \qquad \text{da } \omega = \omega_0 \text{ und } Q = \frac{1}{d}$$

$$U_C = \frac{U}{\frac{\omega}{\omega_0} \cdot d} = QU$$

Man erkennt die Besonderheit des Reihen-Resonanzkreises bei Konstant-Spannungs-Einspeisung: Der Strom erreicht bei Resonanzfrequenz sein Maximum, da er nur vom Verlustwiderstand R_v begrenzt wird. Die Blindspannungen U_L, U_c sind um den Gütefaktor Q größer als die Anregungsspannung U des Generators. Bei einer Kreisgüte $Q = 100$ ($\hat{=} d = 0{,}01 \hat{=} 1\,\%$) würde sich bei Resonanz eine 100fache Spannungsüberhöhung an den Blindwiderständen einstellen! Man bezeichnet diesen Effekt als *Spannungsresonanz* im Reihenkreis.

Beispiel

Es sollen die Resonanzkurven $I = f(\omega/\omega_0)$, $U_L = f(\omega/\omega_0)$ und $U_C = f(\omega/\omega_0)$ für einen Reihen-Resonanzkreis ermittelt und graphisch dargestellt werden.

Werte: $L = 0{,}2\ \mu$H, $C = 500$ pF, $R_v = 2\ \Omega$, Anregungsspannung $U = 1$ V.

Lösung:

Resonanzfrequenz:

$$\omega_0 = \frac{1}{\sqrt{LC}} = \frac{1}{\sqrt{0{,}2 \cdot 10^{-6}\ \text{H} \cdot 500 \cdot 10^{-12}\ \text{F}}} = 1 \cdot 10^8\ \text{s}^{-1}$$

Kreisdämpfung:

$$d = \frac{R_v}{\omega_0 L} = \frac{2\ \Omega}{1 \cdot 10^8\ \text{s}^{-1} \cdot 0{,}2 \cdot 10^{-6}\ \text{H}} = 0{,}1 \Rightarrow Q = 10$$

Tabelle

$\frac{\omega}{\omega_0}$	$v = \frac{\omega}{\omega_0} - \frac{\omega_0}{\omega}$	$I = \frac{U}{\omega_0 L \sqrt{d^2 + v^2}}$	$U_L = \frac{U}{\frac{\omega_0}{\omega}\sqrt{d^2 + v^2}}$	$U_c = \frac{U}{\frac{\omega}{\omega_0}\sqrt{d^2 + v^2}}$
0,2	− 4,8	0,01 A	0,04 V	1,04 V
0,6	− 1,07	0,05 A	0,56 V	1,56 V
0,8	− 0,45	0,11 A	1,73 V	2,71 V
0.9	− 0,21	0,22 A	3,86 V	4,77 V
1,0	0	0,50 A	10,00 V	10,00 V
1,1	+ 0,19	0,23 A	5,12 V	4,23 V
1,2	+ 0,37	0,13 A	3,16 V	2,19 V
1,4	+ 0,69	0,07 A	2,02 V	1,03 V
2,0	+ 1,5	0,03 A	1,33 V	0,33 V

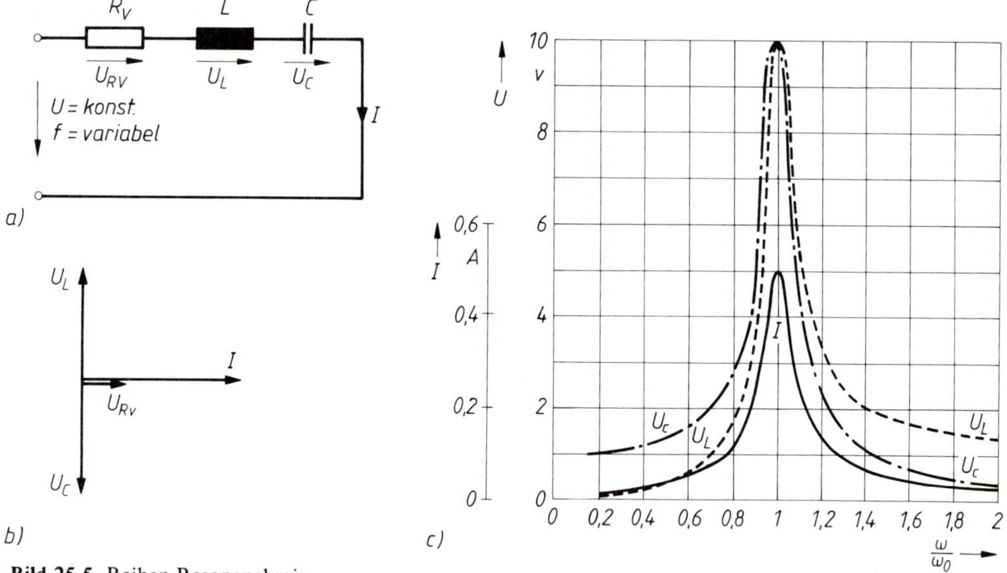

Bild 25.5 Reihen-Resonanzkreis
a) Schaltung mit Konstantspannungs-Einspeisung, b) Zeigerdiagramm für Resonanz, c) Normierter Frequenzgang der Spannungen und des Stromes

25.3 Parallel-Resonanzkreis

25.3.1 Resonanzfrequenz und Resonanzwiderstand

Der Scheinleitwert für den im Bild 25.6 dargestellten Parallel-Resonanzkreis berechnet sich aus:

$$\underline{Y} = +j\,\omega C + \frac{1}{R_\text{v} + j\,\omega L}$$

$$\underline{Y} = +j\,\omega C + \frac{R_\text{v} - j\,\omega L}{R_\text{v}^2 + \omega^2 L^2}$$

$$\underline{Y} = \frac{R_\text{v}}{R_\text{v}^2 + \omega^2 L^2} + j\left(\omega C - \frac{\omega L}{R_\text{v}^2 + \omega^2 L^2}\right)$$

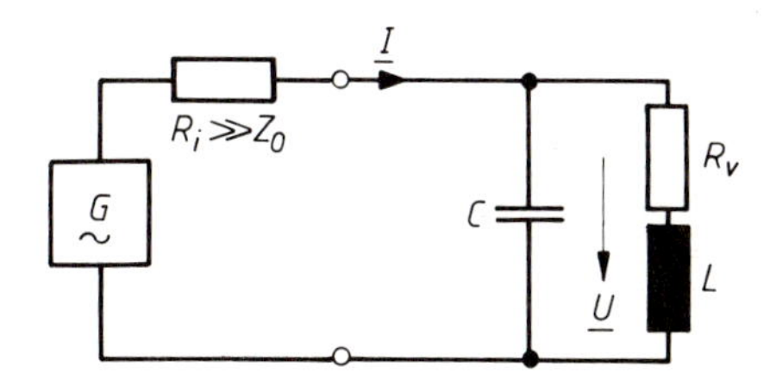

Bild 25.6
Ersatzschaltung für den Parallel-Resonanzkreis. R_V ist der Verlustwiderstand des Kreises.

Setzt man als Resonanzbedingung wieder $\sphericalangle(\underline{U}, \underline{I}) = 0°$ an, dann ist jene Frequenz die Resonanzfrequenz, die den Blindanteil in der Gleichung für den Scheinleitwert zu Null werden läßt:

$$\omega_0 C - \frac{\omega_0 L}{R_v^2 + \omega_0^2 L^2} = 0$$

$$\omega_0^2 L^2 = \frac{L}{C} - R_v^2$$

$$\omega_0^2 = \frac{L}{CL^2} - \frac{R_v^2}{L^2}$$

$$\boxed{\omega_0 = \sqrt{\frac{1}{LC} - \left(\frac{R_v}{L}\right)^2}} \qquad \text{Einheit } 1\,\text{s}^{-1} \qquad (212)$$

Die Resonanzfrequenz ω_0 ist im Gegensatz zum Reihenkreis dämpfungsabhängig. In den weitaus meisten Fällen kann jedoch das Dämpfungsglied $(R_v/L)^2$ zahlenmäßig vernachlässigt werden. Für $R_v = 0$ wird wieder:

$$\omega_0 = \frac{1}{\sqrt{LC}} \qquad \text{s. Gl. (204)}$$

Die Berechnung des *Resonanzwiderstandes* Z_0 ergibt:

$$Y_0 = \frac{R_v}{R_v^2 + \omega_0^2 L^2}, \qquad \text{da Blindanteil} = 0$$

$$Z_0 = \frac{R_v^2 + \omega_0^2 L^2}{R_v} \qquad \text{mit } \omega_0 L = \frac{1}{\omega_0 C}$$

$$Z_0 = R_v + \frac{\omega_0 L}{\omega_0 C R_v}$$

$$Z_0 = R_v + \frac{L}{CR_v} \qquad \text{mit } R_v \ll \frac{L}{CR_v}$$

$$\boxed{Z_0 \approx \frac{L}{CR_v}} \qquad \text{Einheit } 1\,\frac{\frac{\text{Vs}}{\text{A}}}{\frac{\text{As}}{\text{V}} \cdot \frac{\text{V}}{\text{A}}} = 1\,\Omega \qquad (213)$$

Der Resonanzwiderstand Z_0 ist der den Generator bei Resonanzfrequenz belastende Wechselstromwiderstand des Parallelkreises.

Beispiel

Das besondere Widerstandsverhalten des Parallel-Resonanzkreises wird noch deutlicher, wenn man einen verlustfreien Kreis untersucht: $L = 0{,}2\,\mu\text{H}$, $C = 500\,\text{pF}$, $R_v = 0\,\Omega$ (Bild 25.7).

Es sind die Blindwiderstände und der Resonanzwiderstand zu berechnen.

Lösung:

Der Generator erregt den Parallel-Resonanzkreis mit seiner Resonanzfrequenz:

$$\omega_0 = \sqrt{\frac{1}{LC}} = 10^8 \text{ s}^{-1}$$

$$\omega_0 L = \frac{1}{\omega_0 C} = 20 \ \Omega$$

$$Z_0 = \frac{L}{CR_\text{v}} = \infty, \quad \text{da } R_\text{v} = 0$$

oder auch:

$$\underline{Y} = \underline{Y}_\text{c} + \underline{Y}_\text{L} = j\,\omega_0 C - j\,\frac{1}{\omega_0 L} = 0$$

$$Z_0 = \frac{L}{CR_\text{v}} = \infty$$

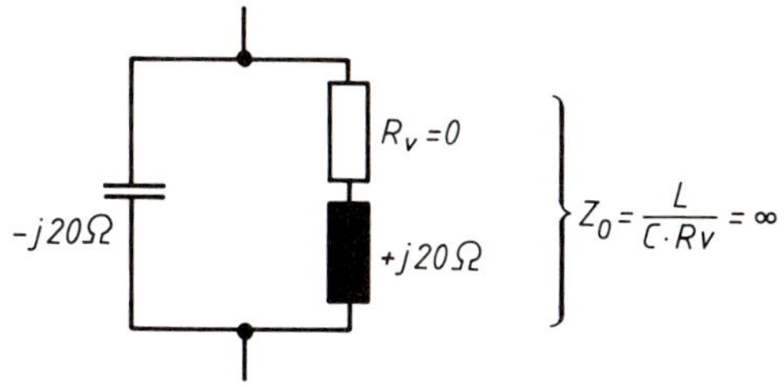

Bild 25.7

Bild 25.8 zeigt den typischen Verlauf des Scheinwiderstandes Z in Abhängigkeit von der Frequenz. Der Scheinwiderstandsbetrag wird bei tiefen Frequenzen ($\omega < \omega_0$) von den kleinen Werten des induktiven Widerstandes bestimmt. Bei höheren Frequenzen ($\omega > \omega_0$) dominiert der kleine kapazitive Widerstand in der Parallelschaltung. Im Fall der Resonanzfrequenz ($\omega = \omega_0$) erreicht der Widerstand des Parallel-Resonanzkreises sein Maximum, s. auch Gl. (213).

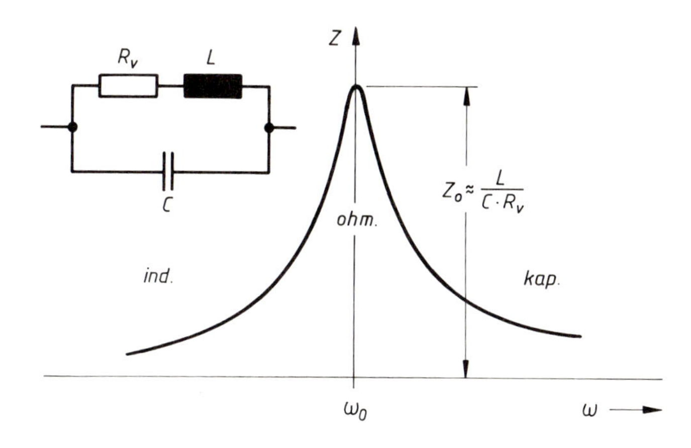

Bild 25.8
Typischer Scheinwiderstandsverlauf eines Parallel-Resonanzkreises. Bei
$\omega > \omega_0 \Rightarrow$ kapazitives Verhalten
$\omega = \omega_0 \Rightarrow$ ohmsches Verhalten
$\omega < \omega_0 \Rightarrow$ induktives Verhalten

25.3.2 Resonanzkurve bei konstantem Eingangsstrom

Ein verlustbehafteter Parallel-Resonanzkreis mit dem Ersatzschaltbild nach Bild 25.9a) wird mit einem konstanten Eingangsstrom I gespeist. Der Generator ist dann eine Konstantstromquelle, wenn die Bedingung $R_\text{i} \gg Z_0$ erfüllt ist.

Die Berechnung der Resonanzkurven für den Parallelkreis beginnt mit dem Ansatz für den komplexen Leitwert der Schaltung.

$$\underline{Y} = \frac{R_\text{v}}{R_\text{v}^2 + \omega^2 L^2} + j\left(\omega C - \frac{\omega L}{R_\text{v}^2 + \omega^2 L^2}\right) \qquad \text{s. S. 323}$$

Es soll die Bedingung $R_v \ll \omega^2 L^2$ erfüllt sein, um die nachfolgende Ableitung zu vereinfachen:

$$\underline{Y} = \frac{R_v}{\omega^2 L^2} + j\left(\omega C - \frac{1}{\omega L}\right)$$

Die Berechnung der frequenzabhängigen Blindleitwerte läßt sich auch mit der Verstimmung v darstellen:

$$\underline{Y} = \frac{R_v}{\omega^2 L^2} + j\frac{1}{\omega_0 L} \cdot v$$ s. S. 320

Betrag des Scheinleitwertes:

$$Y = \sqrt{\frac{R_v^2}{(\omega^2 L^2)^2} + \frac{1}{(\omega_0 L)^2} \cdot v^2}$$

Die Spannung U bei konstanter Stromeinspeisung errechnet sich für den Parallel-Resonanzkreis bei Verstimmung aus:

$$U = I\frac{1}{Y}$$

$$U = I\frac{1}{\sqrt{\frac{R_v^2}{(\omega^2 L^2)^2} + \frac{1}{(\omega_0 L)^2} \cdot v^2}}$$

Erweitert man die unter der Wurzel stehenden Terme geschickt mit ω_0^2/ω^2 bzw. ω^2/ω_0^2, so erhält man nach einigen Umformungen:

$$\boxed{U = I\frac{\omega L}{\sqrt{\frac{\omega_0^2}{\omega^2}d^2 + \frac{\omega^2}{\omega_0^2} \cdot v^2}}} \qquad (214)$$

Blindstrom I_L im Parallelkreis bei Verstimmung:

$$I_L = \frac{U}{X_L}$$

$$I_L = I\frac{\omega L}{\sqrt{\frac{\omega_0^2}{\omega^2}d^2 + \frac{\omega^2}{\omega_0^2} \cdot v^2}} \cdot \frac{1}{\omega L}$$

$$\boxed{I_L = I\frac{1}{\sqrt{\frac{\omega_0^2}{\omega^2}d^2 + \frac{\omega^2}{\omega_0^2} \cdot v^2}}} \qquad (215)$$

Blindstrom I_C im Parallelkreis bei Verstimmung:

$$I_C = \frac{U}{X_C}$$

$$I_C = I \frac{\omega L}{\sqrt{\frac{\omega_0^2}{\omega^2} d^2 + \frac{\omega^2}{\omega_0^2} \cdot v^2}} \cdot \omega C$$

$$\boxed{I_C = I \frac{\omega^2 LC}{\sqrt{\frac{\omega_0^2}{\omega^2} d^2 + \frac{\omega^2}{\omega_0^2} \cdot v^2}}} \qquad (216)$$

Für den Resonanzfall, d.h. $\omega = \omega_0$ und $v = 0$, entstehen einfache Ausdrücke für U, I_L und I_C:

$$U = I \frac{\omega_0 L}{d} = IQ \cdot \omega_0 L$$

$$I_L = I \frac{\omega_0 L}{d} = IQ$$

$$I_C = I \frac{\omega_0^2 LC}{d} = IQ \qquad \text{da } \omega_0^2 LC = 1$$

Man erkennt die Besonderheit des Parallel-Resonanzkreises bei Konstantstrom-Einspeisung: Die Spannung erreicht bei Resonanzfrequenz ihr Maximum, da der Scheinwiderstand Z seinen Maximalwert Z_0 (s. Gl. (213)) erreicht. Die Blindströme I_L und I_C sind um den Gütefaktor größer als der Anregungsstrom I des Generators. Bei einer Kreisgüte $Q = 100$ ($\hat{=}\ d = 0{,}01 \hat{=} 1\,\%$) würde sich bei Resonanz eine 100fache Stromüberhöhung in den Blindwiderständen einstellen! Man bezeichnet diesen Effekt als *Stromresonanz* des Parallelkreises.

Beispiel

Es sollen die Resonanzkurven $U = f(\omega/\omega_0)$, $I_L = f(\omega/\omega_0)$ und $I_c = f(\omega/\omega_0)$ für einen Parallel-Resonanzkreis ermittelt und graphisch dargestellt werden.

Werte: $L = 0{,}2\ \mu\text{H}$, $C = 500$ pF, $R_V = 2\ \Omega$ (gleiche Werte wie im Beispiel 25.2.2), Anregungsstrom $I = 50$ mA.

Lösung:

$$\omega_0 = \frac{1}{\sqrt{LC}} = 1 \cdot 10^8\ \text{s}^{-1}$$

$$d = \frac{R_V}{\omega_0 L} = \frac{2\ \Omega}{20\ \Omega} = 0{,}1 \Rightarrow Q = 10$$

Tabelle

$\frac{\omega}{\omega_0}$	$v = \frac{\omega}{\omega_0} - \frac{\omega_0}{\omega}$	$U = I \frac{\omega L}{\sqrt{\frac{\omega_0^2}{\omega^2} d^2 + \frac{\omega^2}{\omega_0^2} \cdot v^2}}$	$I_L = I \frac{1}{\sqrt{\ldots}}$	$I_c = I \frac{\omega^2 LC}{\sqrt{\ldots}}$
0,2	− 4,8	0,19 V	46,2 mA	1,9 mA
0,6	− 1,07	0,73 V	60,2 mA	21,7 mA
0,8	− 0,45	2,1 V	131,2 mA	84 mA
0,9	− 0,21	4,1 V	228,3 mA	184,9 mA
1,0	0	10,0 V	500 mA	500 mA
1,1	+ 0,19	4,83 V	219,3 mA	265,3 mA
1,2	+ 0,37	2,66 V	110,6 mA	159,3 mA
1,4	+ 0,69	1,45 V	51,6 mA	101,1 mA
2,0	+ 1,5	0,67 V	16,7 mA	66,7 mA

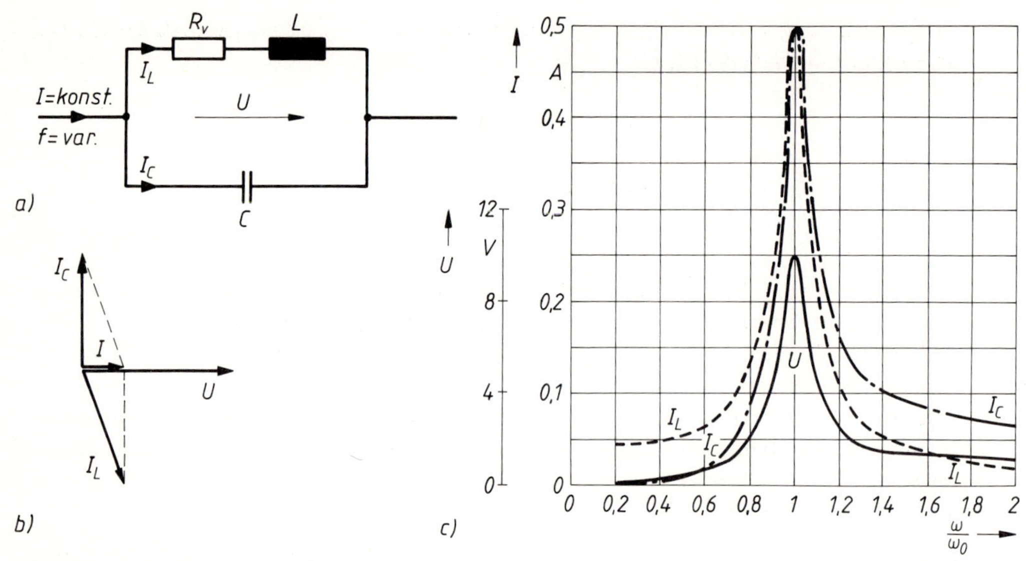

Bild 25.9 Parallel-Resonanzkreis
a) Schaltung mit Konstantstrom-Einspeisung b) Zeigerdiagramm für Resonanz
c) Normierter Frequenzgang der Ströme und der Spannung

25.4 Bandbreite und Kreisgüte

Resonanzkreise dienen der Selektion bestimmter Frequenzen aus einem breiten Frequenzspektrum. Schematisch kann die Hauptaufgabe der Resonanzkreise mit dem nachstehenden Bild beschrieben werden.

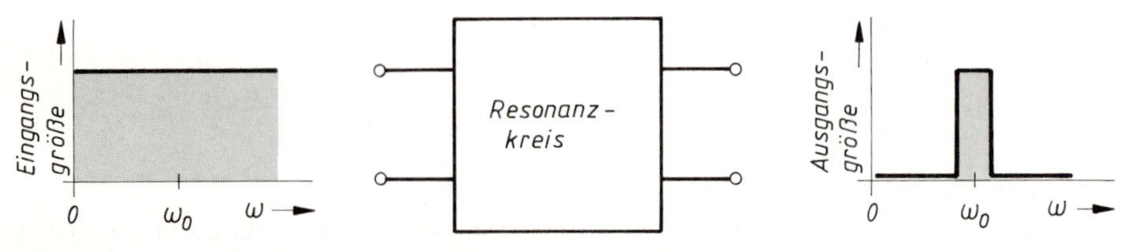

Bild 25.10 Zur Selektivität von Resonanzkreisen

Die Resonanzkurven verlustbehafteter Kreise weisen jedoch keinen senkrechten Flankenanstieg auf. Um das Selektionsvermögen von Resonanzkreisen trotzdem angeben zu können, definiert man eine *untere und obere Grenzfrequenz* f_{ob}, f_u, bei denen die Schwingungsamplituden auf 70,7 % gegenüber der Resonanzamplitude abgefallen sind. Die *Bandbreite* $b_{0,7}$ ergibt sich dann aus der Differenz der Grenzfrequenzen:

$$b_{0,7} = f_{ob} - f_u \qquad \text{Einheit 1 Hz} \qquad (217)$$

Es ist möglich, Resonanzkreise der gleichen Resonanzfrequenz mit unterschiedlicher Bandbreite herzustellen, denn es besteht ein Zusammenhang zwischen Bandbreite $b_{0,7}$ und Kreisdämpfung bzw. *Kreisgüte* Q:

$$b_{0,7} = \frac{f_0}{Q} \qquad \text{Einheit 1 Hz} \qquad (218)$$

Gl. (218) besagt, daß ein dämpfungsärmerer Resonanzkreis schmalbandiger (selektiver) als ein stärker gedämpfter Kreis ist.

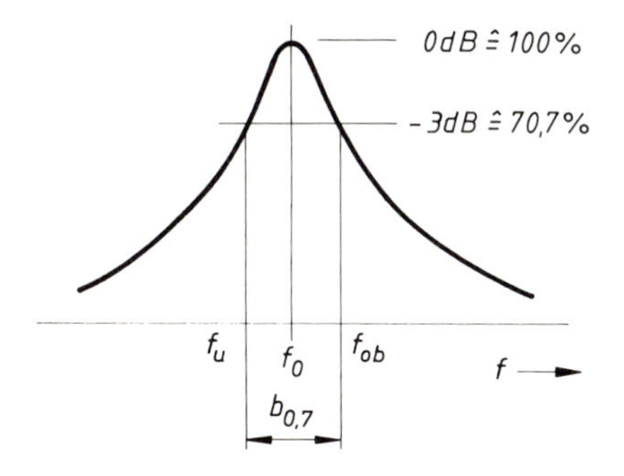

Bild 25.11
Zur Definition der Bandbreite

25.5 Vertiefung und Übung

△ **Übung 25.2: Freie Schwingung**

Beim Abschalten einer Spule entsteht eine freie Schwingung (Oszillogramm Bild 25.12).

a) Wie kann man das Entstehen der freien Schwingung erklären?
b) Warum hat die Schwingung eine abnehmende Amplitude?
c) Wie lautet die Funktionsgleichung?

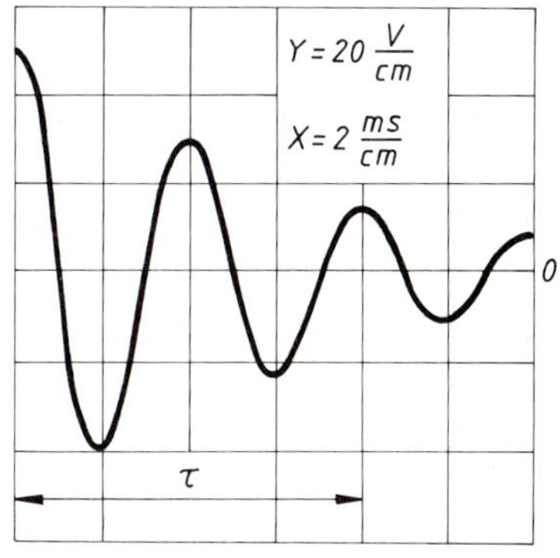

Bild 25.12

● **Übung 25.3: Stromresonanz**

Vergleichen Sie die Stromresonanz im Parallel-Resonanzkreis mit der Blindstromkompensation (Kapitel 23.4.3)!

△ **Übung 25.4: Reihen-Resonanzkreis**

a) Berechnen Sie für den gegebenen Reihen-Resonanzkreis die Resonanzfrequenz f_0, die Kreisgüte Q, die Bandbreite $b_{0,7}$ und die Resonanzspannung U_{C0} am Kondensator.
b) Wie groß ist die Leerlaufspannung U_{C0} bei Resonanz (Bild 25.13)?

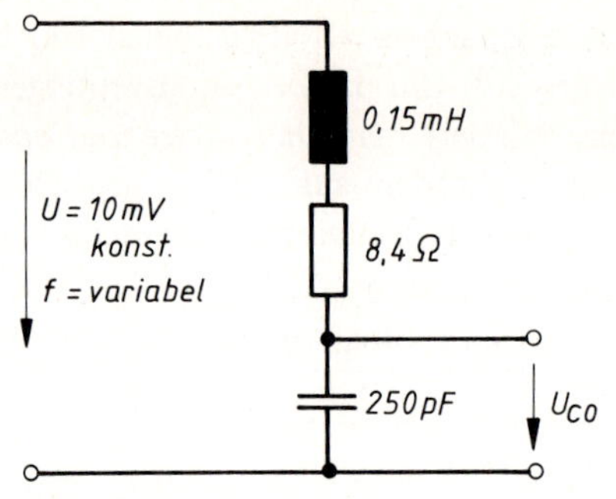

Bild 25.13

△ **Übung 25.5: Parallel-Resonanzkreis**

Bild 25.14a) zeigt einen Parallel-Resonanzkreis mit f_0 = 460 kHz.

a) Wie groß sind Kapazität und Resonanzwiderstand?
b) Wie groß ist die Bandbreite des Resonanzkreises, und was beinhaltet deren Aussage?
c) Berechnen Sie die äquivalente Parallelschaltung der Bauelemente L_p, R_p, C_p.

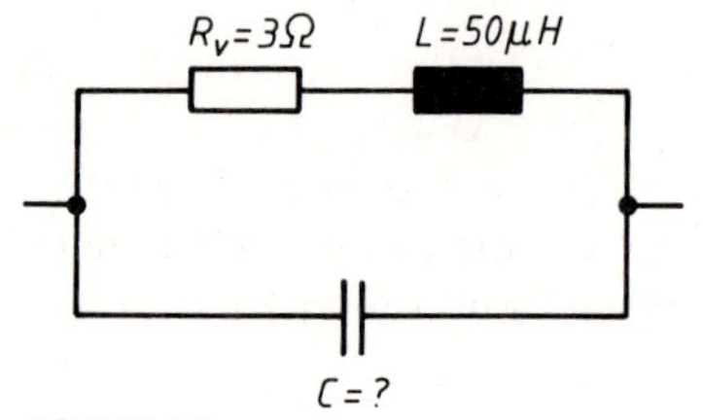

Bild 25.14

△ **Übung 25.6: Selektivität eines Reihen-Resonanzkreises**

Bild 25.15 zeigt eine Reihen-Resonanzkreis-Schaltung, bei der der Spannungsabfall am Widerstand R = 22 Ω auf den Eingang eines Leistungsverstärkers gegeben wird. Am Verstärkerausgang ist ein Glühlämpchen mit 12 V/0,1 A angeschlossen.

Wie verändert sich die Helligkeit des Glühlämpchens bei Veränderung der Generatorfrequenz im Bereich 500 ... 2000 Hz? (Der Verstärker habe folgende idealisierte Eigenschaften: Eingangswiderstand $R_{EIN} = \infty$, Ausgangswiderstand $R_{AUS} = R_i = 0$; der Spannungsverstärkungsfaktor sei unabhängig von der Frequenz v = 10.)

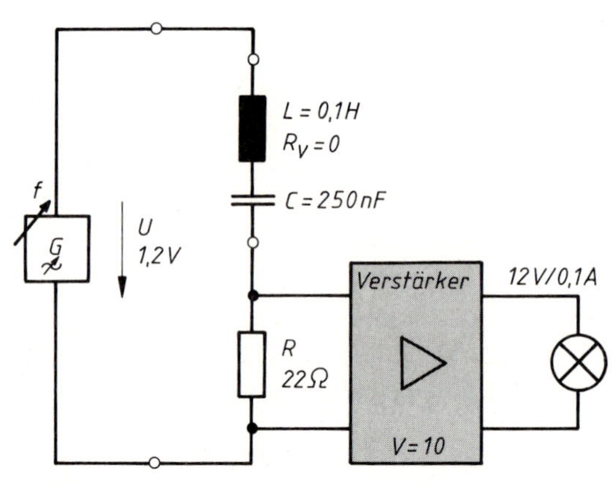

Bild 25.15

△ **Übung 25.7: Selektivität eines Parallel-Resonanzkreises**

Bild 25.16 zeigt eine Parallel-Resonanzkreis-Schaltung, bei der der Spannungsabfall an einem 1 kΩ Widerstand auf den Eingang eines Verstärkers gegeben wird. Am Verstärkerausgang ist ein Glühlämpchen angeschlossen. Fragestellung wie bei Übung 25.6!

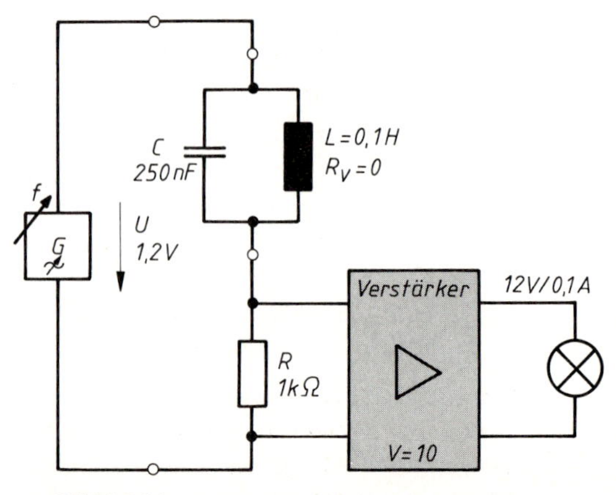

Bild 25.16

26 Transformatoren

Nach dem Induktionsgesetz entsteht an den Klemmen einer Spule eine Induktionsspannung, wenn der mit der Spule verkettete magnetische Fluß sich zeitlich ändert. Bild 26.1 zeigt eine Schaltungsanordnung, die aus zwei Stromkreisen besteht und *Transformator* genannt wird. Beide Stromkreise sind galvanisch getrennt, aber magnetisch gekoppelt.

26.1 Gesetze des idealen Transformators

Der *ideale Transformator* ist

a) verlustlos (Kupfer- und Eisenverluste vernachlässigbar klein),
b) streuungsfrei (magnetische Streuflüsse vernachlässigbar klein) und hat außerdem
c) unendlich hohe Induktivitätswerte seiner Spulen (induktiver Blindstrom zur Magnetisierung des Eisens vernachlässigbar klein),
d) keine Wicklungskapazitäten.

Es soll gezeigt werden, daß der ideale Transformator durch eine einzige Zahl, sein *Übersetzungsverhältnis ü*

$$ü = \frac{N_1}{N_2}$$

gekennzeichnet ist. Dabei ist N_1 die Primärwindungszahl und N_2 die Sekundärwindungszahl.

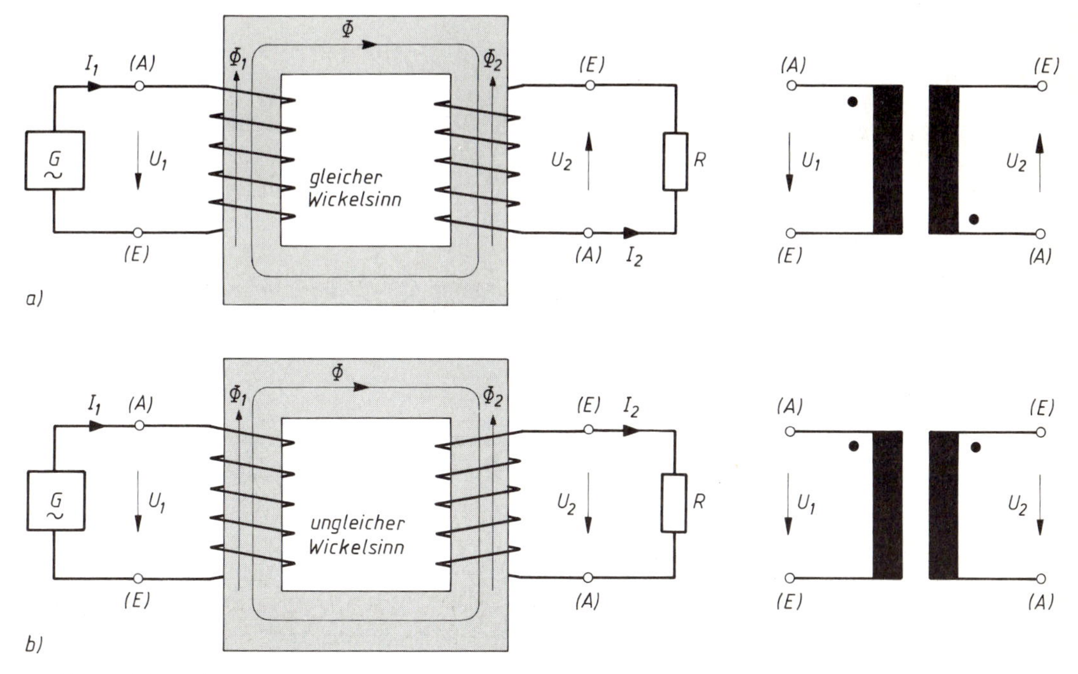

Bild 26.1 Transformator

a) gleicher Wickelsinn der Spule, b) ungleicher Wickelsinn der Spulen

Die an den Wicklungen angebrachten Punkte kennzeichnen den Spulenanschluß, von dem aus die gemeinsame magnetische Achse im gleichen Sinn umlaufen werden kann (DIN 5489).

Zählpfeile:

Werden die Spannungen U_1 und U_2 in Bild 26.1 entsprechend ihrer Zählpfeilrichtung oszillographiert, so zeigt das Schirmbild Phasengleichheit der Schwingungen. Dies gilt auch für die Ströme I_1 und I_2. Die unterschiedlichen Richtungen von Sekundärspannung U_2 und Sekundärstrom I_2 sind Wickelsinn-abhängig.

Will man die an sich frei wählbaren *Zählpfeile* so setzen, daß sich die oben beschriebenen Meßergebnisse zeigen, dann gilt:

→ Zählpfeil von I_1 willkürlich festlegen. Pfeilrichtung für Φ gemäß „Rechte-Hand-Regel". U_1 als induzierte Quellenspannung dem Magnetfluß Φ rechtswendig zuordnen. An der Primärspule zeigt dann der Spannungspfeil U_1 in Richtung des Stromes I_1 (verbrauchertypisch: Transformator nimmt primärseitig Energie auf!).

→ Zählpfeil von I_2 so setzen, daß sein Magnetfluß Φ_2 dem magnetischen Fluß Φ entgegenwirkt. Φ_1 hebt Φ_2 auf, so daß bei jeder Belastung immer nur der vom Magnetisierungsstrom $I_\mu \to 0$ erzeugte Fluß Φ im Eisen besteht (I_μ ist in I_1 enthalten).

→ U_2 als induzierte Quellenspannung dem Magnetfluß rechtswendig zuordnen. In der Sekundärspule ist dann die Spannung U_2 dem Stromfluß I_2 entgegengerichtet (generatortypisch: Transformator gibt sekundärseitig Energie ab!).

Spannungsübersetzung:

Der magnetische Wechselfluß durchsetzt sowohl die Primär- als auch die Sekundärquelle und verursacht an beiden Spulen eine Induktionsspannung:

$$u_1 = N_1 \frac{d\Phi}{dt} \qquad \text{für die Primärspule}$$

$$u_2 = N_2 \frac{d\Phi}{dt} \qquad \text{für die Sekundärspule}$$

Bildet man das Spannungsverhältnis und rechnet auf Effektivwerte um, so erhält man

$$\boxed{\frac{U_1}{U_2} = \frac{N_1}{N_2} = \ddot{u}} \qquad (219)$$

Die Primärspannung verhält sich zur Sekundärspannung wie die Primärwindungszahl zur Sekundärwindungszahl. Da beim idealen Transformator kein innerer Spannungsabfall entsteht, ist bei gegebener Primärspannung die Sekundärspannung belastungsunabhängig.

Stromübersetzung:

Wird der Transformator sekundärseitig belastet, so fließt ein Sekundärstrom, der einen Primärstrom bedingt. Die Leistungsbilanz des idealen Transformators lautet:

$$\begin{matrix}\text{aufgenommene} \\ \text{Primärleistung}\end{matrix} = \begin{matrix}\text{abgegebene} \\ \text{Sekundärleistung}\end{matrix}$$

$$U_1 I_1 = U_2 I_2$$

Mit diesem Leistungsansatz ergibt sich das Verhältnis der Ströme zu:

$$\frac{I_1}{I_2} = \frac{U_2}{U_1}$$

Mit Gl. (219) wird dann:

$$\boxed{\frac{I_1}{I_2} = \frac{N_2}{N_1} = \frac{1}{ü}} \tag{220}$$

Die Transformatorströme stehen im umgekehrten Verhältnis wie die Windungszahlen.

Widerstandsübersetzung:

Der belastete Transformator erhält auf der Primärseite einen Eingangswiderstand:

$$Z_1 = \frac{U_1}{I_1}$$

Mit Gl. (219) und (220) wird:

$$Z_1 = \frac{ü U_2}{\frac{I_2}{ü}} = ü^2 \frac{U_2}{I_2}$$

$$\boxed{Z_1 = ü^2 Z_2} \tag{221}$$

Beim idealen Transformator erscheint der Lastwiderstand Z_2 auf der Primärseite nicht mit seinem wahren Wert, sondern mit dem Quadrat des Übersetzungsverhältnisses transformiert. Durch geeignete Wahl des Übersetzungsverhältnisses kann eine Leistungsanpassung erreicht werden.

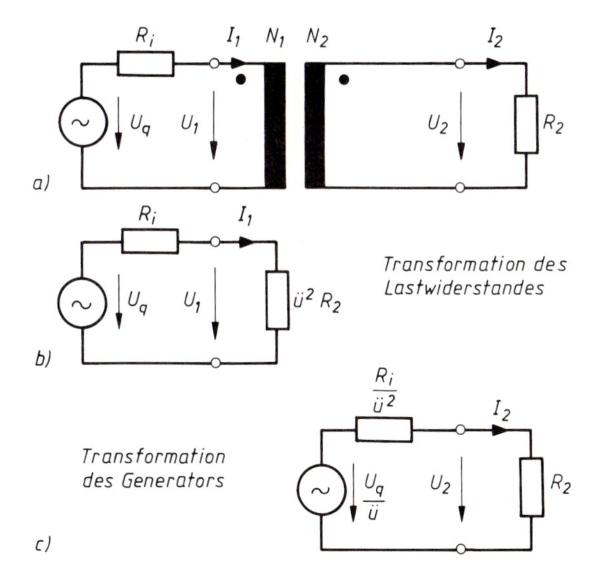

Bild 26.2
Belasteter Transformator mit Wirklast $Z_2 = R_2$
a) Ersatzschaltung durch Transformation des Lastwiderstandes
b) Ersatzschaltung durch Transformation des Generators

Beispiel

Ein Lastwiderstand $R_2 = 4\ \Omega$ soll an eine Spannungsquelle, deren Leerlaufspannung 10 V und deren Innenwiderstand 100 Ω beträgt,

a) direkt angeschlossen werden,
b) über einen Transformator mit $ü = 5$ angeschlossen werden.

Wie groß ist die Leistungsaufnahme des Lastwiderstandes in beiden Fällen?

Lösung:

zu a) $I = \dfrac{U_q}{R_i + R_2} = \dfrac{10\ \text{V}}{104\ \Omega} = 96{,}2\ \text{mA}$

$U_2 = IR_2 = 96{,}2\ \text{mA} \cdot 4\ \Omega = 0{,}385\ \text{V}$

$P_2 = U_2 I_2 = 0{,}385\ \text{V} \cdot 96{,}2\ \text{mA} = 37\ \text{mW}$

zu b) $R_1 = ü^2 R_2 = 5^2 \cdot 4\ \Omega = 100\ \Omega$

$U_1 = U_q \dfrac{R_1}{R_i + R_1} = 10\ \text{V} \cdot \dfrac{100\ \Omega}{200\ \Omega} = 5\ \text{V}$

$I_1 = \dfrac{U_q}{R_i + R_1} = \dfrac{10\ \text{V}}{200\ \Omega} = 50\ \text{mA}$

$U_2 = \dfrac{U_1}{ü} = \dfrac{5\ \text{V}}{5} = 1\ \text{V}$

$I_2 = üI_1 = 5 \cdot 50\ \text{mA} = 250\ \text{mA}$

$P_2 = U_2 I_2 = 1\ \text{V} \cdot 250\ \text{mA} = 250\ \text{mW}$

Wirkungsmechanismus des Transformators:

Der ideale Transformator habe eine Primärspule mit den Kennwerten $R_1 \to 0$ und $L_1 \to \infty$.

An die Klemmen wird eine sinusförmige Wechselspannung U_q angelegt. Im Primärkreis herrscht Spannungsgleichgewicht, wenn gilt:

$$\Sigma U = 0, \qquad U_q - U_1 = 0$$

U_1 ist die induzierte Quellenspannung der Primärspule. Diese berechnet sich aus:

$$U_1 = I_1\ \omega L_1 \qquad \text{mit } L_1 = \frac{N_1\ \Phi}{I_1} \qquad \text{wobei } \Phi = \frac{\hat{\Phi}}{\sqrt{2}} \qquad \text{und } \omega = 2\,\pi f$$

$$\boxed{U_1 = 4{,}44 \cdot f \cdot N_1 \cdot \hat{\Phi}} \qquad \text{Transformator-Hauptgleichung} \qquad (222)$$

In Worten: Die angelegte Spannung $U_q = U_1$ erzwingt im Transformator einen Magnetfluß Φ, der neben der Spannung nur noch von der Windungszahl und der Frequenz abhängig ist. Damit ist der Transformator eine elektromagnetische Schaltung, bei der die angelegte Spannung einen bestimmten magnetischen Fluß im Eisen erzwingt.

Die Spannung ist aber nicht die Ursachengröße des magnetischen Flusses, hierfür ist die Durchflutung $\Theta = I_1 N_1$ zuständig. Daraus folgt: Die Stromaufnahme eines Transformators ist immer so groß, daß er den erzwungenen magnetischen Fluß erregt.

Jede Störung des magnetischen Flusses muß deshalb zu einer Primärstromreaktion führen, die den ursprünglichen magnetischen Fluß wieder herstellt. Wird also dem Transformator sekundärseitig Strom entnommen, so wirkt die Durchflutung $I_2 N_2$ auf den magnetischen Fluß Φ. Die Beeinträchtigung von Φ wird vom Primärstrom mit der Durchflutung $I_1 N_1$ kompensiert:

$$I_1 N_1 - I_2 N_2 = 0$$

Diese Überlegung führt ebenfalls zur Stromübersetzung des idealen Transformators:

$$\frac{I_1}{I_2} = \frac{N_2}{N_1} = \frac{1}{ü}$$

Rein gedanklich muß jedoch auch beim idealen Transformator für den Leerlauffall ($I_2 = 0$) ein Primärstrom $I_1 = I_\mu \to 0$ angenommen werden, damit $I_\mu N_1$ den von der angelegten Spannung erzwungenen magnetischen Fluß Φ erregt.

26.2 Realer Transformator

Reale Transformatoren unterscheiden sich von ihrem Ideal durch einschränkende Einzelheiten. Dementsprechend besteht das Ersatzschaltbild eines realen Transformators aus dem Symbol für den idealen Transformator und einigen Zusatzelementen.

Technische Transformatoren haben keine unendlichen Induktivitätswerte. Werden die Windungszahlen des idealen Transformators beibehalten, jedoch für dessen Kernfaktor A_L endliche Werte angenommen, so erhält man auch für die Induktivitäten endliche Werte

$$L_1 = N_1^2 A_L$$
$$L_2 = N_2^2 A_L$$

ohne Änderung des Übersetzungsverhältnisses

$$ü = \frac{N_1}{N_2} = \sqrt{\frac{L_1}{L_2}}$$

Die nicht unendlich hohe Primärinduktivität führt dazu, daß der reale Transformator im Leerlauf einen deutlich meßbaren Magnetisierungsstrom I_μ aufnimmt, um im Eisen den erforderlichen magnetischen Fluß Φ zu erzeugen. In der Ersatzschaltung kann dieses Verhalten durch Parallelschaltung einer endlichen Primärinduktivität L_1 zum Eingang des idealen Transformators nachgebildet werden. Die erforderliche Induktivität errechnet sich aus der Beziehung:

$$L_1 = \frac{N_1 \Phi}{I_\mu}$$

Der Generator muß dann im Belastungsfall den Primärstrom I_1 liefern:

$$\underline{I}_1 = \frac{\underline{I}_2}{ü} + \underline{I}_\mu$$

Bild 26.3 zeigt, daß der Wirkstromanteil $I_2/ü$ zum idealen Transformator fließt und dort mit dem Übersetzungsverhältnis $ü$ zum Sekundärstrom I_2 umgesetzt wird. Im Parallelzweig L_1 der Ersatzschaltung fließt der rein induktive Magnetisierungsstrom I_μ.

Die Sekundärinduktivität L_2 erscheint im Ersatzschaltbild nur indirekt im Übersetzungsverhältnis $ü$.

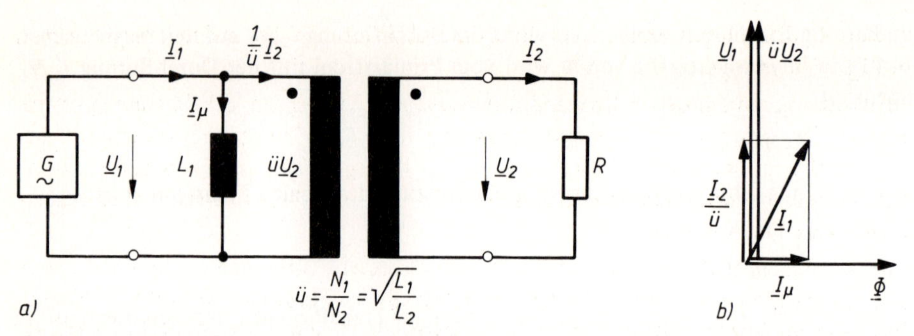

Bild 26.3 Ersatzschaltung des realen Transformators: Der Transformator ist verlustlos und streuungsfrei, er nimmt jedoch einen merklichen Magnetisierungsstrom auf.

Eine weitere Eigenschaft der realen Transformatoren besteht darin, daß nicht alle von der Primärspule ausgehenden Feldlinien mit der Sekundärspule verkettet sind. Man teilt deshalb den Gesamtfluß Φ auf in den *Hauptfluß* Φ_{1h}, der beide Wicklungen durchsetzt, und den *Streufluß* $\Phi_{1\sigma}$, der nur in der Primärwicklung wirkt. Fließt Strom in der Sekundärwicklung, erhält man dort die gleichen Flußverhältnisse, also ebenfalls einen *Hauptfluß* Φ_{2h} und einen *Streufluß* $\Phi_{2\sigma}$ (Bild 26.4).

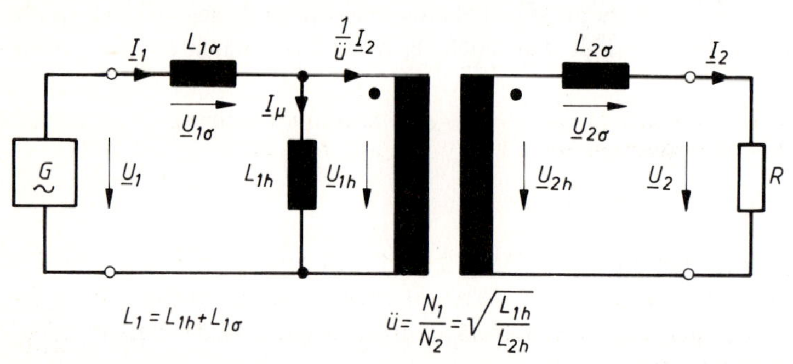

Bild 26.4 Ersatzschaltung des realen Transformators: Der Transformator ist verlustlos; er hat jedoch Streuflüsse und nimmt einen merklichen Magnetisierungsstrom auf.

Die Haupt- und Streuflüsse werden nun üblicherweise durch die Wirkung ihrer Ersatzinduktivität dargestellt. Der Zusammenhang von Stromstärke, Windungszahl der Spule und magnetischen Fluß lautet allgemein (s. Gl. (78), Kapitel 13):

$$L = \frac{N\Phi}{I}$$

Dementsprechend erhält man die

– primäre Hauptinduktivität $L_{1h} = \dfrac{N_1 \Phi_{1h}}{I_1}$

– primäre Streuinduktivität $L_{1\sigma} = \dfrac{N_1 \Phi_{1\sigma}}{I_1}$

$$\left.\right\} L_1 = L_{1h} + L_{1\sigma}$$

– sekundäre Hauptinduktivität $L_{2h} = \dfrac{N_2 \Phi_{2h}}{I_2}$

– sekundäre Streuinduktivität $L_{1\sigma} = \dfrac{N_2 \Phi_{2\sigma}}{I_2}$

$$\left.\right\} L_2 = L_{2h} + L_{2\sigma}$$

Mit diesen Umformungen ergibt sich ein Ersatzschaltbild für den realen Transformator, wie in Bild 26.4 gezeigt.

Die Auswirkung vorhandener Streuinduktivitäten macht sich in der Spannungsbilanz bemerkbar: Bei gleich großer Generatorspannung U_1 ist die Ausgangsspannung U_2 des realen Transformators durch die Wirkung der Spannungsabfälle an den Streuinduktivitäten kleiner als beim idealen Transformator. Ferner bringen Streuinduktivitäten zusätzlich Phasenverschiebungen hervor.

Eine weitere Eigenschaft des realen Transformators besteht darin, daß er nicht verlustfrei arbeitet. So erwärmen sich die Wicklungen beim Stromdurchgang (Kupferverluste). Dieser Einfluß kann im Ersatzschaltbild durch die Widerstände R_1 und R_2 nachgebildet werden. Schlußendlich kann die Erwärmung des Eisens infolge ständiger Ummagnetisierung durch einen Verlustwiderstand R_{Fe} berücksichtigt werden.

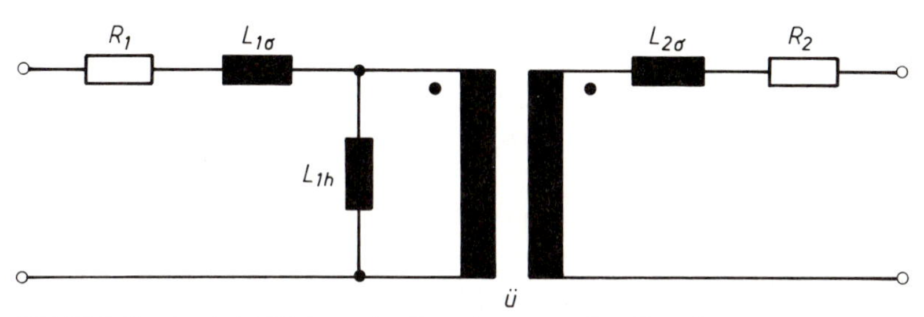

Bild 26.5 Ersatzschaltbild des realen Transformators: Der Transformator hat Wicklungswiderstände, Streuflüsse und nimmt einen merklichen Magnetisierungsstrom auf.

Eine weitere Vereinfachung des Ersatzschaltbildes läßt sich erreichen, wenn man die sekundärseitigen Einflußgrößen $L_{2\sigma}$ und R_2 auf die Primärseite umrechnet (Multiplikation mit $\ddot{u}^2$). Man erhält dann das Ersatzschaltbild 26.6, in das auch der Verlustwiderstand des Eisens eingearbeitet werden kann.

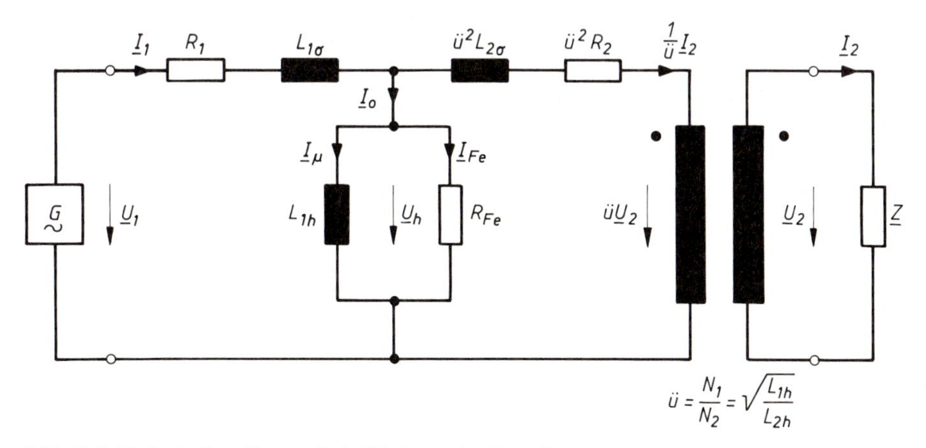

Bild 26.6 Vollständiges Ersatzschaltbild des realen Transformators:
Der Transformator hat Wicklungswiderstände, Streuflüsse sowie Energieverluste im Eisen und nimmt einen merklichen Magnetisierungsstrom auf.

Bild 26.7 zeigt das zum Ersatzschaltbild des realen Transformators gehörende Zeigerdiagramm. Der Flußzeiger Φ liegt in Phase mit I_μ und ist damit 90° nacheilend gegenüber U_h. Der Sekundärstrom I_2 ist phasengleich zur Sekundärspannung U_2 angenommen worden (Wirklastwiderstand).

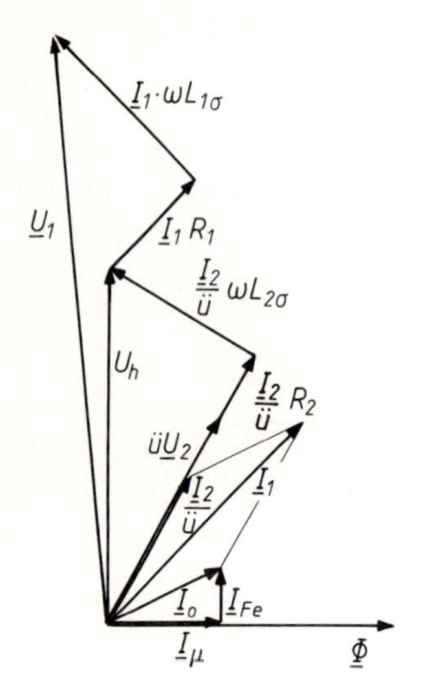

Bild 26.7
Vollständiges Zeigerdiagramm des Transformators bei ohmscher Belastung. Dem Zeigerbild können folgende Gleichungen entnommen werden:

$$\underline{I}_1 = \underline{I}_0 + \frac{\underline{I}_2}{ü}$$

$$\underline{U}_h = ü\,\underline{U}_2 + \frac{\underline{I}_2}{ü} \cdot R_2 + \frac{\underline{I}_2}{ü} \cdot \mathrm{j}\,\omega L_{2\sigma}$$

$$\underline{U}_1 = \underline{U}_h + \underline{I}_1 R_1 + \underline{I}_1 \cdot \mathrm{j}\,\omega L_{1\sigma}$$

Diese Gleichungen stimmen mit den Zählpfeilen in der Ersatzschaltung nach Bild 26.6 überein, wenn dort $\Sigma\,\underline{I} = 0$ und zweimal $\Sigma\,\underline{U} = 0$ angesetzt wird.

26.3 Strom- und Spannungsverhalten des realen Transformators

Stromverhalten

Aus der Ersatzschaltung des realen Transformators (Bild 26.6) läßt sich für den Strom die Beziehung

$$\boxed{\underline{I}_1 = \underline{I}_0 + \frac{\underline{I}_2}{ü}} \qquad (223)$$

ablesen. $\underline{I}_0$ ist der Stromanteil des Transformators, der zur Deckung der Eisenverluste und zur Magnetisierung des Eisens erforderlich ist. Da im Leerlauffall $I_1 = I_0$ ist, wird dieser Strom auch *Leerlaufstrom* genannt. Im Belastungsfall fließt I_0 ebenfalls und addiert sich geometrisch zum lastabhängigen Strom $I_2/ü$. Dadurch beeinflußt er das Stromübersetzungsverhältnis des realen Transformators. Im Kurzschlußbetrieb nähert es sich der idealen Übersetzung an $I_1/I_2 = N_2/N_1 = 1/ü$.

Ein sekundärseitiger Kurzschluß verursacht einen hohen Primärstrom, der nur durch die Wirkwiderstände und die Streuinduktivität begrenzt wird.

Spannungsverhalten

Bei der Untersuchung des Betriebsverhaltens von Transformatoren interessiert besonders das Spannungsverhalten: Wie verändert sich die Ausgangsspannung U_2 infolge Belastung bei konstanter Primärspannung?

Das komplizierte Ersatzschaltbild des realen Transformators vereinfacht sich wesentlich bei Vernachlässigung des Leerlaufstromes I_0. Dies ist bei mittleren und großen Transfor-

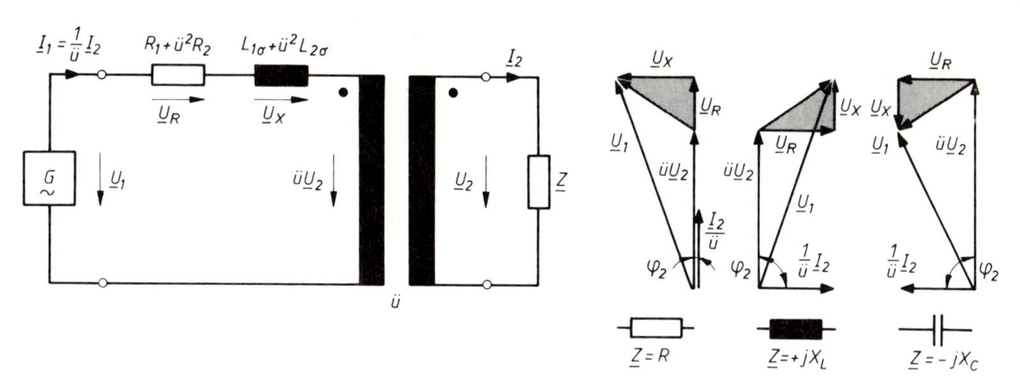

Bild 26.8 Vereinfachtes Zeigerdiagramm des Transformators für verschiedene Belastungsfälle

matoren der Starkstromtechnik immer der Fall. Bild 26.8 zeigt das vereinfachte Transformator-Ersatzschaltbild mit dem zugehörigen Zeigerdiagramm. Deutlich erkennbar ist die phasenverschiebende Wirkung der Streuinduktivität.

Die Maschengleichung liefert die Beziehung:

$$\underline{U}_1 = \underline{I}_1 R_k + \underline{I}_1 jX_k + ü\underline{U}_2$$

Die bezogene Ausgangsspannung $üU_2$ des leerlaufenden Transformators ist gleich der angelegten Spannung, da der Primärstrom $I_1 = 0$ ist und demzufolge am Wirkwiderstand R_k und Blindwiderstand X_k keine Spannungsabfälle entstehen:

$$üU_2 = U_1 \qquad \text{bei Leerlauf}$$

Im Belastungsfall treten Spannungsabfälle auf:

$U_R = I_1 R_k$	Wirkspannung	Kappsches Dreieck	(224)
$U_x = I_1 X_k$	Streuspannung		
$U_k = \sqrt{U_R^2 + U_x^2}$	Kurzschlußspannung[1]		

Man erkennt aus dem Zeigerdiagramm in Bild 26.8, daß die geometrische Addition der Spannungsabfälle U_R und U_x zur bezogenen Ausgangsspannung $üU_2$ abhängig ist von der Phasenlage des Sekundärstroms I_2 gegenüber der Sekundärspannung U_2 (ohmsche, induktive oder kapazitive Belastung).

Hinweis: Wird der Transformator immer mit demselben Strom, z.B. Nennstrom, belastet, so hat das aus den Zeigern U_R, U_x, U_k gebildete Dreieck immer die gleiche Größe, nur seine Lage ist unterschiedlich; man nennt es das *Kappsche Dreieck*.

Mit Hilfe des Kappschen Dreiecks läßt sich die bei Belastung auftretende Spannungsänderung der Ausgangsspannung ΔU_2 berechnen:

$$\Delta U_2 = U_{20} - U_2$$

U_{20} = Leerlauf-Ausgangsspannung

U_2 = Ausgangsspannung bei Belastung

[1]) s. Gl. (225)

Zur rechnerischen Erfassung wird das Kappsche Dreieck in Bild 26.9 für eine beliebige ohmsche-induktive Belastung dargestellt. Man erhält dort die Spannungsänderung $\ddot{u} \cdot \Delta U_2$ (bezogene Größe) in guter Annäherung:

$$\ddot{u}\, \Delta U_2 \approx U_R \cos\varphi_2 + U_x \sin\varphi_2 \tag{225}$$

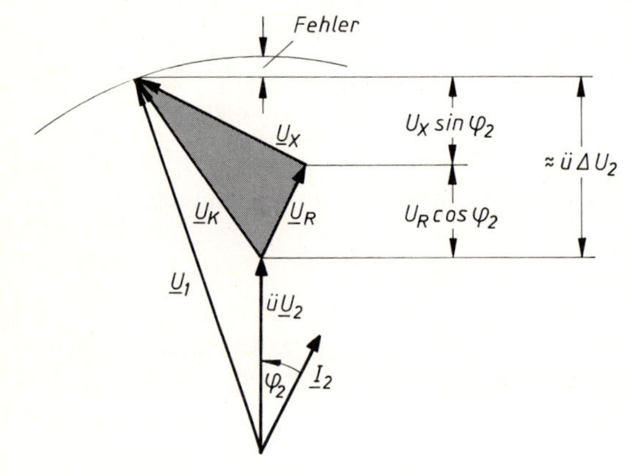

Bild 26.9
Zur Bestimmung der relativen Spannungsänderung auf der Abgabeseite des Transformators infolge Belastung

Die Wirkspannung U_R und die Streuspannung U_x werden über den sog. *Kurzschlußversuch* ermittelt, dabei schließt man den Transformator sekundärseitig kurz! Bei der Durchführung des Versuchs wird die primärseitig angelegte Spannung mittelts eines Stelltransformators nur soweit gesteigert, bis der Primär-Nennstrom I_{1N} fließt (Bild 26.10). Die so ermittelte angelegte Spannung heißt *Kurzschlußspannung* U_k. Sie wird häufig auf die Nennspannung bezogen, in Prozent ausgedrückt, und auf dem Leistungsschild des Transformators als *Nennkurzschlußspannung* u_k angegeben:

$$u_k = \frac{U_k}{U_{1N}} \cdot 100\,\% \tag{226}$$

Der Phasenverschiebungswinkel φ_k beim Kurzschlußversuch kann über eine Leistungsmessung ermittelt werden (Bild 26.10):

$$\cos\varphi_k = \frac{P_k}{U_k I_{1N}} \tag{227}$$

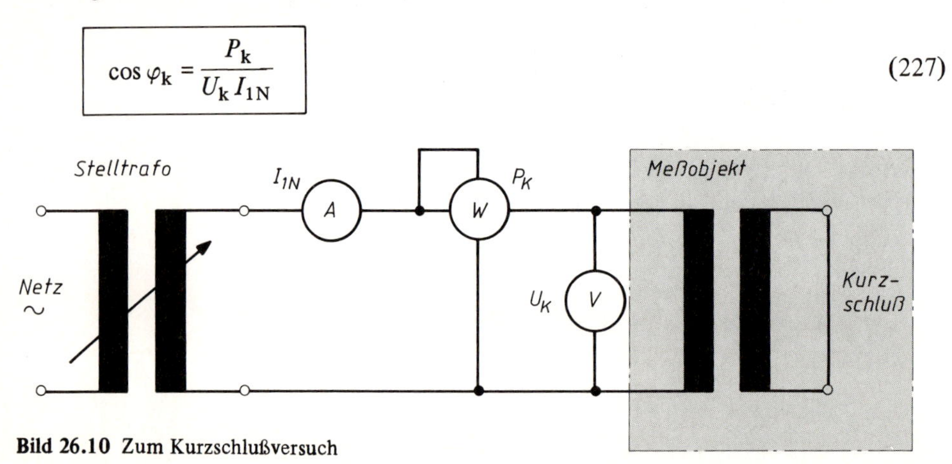

Bild 26.10 Zum Kurzschlußversuch

Lösungsmethodik:

Gemessen U_k, P_k ⇒ $U_R = P_k/I_{1N}$; $U_x = \sqrt{U_k^2 - U_R^2}$ ⇒ $ü \cdot \Delta U_2$ (Gl. (225)) ⇒ ΔU_2 (gesuchte Ausgangsspannungsänderung infolge Belastung).

Beispiel

Ein Einphasentransformator hat folgende Nenndaten: Nennscheinleistung 300 kVA, Nennübersetzung 10 kV/0,4 kV, Nennkurzschlußspannung 20 %.

Die Leistungsaufnahme im Kurzschlußversuch beträgt 15 kW.

Wie groß ist die Ausgangsspannung U_2 des Transformators bei Einspeisung mit Nennspannung und Belastung mit Nennstrom

a) bei ohmscher Last ($\cos \varphi_2 = 1$),
b) bei ohmscher-induktiver Last ($\cos \varphi_2 = 0{,}7$),
c) bei ohmscher-kapazitiver Last ($\cos \varphi_2 = 0{,}7$)?

Lösung:

Nennstrom:

$$I_{1N} = \frac{S_N}{U_{1N}} = \frac{300 \text{ kVA}}{10 \text{ kV}} = 30 \text{ A}$$

Spannungen im Kappschen Dreieck:

$$U_k = u_K U_{1N}$$
$$U_k = 0{,}2 \cdot 10 \text{ kV} = 2 \text{ kV}$$

$$U_R = \frac{P_k}{I_{1N}} = \frac{15 \text{ kW}}{30 \text{ A}} = 500 \text{ V}$$

(Die Wirkleistung 15 kW kann nur im Wirkwiderstand R umgesetzt werden, an dem deshalb die Wirkspannung 500 V abfällt.)

$$U_x = \sqrt{U_k^2 - U_R^2} = \sqrt{(2 \text{ kV})^2 - (0{,}5 \text{ kV})^2}$$
$$U_x = 1{,}94 \text{ kV}$$

Übersetzungsverhältnis:

$$ü = \frac{U_{1N}}{U_{2N}} = \frac{10\,000 \text{ V}}{400 \text{ V}} = 25$$

Ausgangsspannung U_2:

a) ohmsche Last ($\cos \varphi_2 = 1$) ⇒ $\varphi_2 = 0°$

$$ü\, \Delta U_2 = U_R \cos \varphi_2 + U_x \sin \varphi_2 = 500 \text{ V} \cdot \cos 0° + 1940 \text{ V} \cdot \sin 0°$$
$$ü\, \Delta U_2 = 500 \text{ V}$$
$$ü U_2 = U_1 - ü\, \Delta U_2 = 10\,000 \text{ V} - 500 \text{ V} = 9500 \text{ V}$$
$$U_2 = \frac{9500 \text{ V}}{ü} = \frac{9500 \text{ V}}{25} = 380 \text{ V}$$

b) ohmsche-induktive Last ($\cos \varphi_2 = 0{,}7$) ⇒ $\varphi_2 = 45{,}57°$

$$ü\, \Delta U_2 = 500 \text{ V} \cdot \cos 45{,}57° + 1940 \text{ V} \cdot \sin 45{,}57°$$
$$ü\, \Delta U_2 = 1735 \text{ V}$$
$$ü U_2 = 10\,000 \text{ V} - 1735 \text{ V} = 8265 \text{ V}$$
$$U_2 = \frac{8265 \text{ V}}{25} = 330 \text{ V}$$

c) ohmsche-kapazitive Last ($\cos \varphi_2 = 0{,}7$) $\Rightarrow \varphi_2 = -45{,}57°$

$$\ddot{u}\,\Delta U_2 = 500\ \text{V} \cdot \cos 45{,}57° + 1940\ \text{V} \cdot \sin -45{,}57°$$

$$\ddot{u}\,\Delta U_2 = -1035\ \text{V}$$

$$\ddot{u}\,U_2 = 10\,000\ \text{V} - (-1035\ \text{V}) = 11\,035\ \text{V}$$

$$U_2 = \frac{11\,035\ \text{V}}{25} = 414\ \text{V} \quad \text{(Spannungserhöhung!)}$$

26.4 Vertiefung und Übung

△ **Übung 26.1: Leistungsanpassung**

Ein Tauchspulmikrofon hat eine Leerlaufspannung von 5 mV und einen Innenwiderstand von 250 Ω. Welches Übersetzungsverhältnis muß ein idealer Transformator haben, um Leistungsanpassung für einen Verstärker mit 100 kΩ Eingangswiderstand zu erreichen?

△ **Übung 26.2: Transformator-Hauptgleichung**

Ein Transformator hat einen Eisenquerschnitt $A = 11\ \text{cm}^2$. Wie groß muß seine Primärwindungszahl N_1 für eine Primärwechselspannung $U_1 = 230\ \text{V/50 Hz}$ gewählt werden, wenn die magnetische Flußdichte den Höchstwert $\hat{B} = 1{,}42\ \text{T}$ nicht übersteigen darf?

△ **Übung 26.3: Stromaufnahme**

Berechnen Sie den Primärstrom des streuungs- und verlustfreien Transformators?

Angaben: $N_1 = 400$ Wdg., $N_2 = 200$ Wdg., Kernfaktor $A_L = 25\ \mu\text{H/Wdg.}^2$, $U_1 = 250\ \text{V/50 Hz}$, $R_{Last} = 125\ \Omega$

● **Übung 26.4: Magnetisch gekoppelte Stromkreise**

Wie merkt der Transformator auf der Primärseite, daß er auf der Sekundärseite belastet wird?

△ **Übung 26.5: Leerlauf-Ersatzschaltung**

a) Entwickeln Sie aus dem bekannten vollständigen Ersatzschaltbild des realen Transformators ein Ersatzschaltbild für den Leerlauffall und das zugehörige Zeigerbild.
b) Bestimmen Sie die Stromkomponenten I_μ, I_{Fe} und den Phasenwinkel φ_0 des Leerlaufdiagramms.
c) Beweisen Sie zahlenmäßig, warum im Leerlauf die Kupferverluste vernachlässigt werden können!

Angaben: Nennscheinleistung 50 kVA, Nennübersetzung 6000/400 V, Leerlaufstrom beträgt 8 % des Nennstromes, Nennkurzschlußspannung 4 %

Im Leerlauf wird eine Leistungsaufnahme von 460 W gemessen; im Kurzschlußversuch beträgt die Leistungsaufnahme 1100 W.

△ **Übung 26.6: Kupferverluste**

Ein Einphasentransformator hat folgende Daten:

$$S_N = 100\ \text{kVA}, \quad \ddot{u}_N = 20\,000/230\ \text{V}$$

Bei einer Betriebstemperatur von 20 °C wurden ermittelt:

Leerlaufverluste	$P_0 = 800$ W
Kurzschlußverluste	$P_k = 1750$ W

Bestimmen Sie die Kupferverluste im Nennbetrieb und einer Betriebstemperatur von 90 °C!
($\alpha_{Cu} = 0{,}004\ \text{K}^{-1}$)

27 Dreiphasensystem

Ein Dreiphasensystem ist ein System zur elektrischen Energieübertragung mit Wechselströmen in drei gleichwertigen Strombahnen, in denen die elektrischen Größen in periodisch festgelegten Zeitabständen nacheinander wirksam werden. Das Dreiphasensystem entsteht durch die *Verkettung* von drei um 120° phasenverschobenen Spannungen.

Vorteile des Systems:

- Bei Verwendung eines Mittelpunktleiters stehen *zwei Spannungswerte* (z.B. 230 V, 400 V) zur Verfügung.
- Auf der Verbraucherseite kann mit drei räumlich um 120° versetzt angeordneten Magnetspulen ein rotierendes Magnetfeld, das sog. *Drehfeld* erzeugt werden.
- Die Leitungen des Drehstromsystems benötigen nur 1/6 des Leitungsquerschnittes gegenüber den Leitungen des Einphasensystems für gleiche Leistungsverluste bei der Energieübertragung.

27.1 Drehstromquelle

Die Synchronmaschine ist die Drehstromquelle der Energietechnik. Dieser *Drehstromgenerator* besteht in der Ausführung als zweipolige Maschine (Bild 27.1) aus einem feststehenden Teil (Ständer, Stator), in dem drei untereinander gleichartige Wicklungsstränge (Spulengruppen) um räumlich 120° versetzt untergebracht sind. Die Anfänge der drei Wicklungsstränge werden in der Reihenfolge mit U1, V1, W1 und deren Enden mit U2, V2, W2 bezeichnet. In der Polbohrung befindet sich der rotierende Teil (Läufer, Rotor) mit der Funktion eines Magneten. Bei einer zweipoligen Maschine (ein Polpaar bestehend aus Nord- und Südpol) besteht der Läufer aus einem Eisenkern mit einer Erregerwicklung. Diese muß von einem Gleichstrom durchflossen werden, der über Schleifringe zugeführt wird.

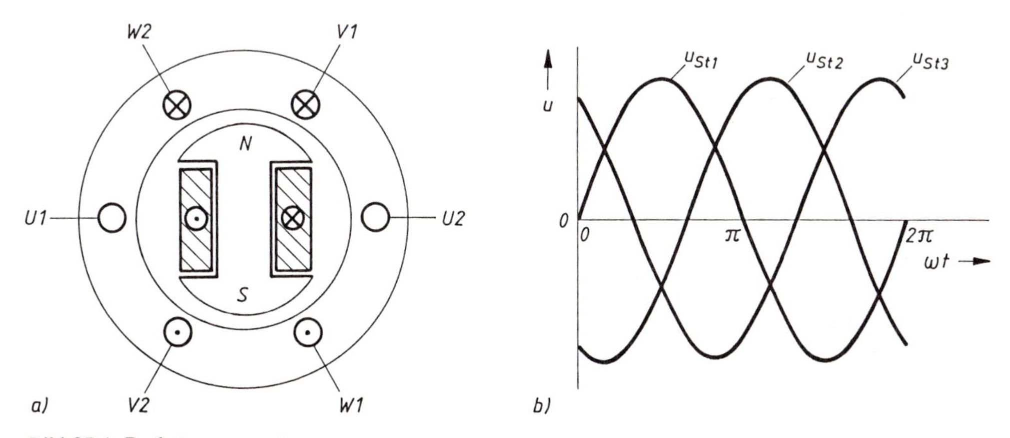

Bild 27.1 Drehstromgenerator
a) Zweipoliger Generator (Prinzip), b) Liniendiagramm für eine Umdrehung des Polrades

Der Rotor des Drehstromgenerators wird mit Gleichstrom erregt und unter Energieaufwand angetrieben, so daß ein sich drehendes Magnetfeld entsteht, das in jedem Strang eine sinusförmige Wechselspannung gleicher Frequenz induziert. Diese drei Wechselspannungen mit gleicher Amplitude haben gegenseitig eine Phasenverschiebung von 120° und werden die *Strangspannungen* genannt.

Die Momentanwertgleichungen für die Strangspannungen lauten:

$$u_{\mathrm{st}1} = \hat{u} \sin \omega t$$
$$u_{\mathrm{st}2} = \hat{u} \sin(\omega t - 120^\circ)$$
$$u_{\mathrm{st}3} = \hat{u} \sin(\omega t - 240^\circ)$$

27.2 Verkettungsmöglichkeiten

Das offene Dreiphasensystem besteht aus den drei Spannungsquellen des Drehstromgenerators, deren Spannungen um zeitlich 120° gegeneinander versetzt sind. Zur Leistungsübertragung in den drei getrennten Stromkreisen benötigt man insgesamt sechs Leitungen.

In der Praxis wird jedoch das verkettete Dreiphasensystem angewendet. *Verkettung* heißt Verbindung von drei Spannungsquellen zu einem Stromkreissystem.

Die Verkettungsmöglichkeit beruht auf folgender Besonderheit: Die Summe der drei Wechselspannungen ergibt zu jedem Zeitpunkt den Spannungswert Null!

$$u(t) = \hat{u}_1 \sin \omega t + \hat{u}_2 \sin(\omega t - 120^\circ) + \hat{u}_3 \sin(\omega t - 240^\circ) = 0$$

Diese Behauptung läßt sich mit Hilfe des Additionstheorems

$$\sin(\alpha - \beta) = \sin\alpha \cos\beta - \cos\alpha \sin\beta$$

nachweisen:

$$u(t) = \hat{u}\,[(\sin \omega t) + (\sin \omega t \underbrace{\cos 120^\circ}_{-0.5} - \cos \omega t \underbrace{\sin 120^\circ}_{+0.866}) +$$
$$+ (\sin \omega t \underbrace{\cos 240^\circ}_{-0.5} - \cos \omega t \underbrace{\sin 240^\circ}_{-0.866})]$$
$$u(t) = \hat{u} \cdot 0$$

Das Liniendiagramm in Bild 27.1b) zeigt den gleichen Sachverhalt in anschaulicher Weise.

Sternverkettung

Bei der *Sternschaltung* der drei Wicklungsstränge des Drehstromgenerators sind die Wicklungsenden zu einem gemeinsamen Sternpunkt N zusammengeschaltet. Zur Stromübertragung sind vier Leiter vorgesehen:

der vom Sternpunkt abgehende *Neutralleiter N* und die drei Hauptleiter L1, L2, L3 (*Außenleiter*, Phasenleiter, ungenau manchmal auch kurz „Phasen" genannt).

Die Außenleiterspannungen ergeben sich nach dem 2. Kirchhoffschen Satz $\Sigma \underline{U} = 0$ jeweils aus der geometrischen Differenz zweier Strangspannungen (vgl. Zählpfeile in Bild 27.2):

$$\underline{U}_{12} + \underline{U}_{2N} - \underline{U}_{1N} = 0 \Rightarrow \underline{U}_{12} = \underline{U}_{1N} - \underline{U}_{2N}$$
$$\underline{U}_{23} + \underline{U}_{3N} - \underline{U}_{2N} = 0 \Rightarrow \underline{U}_{23} = \underline{U}_{2N} - \underline{U}_{3N}$$
$$\underline{U}_{31} + \underline{U}_{1N} - \underline{U}_{3N} = 0 \Rightarrow \underline{U}_{31} = \underline{U}_{3N} - \underline{U}_{1N}$$

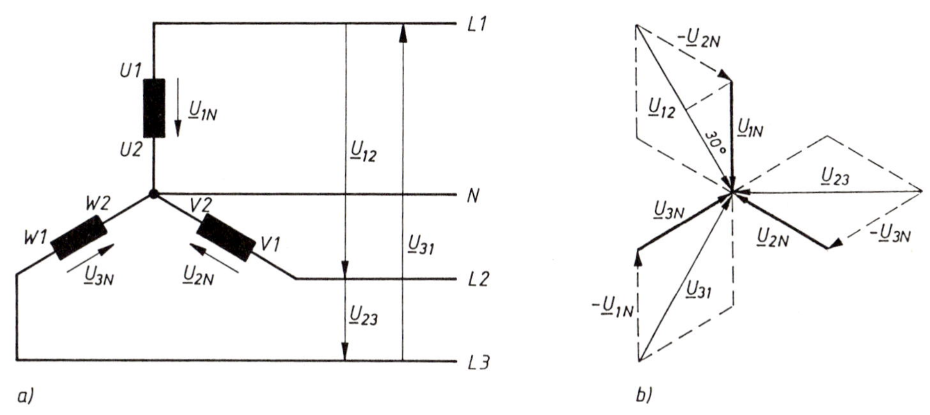

Bild 27.2 Sternschaltung
a) Schaltung der Wicklungsstränge, b) Zeigerdiagramm: Lage von $\underline{U}_{1N}$ als Bezugslinie 0° definiert

Bild 27.2b) zeigt die drei geometrischen Subtraktionen in einem Zeigerbild. Man erkennt, daß die Außenleiterspannungen U_{12}, U_{23}, U_{31} um einen typischen Verkettungsfaktor größer als die Strangspannungen sind und diesen gegenüber auch noch eine feste Phasenverschiebung von 30° aufweisen:

$$U_{12} = 2\, U_{1N} \cos 30° \qquad \text{mit } \cos 30° = \frac{1}{2}\sqrt{3}$$
$$U_{12} = \sqrt{3}\, U_{1N}$$

Allgemein:

$$\boxed{U = \sqrt{3}\, U_{st}} \qquad (228)$$

In Worten: Die *Außenleiterspannungen U* sind um den *Verkettungsfaktor* $\sqrt{3}$ größer als die Strangspannungen U_{st} und um 120° gegeneinander phasenverschoben.

Bei Anschluß des Neutralleiters stehen neben den Außenleiterspannungen (3 × 400 V) auch noch die Strangspannungen (3 × 230 V) zur Verfügung.

Dreieckverkettung

Werden die drei Stränge zu einem Ring hintereinander geschaltet, indem das Ende des einen Stranges mit dem Anfang des nächsten verbunden wird, erhält man eine *Dreieckschaltung*. Die drei vom Generator abgehenden *Außenleiter* werden mit L1, L2, L3 bezeichnet. Einen Neutralleiter hat die Dreieckschaltung nicht.

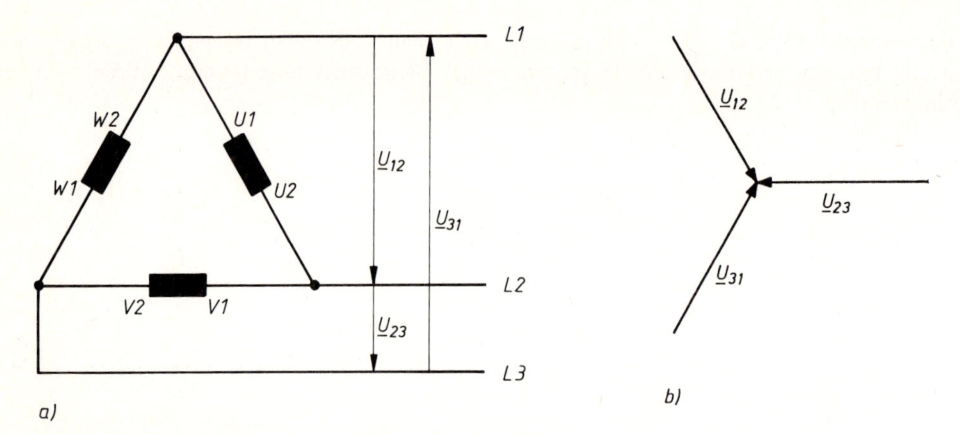

Bild 27.3 Dreieckschaltung
a) Schaltung der Wicklungsstränge, b) Zeigerdiagramm

Bild 27.3 zeigt, daß sich in der Hintereinanderschaltung der drei Stränge die um 120° phasenverschobenen Wechselspannungen zu Null addieren. Der Strom in der Ringschaltung ist bei offenen Außenleitern L1, L2, L3 daher Null:

$$\Sigma \underline{U}_{st} = 0$$
$$\underline{I} = 0$$

Charakteristisch für die Dreieckschaltung ist es, daß die *Außenleiterspannungen* U (U_{12}, U_{23}, U_{31}) gleich den Strangspannungen sind:

$$\boxed{U = U_{st}} \tag{229}$$

In der Dreieckschaltung ist nur ein Spannungswert verfügbar (z.B. 3 × 400 V). Die Phasenlage der Außenleiterspannungen U_{12}, U_{23}, U_{31} ist in Bild 27.3b) so festgesetzt worden, daß eine Übereinstimmung mit Bild 27.2b) gegeben ist.

27.3 Potentialdiagramm des Vierleiter-Dreiphasensystems

Im nachfolgenden soll nur noch das Vierleiter-Dreiphasensystem (L1, L2, L3, N) betrachtet werden, an das Verbraucher in Sternschaltung oder Dreieckschaltung angeschlossen werden können.

Unabhängig von der Belastung stehen dem Verbraucher sechs Spannungen zur Verfügung, wie das Liniendiagramm in Bild 27.4a) zeigt. Um in die verwirrende Vielfalt der gegenseitigen Phasenbeziehungen der sechs Spannungen ein System zu bringen, wird die Zeigerdarstellung mit rotierenden Zeigern auf einer Drehachse verlassen und allen Verbraucherschaltungen das nachfolgende Potentialdiagramm zugrunde gelegt:

Man ordnet jedem Punkt L1, L2, L3, N ein Potential zu. Die Potentiale der Punkte L1, L2, L3 liegen stets gleich weit voneinander entfernt. Die Potentialdifferenzen dieser Punkte sind dann die Außenleiterspannungen U_{12}, U_{23}, U_{31}. Das Potential des Sternpunktes N liegt um den Betrag der Strangspannungen U_{1N}, U_{2N}, U_{3N} von den Potentialen der Punkte L1, L2, L3 entfernt. Bild 27.4b) zeigt ein solches Potentialdiagramm für ein Vierleiter-Dreiphasennetz. Die Pfeile im Potentialdiagramm stellen Effektivwert-Spannungszeiger dar, deren Phasenlagen mit dem Liniendiagramm übereinstimmen.

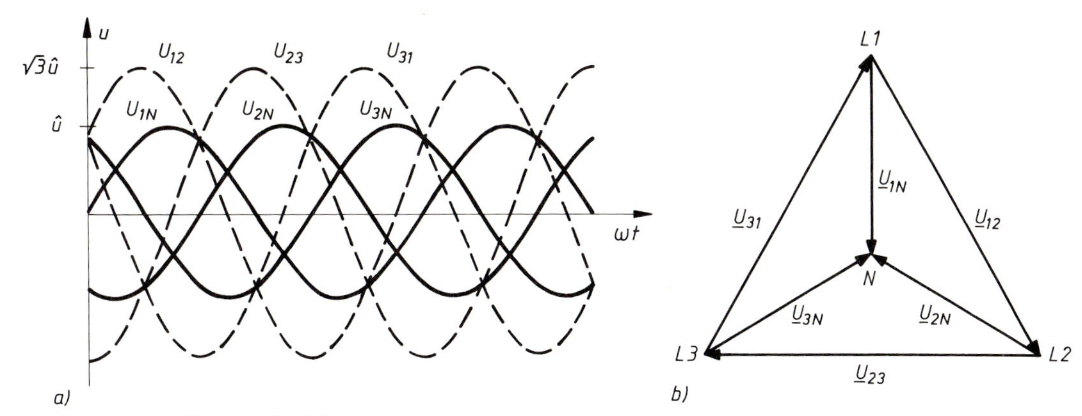

Bild 27.4 Vierleiter-Dreiphasensystem
a) Liniendiagramm, b) Potentialdiagramm

27.4 Spannungen und Ströme bei Sternschaltung der Verbraucher

Bild 27.5 zeigt eine Verbrauchergruppe in Sternschaltung an einem Vierleiter-Dreiphasennetz.

Alle im Stern geschalteten Verbraucher liegen unabhängig von ihrem Widerstandswert an der Strangspannung $U_{st} = U_{1N} = U_{2N} = U_{3N}$.

Charakteristisch für die Sternschaltung ist es, daß der Außenleiterstrom immer gleich dem jeweiligen Strangstrom ist:

$$\boxed{I = I_{st}} \qquad (230)$$

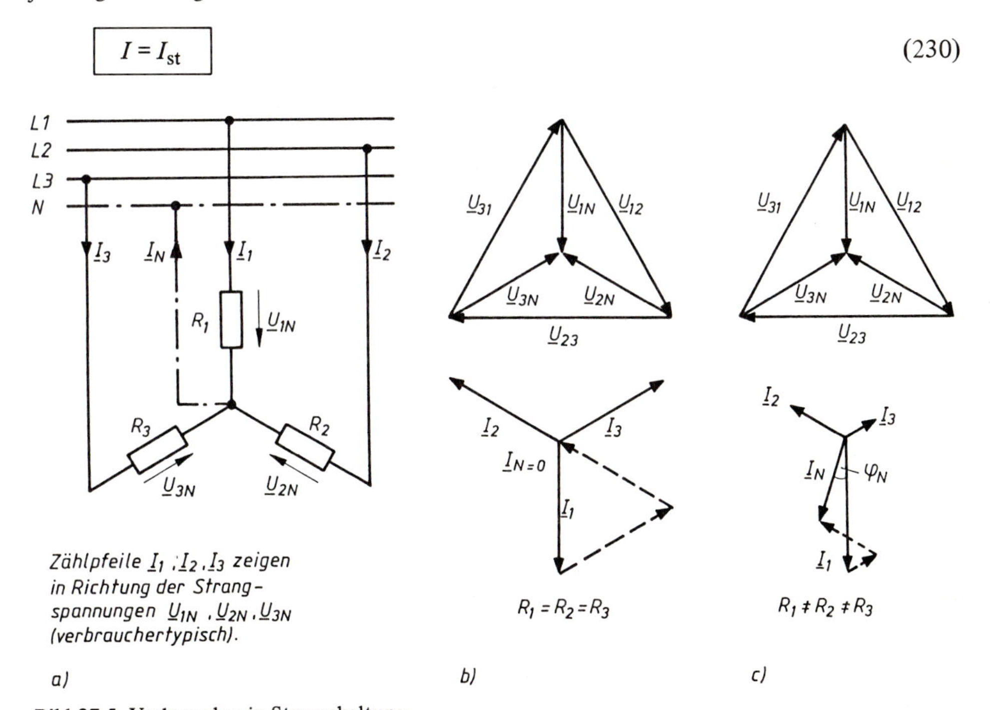

Bild 27.5 Verbraucher in Sternschaltung
a) Schaltung mit ohmscher Last, b) Zeigerdiagramme für symmetrische Belastung, c) Zeigerdiagramme für unsymmetrische Belastung

1. Fall: Neutralleiter ist intakt

Im Sternpunkt addieren sich die phasenverschobenen Strangströme geometrisch:

$$\underline{I}_N = \underline{I}_1 + \underline{I}_2 + \underline{I}_3$$

Liegt eine symmetrische Widerstandsbelastung vor (Bild 27.5b), addieren sich die drei Leiterströme zu Null. Der Neutralleiter ist stromlos.

$$\underline{I}_N = 0 \qquad \text{(symmetrische Belastung)}$$

Bild 27.5c zeigt, daß bei unsymmetrischer Belastung der Strom im Neutralleiter gleich der geometrischen Summe der Strangströme ist. Im Neutralleiter fließt ein Ausgleichstrom I_N.

$$\underline{I}_N \neq 0 \qquad \text{(unsymmetrische Belastung)}$$

Beispiel

Ein Vierleiter-Drehstrom-Netz 400/230 V wird gemäß Schaltung Bild 27.5 unsymmetrisch belastet. Es ist der Strom im Neutralleiter zu berechnen.

Verbraucher: $R_1 = 23\ \Omega$, $R_2 = 46\ \Omega$, $R_3 = 92\ \Omega$

Lösung:

$$I = I_{st} = \frac{U_{st}}{R}$$

$$I_1 = \frac{230\text{ V}}{23\ \Omega} = 10\text{ A}; \quad I_2 = 5\text{ A}; \quad I_3 = 2{,}5\text{ A}$$

$$\underline{I}_N = \underline{I}_1 + \underline{I}_2 + \underline{I}_3 = 10\text{ A} \cdot e^{j\,0^\circ} + 5\text{ A} \cdot e^{-j\,120^\circ} + 2{,}5\text{ A} \cdot e^{-j\,240^\circ}$$

$$\underline{I}_N = 6{,}25\text{ A} - j\,2{,}16\text{ A}$$

$$I_N = \sqrt{(6{,}25\text{ A})^2 + (2{,}16\text{ A})^2} = 6{,}61\text{ A}$$

$$\tan\varphi_N = \frac{-2{,}16\text{ A}}{6{,}25\text{ A}} = -0{,}345$$

$$\varphi_N = -19{,}1^\circ \text{ (bezogen auf } \underline{I}_1)$$

$$\underline{I}_N = 6{,}61\text{ A} \cdot e^{-j\,19{,}1^\circ}$$

s. Bild 27.5c), d.h. im unsymmetrisch belasteten Vierleiter-Drehstromnetz fließt über den Neutralleiter ein Ausgleichsstrom.

2. Fall: Neutralleiter ist unterbrochen

Eine Unterbrechung des Neutralleiters hat schwerwiegende Folgen bei unsymmetrischer Belastung, da ein Ausgleichsstrom nicht mehr möglich ist und die einzelnen Verbraucher nicht mehr mit Sicherheit an ihrer Nennspannung liegen.

Da im Verbraucher-Sternpunkt die Summe aller Ströme gleich Null sein muß

$$\underline{I}_1 + \underline{I}_2 + \underline{I}_3 = 0,$$

verschieben sich die Strangspannungen an den Verbrauchern so, daß diese Bedingung erfüllt wird. Jede Veränderung der Strangspannung bedeutet eine *Sternpunktverschiebung* im Potentialdiagramm und in der Schaltung ein Auftreten von Über- und Unterspannungen an den Verbrauchern. Die Sternpunktverschiebung wird an der Unterbrechungsstelle des Neutralleiters als Verlagerungsspannung ΔU meßbar.

Beispiel

Es ist die Sternpunktverlagerung zu bestimmen, wenn in der Schaltung des voranstehenden Beispiels der Neutralleiter unterbrochen wird.

Graphischer Lösungsgang: Spannungsteilung an je zwei Schaltwiderständen bei offenem dritten Anschluß. Ergebnis durch Überlagerung.

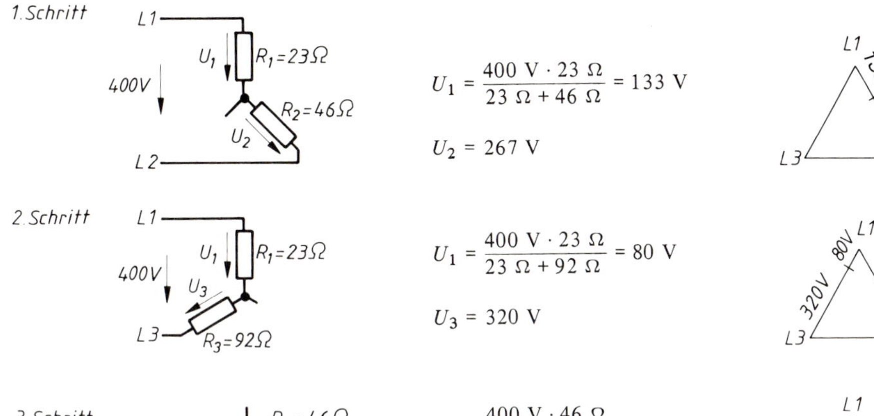

$$U_1 = \frac{400\ \text{V} \cdot 23\ \Omega}{23\ \Omega + 46\ \Omega} = 133\ \text{V}$$

$$U_2 = 267\ \text{V}$$

$$U_1 = \frac{400\ \text{V} \cdot 23\ \Omega}{23\ \Omega + 92\ \Omega} = 80\ \text{V}$$

$$U_3 = 320\ \text{V}$$

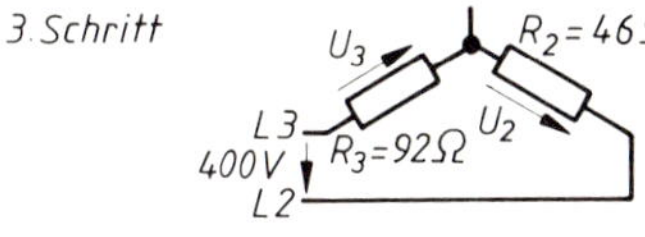

$$U_2 = \frac{400\ \text{V} \cdot 46\ \Omega}{46\ \Omega + 92\ \Omega} = 133\ \text{V}$$

$$U_3 = 267\ \text{V}$$

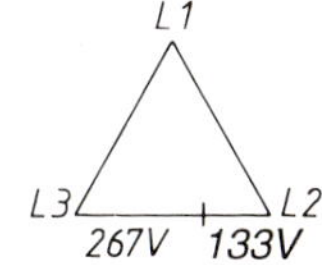

Überlagerung

Ergebnis: $\Delta U = 84{,}5$ V (graphisch aus Bild 27.6)

Kontrollrechnung: Über Ersatzspannungsquelle

$I_0 \mathrel{\hat{=}}$ Kurzschlußstrom I_K

$U_0 \mathrel{\hat{=}}$ Verlagerungsspannung ΔU

$R_i \mathrel{\hat{=}} R_1 // R_2 // R_3$ (Spannungsquellen kurzgeschlossen gedacht)

$$G_i = G_1 + G_2 + G_3 = \frac{1}{23\ \Omega} + \frac{1}{46\ \Omega} + \frac{1}{92\ \Omega} = 76{,}1\ \text{mS}$$

$R_i = 13{,}1\ \Omega$

$U_0 = I_K R_i$

$\Delta U = 6{,}61\ \text{A} \cdot 13{,}1\ \Omega = \underline{\underline{86{,}9\ \text{V}}}$

($I_N = 6{,}61$ A aus voranstehendem Beispiel)

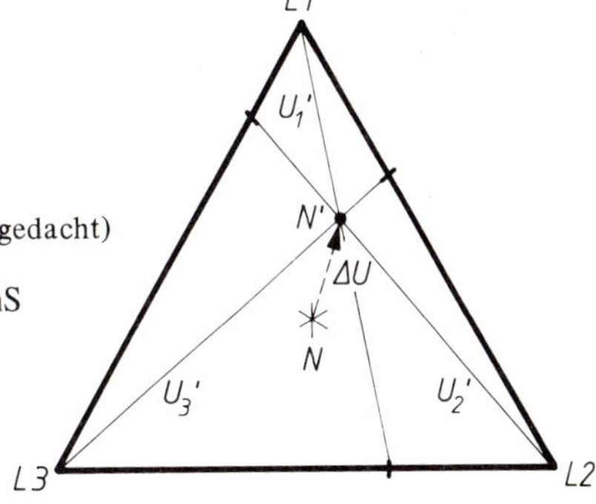

Bild 27.6 Graphische Lösung der Mittelpunktverschiebung

Die Strangspannungen nach der Unterbrechung des Neutralleiters betragen:

$U_1' = 155$ V

$U_2' = 260$ V (graphisch aus Bild 27.6)

$U_3' = 300$ V

27.5 Spannungen und Ströme bei Dreieckschaltung der Verbraucher

Bild 27.7 zeigt eine Verbrauchergruppe in *Dreieckschaltung* an einem Vierleiter-Dreiphasennetz. Die Belastungswiderstände R_1, R_2, R_3 sind gleich, es liegt also eine *symmetrische Belastung* vor. Jeder Außenleiterstrom I (I_1, I_2, I_3) bildet sich gemäß dem 1. Kirchhoffschen Satz $\Sigma \underline{I} = 0$ jeweils aus der geometrischen Differenz der Strangströme I_{st} (I_{12}, I_{23}, I_{31}), vgl. Zählpfeile in Bild 27.7:

$$\underline{I}_1 + \underline{I}_{31} - \underline{I}_{12} = 0 \;\Rightarrow\; \underline{I}_1 = \underline{I}_{12} - \underline{I}_{31}$$
$$\underline{I}_2 + \underline{I}_{12} - \underline{I}_{23} = 0 \;\Rightarrow\; \underline{I}_2 = \underline{I}_{23} - \underline{I}_{12}$$
$$\underline{I}_3 + \underline{I}_{23} - \underline{I}_{31} = 0 \;\Rightarrow\; \underline{I}_3 = \underline{I}_{31} - \underline{I}_{23}$$

Der Außenleiterstrom I ist bei symmetrischer Belastung um den Faktor $\sqrt{3}$ größer als der Strangstrom I_{st} (Bild 27.7b)):

$$\boxed{I = \sqrt{3}\, I_{st}} \qquad (231)$$

Gl. (231) gilt nicht bei *unsymmetrischer Belastung*. Eine unsymmetrische Belastung entsteht durch ungleiche Widerstände. Die Leiterströme müssen unter Beachtung der Beträge und Nullphasenwinkel der Strangströme errechnet werden, z.B. $\underline{I}_1 = \underline{I}_{12} - \underline{I}_{31}$.

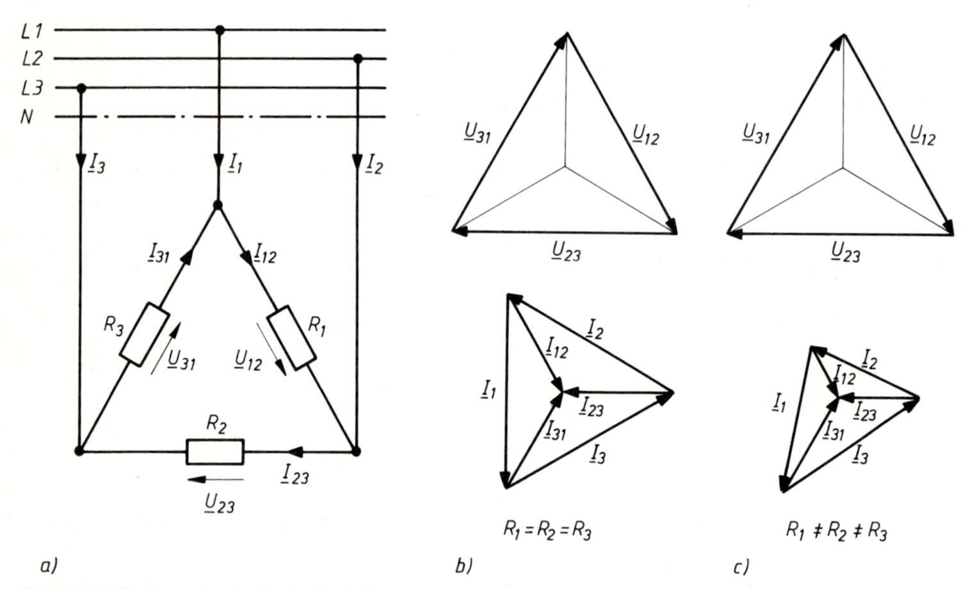

Bild 27.7 Verbraucher in Dreieckschaltung
a) Schaltung mit ohmscher Last
b) Zeigerdiagramme für symmetrische Belastung
c) Zeigerdiagramme für unsymmetrische Belastung

Beispiel

Ein Heizofen besitzt drei Widerstände von je 23 Ω und wird an ein Drehstromnetz 400/230 V angeschlossen. Wie groß ist die Leiterstromstärke bei Dreieck- und bei Sternschaltung des Ofens?

Lösung:

Sternschaltung:

$$I = I_{st} = \frac{U_{st}}{R} = \frac{230\ \text{V}}{23\ \Omega} = 10\ \text{A}$$

Dreieckschaltung:

$$I_{st} = \frac{U}{R} = \frac{U_{st}}{R} = \frac{400\ \text{V}}{23\ \Omega} = 17{,}3\ \text{A}$$

$$I = \sqrt{3} \cdot I_{st} = 1{,}73 \cdot 17{,}3\ \text{A} = 30\ \text{A}$$

Bei gleicher Netzspannung nimmt ein Drehstromverbraucher in Dreieckschaltung den dreifachen Strom auf wie in Sternschaltung.

27.6 Leistung bei Drehstrom

Die Drehstromleistung wird wie die Wechselstromleistung allgemein mit den Begriffen Wirk-, Blind- und Scheinleistung erfaßt.

Bei unsymmetrischer Belastung ist die gesamte Wirkleistung gleich der Summe der Leistungen der einzelnen *Phasen*[1]).

Bei symmetrischer Belastung vereinfacht sich die Berechnung der Wirkleistung auf die Beziehung:

$$\boxed{P = 3\, U_{st} I_{st} \cos \measuredangle (\underline{U}_{st}, \underline{I}_{st})} \qquad (232)$$

Da bei Drehstrom-Verbrauchern die Innenschaltung unbekannt sein kann, ist es zweckmäßig, eine Berechnungsgrundlage für die gesamte Wirkleistung zu haben, die nur die Spannung zwischen den Außenleitern und die Ströme in den Außenleitern enthält.

Dreieckschaltung Δ

$$P = 3\, U_{st} I_{st} \cos \varphi$$

mit $U_{st} = U$

$$I_{st} = \frac{I}{\sqrt{3}}$$

$$P = 3\, U \frac{I}{\sqrt{3}} \cos \varphi$$

Sternschaltung Y

$$P = 3\, U_{st} I_{st} \cos \varphi$$

mit $U_{st} = \frac{U}{\sqrt{3}}$

$$I_{st} = I$$

$$P = 3\, \frac{U}{\sqrt{3}} I \cos \varphi$$

Für symmetrische Belastung gilt unabhängig von der Art der Verbraucherschaltung:

$$\boxed{P = \sqrt{3}\, U I \cos \varphi} \qquad (233)$$

Entsprechend gilt für die gesamte Blindleistung:

$$\boxed{Q = \sqrt{3}\, U I \sin \varphi} \qquad (234)$$

[1]) s. S. 344

und für die gesamte Scheinleistung:

$$\boxed{S = \sqrt{3}\, UI} \qquad (235)$$

Der in den Gln. (233) und (234) auftretende Winkel φ drückt den Phasenverschiebungswinkel zwischen Spannung und Strom am einzelnen Verbraucher im Strang aus.

Beispiel

Auf dem Leistungsschild eines Drehstrommotors befinden sich folgende Angaben: 4 kW; $\cos\varphi = 0{,}84$; Y/Δ 400/230 V; 8,7 A/15 A. Welche Leistungsaufnahme hat der Motor bei Stern- und Dreieckschaltung? Wie groß ist der Wirkungsgrad? Welche Netzspannung benötigt der Motor in beiden Schaltungsmöglichkeiten, um Nennspannung zu erhalten?

Lösung:

Scheinleistung:

$$S_Y = \sqrt{3}\, UI = 1{,}73 \cdot 400\ \text{V} \cdot 8{,}7\ \text{A} = 6\ \text{kVA}$$
$$S_\Delta = \sqrt{3}\, UI = 1{,}73 \cdot 230\ \text{V} \cdot 15\ \text{A} = 6\ \text{kVA}$$

Wirkleistung:

$$P_{Y,\Delta} = S_{Y,\Delta} \cdot \cos\varphi = 6\ \text{kVA} \cdot 0{,}84 = 5\ \text{kW}$$

Nennleistung: Die auf dem Typenschild genannte Leistung ist hier die abgebbare mechanische Leistung.

$$P_{ab} = 4\ \text{kW}$$

Wirkungsgrad:

$$\eta = \frac{P_{ab}}{P_{zu}} = \frac{4\ \text{kW}}{5\ \text{kW}} = 0{,}8$$

Netzspannung zwischen den Außenleitern:

bei Y 400 V
bei Δ 230 V

Beispiel

Wir vergleichen die Energieübertragung in einem Vierleiter-Dreiphasennetz mit der in einem Einphasennetz bei gleich großen Leistungsverlusten auf den Zuleitungen.

Lösung:

	Einphasennetz 230 V	Dreiphasennetz 400/230 V
Leistungsaufnahme des Verbrauchers	$P = 18\ \text{kW}$	$P = 18\ \text{kW}$ (Verbraucher in Sternschaltung)
Stromstärke in den Zuleitungen	$I = \frac{P}{U} = \frac{18\ \text{kW}}{230\ \text{V}} = 78{,}3\ \text{A}$	$I = \frac{1/3\, P}{U_{st}} = \frac{6\ \text{kW}}{230\ \text{V}} = 26{,}1\ \text{A}$
Leistungsverluste auf den Zuleitungen	$P_{Ltg} = I^2 \cdot 2 \cdot \frac{l \cdot \rho}{A}$	$P_{Ltg} = I^2 \cdot 3 \cdot \frac{l \cdot \rho}{A}$
Drahtquerschnitt für Leistungsverlust $P_{Ltg} = 1\,\%\,P$ für 10 m Kupferleitung	$A = \frac{I^2 \cdot 2 \cdot l \cdot \rho}{P_{Ltg}}$ $A = 12\ \text{mm}^2$	$A = \frac{I^2 \cdot 3 \cdot l \cdot \rho}{P_{Ltg}}$ $A = 2\ \text{mm}^2 \Rightarrow$ (= 1/6)
Leitungsvolumen	$V_{Cu} = 2 \cdot l \cdot A$ $V_{Cu} = 240\ \text{cm}^3$	$V_{Cu} = 3 \cdot l \cdot A$ $V_{Cu} = 60\ \text{cm}^3 \Rightarrow$ (= 1/4)

27.7 Erzeugung eines magnetischen Drehfeldes

Ein magnetisches Feld ist ein Energieraum, dargestellt durch den magnetischen Fluß Φ.
Unter einem *Drehfeld* versteht man ein magnetisches Feld, das mit der Winkelgeschwindigkeit ω rotiert.

Im einfachsten Fall wird ein magnetisches Drehfeld durch Drehung eines Dauermagneten erzeugt. Es lassen sich jedoch auch magnetische Drehfelder ohne mechanische Bewegung erzeugen:

Zweiphasen-Wechselstrom mit 90°-Phasenverschiebung. Speist man zwei um 90° versetzt angeordnete Stränge mit um 90° phasenverschobenen Wechselströmen gleicher Amplitude, so entsteht ein magnetisches Drehfeld mit konstanter Amplitude.

Vertauscht man die Stromrichtung in einem Strang, so kehrt sich die Drehrichtung des magnetischen Drehfeldes um.

Dreiphasen-Wechselstrom. Speist man drei um 120° versetzt angeordnete Stränge mit um 120° phasenverschobenen Strömen (Drehstrom), so entstehen drei Magnetfelder mit den magnetischen Flüssen Φ_1, Φ_2 und Φ_3, die sich zu einem magnetischen Feld Φ_{ges} addieren.

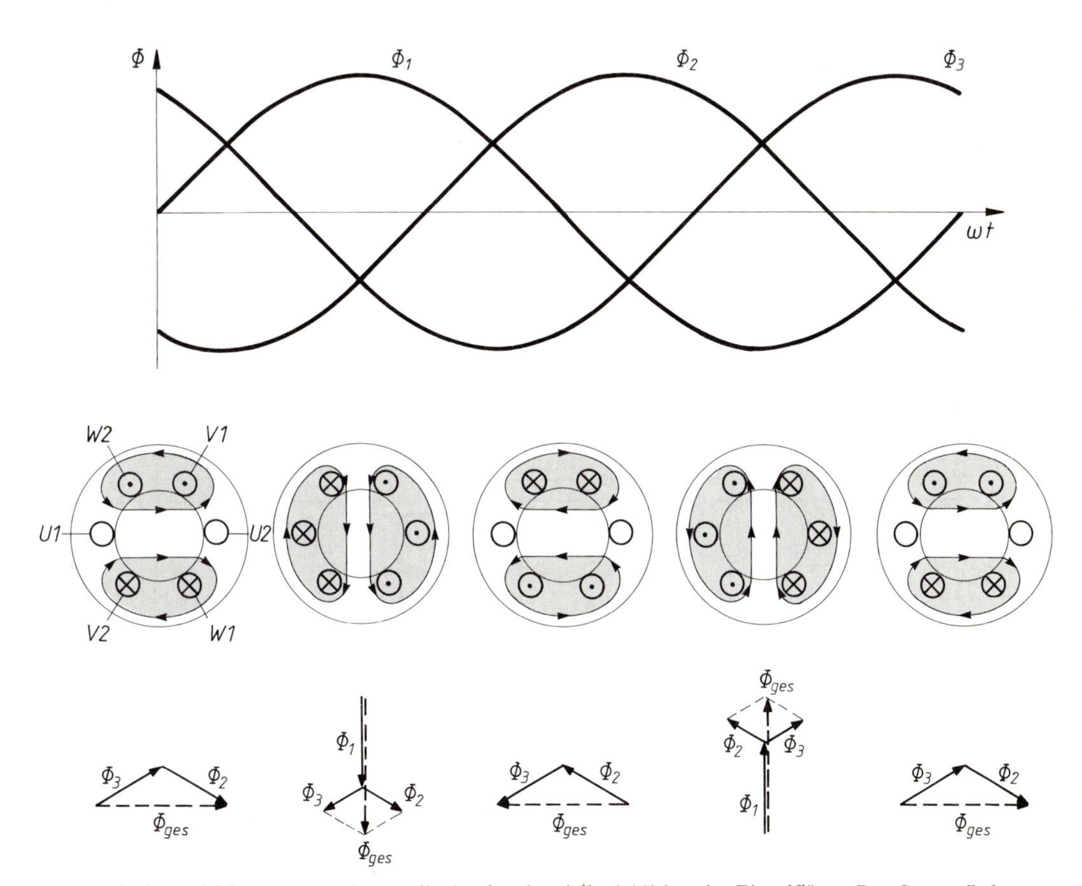

Bild 27.8 Drehfelderzeugung, dargestellt durch vektorielle Addition der Einzelflüsse: Der Gesamtfluß ändert nur seine Richtung nicht aber seinen Betrag.

Sind die Amplituden der Einzelflüsse gleich groß, so ergibt sich ein magnetisches Drehfeld mit konstanter Stärke. Bild 27.8 zeigt die räumlichen Richtungen und die sich zeitlich ändernden magnetischen Flüsse.

Durch Vertauschen zweier Außenleiter kann die Umlaufrichtung des Drehfeldes umgekehrt werden.

Das in der Ständerwicklung eines Drehstrom-Asynchronmotors erzeugte Drehfeld induziert in einem Läufer mit geschlossener Wicklung Ankerströme, deren Lorentzkräfte ein Drehmoment am Rotor verursachen. Der Läufer nimmt den gleichen Drehsinn wie das Drehfeld an, um – der Lenzschen Regel gemäß – die Relativdrehzahl zum Ständerdrehfeld zu verringern und so der Ursache der Ankerstrom-Induzierung entgegenzuwirken.

27.8 Vertiefung und Übung

△ **Übung 27.1: Außenleiterströme, Leistung**

Drei in Stern geschaltete Glühlampen 230 V/100 W liegen an einem Vierleiter-Dreiphasennetz.

1. Welche Spannungen muß das Drehstromnetz führen, damit die Glühlampen an der Nennspannung liegen?
2. Welche Außenleiterströme fließen?
3. Welche gesamte Wirkleistung ergibt sich mit Gl. (233)?
4. Welche Leistung zeigt der Leistungsmesser im Bild 27.9 an?

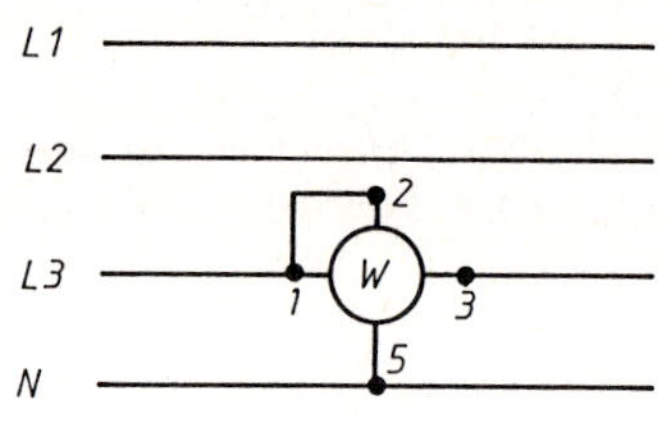

Bild 27.9

△ **Übung 27.2: Unterbrechung des N-Leiters**

Wie verändert sich die Leistungsaufnahme der Glühlampen in Übung 27.1, wenn die Glühlampe eines Stranges durchbrennt und der N-Leiter: 1. vorhanden, 2. unterbrochen ist?

△ **Übung 27.3: Strom im N-Leiter**

Sternschaltung gemäß Bild 27.10.

1. Wie groß ist der Strom im N-Leiter?
2. Berechnen Sie die gesamte Wirk- und Blindleistung.
3. Zeichnen Sie ein Zeigerdiagramm mit allen Strangspannungen und Strömen. Bezugszeiger $\underline{U}_{1N}$ senkrecht nach oben festlegen.

Netzspannung 400/230 V
Frequenz 50 Hz

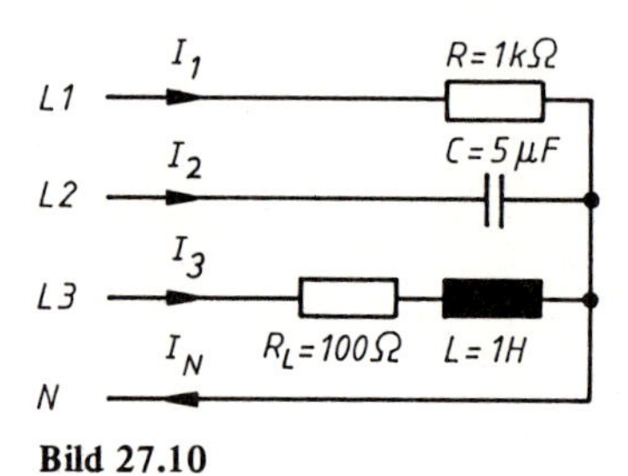

Bild 27.10

△ **Übung 27.4: Blindleistungs-Kompensation**

Das Leistungsschild eines Drehstrommotors zeigt folgende Daten Y/Δ 400/230 V; $\cos\varphi = 0{,}81$; 1,1 kW; 2,6/4,55 A.

1. Welches Vierleiter-Drehstromnetz wäre für Dreieckschaltung des Motors erforderlich?
2. Welchen Wirkungsgrad hat der Motor?
3. Welche Blindleistung nimmt der Motor auf?
4. Eine in Stern geschaltete Kondensatorbatterie soll die gesamte Blindleistung aufbringen. Berechnen Sie die Kapazität eines Kondensators.
5. Wie unter 4., nur Schaltung der Kondensatoren in Dreieck.

△ **Übung 27.5: Berechnung von P, η, $\cos\varphi$ aus Meßwerten**

Ein Drehstrom-Asynchronmotor erzeugt bei Belastung an der Welle ein Drehmoment von $M = 10{,}2$ Nm bei einer Drehzahl von $n = 1410$ min^{-1}. Gemessen wurden: Strangleistung $P_{st} = 650$ W, Strangspannung $U_{st} = 230$ V/50 Hz, Außenleiterstrom $I_1 = 3{,}7$ A. Berechnen Sie zu Bild 27.11.

1. die Wirkleistungsaufnahme P_{zu} des Motors,
2. den Wirkungsgrad η,
3. den Leistungsfaktor $\cos\varphi$.

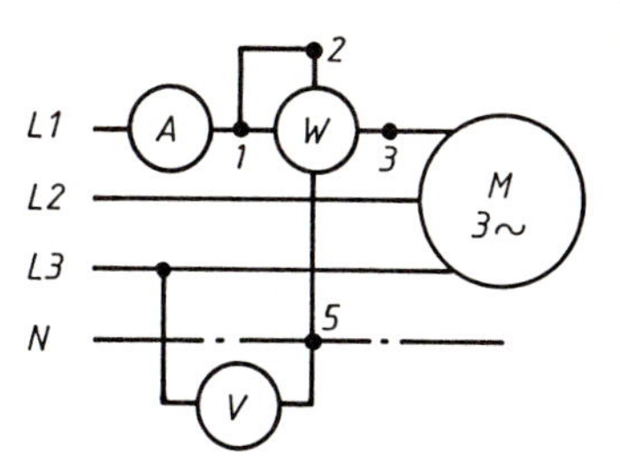

Bild 27.11

△ **Übung 27.6: Fehlerhafter Anschluß des Leistungsmessers**

Ein Drehstrom-Asynchronmotor mit den Typenschildangaben Y/Δ 400/230 V; 3,7/6,4 A; $\cos\varphi = 0{,}77$; 1,5 kW; 1400 min^{-1}; 50 Hz liegt in Sternschaltung an einem Vierleiter-Drehstromnetz 400/230 V.

Im Leerlauf des Motors sollte die Leistungsaufnahme gemessen werden (s. Bild 27.12).

In zwei Fällen wurde der Leistungsmesser falsch angeschlossen.

1. Weisen Sie mit Hilfe eines Zeigerdiagramms das Zustandekommen der falschen Meßwerte nach.
2. Wie groß ist die Leistungsaufnahme des Motors im Leerlauf?

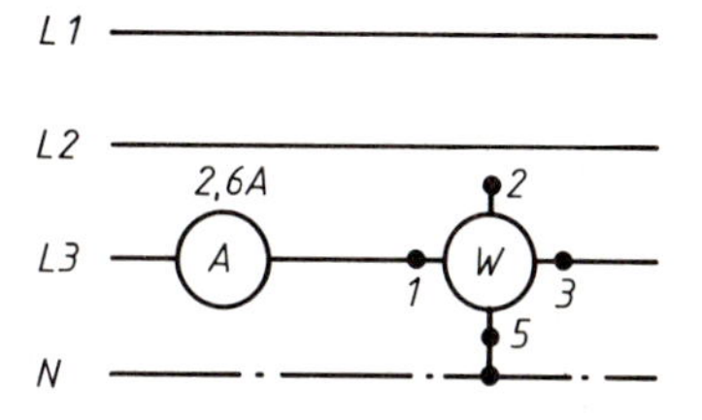

Anzeige des Leistungsmessers bei Anschluß des Spannungspfads an

a) L3 : P = 60 W

b) L2 : P ≈ 545 W Zeigeranschlag zur falschen Seite

c) L1 : P = 485 W

Bild 27.12

Lösungen der Übungen

1

△ 1.1

$Q = N \cdot e$

$$N = \frac{Q}{e} = \frac{-1\,\text{C}}{-1{,}6 \cdot 10^{-19}\,\text{C}} = 6{,}24 \cdot 10^{+18}$$

△ 1.2

1 Ah = 3600 As = 3600 C
44 Ah = 158 400 C

● 1.3

Die lieferbare Ladungsmenge von Akkumulatoren ist als Produkt „Stromstärke × Stromflußzeit" zu verstehen. Im Fall der Parallelschaltung zweier gleichartiger Akkumulatoren fließt in jedem Akkumulator nur der halbe Verbraucherstrom, so daß eine doppelte Stromflußzeit möglich wird. Bei der Reihenschaltung ist jeder Akkumulator mit der vollen Verbraucherstromstärke belastet, so daß sich keine Vergrößerung des lieferbaren Stromstärke × Stromflußzeit-Produkts ergeben kann. Dafür erfolgt aber Spannungsverdopplung.

2

▲ 2.1

1., 2., 3.

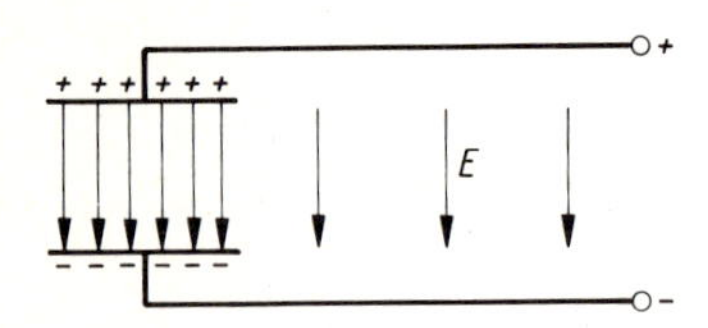

4. $E = \frac{U}{s} = \frac{2\,\text{V}}{1{,}5 \cdot 10^{-2}\,\text{m}} = 133\,\frac{\text{V}}{\text{m}}$

5. $F = QE = 2 \cdot 10^{-3}\,\text{As} \cdot 133\,\text{V/m} = 266\,\text{mN}$

6. $W = UQ = 2\,\text{V} \cdot 2\,\text{mAs} = 4\,\text{mWs}$

$W = Fs = 266 \cdot 10^{-3}\,\text{N} \cdot 1{,}5 \cdot 10^{-2}\,\text{m} = 4\,\text{mWs}$

Diese Energie wird den Akkumulatorplatten durch deren chemische Umwandlung entzogen.

▲ 2.2

1. $W_1 = Q\varphi_1 = 2 \cdot 10^{-3}\,\text{As} \cdot 20\,\text{V} = 40\,\text{mWs}$

2. $W_2 = W_1 + W_{12} = 40\,\text{mWs} + 440\,\text{mWs} = 480\,\text{mWs}$

3. $\varphi_2 = \frac{W_2}{Q} = \frac{480\,\text{mWs}}{2\,\text{mAs}} = 240\,\text{V}$

4. $U_{21} = \varphi_2 - \varphi_1 = 240\,\text{V} - 20\,\text{V} = +220\,\text{V}$

△ 2.3

a) $+10\,\text{V} = \varphi_1 - (+2\,\text{V})$
$\varphi_1 = +12\,\text{V}$

b) $+10\,\text{V} = +6\,\text{V} - \varphi_2$
$\varphi_2 = -4\,\text{V}$

c) $U_{12} = (-5\,\text{V}) - (-15\,\text{V}) = +10\,\text{V}$
MB = 10 V; VZ: +

d) $-10\,\text{V} = +2\,\text{V} - \varphi_2$
$\varphi_2 = +12\,\text{V}$

e) $-10\,\text{V} = \varphi_1 - (+6\,\text{V})$
$\varphi_1 = -4\,\text{V}$; VZ: −

f) $U_{12} = (-15\,\text{V}) - (-5\,\text{V}) = -10\,\text{V}$
Betrag = 10 V; VZ: −

△ 2.4

$\varphi_A = \varphi_C + 10\,\text{V} = (-2\,\text{V}) + 10\,\text{V} = +8\,\text{V}$
$\varphi_B = \varphi_0 + 4{,}5\,\text{V} = +4{,}5\,\text{V}$
$\varphi_C = \varphi_0 - 2\,\text{V} = -2\,\text{V}$
$U_{BA} = \varphi_B - \varphi_A = +4{,}5\,\text{V} - (+8\,\text{V}) = -3{,}5\,\text{V}$

△ 2.5

a) $U_{AB} = 3\,\text{V} \cdot \frac{12\,\text{Skt}}{30\,\text{Skt}} = 1{,}2\,\text{V}$

b) $\varphi_B = \varphi_C + U = 0\,\text{V} + (-10\,\text{V}) = -10\,\text{V}$
$\varphi_A = \varphi_B + U_{AB} = -10\,\text{V} + 1{,}2\,\text{V} = -8{,}8\,\text{V}$

△ 2.6

a) $\varphi_A = \varphi_C + 10\,\text{V} = +10\,\text{V}$
$\varphi_B = \varphi_C + 8\,\text{V} = +8\,\text{V}$

b) $U_{AB} = \varphi_A - \varphi_B = 10\,\text{V} - (+8\,\text{V}) = +2\,\text{V}$
$U_{BC} = \varphi_B - \varphi_C = +8\,\text{V} - 0\,\text{V} = +8\,\text{V}$
$U_{AC} = \varphi_A - \varphi_C = +10\,\text{V} - 0\,\text{V} = +10\,\text{V}$

△ **2.7**

$\varphi_A = 0\ \text{V}$
$\varphi_B = \varphi_A - U_1 = 0\ \text{V} - (+2\ \text{V}) = -2\ \text{V}$
$U_{BA} = \varphi_B - \varphi_A = -2\ \text{V} - 0\ \text{V} = -2\ \text{V}$
$U_2 = \varphi_B - \varphi_C = -2\ \text{V} - (+7\ \text{V}) = -9\ \text{V}$
$U_3 = \varphi_C - \varphi_D = +7\ \text{V} - (+1\ \text{V}) = +6\ \text{V}$
$U_4 = U_2 + U_3 = -9\ \text{V} + 6\ \text{V} = -3\ \text{V}$

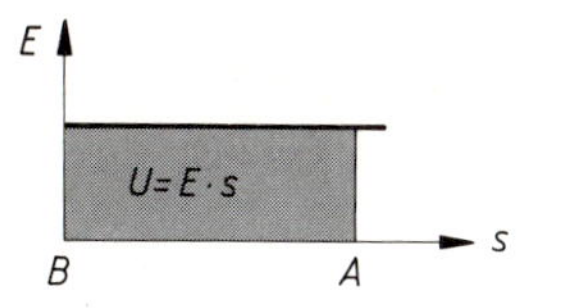

$U_{AB} = -U_{BA} = -E \cdot s = -0{,}2\ \text{V/m} \cdot 2{,}4\ \text{m}$
$U_{AB} = -0{,}48\ \text{V}$

● **2.8**

Die linke und rechte Schaltungsseite haben keinen Bezug zueinander. Masseverbindung fehlt.

△ **2.9**

$\varphi_B = \varphi_0 + U = +1{,}5\ \text{V}$
$\varphi_1 = \varphi_0 - U = -1{,}5\ \text{V}$
$\varphi_A = \varphi_1 + U = 0\ \text{V}$
$U_{AB} = \varphi_A - \varphi_B = (0\ \text{V}) - (+1{,}5\ \text{V}) = -1{,}5\ \text{V}$

● **2.10**

$$1\ \text{V} = \frac{1\ \text{Ws}}{1\ \text{C}} \Rightarrow 100\ \text{V} = \frac{100\ \text{Ws}}{1\ \text{C}}$$

△ **2.11**

a) $E = 100\ \text{mV/m} = 0{,}1\ \text{V/m}$

b) $U = E \cdot s = 0{,}1\ \text{V/m} \cdot 5\ \text{m} = 0{,}5\ \text{V}$

c) $E = \dfrac{\varphi_A - \varphi_B}{s_A - s_B} = \dfrac{0{,}3\ \text{V} - 0{,}2\ \text{V}}{3\ \text{m} - 2\ \text{m}} = 0{,}1\ \text{V/m}$

△ **2.12**

a) $W = +Q(\varphi_2 - \varphi_1)$
$W_1 = 100\ \text{mC} \cdot 0{,}5\ \text{V} = 50\ \text{mWs}$
$W_2 = 200\ \text{mC} \cdot 0{,}5\ \text{V} = 100\ \text{mWs}$
$W_3 = 2\ \text{C} \cdot 0{,}5\ \text{V} = 1\ \text{Ws}$

b) Die Größe heißt Spannung:

$$U = \frac{W}{Q} = \frac{50\ \text{mWs}}{100\ \text{mC}} = \frac{100\ \text{mWs}}{200\ \text{mC}} = \frac{1\ \text{Ws}}{2\ \text{C}} = 0{,}5\ \text{V}$$

△ **2.13**

a) $F = Q \cdot E = 6\ \text{mC} \cdot 0{,}2\ \text{V/m} = 1{,}2\ \text{mN}$

b) $W_{AB} = F \cdot s = 1{,}2\ \text{mN} \cdot 2{,}4\ \text{m} = 2{,}88\ \text{mWs}$

c) $U_{BA} = \dfrac{W_{AB}}{Q} = \dfrac{2{,}88\ \text{mWs}}{6\ \text{mAs}} = 0{,}48\ \text{V}$

3

△ **3.1**

1. Für den Bereich 1 ... 6 s ist:

   $\dfrac{\Delta Q}{\Delta t} = \text{konst.}$

2. Da $\Delta Q = 0$ ist auch:

   $I = \dfrac{\Delta Q}{\Delta t} = 0$

3. Es ergibt sich ein rein rechnerischer Gleichstrom, der in der Zeit von 0 bis zum betrachteten Zeitpunkt t die gleiche Ladungsmenge transportiert wie der tatsächlich fließende Strom.

   Richtige Ergebnisse liefert diese Formel, wenn $q = f(t)$ eine Ursprungsgerade ist.

△ **3.2**

Man erhält den zeitlichen Verlauf der Ströme durch Berechnung einiger charakteristischer Momentanwerte: Für die Zeitpunkte 0 s; 0,1 s; 0,2 s; 0,3 s; 0,4 s wird die Tangente gezeichnet und deren Steigung errechnet.

Für Bild 3.2a:

$i_0 = \dfrac{dq}{dt} = 0$

$i_1 = \dfrac{dq}{dt} \approx \dfrac{0{,}6\ \text{C}}{0{,}1\ \text{s}} \approx 6\ \text{A}$

$i_2 = 2\ \text{A}$ (s. Beispiel)

$i_3 = \dfrac{dq}{dt} \approx \dfrac{0{,}36\ \text{C}}{0{,}4\ \text{s}} \approx 0{,}9\ \text{A}$

$i_4 = \dfrac{dq}{dt} \approx \dfrac{0{,}2\ \text{C}}{0{,}4\ \text{s}} \approx 0{,}5\ \text{A}$

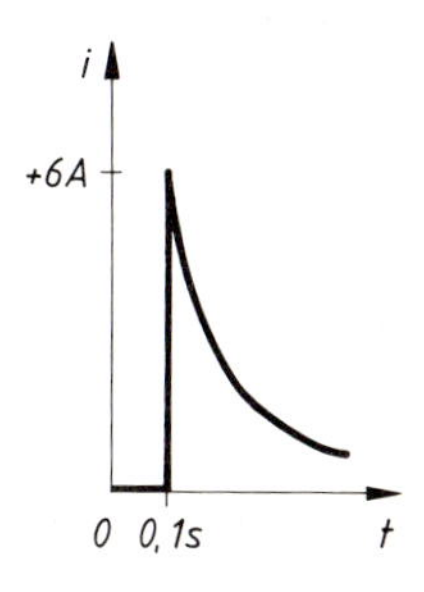

Für Bild 3.2b:

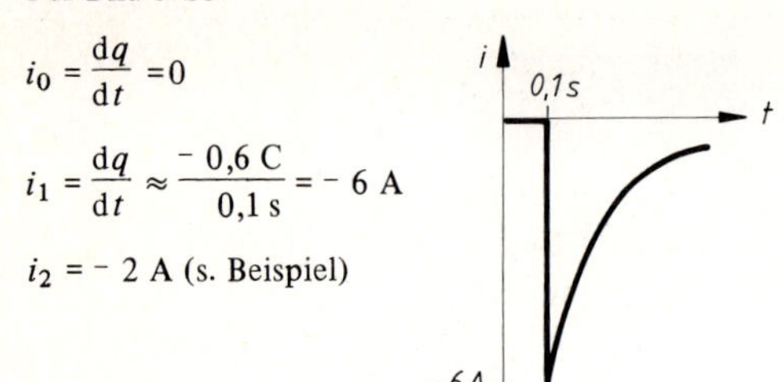

$$i_0 = \frac{dq}{dt} = 0$$

$$i_1 = \frac{dq}{dt} \approx \frac{-0{,}6\ \text{C}}{0{,}1\ \text{s}} = -6\ \text{A}$$

$i_2 = -2$ A (s. Beispiel)

$$i_3 = \frac{dq}{dt} \approx \frac{-0{,}36\ \text{C}}{0{,}4\ \text{s}} \approx -0{,}9\ \text{A}$$

$$i_4 = \frac{dq}{dt} \approx \frac{-0{,}2\ \text{C}}{0{,}4\ \text{s}} \approx -0{,}5\ \text{A}$$

△ 3.3

Aus der graphischen Darstellung $i = f(t)$ wird mit der Methode des Flächenauszählens $Q = \int i\ dt$ ermittelt:

$Q = 6{,}37$ mAs

$$I = \frac{\Delta Q}{\Delta t} = \frac{6{,}37\ \text{mAs}}{10\ \text{ms}} = 0{,}637\ \text{A}$$

△ 3.4

Es handelt sich um den Momentanwert eines zeitlich veränderlichen Stromes. Die Stromstärke nennt die je Zeiteinheit fließende Ladungsmenge, z.B.:

$$0{,}3\ \text{A} = \frac{0{,}3\ \text{mC}}{1\ \text{ms}}$$

△ 3.5

$$I_{0-9} = \frac{\Delta Q}{\Delta t} = \frac{+180\ \mu\text{C}}{9\ \text{ms}} = +20\ \text{mA}$$

$$I_{9-11} = \frac{\Delta Q}{\Delta t} = \frac{-360\ \mu\text{C}}{2\ \text{ms}} = -180\ \text{mA}$$

$$I_{11-20} = \frac{\Delta Q}{\Delta t} = \frac{+180\ \mu\text{C}}{9\ \text{ms}} = +20\ \text{mA}$$

I; +20 mA; -180 mA; 0; 9; 11; 20 ms; t

△ 3.6

a) $Q = I_1\,\Delta t_1 + I_2\,\Delta t_2 = 5\ \text{A} \cdot 2{,}5\ \text{h} + 1\ \text{A} \cdot 2{,}5\ \text{h}$

$Q = 15$ Ah

b) $W = U_1 I_1\,\Delta t$

$$W_1 = \frac{2{,}6\ \text{V} + 2\ \text{V}}{2} \cdot 5\ \text{A} \cdot 2{,}5 = 28{,}75\ \text{Wh}$$

$$W_2 = \frac{2{,}7\ \text{V} + 2{,}6\ \text{V}}{2} \cdot 1\ \text{A} \cdot 2{,}5\ \text{h} = 6{,}63\ \text{Wh}$$

$W = 35{,}38$ Wh

△ 3.7

a) $i = \frac{dq}{dt} = 0$

b) $i = \frac{dq}{dt} \approx \frac{\Delta Q}{\Delta t} \approx \frac{-0{,}2\ \text{C} - (+0{,}1\ \text{C})}{17\ \text{s} - 2\ \text{s}}$

$i \approx -20$ mA

△ 3.8

$$Q = \int_0^{50\ \text{ms}} i \cdot dt \approx x\ \text{FE} \cdot \frac{\text{Wert}}{\text{FE}}$$

$$Q \approx 35\ \text{FE} \cdot \frac{25\ \text{mA} \cdot 5\ \text{ms}}{1\ \text{FE}}$$

$Q \approx 4{,}4$ mC

4

△ 4.1

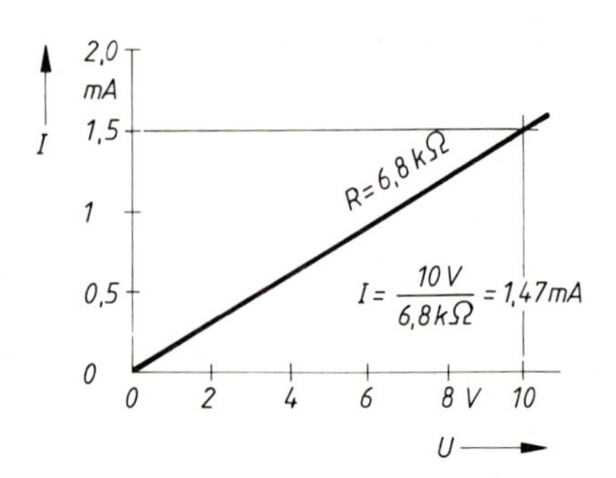

△ 4.2

1.

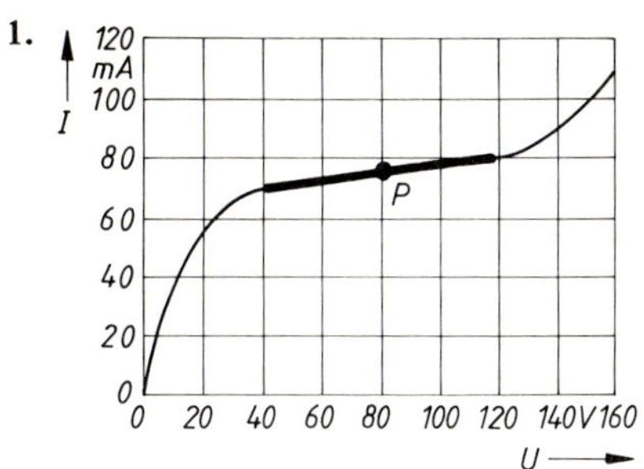

2. $R = \dfrac{U}{I} = \dfrac{80\ \text{V}}{75\ \text{mA}} = 1{,}07\ \text{k}\Omega$

3. $r = \dfrac{\Delta U}{\Delta I} = \dfrac{80\ \text{V}}{10\ \text{mA}} = 8\ \text{k}\Omega$

4. $\Delta I = \dfrac{\Delta U}{r} = \dfrac{10\ \text{V}}{8\ \text{k}\Omega} = 1{,}25\ \text{mA}$

△ 4.3

$$R_{\text{Cu}} = \frac{l}{\kappa_{\text{Cu}} \cdot A_{\text{Cu}}}, \qquad R_{\text{Al}} = \frac{l}{\kappa_{\text{Al}} \cdot A_{\text{Al}}}$$

$$\frac{\not{l}}{\kappa_{\text{Cu}} \cdot A_{\text{Cu}}} = \frac{\not{l}}{\kappa_{\text{Al}} \cdot A_{\text{Al}}}$$

$$A_{\text{Al}} = \frac{\kappa_{\text{Cu}} \cdot A_{\text{Cu}}}{\kappa_{\text{Al}}} = 1{,}56\ A_{\text{Cu}}$$

△ 4.4

$$A = \frac{d^2\pi}{4} = \frac{(0{,}4\ \text{mm})^2 \cdot 3{,}14}{4} = 0{,}126\ \text{mm}^2$$

$$R = \frac{l}{\kappa \cdot A} = \frac{280\ \text{m}}{56\ \text{Sm/mm}^2 \cdot 0{,}126\ \text{mm}^2}$$

$$R \approx 40\ \Omega$$

$$I = \frac{U}{R} = \frac{12\ \text{V}}{40\ \Omega} = 0{,}3\ \text{A}$$

△ 4.5

$$R = \frac{U}{I} = \frac{2\ \text{V}}{0{,}55\ \text{A}} = 3{,}64\ \Omega$$

$$R = \frac{l}{\kappa \cdot A} \Rightarrow A = \frac{l}{\kappa \cdot R}$$

$$A = \frac{96\ \text{m}}{56\ \text{Sm/mm}^2 \cdot 3{,}64\ \Omega} = 0{,}47\ \text{mm}^2$$

$$S = \frac{I}{A} = \frac{0{,}55\ \text{A}}{0{,}47\ \text{mm}^2} = 1{,}17\ \text{A/mm}^2$$

△ 4.6

$$R_{20} = \frac{U_1}{I_1} = \frac{6{,}3\ \text{V}}{9\ \text{A}} = 0{,}7\ \Omega$$

$$R_{\vartheta} = \frac{U_2}{I_2} = \frac{7{,}2\ \text{V}}{9\ \text{A}} = 0{,}8\ \Omega$$

$$\Delta\vartheta = \frac{\Delta R}{\alpha R_{20}} = \frac{0{,}1\ \Omega}{0{,}004\ \text{K}^{-1} \cdot 0{,}7\ \Omega} = 35{,}7\ \text{K}$$

$$\vartheta = \vartheta_{20} + \Delta\vartheta = 20\ °\text{C} + 35{,}7\ \text{K} = 55{,}7\ °\text{C}$$

• 4.7

1., 2. Das charakterische Spannungs-Stromverhältnis eines Leiters wird durch dessen Widerstandswert angegeben:

$$\frac{U}{I} = R = \frac{l\rho}{A}$$

Der Widerstandswert hängt jedoch von den Abmessungen und dem spezifischen Widerstand des Materials ab. Beide Auffassungen ergänzen sich.

3. Richtig, da $r = \dfrac{U_2 - U_1}{I_2 - I_2} \neq \dfrac{U_2}{I_2} - \dfrac{U_1}{I_1}$

4. Ohmmeter messen den Gleichstromwiderstand von Bauelementen bei kleiner Spannung. Der angezeigte Wert ist nur dann spannungsunabhängig, wenn Schaltwiderstände mit linearer *U-I*-Kennlinie vorliegen.

• 4.8

Der differentielle Widerstand nennt den Widerstandswert, den ein Bauelement einer Strom*änderung* ΔI als Folge einer Spannungs*änderung* ΔU entgegensetzt:

$$r = \frac{\Delta U}{\Delta I}$$

• 4.9

Nein, die Begriffe haben unterschiedliche Bedeutungen.

Der Gleichstromwiderstand als Verhältnis von Gleichspannung und Gleichstrom kann linear (= konst.) oder nichtlinear (= arbeitspunktabhängig) sein.

Der lineare Widerstand ist gleich dem ohmschen Widerstand, solange es sich um Gleichstromkreise handelt. (Bei Wechselstrom s. Kapitel 19–21)

△ 4.10

a) Der größte Wert des Schiebewiderstandes beträgt 120 Ω. Unabhängig vom eingestellten Widerstand darf ein Strom von maximal 1,5 A fließen.

b)

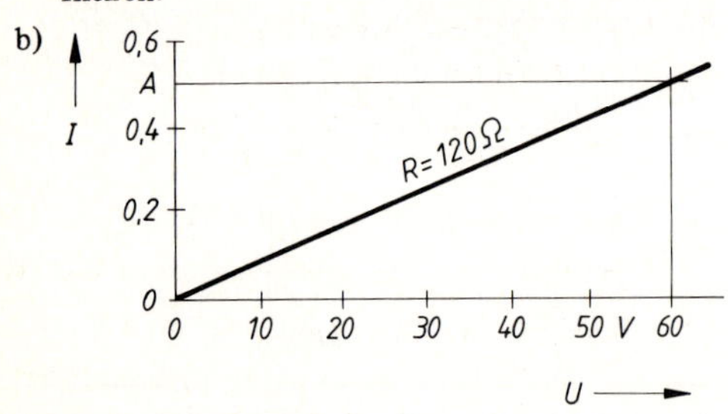

△ 4.11

a) Der Spannungsmesser zeigt die Spannung $U_{BA} = +1\text{ V}$ an. Der Strom fließt somit im Stromkreis im Uhrzeigersinn. $\varphi_D = +$, $\varphi_A = -$

b) $\varphi_A = \varphi_B - U_{BA} = -0{,}5\text{ V} - (+1\text{ V}) = -1{,}5\text{ V}$

$\varphi_D = \varphi_A + U_{Gen} = -1{,}5\text{ V} + 5\text{ V} = +3{,}5\text{ V}$

c) $I = \dfrac{U_{BA}}{R_1} = \dfrac{1\text{ V}}{150\ \Omega} = 6{,}67\text{ mA}$

$$R_2 = \frac{\varphi_C - \varphi_B}{I} = \frac{0\text{ V} - (-0{,}5\text{ V})}{6{,}67\text{ mA}} = 75\ \Omega$$

$$R_3 = \frac{\varphi_D - \varphi_C}{I} = \frac{+3{,}5\text{ V} - 0\text{ V}}{6{,}67\text{ mA}} = 525\ \Omega$$

△ 4.12

$$I = \frac{U_{BC}}{R_2} = \frac{-2\text{ V}}{0{,}5\text{ k}\Omega} = -4\text{ mA}$$

(Der Strom fließt im Widerstand R_2 vom Punkt C zum Punkt B.)

$\varphi_C = \varphi_B - U_{BC} = (-5\text{ V}) - (-2\text{ V}) = -3\text{ V}$

$\varphi_D = \varphi_C = -3\text{ V}$

(Strom im Widerstand R_3 ist Null, also auch kein Spannungsabfall an R_3.)

$\varphi_A = \varphi_B - U_{BA} = (-5\text{ V}) - (4\text{ mA} \cdot 1{,}5\text{ k}\Omega)$

$\varphi_A = -11\text{ V}$

$$R_4 = \frac{\varphi_E - \varphi_C}{I} = \frac{0\text{ V} - (-3\text{ V})}{4\text{ mA}} = 750\ \Omega$$

△ 4.13

a) $I = 40\text{ mA}$ laut I-U-Kennlinie

b) $r = \dfrac{\Delta U}{\Delta I} = \dfrac{6\text{ V} - 5\text{ V}}{80\text{ mA} - 0} = 12{,}5\ \Omega$

$$\Delta I = \frac{\Delta U}{r} = \frac{\pm 35\text{ mV}}{12{,}5\ \Omega} = \pm 2{,}8\text{ mA}$$

c) Die Gleichstromquelle „sieht" den Gleichstromwiderstand:

$$R = \frac{U}{I} = \frac{5{,}5\text{ V}}{40\text{ mA}} = 137{,}5\ \Omega$$

Die Wechselstromquelle „sieht" den differentiellen Widerstand:

$$r = \frac{\Delta U}{\Delta I} = 12{,}5\ \Omega$$

5

▲ 5.1

1. $U_{a1} = I_1 R_{a1} = 10\text{ mA} \cdot 1\text{ k}\Omega = 10\text{ V}$
   $U_{a2} = I_2 R_{a2} = 4{,}8\text{ mA} \cdot 10\text{ k}\Omega = 48\text{ V}$
2. $R_i = \dfrac{\Delta U_i}{\Delta I} = -\dfrac{\Delta U_a}{\Delta I} = \dfrac{38\text{ V}}{5{,}2\text{ mA}} = 7{,}31\text{ k}\Omega$
3. $U_q = U_a + IR_i$
   $U_q = 10\text{ V} + 10\text{ mA} \cdot 7{,}31\text{ k}\Omega = 83{,}1\text{ V}$
   $U_q = 48\text{ V} + 4{,}8\text{ mA} \cdot 7{,}31\text{ k}\Omega = 83{,}1\text{ V}$
4. $I = \dfrac{U_a}{R_a + R_i} = \dfrac{83{,}1\text{ V}}{6{,}8\text{ k}\Omega + 7{,}31\text{ k}\Omega} = 5{,}89\text{ mA}$
5. $U_a = IR_a = 5{,}89\text{ mA} \cdot 6{,}8\text{ k}\Omega = 40\text{ V}$

△ 5.2

$$R_i = \frac{U_L}{I_k} = \frac{9\text{ V}}{0{,}1\text{ A}} = 90\ \Omega$$

$$U_a = U_q \frac{R_a}{R_a + R_i} = 9\text{ V} \cdot \frac{330\ \Omega}{330\ \Omega + 90\ \Omega} = 7{,}07\text{ V}$$

△ 5.3

$\dfrac{R_a}{R_i} = \dfrac{0{,}97}{0{,}03}$; $\quad R_{a1} = \dfrac{97}{3} \cdot 5\ \Omega = 161{,}7\ \Omega$;

$$R_{a2} = \frac{97}{3} \cdot 50\text{ k}\Omega = 1617\text{ k}\Omega$$

△ 5.4

a) Belastung der Spannungsquelle mit zwei verschiedenen Lastwiderständen, dabei Messen der Klemmenspannung U_a und des Stromes I. Daraus:

$$R_i = -\frac{\Delta U_a}{\Delta I} = \frac{\Delta U_i}{\Delta I}$$

b) Messen der Leerlaufspannung U_L. Dann Belastung der Spannungsquelle mit R_a unter Messung der Klemmenspannung. Bei $U_a = \frac{1}{2} U_L$ ist $R_i = R_a$.

• 5.5

Konstantspannungsquellen liefern belastungsunabhängig eine konstant bleibende Klemmenspannung und verfügen innerhalb technischer Grenzen über eine beliebige, d.h. lastwiderstandsabhängige Stromergiebigkeit. Die widerstandsmäßige Voraussetzung für ein solches Verhalten heißt: $R_i \Rightarrow 0$.

Die Stromstärke ist:

$$I = \frac{U_q}{R_a + R_i}.$$

Bei $R_i \ll R_a$ ist die Stromstärke I umgekehrt proportional zum Lastwiderstand R_a.

• 5.6

Konstantstromquellen liefern belastungsunabhängig eine konstant bleibende Stromstärke an den Verbraucher, dessen Widerstandswert sich jedoch nur in den Grenzen 0 bis R_{max} ändern darf. Die widerstandsmäßige Voraussetzung für ein solches Verhalten heißt: $R_i \gg R_a$.

Die Klemmenspannung ist $U_a = IR_a$. Bei konstantem Strom ist die Klemmenspannung proportional zum Lastwiderstand.

△ 5.7

$R_1 = 2 R_2 = 2\ \text{k}\Omega$

$$I = \frac{U_1}{R_1} = \frac{5\ \text{V}}{2\ \text{k}\Omega} = 2{,}5\ \text{mA}$$

$U_2 = I \cdot R_2 = 2{,}5\ \text{mA} \cdot 1\ \text{k}\Omega = 2{,}5\ \text{V}$

$U_3 = U - U_1 - U_2 = 9\ \text{V} - 5\ \text{V} - 2{,}5\ \text{V}$

$U_3 = 1{,}5\ \text{V}$

$$R_3 = \frac{U_3}{I} = \frac{1{,}5\ \text{V}}{2{,}5\ \text{mA}} = 600\ \Omega$$

△ 5.8

$$I = \frac{U}{R_1 + R_2} = \frac{16\ \text{V}}{32\ \text{k}\Omega} = 0{,}5\ \text{mA}$$

$U_1 = I \cdot R_1 = 0{,}5\ \text{mA} \cdot 22\ \text{k}\Omega = 11\ \text{V}$

$U_2 = I \cdot R_2 = 0{,}5\ \text{mA} \cdot 10\ \text{k}\Omega = 5\ \text{V}$

$\varphi_A = \varphi_0 + U_1 = 0\ \text{V} + 11\ \text{V} = +11\ \text{V}$

$\varphi_B = \varphi_0 - U_2 = 0\ \text{V} - (+5\ \text{V}) = -5\ \text{V}$

△ 5.9

$$I = \frac{U}{R} = \frac{30\ \text{V}}{52\ \text{k}\Omega} = 0{,}577\ \text{mA}$$

$U_1 = I \cdot R_1 = 0{,}577\ \text{mA} \cdot 10\ \text{k}\Omega = 5{,}77\ \text{V}$

$U_2 = I \cdot R_2 = 0{,}577\ \text{mA} \cdot 27\ \text{k}\Omega = 15{,}58\ \text{V}$

$U_3 = I \cdot R_3 = 0{,}577\ \text{mA} \cdot 15\ \text{k}\Omega = 8{,}65\ \text{V}$

$\varphi_B = \varphi_C - U_2 = 0\ \text{V} - 15{,}58\ \text{V} = -15{,}58\ \text{V}$

$\varphi_A = \varphi_B - U_1 = -15{,}58\ \text{V} - 5{,}77\ \text{V} = -21{,}35\ \text{V}$

$\varphi_D = \varphi_A + U = -21{,}35\ \text{V} + 30\ \text{V} = +8{,}65\ \text{V}$

△ 5.10

$$I = \frac{U}{R_1 + R_2 + R_3} = \frac{10\ \text{V}}{50\ \text{k}\Omega} = 0{,}2\ \text{mA}$$

$U_{A\,max} = U - I \cdot R_1$

$U_{A\,max} = 10\ \text{V} - 0{,}2\ \text{mA} \cdot 20\ \text{k}\Omega = 6\ \text{V}$

$U_{A\,min} = I \cdot R_3 = 0{,}2\ \text{mA} \cdot 20\ \text{k}\Omega = 4\ \text{V}$

△ 5.11

$$\text{I} \quad \frac{U_{A\,max}}{U} = \frac{6\ \text{V}}{10\ \text{V}} = \frac{10\ \text{k}\Omega + R_3}{R_1 + 10\ \text{k}\Omega + R_3}$$

$$\text{II} \quad \frac{U_{A\,min}}{U} = \frac{4\ \text{V}}{10\ \text{V}} = \frac{R_3}{R_1 + 10\ \text{k}\Omega + R_3}$$

I $\quad 6 R_1 + 60\ \text{k}\Omega + 6 R_3 = 100\ \text{k}\Omega + 10 R_3$

II $\quad 4 R_1 + 40\ \text{k}\Omega + 4 R_3 = 10 R_3$

I $\quad 6 R_1 - 4 R_3 = 40\ \text{k}\Omega$

II $\quad 4 R_1 - 6 R_3 = -40\ \text{k}\Omega$

$\quad R_1 = R_3 = 20\ \text{k}\Omega$

△ 5.12

$$R_{23} = \frac{R_2 \cdot R_3}{R_2 + R_3} = \frac{4{,}7\ \text{k}\Omega \cdot 6{,}8\ \text{k}\Omega}{11{,}5\ \text{k}\Omega}$$

$R_{23} = 2{,}78\ \text{k}\Omega$

$3\text{mA} \cdot R_1 = 7\ \text{mA} \cdot R_{23}$

$$R_1 = \frac{7\text{ mA} \cdot 2{,}78\text{ k}\Omega}{3\text{ mA}} = 6{,}48\text{ k}\Omega$$

$$U = R_1 \cdot 3\text{ mA} = 6{,}48\text{ k}\Omega \cdot 3\text{ mA}$$

$$U = 19{,}44\text{ V}$$

△ 5.13

$$\frac{1}{R} = \frac{1}{R_1} + \frac{1}{R_2} + \frac{1}{R_3}$$

$$\frac{1}{R} = \frac{1}{6{,}48\text{ k}\Omega} + \frac{1}{4{,}7\text{ k}\Omega} + \frac{1}{6{,}8\text{ k}\Omega} = 0{,}514\text{ mS}$$

$$R = 1{,}944\text{ k}\Omega$$

$$R = \frac{U}{I} = \frac{19{,}44\text{ V}}{10\text{ mA}} = 1{,}944\text{ k}\Omega$$

△ 5.14

$U_1 \approx 9{,}4\text{ V}$

$U_2 \approx 20{,}6\text{ V}$

$I \approx 0{,}63\text{ mA}$

△ 5.15

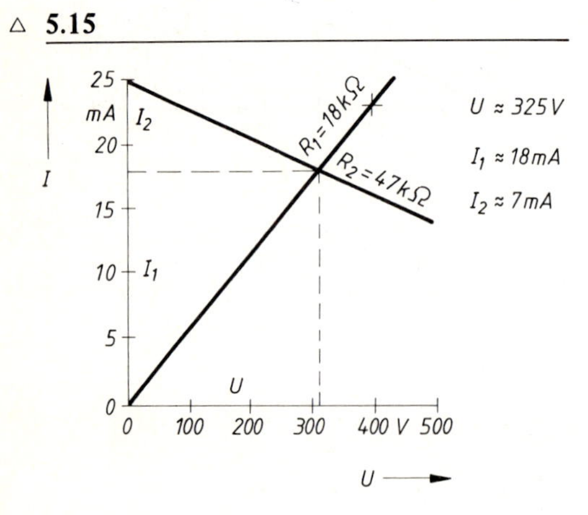

△ 5.16

$$U = I_q \cdot \frac{R_i \cdot R_a}{R_i + R_a}$$

$$U = 5\text{ mA} \cdot \frac{50\text{ k}\Omega \cdot 1{,}8\text{ k}\Omega}{51{,}8\text{ k}\Omega} = 8{,}7\text{ V}$$

$$I = \frac{U}{R_a} = \frac{8{,}7\text{ V}}{1{,}8\text{ k}\Omega} = 4{,}83\text{ mA}$$

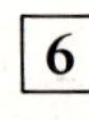

6

▲ 6.1

1.

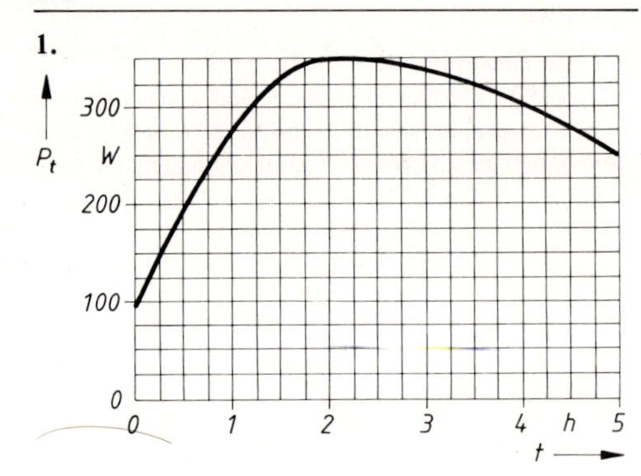

2. $$W = \int_{t=1\text{ h}}^{t=4\text{ h}} P_t \, dt \approx 158\text{ FE} \cdot \frac{25\text{ W} \cdot 0{,}25\text{ h}}{\text{FE}} = 988\text{ Wh}$$

3. Bei konstanter Spannung

△ 6.2

$$P = I^2 R$$

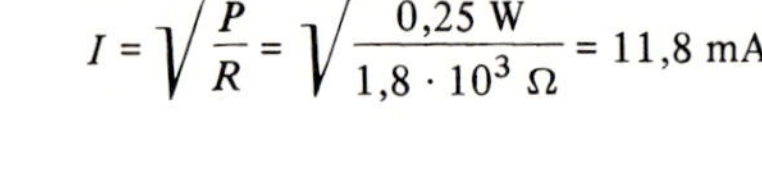

$$I = \sqrt{\frac{P}{R}} = \sqrt{\frac{0{,}25\text{ W}}{1{,}8 \cdot 10^3\ \Omega}} = 11{,}8\text{ mA}$$

△ 6.3

Alle Darstellungen sind richtig.

a) $I \sim U_a$, wenn R_a = konst.
$P_a \sim U_a^2$, wenn R_a = konst.

b) Alle Ströme I bei beliebigen Widerständen R_a liegen auf der R_i-Kennlinie und berechnen sich aus:

$$I = \frac{U_q - U}{R_i} = \frac{U_q}{R_i} - \frac{1}{R_i} U$$

Die Leistungsabgabe an den Verbraucher mit einstellbarem Widerstand R_a:

$$P_a = U \cdot I = U \cdot \frac{U_q - U}{R_i}$$

$$P_a = \frac{U_q}{R_i} U - \frac{1}{R_i} U^2$$

Herleitung der Leistungsanpassungs-Bedingung $R_a = R_i$:

$$P = -\frac{1}{R_i} U^2 + \frac{U_q}{R_i} U$$

ist eine quadratische Gleichung, die eine Parabel darstellt, mit positivem Scheitelwert und nach unten offen.

Die Nullstellen der Parabel finden sich durch Setzen $P = 0$:

$$-\frac{1}{R_i} U^2 + \frac{U_q}{R_i} U = 0$$

$$U\left(-\frac{1}{R_i} U + \frac{U_q}{R_i}\right) = 0$$

1. Lösung:

$U = 0$ (1. Nullstelle)

2. Lösung:

$$-\frac{1}{R_i} U + \frac{U_q}{R_i} = 0$$

$$-\frac{1}{R_i} U = -\frac{U_q}{R_i}$$

$U = U_q$ (2. Nullstelle)

Da die Parabel symmetrisch ist, liegt ihr Maximum in der Mitte zwischen den Nullstellen:

$$U = \frac{1}{2} U_q$$

Daraus folgt:

$R_a = R_i$

△ 6.4

Leistungsanpassung $R_a = R_i = 25\ \Omega$

$U_a = \sqrt{P \cdot R_a} = \sqrt{10\ \text{W} \cdot 25\ \Omega} = 15{,}8\ \text{V}$

$U_L = U_q = 2 \cdot 15{,}8\ \text{V} = 31{,}6\ \text{V}$

△ 6.5

Lösung 1:

$U_R = \sqrt{PR} = \sqrt{0{,}5\ \text{W} \cdot 1000\ \Omega} = 22{,}4\ \text{V}$

$U_{R_v} = 35\ \text{V} - 22{,}4\ \text{V} = 12{,}6\ \text{V}$

$$I = \frac{P}{U_R} = \frac{0{,}5\ \text{W}}{22{,}4\ \text{V}} = 22{,}4\ \text{mA}$$

$$R_v = \frac{U_{Rv}}{I} = \frac{12{,}6\ \text{V}}{22{,}4\ \text{mA}} = 563\ \Omega$$

oder mit Gl. (23)

$$R_v = \frac{U_{Rv} \cdot R}{U_R} = \frac{12{,}6\ \text{V} \cdot 1\ \text{k}\Omega}{22{,}4\ \text{V}} = 563\ \Omega$$

Lösung 2: Für die graphische Lösung wird zunächst die Leistungshyperbel $P = 0{,}5$ W in das I-U-Kennlinienfeld eingetragen. Der Schnittpunkt der Widerstandskennlinie R mit der Leistungshyperbel nennt die Spannung U_R, bei der der Schaltwiderstand R die Verlustleistung 0,5 W hat. Die überschüssige Spannung $U_v = 35\ \text{V} - U_R$ muß am Schaltwiderstand R_v abfallen, dessen Kennlinie deshalb durch die Punkte $U = 35$ V, $I = 0$ und U_R, I verläuft. Aus der Steigung der R_v-Kennlinie läßt sich dessen Widerstandswert berechnen:

$$R_v = \frac{\Delta U}{\Delta I} = \frac{35\ \text{V} - 7\ \text{V}}{50\ \text{mA} - 0\ \text{mA}} = 560\ \Omega$$

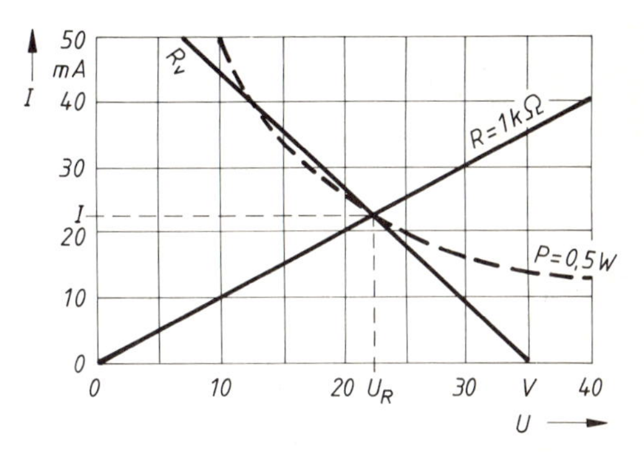

△ 6.6

$P_{Nutz} = P_{zu} \cdot \eta = 1500\ \text{W} \cdot 0{,}85 = 1275\ \text{W}$

$\Delta\vartheta = \vartheta_2 - \vartheta_1 = 60\ °\text{C} - 12\ °\text{C} = 48\ \text{K}$

$Q_W = m \cdot c \cdot \Delta\vartheta$

$$Q_W = 70\ \text{kg} \cdot 4186 \frac{\text{J}}{\text{kg K}} \cdot 48\ \text{K} = 14\,065\ \text{kJ}$$

$P_{Nutz} \cdot t = Q_W \Longleftrightarrow 1\ \text{J} = 1\ \text{Ws}$

$$t = \frac{Q_W}{P_{Nutz}} = \frac{14\,065\,000\ \text{Ws}}{1275\ \text{W}} = 3{,}06\ \text{h}$$

△ **6.7**

$$I = \frac{U_q}{R_a + R_i} = \frac{10\text{ V}}{1{,}28\text{ k}\Omega} = 7{,}8\text{ mA}$$

$$P = I^2 \cdot R_a = (7{,}8\text{ mA})^2 \cdot 1{,}2\text{ k}\Omega$$

$$P = 73\text{ mW}$$

$$P_q = P + P_i = U_q \cdot I$$

$$P_q = 10\text{ V} \cdot 7{,}8\text{ mA} = 78\text{ mW}$$

△ **6.8**

$$P = I^2 \cdot R_a = (10\text{ mA})^2 \cdot 120\ \Omega$$

$$P = 12\text{ mW}$$

△ **6.9**

Stellung 1 (AUS)

$P = 0$

Stellung 2 (R_1, R_2 parallel)

$$R_{1,2} = \frac{45\ \Omega \cdot 90\ \Omega}{135\ \Omega} = 30\ \Omega$$

$$P = \frac{U^2}{R} = \frac{(220\text{ V})^2}{30\ \Omega} = 1613\text{ W}$$

Stellung 3 (R_1 alleine)

$$P = \frac{(220\text{ V})^2}{45\ \Omega} = 1075\text{ W}$$

Stellung 4 (R_1, R_2 in Reihe)

$$P = \frac{(220\text{ V})^2}{135\ \Omega} = 358\text{ W}$$

7

△ **7.1**

$$R = [(R_1 + R_2 + R_4) \parallel R_3] + [R_5 \parallel R_6] = 12{,}5\text{ k}\Omega$$

$$I = \frac{U}{R} = \frac{2{,}5\text{ V}}{12{,}5\text{ k}\Omega} = 0{,}2\text{ mA}$$

$$I_3 \cdot R_3 = I \cdot [(R_1 + R_2 + R_4) \parallel R_3]$$

$$I_3 = \frac{0{,}2\text{ mA} \cdot 7{,}5\text{ k}\Omega}{10\text{ k}\Omega} = 0{,}15\text{ mA}$$

$$I_1 = I - I_3 = 0{,}05\text{ mA}$$

$$\varphi_1 = \varphi_0\ (\perp) + U = +2{,}5\text{ V}$$

$$\varphi_2 = \varphi_1 - I_3 \cdot R_3 = +1\text{ V}$$

$$\varphi_4 = \varphi_1 - I_1 \cdot R_1 = +2\text{ V}$$

$$\varphi_3 = \varphi_1 - I_1 (R_1 + R_2) = +1{,}5\text{ V}$$

$$U_A = \varphi_3 - \varphi_0 = +1{,}5\text{ V}$$

▲ **7.2**

I	$I_1 \cdot 1\text{ k}\Omega + I_2 \cdot 3\text{ k}\Omega - 12\text{ V} = 0$
II	$I_2 \cdot 3\text{ k}\Omega - 2\text{ mA} \cdot R_3 = 0$
III	$I_1 - I_2 - 2\text{ mA} = 0$
III in I	$I_2 \cdot 1\text{ k}\Omega + 2\text{ V} + I_2 \cdot 3\text{ k}\Omega - 12\text{ V} = 0$
IV	$I_2 \cdot 4\text{ k}\Omega = 10\text{ V}$
V	$I_2 = 2{,}5\text{ mA}$
V in II	$7{,}5\text{ V} - 2\text{ mA} \cdot R_3 = 0$
	$R_3 = 3{,}75\text{ k}\Omega$

oder über Ersatz-Spannungsquelle:

$$U_2 = 12\text{ V}\ \frac{3\text{ k}\Omega}{4\text{ k}\Omega} = 9\text{ V bei } R_3 = \infty$$

$$U_q = 9\text{ V}$$

$$I_k = \frac{U}{R_1} = \frac{12\text{ V}}{1\text{ k}\Omega} = 12\text{ mA bei } R_3 = 0$$

$$R_i = \frac{U_q}{I_k} = \frac{9\text{ V}}{12\text{ mA}} = 0{,}75\text{ k}\Omega$$

$$U = U_q - I \cdot R_i$$

$$U = 9\text{ V} - 2\text{ mA} \cdot 0{,}75\text{ k}\Omega = 7{,}5\text{ V}$$

$$R_3 = \frac{U}{I_3} = \frac{7{,}5\text{ V}}{2\text{ mA}} = 3{,}75\text{ k}\Omega$$

▲ **7.3**

1., 2. Der Widerstand mit der linearen *I-U*-Kennlinie ist in diesem Fall der Innenwiderstand des Generators $R_i = 125\ \Omega$. Der reziproke Wert der Steigung der R_i-Kennlinie entspricht dem Wert 125 Ω und geht durch den Punkt $U = 100$ V.

Ergebnis: $I = 0{,}32$ A, $U_{Ri} = 40$ V, $U_{Ra} = 60$ V.

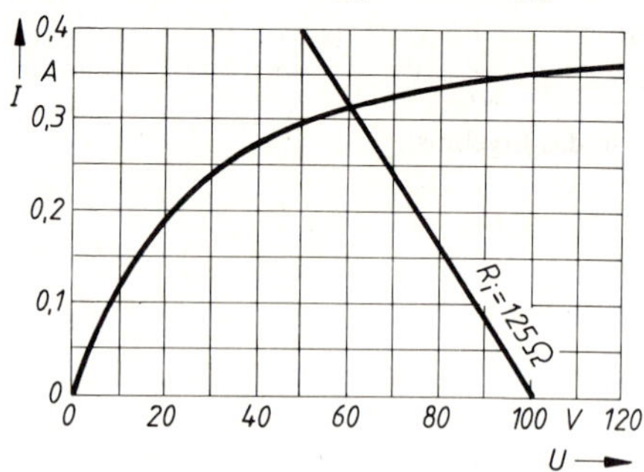

△ **7.4**

$$\frac{I_2}{I} = \frac{\dfrac{R_2 R_3}{R_2 + R_3}}{R_2} = \frac{R_3}{R_2 + R_3}$$

$$I_2 = \frac{3\text{ mA} \cdot 5{,}6\text{ k}\Omega}{3\text{ k}\Omega + 5{,}6\text{ k}\Omega} = 1{,}95\text{ mA}$$

$I_3 = I - I_2 = 3\text{ mA} - 1{,}95\text{ mA} = 1{,}05\text{ mA}$

R_1 bewirkt nur einen Spannungsabfall in der Schaltung, hat aber keinen Einfluß auf die Stromteilung.

△ 7.5

Schalterstellung 1:

$$R_1 + R_i = \frac{10\text{ V}}{1\text{ mA}} = 10\text{ k}\Omega \Rightarrow R_1 = 9{,}9\text{ k}\Omega$$

Schalterstellung 2:

$$R_2 + R_1 + R_i = \frac{30\text{ V}}{1\text{ mA}} = 30\text{ k}\Omega \Rightarrow R_2 = 20\text{ k}\Omega$$

Schalterstellung 3:

$$R_3 + R_2 + R_1 + R_i = \frac{100\text{ V}}{1\text{ mA}} = 100\text{ k}\Omega \Rightarrow R_3 = 70\text{ k}\Omega$$

△ 7.6

Bei n-facher Meßbereichserweiterung ist:

$R_1 = (n-1)\,R_i$

R_i = Meßwerkswiderstand bei 20 °C

Gesamtwiderstand der Meßbereichserweiterung:

$$R = R_1 + R_i = \underbrace{(n-1)\,R_i}_{\text{konst.}} + \underbrace{R_i + \Delta R_i}_{\text{Temperatureinfluß}}$$

$$R = (n-1)\,R_i + R_i + R_i \cdot \alpha_{20} \cdot \Delta\vartheta$$

I $R = nR_i + R_i \cdot \alpha_{20} \cdot \Delta\vartheta$

Vergleich mit temperaturabhängigen Widerstand der Größe nR_i

II $R = nR_i + nR_i \cdot \alpha_x \cdot \Delta\vartheta$

liefert

$\alpha_{20} = \text{n} \cdot \alpha_x$,

also das Ergebnis:

$$\alpha_x = \frac{\alpha_{20}}{\text{n}} = \frac{4\,\%/\text{K}}{\text{n}}$$

△ 7.7

a) $U_A = U \cdot \dfrac{R_2}{R_1 + R_2}$, da $U_{R3} = 0$ (Leerlauf)

$$U_A = 10\text{ V} \cdot \frac{1{,}8\text{ k}\Omega}{1\text{ k}\Omega + 1{,}8\text{ k}\Omega} = 6{,}43\text{ V}$$

b) $R_{2,3,L} = \dfrac{R_2\,(R_3 + R_L)}{R_2 + (R_3 + R_L)}$

$$= \frac{1{,}8\text{ k}\Omega\,(2{,}2\text{ k}\Omega + 2{,}2\text{ k}\Omega)}{6{,}2\text{ k}\Omega} = 1{,}28\text{ k}\Omega$$

$$U_{R2} = U \cdot \frac{R_{2,3,L}}{R_1 + R_{2,3,L}}$$

$$= 10\text{ V} \cdot \frac{1{,}28\text{ k}\Omega}{2{,}28\text{ k}\Omega} = 5{,}61\text{ V}$$

$U_{R2} = 5{,}61\text{ V}$

$$U'_A = U_{R2} \cdot \frac{R_L}{R_3 + R_L} = 5{,}61\text{ V} \cdot \frac{2{,}2\text{ k}\Omega}{4{,}4\text{ k}\Omega} = 2{,}8\text{ V}$$

△ 7.8

$R_{1,2,3,4} = R_i = 1\text{ k}\Omega$, da Leistungsanpassung; an R_i fällt die Hälfte der Quellenspannung ab.

$$R_{1,2,3,4} = R_1 + \frac{R_3\,(R_2 + R_4)}{R_3 + (R_2 + R_4)}$$

$$1\text{ k}\Omega = R_1 + \frac{2R_1\,(R_1 + 1\text{ k}\Omega)}{2R_1 + (R_1 + 1\text{ k}\Omega)}$$

$(1\text{ k}\Omega - R_1)\,(3R_1 + 1\text{ k}\Omega) = 2R_1^2 + 2\text{ k}\Omega \cdot R_1$

$+ 5R_1^2 = +(1\text{ k}\Omega)^2$

$R_1 = 447\ \Omega = R_2$ laut Bedingung

$R_3 = 894\ \Omega$

$R_{2,3,4} = R_{1,2,3,4} - R_1 = 1\text{ k}\Omega - 447\ \Omega$

$= 553\ \Omega$

$$U_{R2,3,4} = U_q \cdot \frac{R_{2,3,4}}{R_i + R_1 + R_{2,3,4}}$$

$$= 20\text{ V} \cdot \frac{553\ \Omega}{2000\ \Omega} = 5{,}53\text{ V}$$

$U_{R3} = U_{R2,3,4} = 5{,}53\text{ V}$

$$U_4 = U_{R3} \cdot \frac{R_4}{R_2 + R_4} = 5{,}53\text{ V} \cdot \frac{1\text{ k}\Omega}{1{,}447\text{ k}\Omega} = 3{,}82\text{ V}$$

• 7.9

$$\frac{U_A}{U_E} = \frac{I_{R3}R_3}{I_{R1}R_1}.$$

Da $I_{R3} \neq I_{R1}$, kann nicht gekürzt werden.

Dagegen $\dfrac{U_A}{U_E} = \dfrac{I_{R3}R_3}{I_{R3}(R_2 + R_3)} = \dfrac{R_3}{R_2 + R_3}$

△ 7.10

$$U_A = \frac{R_2}{R_1 + R_2}\,U_E - \frac{R_4}{R_3 + R_4}\,U_E$$

$$U_A = \frac{R + xR}{R - xR + R + xR}\,U_E - \frac{R - xR}{R + xR + R - xR}\,U_E$$

$$U_A = \frac{R + xR - R + xR}{2R} U_E = x U_E$$

$U_A = 0{,}002 \cdot 1\ \text{V} = 2\ \text{mV}$

△ 7.11

$$I = S4 \cdot \frac{U}{R_4} + S3 \cdot \frac{U}{R_3} + S2 \cdot \frac{U}{R_2} + S1 \cdot \frac{U}{R_1}$$

Sx = 0 Schalter offen
Sx = 1 Schalter geschlossen

Für den kleinsten Strom $I = 1$ mA:

S4 = S3 = S2 = 0
S1 = 1

$$1\ \text{mA} = 0 + 0 + 0 + 1 \cdot \frac{20\ \text{V}}{R_1}$$

$R_1 = 20\ \text{k}\Omega$

Entsprechend folgen:

$R_2 = 10\ \text{k}\Omega$
$R_3 = 5\ \text{k}\Omega$
$R_4 = 2{,}5\ \text{k}\Omega$

△ 7.12

Alle Widerstände liegen parallel:

$$R_{ges} = \frac{150\ \Omega}{3} = 50\ \Omega$$

$$I_{R2} = I_{R3} = \frac{160\ \text{mA}}{2} = 80\ \text{mA}$$

$P_{ges} = 3 \cdot (80\ \text{mA})^2 \cdot 150\ \Omega = 2{,}88\ \text{W}$

△ 7.13

Schalterstellung I:

$I_i \cdot R_i = (I_1 - I_i)(R_3 + R_2 + R_1)$
$1\ \text{mA} \cdot 100\ \Omega = (I_1 - 1\ \text{mA})\ 50\ \Omega$
$I_1 = 3\ \text{mA}$

Schalterstellung II:

$I_i (R_i + R_1) = (I_2 - I_i)(R_3 + R_2)$
$1\ \text{mA} \cdot 135\ \Omega = (I_2 - 1\ \text{mA})\ 15\ \Omega$
$I_2 = 10\ \text{mA}$

Schalterstellung III:

$I_i (R_i + R_1 + R_2) = (I_3 - I_i) R_3$
$1\ \text{mA} \cdot 145\ \Omega = (I_3 - 1\ \text{mA})\ 5\ \Omega$
$I_3 = 30\ \text{mA}$

△ 7.14

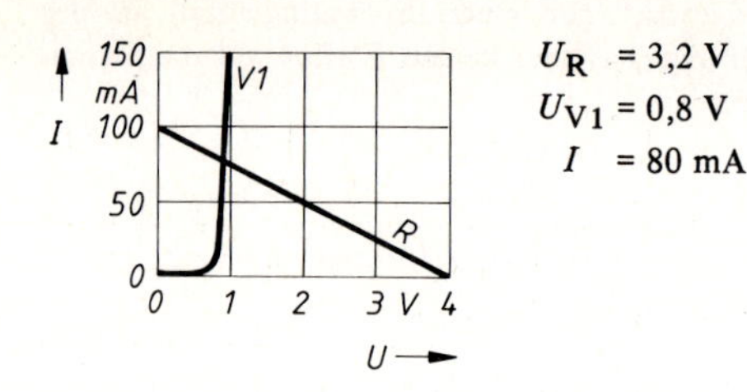

$U_R = 3{,}2\ \text{V}$
$U_{V1} = 0{,}8\ \text{V}$
$I = 80\ \text{mA}$

8

△ 8.1

1. Schritt: $U_{q2} = 0$ gesetzt

$$R = R_{i1} + \frac{R_a R_{i2}}{R_a + R_{i2}} = 5\ \Omega + \frac{12\ \Omega \cdot 7\ \Omega}{12\ \Omega + 7\ \Omega} = 9{,}42\ \Omega$$

$$I_1 = \frac{U_{q1}}{R} = \frac{14\ \text{V}}{9{,}42\ \Omega} = 1{,}485\ \text{A} \quad (\leftarrow)$$

$$I_2 = I_1 \cdot \frac{\frac{R_a R_{i2}}{R_a + R_{i2}}}{R_a} = 0{,}546\ \text{A} \quad (\rightarrow)$$

$I_3 = I_1 - I_2 = 0{,}939\ \text{A} \quad (\rightarrow)$

2. Schritt: $U_{q1} = 0$ gesetzt

$$R = R_{i2} + \frac{R_a R_{i1}}{R_a + R_{i1}} = 7\ \Omega + \frac{12\ \Omega \cdot 5\ \Omega}{12\ \Omega + 5\ \Omega} = 10{,}53\ \Omega$$

$$I_3 = \frac{U_{q2}}{R} = \frac{14\ \text{V}}{10{,}53\ \Omega} = 1{,}33\ \text{A} \quad (\leftarrow)$$

$$I_2 = I_3 \cdot \frac{\frac{R_a R_{i1}}{R_a + R_{i1}}}{R_a} = 0{,}391\ \text{A} \quad (\rightarrow)$$

$I_1 = I_3 - I_2 = 0{,}939\ \text{A} \quad (\rightarrow)$

3. Schritt: Überlagerung

$I_2 = 0{,}546\ \text{A} + 0{,}391\ \text{A} = 0{,}937\ \text{A}$
$U_{Ra} = I_2 R_a = 0{,}937\ \text{A} \cdot 12\ \Omega = 11{,}25\ \text{V}$

Potentialkontrolle:

$\varphi_1 = \varphi_0 - I_1 R_{i1}$
$\varphi_1 = 0\ \text{V} - (1{,}485\ \text{A} - 0{,}939\ \text{A})\ 5\ \Omega = -2{,}75\ \text{V}$
$\varphi_2 = \varphi_1 + U_{q1} = -2{,}75\ \text{V} + 14\ \text{V} = +11{,}25\ \text{V}$
$\varphi_3 = \varphi_0 - I_2 \cdot R_{i2}$
$\varphi_3 = 0\ \text{V} - (1{,}33\ \text{A} - 0{,}939\ \text{A})\ 7\ \Omega = -2{,}75\ \text{V}$
$\varphi_2 = \varphi_0 + I_2 R_a$
$\varphi_2 = 0\ \text{V} + 0{,}937\ \text{A} \cdot 12\ \text{V} = +11{,}25\ \text{V}$

△ 8.2

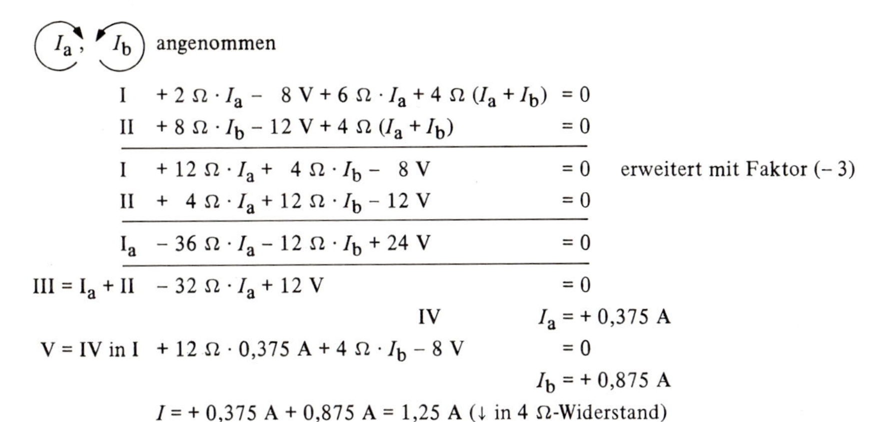

I_a, I_b angenommen (Umlaufsinn siehe Pfeile)

I	$+2\,\Omega \cdot I_a - 8\,\text{V} + 6\,\Omega \cdot I_a + 4\,\Omega\,(I_a + I_b)$	$= 0$
II	$+8\,\Omega \cdot I_b - 12\,\text{V} + 4\,\Omega\,(I_a + I_b)$	$= 0$
I	$+12\,\Omega \cdot I_a + 4\,\Omega \cdot I_b - 8\,\text{V}$	$= 0$ erweitert mit Faktor (– 3)
II	$+4\,\Omega \cdot I_a + 12\,\Omega \cdot I_b - 12\,\text{V}$	$= 0$
I_a	$-36\,\Omega \cdot I_a - 12\,\Omega \cdot I_b + 24\,\text{V}$	$= 0$
III = I_a + II	$-32\,\Omega \cdot I_a + 12\,\text{V}$	$= 0$
	IV	$I_a = +0{,}375\,\text{A}$
V = IV in I	$+12\,\Omega \cdot 0{,}375\,\text{A} + 4\,\Omega \cdot I_b - 8\,\text{V}$	$= 0$
		$I_b = +0{,}875\,\text{A}$

$I = +0{,}375\,\text{A} + 0{,}875\,\text{A} = 1{,}25\,\text{A}$ (↓ in 4 Ω-Widerstand)

Potentialkontrolle:

$\varphi_1 = \varphi_0 - I_a\, 2\,\Omega = -0{,}75\,\text{V}$

$\varphi_2 = \varphi_1 + 8\,\text{V} = +7{,}25\,\text{V}$

$\varphi_3 = \varphi_2 - I_a \cdot 6\,\Omega = +5\,\text{V}$

$\varphi_3 = \varphi_0 + (I_a + I_b)\, 4\,\Omega = +5\,\text{V}$

$\varphi_4 = \varphi_0 - I_b \cdot 8\,\Omega = -7\,\text{V}$

$\varphi_3 = \varphi_4 + 12\,\text{V} = +5\,\text{V}$

△ 8.3

I	$I_A \cdot 10\,\Omega + (I_A + I_B)\, 20\,\Omega - 10\,\text{V}$	$= 0$
II	$I_B \cdot 30\,\Omega + (I_A + I_B)\, 20\,\Omega + I_B \cdot 5\,\Omega$	$= 0$
I	$I_A \cdot 30\,\Omega + I_B \cdot 20\,\Omega - 10\,\text{V}$	$= 0$
II	$I_A \cdot 20\,\Omega + I_B \cdot 55\,\Omega$	$= 0$ / · (– 1,5)
II_a	$-I_A \cdot 30\,\Omega - I_B \cdot 82{,}5\,\Omega$	$= 0$
I + II_a	$-I_B \cdot 62{,}5\,\Omega - 10\,\text{V}$	$= 0$
	III	$I_B = -0{,}16\,\text{A}$
III in II	$I_A \cdot 20\,\Omega - 8{,}8\,\text{V}$	$= 0$
		$I_A = 0{,}44\,\text{A}$

Gesuchte Ströme:

$I_{R1} = I_A = 0{,}44\,\text{A}$ (→)

$I_{R2} = I_A + I_B = 0{,}28\,\text{A}$ (↓)

$I_{R3} = I_{R4} = I_B = 0{,}16\,\text{A}$ (↓)

△ 8.4

1. Schritt: $U_2 = 0$

$R = R_1 + (R_2 \parallel R_A) = 6{,}9\,\text{k}\Omega$

$$I'_1 = \frac{U_1}{R} = \frac{10\,\text{V}}{6{,}9\,\text{k}\Omega} = 1{,}45\,\text{mA}$$

$$I'_A = I'_1 \cdot \frac{6\,\text{k}\Omega}{11{,}6\,\text{k}\Omega} = 0{,}75\,\text{mA}\ (\downarrow)$$

2. Schritt: $U_1 = 0$

$R = R_2 + (R_1 \parallel R_A) = 8{,}33\,\text{k}\Omega$

$$I''_2 = \frac{U_2}{R} = \frac{10\,\text{V}}{8{,}33\,\text{k}\Omega} = 1{,}2\,\text{mA}$$

$$I''_A = I''_2 \cdot \frac{4\,\text{k}\Omega}{9{,}6\,\text{k}\Omega} = 0{,}5\,\text{mA}\ (\uparrow)$$

3. Schritt: Überlagerung

$U_A = I_A \cdot R_A = (I'_A - I''_A)\, R_A$

$U_A = 0{,}25\,\text{mA} \cdot 5{,}6\,\text{k}\Omega = 1{,}4\,\text{V}$ (↓)

△ 8.5

I_a, I_b, I_c angenommen

I	$5\,\Omega \cdot I_a - 6{,}75\text{ V} + 1\,\Omega\,(I_a + I_b) = 0$	
II	$2\,\Omega \cdot I_b + 10\text{ V} + 10\,\Omega\,(I_b + I_c) - 6{,}75\text{ V} + 1\,\Omega\,(I_a + I_b) = 0$	
III	$2{,}5\,\Omega \cdot I_c + 10\text{ V} + 10\,\Omega\,(I_b + I_c) = 0$	
I	$6\,\Omega \cdot I_a + 1\,\Omega \cdot I_b - 6{,}75\text{ V} = 0$	erweitert mit Faktor (– 13)
II	$1\,\Omega \cdot I_a + 13\,\Omega \cdot I_b + 10\,\Omega \cdot I_c + 3{,}25\text{ V} = 0$	
III	$+ 10\,\Omega \cdot I_b + 12{,}5\,\Omega \cdot I_c + 10\text{ V} = 0$	erweitert mit Faktor (– 1,3)
I_a	$- 78\,\Omega \cdot I_a - 13\,\Omega \cdot I_b + 87{,}75\text{ V} = 0$	
III_a	$- 13\,\Omega \cdot I_b - 16{,}25\,\Omega \cdot I_c - 13\text{ V} = 0$	
IV = I_a + II	$- 77\,\Omega \cdot I_a + 10\,\Omega \cdot I_c + 91\text{ V} = 0$	
V = III_a + II	$+ 1\,\Omega \cdot I_a - 6{,}25\,\Omega \cdot I_c - 9{,}75\text{ V} = 0$	erweitert mit Faktor (77)
V_a	$+ 77\,\Omega \cdot I_a - 481{,}25\,\Omega \cdot I_c - 750{,}75\text{ V} = 0$	
VI = IV + V_a	$- 471{,}25\,\Omega \cdot I_c - 659{,}75\text{ V} = 0$	
VIII	$I_c = - 1{,}4\text{ A}$	
VII in IV	$- 77\,\Omega \cdot I_a - 14\text{ V} + 91\text{ V} = 0$	
VIII	$I_a = + 1\text{ A}$	
VIII in I	$6\text{ V} + 1\,\Omega \cdot I_b - 6{,}75\text{ V} = 0$	
IX	$I_b = + 0{,}75\text{ A}$	

I_a, I_b, I_c tatsächliche Kreisstromrichtung

$I_1 = I_a + I_b = 1{,}75\text{ A}$ (↓)
$I_2 = I_b = 0{,}75\text{ A}$ (↑)
$I_3 = I_c - I_b = 0{,}65\text{ A}$ (→)
$I_4 = I_c = 1{,}4\text{ A}$ (←)
$I_5 = I_a = 1\text{ A}$ (↑)

△ 8.6

I_A, I_B gewählte Kreisströme

I	$- 10\text{ V} + I_A R_1 + (I_A + I_B) R_3 = 0$
II	$10\text{ V} + I_B R_2 + (I_A + I_B) R_3 = 0$
I	$I_A \cdot 3\text{ k}\Omega + I_B \cdot 2\text{ k}\Omega - 10\text{ V} = 0$
II	$I_A \cdot 2\text{ k}\Omega + I_B \cdot 5\text{ k}\Omega + 10\text{ V} = 0$
II_a	$- I_A \cdot 3\text{ k}\Omega - I_B \cdot 7{,}5\text{ k}\Omega - 15\text{ V} = 0$
I + II_a	$- I_B \cdot 5{,}5\text{ k}\Omega - 25\text{ V} = 0$
III	$I_B = - 4{,}55\text{ mA}$
III in I	$I_A \cdot 3\text{ k}\Omega - 9{,}1\text{ V} - 10\text{ V} = 0$
	$I_A = 6{,}36\text{ mA}$

$I_1 = I_A = 6{,}36\text{ mA}$ (↓)
$I_2 = I_B = 4{,}55\text{ mA}$ (↘)
$I_3 = I_A - I_B = 1{,}81\text{ mA}$ (↙)

△ 8.7

a)

I	$- 10\text{ V} + (I_A + I_B) \cdot 10\,\Omega + 6\text{ V} + I_A \cdot 30\,\Omega = 0$
II	$I_B \cdot R_L + (I_A + I_B) \cdot 10\,\Omega + 6\text{ V} = 0$
	mit $I_A + I_B = I = 0{,}1\text{ A}$
I	$- 10\text{ V} + (0{,}1\text{ A} \cdot 10\,\Omega) + 6\text{ V} + I_A \cdot 30\,\Omega = 0$

$$I_A = \frac{3\text{ V}}{30\,\Omega} = 0{,}1\text{ A} \Rightarrow I_B = 0 \Rightarrow R_L = \infty$$

b)

I	$- 10\text{ V} + (I_A + I_B) \cdot 10\,\Omega + 6\text{ V} + I_A \cdot 30\,\Omega = 0$
II	$I_B \cdot 10\,\Omega + (I_A + I_B) \cdot 10\,\Omega + 6\text{ V} = 0$
I	$- 4\text{ V} + I_A \cdot 40\,\Omega + I_B \cdot 10\,\Omega = 0$
II	$+ 6\text{ V} + I_A \cdot 10\,\Omega + I_B \cdot 20\,\Omega = 0$
II	$- 3\text{ V} - I_A \cdot 5\,\Omega - I_B \cdot 10\,\Omega = 0$
I + II	$- 7\text{ V} + I_A \cdot 35\,\Omega = 0$

III $\quad I_A = \dfrac{7\text{ V}}{35\,\Omega} = + 0{,}2\text{ A}$

III in II $\quad - 3\text{ V} - 1\text{ V} - I_B \cdot 10\,\Omega = 0$

$$I_B = - \frac{4\text{ V}}{10\,\Omega} = - 0{,}4\text{ A} \Rightarrow I = I_A + I_B = - 0{,}2\text{ A}$$

• 9.1

Ersatzspannungs- und Ersatzstromquelle sind Modelle. Der Geltungsbereich dieser Modelle erstreckt sich auf alle Fragen nach Klemmenspannung und Strom des Lastwiderstandes. Fragestellungen über die innere Funktion der Quellen können nicht beantwortet werden. Deshalb ist der Schluß, daß bei der Ersatzstromquelle im Leerlauffall ein ständiger Leistungsumsatz am Innenwiderstand auftritt, unzulässig und falsch. Die Autobatterie kann sowohl als Ersatzspannungs- als auch als Ersatzstromquelle betrachtet werden.

• 9.2

Wird für das Netzgerät eine Ersatzspannungsquelle angenommen, so liegt eine Reihenschaltung der Widerstände R_i und R_a vor. Bei Annahme einer Ersatzstromquelle liegen R_i und R_a parallel.

△ 9.3

$$U_q = U_L = U_{R2} = 30\text{ V} \cdot \frac{2\text{ k}\Omega}{2{,}33\text{ k}\Omega} = 25{,}75\text{ V}$$

Die Leerlaufspannung U_L ist wegen der Stromlosigkeit von R_3 gleich dem Spannungsabfall an R_2!

$$R_i = R_3 + \frac{R_1 \cdot R_2}{R_1 + R_2} = 3283\ \Omega$$

△ 9.4

a) $$I_q = \frac{U_q}{R_i} = \frac{25{,}75\text{ V}}{3{,}283\text{ k}\Omega} = 7{,}84\text{ mA}$$

Kennwerte der Ersatzstromquelle zu Bild 9.12:

$I_q = 7{,}84\text{ mA}, \quad R_i = 3283\ \Omega$

b) Kurzschluß der Ausgangsklemmen in Bild 9.12. Dortiger Strom:

$$I_k = I_q$$

$$R = R_1 + \frac{R_2 \cdot R_3}{R_2 + R_3} = 1{,}53\text{ k}\Omega$$

$$I = \frac{30\text{ V}}{1{,}53\text{ k}\Omega} = 19{,}6\text{ mA}$$

$$I_k \cdot 3\text{ k}\Omega = 19{,}6\text{ mA} \cdot (R_2 \parallel R_3)$$

$$I_k = 19{,}6\text{ mA} \cdot \frac{1{,}2\text{ k}\Omega}{3\text{ k}\Omega} = 7{,}84\text{ mA}$$

△ 9.5

a) Brücke abgeglichen:

$$R_2 = \frac{R_4 \cdot R_1}{R_3} = 600\ \Omega$$

b) Brücke verstimmt

Ersatzspannungsquelle der Wheatstoneschen Brücke

Ohne Brückeninstrument:

$$\varphi_A = U \cdot \frac{R_2}{R_1 + R_2} = 6\text{ V} \cdot \frac{600\ \Omega}{300\ \Omega + 600\ \Omega} = +4\text{ V}$$

$$\varphi_B = U \cdot \frac{R_4}{R_3 + R_4} = 6\text{ V} \cdot \frac{1500\ \Omega}{750\ \Omega + 1500\ \Omega}$$

$= +4$ V bei Abgleich

$$\varphi_B' = U \cdot \frac{R_4}{R_3' + R_4} = 6\text{ V} \cdot \frac{1500\ \Omega}{800\ \Omega + 1500\ \Omega}$$

$= +3{,}913$ V bei Verstimmung

$$U_L = \varphi_A - \varphi_B' = 87\text{ mV} = U_q$$

$$R_i = \frac{R_1 R_2}{R_1 + R_2} + \frac{R_3' R_4}{R_3' + R_4} = 200\ \Omega + 522\ \Omega$$

$= 722\ \Omega$

Strom im Brückenzweig:

$$I = \frac{U_q}{R_i + R_a} = \frac{87\text{ mV}}{722\ \Omega + 100\ \Omega} = 106\ \mu\text{A}$$

△ 9.6

a)

I	$I_L\, 16\ \Omega + 3\text{ V} - I_i\, 5\ \Omega = 0$
II	$2\text{ A} - I_i - I_L = 0$
IIa	$I_i = 2\text{ A} - I_L$
IIa in I	$I_L\, 16\ \Omega + 3\text{ V} - (2\text{ A} - I_L)\, 5\ \Omega = 0$
	$I_L\, 16\ \Omega + 3\text{ V} - 10\text{ V} + I_L\, 5\ \Omega = 0$
	$I_L = \frac{7\text{ V}}{21\ \Omega} = \frac{1}{3}\text{ A}$

b) $$U_q = I_q \cdot R_i = 2\text{ A} \cdot 5\ \Omega = 10\text{ V}$$

$$I_L = \frac{U_q - 3\text{ V}}{R_i + R_L} = \frac{7\text{ V}}{21\ \Omega} = \frac{1}{3}\text{ A}$$

10

△ 10.1

a) $$\frac{U_{20}}{U_{R1}} = \frac{R_2}{R_1}$$

$$R_2 = 10\ \text{k}\Omega \cdot \frac{12\ \text{V}}{18\ \text{V}} = 6{,}7\ \text{k}\Omega$$

b) $$R = R_1 + (R_2 \parallel R_L) = 15{,}9\ \text{k}\Omega$$

$$I = \frac{U}{R} = \frac{30\ \text{V}}{15{,}9\ \text{k}\Omega} = 1{,}89\ \text{mA}$$

$$U_{2L} = U - IR_1$$

$$U_{2L} = 30\ \text{V} - 1{,}89\ \text{mA} \cdot 10\ \text{k}\Omega = 11{,}1\ \text{V}$$

△ 10.2

$$R_L = 30\ \text{V} \cdot 40\ \frac{\text{k}\Omega}{\text{V}} = 1{,}2\ \text{M}\Omega$$

(Innenwiderstand des Spannungsmessers als Belastung)

$$R_{2,L} = \frac{R_2 R_L}{R_2 + R_L} = \frac{1\ \text{M}\Omega \cdot 1{,}2\ \text{M}\Omega}{1\ \text{M}\Omega + 1{,}2\ \text{M}\Omega} = 0{,}545\ \text{M}\Omega$$

$$U_{2L} = U \cdot \frac{R_{2,L}}{R_1 + R_{2,L}} = 30\ \text{V} \cdot \frac{0{,}545\ \text{M}\Omega}{1{,}545\ \text{M}\Omega} = 10{,}6\ \text{V}$$

● 10.3

$$R_i = \frac{\Delta U}{\Delta I} = \frac{12{,}6\ \text{V} - 12\ \text{V}}{3\ \text{mA} - 0} = 0{,}2\ \text{k}\Omega$$

$$R_i = \frac{R_1 R_2}{R_1 + R_2} = 0{,}2\ \text{k}\Omega$$

$$\frac{R_2}{R_1 + R_2} = \frac{12{,}6\ \text{V}}{18\ \text{V}} \quad \Rightarrow R_2 = 2{,}33\ R_1$$

$$200\ \Omega = \frac{R_1 \cdot 2{,}33\ R_1}{R_1 + 2{,}33\ R_1}$$

$$R_1 = 286\ \Omega; \quad R_2 = 667\ \Omega$$

△ 10.4

a) $$I_q = mI_L = 10 \cdot 7\ \text{mA} = 70\ \text{mA}$$

$$R_q = R_2 = \frac{U_q}{I_q} = \frac{3\ \text{V}}{70\ \text{mA}} = 43\ \Omega$$

$$R_1 = \frac{U_{Bat} - U_q}{I_q + I_L} = \frac{15\ \text{V} - 3\ \text{V}}{70\ \text{mA} + 7\ \text{mA}} = 156\ \Omega$$

b) $$U_{20} = U \cdot \frac{R_2}{R_1 + R_2}$$

$$U_{20} = 15\ \text{V} \cdot \frac{43\ \Omega}{199\ \Omega} = 3{,}24\ \text{V}$$

▲ 10.5

a) Spannungsteiler A:

$$U_{20} = 100\ \text{V} \cdot \frac{1\ \text{k}\Omega}{2\ \text{k}\Omega} = 50\ \text{V}$$

$$I' = \frac{U}{R_1 + (R_2 \parallel R_L)} = 66{,}7\ \text{mA}$$

$$U_{2L} = U - I'R_1 = 33{,}3\ \text{V}$$

Spannungsteiler B:

$$U_{20} = 100\ \text{V} \cdot \frac{100\ \Omega}{200\ \Omega} = 50\ \text{V}$$

$$I' = \frac{U}{R_1 + (R_2 \parallel R_L)} = 524\ \text{mA}$$

$$U_{2L} = U - I'R_1 = 47{,}6\ \text{V}$$

b) Spannungsteiler A:

$$U_q = U_{20} = 50\ \text{V}$$

$$R_i = R_1 \parallel R_2 = 500\ \Omega$$

$$I = \frac{U_q}{R_i + R_L}$$

$$I = \frac{50\ \text{V}}{0{,}5\ \text{k}\Omega + 1\ \text{k}\Omega} = 33{,}3\ \text{mA}$$

$$U = U_q - I \cdot R_i$$

$$U = 50\ \text{V} - 33{,}3\ \text{mA} \cdot 500\ \Omega$$

$$U = 33{,}3\ \text{V}$$

Spannungsteiler B:

$$U_q = U_{20} = 50\ \text{V}$$

$$R_i = R_1 \parallel R_2 = 50\ \Omega$$

$$I = \frac{50\ \text{V}}{50\ \Omega + 1000\ \Omega} = 47{,}6\ \text{mA}$$

$$U = 50\ \text{V} - 47{,}6\ \text{mA} \cdot 50\ \Omega$$

$$U = 47{,}6\ \text{V}$$

△ 10.6

a) $$U_{20\,max} = 12\ \text{V} \cdot \frac{1\ \text{k}\Omega + 3\ \text{k}\Omega}{2\ \text{k}\Omega + 1\ \text{k}\Omega + 3\ \text{k}\Omega}$$

$$U_{20\,max} = 8\ \text{V}$$

$$U_{20\,min} = 12\ \text{V} \cdot \frac{3\ \text{k}\Omega}{6\ \text{k}\Omega}$$

$$U_{20\,min} = 6\ \text{V}$$

b) $U_{2L\,max} = 12\text{ V} \cdot \dfrac{(R_4 + R) \parallel R_L}{R_1 + (R_4 + R) \parallel R_L}$

$U_{2L\,max} = 6{,}3\text{ V}$

$U_{2L\,min} = 12\text{ V} \cdot \dfrac{R_4 \parallel R_L}{R_1 + R + (R_4 \parallel R_L)}$

$U_{2L\,min} = 4{,}6\text{ V}$

△ 10.7

Ersatzspannungsquelle für den Spannungsteiler:

$U_q = 20\text{ V} \cdot \dfrac{400\ \Omega}{500\ \Omega} = 16\text{ V}$

$R_i = \dfrac{100\ \Omega \cdot 400\ \Omega}{500\ \Omega} = 80\ \Omega$

$U = U_q - I_L \cdot R_i$

$U = 16\text{ V} - 20\text{ mA} \cdot 80\ \Omega = 14{,}4\text{ V}$

$R_L = \dfrac{U}{I_L} = \dfrac{14{,}4\text{ V}}{20\text{ mA}} = 720\ \Omega$

△ 10.8

a) Lösung über Ersatzspannungsquelle:

$R_i = \dfrac{R_1 \cdot R_2}{R_1 + R_2} = 720\ \Omega$

$I = \dfrac{U_{2L}}{R_L} = \dfrac{5\text{ V}}{3{,}6\text{ k}\Omega} = 1{,}39\text{ mA}$

$U_q = I\,(R_i + R_a)$

$U_q = 1{,}39\text{ mA}\,(0{,}72\text{ k}\Omega + 3{,}6\text{ k}\Omega)$

$U_q = 6\text{ V}$

$U_{20} = U_q = 6\text{ V}$

b) $\dfrac{U}{U_{20}} = \dfrac{R_1 + R_2}{R_2}$

$U = 6\text{ V} \cdot \dfrac{3\text{ k}\Omega}{1{,}8\text{ k}\Omega} = 10\text{ V}$

△ 10.9

a) $U_{20} = k \cdot 20\text{ V} - 10\text{ V}$

Für

$k = 0 \Rightarrow U_{20} = -10\text{ V}$

$k = 0{,}25 \Rightarrow U_{20} = -5\text{ V}$

$k = 0{,}5 \Rightarrow U_{20} = 0$

$k = 0{,}75 \Rightarrow U_{20} = +5\text{ V}$

$k = 1 \Rightarrow U_{20} = +10\text{ V}$

b)

k	0	0,25	0,5	0,75	1	
U_{20}	−10	−5	0	+5	+10	V
$R_i = R_1 \parallel R_2$	0	187,5	250	187,5	0	Ω
$I_L = \dfrac{U_{20}}{R_i + R_L}$	−10	−4,2	0	+4,2	+10	mA
$U_{2L} = U_{20} - I_L R_i$	−10	−4,2	0	+4,2	+10	V

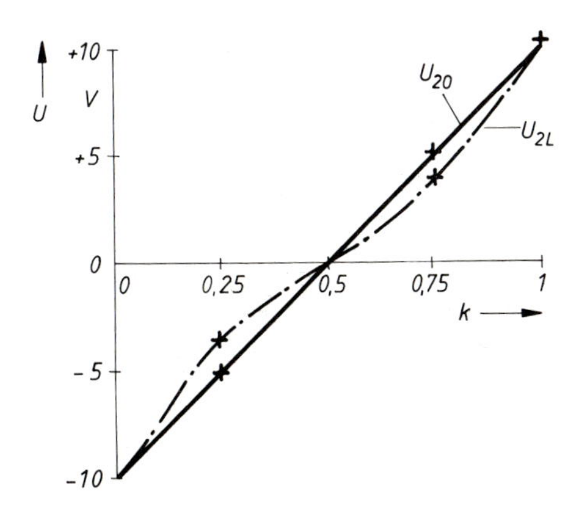

11

△ 11.1

Ablenkwinkel:

$$\tan\alpha = \frac{0{,}5\ h}{s} = \frac{4\ \text{cm}}{25\ \text{cm}} = 0{,}16 \qquad h = \text{Höhe}$$

Ablenkspannung:

$$U_Y = \frac{2 \cdot d \cdot \tan\alpha}{l}\, U$$

$$U_Y = \frac{2 \cdot 0{,}5\ \text{cm} \cdot 0{,}16}{4\ \text{cm}} \cdot 2000\ \text{V}$$

$$U_Y = 80\ \text{V}$$

△ 11.2

a) Parallelschaltung

$$C = C_1 + C_2 = 2 \cdot \frac{\epsilon_r \epsilon_0 A}{d_1}$$

$$C = 2 \cdot \frac{1 \cdot 0{,}885 \cdot 10^{-11}\ \text{As} \cdot 50 \cdot 10^{-4}\ \text{m}^2}{1 \cdot 10^{-3}\ \text{m Vm}}$$

$$C = 88{,}5\ \text{pF}$$

b) $$C_1 = \frac{1 \cdot 0{,}885 \cdot 10^{-11}\ \text{As} \cdot 50 \cdot 10^{-4}\ \text{m}^2}{0{,}9 \cdot 10^{-3}\ \text{m Vm}}$$

$$C_1 = 49{,}2\ \text{pF}$$

$$C_2 = \frac{1 \cdot 0{,}885 \cdot 10^{-11}\ \text{As} \cdot 50 \cdot 10^{-4}\ \text{m}^2}{1{,}1 \cdot 10^{-3}\ \text{m Vm}}$$

$$C_2 = 40{,}2\ \text{pF}$$

$$C = C_1 + C_2 = 89{,}4\ \text{pF}$$

Bei symmetrischer Montage der Mittelplatte ergibt sich das Kapazitätsminimum.

△ 11.3

a) $$C_0 = \frac{\epsilon_r \cdot \epsilon_0 \cdot l \cdot b}{d}$$

$$C_0 = \frac{1 \cdot 0{,}885 \cdot 10^{-11}\ \text{As} \cdot 1\ \text{m} \cdot 0{,}05\ \text{m}}{4 \cdot 10^{-3}\ \text{m Vm}}$$

$$C_0 = 110{,}6\ \text{pF}$$

b) $$2C_0 = \frac{\epsilon_{r1}\, \epsilon_0 \cdot (l - h')\, b}{d} + \frac{\epsilon_{r2}\, \epsilon_0 \cdot h' \cdot b}{d}$$

$$h' = \frac{\frac{2 C_0 \cdot d}{\epsilon_0 \cdot b} - \epsilon_{r1}\, l}{\epsilon_{r2} - \epsilon_{r1}}$$

$$h' = \frac{\frac{2 \cdot 110{,}6 \cdot 10^{-12}\ \text{As} \cdot 4 \cdot 10^{-3}\ \text{m Vm}}{0{,}885 \cdot 10^{-11}\ \text{As} \cdot \text{V} \cdot 0{,}05\ \text{m}} - 1 \cdot 1\ \text{m}}{5 - 1}$$

$$h' = 0{,}25\ \text{m}$$

$$h = h' + 2\ \text{cm} = 27\ \text{cm}$$

△ 11.4

Es liegt ein geschichteter Kondensator mit den Dielektrika Luft-Papier-Luft vor, der als Reihenschaltung von drei Kondensatoren behandelt werden kann:

$$\frac{1}{C_{ges}} = \frac{1}{C_{L1}} + \frac{1}{C_P} + \frac{1}{C_{L2}}$$

$$\frac{1}{C_{ges}} = \frac{d_1}{\epsilon_0 \cdot A} + \frac{x}{\epsilon_r \epsilon_0 A} + \frac{d_2}{\epsilon_0 A}$$

$$\frac{1}{C_{ges}} = \frac{d_1 + d_2}{\epsilon_0 A} + \frac{x}{\epsilon_r \epsilon_0 A}$$

mit $x = 0{,}45$ mm

$d_1 + d_2 = 1\ \text{mm} - 0{,}45\ \text{mm} = 0{,}55\ \text{mm}$

$$\frac{1}{C_{ges}} = \frac{0{,}55 \cdot 10^{-3}\ \text{m}}{0{,}885 \cdot 10^{-11}\ \text{As/Vm} \cdot 1{,}5\ \text{m} \cdot 0{,}1\ \text{m}} + \frac{0{,}45 \cdot 10^{-3}\ \text{m}}{2{,}2 \cdot 0{,}885 \cdot 10^{-11}\ \text{As/Vm} \cdot 1{,}5\ \text{m} \cdot 0{,}1\ \text{m}}$$

$$\frac{1}{C_{ges}} = 4{,}14 \cdot 10^8\ \text{V/As} + 1{,}54 \cdot 10^8\ \text{V/As}$$

$$C_{ges} = 1{,}76\ \text{nF}$$

unabhängig von der Lage der Papierbahn zwischen den Kondensatorplatten.

△ 11.5

$$D = \frac{Q}{A} \quad \text{mit } A = 2\pi r l$$

$$E = \frac{D}{\epsilon_r \epsilon_0} = \frac{Q}{2\pi\, \epsilon_r \epsilon_0\, l} \cdot \frac{1}{r}$$

$$\varphi_1 = \int_r^a E_1\, dr = \frac{+Q}{2\pi \cdot \epsilon_r \epsilon_0\, l} \cdot \ln \frac{a}{r}$$

$$\varphi_2 = \int_r^a E_2\, dr = \frac{-Q}{2\pi \cdot \epsilon_r \epsilon_0\, l} \cdot \ln \frac{a}{r}$$

$$U_c = \varphi_1 - \varphi_2 = \frac{2Q}{2\pi \cdot \epsilon_r \epsilon_0\, l} \cdot \ln \frac{a}{r}$$

$$C = \frac{Q}{U_C} = \frac{\pi \cdot \epsilon_r \epsilon_0 l}{\ln \frac{a}{r}}$$

$$C = \frac{\pi \cdot 2{,}5 \cdot 0{,}885 \cdot 10^{-11}\ \text{As} \cdot 1\ \text{m}}{\ln \frac{7\ \text{mm}}{0{,}5\ \text{mm}}\ \text{Vm}}$$

$C = 26{,}3$ pF

△ 11.6

$C_{2,3} = C - C_1 = 24{,}2\ \text{nF} - 22\ \text{nF} = 2{,}2\ \text{nF}$

$$\frac{1}{C_{2,3}} = \frac{1}{C_2} + \frac{1}{C_3}$$

$$\frac{1}{C_2} = \frac{1}{C_{2,3}} - \frac{1}{C_3} = \frac{1}{2{,}2\ \text{nF}} - \frac{1}{6{,}8\ \text{nF}}$$

$$= 0{,}454 \frac{1}{\text{nF}} - 0{,}147 \frac{1}{\text{nF}}$$

$$C_2 = \frac{1}{0{,}307}\ \text{nF} = 3{,}25\ \text{nF}$$

△ 11.7

Schalter S geschlossen:

$$C_1 = \frac{\epsilon_{r1} \epsilon_0 A}{d_1}$$

$$C_2 = \frac{\epsilon_{r1} \epsilon_0 A}{d_3}$$

$$C = \frac{C_1 \cdot C_2}{C_1 + C_2} = \frac{1}{2} C_1, \quad \text{da } d_1 = d_3$$

$$Q = C \cdot U = \frac{1}{2} C_1 \cdot U$$

Schalter S offen und äußere Platten entfernt:

$$C = C_i = \frac{\epsilon_{r2} \epsilon_0 \cdot A}{d_2}$$

$$C = C_i = \frac{2 \epsilon_{r1} \epsilon_0 \cdot A}{100 d_1} = \frac{1}{50} C_1$$

$$Q = C \cdot U = \frac{1}{50} C_1 \cdot U_x$$

Q = konst

$$\frac{1}{2} C_1 U = \frac{1}{50} C_1 U_x$$

$U_x = 25\ U$

$U_x = 25 \cdot 100\ \text{V} = 2500\ \text{V}$

△ 11.8

Feldstärke im Zylinderkondensator:

$$E = \frac{U}{r \ln \frac{r_a}{r_i}}$$

Für $r = r_i = 1$ mm

$$E_i = \frac{1000\ \text{V}}{1\ \text{mm} \cdot \ln\left(\frac{3\ \text{mm}}{1\ \text{mm}}\right)}$$

$E_i = 910$ V/mm

Die Feldstärke E_i an der Leiteroberfläche ist kleiner als die Durchschlagsfestigkeit der Luft.

12

▲ 12.1

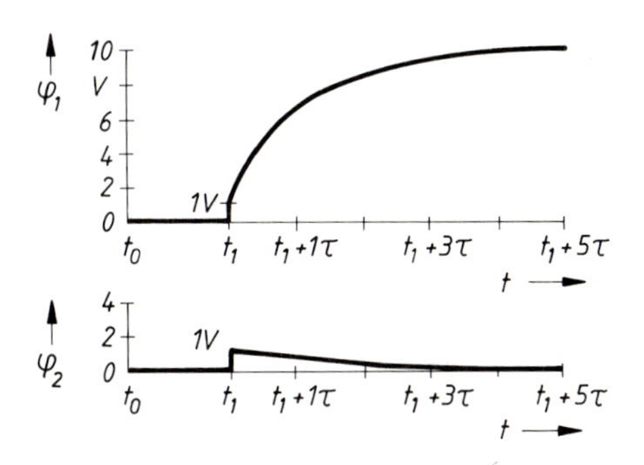

Anfangswert der Stromstärke $= \frac{U}{R} = \frac{10\ \text{V}}{1\ \text{k}\Omega} = 10\ \text{mA}$

$\tau = RC = 1000\ \Omega \cdot 0{,}1 \cdot 10^{-6}\ \text{F} = 0{,}1\ \text{ms}$

φ_1 und φ_2 springen im Zeitpunkt t_1 der Schalteröffnung auf + 1 V. Dann nimmt φ_1 nach einer e-Funktion zu und φ_2 ab:

$$\varphi_1 = +U - i_c R_2 \qquad i_c = \frac{U}{R_1 + R_2} \cdot e^{-\frac{t}{\tau}}$$

$$\varphi_1 = +U - \frac{U R_2}{R_1 + R_2} \cdot e^{-\frac{t}{\tau}} \quad \text{mit } U = 10\ \text{V}$$

$$\varphi_2 = i_c R_1 = \frac{U R_1}{R_1 + R_2} \cdot e^{-\frac{t}{\tau}}$$

Durch Einsetzen verschiedener Zeitwerte t ergeben sich Tabellenwerte für φ_1 und φ_2:

t	$\varphi_1 = +U - \frac{UR_2}{R_1 + R_2} \cdot e^{-\frac{t}{\tau}}$
$t = 0\ \tau$	10 V − 9 V = + 1 V
$t = 1\ \tau$	10 V − 3,31 V = + 6,69 V
$t = 3\ \tau$	10 V − 0,45 V = + 9,55 V
$t = 5\ \tau$	10 V − 0,063 V ≈ + 10 V

t	$\varphi_2 = \frac{UR_1}{R_1 + R_2} \cdot e^{-\frac{t}{\tau}}$
$t = 0\ \tau$	+ 1 V
$t = 1\ \tau$	+ 0,368 V
$t = 3\ \tau$	+ 0,05 V
$t = 5\ \tau$	+ 0,007 V

△ 12.2

1. 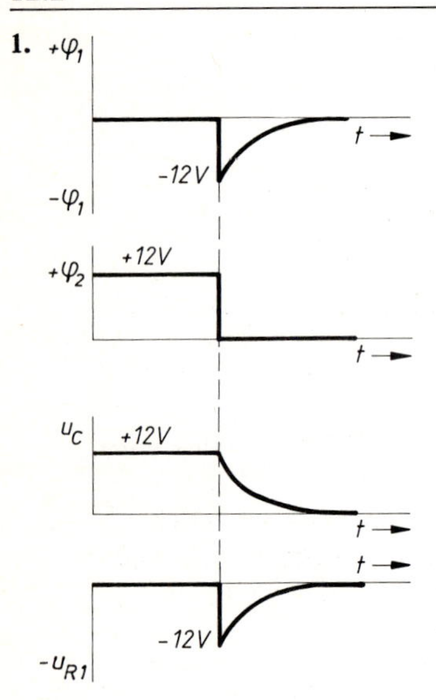

2. $t \approx 5\ \tau$

$\approx 5 \cdot R_1 \cdot C$

$\approx 5 \cdot 10 \cdot 10^3\ \Omega \cdot 22 \cdot 10^{-9}$ F

$t \approx 5 \cdot 0{,}22$ ms = 1,1 ms

3. $i_c = -\frac{U_{c0}}{R_1} \cdot e^{-\frac{t}{\tau}}$

$-0{,}25\text{ mA} = -\frac{12\text{ V}}{10\text{ k}\Omega} \cdot e^{-\frac{t}{\tau}}$

$\frac{1{,}2\text{ mA}}{0{,}25\text{ mA}} = e^{+\frac{t}{\tau}}$

$\ln 4{,}8 = \frac{t}{\tau} \cdot \ln e$

$t = 1{,}57 \cdot 0{,}22$ ms

$t = 345\ \mu$s

● 12.3

Beim Wirkwiderstand ist der Strom proportional zur Spannung, wenn der Widerstand konstant ist. Der Kondensatorstrom ist dagegen proportional zur Änderungsgeschwindigkeit der Kondensatorspannung, wenn die Kapazität konstant ist.

Der Kondensator ist ein Energiespeicher, während der Wirkwiderstand die Energie in Wärme umwandelt.

△ 12.4

1. Kondensator wird mit Konstantstrom geladen (0 ... 2 ms; 6 ... 8 ms) und umgeladen (2 ... 6 ms).

2. $I = C \cdot \frac{\Delta U}{\Delta t} = 0{,}1 \cdot 10^{-6}\ \frac{\text{As}}{\text{V}} \cdot \frac{20\text{ V}}{4 \cdot 10^{-3}\text{ s}} = 0{,}5$ mA

3. 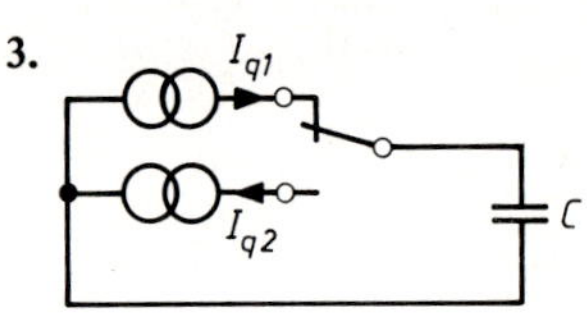

△ 12.5

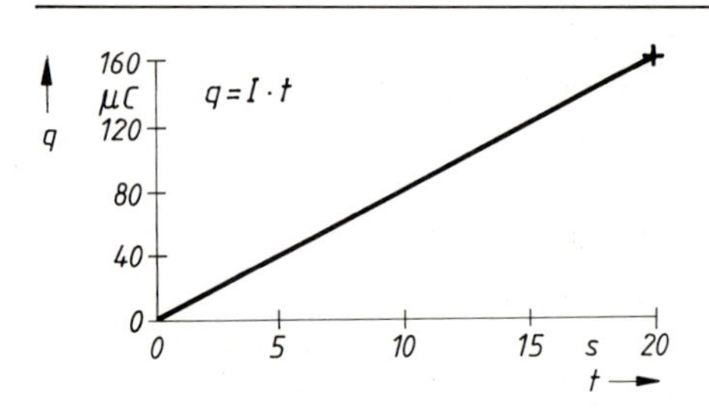

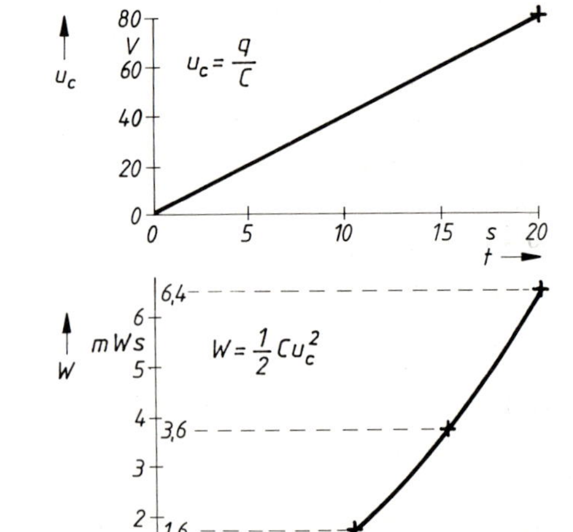

△ 12.6

$\tau = RC = 47\ \text{k}\Omega \cdot 10\ \mu\text{F} = 0{,}47\ \text{s}$

$u_c = U(1 - e^{-\frac{t}{\tau}})$

$\frac{1}{2} U = U(1 - e^{-\frac{t}{\tau}})$

$0{,}5 = e^{-\frac{t}{\tau}}$

$\ln 0{,}5 = -\frac{t}{\tau} \ln e$

$t = -\tau \cdot \ln 0{,}5 = 0{,}326\ \text{s}$

13

△ 13.1

$B_L = B_{Fe} = 0{,}75\ \text{T}$

$H_L = \frac{B_L}{\mu_0} = 597\,130\ \frac{\text{A}}{\text{m}}$

$H_{Fe} = 175\ \frac{\text{A}}{\text{m}}$ aus Mag.kurve

$\Theta = H_{Fe} \cdot l_{Fe} + H_L \cdot l_L$

$\Theta = 37{,}5\ \text{A} + 417\ \text{A} \approx 455\ \text{A}$

$\Phi = B \cdot A = 0{,}75\ \text{T} \cdot 8{,}5 \cdot 10^{-4}\ \text{m}^2$

$\Phi = 0{,}638\ \text{mVs}$

$N = \frac{\Theta}{I} = \frac{455\ \text{A}}{0{,}4\ \text{A}} = 1138$

$L = \frac{N\Phi}{I} = \frac{1138 \cdot 0{,}638 \cdot 10^{-3}\ \text{Vs}}{0{,}4\ \text{A}}$

$L = 1{,}82\ \text{H}$

△ 13.2

$B_{Fe} = 0{,}25\ \text{T}$ gemessen

$H_{Fe} = 80\ \text{A/m}$ aus Bild 13.9

$\Theta = H_{Fe} \cdot l_F$

$\Theta = 80\ \text{A/m} \cdot 0{,}2\ \text{m} = 16\ \text{A}$

$I = \frac{\Theta}{N} = \frac{16\ \text{A}}{1000} = 16\ \text{mA}$

$\Phi = B \cdot A = 0{,}25\ \text{T} \cdot 4 \cdot 10^{-4}\ \text{m}^2$

$\Phi = 0{,}1\ \text{m Vs}$

$L = \frac{N\Phi}{I} = \frac{1000 \cdot 0{,}1 \cdot 10^{-3}\ \text{Vs}}{16 \cdot 10^{-3}\ \text{A}}$

$L = 6{,}25\ \text{H}$

△ 13.3

$F = \frac{1}{2} \cdot \frac{B_L^2}{\mu_0} A_L, \quad A_L = 2A_{Fe}$

$B_L = \sqrt{\frac{2\,\mu_0 F}{A_L}}$

$B_L = \sqrt{\frac{2 \cdot 4\pi \cdot 10^{-7}\ \text{Vs} \cdot 1000\ \text{N}}{20 \cdot 10^{-4}\ \text{m}^2 \cdot \text{Am}}}$

$B_L = 1{,}12\ \text{T} = B_{Fe}$

$H_L = \frac{B_L}{\mu_0} = 892\,000\ \text{A/m}$

$H_{Fe} = 300\ \text{A/m}$ aus Bild 13.9

$\Theta = H_{Fe} \cdot l_{Fe} + H_L \cdot l_L$

$\Theta = 300\ \text{A/m} \cdot 0{,}15\ \text{m} + 892\,000\ \text{A/m} \cdot 2 \cdot 10^{-3}\ \text{m}$

$\Theta = 45\ \text{A} + 1784\ \text{A} = 1829\ \text{A}$

$I = \frac{\Theta}{N} = \frac{1829\ \text{A}}{1000} = 1{,}83\ \text{A}$

△ 13.4

$\Phi = B \cdot A = 1{,}12\ \text{T} \cdot 10 \cdot 10^{-4}\ \text{m}^2$

$\Phi = 1{,}12\ \text{mVs}$

$L = \frac{N\Phi}{I} = \frac{1000 \cdot 1{,}12 \cdot 10^{-3}\ \text{Vs}}{1{,}83\ \text{A}}$

$L = 0{,}61\ \text{H}$

△ 13.5

Die Energie sitzt überwiegend im Luftspalt:

$W_L = \frac{1}{2} \cdot \frac{B_L^2}{\mu_0} V_L$

$W_L = \frac{1}{2} \cdot \frac{(1{,}12\ \text{T})^2 \cdot \text{Am} \cdot 10 \cdot 10^{-4}\text{m}^2 \cdot 2 \cdot 10^{-3}\ \text{m}}{4\pi \cdot 10^{-7}\ \text{Vs}}$

$= 1\ \text{Ws}$

$W = \frac{1}{2} LI^2 = \frac{1}{2} \cdot 0{,}61\ \text{H} \cdot (1{,}83\ \text{A})^2 = 1\ \text{Ws}$

(Kontrolle)

△ 13.6

$F = B \cdot q \cdot v$

$F = 0{,}01\ \text{Vs/m}^2 \cdot 1{,}6 \cdot 10^{-19}\ \text{As} \cdot 10^7\ \text{m/s}$

$F = 0{,}16 \cdot 10^{-13}\ \text{N}$

Das Elektron beschreibt im Magnetfeld eine Kreisbahn mit der Zentrifugalkraft:

$$F = \frac{mv^2}{r} \qquad r = \text{Radius}$$

$$r = \frac{mv^2}{F} = \frac{0{,}911 \cdot 10^{-30}\,\text{kg} \cdot (10^7\,\text{m/s})^2}{0{,}16 \cdot 10^{-13}\,\text{N}} = 5{,}7\,\text{mm}$$

△ 13.7

Der Betrag der Kraft ist in beiden Fällen gleich:

$F = B \cdot I \cdot l$

$F = 0{,}1\,\text{T} \cdot 1 \cdot 10^{-3}\,\text{A} \cdot 3 \cdot 10^{-2}\,\text{m} = 3\,\mu\text{N}$

Die Kraftrichtung steht senkrecht auf der Magnetfeld- und Stromrichtung:

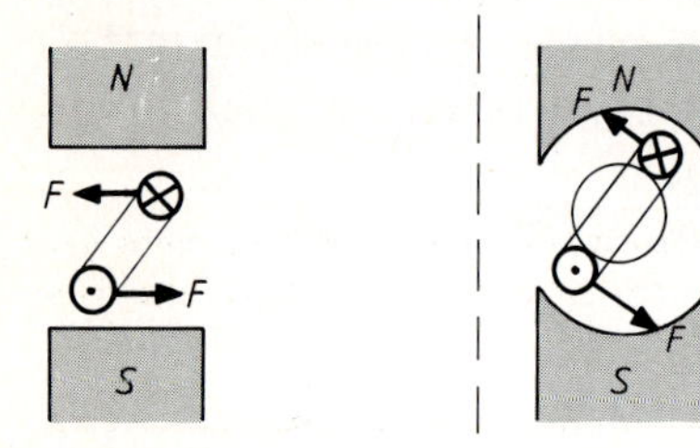

Zur Berechnung des Drehmoments muß die Kraftkomponente, die senkrecht auf dem Hebelarm steht, verwendet werden:

$M_1 = 2 \cdot F \cdot r \cdot \cos 30°$ $\qquad M_2 = 2 \cdot F \cdot r$

$M_1 = 7{,}8 \cdot 10^{-8}\,\text{Nm}$ $\qquad M_2 = 9 \cdot 10^{-8}\,\text{Nm}$

△ 13.8

$$F = \frac{\mu_r \cdot \mu_0 \cdot l}{2\pi \cdot a} \cdot I^2 \approx 50\,\text{kN}$$

△ 13.9

$$F = \frac{1}{2} \cdot \frac{B_L^2}{\mu_0} \cdot A_L$$

$$F = \frac{1}{2} \cdot \frac{(1{,}2\,\text{T})^2\,\text{Am}}{4\pi \cdot 10^{-7}\,\text{Vs}} \cdot 12 \cdot 10^{-4}\,\text{m}^2 = 688\,\text{N}$$

△ 13.10

Stromrichtung ist entgegen der Elektronenstromrichtung

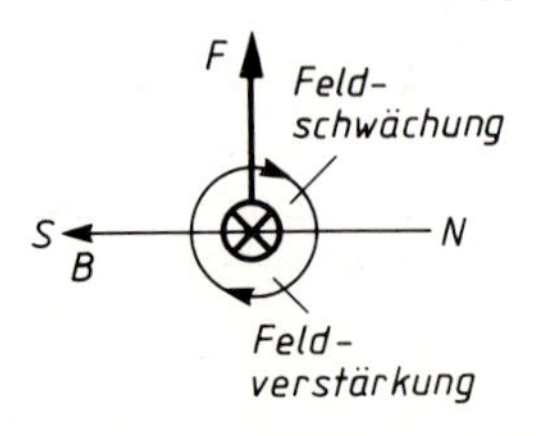

△ 13.11

Der Strom verursacht im Innern der Wicklung ein magnetisches Feld. Dadurch werden die Stahlzungen magnetisiert und ziehen sich an (Verkürzung der Feldlinien).

△ 13.12

a) Nach links

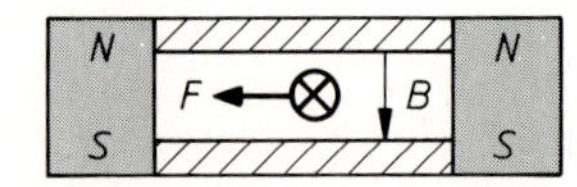

b) $F = B \cdot N \cdot I \cdot l$

$F = 0{,}2\,\text{T} \cdot 1000 \cdot 1 \cdot 10^{-3}\,\text{A} \cdot 1 \cdot 10^{-2}\,\text{m}$

$F = 2\,\text{mN}$

△ 13.13

a) Magnetisierungsarbeit:

$$W_{12} = V_{Fe} \cdot \int_0^{0{,}7\,\text{T}} H_{Fe} \cdot dB$$

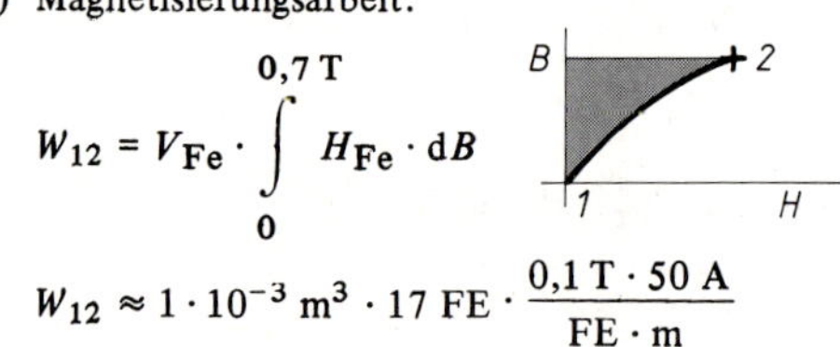

$$W_{12} \approx 1 \cdot 10^{-3}\,\text{m}^3 \cdot 17\,\text{FE} \cdot \frac{0{,}1\,\text{T} \cdot 50\,\text{A}}{\text{FE} \cdot \text{m}}$$

$W_{12} \approx +\,85\,\text{mWs}$

b) Energierückgewinnung:

$$W = V_{Fe} \int_{0{,}7\,\text{T}}^{0{,}42\,\text{T}} H_{Fe} \cdot dB$$

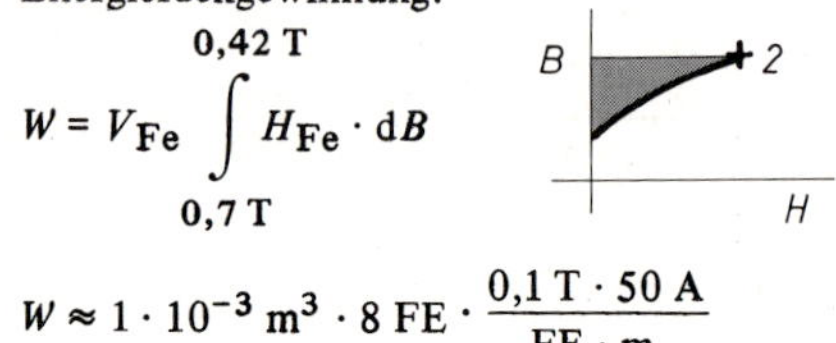

$$W \approx 1 \cdot 10^{-3}\,\text{m}^3 \cdot 8\,\text{FE} \cdot \frac{0{,}1\,\text{T} \cdot 50\,\text{A}}{\text{FE} \cdot \text{m}}$$

$W \approx 40\,\text{mWs}$

Magnetisierungsarbeit:

$$W = V_{Fe} \int_{0{,}42\,\text{T}}^{0\,\text{T}} H_{Fe} \cdot dB$$

B
3
H

$$W = 1 \cdot 10^{-3}\,\text{m}^3 \cdot 7{,}5\,\text{FE} \cdot \frac{0{,}1\,\text{T} \cdot 50\,\text{A}}{\text{FE} \cdot \text{m}}$$

$W = 37{,}5\,\text{mWs}$

$W_{23} = -\,2{,}5\,\text{mWs}$

△ 14.1

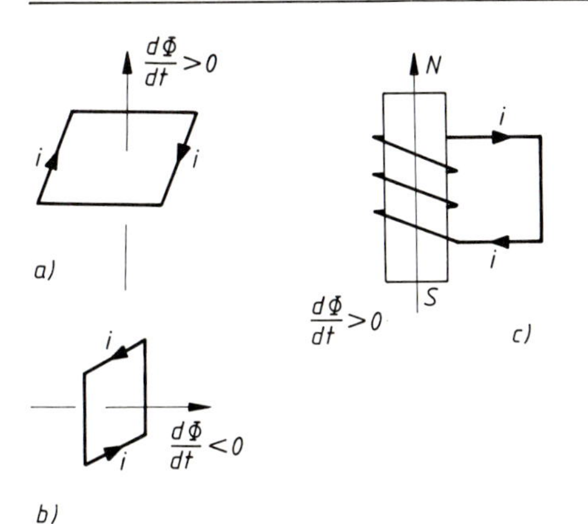

△ 14.2

$\mathring{U} = -B \cdot l \cdot v = -10$ mV

[„–" ≙ ⊗]

$R = 2 \cdot 10 \dfrac{\text{m}\Omega}{\text{m}} \cdot s$ mit $s = v \cdot t$

$$R = 20 \frac{\text{m}\Omega}{\text{m}} \cdot 0{,}1 \frac{\text{m}}{\text{sec}} \cdot t$$

$$R = 2 \frac{\text{m}\Omega}{\text{sec}} \cdot t$$

$$I = \frac{\mathring{U}}{R} = \frac{10 \text{ mV}}{2 \dfrac{\text{m}\Omega}{\text{sec}} \cdot t} = 5 \text{ As} \cdot \frac{1}{t}$$

△ 14.3

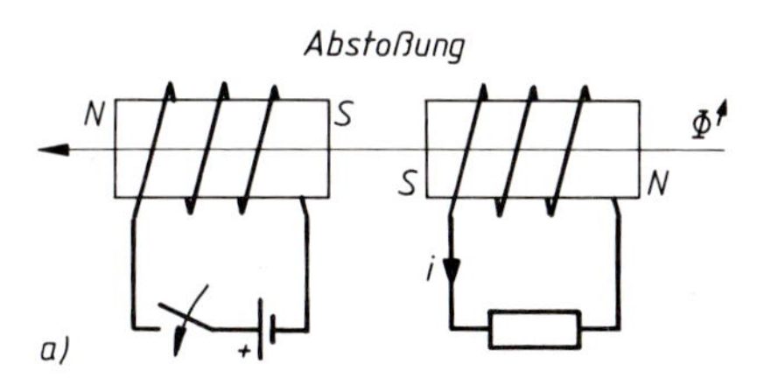

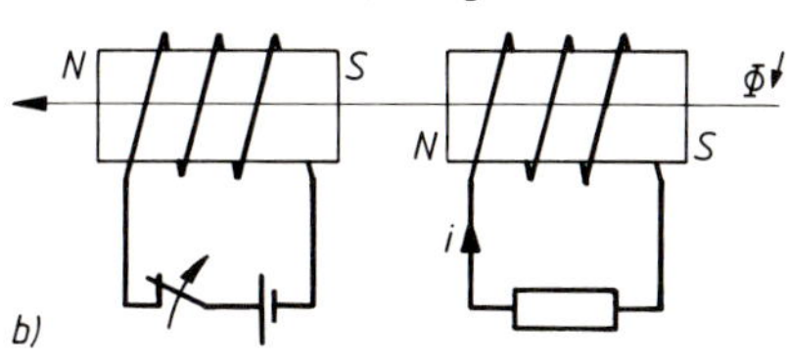

△ 14.4

$$U_q = +N \cdot \frac{\Delta\Phi}{\Delta t}$$

Für den Zeitraum 5– 10 sec:

$$U_q = 1000 \cdot \frac{25 \text{ mVs} - 0}{10 \text{ s} - 5 \text{ s}} = 5 \text{ V}$$

Für den Zeitraum 15–20 sec:

$$U_q = 1000 \cdot \frac{10 \text{ mVs} - 25 \text{ mVs}}{20 \text{ s} - 15 \text{ s}} = -3 \text{ V}$$

Für den Zeitraum 25–27,5 s:

$$U_q = 1000 \cdot \frac{-10 \text{ mVs} - (+10 \text{ mVs})}{27{,}5 \text{ s} - 25 \text{ s}} = -8 \text{ V}$$

In allen anderen Zeiträumen ist $U_q = 0$, da keine Flußänderung.

△ 14.5

Beim Eintauchen des Rähmchens in das homogene Magnetfeld entsteht eine linkswendig gerichtete Induktionsspannung

$\mathring{U} = B \cdot l \cdot v = 0{,}1 \text{ T} \cdot 0{,}2 \text{ m} \cdot 1{,}5 \text{ m/s} = 30$ mV

während des Zeitraums

$$t_1 = \frac{a}{v} = \frac{0{,}1 \text{ m}}{1{,}5 \text{ m/s}} = 0{,}067 \text{ s}$$

Beim Verlassen des homogenen Magnetfeldes ist die Umlaufspannung rechtswendig gerichtet.

△ 14.6

Flächenänderung ΔA → Flußänderung

$B \cdot \Delta A = \Delta\Phi$ → Induktionsspannung

$\mathring{U} = -\dfrac{\Delta\Phi}{\Delta t}$ → Induktionsstrom (Wirbelstrom)

→ Wärme (Energieabgabe des Systems): Bremsung

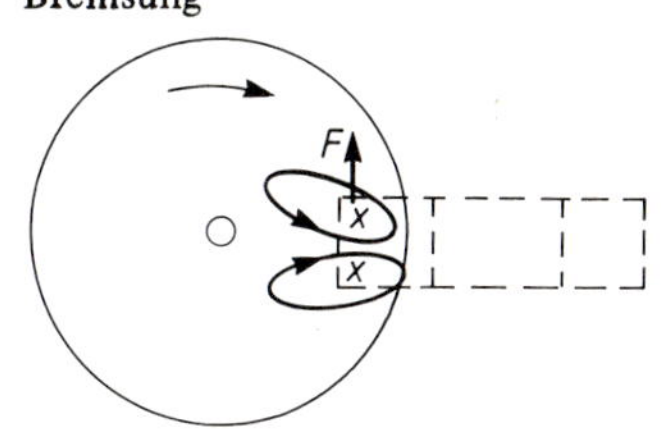

△ 14.7

a) Der Fluß kann nur dadurch gemessen werden, daß er von $0 \rightleftharpoons \Phi$ ansteigt oder abnimmt (Flußänderung): Ein- oder Ausschalten des Stroms.

b) $L = \dfrac{N\Phi}{I}$

15

△ 15.1

a) $I = \frac{10\text{ V}}{20\ \Omega} = 0{,}5\text{ A} \Rightarrow I = \frac{10\text{ V}}{120\ \Omega} = 0{,}083\text{ A}$

b) $t = 5\,\tau = 5 \cdot \frac{L}{R}$

$t = 5 \cdot \frac{0{,}5\text{ H}}{120\ \Omega} = 20{,}8\text{ ms}$

c) $\varphi_3 = +10\text{ V} \Rightarrow \varphi_3 = +10\text{ V}$

$\varphi_2 = \quad 0\text{ V} \Rightarrow \varphi_2 = \quad 0\text{ V}$

$\varphi_1 = \quad 0\text{ V} \Rightarrow \varphi_1 = 0{,}5\text{ A} \cdot 100\ \Omega = +50\text{ V}$

d) $u_L = -U_{max} \cdot e^{-\frac{t}{\tau}} = -50\text{ V} \cdot e^{-\frac{t}{\tau}}$

e)

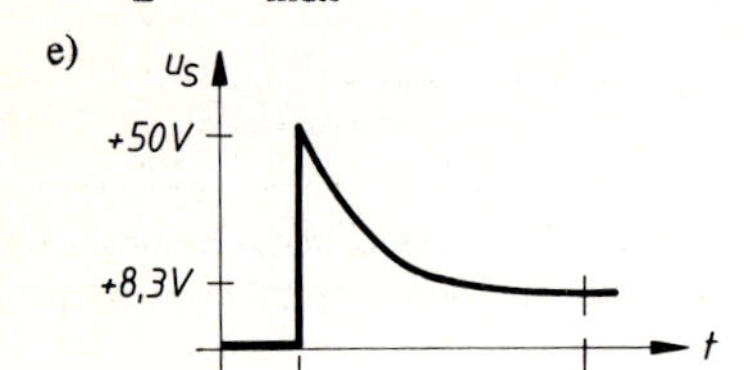

△ 15.2

$\tau = \frac{L}{R} = \frac{2{,}1\text{ H}}{300\ \Omega} = 7\text{ ms}$

$I = \frac{U}{R} = \frac{24\text{ V}}{300\ \Omega} = 80\text{ mA}$

$i_L = \frac{\Theta}{N} = \frac{200\text{ A}}{5000} = 40\text{ mA}$

$i_L = I(1 - e^{-\frac{t}{\tau}})$

$\frac{40\text{ mA}}{80\text{ mA}} = 1 - e^{-\frac{t}{\tau}}$

$0{,}5 = \frac{1}{e^{+\frac{t}{\tau}}}$; $\qquad 2 = e^{+\frac{t}{\tau}}$

$\ln 2 = \frac{t}{\tau} \cdot \ln e$

$t = \tau \cdot \ln 2 = 7\text{ ms} \cdot 0{,}693$

$t = 4{,}85\text{ ms}$

△ 15.3

a) $I = \frac{U}{R_L} = \frac{6\text{ V}}{120\ \Omega} = 50\text{ mA}$

$R_a = \frac{160\text{ V}}{50\text{ mA}} = 3{,}2\text{ k}\Omega$

b) $\tau = \frac{L}{R_L + R_a} = \frac{1{,}5\text{ H}}{3{,}32\text{ k}\Omega} = 0{,}452\text{ ms}$

c) Bei Verwendung einer Freilaufdiode wird die Induktionsspannung an den Spulenklemmen auf etwa 0,7 V begrenzt. Es wird jedoch die Abschalt-Zeitkonstante wegen des geringen Durchlaßwiderstandes der Diode erheblich vergrößert und damit auch die Abfallzeit des Relais.

△ 15.4

a) Dauer-Durchflutung:

$\Theta_D = I \cdot N = \frac{U}{R} \cdot N$

$\Theta_D = \frac{12\text{ V}}{120\ \Omega} \cdot 3600 = 360\text{ A}$

Ansprech-Durchflutung lt. Angabe:

$\Theta_A = 205\text{ A}\ (\hat{=}\ 57\ \%)$

b) Anker angezogen:

$L = N^2 \cdot A_L$

$L = 3600^2 \cdot 15 \cdot 10^{-8}\text{ H} = 1{,}94\text{ H}$

Anker abgefallen:

$L = 3600^2 \cdot 8 \cdot 10^{-8}\text{ H} = 1{,}04\text{ H}$

(Luftspaltänderung ⇒ Flußänderung ⇒ Induktivitätsänderung $L = \frac{N\Phi}{I}$)

c) Berechnung der Ansprechzeit unter der Annahme $L = 1{,}5\text{ H} = \text{konst.}$:

$\tau = \frac{L}{R} = \frac{1{,}5\text{ H}}{120\ \Omega} = 12{,}5\text{ ms}$

Ansprech-Stromstärke:

$i = \frac{\Theta_A}{N} = \frac{205\text{ A}}{3600} = 57\text{ mA}$

Endwert (Gleichstrom):

$I = \frac{U}{R} = \frac{12\text{ V}}{120\ \Omega} = 100\text{ mA}$

Schaltvorgang (EIN):

$i = I(1 - e^{-\frac{t}{\tau}})$

$57\text{ mA} = 100\text{ mA}(1 - e^{-\frac{t}{\tau}})$

$0{,}57 = 1 - e^{-\frac{t}{\tau}}$

$e^{-\frac{t}{\tau}} = 0{,}43$

$-\frac{t}{\tau} \ln e = \ln 0{,}43$

$t_{el} = -\tau \cdot \ln 0{,}43 = 10{,}5$ ms

Gesamte Ansprechzeit:

$t = t_{el} + t_{mech} = 11{,}5$ ms

16

△ 16.1

$$T = \frac{1}{f} = \frac{1}{50\,\frac{1}{s}} = 20 \text{ ms}$$

▲ 16.2

1. $u_L = L \cdot \frac{di}{dt}$

2. $+\hat{u}_L$ bei $t = 0$
   $-\hat{u}_L$ bei $t = 10$ ms

   $\hat{u}_L = L \cdot \left(\frac{di}{dt}\right)_{max}$

3. $\left(\frac{di}{dt}\right)_{max} = \omega \hat{i} = 2\pi \cdot 50\,\frac{1}{s} \cdot 0{,}1 \text{ A} = 31{,}4\,\frac{A}{s}$

4. $\hat{u}_L = L \cdot \left(\frac{di}{dt}\right)_{max} = 0{,}5\,\frac{Vs}{A} \cdot 31{,}4\,\frac{A}{s} = 15{,}7 \text{ V}$

△ 16.3

$0{,}8 \text{ A} = 1{,}41 \text{ A} \cdot \sin \omega t$

$$\sin(\omega t) = \frac{0{,}8 \text{ A}}{1{,}41 \text{ A}} = 0{,}567$$

$(\omega t)_1 = +34{,}6° \mathrel{\hat{=}} 0{,}603$ (Bogenmaß)

$(\omega t)_2 = 180° - 34{,}6° = 145{,}4° \mathrel{\hat{=}} 2{,}54$

$$t_1 = \frac{0{,}603}{2\pi \cdot 50\,\frac{1}{s}} = 1{,}92 \text{ ms}$$

$$t_2 = \frac{2{,}54}{2\pi \cdot 50\,\frac{1}{s}} = 8{,}08 \text{ ms}$$

△ 16.4

$$f = \frac{1}{T} = \frac{1}{2{,}5 \cdot 10^{-3} \text{ s}} = 400 \text{ Hz}$$

$$\omega = 2\pi f = 2\pi \cdot 400\,\frac{1}{s} = 2512\,\frac{1}{s}$$

$$\left(\frac{du}{dt}\right)_{max} = \omega \hat{u} = 2512\,\frac{1}{s} \cdot 5 \text{ V} = 12560\,\frac{V}{s}$$

△ 16.5

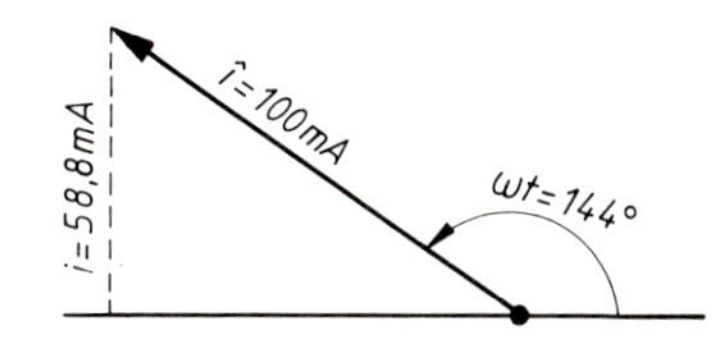

$$\omega t = 2\pi \cdot 1 \cdot 10^3\,\frac{1}{s} \cdot 0{,}4 \cdot 10^{-3} \text{ s} = 0{,}8\pi \mathrel{\hat{=}} 144°$$

$i = 100 \text{ mA} \cdot \sin 144°$

$i = 58{,}8$ mA

△ 16.6

$$f = \frac{n}{t} = \frac{3000 \text{ Umdr.}}{60 \text{ s}} = 50 \text{ Hz}$$

$$\hat{u} = N \cdot \left(\frac{d\Phi}{dt}\right)_{max} = N \cdot \hat{\Phi} \cdot \omega$$

$$= 1000 \cdot 1 \text{ mVs} \cdot 2\pi \cdot 50 \text{ s}^{-1} = 314 \text{ V}$$

△ 16.7

Maximale Anstiegsgeschwindigkeit des Signals 5 V/50 kHz:

$\omega = 2\pi f$

$\omega = 2\pi \cdot 50 \cdot 10^3 \text{ Hz} = 3{,}14 \cdot 10^5\,\frac{1}{s}$

$$\left(\frac{\Delta u}{\Delta t}\right)_{max} = \omega \cdot \hat{u} = 3{,}14 \cdot 10^5 \cdot \frac{1}{s} \cdot 5 \text{ V}$$

$$\left(\frac{\Delta u}{\Delta t}\right)_{max} = 1{,}57 \cdot 10^6\,\frac{V}{s} = 1{,}57\,\frac{V}{\mu s}$$

Maximale Anstiegsgeschwindigkeit der Verstärker-Ausgangsspannung 0,5 V/μs.

Der Verstärker könnte das Sinussignal nicht kurvenformgetreu verstärken. Der Verstärkungsfaktor von 500fach (10 mV · 500 = 5 V) ist zu groß.

Eine Signalverstärkung von nur 160fach (10 mV · 160 = 1,6 V) wäre gerade noch zulässig.

△ 16.8

a) $u = 6\,\text{V} \cdot \sin \omega t$

b) $T = 25\,\text{ms} \Rightarrow f = 40\,\text{Hz}$

△ 16.9

a) $\omega = 2\pi f = 6280\,\text{s}^{-1}$

b) Sinus

c) Umrechnung der Zeitabhängigkeit eines sinusförmigen Vorgangs in eine Winkelabhängigkeit $\hat{\alpha} = \omega t$

17

△ 17.1

a) $$U = \sqrt{\frac{1}{T} \int_t^{t+T} u^2 \, dt}$$

$$U = \sqrt{\frac{1}{20\,\text{ms}} [(1{,}5\,\text{V})^2 \cdot 10\,\text{ms} + (0{,}5\,\text{V})^2 \cdot 10\,\text{ms}]}$$

$$U = 1{,}12\,\text{V}$$

b) $$U_{-} = \frac{1}{T} \int_t^{t+T} u \, dt$$

$$U_{-} = \frac{1}{20\,\text{ms}} [1{,}5\,\text{V} \cdot 10\,\text{ms} + 0{,}5\,\text{V} \cdot 10\,\text{ms}]$$

$U_{-} = 1\,\text{V}$ (Effektivwert)

$U_{\sim} = 0{,}5\,\text{V}$ (Effektivwert)

$$U = \sqrt{U_{-}^2 + U_{\sim}^2} = 1{,}12\,\text{V}$$

△ 17.2

a) $$U = \sqrt{\frac{1}{T} \int_0^{T} u^2 \, dt}$$

$$U = \sqrt{\frac{1}{50\,\text{ms}} \cdot (5\,\text{V})^2 \cdot 3 \cdot 5\,\text{ms}} = 2{,}74\,\text{V}$$

b) $$\overline{u} = \frac{1}{T} \int_0^{T} u \, dt$$

$$\overline{u} = \frac{1}{50\,\text{ms}} [(2 \cdot 5\,\text{V} \cdot 5\,\text{ms}) - (1 \cdot 5\,\text{V} \cdot 5\,\text{ms})]$$

$$\overline{u} = 0{,}5\,\text{V}$$

△ 17.3

$$U = \sqrt{\frac{1}{n} \cdot \sum_{i=1}^{n} u_i^2}$$

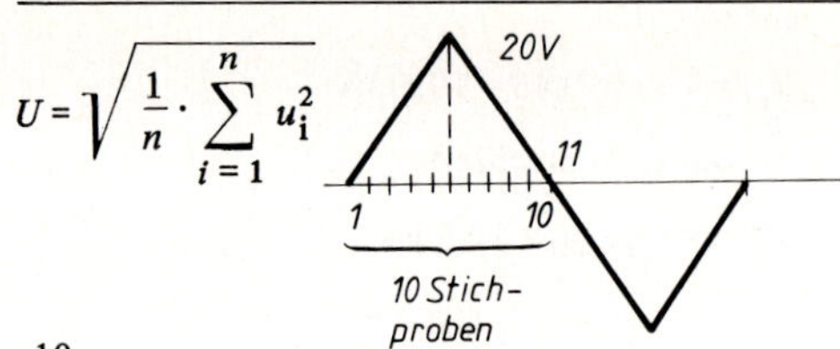

$$\sum_{i=1}^{10} u_i^2 = [0^2 + 4^2 + 8^2 + 12^2 + 16^2 + 20^2 + 16^2 + 12^2 + 8^2 + 4^2]\,\text{V}^2$$

$$U \approx \sqrt{\frac{1}{10} \cdot 1360\,\text{V}^2} = 11{,}66\,\text{V}$$

exakt:

$$U = \frac{\hat{u}}{\sqrt{3}} = \frac{20\,\text{V}}{\sqrt{3}} = 11{,}55\,\text{V}$$

△ 17.4

Effektivwert der Dreieckspannung:

$$U = \frac{\hat{u}}{\sqrt{3}} = \frac{15\,\text{V}}{\sqrt{3}} = 8{,}66\,\text{V}$$

Amplitude der Sinusspannung des gleichen Effektivwertes:

$$u = \sqrt{2} \cdot U = \sqrt{2} \cdot 8{,}66\,\text{V} = 12{,}25\,\text{V}$$

△ 17.5

$\overline{u} = \frac{\hat{u}}{\pi}$ (Einweg-Gleichrichtung)

$$\hat{u} = \pi \cdot 11{,}8\,\text{V} = 37{,}1\,\text{V}$$

▲ 17.6

$$U_{\sim} = \sqrt{U^2 - U_{\text{Gl}}^2} = \sqrt{(5{,}6\,\text{V})^2 - (3{,}9\,\text{V})^2} = 4{,}02\,\text{V}$$

△ 17.7

$$T = \frac{1}{f} = \frac{1}{50\,\text{Hz}} = 20\,\text{ms}$$

$t_{\text{Ein}} = 2 \cdot T = 40\,\text{ms}$

$t_{\text{Aus}} = 40\,\text{ms}$

Effektivwert einer Sinusschwingung:

$$U = \frac{\hat{u}}{\sqrt{2}} = 220\,\text{V}$$

Effektivwert U_{eff} des Impulspaktes aus einem Leistungsansatz:

$$P_{ges} = \frac{P_\sim \cdot 40\text{ ms} + 0 \cdot 40\text{ ms}}{80\text{ ms}}$$

$$\frac{U_{eff}^2}{R} = \frac{\frac{U^2}{R} \cdot 40\text{ ms}}{80\text{ ms}}$$

$$U_{eff} = \sqrt{\frac{1}{2} U^2} = \sqrt{\frac{1}{2} (220\text{ V})^2} = 155{,}6\text{ V}$$

• 17.8

Zeitkonstante des RC-Gliedes:

$\tau = RC = 0{,}1$ s

Periodendauer der Schwingung:

$$T = 4\text{ cm} \cdot 2\,\frac{\text{ms}}{\text{cm}} = 8\text{ ms}$$

$\tau \gg T \Rightarrow$ Kondensator lädt sich auf den Gleichanteil der Sinushalbwellen auf

$$\bar{u} = \frac{\hat{u}}{\pi} = \frac{3\text{ cm} \cdot 5\text{ V}}{\pi \cdot \text{cm}} = 4{,}77\text{ V}$$

Zur Schirmbildanzeige gelangt nur der Wechselanteil der Mischspannung: Das Bild rutscht um 4,77 V herunter.

△ 17.9

a) $$U = \sqrt{\frac{1}{T}\int_0^T u^2\,\mathrm{d}t}$$

$$U = \sqrt{\frac{1}{T}\hat{u}^2 \cdot t_i} = \hat{u}\sqrt{\frac{t_i}{T}}$$

b) $$U = \sqrt{\frac{1}{T}\int_0^T u^2\,\mathrm{d}t}$$

- Funktion der Sägezahnspannung analog $y = m\,x$

$$u = \frac{\hat{u}}{t_i} \cdot t$$

$$U = \sqrt{\frac{1}{T}\int_0^{t_i} \left(\frac{\hat{u}}{t_i} \cdot t\right)^2 \mathrm{d}t}$$

$$U = \sqrt{\frac{1}{T} \cdot \frac{\hat{u}^2}{t_i^2} \int_0^{t_i} t^2\,\mathrm{d}t}$$

$$U = \sqrt{\frac{1}{T} \cdot \frac{\hat{u}^2}{t_i^2} \cdot \left[\frac{t^3}{3}\right]_0^{t_i}} = \sqrt{\frac{1}{T} \cdot \frac{\hat{u}^2}{t_i^2} \cdot \frac{t_i^3}{3}}$$

$$U = \hat{u}\sqrt{\frac{t_i}{3T}}$$

△ 17.10

$\hat{u}$ = Amplitude

Effektivwert aus Leistungsüberlegung:

$$P_{ges} = \frac{1}{4}P \quad \text{und} \quad U = \frac{\hat{u}}{\sqrt{2}}$$

$$\frac{U_{eff}^2}{R} = \frac{1}{4} \cdot \frac{U^2}{R} = \frac{1}{4} \cdot \frac{\hat{u}^2}{2 \cdot R}$$

$$U_{eff} = \sqrt{\frac{\hat{u}^2}{8}} = \frac{\hat{u}}{2{,}83}$$

Scheitelfaktor:

$$S = \frac{\hat{u}}{U} = \frac{\hat{u}}{\hat{u}/2{,}83} = 2{,}83$$

18

△ 18.1

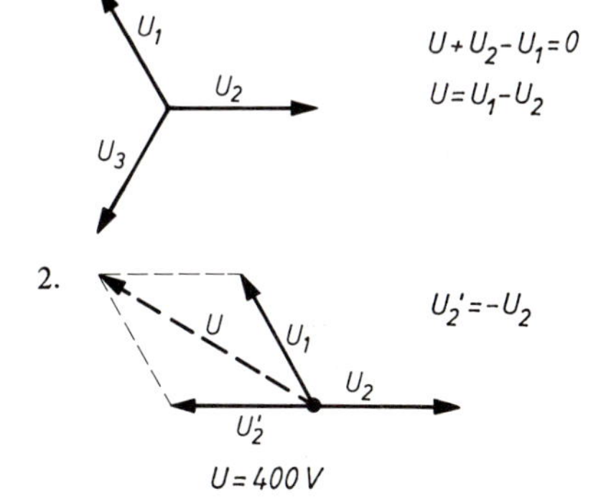

3. $U = \sqrt{(U_1)^2 + (U_2')^2 + 2\,U_1 U_2' \cos 60°}$

   $U = 400$ V

4. 230 V/400 V

△ 18.2

$$I = \sqrt{(I_2 + I_1 \cdot \cos 60°)^2 + (I_3 + I_1 \cdot \sin 60°)^2}$$

$$I = \sqrt{100\text{ A}^2 + 98{,}6\text{ A}^2} = 14{,}1\text{ A}$$

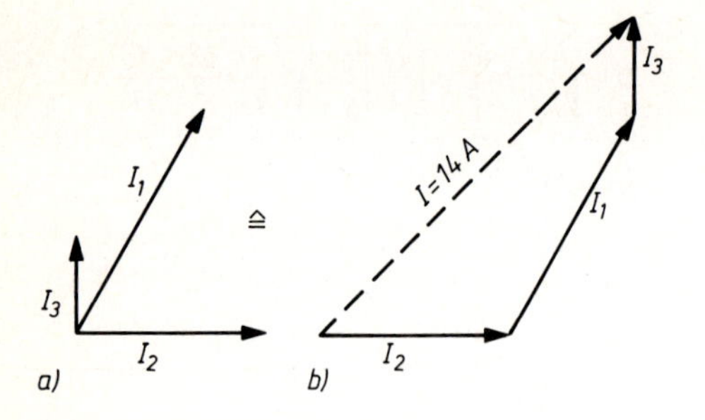

△ 18.3

$$u = 19 \text{ mV} \cdot \cos\left(\omega t - \frac{\pi}{10}\right)$$

$$-7 \text{ mV} = 19 \text{ mV} \cdot \cos\left(\omega t - \frac{\pi}{10}\right)$$

$$\cos\left(\omega t - \frac{\pi}{10}\right) = -0{,}3684$$

a) $\left(\omega t_1 - \frac{\pi}{10}\right) = 180° - 68{,}4° = 111{,}6°$

$$\omega t = 116{,}6 + 18° = 129{,}6°$$

$$t_1 = \frac{2\pi \cdot 129{,}6°}{360° \cdot 2\pi \cdot 77{,}3 \cdot 10^{+3} \text{ Hz}} = 4{,}65\ \mu\text{s}$$

b) $\left(\omega t_2 - \frac{\pi}{10}\right) = 180° + 68{,}4° = 248{,}4°$

$$\omega t_2 = 248{,}4° + 18° = 266{,}4°$$

$$t_2 = \frac{2\pi \cdot 266{,}4°}{360° \cdot 2\pi \cdot 77{,}3 \cdot 10^{+3} \text{ Hz}} = 9{,}58\ \mu\text{s}$$

△ 18.4

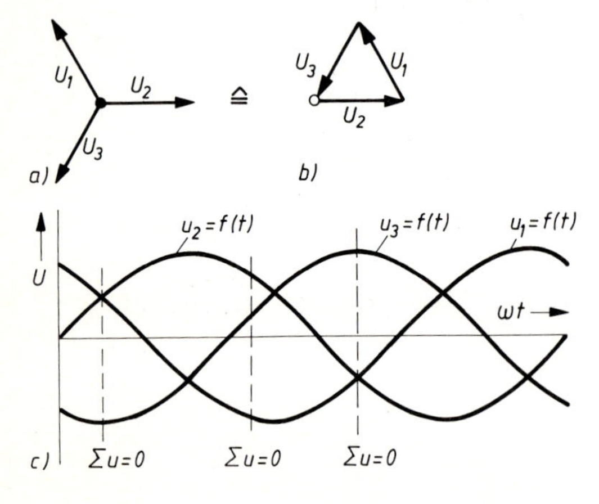

△ 18.5

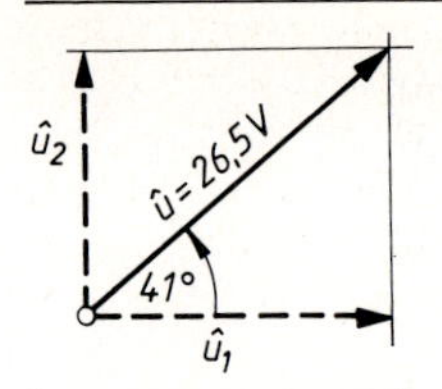

$\hat{u}_1 = 26{,}5 \text{ V} \cdot \cos 41° = 20 \text{ V}$

$\hat{u}_e = 26{,}5 \text{ V} \cdot \sin 41° = 17{,}4 \text{ V}$

$26{,}5 \text{ V} \cdot \sin(\omega t + 41°)$
$= 20 \text{ V} \cdot \sin \omega t + 17{,}4 \text{ V} \cdot \sin(\omega t + 90°)$

19

△ 19.1

a) $I = \frac{\hat{i}}{\sqrt{2}} = \frac{50 \text{ mA}}{\sqrt{2}} = 35{,}4 \text{ mA}$

$P = I^2 \cdot R = (35{,}4 \text{ mA})^2 \cdot 100\ \Omega$

$P = 0{,}125 \text{ W}$

b) Maximalwert:

$p(t) = (50 \text{ mA})^2 \cdot 100\ \Omega = 0{,}25 \text{ W}$

Minimalwert:

$p(t) = 0$

c) $f = 2 \cdot 500 \text{ Hz} = 1 \text{ kHz}$

• 19.2

Ohmscher Widerstand?

Hat ein Schaltelement eine lineare I-U-Kennlinie, dann gilt für jeden Arbeitspunkt auf ihr: U/I = konstant. Kennzeichen eines ohmschen Widerstandes ist die strenge Proportionalität von Strom und Spannung am Schaltelement einschließlich der Bedingung, daß keine Phasenverschiebung zwischen Strom und Spannung auftritt (DIN 40 110).

Gleichstromwiderstand?

Der Gleichstromwiderstand als meßtechnischer Widerstandsbegriff ist das Verhältnis von Gleichspannung und Gleichstrom am Schaltelement. Der Gleichstromwiderstand kann linear (= konst.) oder nichtlinear (= arbeitspunktabhängig) sein.

Wirkwiderstand?

Der Wirkwiderstand ist zunächst ein energiemäßiger Widerstandsbegriff: Der Wirkwiderstand eines beliebigen Schaltelements ist der aus dessen Wirkleistung berechnete Widerstandswert.

Der Wirkwiderstand ist ferner ein die Phasenlage von Wechselspannung und Wechselstrom des Schaltelements kennzeichnender Widerstandsbegriff: Hat ein Schaltelement einen reinen Wirkwiderstand, dann ist der Phasenverschiebungswinkel zwischen Wechselspannung und Wechselstrom am Schaltwiderstand Null. Damit ist der Wirkwiderstand jedoch nicht gleich dem ohmschen Widerstand, da der Wirkwiderstand keine lineare *I-U*-Kennlinie haben muß.

Der Wirkwiderstand ist bei höheren Frequenzen größer als der Gleichstromwiderstand (Stromverdrängungseffekt).

△ 19.3

$$U = \frac{\hat{u}}{\sqrt{2}} = \frac{325\ \text{V}}{\sqrt{2}} = 230\ \text{V}$$

$$P = \frac{U^2}{R} = \frac{(230\ \text{V})^2}{23\ \Omega} = 2{,}3\ \text{kW}$$

△ 19.4

$$P = \frac{W}{t} = \frac{10\ \text{Wh}}{\frac{1}{60}\ \text{h}} = 600\ \text{W}$$

$$R = \frac{U_R^2}{P} = \frac{(230\ \text{V})^2}{600\ \text{W}} = 88{,}2\ \Omega$$

△ 19.5

$$I = \frac{\hat{i}}{\sqrt{2}} = \frac{0{,}4\ \text{A}}{\sqrt{2}} = 0{,}2828\ \text{A}$$

$$R = \frac{P}{I^2} = \frac{50\ \text{W}}{(0{,}2828\ \text{A})^2} = 625\ \Omega$$

20

▲ 20.1

1. $C_{ges} = C_1 + C_2 = 17\ \mu\text{F}$

$$X_C = \frac{1}{\omega C} = \frac{1}{314\ \text{s}^{-1} \cdot 17 \cdot 10^{-6}\ \text{F}} = 187\ \Omega$$

$$I_C = \frac{U_C}{X_C} = \frac{230\ \text{V}}{187\ \Omega} = 1{,}23\ \text{A}$$

2.

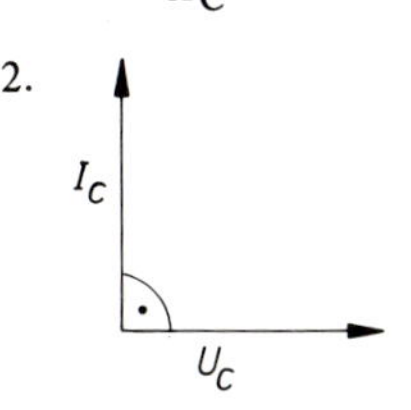

3. $Q_C = U_C I_C = 230\ \text{V} \cdot 1{,}23\ \text{A} = 283\ \text{var}$

4. $W_Q = \frac{1}{2} C\hat{u}^2 = \frac{1}{2} \cdot 17 \cdot 10^{-6}\ \text{F} \cdot (325\ \text{V})^2$

$= 0{,}9\ \text{vars}$

△ 20.2

f	$X_C = \frac{1}{2\pi \cdot fC}$	$I_C = \frac{U_C}{X_C}$
Hz	Ω	mA
100	159	18,8
200	79,5	37,6
400	39,75	75,2
600	26,5	113
800	19,9	150,4
1000	15,9	188

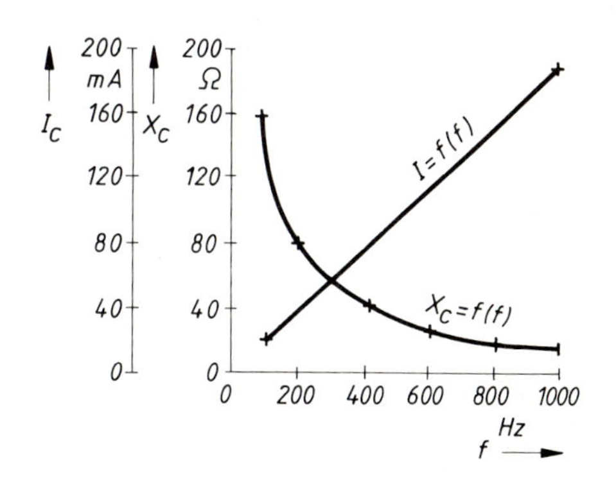

△ 20.3

C	$X_C = \frac{1}{2\pi \cdot fC}$	$I_C = \frac{U_C}{X_C}$
μF	Ω	mA
0,1	1990	1,51
0,2	995	3,02
0,3	664	4,53
0,4	497	6,04

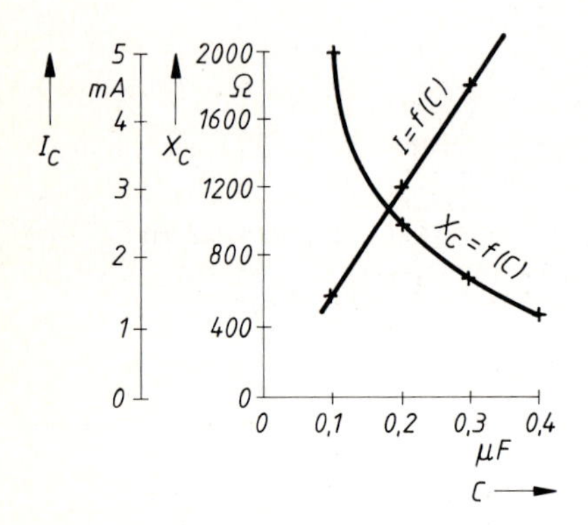

△ 20.4

$$X_C = \frac{30\text{ V}}{\sqrt{2} \cdot 3\text{ mA}} = 7{,}07\text{ k}\Omega$$

$$f = \frac{1}{2\pi \cdot CX_C} = \frac{1}{2\pi \cdot 0{,}1 \cdot 10^{-6}\text{ F} \cdot 7{,}07 \cdot 10^3\ \Omega}$$

$$= 225\text{ Hz}$$

• 20.5

Das Zeigerbild zeigt, daß die Behauptung falsch ist.

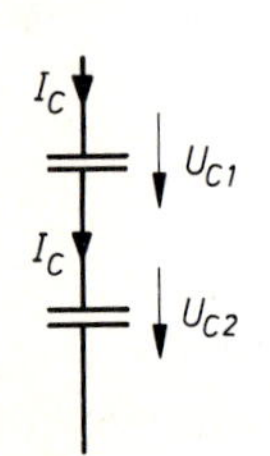

Zeigerbild:

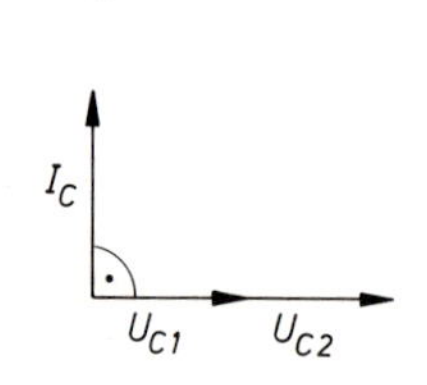

• 20.6

Der kapazitive Widerstand des Kondensators und der Wirkwiderstand des Schaltwiderstandes bestimmen zusammen mit der Spannung den Strom.

$$I_R = \frac{U_R}{R}, \qquad I_C = \frac{U_C}{X_C}$$

Bei $U_R = U_C$ und $R = X_C$ wird $I_R = I_C$.

Aber $\sphericalangle I_R, U_R = 0°$, bei Wirkwiderstand reine Wirkleistung
$\sphericalangle I_C, U_C = 90°$, bei Blindwiderstand reine Blindleistung

21

▲ 21.1

1.

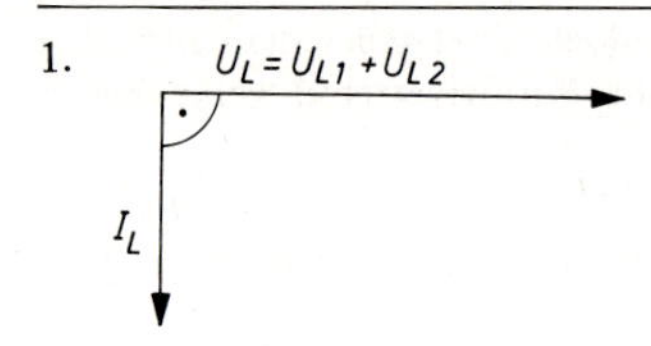

2. $X_{L1} = \frac{U_{L1}}{I_L} = \frac{5\text{ V}}{10\text{ mA}} = 500\ \Omega$

$$L_1 = \frac{X_L}{2\pi f} = \frac{500\ \Omega}{2\pi \cdot 3 \cdot 10^3\text{ s}^{-1}} = 26{,}5\text{ mH}$$

$$X_{L2} = \frac{U_{L2}}{I_L} = \frac{11\text{ V}}{10\text{ mA}} = 1100\ \Omega$$

$$L_2 = \frac{1100\ \Omega}{2\pi \cdot 3 \cdot 10^3\text{ s}^{-1}} = 58{,}3\text{ mH}$$

3. Das Einfügen eines Luftspaltes in den Eisenkern einer Spule führt zu einer gescherten Magnetisierungskurve. Der Anfangsbereich der Magnetisierungskurve $B = f(H)$ wird linearisiert. Dadurch bleibt für einen weiten Bereich der magnetischen Feldstärke die Permeabilitätszahl μ_r konstant. μ_r geht in den Kernfaktor der Spule ein, der ihre Induktivität mitbestimmt $L = N^2 A_L$ (s. Gl. (104)).

△ 21.2

$$L = N^2 A_L = (30\text{ Wdg.})^2 \cdot 1\ \mu\text{H} = 0{,}9\text{ mH}$$

$$X_L = \omega L = 2\pi \cdot 80 \cdot 10^3\text{ Hz} \cdot 0{,}9 \cdot 10^{-3}\text{ H} = 452\ \Omega$$

$$I_L = \frac{U_L}{X_L} = \frac{5\text{ V}}{452\ \Omega} = 11{,}1\text{ mA}$$

$$u_L = 7{,}07\text{ V} \cdot \sin \omega t$$

$$i_L = 15{,}6\text{ mA} \cdot \sin(\omega t - 90°)$$

△ **21.3**

$X_L = \omega L = 2\pi \cdot 200\ \text{Hz} \cdot 48 \cdot 10^{-3}\ \text{H} = 60{,}3\ \Omega$

$U_L = I_L X_L = 50\ \text{mA} \cdot 60{,}3\ \Omega = 3{,}01\ \text{V}$

$Q_L = I_L^2 X_L = (50 \cdot 10^{-3}\ \text{A})^2 \cdot 60{,}3\ \Omega = 0{,}151\ \text{var}$

$$Q_L = \frac{U_L^2}{X_L} = \frac{(3{,}01\ \text{V})^2}{60{,}3\ \Omega} = 0{,}151\ \text{var}$$

$Q_L = U_L I_L = 3{,}01\ \text{V} \cdot 50\ \text{mA} = 0{,}151\ \text{var}$

△ **21.4**

f	$X_L = 2\pi \cdot fL$	$I_L = \frac{U_L}{X_L}$
kHz	Ω	mA
1,5	942	3,18
4,5	2826	1,06
9	5652	0,53

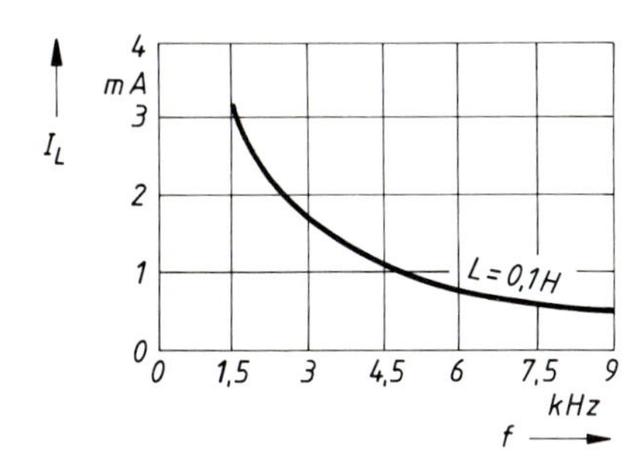

△ **21.5**

Sinusförmiger Verlauf

△ **21.6**

Bei Einprägung eines sinusförmigen Stromes wird die Feldstärke ebenfalls zeitlich sinusförmig, verlaufen. Wegen der gekrümmten Magnetisierungskurve wird $B = f(t)$ nichtsinusförmig, und damit weicht die Selbstinduktionsspannung ebenfalls von der Sinusform ab. Nur bei sehr kleiner Stromamplitude kann die Spule als ideal angesehen werden. Die ideale Spule muß außerdem einen gegenüber dem Blindwiderstand vernachlässigbar geringen Wirkwiderstand aufweisen.

22

△ **22.1**

$$P = \frac{U^2}{R}$$

$$R = \frac{U^2}{P} = \frac{(230\ \text{V})^2}{50\ \text{W}} = 1058\ \Omega = \text{konst.}$$

$$U_R = \sqrt{PR} = \sqrt{25\ \text{W} \cdot 1058\ \Omega} = 162{,}5\ \text{V}$$

$$U_C = \sqrt{U^2 - U_R^2} = \sqrt{(230\ \text{V})^2 - (162{,}5\ \text{V})^2} = 162{,}5\ \text{V}$$

$$I = \frac{U_R}{R} = \frac{162{,}5\ \text{V}}{1058\ \Omega} = 0{,}154\ \text{A}$$

$$X_C = \frac{U_C}{I} = \frac{162{,}5\ \text{V}}{0{,}154\ \text{A}} = 1058\ \Omega$$

$$C = \frac{1}{\omega X_C} = \frac{1}{314\ \text{s}^{-1} \cdot 1058\ \Omega} = 3\ \mu\text{F}$$

△ **22.2**

$$Y = \frac{I}{U} = \frac{0{,}8\ \text{A}}{120\ \text{V}} = 6{,}67\ \text{mS}$$

$$G = \frac{1}{R} = \frac{1}{200\ \Omega} = 5\ \text{mS}$$

$$\cos\varphi = \frac{G}{Y} = \frac{5\ \text{mS}}{6{,}67\ \text{mS}} = 0{,}75$$

$\varphi = 41{,}4°$

$P = UI\cos\varphi = 120\ \text{V} \cdot 0{,}8\ \text{A} \cdot \cos 41{,}4° = 72\ \text{W}$

$B_C = \sqrt{Y^2 - G^2}$

$B_C = 4{,}4\ \text{mS}$

$$C = \frac{B_C}{\omega} = 14\ \mu\text{F}$$

△ **22.3**

$$I_C = \sqrt{I^2 - I_R^2} = \sqrt{(100\ \text{mA})^2 - (80\ \text{mA})^2} = 60\ \text{mA}$$

$$X_C = \frac{U}{I_C} = \frac{12\ \text{V}}{60\ \text{mA}} = 200\ \Omega$$

$$C = \frac{1}{\omega X_C} = \frac{1}{2\pi \cdot 600\ \text{Hz} \cdot 200\ \Omega} = 1{,}32\ \mu\text{F}$$

△ **22.4**

$$S = \frac{P}{\cos\varphi} = \frac{50\ \text{W}}{0{,}6} = 83{,}3\ \text{VA}$$

$$I = \frac{S}{U} = \frac{83{,}3\ \text{VA}}{230\ \text{V}} = 0{,}362\ \text{A}$$

$$R = \frac{P}{I^2} = \frac{50\ \text{W}}{(0{,}362\ \text{A})^2} = 381\ \Omega$$

$$Z = \frac{U}{I} = \frac{230\ \text{V}}{0{,}362\ \text{A}} = 635\ \Omega$$

$$X_L = \sqrt{Z^2 - R^2} = \sqrt{(635\ \Omega)^2 - (381\ \Omega)^2}$$

$$X_L = 508\ \Omega$$

$$L = \frac{X_L}{\omega} = \frac{508\ \Omega}{314\ \text{s}^{-1}} = 1{,}62\ \text{H}$$

△ 22.5

$$R = \frac{U_-}{I_-} = \frac{12\ \text{V}}{1{,}5\ \text{A}} = 8\ \Omega$$

$$X_L = \omega L = 314\ \frac{1}{\text{s}} \cdot 0{,}1\ \text{H} = 31{,}4\ \Omega$$

$$Z = \sqrt{R^2 + X_L^2} = \sqrt{(8\ \Omega)^2 + (31{,}4\ \Omega)^2}$$

$$Z = 32{,}4\ \Omega$$

$$I = \frac{U}{Z} = \frac{12\ \text{V}}{32{,}4\ \Omega} = 0{,}37\ \text{A}$$

△ 22.6

$$I_R = \sqrt{\frac{P}{R}} = \sqrt{\frac{18\ \text{W}}{50\ \Omega}} = 0{,}6\ \text{A}$$

$$I_L = \sqrt{I^2 - I_R^2} = \sqrt{(0{,}75\ \text{A})^2 - (0{,}6\ \text{A})^2}$$

$$I_L = 0{,}45\ \text{A}$$

$$U_P = I_R \cdot R = 0{,}6\ \text{A} \cdot 50\ \Omega = 30\ \text{V}$$

$$X_L = \frac{U_P}{I_L} = \frac{30\ \text{V}}{0{,}45\ \text{A}} = 66{,}7\ \text{V}$$

$$L = \frac{X_L}{\omega} = \frac{66{,}7\ \Omega}{314\ \text{s}^{-1}} = 0{,}212\ \text{H}$$

△ 22.7

$$X_C = \frac{1}{\omega C} = \frac{1}{2\pi \cdot 20 \cdot 10^3\ \text{Hz} \cdot 0{,}1 \cdot 10^{-6}\ \text{F}}$$

$$X_C = 79{,}6\ \Omega$$

$$R_C = \frac{X_C}{\tan\delta} = \frac{79{,}6\ \Omega}{0{,}003} = 26{,}54\ \text{k}\Omega$$

0,1 µF

26,54 kΩ

△ 22.8

$$X_L = \omega L = 2\pi \cdot 10{,}7 \cdot 10^6\ \text{Hz} \cdot 200 \cdot 10^{-6}\ \text{H}$$

$$X_L = 13{,}44\ \text{k}\Omega$$

$$Q = \frac{X_L}{R_v} = \frac{13\,440\ \Omega}{40\ \Omega} = 336$$

23

△ 23.1

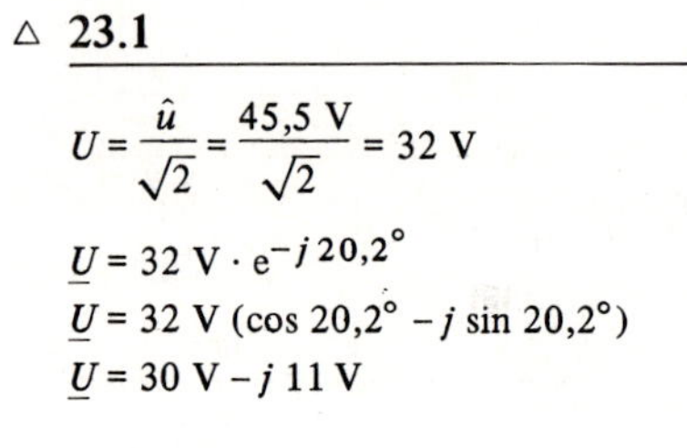

$$U = \frac{\hat{u}}{\sqrt{2}} = \frac{45{,}5\ \text{V}}{\sqrt{2}} = 32\ \text{V}$$

$$\underline{U} = 32\ \text{V} \cdot \text{e}^{-j\,20{,}2°}$$

$$\underline{U} = 32\ \text{V}\ (\cos 20{,}2° - j \sin 20{,}2°)$$

$$\underline{U} = 30\ \text{V} - j\ 11\ \text{V}$$

△ 23.2

1.

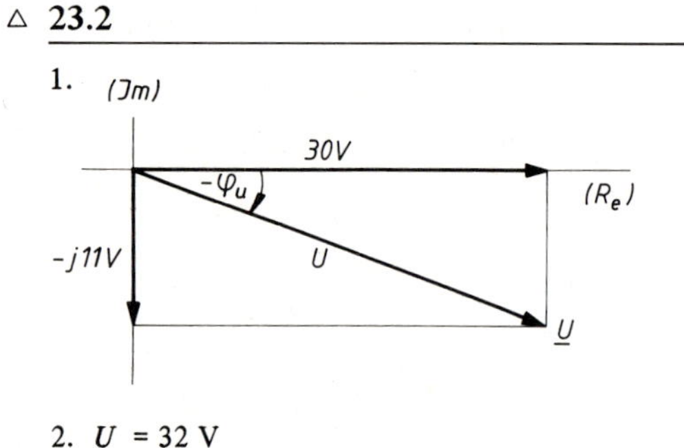

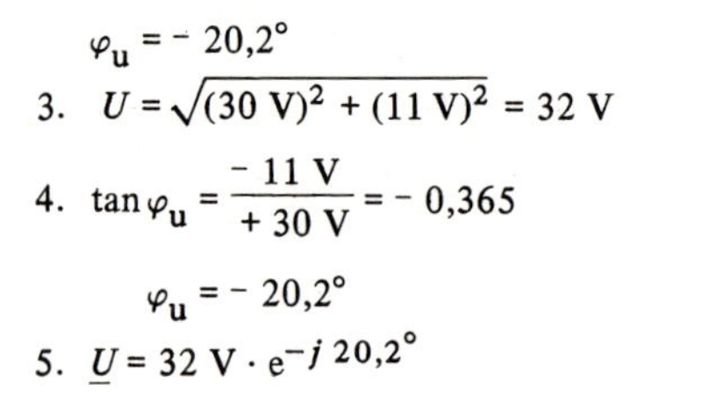

2. $U = 32\ \text{V}$

   $\varphi_u = -\ 20{,}2°$

3. $U = \sqrt{(30\ \text{V})^2 + (11\ \text{V})^2} = 32\ \text{V}$

4. $\tan\varphi_u = \dfrac{-\ 11\ \text{V}}{+\ 30\ \text{V}} = -\ 0{,}365$

   $\varphi_u = -\ 20{,}2°$

5. $\underline{U} = 32\ \text{V} \cdot \text{e}^{-j\,20{,}2°}$

△ 23.3

$$\underline{Y}_P = 10\ \text{mS} + j\ 5\ \text{mS}$$

$$\underline{Z}_R = \frac{1}{10\ \text{mS} + j\ 5\ \text{mS}} = 80\ \Omega - j\ 40\ \Omega$$

$$R = 80\ \Omega$$

$$C = \frac{1}{\omega X_C} = \frac{1}{2\pi \cdot 36{,}2 \cdot 10^3\ \text{Hz} \cdot 40\ \Omega} = 0{,}11\ \mu\text{F}$$

△ 23.4

$$G = \frac{1}{R} = 4{,}55 \text{ mS}$$

$$B_C = \omega C = 10{,}7 \text{ mS}$$

$$\underline{Z}_R = \frac{1}{4{,}55 \text{ mS} + j\,10{,}7 \text{ mS}} = 33{,}7\ \Omega - j\,79{,}1\ \Omega$$

$$R = 33{,}7\ \Omega$$

$$C = \frac{1}{\omega X_C} = 55{,}6 \text{ nF}$$

△ 23.5

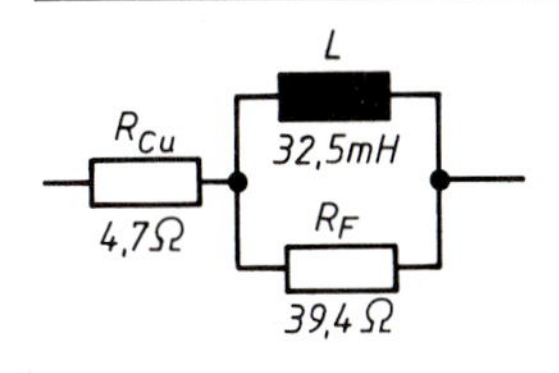

$$X_L = \omega L = 314 \text{ s}^{-1} \cdot 32{,}5 \cdot 10^{-3} \text{ H} = 10{,}21\ \Omega$$

$$\underline{Y}_P = \frac{1}{39{,}2\ \Omega} + \frac{1}{j\,10{,}21\ \Omega} = 25{,}5 \text{ mS} - j\,97{,}9 \text{ mS}$$

$$\underline{Z} = 4{,}7\ \Omega + \frac{1}{25{,}5 \text{ mS} - j\,97{,}9 \text{ mS}}$$

$$= 4{,}7\ \Omega + \frac{25{,}5 \text{ mS} + j\,97{,}9 \text{ mS}}{10235\ (\text{mS})^2}$$

$$\underline{Z} = 4{,}7\ \Omega + 2{,}49\ \Omega + j\,9{,}56\ \Omega$$

$$= 7{,}19\ \Omega + j\,9{,}56\ \Omega$$

$$\underline{Z} = Z\,\mathrm{e}^{+j\varphi}$$

mit $Z = \sqrt{(7{,}19\ \Omega)^2 + (9{,}56\ \Omega)^2} \approx 12\ \Omega$

$$\tan\varphi = \frac{+9{,}56\ \Omega}{+7{,}19\ \Omega} = +1{,}33$$

$$\varphi = +53{,}1^\circ$$

$$I = \frac{30 \text{ V}}{12\ \Omega} = 2{,}5 \text{ A}$$

△ 23.6

1., 2. $X_C = \frac{1}{\omega C} = \frac{1}{314 \text{ s}^{-1} \cdot 200 \cdot 10^{-6} \text{ F}} = 15{,}9\ \Omega$

$$X_L = \omega L = 314 \text{ s}^{-1} \cdot 0{,}1 \text{ H} = 31{,}4\ \Omega$$

$$\underline{Y}_P = \frac{1}{20\ \Omega} + \frac{1}{j\,31{,}4\ \Omega} = 50 \text{ mS} - j\,31{,}8 \text{ mS}$$

Umrechnung in Exponentialform mit Taschenrechner

$$\underline{Y}_P = 59{,}3 \text{ mS} \cdot \mathrm{e}^{-j\,32{,}5^\circ}$$

$$\underline{Z} = \frac{1}{50 \text{ mS} - j\,31{,}8 \text{ mS}} - j\,15{,}9\ \Omega$$

$$\underline{Z} = \frac{50 \text{ mS} + j\,31{,}8 \text{ mS}}{3510\ (\text{mS})^2} - j\,15{,}9\ \Omega$$

$$= 14{,}25\ \Omega + j\,9{,}06\ \Omega - j\,15{,}9\ \Omega$$

$$\underline{Z} = 14{,}25\ \Omega - j\,6{,}84\ \Omega$$

Umrechnung in Exponentialform mit Taschenrechner

$$\underline{Z} = 15{,}8\ \Omega \cdot \mathrm{e}^{-j\,25{,}6^\circ}$$

$$\underline{U}_C = \underline{I}\,\underline{Z}_C = 0{,}1 \text{ A} \cdot \mathrm{e}^{j\,0^\circ} \cdot (-j\,15{,}9\ \Omega)$$

$$= 1{,}59 \text{ V} \cdot \mathrm{e}^{-j\,90^\circ}$$

$$\underline{U}_P = \frac{\underline{I}}{\underline{Y}_P} = \frac{0{,}1 \text{ A} \cdot \mathrm{e}^{j\,0^\circ}}{59{,}3 \cdot 10^{-3} \text{ S} \cdot \mathrm{e}^{-j\,32{,}5^\circ}}$$

$$= 1{,}685 \text{ V} \cdot \mathrm{e}^{+j\,32{,}5^\circ}$$

$$\underline{U} = \underline{I}\,\underline{Z} = 0{,}1 \text{ A} \cdot \mathrm{e}^{j\,0^\circ} \cdot 15{,}8\ \Omega \cdot \mathrm{e}^{-j\,25{,}6^\circ}$$

$$= 1{,}58 \text{ V} \cdot \mathrm{e}^{-j\,25{,}6^\circ}$$

$$\underline{I}_R = \frac{\underline{U}_P}{\underline{Z}_R} = \frac{1{,}685 \text{ V} \cdot \mathrm{e}^{+j\,32{,}5^\circ}}{20\ \Omega}$$

$$= 84{,}3 \text{ mA} \cdot \mathrm{e}^{+j\,32{,}5^\circ}$$

$$\underline{I}_L = \frac{\underline{U}_P}{\underline{Z}_L} = \frac{1{,}685 \text{ V} \cdot \mathrm{e}^{+j\,32{,}5^\circ}}{+j\,31{,}8\ \Omega}$$

$$= 53 \text{ mA} \cdot \mathrm{e}^{-j\,57{,}5^\circ}$$

3.

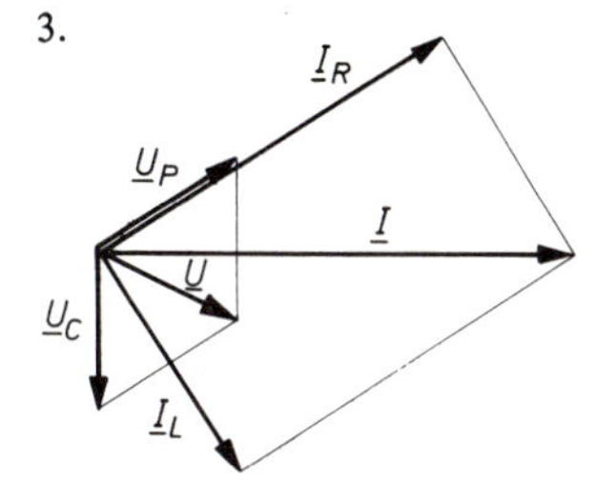

△ 23.7

$$\underline{Z}_R = 1\ \Omega + j\,2\ \Omega$$

$$\underline{Y}_R = \frac{1}{1\ \Omega + j\,2\ \Omega} = \frac{1\ \Omega - j\,2\ \Omega}{5\ \Omega^2}$$

$$\underline{Y}_P = \frac{1}{R_2} + \frac{1\ \Omega - j\,2\ \Omega}{5\ \Omega^2} = \frac{5\ \Omega^2 + (1\ \Omega - j\,2\ \Omega)\,R_2}{5\ \Omega^2\,R_2}$$

$$\underline{Y}_P = \frac{5\ \Omega + R_2}{5\ \Omega \cdot R_2} - j\,\frac{2}{5\ \Omega}$$

$$\tan(-45°) = \frac{-\dfrac{2}{5\ \Omega}}{\dfrac{5\ \Omega + R_2}{5\ \Omega \cdot R_2}} = -1 \quad (\underline{I} \text{ ist nacheilend})$$

$$-\frac{2}{5\ \Omega} = -\frac{5\ \Omega + R_2}{5\ \Omega \cdot R_2}$$

$$R_2 = 5\ \Omega$$

△ 23.8

$$I = \frac{12\ \text{V}}{100\ \Omega} = 120\ \text{mA}$$

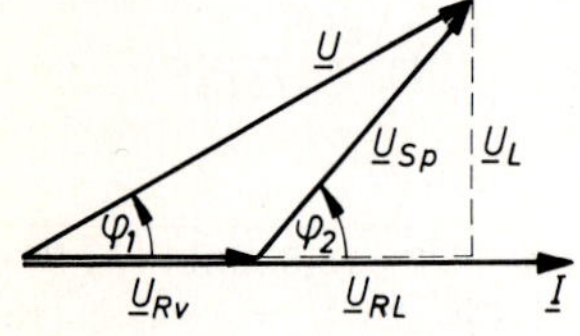

$$U^2 = U_{\text{Rv}}^2 + U_{\text{Sp}}^2 + 2\,U_{\text{Rv}}\,U_{\text{Sp}}\cos\varphi_2$$

(Kosinussatz)

$$\cos\varphi_2 = \frac{U^2 - U_{\text{Rv}}^2 - U_{\text{Sp}}^2}{2\,U_{\text{Rv}}\,U_{\text{Sp}}}$$

$$= \frac{(26{,}5\ \text{V})^2 - (12\ \text{V})^2 - (17\ \text{V})^2}{2 \cdot 12\ \text{V} \cdot 17\ \text{V}} = 0{,}66$$

$$\varphi_2 = 48{,}7°$$

$$U_{\text{RL}} = U_{\text{Sp}} \cdot \cos\varphi_2 = 17\ \text{V} \cdot 0{,}66 = 11{,}2\ \text{V}$$

$$U_{\text{L}} = U_{\text{Sp}} \cdot \sin\varphi_2 = 17\ \text{V} \cdot 0{,}751 = 12{,}77\ \text{V}$$

$$R_{\text{L}} = \frac{U_{\text{RL}}}{I} = \frac{11{,}2\ \text{V}}{120\ \text{mA}} = 93{,}3\ \Omega$$

$$X_{\text{L}} = \frac{U_{\text{L}}}{I} = \frac{12{,}77\ \text{V}}{120\ \text{mA}} = 107\ \Omega$$

$$L = \frac{X_{\text{L}}}{\omega} = \frac{107\ \Omega}{314\ \text{s}^{-1}} = 0{,}341\ \text{H}$$

▲ 23.9

$$L = \frac{X_{\text{L}}}{\omega} = \frac{300\ \Omega}{3770\ \text{s}^{-1}} = 0{,}0796\ \text{H}$$

$$C = \frac{1}{\omega X_{\text{C}}} = \frac{1}{3770\ \text{s}^{-1} \cdot 500\ \Omega} = 0{,}53\ \mu\text{F}$$

$$\underline{Z}_{\text{RL}} = R_1 + j\,\omega L$$

$$\underline{Z}_{\text{RC}} = R_2 - j\,\frac{1}{\omega C}$$

Berechnung des komplexen Leitwertes:

$$\underline{Y} = \frac{1}{R_1 + j\,\omega L} + \frac{1}{R_2 - j\,\dfrac{1}{\omega C}}$$

$$\underline{Y} = \frac{R_1 - j\,\omega L}{R_1^2 + (\omega L)^2} + \frac{R_2 + j\,\dfrac{1}{\omega C}}{R_2^2 + \left(\dfrac{1}{\omega C}\right)^2}$$

$$\underline{Y} = \frac{R_1}{R_1^2 + (\omega L)^2} + \frac{R_2}{R_2^2 + \left(\dfrac{1}{\omega C}\right)^2} + j\left(\frac{\dfrac{1}{\omega C}}{R_2^2 + \left(\dfrac{1}{\omega C}\right)^2} - \frac{\omega L}{R_1^2 + (\omega L)^2}\right)$$

Imaginäranteil gleich Null setzen:

$$\frac{\dfrac{1}{\omega C}}{R_2^2 + \left(\dfrac{1}{\omega C}\right)^2} - \frac{\omega L}{R_1^2 + (\omega L)^2} = 0$$

$$\frac{1}{\omega C}\left[R_1^2 + (\omega L)^2\right] = \omega L\left[R_2^2 + \left(\frac{1}{\omega C}\right)^2\right]$$

$$\frac{R_1^2}{\omega C} + \frac{(\omega L)^2}{\omega C} = R_2^2\,\omega L + \frac{\omega L}{(\omega C)^2} \,/\, (\omega C)$$

$$R_1^2 + (\omega L)^2 = R_2^2\,\omega L\,\omega C + \frac{L}{C}$$

$$\omega^2 L^2 - \omega^2 L C R_2^2 = \frac{L}{C} - R_1^2$$

$$\omega^2 (L^2 - L C R_2^2) = \frac{L}{C} - R_1^2$$

$$\omega^2 = \frac{\dfrac{L}{C} - R_1^2}{L^2 - L C R_2^2}$$

$$\omega = 6{,}59 \cdot 10^3\ \text{s}^{-1}$$

$$f = 1{,}05\ \text{kHz}$$

Berechnung der Ströme:

$$\underline{Z}_{\text{RL}} = 200\ \Omega + j\,525\ \Omega$$

$$\underline{Z}_{\text{RC}} = 300\ \Omega - j\,286\ \Omega$$

$$\underline{I}_1 = \frac{3\ \text{V} \cdot e^{j\,0°}}{200\ \Omega + j\,525\ \Omega} = \frac{3\ \text{V}\,(200\ \Omega - j\,525\ \Omega)}{315\,625\ \Omega^2}$$

$$= 1{,}9\ \text{mA} - j\,5\ \text{mA}$$

$$\underline{I}_2 = \frac{3\ \text{V} \cdot e^{j\,0°}}{300\ \Omega - j\,286\ \Omega} = \frac{3\ \text{V}\,(300\ \Omega + j\,286\ \Omega)}{171\,796\ \Omega^2}$$

$$= 5{,}24\ \text{mA} + j\,5\ \text{mA}$$

$$\underline{I} = 7{,}14\ \text{mA} \cdot e^{j\,0°}$$

$$\underline{U} = 3\ \text{V} \cdot e^{j\,0°} \qquad \varphi = 0°$$

△ **23.10**

$$\underline{Y}_P = \frac{1}{180\ \Omega} + \frac{1}{-j\,250\ \Omega} = 5{,}55\ \text{mS} + j\,4\ \text{mS}$$

$$\underline{Z} = R_1 + \underline{Z}_P = R_1 + \frac{1}{5{,}55\ \text{mS} + j\,4\ \text{mS}}$$

$$\underline{Z} = R_1 + \frac{5{,}55\ \text{mS} - j\,4\ \text{mS}}{46{,}8\ (\text{mS})^2} = R_1 + 118{,}5\ \Omega - j\,85{,}5\ \Omega$$

$$\tan - 20° = \frac{-85{,}5\ \Omega}{R_1 + 118{,}5\ \Omega} = -0{,}364$$

$$-0{,}364\,R_1 - 0{,}364 \cdot 118{,}5\ \Omega = -85{,}5\ \Omega$$

$$R_1 = \frac{85{,}5\ \Omega - 43{,}13\ \Omega}{0{,}364} = 116{,}4\ \Omega$$

Äquivalente Reihenschaltung:

$R = 116{,}4\ \Omega + 118{,}5\ \Omega = 234{,}9\ \Omega$

$X_c = 85{,}5\ \Omega$

△ **23.11**

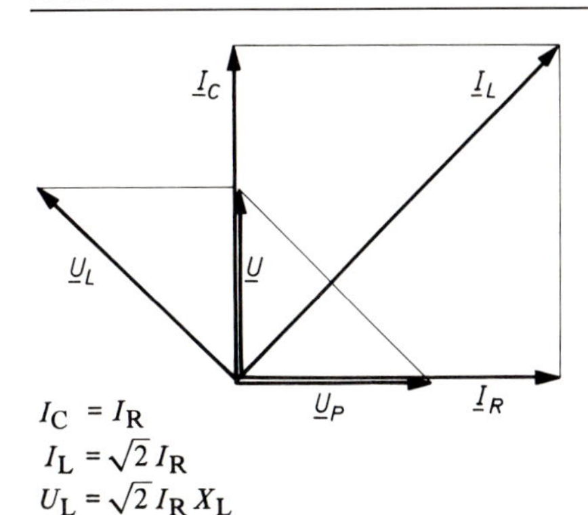

$I_C = I_R$

$I_L = \sqrt{2}\,I_R$

$U_L = \sqrt{2}\,I_R\,X_L$

24

△ **24.1**

$$\omega = 2\pi f = 2\pi \cdot 1\ \text{kHz} = 6280\ \frac{1}{\text{s}}$$

$$\frac{U_a}{U_e} = \frac{1}{10} = \frac{1}{\sqrt{1 + (\omega RC)^2}}$$

$$\frac{1}{100} = \frac{1}{1 + (\omega RC)^2}$$

$$(\omega RC)^2 = 99$$

$$RC = \frac{\sqrt{99}}{6280\ \text{s}^{-1}} = 1{,}6\ \text{mS} \qquad f_g = \frac{1}{2\pi \cdot RC} = 100\ \text{Hz}$$

Bei Grenzfrequenz beträgt die Ausgangsspannung noch 70,7 % der Eingangsspannung.

△ **24.2**

$$\omega = 2\pi f = 2\pi \cdot 800\ \text{Hz} = 5024\ \frac{1}{\text{s}}$$

$$-30\ \text{dB} = 20\ \lg \frac{U_a}{U_e}$$

$$-1{,}5 = \lg \frac{U_a}{U_e}$$

$$\frac{U_a}{U_e} = 10^{-1{,}5} = 0{,}0316$$

$$\frac{U_a}{U_e} = 0{,}0316 = \frac{1}{\sqrt{1 + (\omega RC)^2}}$$

$$\frac{1}{1000} = \frac{1}{1 + (\omega RC)^2}$$

$$(\omega RC)^2 = 999$$

$$RC = \frac{\sqrt{999}}{5024\ \text{s}^{-1}} = 6{,}29\ \text{mS}$$

$$C = \frac{6{,}29\ \text{mS}}{4{,}7\ \text{k}\Omega} = 1{,}34\ \mu\text{F}$$

△ **24.3**

$$-6\ \text{dB} = 20\ \lg \frac{U_a}{U_e}$$

$$-0{,}3 = \lg \frac{U_a}{U_e}$$

$$\frac{U_a}{U_e} = 10^{-0{,}3} = 0{,}5$$

$$\frac{U_a}{U_e} = \frac{1}{\sqrt{1 + \left(\frac{1}{\omega RC}\right)^2}}$$

$$0{,}25 = \frac{1}{1 + \left(\frac{1}{\omega RC}\right)^2}$$

$$0{,}25 + 0{,}25\left(\frac{1}{\omega RC}\right)^2 = 1$$

$$\frac{1}{\omega RC} = \sqrt{3}$$

$$\varphi(\omega) = \arctan \frac{1}{\omega RC}$$

$$\varphi(\omega) = \arctan \sqrt{3} = 60°$$

△ 24.4

a) RC-Hochpaß

b) $$\frac{U_a}{U_e} = 0{,}95 = \frac{1}{\sqrt{1 + \frac{1}{(\omega RC)^2}}}$$

$$0{,}9025 = \frac{1}{1 + \frac{1}{(\omega RC)^2}}$$

$$0{,}9025 + \frac{0{,}9025}{(\omega RC)^2} = 1$$

$$(\omega RC)^2 = \frac{0{,}9025}{0{,}0975} = 9{,}256$$

$$RC = \frac{\sqrt{9{,}256}}{6280\ \text{s}^{-1}} = 0{,}484\ \text{ms}$$

$$f_g = \frac{1}{2\pi RC} = 328\ \text{Hz}$$

c) $$C = \frac{0{,}484\ \text{ms}}{2000\ \Omega} = 0{,}24\ \mu\text{F}$$

▲ 24.5

a) $$f_g = \frac{1}{2\pi RC} = \frac{1}{2\pi \cdot 27\ \text{k}\Omega \cdot 0{,}1\ \mu\text{F}} = 59\ \text{Hz}$$

$$U_a = 0{,}707\ U_e = 7{,}07\ \text{V}$$

b) $$R_{Ers} = \frac{R_1 \cdot R_2}{R_1 + R_2} = 21{,}3\ \text{k}\Omega$$

$$f'_g = \frac{1}{2\pi \cdot R_{Ers} \cdot C} = 74{,}8\ \text{Hz}$$

$$U_q = U_e \cdot \frac{R_2}{R_1 + R_2}$$

$$U_q = 10\ \text{V} \cdot \frac{100\ \text{k}\Omega}{127\ \text{k}\Omega} = 7{,}87\ \text{V}$$

$$U'_q = 0{,}707 \cdot U_q = 5{,}57\ \text{V}$$

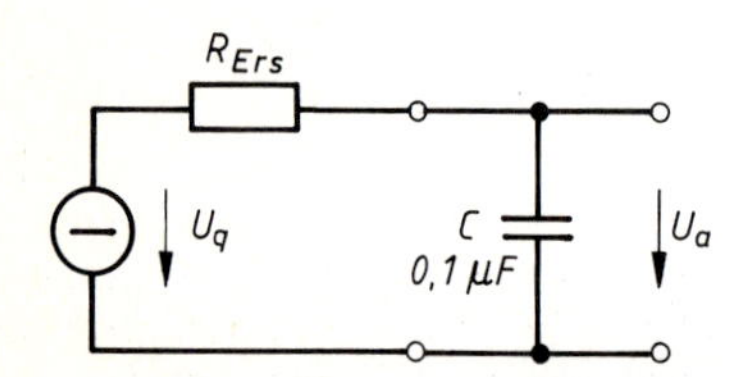

▲ 24.6

1. $$\frac{\underline{U}_a}{\underline{U}_e} = \frac{\underline{Z}_2}{\underline{Z}_1 + \underline{Z}_2} = \frac{1}{\frac{\underline{Z}_1}{\underline{Z}_2} + 1}$$

$$\frac{\underline{U}_a}{\underline{U}_e} = \frac{1}{\frac{R - jX_C}{\frac{R \cdot (-jX_C)}{R + (-jX_C)}} + 1} = \frac{1}{\frac{(R - jX_C)(R - jX_C)}{R \cdot (-jX_C)} + 1}$$

$$= \frac{1}{\frac{R^2 - j\,2RX_C - X_C^2}{-jRX_C} + 1}$$

$$\frac{\underline{U}_a}{\underline{U}_e} = \frac{1}{+j\frac{R}{X_C} + 2 - j\frac{X_C}{R} + 1} = \frac{1}{3 + j\left(\frac{R}{X_C} - \frac{X_C}{R}\right)}$$

2. $$\frac{\underline{U}_a}{\underline{U}_e} = \frac{1}{3 + j\left(\omega\tau - \frac{1}{\omega\tau}\right)}$$

3. $$\frac{U_a}{U_e} = \frac{1}{\sqrt{3^2 + \left(\omega\tau - \frac{1}{\omega\tau}\right)^2}} \quad \text{(Amplitudengang)}$$

$$\varphi(\omega) = -\arctan\frac{\omega\tau - \frac{1}{\omega\tau}}{3} \quad \text{(Phasengang)}$$

4. Imaginärteil gleich Null setzen:

$$j\left(\omega\tau - \frac{1}{\omega\tau}\right) = 0$$

$$\omega\tau = \frac{1}{\omega\tau} \quad \text{mit } \tau = RC$$

$$f_0 = \frac{1}{2\pi \cdot RC}$$

5. $$\frac{U_a}{U_e} = \frac{1}{\sqrt{3^2 + \underbrace{\left(\omega\tau - \frac{1}{\omega\tau}\right)^2}_{=0}}}$$

$$\frac{U_a}{U_e} = \frac{1}{3} \quad \text{(Maximum)}$$

25

△ 25.1

$L = N^2 A_L$: Dreifache Windungszahl – neunfache Induktivität

$\omega_0 = \frac{1}{\sqrt{LC}}$: Neunfache Induktivität – Rückgang von ω_0 auf ein Drittel

△ 25.2

a) Da eine periodische Schwingung entsteht, kann die Spule keine reine Induktivität sein. Die technische Spule hat neben der Induktivität L noch eine Kapazität C (Wicklungskapazität) und wirkt deshalb wie ein Schwingkreis.

b) Die abnehmende Amplitude (gedämpfte Schwingung) weist auf einen Verlustwiderstand R_V (Wirkwiderstand) der Spule hin.

c) $u = U_0 \cdot e^{-\frac{t}{\tau}} \cdot \cos \omega t$

$$u = 50\ \text{V} \cdot e^{-\frac{t}{8\ \text{ms}}} \cdot \cos\left(1570\ \frac{1}{\text{s}} \cdot t\right)$$

• 25.3

In beiden Fällen sind die Blindströme I_L und I_C größer als der in die Schaltung einfließende Strom I.

Blindstromkompensation erfolgt bei Netzfrequenz; Parallelresonanz bei beliebiger Frequenz.

Blindstromkompensation dient der Entlastung der Übertragungsleitungen (Vermeidung von Verlusten); Parallelresonanz soll eine Hervorhebung oder Unterdrückung von Frequenzen bewirken.

△ 25.4

a) $$\omega_0 = \frac{1}{\sqrt{150 \cdot 10^{-6}\ \text{H} \cdot 250 \cdot 10^{-12}\ \text{F}}} = 0{,}516 \cdot 10^7\ \text{s}$$

$$f_0 = \frac{\omega_0}{2\pi} = 0{,}82 \cdot 10^6\ \text{Hz}$$

$$Q = \frac{X_0}{R_V} = \frac{\omega_0 L}{R_V} = \frac{0{,}516 \cdot 10^7\ \text{s} \cdot 150 \cdot 10^{-6}\ \text{H}}{8{,}4\ \Omega} = 92$$

$$b_{0,7} = \frac{f_0}{Q} = \frac{0{,}82 \cdot 10^6\ \text{Hz}}{92} = 8{,}91\ \text{kHz}$$

b) $U_{C0} = QU = 92 \cdot 10\ \text{mV} = 0{,}92\ \text{V}$

△ 25.5

a) $X_C = X_L$ bei Vernachlässigung von R_V, sonst mit Gl. (212)

$$C = \frac{1}{\omega^2 L} = 2{,}4\ \text{nF}$$

$$Z_0 = \frac{L}{C \cdot R_V} = \frac{50 \cdot 10^{-6}\ \text{H}}{2{,}4 \cdot 10^{-9}\ \text{F} \cdot 3\ \Omega} = 6{,}95\ \text{k}\Omega$$

b) $$Q = \frac{\omega_0 L}{R} = \frac{2\pi \cdot 460\ \text{kHz} \cdot 50\ \mu\text{H}}{3\ \Omega} = 48$$

$$b_{0,7} = \frac{f_0}{Q} = \frac{460\,000\ \text{Hz}}{48} = 9{,}6\ \text{kHz}$$

Bandbreite bedeutet:

$$b_{0,7} = f_{ob} - f_u$$

Obere Grenzfrequenz:

$$f_{ob} = f_0 + \frac{b_{0,7}}{2} = 464{,}8\ \text{kHz}$$

Untere Grenzfrequenz:

$$f_u = f_0 - \frac{b_{0,7}}{2} = 455{,}2\ \text{kHz}$$

c) $L_p \approx L = 50\ \mu\text{H}$
$C_p \approx C = 2{,}4\ \text{nF}$
$R_p = Z_0 = 6{,}95\ \text{k}\Omega$

△ 25.6

Bei Resonanzfrequenz heben sich die Blindwiderstände X_L und X_C auf; es fließt ein Resonanzstrom I, der am 22 Ω-Widerstand den Spannungsabfall 1,2 V entstehen läßt. Diese Spannung wird 10fach verstärkt ⇒ 12 V (Glühlämpchen brennt hell):

$$f_0 = \frac{1}{2\pi \cdot \sqrt{LC}} \approx 1000\ \text{Hz}$$

Bei höheren und tieferen Frequenzen als der Resonanzfrequenz f_0 brennt das Glühlämpchen dunkler bzw. gar nicht. Bandbreite (≙ Helligkeitsbereich):

$$b_{0,7} = \frac{f_0}{Q} = \frac{1000\ \text{Hz}}{\dfrac{2\pi \cdot 1000\ \text{Hz} \cdot 0{,}1\ \text{H}}{22\ \Omega}}$$

$$b_{0,7} = \frac{1000\ \text{Hz}}{28{,}5} = 35\ \text{Hz}$$

△ 25.7

Umgekehrtes Verhalten wie beim Reihenresonanzkreis in Übung 25.6: Bei Resonanzfrequenz und in deren unmittelbarer Umgebung ist das Glühlämpchen dunkel ⇒ $Z_0 = \infty$. Bei höheren und tieferen Frequenzen als der Resonanzfrequenz f_0 = 1 kHz brennt das Glühlämpchen hell.

26

△ 26.1

$R_i = R_1$ (Leistungsanpassung)

$R_1 = \ddot{u}^2 R_2 = 250\ \Omega$

$$\ddot{u} = \frac{N_1}{N_2} = \sqrt{\frac{250\ \Omega}{100\ k\Omega}} = \frac{1}{20}$$

△ 26.2

$\hat{u} = N_1 \cdot \omega \cdot \hat{\Phi}$

$$N_1 = \frac{U_1 \cdot \sqrt{2}}{\omega \cdot \hat{\Phi}} = \frac{230\ V \cdot \sqrt{2}}{314\ s^{-1} \cdot 1{,}42\ T \cdot 0{,}0011\ m^2}$$

$N_1 = 663$ Wdg.

△ 26.3

$$\ddot{u} = \frac{N_1}{N_2} = 2$$

$$U_2 = \frac{U_1}{\ddot{u}} = 125\ V$$

$$I_2 = \frac{U_2}{R_2} = 1\ A$$

$$L_1 = N_1^2 \cdot A_L = 400^2 \cdot 25 \cdot 10^{-6}\ H = 4\ H$$

$$\underline{I}_\mu = \frac{U_1}{j\,\omega L_1} = \frac{250\ V}{j\,1256\ \Omega} = -j\,0{,}2\ A$$

$$\underline{I}_1 = \frac{\underline{I}_2}{\ddot{u}} + \underline{I}_\mu = 0{,}5\ A - j\,0{,}2\ A$$

Betrag des Primärstroms:

$$I_1 = \sqrt{(0{,}5\ A)^2 + (0{,}2\ A)^2} = 0{,}539\ A$$

• 26.4

Die konstante Primärspannung erzwingt einen magnetischen Fluß Φ im Eisen. Verursacht wird dieser Fluß Φ im Leerlauffall des Trafos durch den Magnetisierungsstrom I_μ.

Ein Sekundärstrom I_2 würde mit seinem Fluß Φ_2 den Hauptfluß schwächen. Dieser Einfluß wird durch einen zusätzlichen Primärstrom I_1 kompensiert.

△ 26.5

a)

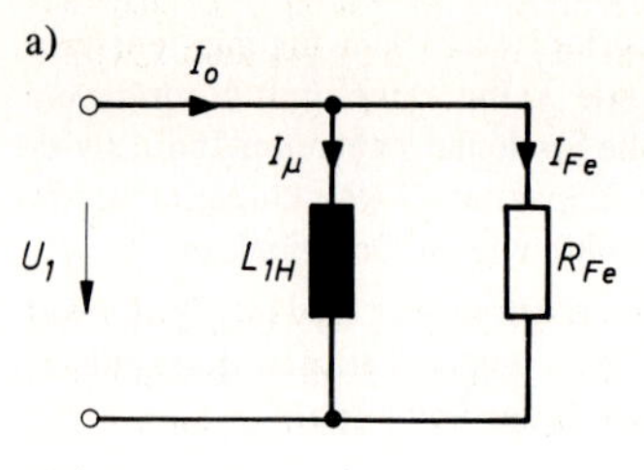

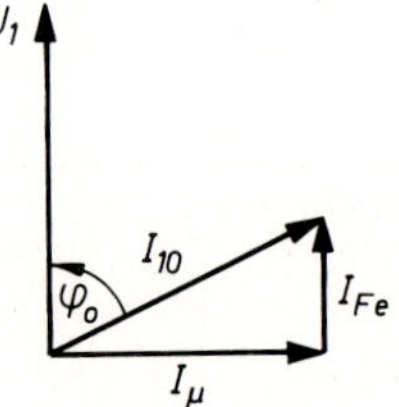

b) Nennstrom:

$$I_{1N} = \frac{S_N}{U_{1N}} = \frac{50\ kVA}{6\ kV} = 8{,}33\ A$$

Leerlaufstrom:

$$I_{10} = 0{,}08 \cdot I_{1N} = 0{,}667\ A$$

Leerlauf-Scheinleistung:

$$S_0 = U_{1N} \cdot I_{10} = 6\ kV \cdot 0{,}667\ A = 4\ kVA$$

Gemessene Leerlauf-Leistungsaufnahme $P_0 =$ 460 W ⇒ Erwärmung des Eisens

Eisenverluststrom:

$$I_{Fe} = \frac{P_0}{U_{1N}} = \frac{460\ W}{6\ kV} = 0{,}0767\ A$$

Phasenverschiebungswinkel $\varphi_0 = \measuredangle (U_1, I)$

$$\cos \varphi_0 = \frac{P_0}{S} = \frac{0{,}46\ kW}{4\ kVA} = 0{,}115$$

$$\varphi_0 = 83{,}4°$$

Magnetisierungsstrom:

$$I_\mu = I_0 \cdot \sin \varphi_0 = 0{,}667\ A \cdot 0{,}993$$

$$I_\mu = 0{,}662\ A$$

c) In der Ersatzschaltung ist der Kupferverlustwiderstand R_1 vernachlässigt worden. Er kann aus dem Kurzschlußversuch bestimmt werden.

$$P_k = I_k^2 \cdot R_k \qquad R_k = R_1$$

$$R_k = \frac{P_k}{I_k^2} \qquad I_k = I_{1N}$$

$$R_k = \frac{1100\ W}{(8{,}33\ A)^2} \approx 16\ \Omega$$

Unter der Annahme, daß im Leerlauffall der halbe Kupferverlustwiderstand (Primärwicklung) wirksam ist, ergibt sich mit dem Leerlaufstrom in $R_k/2$ die Verlustleitung:

$$P_{Cu,0} = I_0^2 \cdot \frac{R_k}{2} = (0{,}667\ A)^2 \cdot 8\ \Omega = 3{,}6\ W$$

Die Vernachlässigung der Kupfer-Leerlaufverluste von 3,6 W gegenüber den Gesamt-Leerlaufverlusten von 460 W bedeutet einen Fehler von < 1 %.

△ 26.6

Nennstrom:

$$I_{1N} = \frac{S_N}{U_{1N}} = \frac{100\ kVA}{20\ kV} = 5\ A$$

Kupferverlustwiderstand bei 20 °C:

$$R_{k,20} = \frac{P_{k,20}}{I_{1N}^2} = \frac{1750\ W}{(5\ A)^2} = 70\ \Omega$$

Kupferverlustwiderstand bei 90 °C:

$$R_{k,90} = R_{k,20}\,(1 + \alpha \cdot \Delta\vartheta)$$
$$= 70\ \Omega \left(1 + 0{,}004\ \frac{1}{K} \cdot 70\ K\right)$$

$$R_{k,90} = 89{,}6\ \Omega$$

Kupferverluste bei Nennbetrieb und 90 °C:

$$P_{k,90} = I_{1N}^2 \cdot R_{k,90} = (5\ A)^2 \cdot 89{,}6\ \Omega$$
$$P_{k,90} = 2240\ W$$

27

△ 27.1

1. 400/230 V
2. $I = I_{st} = \frac{P}{U_{st}} = \frac{100\ W}{230\ V} = 0{,}435\ A$
3. $P = \sqrt{3}\ UI \cos\varphi = 1{,}73 \cdot 400\ V \cdot 0{,}435\ A \cdot 1$ $= 300\ W$
4. $P_{st} = U_{st}\, I = 230\ V \cdot 0{,}435\ A = 100\ W$

△ 27.2

1. Die Leistung der zwei Glühlampen bleibt unverändert je 100 W, da die Strangspannung (= Nennspannung der Glühlampen) erhalten bleibt. Ausgleichstrom in N.
2. Reihenschaltung zweier Glühlampen an 400 V, d.h. 200 V je Glühlampe und damit geringere Leistungsaufnahme.

△ 27.3

1. $\underline{I}_N = \underline{I}_1 + \underline{I}_2 + \underline{I}_3$

$$= \frac{230\ V}{1\ k\Omega} + \frac{230\ V \cdot e^{-j\,120°}}{-j\ 636\ \Omega} + \frac{230\ V \cdot e^{-j\,240°}}{100\ \Omega + j\ 314\ \Omega}$$

$$\underline{I}_N = 0{,}23\ A + 0{,}362\ A \cdot e^{-j\,30°} + 0{,}7\ A \cdot e^{-j\,312{,}3°}$$

$$\underline{I}_N = 1{,}02\ A + j\ 0{,}34\ A = 1{,}07\ A \cdot e^{+j\,18{,}3°}$$

2. $P_1 = U_1 I_1 = 230\ V \cdot 0{,}23\ A = 52{,}9\ W$

$P_3 = I_3^2 R_L = (0{,}7\ A)^2 \cdot 100\ \Omega = 49\ W$

$P_{ges} = 101{,}9\ W$

$Q_C = U_2 I_2 = 230\ V \cdot 0{,}362\ A = 83{,}3$ var (kapazitiv)

$Q_L = I_3^2 \cdot X_L = (0{,}7\ A)^2 \cdot 314\ \Omega = 153{,}9$ var (induktiv)

3.

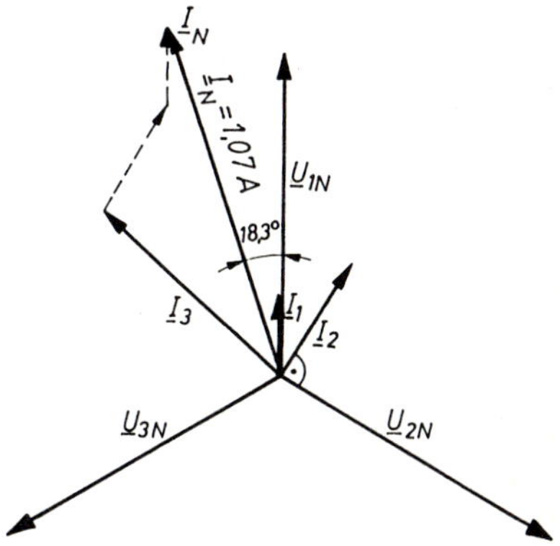

△ 27.4

1. Drehstromnetz 230/133 V, bei diesem Netz ist die Spannung zwischen den Außenleitern 230 V und damit gleich der Strangspannung des Motors in Dreieckschaltung. Wird der Motor beim Anlassen in Stern geschaltet, so liegt an jedem Wicklungsstrang nur noch die Spannung: $\frac{230\ V}{\sqrt{3}} = 133\ V$.
2. $S_\Delta = \sqrt{3}\ UI = 1{,}73 \cdot 230\ V \cdot 4{,}55\ A = 1{,}81\ kVA$

$P_{auf} = S_\Delta \cos\varphi = 1{,}81\ kVA \cdot 0{,}81 = 1{,}47\ kW$

$$\eta = \frac{P_{ab}}{P_{auf}} = \frac{1{,}1\ kW}{1{,}47\ kW} = 0{,}75$$

3. $Q = S_\Delta \sin\varphi = 1{,}81\ kVA \cdot 0{,}586 = 1{,}06$ kvar (induktiv)

4. Induktiver Blindstrom in den Außenleitern:

$I_L = I \sin\varphi = 4{,}55\ \text{A} \cdot 0{,}586 = 2{,}67\ \text{A}$

$I_C = I_L = 2{,}67\ \text{A}$

$$U_C = \frac{U}{\sqrt{3}} = \frac{230\ \text{V}}{1{,}73} = 133\ \text{V}$$

$$X_C = \frac{U_C}{I_C} = \frac{133\ \text{V}}{2{,}67\ \text{A}} = 49{,}8\ \Omega$$

$C_Y = 64\ \mu\text{F}$

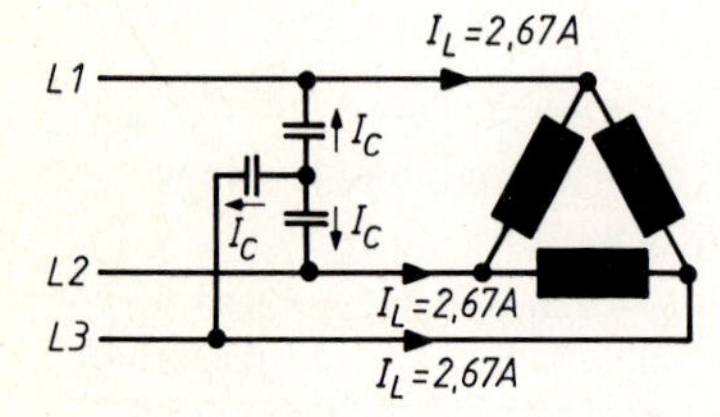

5. $$I_C = \frac{I_L}{\sqrt{3}} = \frac{2{,}67\ \text{A}}{1{,}73} = 1{,}54\ \text{A}$$

$$X_C = \frac{230\ \text{V}}{1{,}54\ \text{A}} = 149{,}4\ \Omega$$

$C_\Delta = 21{,}3\ \mu\text{F}$

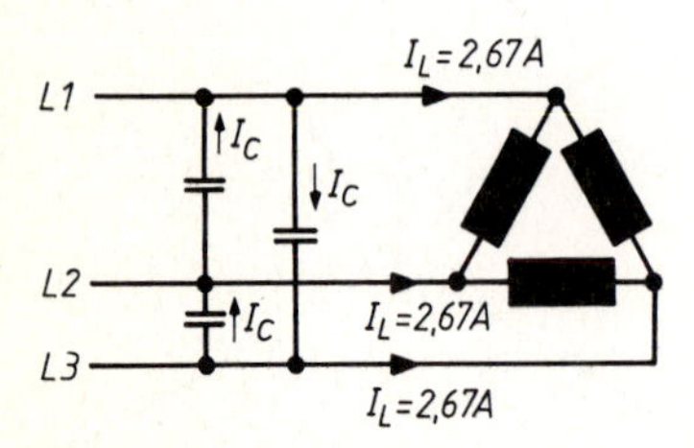

27.5

1. *Wirkleistungsaufnahme:*

$P_{zu} = 3 \cdot P_{st} = 3 \cdot 650\ \text{W} = 1950\ \text{W}$

2. *Leistungsabgabe an der Welle:*

$P_{ab} = M\omega$

(= Drehmoment × Winkelgeschwindigkeit)

mit $n = 1410\ \text{min}^{-1} = \frac{1410}{60}\ \text{s}^{-1} = 23{,}5\ \text{s}^{-1}$

$\omega = 2\pi \cdot n = 6{,}28 \cdot 23{,}5\ \text{s}^{-1} = 147{,}5\ \text{s}^{-1}$

$P_{ab} = 10{,}2\ \text{Nm} \cdot 147{,}5\ \text{s}^{-1} = 1505\ \text{W}$

Wirkungsgrad:

$$\eta = \frac{P_{ab}}{P_{zu}} = \frac{1505\ \text{W}}{1950\ \text{W}} = 0{,}77$$

3. *Scheinleistung:*

$S = \sqrt{3}\, UI$ oder $S = 3 \cdot U_{st} I_{st}$

$S = \sqrt{3} \cdot 400\ \text{V} \cdot 3{,}7\ \text{A} = 3 \cdot 230\ \text{V} \cdot 3{,}7\ \text{A}$

$= 2560\ \text{VA}$

Leistungsfaktor:

$$\cos\varphi = \frac{P_{zu}}{S} = \frac{1950\ \text{W}}{2560\ \text{VA}} = 0{,}762$$

△ 27.6

1. Scheinleistung in Phase L3:

$S = UI = 230\ \text{V} \cdot 2{,}6\ \text{A} = 598\ \text{VA}$

Wirkleistung in Phase L3

$P = 60\ \text{W}$ (richtig gemessen)

Phasenverschiebungswinkel

$$\cos\varphi = \frac{P}{S} = \frac{60\ \text{W}}{598\ \text{VA}} = 0{,}1$$

(Der im Typenschild angegebene $\cos\varphi$ gilt für Nennlast.)

$\sphericalangle\varphi = \sphericalangle(U_3, I) = 84°$ (induktiv)

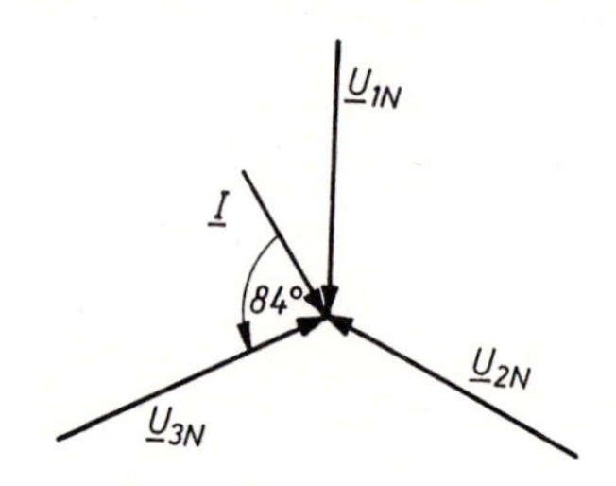

Falsche Anzeigen:

Spannungspfad zwischen L2 – N:

$P = U_{st} I \cos\varphi = 230\ \text{V} \cdot 2{,}6\ \text{A} \cdot \cos 156°$

$P = -546\ \text{W}$

Spannungspfad zwischen L1 – N:

$P = U_{st} I \cos\varphi = 230\ \text{V} \cdot 2{,}6\ \text{A} \cdot \cos 36°$

$P = 483{,}8\ \text{W}$

2. $P = 3 \cdot 60\ \text{W} = 180\ \text{W}$

Memory

Auf den farbigen Seiten finden Sie eine Zusammenstellung des *Kernwissens der Elektrotechnik* geordnet nach den Kapiteln des Lehrbuches und ergänzt mit einer Übersicht über die *gesetzlichen Einheiten im Meßwesen* sowie eine Kurzfassung der wichtigsten *Vorzeichen- und Richtungsregeln (Zählpfeile)* zur Schaltungsberechnung

Die gesetzlichen Einheiten im Meßwesen

Die Grundlage der „Gesetzlichen Einheiten" bildet das *Internationale Einheitensystem* (Système International d'Unités), kurz „SI" genannt. Das SI baut auf sechs Basisgrößen mit definierten gesetzlichen *Basiseinheiten* auf, aus denen durch Formelverknüpfung die *Abgeleiteten Einheiten* gebildet werden. Diese Verknüpfungsformeln sind reine *Größengleichungen*.

Basisgrößen und Basiseinheiten

Basisgröße		Basiseinheit	
Name	Formelzeichen	Name	Einheitenzeichen
Länge	l	das Meter	m
Masse	m	das Kilogramm	kg
Zeit	t	die Sekunde	s
elektrische Stromstärke	I	das Ampere	A
Temperatur (thermodynamisch)	T	das Kelvin	K
Lichtstärke	I_v	die Candela	cd

Mechanische Einheiten

Größe	Verknüpfungsformel	Einheit	
		SI	Benennung
Geschwindigkeit	$v = \frac{ds}{dt}$	$\frac{m}{s}$	
Beschleunigung	$a = \frac{dv}{dt}$	$\frac{m}{s^2}$	
Kraft	$F = ma$	$\frac{kgm}{s^2}$	N (Newton)
Arbeit, Energie	$W = \int F\,ds$	$\frac{kgm^2}{s^2}$	J (Joule)
Leistung	$P = \frac{dW}{dt}$	$\frac{kgm^2}{s^3}$	W (Watt)

Verwendet man die Krafteinheit N und die Leistungseinheit W, so gilt für die Einheit der Arbeit: **1 Nm = 1 Ws = 1 J**

Elektrische Einheiten

Größe	Verknüpfungsformel	Einheit SI oder Abk.	Einheit Benennung
Ladungsmenge	$Q = \int i \, \mathrm{d}t$	As	C (Coulomb)
Potential	$\varphi = \frac{W}{Q}$	$\frac{\mathrm{Ws}}{\mathrm{As}}$	V (Volt)
Spannung	$U = \frac{P}{I}$	$\frac{\mathrm{W}}{\mathrm{A}}$	V
Widerstand	$R = \frac{U}{I}$	$\frac{\mathrm{V}}{\mathrm{A}}$	Ω (Ohm)
Feldstärke	$E = \frac{\mathrm{d}\varphi}{\mathrm{d}s}$	$\frac{\mathrm{V}}{\mathrm{m}}$	
Verschiebungsflußdichte	$D = \frac{Q}{A}$	$\frac{\mathrm{As}}{\mathrm{m}^2}$	
Kapazität	$C = \frac{Q}{U}$	$\frac{\mathrm{As}}{\mathrm{V}}$	F (Farad)

Elektromagnetische Einheiten

Durchflutung	$\Theta = IN$	A	
Feldstärke	$H = \frac{\Theta}{\mathrm{s}}$	$\frac{\mathrm{A}}{\mathrm{m}}$	
Fluß	$\Phi = \int \mathrm{u} \, \mathrm{d}t$	Vs	Wb (Weber)
Flußdichte	$B = \frac{\Phi}{A}$	$\frac{\mathrm{Vs}}{\mathrm{m}^2}$	T (Tesla)
Induktivität	$L = \frac{N \cdot \Phi}{I}$	$\frac{\mathrm{Vs}}{\mathrm{A}}$	H (Henry)

Dezimale Vielfache und Teile von Einheiten

Zehnerpotenz	Vorsatz	Vorsatzzeichen
10^{+6}	Mega	M
10^{+3}	Kilo	k
10^{-3}	Milli	m
10^{-6}	Mikro	μ
10^{-9}	Nano	n
10^{-12}	Piko	p

Vorzeichen- und Richtungsregeln (Zählpfeile)

Beispiel	Schreibweise des zugehörigen elektronischen Gesetzes
Strom-Zählpfeile I, I_1, I_2	1. Kirchhoffscher Satz $\sum_{i=1}^{n} I_i = 0$ $I + I_2 - I_1 = 0$
Spannungs-Zählpfeile U_1, U_q, U_2	2. Kirchhoffscher Satz $\sum_{i=1}^{n} U_i = 0$ $Uq - U_2 - U_1 = 0$
Strom- u. Spannungs-Zählpfeile beim Schaltwiderstand I, U, R a) b)	Grundgesetz der Bauelemente Ohmsches Gesetz a) $U = I \cdot R$ b) $U = -IR$
Kondensator i, u, C a) b)	a) $i = C \dfrac{du}{dt}$ b) $i = -C \dfrac{du}{dt}$
Spule i, u, L a) b)	a) $u = L \cdot \dfrac{di}{dt}$ b) $u = -L \dfrac{di}{dt}$
Fluß- und Strom-Zählpfeile i, Φ a) b)	Induktionsgesetz bei a) rechtswendiger b) linkswendiger Zuordnung von I und Φ $i \cdot R_{ges} = -N \dfrac{d\Phi}{dt}$ $i \cdot R_{ges} = N \cdot \dfrac{d\Phi}{dt}$

Memory zu Kapitel 1: Elektrische Ladung

Ladungsmenge als elektrische Größe

Formelzeichen
Q von Quantum

Einheitenzeichen
C von Coulomb

Einheitsladung
1 C = 1 As

Quantelung in
Elementarladungen
$\pm e = 1{,}6 \cdot 10^{-19}$ As

Elektrische Ladungsträger sind unter elektrischem Feldeinfluß bewegliche Objekte.

	Metalle	Kohle	stromleitende Flüssigkeiten	stromleitende Gase	Isolatoren
freie Elektronen	x	x	–	x	–
positive Ionen (der Metalle und Wasserstoff)	–	–	x	x	–
negative Ionen (der anderen Nichtmetalle)	–	–	x	x	–

Energieaufwendige Ladungstrennung verursacht elektrische Quellenfelder.

Deutung der Überschußladung:
pos. Ladung ≙ Elektronenmangel
neg. Ladung ≙ Elektronenüberschuß

Beschreibung der Feldstruktur:
Quelle (+) = Feldlinienanfang
Senke (–) = Feldlinienende

Richtung der Kraftwirkung:
Anziehung bei ungleichnamigen Ladungen,
Abstoßung bei gleichnamigen Ladungen

Elektrisches Feld als Energieraum

selbständig existent in Isolatoren wegen fehlender Ausgleichsmöglichkeit (Leitfähigkeit) für die feldverursachenden Überschußladungen

selbständig nicht existent in elektrischen Leitern, da infolge vorhandener Leitfähigkeit ein selbständiger Ausgleich der Überschußladungen erfolgt. Nur unter fortlaufendem Energieaufwand in elektrischen Leitern aufrecht erhaltbar (→ Stromkreis)

Vorstellungsbilder zur Ladungsmenge

statisches:
Ladungsmenge als angehäufte pos./neg. Überschußladung, felderzeugend

dynamisches:
Ladungsmenge als Durchflußmenge bewegter Ladungsträger, Objekt eines elektrischen Feldes

atomistisches:
Elektrische Ladung ist eine Eigenschaft von Materieteilchen, positive Ionen entstehen durch Ionisation von Atomen (Abtrennung von Elektronen), negative Ionen entstehen durch Anlagerung von Elektronen an Atome

Memory zu Kapitel 2: Elektrische Energie

Stromkreis als elektrisches System

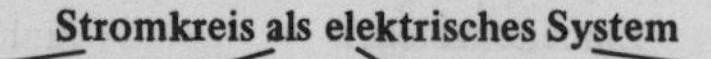

System	Elemente	Struktur	Energie-Äquivalente
Mittel zur Zweckerfüllung: Energieübertragung	Generator und Verbraucher als Energieumformorte, widerstandslose Verbindungsleitungen wirken als Äquipotentiallinien	Geschlossener Wirkungskreislauf, kein Verbrauch an elektrischen Ladungen	mechan. Energie 1 Nm = elektr. Energie 1 Ws = therm. Energie 1 J

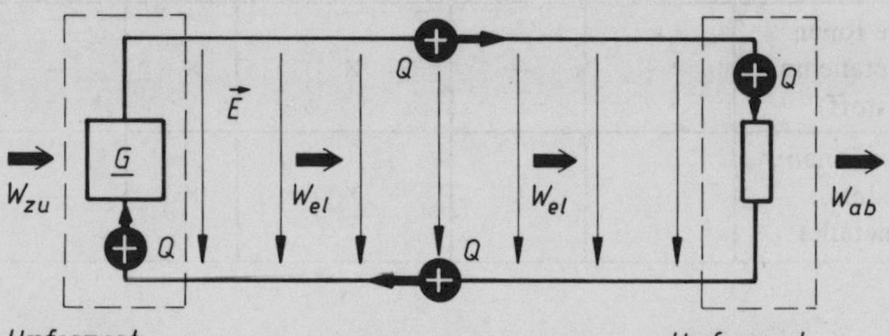

Umformort für nicht-elektrische in elektrische Energie

Umformort für elektrische in nicht-elektrische Energie

Messen von Potentialen und Spannungen

Potentiale φ
Messung gegenüber festgelegtem Bezugspunkt (⊥)

Spannungen U
Messung zwischen beliebigen Schaltungspunkten

Eigenschaften des Meßgerätes

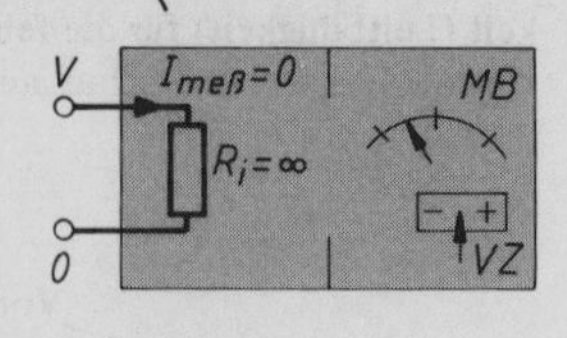

Ideale Spannungsmesser haben einen Eingangswiderstand (Innenwiderstand) $R_i = \infty$

Betrags- und Polaritätsanzeige
$\varphi_V > \varphi_0 \Rightarrow$ „+"
$\varphi_V < \varphi_0 \Rightarrow$ „−"

Energie, Potential, elektrische Spannung als Grundbegriffe des elektrischen Feldes

	Feldstärkefeld	Potentialfeld
Darstellung	Feldlinien	Äquipotentiallinien
Zustandsgröße des elektrischen Feldes	Feldstärke $E = \frac{F}{+Q}$	Potential $\varphi = \frac{W_{pot}}{+Q}$
Spannungsbegriff ersetzt in den Feldmodellen	ein Feldstärkewegprodukt $U_{21} = E \cdot s_{21}$	eine Potentialdifferenz $U_{21} = \varphi_2 - \varphi_1$
Spannungsbegriff als Globalgröße des elektrischen Feldes	beschreibt die Änderung der elektrischen = potentiellen Energie einer Ladung $+Q$ bei ihrer Bewegung zwischen zwei Punkten im Stromkreis	
generatorseitig:	$\text{Quellenspannung} = \frac{\text{Erhöhung der pot. Energie der Ladung}}{\text{Ladungsmenge}}$ $U_q = \frac{\Delta W_{pot} > 0}{+Q}$	
verbraucherseitig:	$\text{Spannungsabfall} = \frac{\text{Abnahme der pot. Energie der Ladung}}{\text{Ladungsmenge}}$ $U = \frac{\Delta W_{pot} < 0}{+Q}$	
Ladungstransport wird verursacht	durch elektrische Feldstärke E $E = \frac{\Delta \varphi}{\Delta s}$	durch Potentialgefälle $\frac{\Delta \varphi}{\Delta s}$

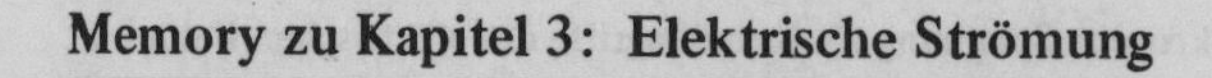

Memory zu Kapitel 3: Elektrische Strömung

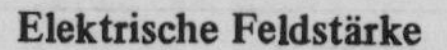

Elektrische Feldstärke
als Antriebsursache der elektrischen Strömung

$$\frac{U}{l} = E = \frac{F}{+Q}$$

A = Querschnittsfläche
l = Leiterlänge

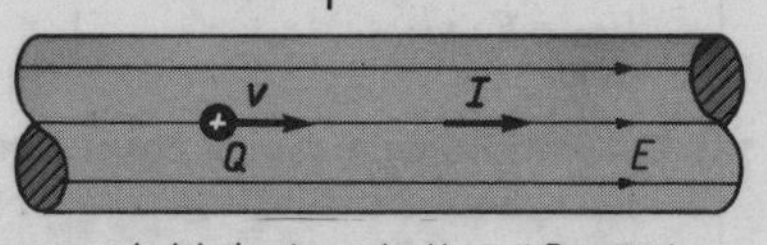

elektrischer Leiter (Draht)

Leitfähigkeit

$$\kappa = \frac{S}{E}$$

Strom ist geordnete Ladungsträgerbewegung unter dem Einfluß eines elektrischen Feldes.

Technische Stromrichtung ist Fließrichtung der positiven Ladungsträger.

Stromstärke

$$i = \frac{dq}{dt} \quad \text{(allgemein)}$$

$$I = \frac{\Delta Q}{\Delta t} \quad \text{(Gleichstrom)}$$

Fließgeschwindigkeit von Ladungsträgern bei Gleichstrom

$$v = \frac{1}{Ne} \cdot \frac{I}{A}$$

Ladungsmenge, die durch den Strom in der Zeit $\Delta t = t_2 - t_1$ transportiert wird

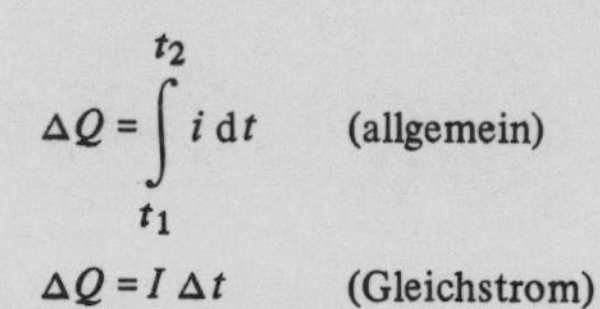

$$\Delta Q = \int_{t_1}^{t_2} i \, dt \quad \text{(allgemein)}$$

$$\Delta Q = I \, \Delta t \quad \text{(Gleichstrom)}$$

Stromdichte im Leitungsquerschnitt

$$S = \frac{I}{A}$$

Ideale Strommesser haben einen Durchgangswiderstand (Innenwiderstand): $R_i = 0$

Betrags- und Polaritätsanzeige:
Stromeintritt in Buchse A ⇒ „+“
Stromeintritt in Buchse 0 ⇒ „–“

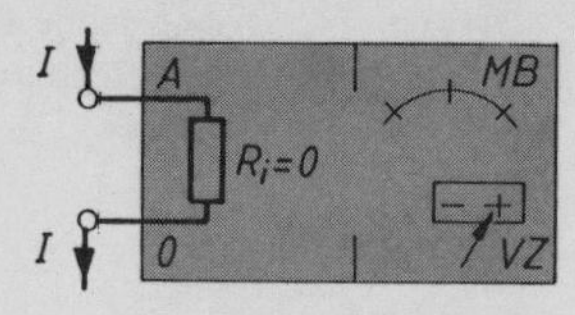

Memory zu Kapitel 4: Elektrischer Widerstand

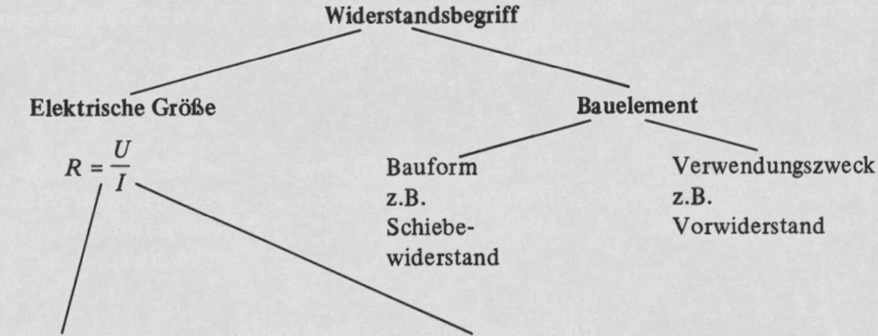

Lineare Widerstände
haben eine lineare
I-U-Kennlinie:

$$\frac{U}{I} = R = \text{konst.}$$

Ohmsches Gesetz

$$U = IR$$

Das Ohmsche Gesetz gilt auch für Momentanwerte von Strom und Spannung

$$u = i \cdot R$$

Leitungswiderstand
bei 20°C

$$R_{20} = \frac{\rho l}{A} = \frac{l}{\kappa A}$$

Spezifischer Widerstand
ρ nennt den Widerstandswert eines Leiters von 1 m Länge, 1 mm² Querschnittsfläche bei 20 °C

Nichlineare Widerstände
haben eine nichtlineare
I-U-Kennlinie:

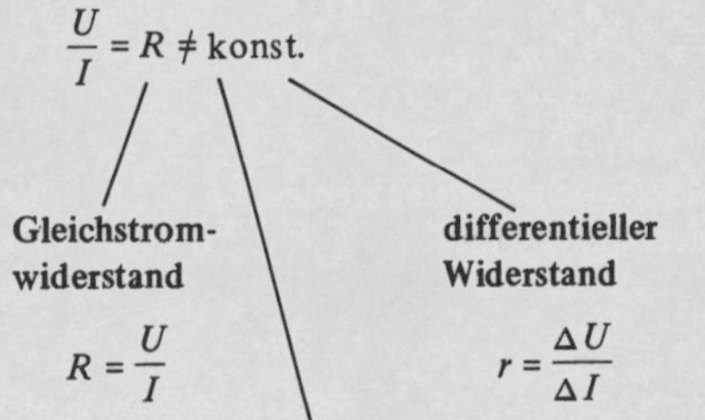

Widerstandswert, den das Bauelement einem Strom I entgegensetzt

Widerstandswert, den das Bauelement einer Stromänderung ΔI entgegensetzt

Temperaturabhängigkeit
des Widerstandes als ein möglicher Grund für die Nichtlinearität

$$\Delta R = \alpha_{20} \cdot \Delta\vartheta \cdot R_{20}$$
$$R_{\vartheta} = R_{20} + \Delta R$$

Temperaturkoeffizient
α_{20} nennt die prozentuale Widerstandsänderung für eine Temperaturänderung von 1 Kelvin

Memory zu Kapitel 5: Grundstromkreise

Allgemeine Stromkreisgesetze

Ohmsches Gesetz

$$U = IR$$

gilt für jeden einzelnen Widerstand und den ganzen Stromkreis.

1. Kirchhoffsches Gesetz

$$\sum_{i=1}^{n} I_i = 0$$

Die Summe aller Ströme in einem Knotenpunkt ist gleich Null.

2. Kirchhoffsches Gesetz

$$\sum_{i=1}^{n} U_i = 0$$

Die Summe aller Spannungen in einer Netzmasche (Stromkreis) ist gleich Null.

Reihenschaltung von Widerständen

Gesamtwiderstand

$$R = \sum_{i=1}^{n} R_i$$

In der Reihenschaltung werden die Widerstände addiert.

Spannungsteilung

$$\frac{U_1}{U} = \frac{R_1}{R}$$

Die Teilspannung verhält sich zur Gesamtspannung wie der Teilwiderstand zum Gesamtwiderstand.

Parallelschaltung von Widerständen

Gesamtwiderstand

$$R = \frac{1}{G}$$

mit

$$G = \sum_{i=1}^{n} G_i$$

In der Parallelschaltung werden die Leitwerte addiert.

Stromteilung

$$\frac{I_1}{1} = \frac{R}{R_1}$$

Der Teilstrom verhält sich zum Gesamtstrom umgekehrt proportional wie der Teilwiderstand zum Gesamtwiderstand.

Grundstromkreise

Belastete Spannungsquelle

$$U = Uq - IRi$$

Belastete Stromquelle

$$I = Iq - \frac{U}{Ri}$$

Memory zu Kapitel 6: Energieumsetzung im Verbraucher

Energieumwandlung

Arbeit = Vorgang der Energieumwandlung

– elektr. Arbeit

$$W = UIt$$

– Joulesches Gesetz

$$Q_W = I^2 R t$$

Wirkungsgrad = Qualität der Energieumwandlung

– Geräte-Wirkungsgrad

$$\eta = \frac{P_{Nutz}}{P_{zu}}$$

– Energieübertragungs-Wirkungsgrad

$$\eta = \frac{P}{P_{zu}} = \frac{R_a}{R_a + R_i}$$

Leistung = Geschwindigkeit der Energieumwandlung

– Definition

$$P = \frac{\Delta W}{\Delta t}$$

– elektrische Leistung

$$P = UI$$

$$P = I^2 R$$

$$P = \frac{U^2}{R}$$

– Leistungshyperbel = graphische Darstellung eines Leistungsbetrags in einem I-U-Diagramm

Anpassung eines Verbrauchers R_a an eine Spannungsquelle mit Innenwiderstand R_i

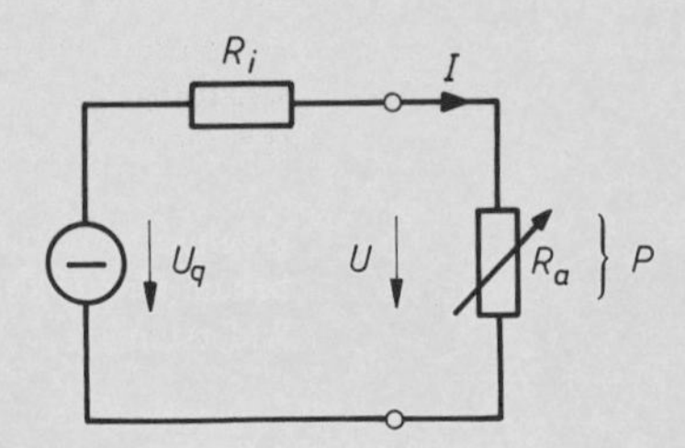

Spannungsanpassung	**Leistungsanpassung**	**Stromanpassung**
$R_a \gg R_i$	$R_a = R_i$	$R_a \ll R_i$
Spannungsmaximum	Leistungsmaximum	Strommaximum
$U_{max} = U_q$	$P_{max} = \frac{U_q^2}{4R_i}$	$I_{max} = \frac{U_q}{R_i}$

Memory zu Kapitel 7: Verzweigte Stromkreise

Allgemeine Stromkreisgesetze

Kirchhoffsche Regeln

$$\sum_{i=1}^{n} I_i = 0$$

$$\sum_{i=1}^{n} U_i = 0$$

Ohmsches Gesetz

$$U = I \cdot R$$

Ersatzwiderstand

$$\text{RS: } R_{ges} = \sum_{i=1}^{n} R_i$$

$$\text{PS: } G_{ges} = \sum_{i=1}^{n} G_i$$

Teilungsgesetze

$$\frac{U_1}{U} = \frac{R_1}{R_{ges}}$$

$$\frac{I_1}{I} = \frac{R_{ges}}{R_1}$$

Berechnung verzweigter Stromkreise mit nur einer Spannungsquelle

bei bekannten Widerstandswerten

Lösungsmethodik:

1. Ersatzwiderstand
2. Gesamtstrom
3. Teilströme
4. Teilspannungen
5. Potentialkontrolle

bei unbekannten Widerstandswerten

Lösungsmethodik:

1. Gleichungen für Bedingungen I, II, ... aufstellen
2. Gleichungssystem lösen
3. Potentialkontrolle

Stromkreise mit nichtlinearen Widerständen

Berechnung ist möglich, ausgehend von Nennwerten des nichtlinearen Widerstandes.

Berechnung ist nicht möglich, ausgehend von angelegter Spannung (bei Reihenschaltung) bzw. eingespeister Stromstärke (bei Parallelschaltung).

graphisches Lösungsverfahren mit bekannter *I-U*-Kennlinie des nichtlinearen Widerstandes

Wheatstonesche Brücke

Abgleichbrücke

Abgleichbedingung

$$\frac{R_1}{R_2} = \frac{R_3}{R_4}$$

Anwendung als Schleifdraht-Meßbrücke zur Messung von R_x

$$R_x = R_4 \cdot \frac{l_1}{L - l_1}$$

Eingangspannungsänderung ist ohne Einfluß.

Ausschlagbrücke

Ausgangsspannung bei kleiner relativer Widerstandsänderung eines Brückenwiderstandes

$$U_A \approx \frac{1}{4} U_E \cdot x$$

$$x = \frac{\Delta R}{R}$$

Anwendung: Messen nichtelektrischer Größen durch Umsetzung der physikalischen Größen in eine Widerstandsänderung

Memory zu Kapitel 8: Netzwerke

Netzwerk
Zusammenschaltung mehrerer Bauelemente
(Spannungsquellen und Widerstände)

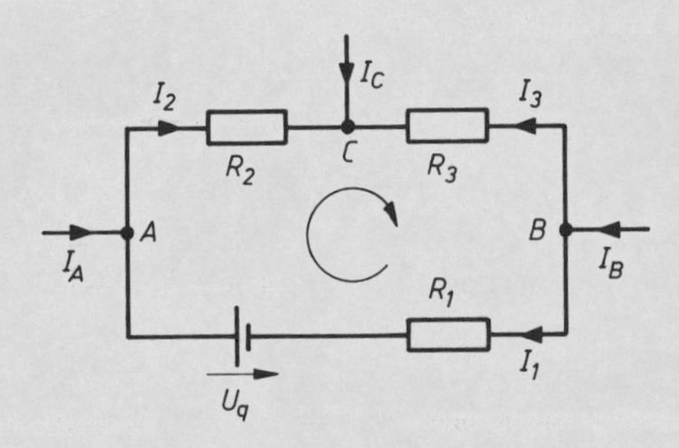

Allgemeine Begriffe und Gesetzmäßigkeiten

Knoten
Verzweigungspunkt im Netz mit zu- und abfließenden Strömen

$$\sum_{i=1}^{n} I_i = 0$$

A: $I_A + I_1 - I_2 = 0$
B: $I_B - I_1 - I_3 = 0$
C: $I_C + I_2 + I_3 = 0$

Zweig
Stromzweig zwischen zwei Knotenpunkten

$$U = f(I)$$

$U_{AC} = I_2 R_2$
$U_{CB} = - I_3 R_3$
$U_{BA} = I_1 R_1 - U_q$

Masche
geschlossener Umlauf in einem Netzwerk, bestehend aus Stromzweigen

$$\sum_{i=1}^{n} U_i = 0$$

$U_{AC} + U_{CB} + U_{BA} = 0$

Berechnungsverfahren

Überlagerungsmethode
Durchrechnen der Schaltung mit nur jeweils einer Spannungsquelle. Wiederholung mit anderen Spannungsquellen. Gesuchte Zweigströme durch Addition der Teilströme unter Beachtung der Vorzeichen berechnen.

Kreisstromverfahren
Annahme von sog. Kreisströmen, bilden von $U = 0$ für jede Netzmasche. Alle Schaltungsteile müssen von wenigstens einem Kreisstrom durchflossen werden.

Potentialkontrolle

Annahme eines beliebigen Bezugspunktes $\varphi_0 = 0$ V im Netzwerk. Bestimmung der Potentiale aller anderen Schaltungspunkte, ausgehend vom Bezugspunkt durch Addition der Spannungsabfälle bzw. Quellenspannungen. Die Lösung der Netzwerksberechnung ist richtig, wenn sich das Potential eines jeden Schaltungspunktes auf beliebigem Rechenweg mit dem gleichen Ergebnis ermitteln läßt.

Memory zu Kapitel 9: Ersatzquellen

Ersatzquellen als Rechenmethoden

für Netzwerke mit linearen Schaltelementen, bei denen der Strom in *einem* quellenfreien Zweig gesucht wird. Man ersetzt das gesamte Netzwerk bis auf den einen quellenfreien Zweig durch eine Ersatzquelle.

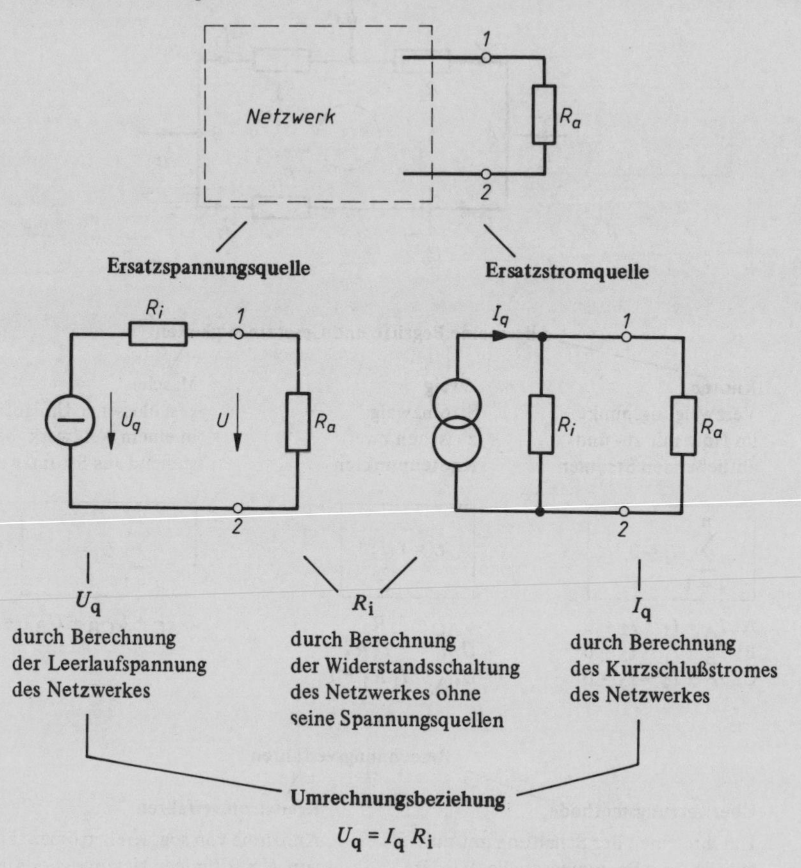

Ersatzquellen als elektrische Nachbildungen

von *I*-*U*-Kennlinien nichtlinearer Widerstände

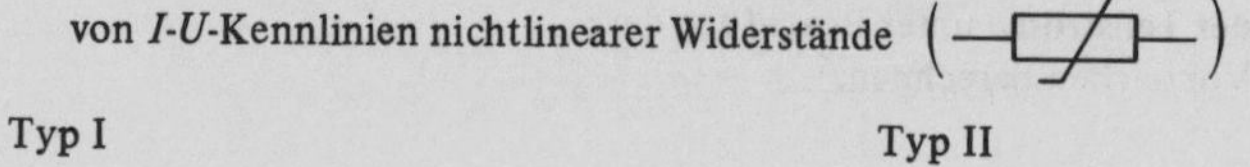

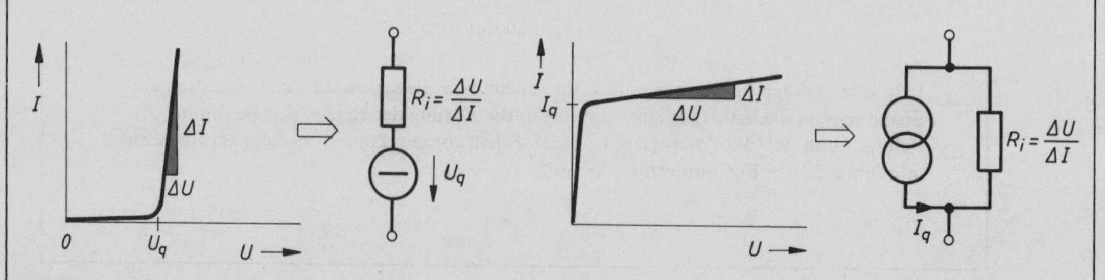

Memory zu Kapitel 10: Eigenschaften und Bemessung des Spannungsteilers

Der Spannungsteiler und seine Ersatzspannungsquelle

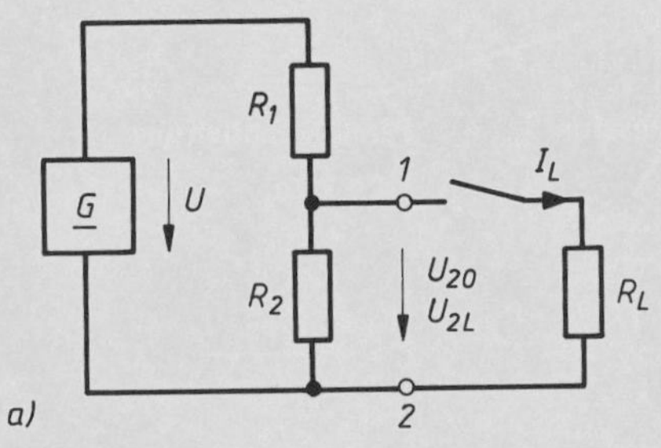

$$R_i = \frac{R_1 \cdot R_2}{R_1 + R_2}$$

$U_q = U_{20}$, U_{20}, U_{2L}, R_L, I_L, 1, 2

b)

1. **Leerlauf** $U_{20} = U \cdot \dfrac{R_2}{R_1 + R_2}$

   Die Teilspannung des Spannungsteilers nimmt bei Belastung ab.

2. **Belastung** $U_{2L} = U \cdot \dfrac{R_2 \parallel R_L}{R_1 + (R_2 \parallel R_L)}$

   (R_L bekannt)

   $U_{2L} = U_{20} - I_L \cdot R_i$

   (I_L bekannt)

Der Spannungsrückgang ΔU ist umso geringer, je kleiner der Spannungsteiler-Innenwiderstand R_i gegenüber dem Lastwiderstand R_L ist.

Ausgangsspannung des Spannungsteilers in Abhängigkeit von der Schleiferstellung

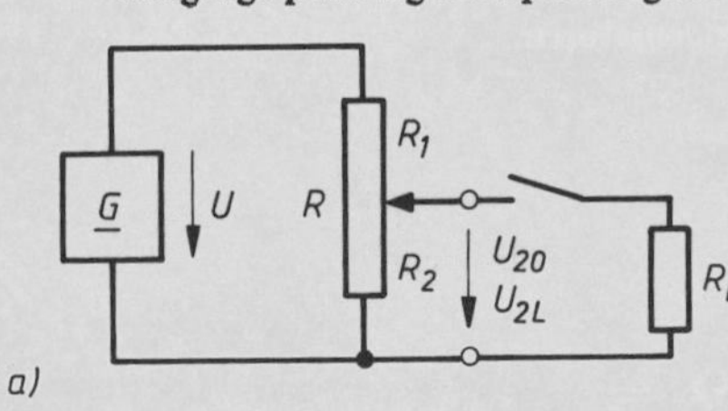

0 0,2 0,4 0,6 0,8 1 k

$K = k(1-k)$

F

$$F(\%) = \frac{K}{K + \frac{R_L}{R}} \cdot 100$$

b)

1. **Leerlauf** $U_{20} = kU$ mit $k = \dfrac{R_2}{R}$

   Ausgangsspannung ist proportional zur Schleiferstellung.

2. **Belastung** $U_{2L} = U_{20} \cdot \dfrac{R_L}{R_L + k(1-k)R}$

   Ausgangsspannung ist nicht proportional zur Schleiferstellung (Durchhangkurve).

Dimensionierung des Spannungsteilers für nichtkonstante Belastung

Rechenweg über Ersatzspannungsquelle

$$U_q = U_{20}$$

$$R_i = \frac{R_1 \cdot R_2}{R_1 + R_2}$$

Rechenweg über Querstromfaktor

$$m = \frac{I_q}{I_L}$$

$$m \approx 10$$

Memory zu Kapitel 11: Elektrostatisches Feld

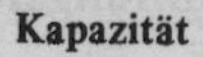

Kapazität

$$C = \frac{Q}{U_c}$$

Plattenkondensator	Zylinderkondensator (Durchführungskondensator, Koaxialkabel)	Paralleldrahtleitung für $a \gg r_0$
$C = \frac{\epsilon_r \epsilon_0 A}{d}$	$C = \frac{2\pi \cdot \epsilon_r \epsilon_0 \cdot l}{\ln \frac{r_a}{r_i}}$	$C = \frac{\pi \cdot \epsilon_r \epsilon_0 \cdot l}{\ln \frac{a}{r_0}}$
$E = \frac{U}{d}$	$E = \frac{U}{r \cdot \ln \frac{r_a}{r_i}}$	$E = \frac{U}{2 \ln \frac{a}{r_0} \left(\frac{1}{r_1} + \frac{1}{a - r_1} \right)}$

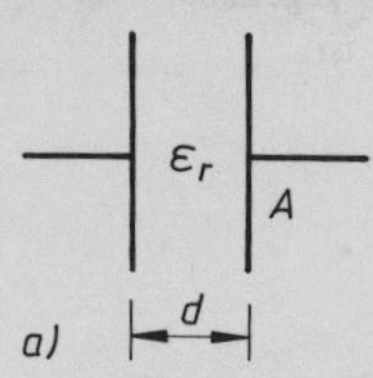

a)

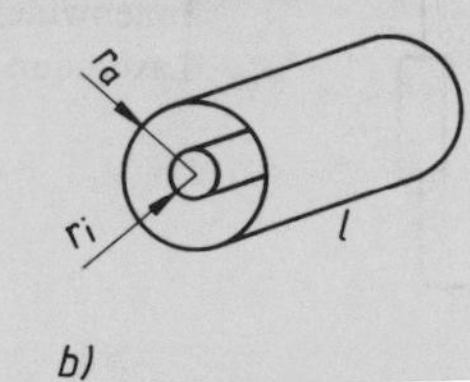

b)

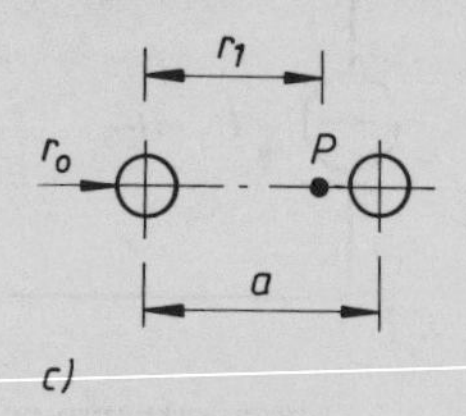

c)

Schaltung von Kondensatoren

Parallelschaltung	Reihenschaltung	
$C = \sum_{i=1}^{n} C_i$	$\frac{1}{C} = \sum_{i=1}^{n} \frac{1}{C_i}$	allgemein
$C = C_1 + C_2$	$C = \frac{C_1 \cdot C_2}{C_1 + C_2}$	speziell für zwei Kondensatoren
	$\frac{U_1}{U_2} = \frac{C_2}{C_1}$	kapazitiver Spannungsteiler

Energie und Kräfte des elektrostatischen Feldes

Energieinhalt	Kraft auf freie Ladung	Kraft zwischen parallelen Platten
$W = \frac{1}{2} \cdot C U_c^2$	$F = Q \cdot E$	$F = \frac{1}{2 \cdot \epsilon_r \epsilon_0 \cdot A} \cdot Q^2$
$W = \frac{1}{2} \cdot Q U_c$		$F = \frac{\epsilon_r \epsilon_0 \cdot A}{2 d^2} \cdot U_c^2$
$W = \frac{1}{2} \cdot \frac{Q^2}{C}$		

Kraftrichtung

bei positiven Ladungsträgern in Feldrichtung	Vergrößerung der Kapazität der Anordnung

Memory zu Kapitel 12: Ladungsvorgänge bei Kondensatoren

Aufladung des Kondensators mit

Konstantstromquelle I = konst.

- zeitproportionaler Spannungsanstieg

$$u_c = \frac{I}{C} \cdot t$$

- Ladestrom wird durch Konstantstromquelle eingestellt.

Konstantspannungsquelle über Vorwiderstand

- Spannungsanstieg nach e-Funktion

$$u_c = U(1 - e^{-\frac{t}{\tau}})$$

- Ladestrom beginnt mit Höchstwert und fällt auf Null.

$$i_c = \underbrace{\frac{U}{R}}_{\text{Anfangstromstärke}} \cdot e^{-\frac{t}{\tau}}$$

Allgemeines Strom-Spannungs-Gesetz des Kondensators

$$i_c = C \cdot \frac{du_c}{dt}$$

- Kondensatorspannung kann sich nicht sprunghaft ändern (Speicherverhalten des elektrischen Feldes).
- Kondensatorstrom fließt nur, wenn sich die Kondensatorspannung ändert.

Zeitkonstante des *RC*-Gliedes

$$\tau = RC$$

- Zeit, in welcher der Kondensator mit der Kapazität C über den Vorwiderstand R auf 63 % der angelegten Spannung aufgeladen wird.
- Zeit, in welcher sich der Kondensator mit der Kapazität C über den Vorwiderstand R um 63 % auf 37 % der Anfangsspannung entlädt.

Entladung des Kondensators über Widerstand R

Spannungsabnahme nach e-Funktion

$$u_c = U_c \cdot e^{-\frac{t}{\tau}}$$

Entladestrom beginnt mit Höchstwert und fällt auf Null.

$$i_c = -\frac{U_c}{R} \cdot e^{-\frac{t}{\tau}}$$

Memory zu Kapitel 13: Magnetisches Feld

Induktivität $L = \frac{N\Phi}{I}$

Koaxialkabel

$$L = \frac{\mu_0 l}{2\pi} \ln \frac{r_a}{r_i}$$

Paralleldrahtleitung

$$L = \frac{\mu_0 l}{\pi} \ln \frac{a}{r_0}$$

Zylinderspule

$$L \approx N^2 \frac{\mu_0 \pi D^2}{4l}$$

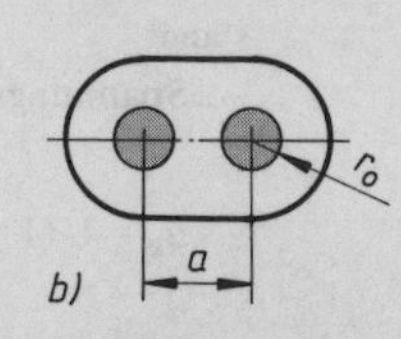

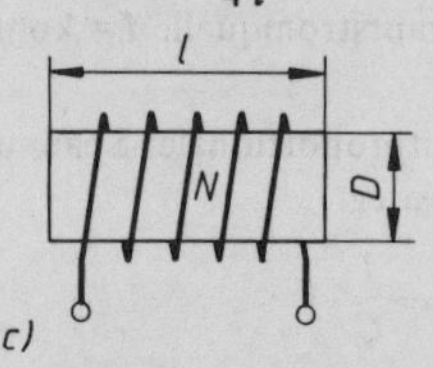

Magnetischer Kreis

Flußdichte

$$B = \frac{\Phi}{A}$$

$$B = \mu_r \mu_0 H$$

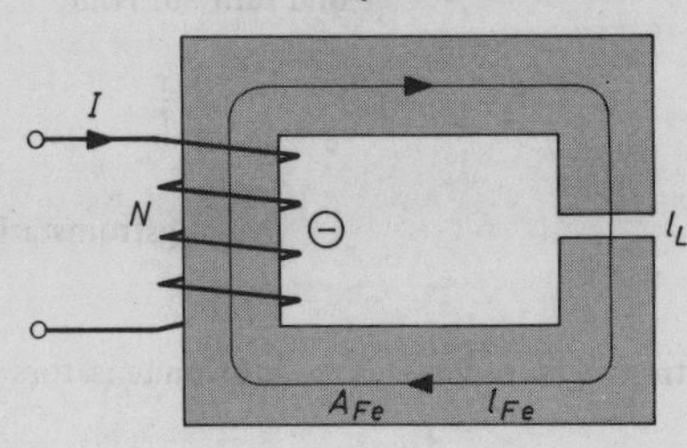

Durchflutungssatz

$$\Theta = IN = \sum_{i=1}^{n} H_i l_i$$

Kernformat wird bestimmt durch das Produkt $\Theta\Phi$.

Eisen (Magnetwerkstoff)

Permeabilitäten

- relative

$$\mu_r = \frac{1}{\mu_0} \cdot \frac{B}{H}$$

- Überlagerung

$$\mu_\Delta = \frac{1}{\mu_0} \cdot \frac{\Delta B}{\Delta H}$$

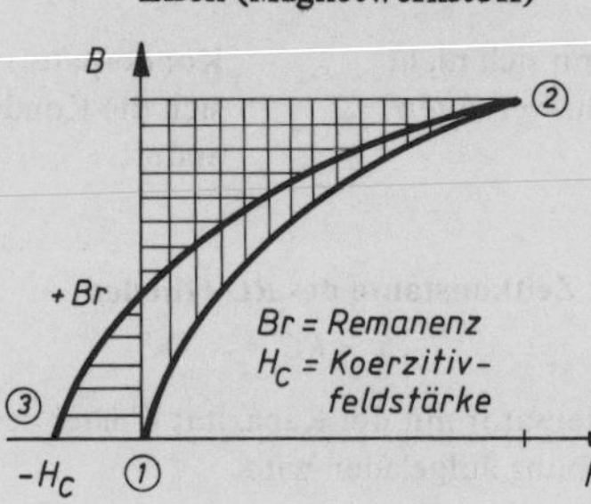

Bedeutung der Kurven:

- Magnetisierungskurve (Linie 1–2)
- Teil der Hysteresekurve (Linie 2–3)

Magnetische Energie

Spule

$$W = \frac{1}{2} L I^2 \ (L = \text{konst})$$

Luftspalt

$$W = \frac{1}{2} \frac{B_L^2}{\mu_0} V_L$$

Eisen

$$W = V_{Fe} \int_0^B H_{Fe} \, dB$$

Hystereseverluste

$$W_{Hy} = V_{Fe} \oint_A H \, dB$$

Kraftwirkung

Tragkraft des Magneten

$$F = \frac{1}{2} \frac{B_L^2}{\mu_0} A_L$$

Elektromagnetische Kraft von Strömen

- stromdurchflossene Leiter im Magnetfeld
  $F = BIl \ (I \perp B)$
- zwischen stromdurchflossenen Leitern

$$F = \frac{\mu_r \mu_0 l}{2\pi a} I_A I_B$$

Lorentzkraft

$$F = B Q v \cdot \sin\alpha$$

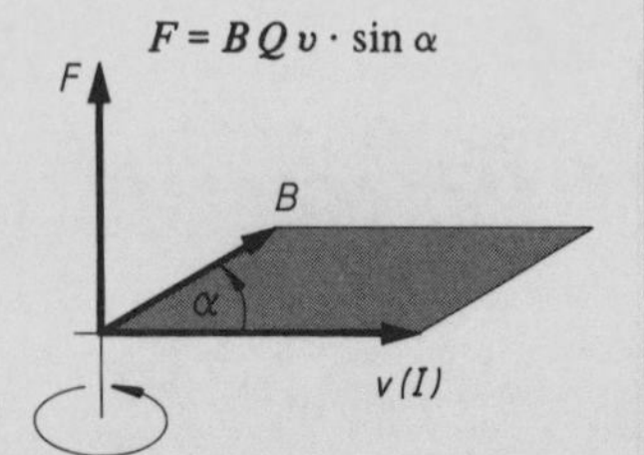

Memory zu Kapitel 14: Induktion

Induktionsgesetz

Quellen-spannung $U_q = -\mathring{U}$ (EMK)

Umlauf-spannung

Induktionsspannung $\mathring{U} = -N \frac{d\Phi}{dt}$

Zählpfeile-festlegung gemäß Bild

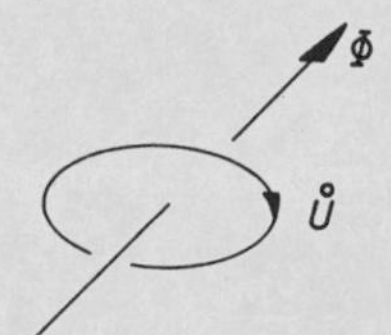

Entstehungsursache „Flußänderung"

durch Flußdichteänderung

$$\underbrace{\mathring{U} = -A \frac{dB}{dt}}_{\text{Ruheinduktion}}$$

durch Flächenänderung

$$\mathring{U} = -B \frac{dA}{dt}$$

$$\underbrace{\mathring{U} = -B\,l\,v}_{\text{Bewegungsinduktion}} \qquad v \perp B$$

Lenzsche Regel

Induktionsstrom ist seiner Entstehungsursache ($\Delta\Phi$) entgegengerichtet.

Magnetisches System will seinen magnetischen Zustand (Φ) aufrechterhalten.

Wechselspannungserzeugung

Prinzip

Rotierende Leiterschleife im homogenen und zeitlich konstanten Magnetfeld

Formeln

$\Phi(t) = \Phi_{max} \cos \omega t$

$u(t) = U_{max} \sin \omega t$

$U_{max} = N\,\Phi_{max}\,\omega$

$\omega = 2\pi n$ └Drehzahl

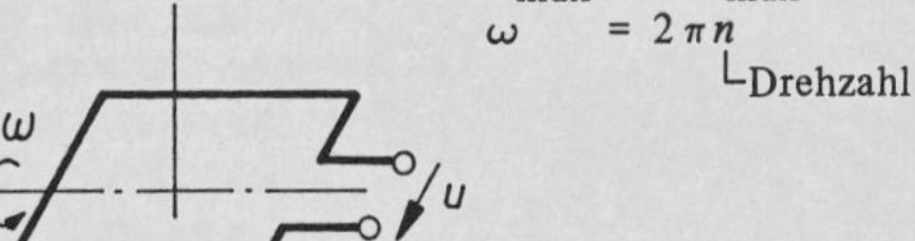

Selbstinduktion

Induktivität

$$L = \frac{N\Phi}{I}$$

$$L = N^2 A_L$$

Induktive Spannung

$$u_L = L \frac{di}{dt}$$

Entstehungsursache „Stromänderung"

Zählpfeilefestlegung

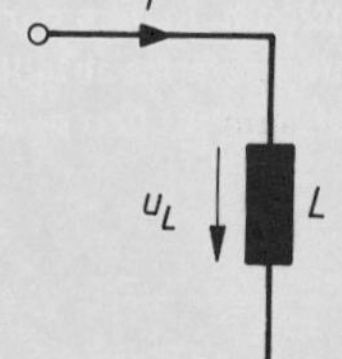

Memory zu Kapitel 15: Schaltvorgänge bei Spulen

Einschaltvorgang

verzögerter Stromanstieg

$$i_L = \frac{U_{Bat}}{R}\left(1 - e^{-\frac{t}{\tau}}\right)$$

Selbstinduktionsspannung

$$u_L = U_{Bat} \cdot e^{-\frac{t}{\tau}}$$

Ausschaltvorgang

1) verzögerter Stromabfall im Freilaufkreis

$$i_L = \frac{U}{R} \cdot e^{-\frac{t}{\tau}}$$

⇒ unterdrückte Selbstinduktionsspannung durch Freilaufdiode

$u_L \approx 0{,}7$ V (Schleusenspannung)

2) radikale Stromunterbrechung

$i_L \Rightarrow 0$

⇒ hohe Selbstinduktionsspannung

$$u_L = -U_{max} \cdot e^{-\frac{t}{\tau}}$$

Auswirkungen
1. Zerstörung elektronischer Schalter infolge Überspannung
2. Lichtbogenbildung (eventuell nur kurzfristig) mit Materialwanderung und Abbrand an Kontakten

bestimmt sich aus folgenden Bedingungen
1. Stromkontinuität im Abschaltmoment
   $i(+0) = i(-0) = I$
   d.h. Strom ist träge
2. Widerstand R im Abschaltstromkreis
   $U_{max} = IR$

Zeitkonstante

$$\tau = \frac{L}{R}$$

- Zeitraum, in dem der Spulenstrom auf 63 % des Endwertes ansteigt oder auf 37 % des Anfangswertes abfällt.
- Zeitraum für den gesamten Schaltvorgang dauert $t \approx 5\,\tau$.

Memory zu Kapitel 16: Sinusförmige Änderung elektrischer Größen

Funktionsgleichung der sinusförmigen Wechselspannung

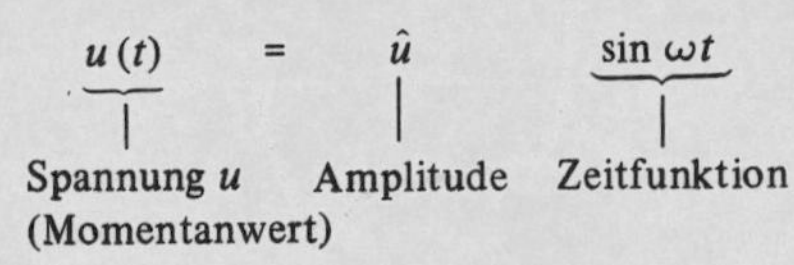

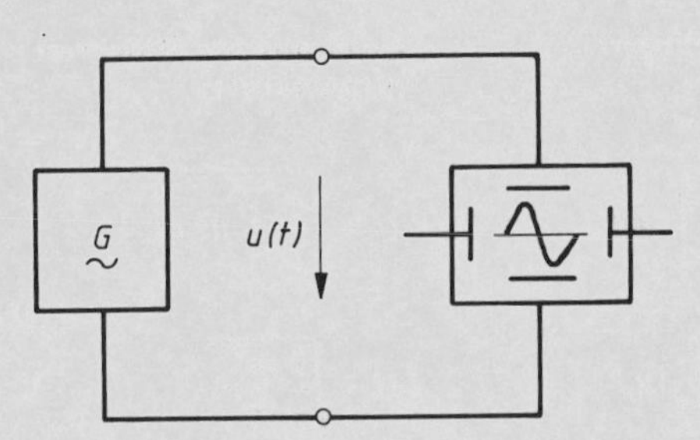

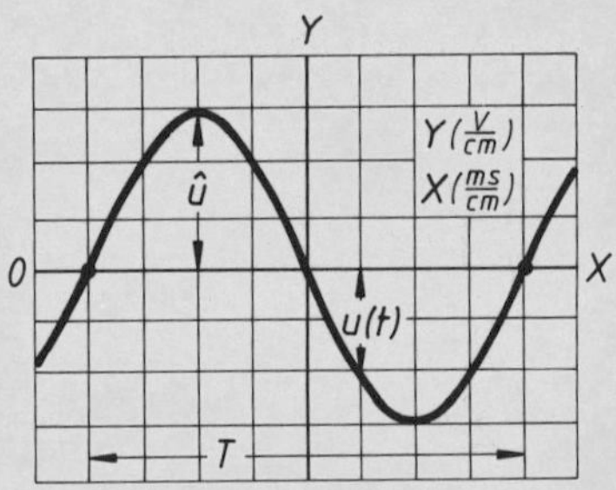

Kennwerte

- Periodendauer T
- Frequenz f

$$f = \frac{1}{T}$$

- Kreisfrequenz

$$\omega = \frac{2\pi}{T} = 2\pi f$$

- Maximale Anstiegsgeschwindigkeit der sinusförmigen Wechselspannung im Nulldurchgang

$$\left(\frac{\Delta u}{\Delta t}\right)_{\max} = \hat{u} \cdot \omega$$

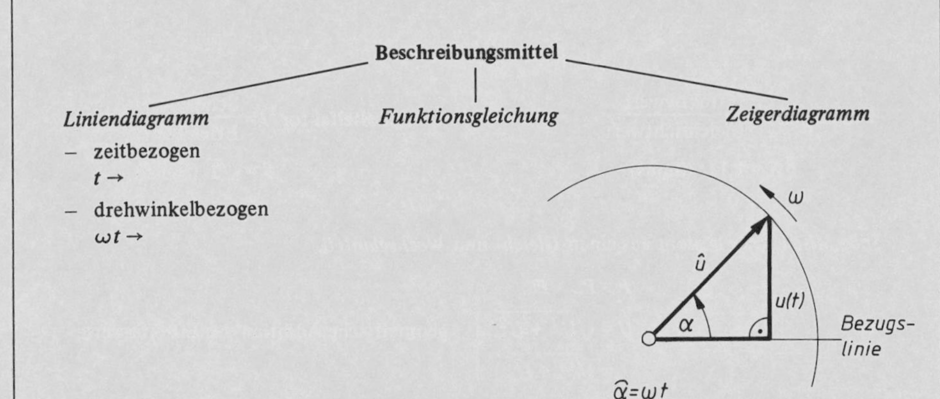

Memory zu Kapitel 17: Mittelwerte periodischer Größen

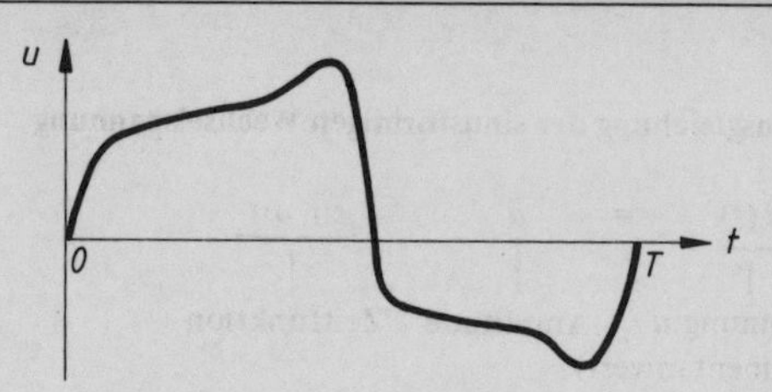

Arithmetischer Mittelwert

$$\bar{u} = \frac{1}{T}\int_t^{t+T} u \, dt$$

$$\bar{u} \approx \frac{1}{n}\sum_{i=1}^{n} u_i$$

Gleichrichtwert

$$\overline{|u|} = \frac{1}{T}\int_t^{t+T} u \, dt$$

$$\overline{|u|} \approx \frac{1}{n}\sum_{i=1}^{n} |u_i|$$

Quadratischer Mittelwert (Effektivwert)

$$U = \sqrt{\frac{1}{T}\int_t^{t+T} u^2 \, dt}$$

$$U \approx \sqrt{\frac{1}{n}\sum_{i=1}^{n} u_i^2}$$

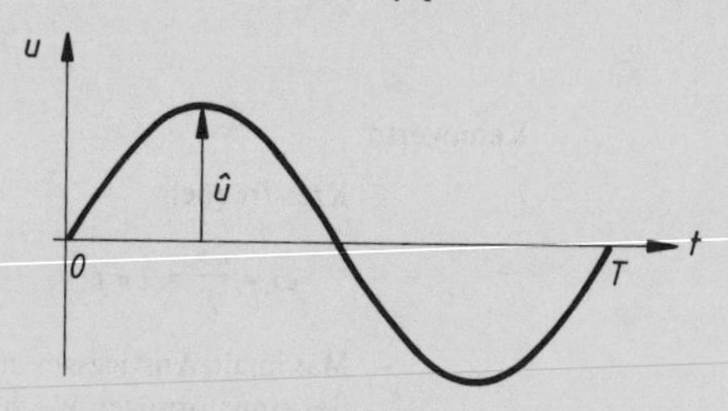

Arithmetischer Mittelwert

$\bar{u} = 0$

Gleichrichtwert

$$\overline{|u|} = \frac{1}{T}\int_t^{t+T} |u| \, dt$$

$$\overline{|u|} = \frac{2\hat{u}}{\pi}$$

Effektivwert

$$U = \frac{\hat{u}}{\sqrt{2}}$$

Formfaktor $= \dfrac{\text{Effektivwert}}{\text{Gleichrichtwert}}$

$F = 1{,}11$ (Sinus)

Scheitelfaktor [1] $= \dfrac{\text{Scheitelwert}}{\text{Effektivwert}}$

$S = \sqrt{2}$ (Sinus)

Jede *Mischgröße* besteht aus einen *Gleich-* und *Wechselanteil.*

$$P = P_- + P_\sim$$

$$\left.\begin{aligned} U &= \sqrt{U_-^2 + U_\sim^2} \\ I &= \sqrt{I_-^2 + I_\sim^2} \end{aligned}\right\} \text{ geometrische Addition der Effektivwerte}$$

[1]) Der Scheitelfaktor S wird auch Crestfaktor CF genannt.

Memory zu Kapitel 18: Addition frequenzgleicher Wechselgrößen

Zeiger- und Liniendiagramm

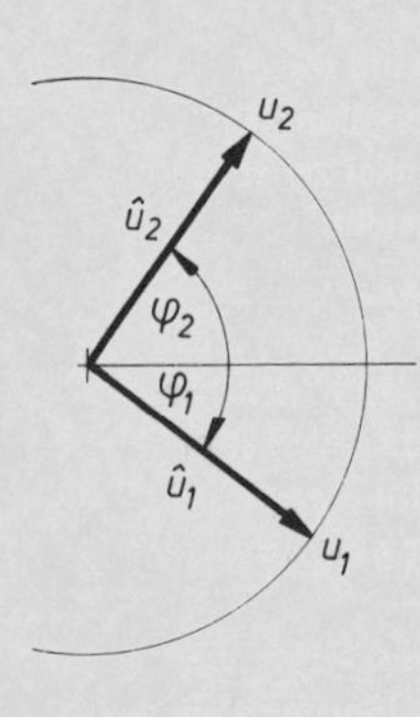

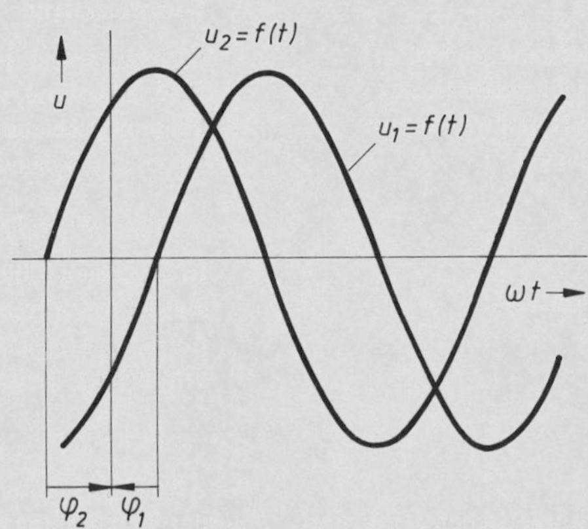

Momentanwertgleichungen

$u_1 = \hat{u}_1 \cdot \sin(\omega_1 t + \varphi_1)$

$u_2 = \hat{u}_2 \cdot \sin(\omega_2 t + \varphi_2)$

Vorzeichen von φ_1 und φ_2

„+": Einfachpfeil zeigt nach rechts.

„–": Einfachpfeil zeigt nach links.

Phasenverschiebungswinkel

$\varphi = \varphi_2 - \varphi_1$ Der Phasenverschiebungswinkel zwischen zwei Wechselgrößen ist gleich der Differenz der Nullphasenwinkel.

Addition

Im Zeigerdiagramm werden sinusförmige Wechselgrößen addiert, indem ihre Zeiger geometrisch addiert werden.

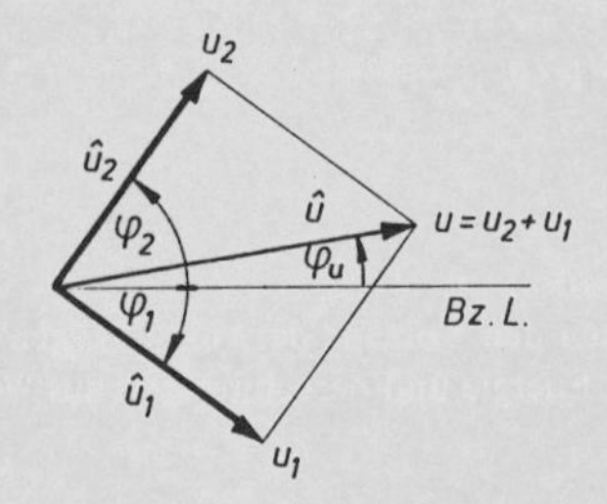

$$\hat{u} = \sqrt{\hat{u}_1^2 + \hat{u}_2^2 + 2\hat{u}_1\,\hat{u}_2 \cos\varphi} \qquad \text{mit } \varphi = \varphi_2 - \varphi_1$$

$$\varphi_u = \arctan\frac{\hat{u}_2 \sin\varphi_2 + \hat{u}_1 \sin\varphi_1}{\hat{u}_2 \cos\varphi_2 + \hat{u}_1 \cos\varphi_1}$$

Subtraktion

Die Subtraktion einer Wechselspannung u_1 von einer Wechselspannung u_2 erfolgt im Zeigerdiagramm als Addition der zu u_1 gegenphasigen Wechselspannung u'_1 mit u_2.

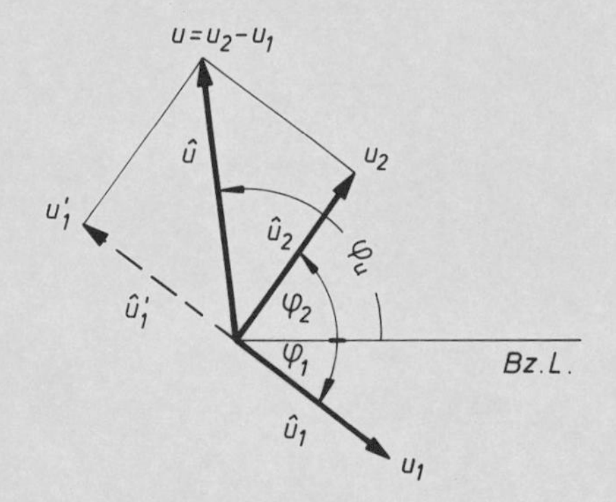

Memory zu Kapitel 19: Idealer Wirkwiderstand im Wechselstromkreis

Ohmsches Gesetz

Für den Wirkwiderstand an Wechselspannung gilt das Ohmsche Gesetz geschrieben mit Effektivwerten von Strom und Spannung.

$$U_R = I_R R$$

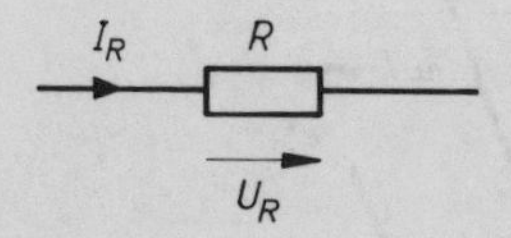

Wirkleistung
ist gleich dem arithmetischen Mittelwert der Momentanleistungen.

$$P = \frac{1}{T} \int_0^T p(t)\,\mathrm{d}t$$

Die Wirkleistung des Widerstandes kann mit den Effektivwerten von Strom und Spannung berechnet werden.

$$P = U_R I_R \quad \text{Einheit } 1\,\text{V} \cdot 1\,\text{A} = 1\,\text{W}$$

Wirkwiderstand

Ein Widerstand ist dann ein reiner Wirkwiderstand, wenn bei ihm kein Phasenverschiebungswinkel zwischen Strom und Spannung besteht.

$$\varphi_R = \sphericalangle(i_R, u_R) = 0°$$

In einfachen Fällen ist der Wirkwiderstand eines Verbrauchers gleich dem durch eine Gleichstrommessung ermittelten Gleichstromwiderstand.

$$R = R_{Gl}$$

Allgemein ist der Wirkwiderstand ein aus der Wirkleistung und dem Effektivwert des Stromes berechneter Ersatzwiderstand.

$$R = \frac{P}{I^2}$$

Wirkarbeit
bezeichnet den Vorgang der vollständigen Umwandlung und Abgabe der zugeführten elektrischen Energie und berechnet sich aus Wirkleistung mal Zeit.

$$W = P\,t$$

Memory zu Kapitel 20: Idealer Kondensator im Wechselstromkreis

Ohmsches Gesetz

Für den idealen Kondensator an sinusförmiger Wechselspannung gilt das Ohmsche Gesetz geschrieben mit Effektivwerten von Strom und Spannung.

$$U_c = I_c X_c$$

C

I_C

U_C

Blindleistung

Die Wirkleistung des idealen Kondensators ist Null.

$$P = 0$$

Seine Blindleistung errechnet sich aus den Effektivwerten von Strom und Spannung.

$$Q_c = U_c I_c$$

Einheit $1\,\text{V} \cdot 1\,\text{A} = 1\,\text{var}$

Die kapazitive Blindleistung ist ein Maß für den Auf- und Abbau von Feldenergie im Kondensator.

Kapazitive Blindleistung kann induktive Blindleistung kompensieren.

Kapazitiver Blindwiderstand

Der Kondensator ist dann ein reiner Blindwiderstand, wenn bei ihm der Strom um 90° voreilend gegenüber der Spannung ist.

$$\varphi_c = \sphericalangle (i_c, u_c) = +90°$$

Der Betrag des kapazitiven Blindwiderstandes ist frequenz- und kapazitätsabhängig.

$$\frac{U_c}{I_c} = X_c = \frac{1}{\omega C}$$

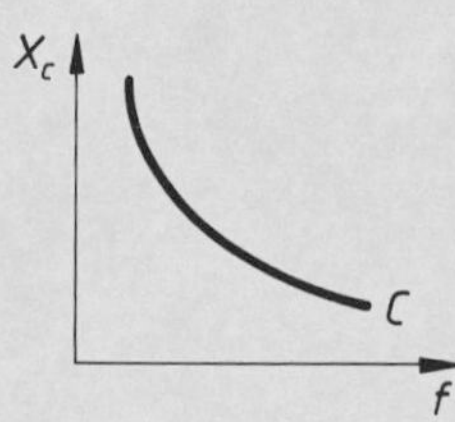

Blindarbeit

Der Kondensator ist ein Energiespeicher, der die bei der Aufladung verrichtete elektrische Arbeit als elektrische Feldenergie speichert und diese bei der Entladung wieder abgibt. Den Vorgang der reversiblen Energieumwandlung nennt man Blindarbeit.

Memory zu Kapitel 21: Ideale Spule im Wechselstromkreis

Ohmsches Gesetz

Für die ideale Spule an Wechselspannung gilt das Ohmsche Gesetz geschrieben mit Effektivwerten von Strom und Spannung.

$$U_L = I_L X_L$$

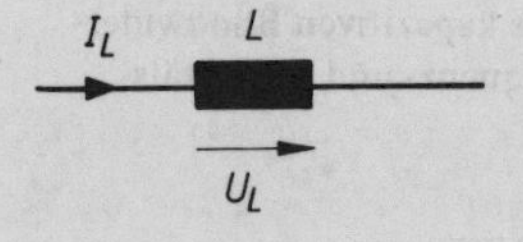

Induktiver Blindwiderstand

Die Spule ist dann ein reiner Blindwiderstand, wenn bei ihr der Strom um 90° nacheilend gegenüber der Spannung ist.

$$\varphi_L = \measuredangle (i_L, u_L) = -90°$$

Der Betrag des induktiven Blindwiderstandes ist frequenz- und induktivitätsabhängig.

$$\frac{U_L}{I_L} = X_L = \omega L$$

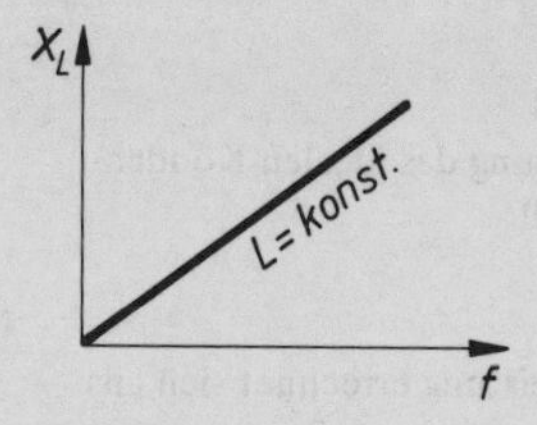

Blindleistung

Die Wirkleistung der idealen Spule ist Null.

$$P = 0$$

Ihre Blindleistung errechnet sich aus den Effektivwerten von Strom und Spannung.

$$Q_L = U_L I_L$$

Einheit 1 V · 1 A = 1 var

Die induktive Blindleistung ist ein Maß für den Auf- und Abbau von Feldenergie im Magnetfeld der Spule.

Induktive Blindleistung kann durch kapazitive Blindleistung kompensiert werden.

Blindarbeit

Die ideale Spule ist ein Energiespeicher, der die beim Aufbau des magnetischen Feldes verrichtete elektrische Arbeit als Feldenergie speichert und diese bei der Entladung wieder abgibt. Den Vorgang der reversiblen Energieumwandlung nennt man Blindarbeit.

Memory zu Kapitel 22: Grundschaltungen im Wechselstromkreis

	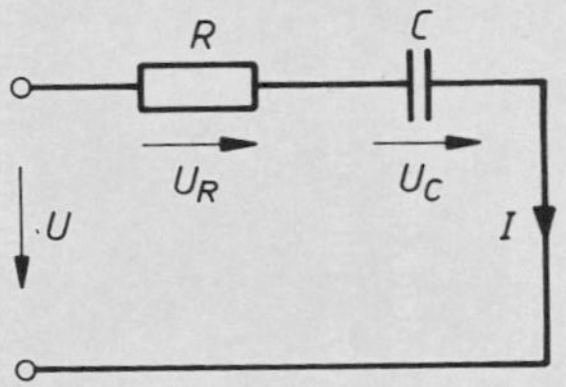 R–C in Reihe (R, C, U_R, U_C, U, I)	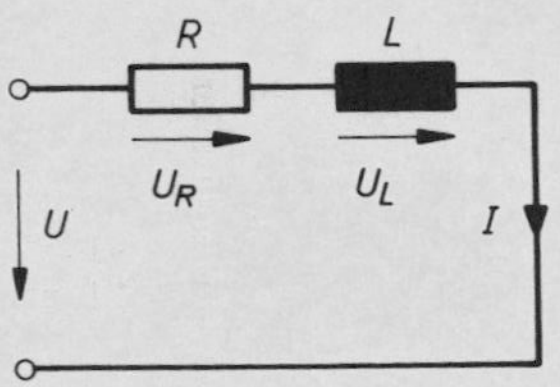 R–L in Reihe (R, L, U_R, U_L, U, I)	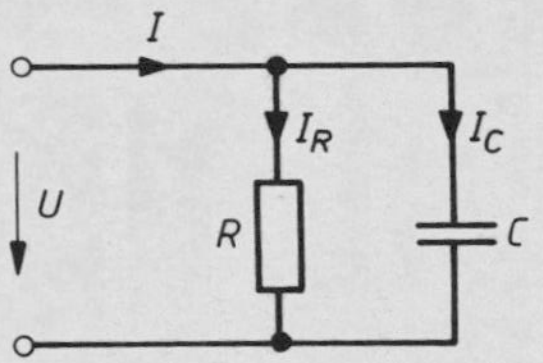 R–C parallel (I, I_R, I_C, R, C, U)	R–L parallel (I, I_R, I_L, R, L, U)
Widerstand Leitwert	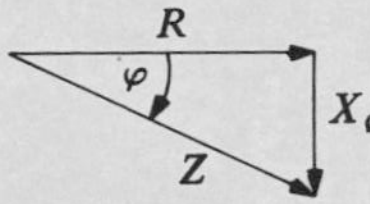 R, Z, φ; $X_c = \frac{1}{\omega C}$ $Z = \sqrt{R^2 + X_c^2}$	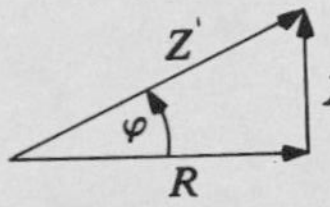 Z, R, φ; $X_L = \omega L$ $Z = \sqrt{R^2 + X_L^2}$	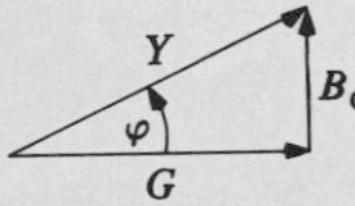 Y, G, φ; $B_c = \omega C$ $Y = \sqrt{G^2 + B_c^2}$ $Z = \frac{1}{Y}$	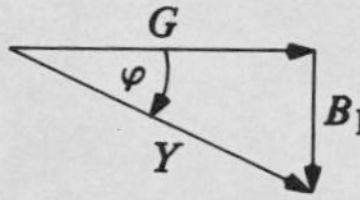 G, Y, φ; $B_L = \frac{1}{\omega L}$ $Y = \sqrt{G^2 + B_L^2}$ $Z = \frac{1}{Y}$
Spannung Strom	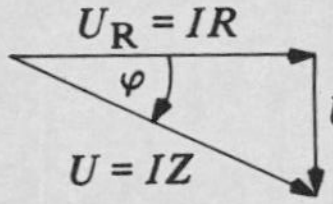 $U_R = IR$, $U = IZ$, φ; $U_c = IX_c$ $U = \sqrt{U_R^2 + U_c^2}$ $I = \frac{U}{Z} = \frac{U_R}{R} = \frac{U_c}{X_c}$	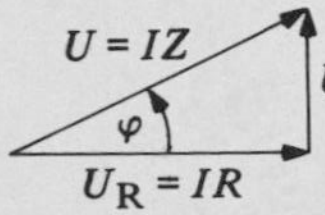 $U = IZ$, $U_R = IR$, φ; $U_L = IX_L$ $U = \sqrt{U_R^2 + U_L^2}$ $I = \frac{U}{Z} = \frac{U_R}{R} = \frac{U_L}{X_L}$	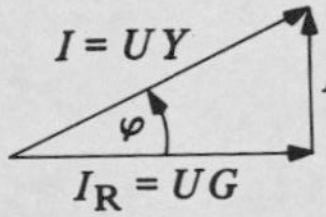 $I = UY$, $I_R = UG$, φ; $I_c = UB_c$ $I = \sqrt{I_R^2 + I_c^2}$ $U = IZ = I_R R = I_c X_c$	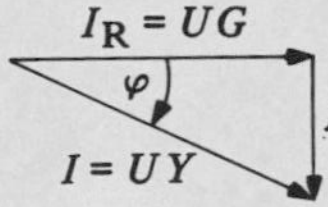 $I_R = UG$, $I = UY$, φ; $I_L = UB_L$ $I = \sqrt{I_R^2 + I_L^2}$ $U = IZ = I_R R = I_L X_L$
Leistung Leistungsfaktor	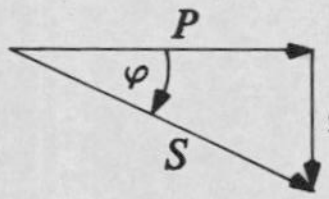 P, S, φ; Q_c $S = \sqrt{P^2 + Q_c^2}$ $\cos\varphi = \frac{P}{S}$	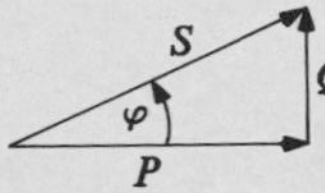 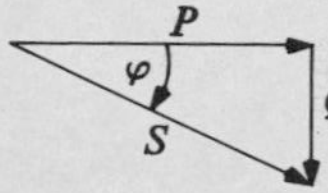 S, P, φ; Q_L $S = \sqrt{P^2 + Q_L^2}$ $\cos\varphi = \frac{P}{S}$	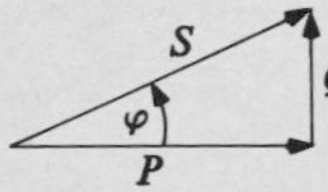 S, P, φ; Q_c $S = \sqrt{P^2 + Q_c^2}$ $\cos\varphi = \frac{P}{S}$	P, S, φ; Q_L $S = \sqrt{P^2 + Q_L^2}$ $\cos\varphi = \frac{P}{S}$

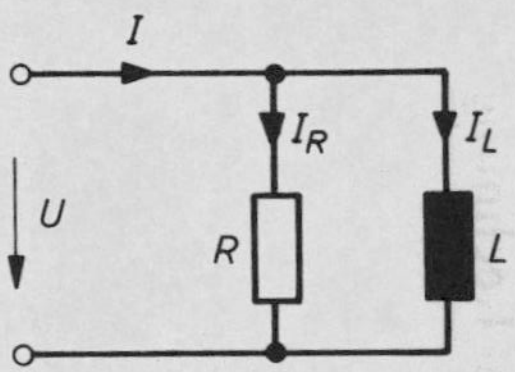

Memory zu Kapitel 23: Einführung der komplexen Rechnung

– Formen der komplexen Zahl

$$\underline{Z} = R + j\,X$$

$$\underline{Z} = Z\,(\cos\varphi + j\,\sin\varphi) \quad \text{mit} \quad Z = \sqrt{R^2 + X^2}, \quad \tan\varphi = \frac{(I_m)}{(R_e)}$$

$$\underline{Z} = Z\,e^{j\varphi}$$

– Widerstands-Operatoren

$$\underline{Z}_R = R$$

$$\underline{Z}_L = j\,\omega L$$

$$\underline{Z}_C = -j\,\frac{1}{\omega C}$$

– Leitwert-Operatoren

$$\underline{Y}_R = G$$

$$\underline{Y}_L = -j\,\frac{1}{\omega L}$$

$$\underline{Y}_C = j\,\omega C$$

Standard-Problemstellungen der komplexen Rechnung

1. Äquivalente Schaltungen
2. komplexer Widerstand von Schaltungen
3. komplexer Spannungsteiler
4. komplexer Stromteiler
5. Schaltungen mit besonderen Phasenbedingungen
6. Schaltungsanalyse mit Hilfe von Zeigerdiagrammen

– Komplexer Widerstand

$$\underline{Z} = \underline{Z}_1 + \underline{Z}_2 \quad \text{(Reihenschaltung)}$$

$$\underline{Z} = \frac{\underline{Z}_1 \cdot \underline{Z}_2}{\underline{Z}_1 + \underline{Z}_2} \quad \text{(Parallelschaltung)}$$

– Komplexer Spannungsteiler

$$\frac{\underline{U}_1}{\underline{U}} = \frac{\underline{Z}_1}{\underline{Z}_1 + \underline{Z}_2}$$

– Komplexer Stromteiler

$$\frac{\underline{I}_1}{\underline{I}} = \frac{\underline{Z}_2}{\underline{Z}_1 + \underline{Z}_2}$$

– Ortskurven zeigen die Abhängigkeit der komplexen Größe (Widerstand, Leitwert, Strom, Spannung) nach Betrag und Phasenwinkel von einer stetig veränderlichen Größe, deren reelle Zahlenwerte die Ortskurve beziffern.
– Die Ortskurven von Grundschaltungen gehören zum Geradentyp oder Kreistyp.
– Die Inversion einer Ortskurve vom Geradentyp, die nicht durch den Achsenursprung geht, ergibt eine Ortskurve vom Kreistyp und umgekehrt.

Einheitenhinweis (DIN 40110):

Das Zerlegen der Größen in Wirk- und Blindanteile kann man durch rechtwinklige Dreiecke veranschaulichen.
Einheit für alle Ströme ist das Ampere (A), für alle Spannungen das Volt (V), für alle Widerstände das Ohm (Ω), für alle Leitwerte das Siemens (S) und für alle Leistungen, auch für die Scheinleistung und die Blindleistung, das Watt (W).
Die Einheit Watt wird bei Scheinleistungen auch Volt-Ampere (Einheitenzeichen VA), bei Blindleistungen auch Volt-Ampere-reaktiv (Einheitenzeichen var) genannt.

Memory zu Kapitel 24: Frequenzgang von *RC*-Gliedern

Tiefpaß

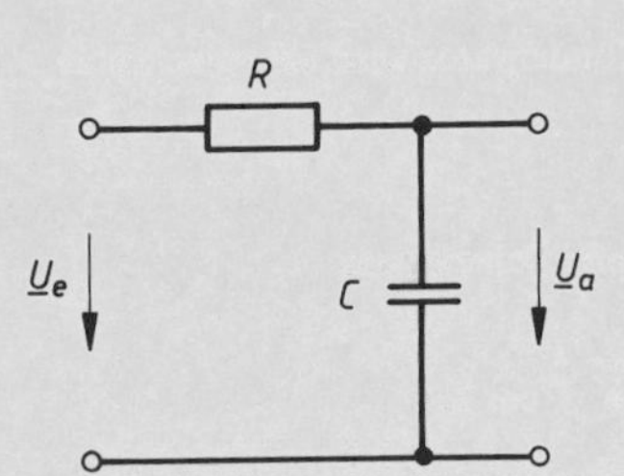

Hochpaß

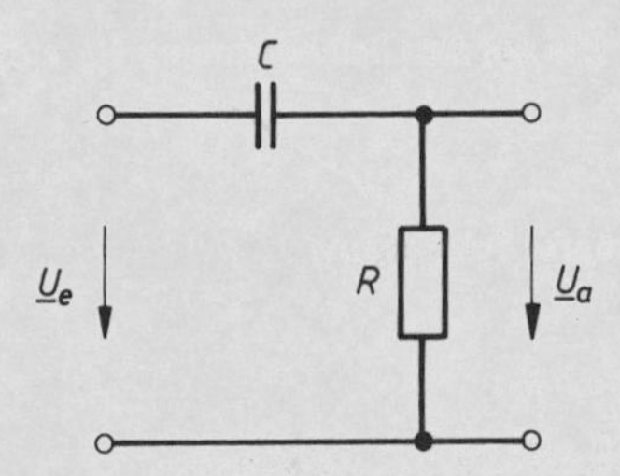

Als Frequenzgang einer Schaltung bezeichnet man das Verhältnis von Ausgangsspannung $\underline{U}_a$ zu Eingangsspannung $\underline{U}_e$ bei sinusförmigen Spannungen/Strömen.

$$\underline{F}(\omega) = \frac{\underline{U}_a}{\underline{U}_e} = \frac{1}{1 + j\omega RC}$$

$$\underline{F}(\omega) = \frac{\underline{U}_a}{\underline{U}_e} = \frac{1}{1 + \dfrac{1}{j\omega RC}}$$

Der Frequenzgang kann nach Betrag und Phase zerlegt werden. Der Betragsanteil des Frequenzgangs heißt Amplitudengang.

$$|F(\omega)| = \frac{U_a}{U_e} = \frac{1}{\sqrt{1 + (\omega RC)^2}}$$

$$|F(\omega)| = \frac{U_a}{U_e} = \frac{1}{\sqrt{1 + \dfrac{1}{(\omega RC)^2}}}$$

Der Phasenverschiebungsanteil des Frequenzgangs wird als Phasengang bezeichnet.

$$\varphi(\omega) = \measuredangle(\underline{U}_a, \underline{U}_e) = -\arctan \omega RC$$

$$\varphi(\omega) = \measuredangle(\underline{U}_a, \underline{U}_e) = \arctan \frac{1}{\omega RC}$$

Der Tiefpaß läßt Gleichstrom und Wechselstrom niedriger Frequenz durch und sperrt Wechselstrom höherer Frequenz.

Der Hochpaß sperrt Gleichstrom und Wechselstrom niedriger Frequenz und läßt Wechselstrom höherer Frequenz durch.

Die Grenzfrequenz, die den Durchlaß- und Sperrbereich trennt, ist definiert durch die Gleichheit von Blind- und Wirkwiderstand.

$$X_c = R$$

$$f_g = \frac{1}{2\pi RC}$$

Die Dämpfung im Durchlaßbereich ist idealerweise Null.

$a = 0$ dB im Durchlaßbereich

Die Sperrdämpfung beträgt je Frequenzdekade 20 dB (Dezibel).

$$a = 20 \frac{\text{dB}}{\text{Dekade}}$$

Bei Grenzfrequenz beträgt die Ausgangsspannung $U_a = 70{,}7\ \%$ von der Eingangsspannung U_e, das entspricht einer Dämpfung $a = 3$ dB. Der Phasenverschiebungswinkel zwischen Strom und Spannung ist dann 45°.

Memory zu Kapitel 25: Schwingkreis, Resonanzkreis

Freie Schwingung, Schwingkreise

Prinzip: Ein auf die Gleichspannung U_0 aufgeladener Kondensator wird über eine Spule entladen.

Ungedämpfte Schwingung

$u = U_0 \cos \omega_0 t$

- Ladespannung U_0 des Kondensators vor Beginn der Schwingung
- Eigenfrequenz f_0

$$f_0 = \frac{1}{2\pi\sqrt{LC}}$$

Gedämpfte Schwingung

$u = U_0 \, e^{-\frac{t}{\tau}} \cos \omega t$

- Abkling-Zeitkonstante $\tau = 2\,L/R$
- Eigenfrequenz $f < f_0$

Erzwungene Schwingung, Resonanzkreise

Resonanzbedingung: $\measuredangle(\underline{U}, \underline{I}) = 0$

D.h.: In der komplexen Widerstands- oder Leitwertgleichung wird der Imaginäranteil gleich Null gesetzt und aus diesem Ausdruck die Resonanzfrequenz f_0 oder die zur Einstellung der Resonanz erforderliche Induktivität L bzw. Kapazität C errechnet.

Reihen-Resonanzkreis

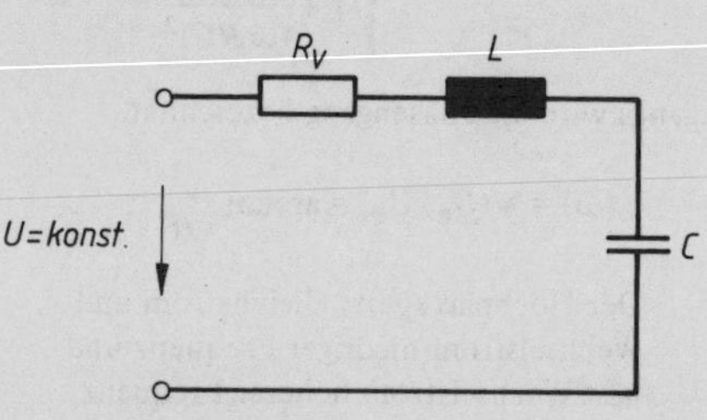

- Resonanzfrequenz

$$f_0 = \frac{1}{2\pi\sqrt{LC}}$$

- Resonanzwiderstand erreicht Minimum

$$Z_0 = R_v$$

- Resonanzüberhöhung der Blindspannungen

$$U_L = U_C = QU$$

↳ Anregungsspannung

Parallel-Resonanzkreis

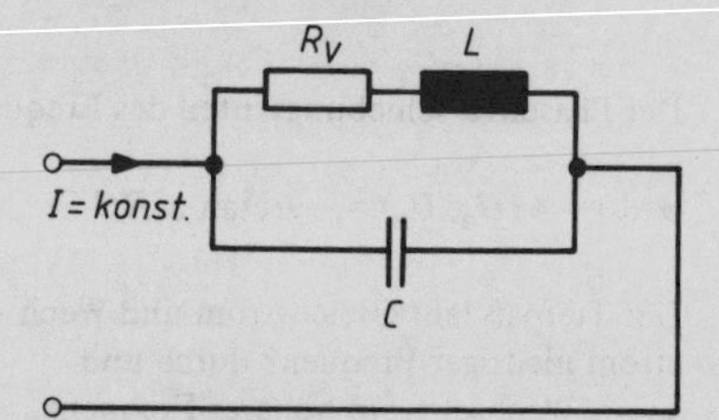

- Resonanzfrequenz

$$f_0 = \frac{1}{2\pi}\sqrt{\frac{1}{LC} - \left(\frac{R_v}{L}\right)^2}$$

- Resonanzwiderstand erreicht Maximum

$$Z_0 \approx \frac{L}{C R_v}$$

- Resonanzüberhöhung der Blindströme

$$I_L = I_C = QI$$

↳ Anregungsstrom

- Kreisdämpfung

$$d = \frac{R_v}{\omega_0 L}$$

- Kreisgüte

$$Q = \frac{1}{d}$$

- Bandbreite $b_{0,7} = f_{ob} - f_u$

$$b_{0,7} = \frac{f_0}{Q}$$

Reihen- und Parallel-Resonanzkreise können in geeigneten Schaltungen zur Hervorhebung oder Unterdrückung bestimmter Frequenzbereiche verwendet werden.

Memory zu Kapitel 26: Transformatoren

Gesetze des idealen Transformators

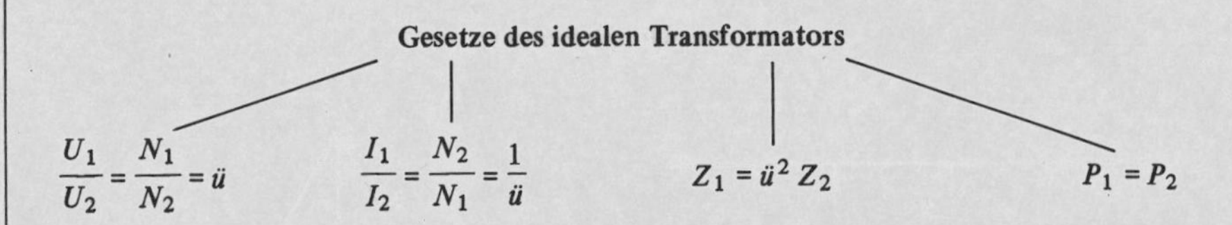

$$\frac{U_1}{U_2} = \frac{N_1}{N_2} = \ddot{u} \qquad \frac{I_1}{I_2} = \frac{N_2}{N_1} = \frac{1}{\ddot{u}} \qquad Z_1 = \ddot{u}^2 Z_2 \qquad P_1 = P_2$$

Realer Transformator

Ersatzschaltung

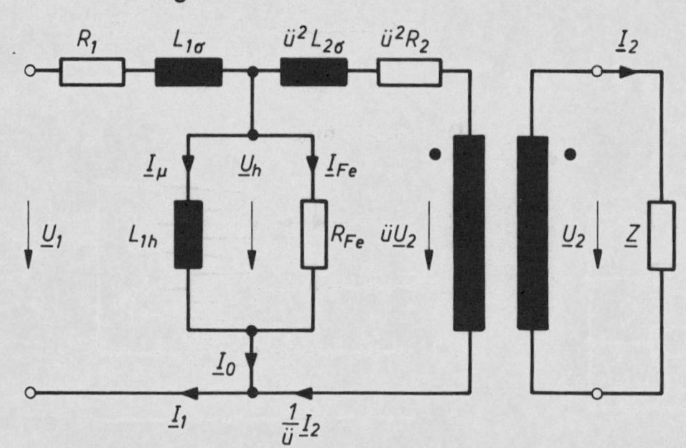

Stromverhalten

$$\frac{\underline{I}_1}{\underline{I}_2} = \frac{1}{\ddot{u}} + \frac{\underline{I}_0}{\underline{I}_2}$$

Transformator-Hauptgleichung

$$\underline{U}_1 = \mathrm{j}\,\omega N_1 \Phi$$

Spannungsverhalten

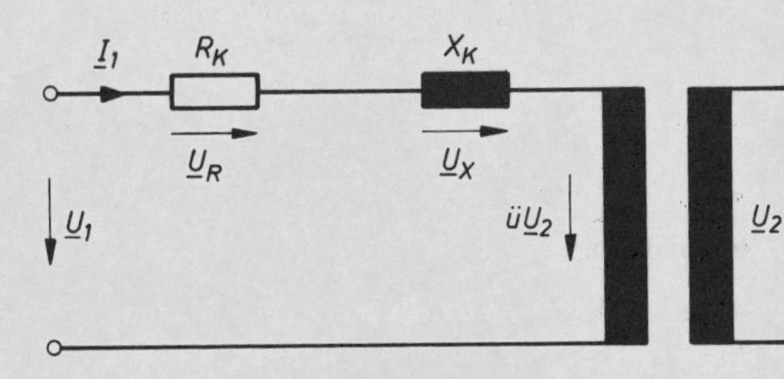

Kurzschlußversuch

liefert

- Nennkurzschlußspannung

$$u_K = \frac{U_K}{U_{1N}} \cdot 100\,\%$$

- Phasenverschiebungswinkel

$$\cos \varphi_k = \frac{P_k}{U_k I_{1N}}$$

Für Kappsches Dreieck

- Wirkspannung

$$U_R = \frac{P_k}{I_{1N}}$$

- Streuspannung

$$U_x = \sqrt{U_k^2 - U_R^2}$$

→ Spannungsänderung bei Belastung

$$\ddot{u} \cdot \Delta U_2 = U_R \cos \varphi_2 + U_x \sin \varphi_2$$

↓

Ausgangsspannung bei Belastung

$$U_2 = \frac{U_1}{\ddot{u}} - \Delta U_2$$

Memory zu Kapitel 27: Dreiphasensystem

Vierleiter-Dreiphasennetz

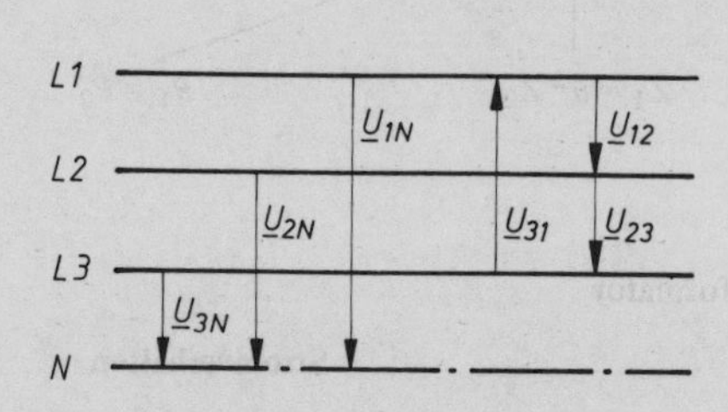

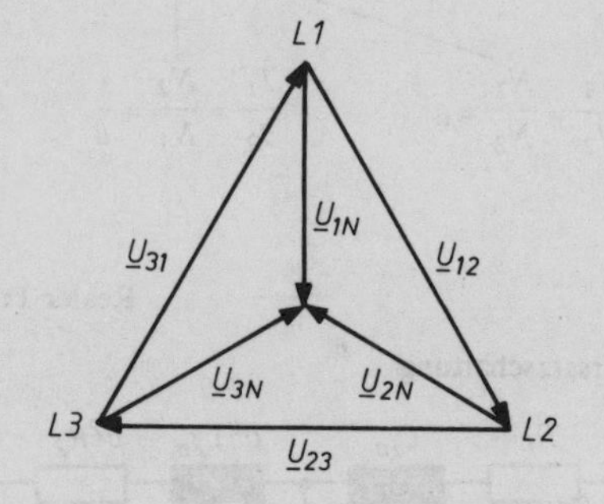

Sternschaltung mit N-Leiter

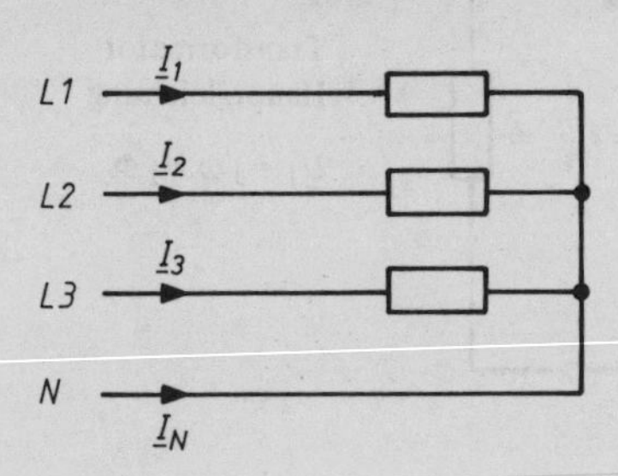

$U = \sqrt{3}\, U_{st}$

$I = I_{st}$

Ausgleichsstrom im Neutralleiter
bei unsymmetrischer Last

Dreieckschaltung

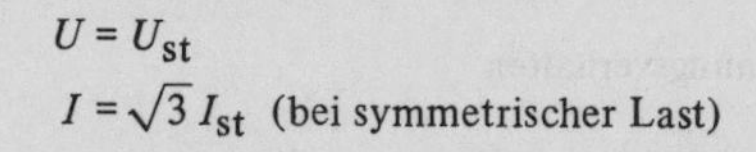

$U = U_{st}$

$I = \sqrt{3}\, I_{st}$ (bei symmetrischer Last)

Drehstromleistung

bei symmetrischer Last: $P = 3\, P_{st}$ oder $P = \sqrt{3}\, UI \cos\varphi$
bei unsymmetrischer Last: $P = P_{st1} + P_{st2} + P_{st3}$

Drehfeld

Magnetische Drehfelder entstehen durch Überlagerung von zwei um 90° bzw. drei um 120° phasenverschobener und räumlich versetzter magnetischer Wechselfelder oder durch ein umlaufendes Polrad mit Gleichstromerregung (≙ Drehung eines Dauermagneten).

Sachwortverzeichnis